地方电厂岗位运行培训教材

燃料运行

张本贤 刘北苹 主编

中国电力出版社
www.cepp.com.cn

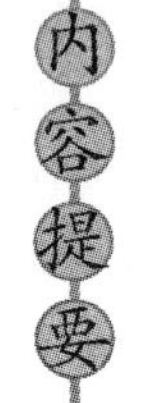

近10多年来，全国有一大批地方电厂、企业自备电厂和热电厂的6～100MW火力发电机组相继投产，运行岗位新职工和生产人员迅速增加。为了搞好运行生产人员岗位技术培训和技能鉴定，按照部颁《国家职业技能鉴定规范·电力行业》、《电力工人技术等级标准》和《火力发电厂运行岗位规范》以及运行规程的要求，突出岗位重点、注重操作技能、便于考核培训等，组织专家对1995年出版的第一版内容进行了全面修订和出版了《地方电厂岗位运行培训教材》（第二版），分为锅炉运行，汽轮机运行、电气运行、热工控制与运行、电厂化学和燃料运行6册。

本书是《地方电厂岗位运行培训教材》（燃料运行），主要内容有：第一篇燃料设备基础知识，介绍力学知识和燃料设备受力分析、润滑知识、燃料及燃烧、液压传动、机械基础知识、内燃机基础知识；第二篇燃料计量与管理，介绍燃料计量、燃料管理、采样设备；第三篇燃料设备及运行技术，介绍卸煤设备、煤场设备、斗轮堆取料机、带式输送设备、筛碎设备、给配煤设备、除铁设备、除尘设备、燃煤系统程控等。

本书适用于全国地方电厂、企业自备电厂和热电厂的6～100MW火力发电机组、具有高中及以上文化程度的燃料设备运行的生产人员、工人、技术人员、管理干部以及有关燃料运行专业师生等的岗位技能和技能鉴定的培训教材。

图书在版编目（CIP）数据

燃料运行/张本贤，刘北苹主编．—北京：中国电力出版社，2009.9（2018.11重印）
地方电厂岗位运行培训教材
ISBN 978-7-5083-8824-3

Ⅰ．燃…　Ⅱ．①张…　②刘…　Ⅲ．火电厂-电厂燃料系统-运行-技术培训-教材　Ⅳ．TM621.2

中国版本图书馆CIP数据核字（2009）第071123号

中国电力出版社出版、发行
（北京市东城区北京站西街19号　100005　http://www.cepp.com.cn）
北京雁林吉兆印刷有限公司印刷
各地新华书店经售

*

2009年9月第一版　　2018年11月北京第三次印刷
787毫米×1092毫米　16开本　27.75印张　748千字
印数5001—6000册　　定价**98.00**元

电力工业部水电开发与农村电气化司
关于推荐《地方电厂岗位运行培训教材》
一 书 的 通 知

（办农电［1993］155 号）

各省、市、自治区电力局（农电局）：

近些年来，一大批小型供热发电机组相继投产，运行岗位新人员迅速增加。尽快提高运行人员技术素质，是确保地方电厂和电网安全经济运行的当务之急。

为了搞好运行人员技术培训，按部颁《国家职业技能鉴定规范·电力行业》、《电力工人技术等级标准》（火力发电部分）和《火力发电厂运行岗位规范》的要求，我司委托辽宁省电力工业局，组织有较深造诣和现场经验丰富的技术人员，经过 3 年多的时间，编写出一套《地方电厂岗位运行培训教材》，分锅炉、汽轮机、电气、热工、化学、燃料等六个专业分册。本教材在收集近年来许多电厂运行资料的基础上，结合地方电厂运行人员的实际水平，在理论上由浅入深，在实际上注重可操作性，是小型火力发电厂运行人员岗位培训和技能鉴定的理想教材。本教材将配有初、中、高三个技术等级的考核题库，可作为认定和晋升技术等级的考核依据。

1993 年 6 月 2 日

前言

火力发电技术的发展方向是高参数、大容量、高效率和自动化为主流的。当解决了材料的瓶颈后，600MW超临界（超超临界）参数机组、1000MW超超临界参数机组即开始陆续建设和投入商业运行。尽管如此，兼有供热任务的热电企业仍然有大量的中小机组在网运行，为了能增强竞争能力，这些机组也要不断地进行技术改造，这其中就包括燃料设备的改造和实行输煤集控。结合现代的火力发电厂将水处理、除灰、脱硫等辅助系统也放在主控室内，就带来了“大集控”的新理念。

随着“大集控”方式的推广，相对增大了燃料系统控制界面与设备的距离，这对燃料设备的可靠性提出了更高的要求，也更进一步要求燃料设备的运行和检修人员具备更高的专业素质。

电力体制改革加快了火力发电企业技术改造的步伐。一大批老电厂开始实施以技术改造为核心的改、扩建工程，同时进行的燃料设备的改造和更新使得燃料设备的运行控制更加复杂。

燃料（煤）系统的主要任务是卸煤、储煤、输煤、配煤、碎煤和清除煤中杂质，保证及时供给一定质量和数量的原煤，并始终保持生产工作环境的清洁。这对燃料设备的运行技术管理和设备的可靠性的要求必然更高。由于这些设备在不停地磨损、碰撞，需要不断地维修和更换，也说明火力发电厂整个输煤过程是个薄弱环节。如何保证燃料设备运行的可靠性、减少燃料运行和维护人员的劳动强度，从而提高发电企业的经济效益，将成为企业现代化的标志。

为了搞好运行人员技术培训和技能鉴定，参照部颁《国家职业技能鉴定规范·电力行业》、《电力工人技术等级标准》（火力发电部分）和《火力发电厂运行岗位规范》的要求，1993年受电力工业部水电开发和农村电气化司委托，辽宁省电力工业局组织大连电力学校和一些地方电厂具有丰富现场运行经验和教学经验的工程技术人员和教师，经过三年多的时间，于1995年4月编写并由中国电力出版社出版了本套《地方电厂岗位运行培训教材（第一版）》，本次是对第一版进行全面修订，并增设热工和燃料运行两个专业，共将本套教材分为锅炉运行、汽轮机运行、电气运行、热工控制与运行、电厂化学和燃料运行六个分册。

本书是在多年培训授课的基础上，由课程的主要开发者张本贤老师和刘北苹老师联合辽宁发电厂的张立波、李建伟和祝伟三位现场工程技术人员，针对火力发电厂各种卸煤、储煤和输煤方式，从技术实用性出发，力求全面介绍有关的技术内容，包括设备结构、工作原理、润滑方式、系统连接、运行维护和故障排除、设备检修等，此书可作为各类火力发电企业燃料设备运行和检修的专业培训教材，也可作为各类职业学校相关专业的教学参考书及自学教材。

本书由张本贤和刘北苹共同主编并共同编写第一章～第十一章，张盛勇编写第十二章，张立波编写第十三章，赵灵芝编写第十四章，李建伟编写第十五章，祝伟编写第十六章，王权编写第十七章，全书由张本贤统稿。

本书在编写过程中，笔者曾经多次到辽宁发电厂（50MW 机组）、大连热电集团公司香海热电厂、大连泰山热电有限公司、华能大连电厂等企业调研和考察学习，得到了这些企业领导和相关人员的大力支持和帮助，在此表示深深的谢意！

由于编者水平和经历有限，书中难免存在不妥之处，希望读者批评指正。

编　者

2009 年 4 月

目录

第一篇

燃料设备基础知识

第一章 力学知识

第一节 力的概念

一、力的概念与静力学公理

1. 力的概念

力的概念是人们在长期生活和生产实践中逐步形成的。力是物体与物体之间相互的机械作用。使物体的机械运动发生变化，称为力的外效应；使物体产生变形，称为力的内效应。力对物体的作用效应取决于力的三要素，即力的大小、方向和作用点。

力是矢量，常用一个带箭头的线段来表示。在国际单位制中，力的单位为牛顿（N）或千牛顿（kN）。

2. 静力学公理

公理1：力的平行四边形法则

作用在物体上同一点的两个力，可以合成一个合力。合力的作用点仍在该点，合力的大小和方向由这两个力为邻边所构成的平行四边形的对角线确定，见图1-1（a）。其矢量表达式为

$$F_R = F_1 + F_2 \tag{1-1}$$

根据公理1求合力时，通常只需画出半个平行四边形就可以了。如图1-1（b）、（c）所示，这样力的平行四边形法则就演变为力的三角形法则。

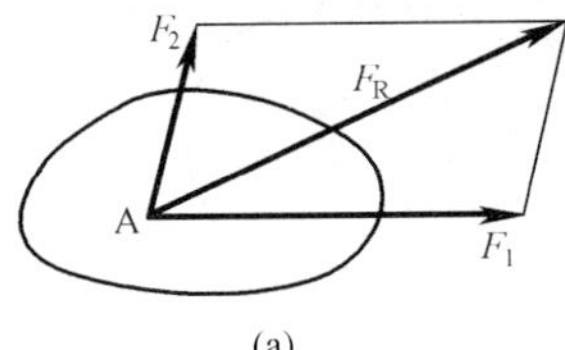

(a)

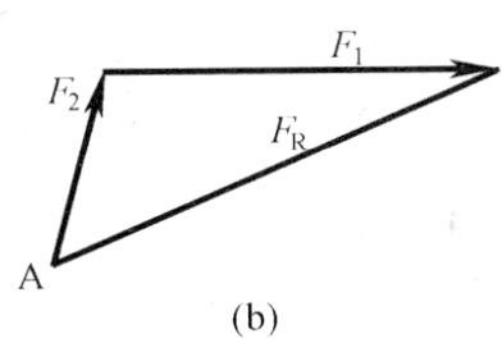

(b)

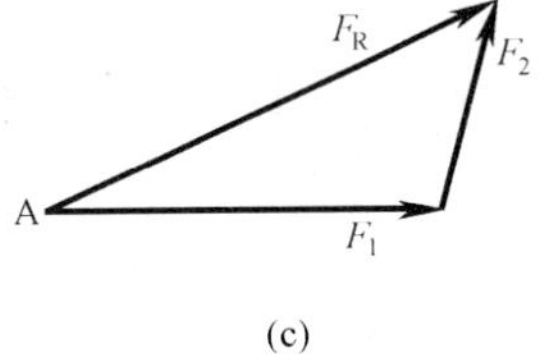

(c)

图1-1 力的合成

公理2：二力平衡公理

刚体仅受两个力作用而平衡的充分必要条件是：两个力大小相等，方向相反，并作用在同一直线上。

公理3：加减平衡力系公理

在作用于刚体上的已知力系上，加上或减去任一平衡力系，并不改变原力系对刚体的作用效果。加减平衡力系公理主要用来简化力系。

推论 1：力的可传性原理

作用于刚体上的力，可以沿其作用线移至刚体内任意一点，而不改变该力对物体的作用效果。力对刚体的效应与力的作用点在其作用线上的位置无关。因此，作用于刚体上的力的三要素是：力的大小、方向、作用线。

推论 2：三力平衡汇交定理

若刚体受到同平面内三个互不平行的力的作用而平衡时，则该三个力的作用线必汇交于一点。

公理 4：作用和反作用定律

作用力和反作用力总是大小相等，方向相反，作用线相同，但同时分别作用在两个相互作用的物体上。

这个公理表明，力总是成对出现的，只要有作用力就必有反作用力，而且同时存在，又同时消失。

公理 5：刚化原理

变形体在某一力系作用下处于平衡，如将此变形体刚化为刚体，其平衡状态保持不变。

这个公理提供了把变形体抽象为刚体模型的条件。

二、约束与约束反力

在工程实际中，构件总是以一定的形式与周围其他构件相互连接，即物体的运动要受到周围其他物体的限制，如转轴要受到轴承的限制，梁要受到立柱的限制。这种对物体的某些位移起限制作用的周围其他物体称为约束，如轴承就是转轴的约束。约束限制了物体的某些运动，这种对物体的作用力称为约束力。工程实际中，将物体所受的力分为两类：一类是能使物体产生运动或运动趋势的力，称为主动力，主动力有时也叫载荷；另一类是约束反力，它是由主动力引起的，是一种被动力。

1. 柔性约束（柔索）

柔性约束由绳索、胶带或链条等柔性物体构成，只能受拉，不能受压。只能限制沿约束的轴线伸长方向。柔性约束对物体的约束反力是：作用在接触点，方向沿着物体的中心线背离物体，通常用 F_T 表示，见图 1-2。

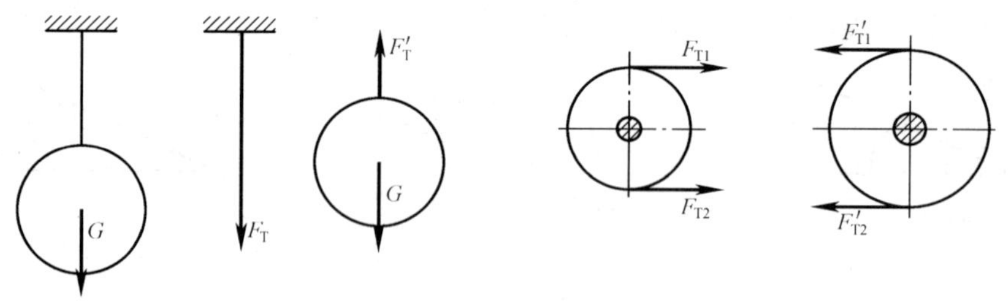

图 1-2　柔性约束

2. 刚性约束

当两物体接触面之间的摩擦力小到可以忽略不计时，可将接触面视为理想光滑的约束。这时，不论接触面是平面或曲面，都不能限制物体沿接触面切线方向的运动，而只能限制物体沿着接触面的公法线指向约束物体方向的运动。因此，光滑接触面对物体的约束反力是：通过接触点，方向沿着接触面公法线方向，并指向受力物体。这类约束反力也称法向反力。

3. 光滑圆柱形铰链约束

（1）连接铰链。两构件用圆柱形销钉连接且均不固定，即构成连接铰链，其约束反力用两个正交的分力 F_{Ax}和 F_{Ay}表示，见图 1-3。

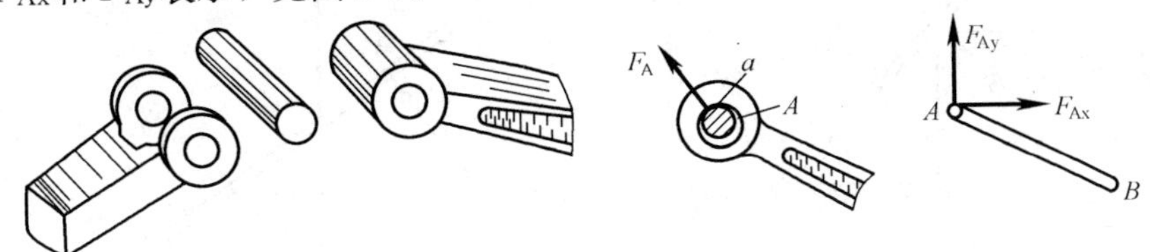

图 1-3　连接铰链

（2）固定铰链支座。如果连接铰链中有一个构件与地基或机架相连，便构成固定铰链支座，其约束反力仍用两个正交的分力 F_{Ox}和 F_{Oy}表示，见图 1-4。

（3）活动铰链支座。在铰链支座的底部安装一排滚轮，可使支座沿固定支承面移动，这种支座的约束性质与光滑面约束反力相同，其约束反力必垂直于支承面，且通过铰链中心，见图 1-5。

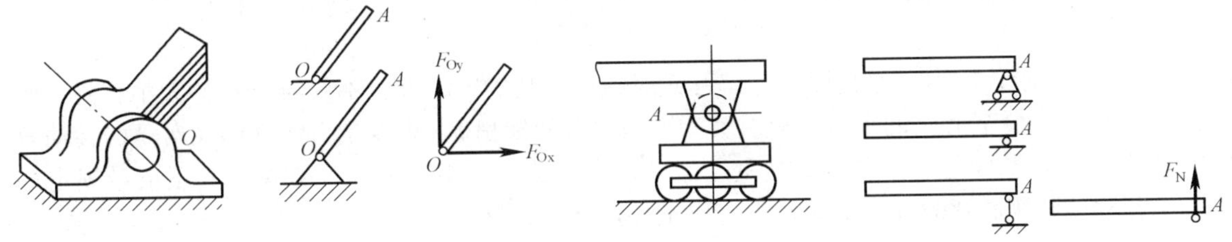

图 1-4　固定铰链支座　　图 1-5　活动铰链支座

4. 固定端约束

固定端约束能限制物体沿任何方向的移动，也能限制物体在约束处的转动。所以，固定端的约束反力可用两个正交的分力和力偶表示。

5. 球铰链支座

球铰链是一种空间约束，它能限制物体沿空间任何方向移动，但物体可以绕其球心任意转动。球铰链的约束反力可用三个正交分力表示。

三、受力图

在工程实际中，需要对结构系统中的某一物体或部分物体进行力学计算。可根据已知条件及待求量选择一个或几个物体作为研究对象，对它进行受力分析。分析物体受哪些力的作用，并确定每个力的大小、方向和作用点。为了清楚地表示物体的受力情况，需要把所研究的物体（称为研究对象）从与它相联系的周围物体中分离出来，单独画出该物体的轮廓简图，使之成为分离体，在分离体上画上它所受的全部主动力和约束反力，就称为该物体的受力图。

画受力图是解平衡问题的关键，画受力图的一般步骤如下：

第一，据题意确定研究对象，并画出研究对象的分离体简图。

第二，在分离体上画出全部已知的主动力。

第三，在分离体上解除约束的地方画出相应的约束反力。

画图时要分清内力与外力，通常将系统外的物体对系统的作用力称为外力，而系统内物体间相互作用的力称为内力。由于物体系统内力的总和为零，因此取物体系统为研究对象画受力图时，只画外力，而不画内力。

例如，质量为G的均质杆 AB，其 B 端靠在光滑铅垂墙的顶角处，A 端放在光滑的水平面上，在点 D 处用一水平绳索拉住，则均质杆 AB 的受力图如图 1-6 所示。

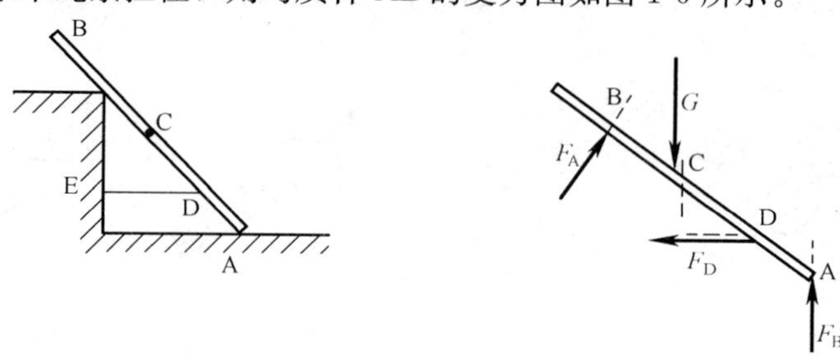

图 1-6 均质杆的受力图

各力的作用线汇交于一点的力系称为汇交力系。

四、力矩

实践表明，力对刚体的作用效应，不仅可以使刚体移动，而且还可以使刚体转动。其中移动效应可用力矢来度量，而转动效应可用力矩来度量。

1. 力对点之矩

如图 1-7 所示，用扳手拧紧螺母时，力 F 对螺母拧紧的转动效应不仅与力 F 的大小有关，而且还与转动中心 O 至力 F 的垂直距离有关。可用两者的乘积 Fd 来度量力使物体绕点 O 的转动效应，称为力 F 对点 O 之矩。点 O 称为矩心，d 称为力臂。力矩是一个代数量，其正负号规定如下：力使物体绕矩心逆时针转动时，力矩取正号，反之为负。

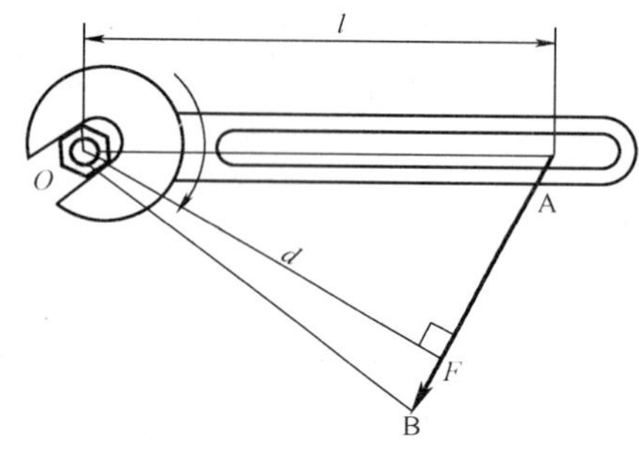

图 1-7 扳手之力矩

由力矩的定义及计算式可知：力的作用线通过矩心时，力臂值为零，故力矩等于零。当力沿作用线滑动时，力臂不变，因而力对点的矩也不变。

力矩的单位是牛［顿］米（N•m）。

2. 合力矩定理

合力矩定理：平面力系的合力对平面上任一点之矩，等于各分力对同一点之矩的代数和。

3. 力对轴之矩

从空间角度来看，扳手绕 O 点的转动，实际上是绕过 O 点且垂直于扳手平面的轴线 OZ 轴的转动（见图 1-7）。所以，也可以说力 F 对 O 点之矩也是力 F 使刚体绕 OZ 轴转动效应的度量，称力 F 对 OZ 轴之矩。

五、力偶

1. 力偶及力偶矩

由大小相等，方向相反，而作用线不重合的两个平行力组成的力系称为力偶，记作（F，F'）。力偶中两力所在的平面称为力偶作用面，两力作用线间的垂直距离 d 称为力偶臂。

力偶矩为 $M=\pm Fd$。力偶矩是代数量，一般规定使物体逆时针转动为正，顺时针转动为负。力偶矩的单位是牛［顿］米（N•m），如图 1-8 所示。

2. 力偶的性质

性质 1：力偶既无合力，也不能和一个力平衡，力偶只能用力偶来平衡。

力偶是由两个力组成的特殊力系，在任一轴上投影的代数和为零，故力偶不能合成一个合

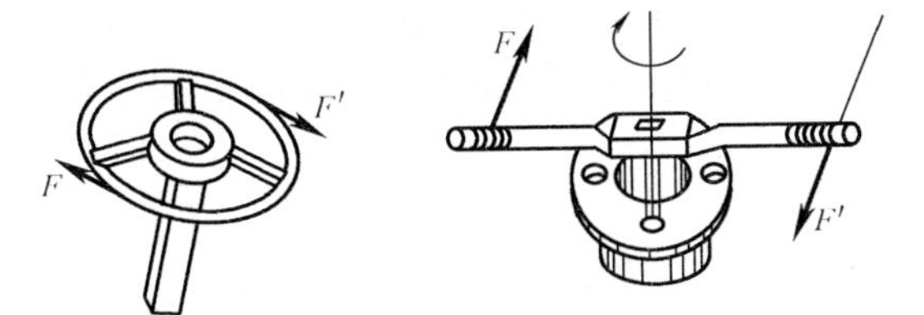

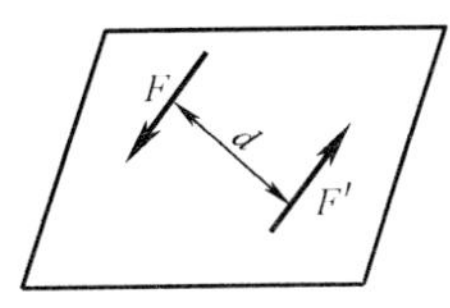

图 1-8 力偶及力偶矩

力，或用一个力来等效替换。力和力偶是静力学的两个基本要素，力偶对刚体只能产生转动效应，而力对刚体可产生移动效应，也可产生转动效应，所以，力偶也不能用一个力来平衡。

性质 2：力偶对其作用面内任一点之矩恒为常数，且等于力偶矩，与矩心的位置无关。

这个性质说明力偶使刚体绕其作用面内任一点的转动效果是相同的。

性质 3：力偶可在其作用面内任意转移，而不改变它对刚体的作用效果。

性质 4：只要保持力偶矩的大小和转向不变，可以同时改变力偶中力的大小和力偶臂的长短，而不改变其对刚体的作用效果。因此，力偶可用力和力偶臂来表示，即用带箭头的弧线表示，箭头表示力偶的转向，M 表示力偶的大小，如图 1-9 所示。

3. 平面力偶系的简化与平衡

在同一平面内由若干个力偶所组成的力偶系称为平面力偶系。平面力偶系的简化结果为一合力偶，合力偶矩等于各分力偶矩的代数和。即

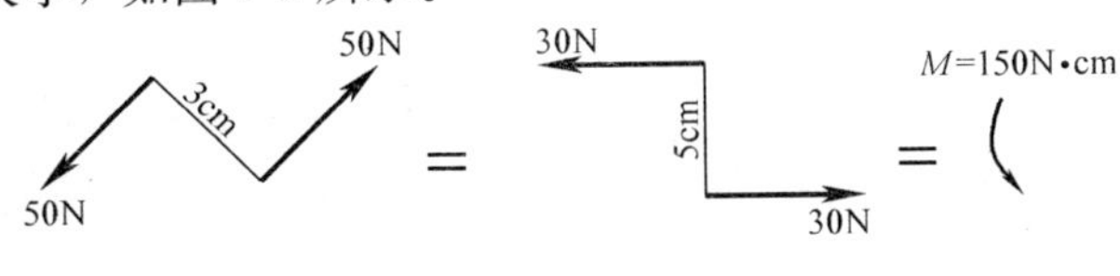

图 1-9 力偶的表示

$$M=M_1+M_2+\cdots+M_n=\sum M$$

平面力偶系的简化结果为一合力偶，因此平面力偶系平衡的充要条件是合力偶矩等于零。即 $\sum M=0$。

六、力的平移定理

作用于刚体上的力，可以平行移动到该刚体上任意一点，但必须附加一个力偶，其力偶矩等于原来的力对平移点之矩。当力平行移动到作用线外任意位置且又要保持其作用效果不变时，应根据力的平移定理附加相应的条件。

力的平移定理：作用于刚体上的力，可以平行移动到该刚体上任意一点，但必须附加一个力偶，其力偶矩等于原来的力对平移点之矩，如图 1-10 所示。

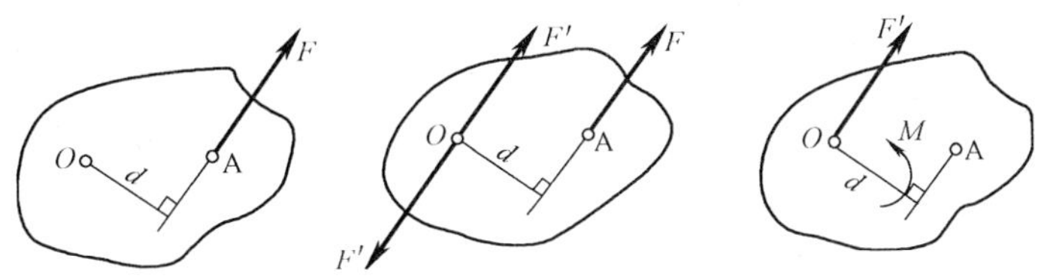

图 1-10 力的平移示意图

七、摩擦与自锁

1. 滑动摩擦

两个相互接触的物体，当他们之间有相对滑动或相对滑动趋势时，在接触面之间产生彼此阻碍运动的力。这种阻力称为滑动摩擦力。

如图 1-11 所示，设所受重力为 G 的物块受水平力 F_T 的作用，当力 F_T 由零逐渐增大时，物

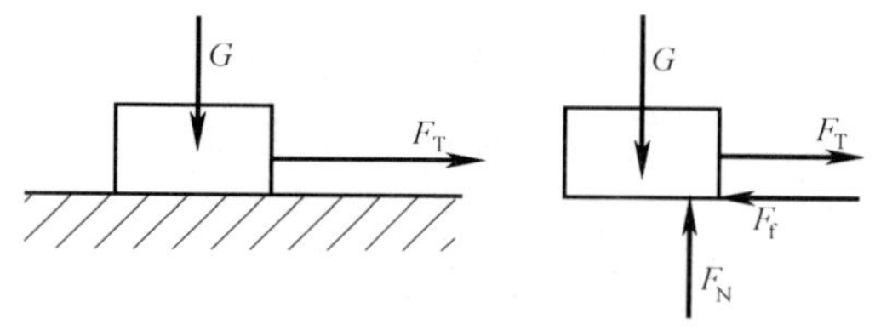

图 1-11　物体受摩擦力分析

块由静止变为滑动。下面分别讨论有相对滑动趋势、临界状态和已经相对滑动三种状态的滑动摩擦力。

（1）静滑动摩擦力。当力 F_T 由零逐渐增加但不超过某数值 F_{max}时，物块不会滑动，仍处于静止状态。由平衡条件可知，这时支承面对物块除作用一法向反力 F_N 外，还有一个阻碍物块滑动的切向反力，即静滑动摩擦力，简称静摩擦力，用符号 F_f 表示。

（2）最大静滑动摩擦力。当 F_T 继续增加而达到一定数值 F_{max}时，物块处于将要滑动而未滑动的临界状态。这时只要力稍大一点，物块立即开始滑动。这说明当物块处于平衡的临界状态时，静摩擦力达到了最大值，称最大静滑动摩擦力，用 F_{max}表示。如果 F_T 再继续增大，但静摩擦力不会再随之增加，物块将失去平衡而滑动，因此静摩擦力并不随主动力 F_T 的增大而无限增大。

（3）动滑动摩擦力。当静滑动摩擦力达到最大值时，若 F_T 继续增加，物块开始滑动，此时物体接触面之间仍作用阻碍其相对滑动的阻力，即动滑动摩擦力，简称动摩擦力，用符号 F'_f 表示。

大量实验证明：动摩擦力 F'_f 的大小与两物块间的正压力成正比，此式称为动摩擦定律。其比例系数称为动摩擦因数。动摩擦因数也决定于接触物体的材料及接触面状况，且与接触点的相对滑动速度有关。

2. 摩擦角自锁

（1）摩擦角。将支承面对物块的法向反力和切向反力合成，称为支承面的全反力。全反力与接触面法线的最大夹角，称为摩擦角。摩擦角的正切等于静摩擦因数。摩擦角与静摩擦因数一样，也是表示摩擦性质的物理量。

（2）自锁。物块平衡时由于静摩擦力不可能超过最大值，因此全反力的作用线也不能超出摩擦角以外，即全反力必在摩擦角之内。作用于物体上的全部主动力的合力，不论其大小如何，只要其作用线与接触面法线的夹角小于或等于摩擦角，则物体保持静止，这种现象称为自锁。

（3）考虑摩擦时的平衡问题。解决有摩擦时物体的平衡问题，在受力图上必须考虑摩擦力，摩擦力的方向与相对滑动趋势的方向相反。摩擦力是一个未知量。

3. 滚动摩擦简介

利用滚动代替滑动省力。如图 1-12 所示，运输重物时，若在重物底下垫滚轴，则要比将重物直接放在地面上推动省力。在工程实际中，车辆采用车轮，机器采用滚动轴承，也是为了减轻劳动强度，提高劳动效率。

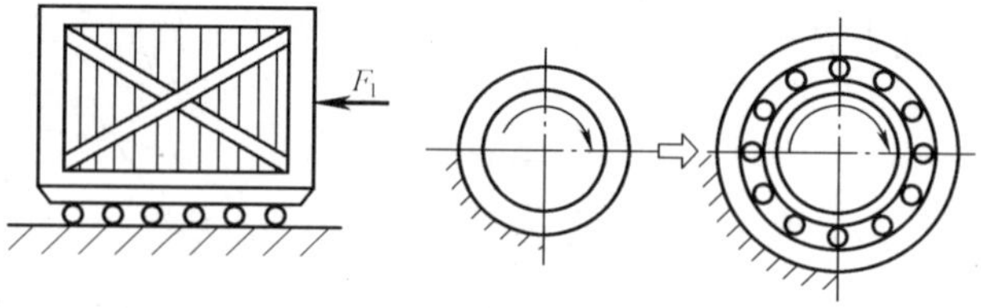

图 1-12　物体滚动示意图

如图 1-13 所示，在水平面上有一轮子受重力为 G，半径为 r，当轮子中心受一水平拉力 F_T 作用，若 F_T 力不大时，轮子仍保持静止，此时轮与地面接触处都发生变形。轮与地面接触处受力分布作用。将这些力向轮子的最低点 A 简化，得一力（将此力分解为沿接触面的切向分力 F_f 和法向分力 F_N）和一力偶 M_f，这一阻碍轮子滚动的约束力偶称为滚动摩擦力偶，滚动摩擦力偶的转向与轮子的滚动趋势相反。

与静滑动摩擦力的性质相似，滚动摩擦力偶矩随主动力的变化而变化，当主动力偶（F_T、

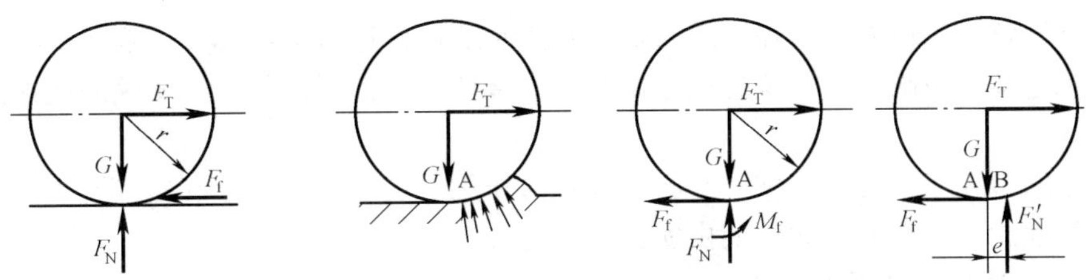

图 1-13　滚动摩擦示意

F_f）的力偶矩增大到一定值时，轮子处于将要滚动的临界平衡状态，滚动摩擦力偶矩 M_f 达到最大值 M_{fmax}。由此可见，滚动摩擦力偶矩的大小在零到最大值之间。

实验证明，最大滚动摩擦力偶矩 M_{fmax} 与支承面的正压力 F_N 成正比，即

$$M_{fmax} = \delta F_N \tag{1-2}$$

这就是滚动摩擦定律。式中 δ 称为滚动摩擦系数，δ 是一个具有长度单位的系数，单位一般为 mm。滚动摩擦系数由实验测定，它与滚子和支承面的材料硬度、湿度等因数有关。

常用材料的滚动摩擦系数见表 1-1。

表 1-1　常用材料的滚动摩擦系数

材料名称	滚动摩擦系数（mm）	材料名称	滚动摩擦系数（mm）
铸铁与铸铁	0.05	淬火钢与淬火钢	0.01
木材与钢	0.3～0.4	轮胎与路面	2～10
木材与木材	0.5～0.8	软钢与软钢	0.05

第二节　燃料设备的受力分析

一、构件的承载能力

燃料设备很多是由构件构成，如输煤栈桥、螺旋卸煤机、堆取料机等。为保证设备正常工作，设备的构件应具有足够的能力承受载荷。因此，构件应当满足以下要求：

（1）强度要求：即构件在外力作用下应具有足够的抵抗破坏的能力。强度要求就是指构件在规定的使用条件下不发生意外断裂或塑性变形。

（2）刚度要求：即构件在外力作用下应具有足够的抵抗变形的能力。在载荷作用下，构件即使有足够的强度，但若变形过大，仍不能正常工作。例如，主轴的变形过大，将影响工作精度；齿轮轴变形过大将造成齿轮和轴承的不均匀磨损，引起噪声。刚度要求就是指构件在规定的使用条件下不发生较大的变形。

（3）稳定性要求：即构件在外力作用下能保持原有直线平衡状态的能力。承受压力作用的细长杆等应始终维持原有的直线平衡状态，保证不被压弯。稳定性要求就是指构件在规定的使用条件下不产生丧失稳定性的破坏。

如果构件的横截面尺寸不足或形状不合理，或材料选用不当，不能满足上述要求，将不能保证工程结构或机械的安全工作。相反，如果不恰当地加大构件横截面尺寸或选用高强材料，这虽满足了上述要求，却增加了成本，造成浪费。

在工程实际问题中，一般来说，构件都应具有足够的承载能力，即足够的强度、刚度和稳定性，但对具体的构件，其要求又有所侧重。例如，储罐主要保证强度，主轴主要要求具有足够的

刚度，受压的细长杆应该保持其稳定性。对某些特殊的构件还可能有相反的要求。例如为防止超载，当载荷超过某一极限时，安全销应立即破坏。又如为发挥缓冲作用，车辆的缓冲弹簧应有较大的变形。

研究构件的承载能力时，必须了解材料在外力作用下表现出的变形和破坏等方面的性能，以及材料的力学性能。材料的力学性能由实验来测定。

二、变形固体的基本假设

材料力学所研究的构件由各种材料制成，材料的物质结构和性质虽然各不相同，但都为固体。任何固体在外力作用下都会发生形状和尺寸的改变——即变形。因此，这些材料统称为变形固体。

变形固体的性质是很复杂的，在对用变形固体做成的构件进行强度、刚度和稳定性计算时，为了使计算简化，经常略去材料的次要性质，并根据其主要性质做出假设。

连续性假设：假设在固体所占有的空间内毫无空隙地充满了物质。实际上，组成固体的粒子之间存在空隙，但这种空隙极其微小，可以忽略不计。于是可认为固体在其整个体积内是连续的。基于连续性假设，固体内的一些力学量（如点的位移）即可用连续函数表示。

均匀性假设：在外力作用下，材料在强度和刚度方面所表现出的性能称为材料的力学性能。所谓的均匀性假设指材料的力学性能在各处都是相同的，与其在固体内的位置无关，即从固体内任意取出一部分，无论从何处取也无论取多少，其性能总是一样的。

各向同性假设：即认为材料沿各个方向的力学性质是相同的。具有这种属性的材料称为各向同性材料，如钢、铜、铸铁、玻璃等，有些各向异性材料也可近似地看作是各向同性的。

构件在外力作用下将发生变形，当外力不超过一定限度时，绝大多数构件在外力去掉后均能恢复原状。当外力超过某一限度时，则在外力去掉后只能部分地复原而残留一部分不能消失的变形。外力去掉后能消失的变形称为弹性变形，不能消失而残留下来的变形称为塑性变形。应该指出，工程实际中多数构件在正常工作条件下只产生弹性变形，而且这些变形与构件原有尺寸相比通常是很小的。

三、内力、应力与截面法

1. 内力的概念

构件周围的其他物体作用于其上的力均为外力，这些外力包括荷载、约束力、重力等。按照外力作用方式的不同，外力又可分为分布力和集中力。

构件即使不受外力作用，它的各质点之间本来就有相互作用的内力，以保持其一定的形状。内力是指因外力作用使构件发生变形时，构件的各质点间的相对位置改变而引起的“附加内力”，即分子结合力的改变量。这种内力随外力的改变而改变。但是，它的变化是有一定限度的，不能随外力的增加而无限地增加。当内力加大到一定限度时，构件就会破坏，因而内力与构件的强度、刚度是密切相关的。

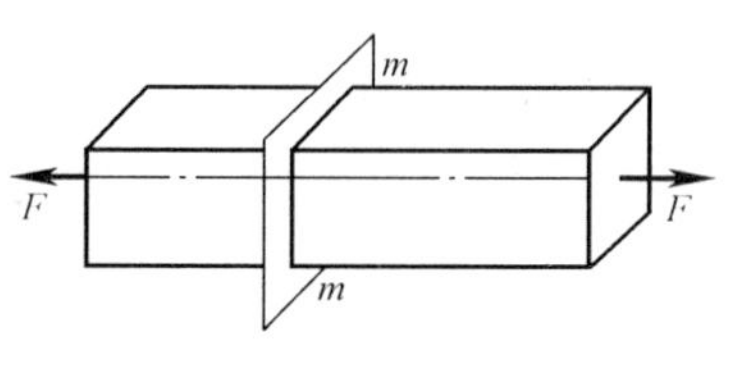

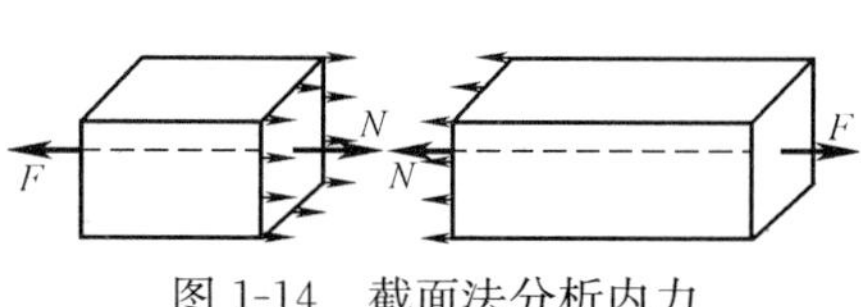

图 1-14　截面法分析内力

2. 截面法

截面法是已知构件外力确定内力的普遍方法。

如图 1-14 所示，按照材料连续性假设，m-m 截面上各处都有内力作用，所以截面上应是一个分布内力系，用截面法确定的内力是该分布内力系的合成结果。这种将杆件用截面假想地切开以显示内力，并由平衡条件建立内力和外力的关系确定内力的方法，称为截面法。

截面法可归纳为以下三个步骤：

（1）假想截开：在需求内力的截面处，假想用一截面把构件截成两部分。

（2）任意留取：任取一部分为研究对象，将弃去部分对留下部分的作用以截面上的内力 N 来代替。

（3）平衡求力：对留下部分建立平衡方程，求解内力。

3. 应力的概念

用截面法确定的内力，是截面上分布内力系的合成结果，它没有表明该分布力系的分布规律，所以，为了研究构件的强度，仅仅知道内力是不够的。例如，有同样材料而截面面积大小不等的两根杆件，若它们所受的外力相同，那么横截面上的内力也是相同的。但是，从经验知道，当外力增大时，面积小的杆件一定先破坏。这是因为截面面积小，其上内力分布的密集程度大的缘故。

内力在截面上的分布密集程度称为应力。以分布在单位面积上的内力来衡量。

4. 杆件变形的基本形式

构件的形状是多种多样的。如果构件的纵向（长度方向）尺寸较横向（垂直于长度方向）尺寸大得多，这样的构件称为杆件。杆件是工程中最基本的构件，如机器中的传动轴、螺杆。某些构件，如齿轮的轮齿、曲轴的轴颈等，并不是典型的杆件，但在近似计算或定性分析中也简化为杆件。

垂直于杆长的截面称为横截面，各横截面形心的连线称为轴线。轴线为直线，且各横截面相等的杆件称为等截面直杆，简称为等直杆。

外力在杆件上的作用方式是多种多样的，当作用方式不同时，杆件产生的变形形式也不同。归纳起来，杆件变形的基本形式有如下四种：

（1）拉伸或压缩：如图 1-15 所示，这类变形形式是由大小相等、方向相反、作用线与杆件轴线重合的一对力引起的，表现为杆件的长度发生伸长或缩短。起吊重物的钢索、桁架的杆件、液压油缸的活塞杆等的变形，都属于拉伸或压缩变形。

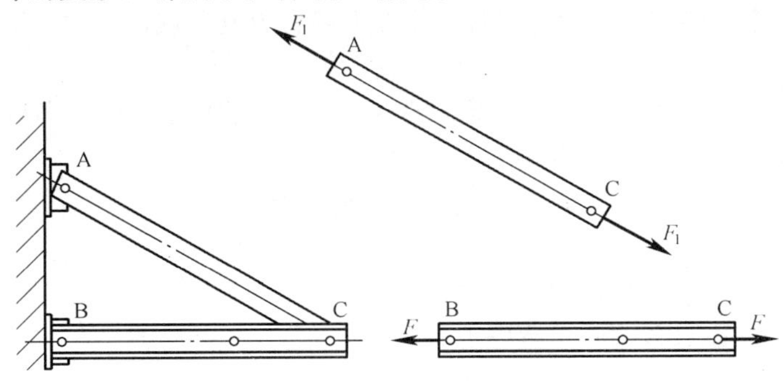

图 1-15　拉伸和压缩

（2）剪切：如图 1-16 所示的铆钉连接，铆钉受到剪切。这类变形形式是由大小相等、方向相反、相互平行的力引起的，表现为受剪杆件的两部分沿外力作用方向发生相对错动。机械中常用的连接件，如键、销钉、螺栓等都产生剪切变形。

（3）扭转：这类变形形式是由大小相等、方向相反、作用面垂直于杆件轴线的两个力偶引起的，表现为杆件的任意两个横截面发生绕轴线的相对转动。传动轴、电机的主轴等，都是受扭杆件。

（4）弯曲：如图 1-17 所示梁的变形即为弯曲变形。这类变形形式是由垂直于杆件轴线的横向力，或由作用于包含杆轴的纵向平面内的一对大小相等、方向相反的力偶引起的。变形表现为杆件轴线由直线变为曲线。在工程中，受弯杆件是最常遇到的情况之一。桥式起重机的大梁、各种心轴等的变形都属于弯曲变形。

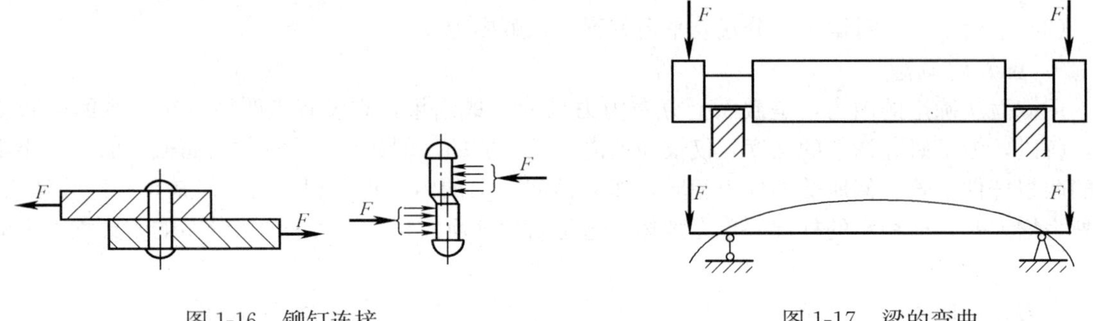

图 1-16　铆钉连接　　　　图 1-17　梁的弯曲

四、组合变形概述

杆件在拉伸（压缩）、剪切、扭转和弯曲四种基本变形时都存在强度和刚度问题。在工程实际中，许多构件受到外力作用时，将同时产生两种或两种以上的基本变形，如建筑物的边柱，机械工程中的夹紧装置，皮带轮传动轴等。

我们把杆件在外力作用下同时产生两种或两种以上的基本变形称为组合变形。常见的组合变形有：①拉伸（压缩）与弯曲的组合；②弯曲与扭转的组合；③两个互相垂直平面弯曲的组合（斜弯曲）；④拉伸（压缩）与扭转的组合。

处理组合变形问题的基本方法是叠加法，将组合变形分解为基本变形，分别考虑在每一种基本变形情况下产生的应力和变形，然后再叠加起来。组合变形强度计算的步骤一般如下：

（1）外力分析：将外力分解或简化为几种基本变形的受力情况。

（2）内力分析：分别计算每种基本变形的内力，画出内力图，并确定危险截面的位置。

（3）应力分析：在危险截面上根据各种基本变形的应力分布规律，确定出危险点的位置及其应力状态。

（4）建立强度条件：将各基本变形情况下的应力叠加，然后建立强度条件进行计算。

复 习 思 考 题

1. 燃料设备涉及哪些静力学公理？
2. 燃料设备的构件应具备哪些承载能力？
3. 燃料设备构件的内力的概念是怎样的？

第二章　润　滑　知　识

第一节　概　　述

一、润滑的定义

润滑就是用润滑剂减少（或控制）两摩擦表面之间的摩擦力或其他形式的表面破坏的作用。这里所指的润滑剂是指加入到两个相对运动表面之间，能控制其摩擦或磨损的任何物质，包括润滑油、润滑脂、润滑性粉末、薄膜材料（黏结干膜、电镀、电泳、溅射、离子镀固体润滑膜、陶瓷膜等）和整体材料（金属基、无机非金属基或塑料基自润滑材料等）。

所谓控制摩擦，亦即润滑剂的功能在大多数情况下虽是减小摩擦，然而在少数情况下则是调节摩擦。例如，在湿式离合器上使用润滑剂的主要目的是调节静摩擦与动摩擦之间有个平滑的过渡，即控制静、动摩擦系数值使其尽量接近，以消除黏—滑（爬行）现象以及震颤和噪声。在牵引传动中，采用牵引油增大摩擦以提高传递功率，则为特殊用例。

由于摩擦副表面间润滑剂的存在，可减少或消除物体间直接接触，从而减少摩擦表面的磨损。此外，润滑剂还具有防止表面腐蚀、降低摩擦表面温度、冲洗磨屑或污染物、密封和减震等辅助功能。当然，在某些特定情况下，这些辅助功能也可能转变为主要功能。

润滑涉及润滑剂与润滑方式两个方面。润滑剂根据其物质状态可分为四类，即气体、油类、脂类和固体润滑剂。气体润滑剂（包括各种气体），气体动力润滑阻力较小，如为液体则又可包括合成油或合成液、乳化液、水等所有液体的润滑剂，油类润滑剂易于形成流体动力膜，并有较好的散热和冲洗作用。脂类润滑剂，包括经稠化的矿物油和合成油、皂类、脂肪类、石蜡等，它们是半流态、半固态物质，其中有层状固体、软金属以及高分子聚合物等。

二、润滑的分类

1. 流体静力润滑

润滑状态有很多种。其中流体静力润滑又称为外供压润滑，是利用外部的供油装置，将具有一定压力的润滑剂输送到支承中去，使支承的轴等运动件浮起，因此运动件从静止状态直至在很高的速度范围内都能承受外力作用，这是流体静力润滑的主要特点。所以，流体静力润滑的优点有：①启动摩擦阻力小；②使用寿命长；③可适应较广的速度范围；④抗震性能好；⑤运动精度高；⑥能适应各种不同的要求。缺点是需要一套可靠的供油装置，这增大了机床和机械设备的空间和质量。

流体静力润滑的基本类型有定压供油系统和定量供油系统两种。定压供油系统的供油压力恒定，压力大小由溢流阀调节，集中由一个泵向各节流器供油，再分别送入各油腔。依靠油液流过节流器时流量改变而产生的压力降调节各油腔的压力以适应载荷的变化。而定量供油系统各油腔的油量恒定，随油膜厚度变化自动调节油腔压力来适应载荷的变化。定量供油方式有两种：一是由一个多联泵分别向油腔供油，每一个油腔由一个泵单独供油；二是集中由一个油泵向若干定量阀或分流器供油后再送入各油腔。

流体静力润滑已在重型机械、冶金机械、某些通用机械和液压元件中得到了应用。流体静力轴承及其供油装置已作为标准元件生产供应。

2. 流体动力润滑

流体动力润滑是借滑动表面的形状和相对运动形成流体膜，使相对运动的两固体表面隔开的润滑。其润滑性能，如承载能力、油膜厚度、摩擦功耗、温升等可以用连续介质力学的原理计算。

按润滑介质的状态可分类为：

（1）气体润滑：用气体（如空气、氢气、氮气或蒸汽等）作润滑剂。

（2）液体润滑：用矿物油、植物油、乳化油（液）及水等作润滑剂。

（3）油脂润滑（或称膏状体润滑）：包括矿物润滑脂和动物润滑脂。

（4）固体润滑：有石墨、二硫化钼粉剂等。

（5）油雾润滑：用压缩空气或蒸汽将油液雾化后送至润滑点润滑。

按摩擦副表面之间的润滑状态可分类为：

（1）液体润滑：在两摩擦面之间，有液体润滑剂把两个摩擦面完全隔开，变金属接触干摩擦为液体摩擦。

（2）半液体润滑：由于摩擦面粗糙不平，或因负荷和运动速度的变化等因素影响，使部分流体润滑膜遭到破坏，油膜变得不连续，呈现部分液体润滑状态、部分边界润滑状态或干摩擦状态。

（3）边界润滑：两摩擦面之间，只有一层极薄的润滑膜，这层润滑膜被牢固地吸附在摩擦表面上而不能自由移动，使两摩擦面处于液体摩擦和干摩擦之间的润滑状态。

（4）半干润滑：半液体润滑和边界润滑中大部分油膜遭到破坏时的润滑状态。

三、润滑的作用

润滑在机械设备的正常运转、维护及保养中有着重要作用。润滑的作用大致可归纳为：①减小摩擦系数，节省功耗；②减少磨损；③冷却降温；④缓和冲击，减轻振动；⑤清洗摩擦面；⑥防止摩擦面锈蚀；⑦控制摩擦。

此外，对某些润滑剂而言，还有密封、和传递动力的作用。

四、常用润滑油润滑方法和装置

1. 手工给油装置

由操作工使用油壶或油枪向润滑点的油孔、油嘴及油杯加油的方式称为手工给油润滑，主要用于低速、轻载和间歇工作的滑动面、开式齿轮、链条以及其他单个摩擦副。

2. 滴油润滑

滴油润滑主要使用油杯向润滑点供油。常用的油杯有：针阀式注油杯、压力作用滴油油杯等。油杯骨架多用铝或铝合金等轻金属制成，杯壁的检查孔多用透明的塑料或玻璃制造，以便观察其内部油位。

3. 油绳和油垫润滑

油绳和油垫润滑方法是将油绳、毡垫等浸在润滑油中，应用虹吸管和毛细管作用吸油。所使用油的黏度应低些。油绳和油垫等具有一定的过滤作用，可保持油的清洁。

油垫润滑一般应用于加油有困难或不易接近的轴承，但所润滑的表面的速度不宜过高。油垫从专用的储油槽中吸进润滑油供给与它相接触的轴颈。油垫主要用粗毛毡制造，使用时应定期清洗并加以烘干，然后重新装配使用。

4. 油环或油链润滑

油环或油链润滑只能用于水平安装的轴，在轴上挂一油环，环的下部浸在油池内，利用轴转动时的摩擦力，把油环带着旋转，将润滑油带到轴颈上，再在轴颈的表面流散到各润滑点。需要注意转轴应无冲击振动，转速不易过高。

5. 油浴和飞溅润滑

油浴和飞溅润滑主要用于闭式齿轮箱、链条和内燃机等。一般利用高速（不高于 12.5m/s）旋转的机件从专门设计的油池中将油带到附近的润滑点。有时在轴上设置带油的轮子把油带到轴颈上。飞溅润滑所用油池应装设油标，油池的油位深度应保持最低使轮被淹没2～3个齿高。为了便于散热，最好在密闭的齿轮箱上设置通风孔以加强箱内外空气的对流。

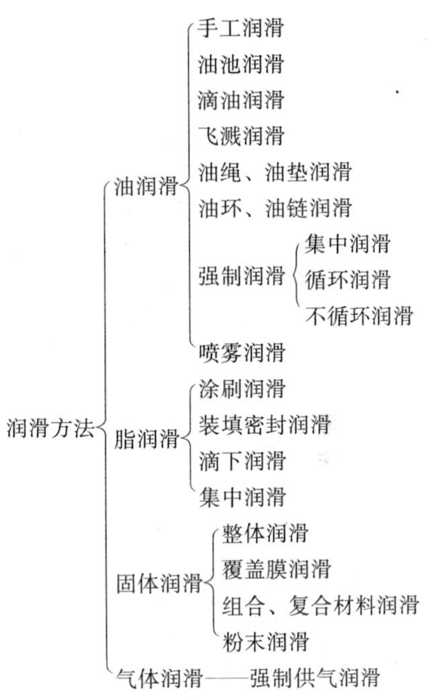

图 2-1　常用的润滑方法

6. 压力强制润滑

压力强制润滑是在设备内部设置小型润滑泵通过传动机件或电动机带动，从油池中将润滑油供送到润滑点。供油是间歇的，它既可用作单独润滑，也可将几个泵组合在一起润滑。

强制润滑时，润滑油随设备的开、停而自动送、停。油的流量由柱塞行程来调整，由每秒几滴至几分钟1滴。油压范围为 0.1～4MPa。为保持润滑油的清洁，油池应有一定深度，以防止吸入油池中的沉淀物。

7. 喷油润滑

喷油润滑是指将润滑油与一定压力的压缩空气在喷射阀混合后喷射向润滑点的润滑方式。对齿轮的润滑要求在直接压力下把润滑油从轮齿的啮入方向送到啮合的齿隙中以进行润滑。对双向转动的齿轮，则需在齿轮的两面均安装喷油孔管。在蜗轮传动中，喷油应从蜗杆的螺旋开始与蜗轮啮合的一面喷射。

常用的润滑方法可由图 2-1 表示。

第二节　燃料设备的摩擦与磨损

一、燃料设备的摩擦

1. 摩擦的定义和分类

摩擦：两个接触表面作相对运动或有相对运动趋势时，在表面间会产生抵抗相对运动的阻力的自然现象。

根据摩擦副的表面润滑状态，摩擦可分为干摩擦、边界摩擦、流体摩擦和混合摩擦。

干摩擦：表面间无任何润滑剂或保护膜的纯金属接触时的摩擦，如图 2-2（a）所示。

边界摩擦：表面间被极薄的润滑膜所隔开，且摩擦性质与润滑剂的黏度无关而取决于两表面的特性和润滑油油性的摩擦，如图 2-2（b）所示。

液体摩擦：表面间的润滑膜把摩擦副完全隔开，摩擦力的大小取决于流体分子内部摩擦力的摩擦，如图 2-2（c）所示。

混合摩擦：摩擦副处于干摩擦、边界摩擦和流体摩擦混合状态时的摩擦，如图 2-2（d）所示。

2. 摩擦约束的实质

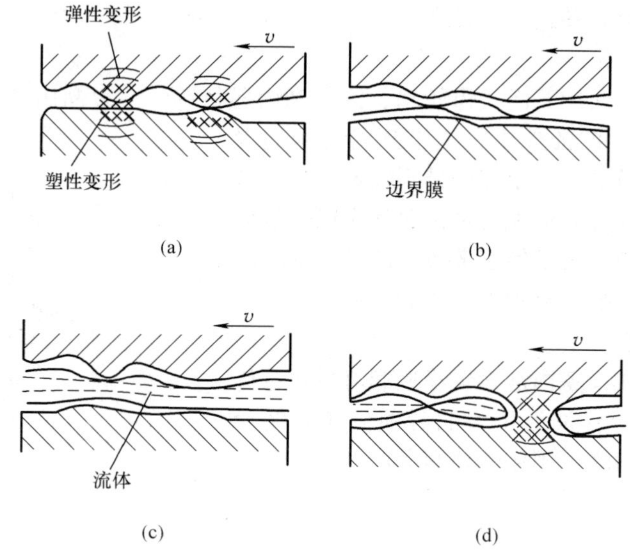

图 2-2　摩擦状态

(a) 干摩擦；(b) 边界摩擦；(c) 液体摩擦；(d) 混合摩擦

摩擦具有二重性：

一方面，摩擦是有利的。此时摩擦约束条件是：摩擦必须足够大，即摩擦系数、摩擦力矩或摩擦力应大于规定的许用值，以保证机器工作的可靠性。

另一方面，摩擦是有害的，会带来能量损耗、工作温度上升，还会产生振动和噪声。此时摩擦约束条件是：摩擦系数、温升不超过许用值，效率不低于许用值或摩擦的能耗不超过许用值等。

3. 影响摩擦的主要因素

（1）表面膜的影响：用自然或人工的方法在金属表面上形成一层很薄的膜，可以降低摩擦。

（2）摩擦副材料性质的影响：互溶性较大的金属摩擦副，摩擦系数较大；反之，摩擦系数较小。材料的硬度对摩擦系数也有一定的影响，一般而言，硬度越高，摩擦系数越小。

（3）摩擦副表面粗糙度的影响：表面粗糙度数值减小，摩擦系数越低。

（4）摩擦表面间润滑的影响：干摩擦的摩擦系数一般大于 0.1；边界摩擦、混合摩擦次之，通常约在 0.01～0.1；液体摩擦的摩擦系数最小，油润滑时最小可达 0.001～0.008。

二、燃料设备的磨损

1. 磨损的定义和分类

磨损：由于表面的相对运动而使物体工作表面的物质不断损失的现象。

按磨损的损伤机理，磨损可分为：黏着磨损、磨粒磨损、表面疲劳磨损和腐蚀磨损。

黏着磨损：摩擦表面的微凸体在相互作用的各点发生黏着作用，使材料由一表面转移到另一表面的磨损。

磨粒磨损：摩擦表面间的游离硬颗粒或硬的微凸体峰间在较软的材料表面上犁刨出很多沟纹的微切削过程。

表面疲劳磨损：摩擦表面受循环接触应力作用到达一定程度时，就会在零件工作表面形成疲劳裂纹，随着裂纹的扩展与相互连接，会造成许多微粒从零件表面上脱落下来，致使表面上出现许多浅坑，这种磨损过程即为疲劳磨损。

腐蚀磨损：在摩擦过程中金属与周围介质发生化学反应而引起的磨损。

2. 磨损过程

一个零件的磨损过程大体可分为磨合磨损阶段、稳定磨损阶段及剧烈磨损阶段三个阶段，如图 2-3 所示。

在磨合磨损阶段开始磨损速度很快，随后逐渐减慢，最后进入稳定磨损阶段。磨合磨损可将原始粗糙度逐渐磨平，使两摩擦表面贴合得更好，因而有利于延长机器的使用寿命。稳定磨损阶段是摩擦副的正常工作阶段，此时磨损缓慢而稳定。当磨损达到一定量时，进入剧烈磨损阶段。此时，摩擦条件将发生很大的变化，温度急剧升高，磨损速度大大加快，机械效率明显降低，精度丧失，并出现异常的噪声和振动，最后导致完全失效。

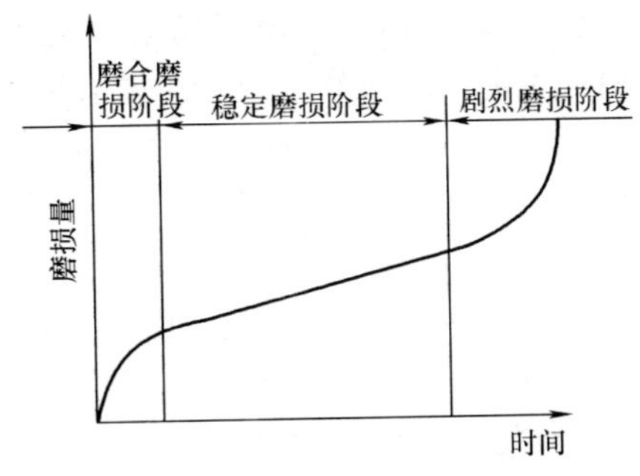

图 2-3　磨损过程

3. 磨损约束的实质

磨损有利的一面，如为了降低表面粗糙度对机械零件进行磨削、研磨和抛光等精加工以及刀具的刃磨等，均利用了磨损的原理；

但磨损也有有害的一面，会降低机器的精度和可靠性，从而使其使用寿命缩短，重要的零件磨损失效，会造成停工停产，并可引起突然事故。

燃料设备在设计时应注意尽量延长零部件的稳定磨损阶段，避免出现剧烈磨损。在设计中，控制磨损（磨损约束）的实质，主要是控制摩擦表面的压强（或接触应力）、相对运动速度等不超过许用值。

4. 减少磨损的措施

（1）正确选用材料；

（2）进行有效的润滑；

（3）采用适当的表面处理；

（4）改进结构设计，提高加工和装配精度；

（5）正确的使用、维修与保养。

第三节　燃料设备的润滑

一、燃料设备要求的润滑剂性能

根据燃料设备种类繁多和工作特点复杂等具体情况，对其润滑剂性能的综合性质量要求较高。

（1）黏度值要适当。严格按机械说明书的要求，选用黏度适当质量恰好的润滑油。如用油黏度较大，则不但增加运转阻力，浪费动力，而且还会影响机械运转的准确、灵活和可靠性。

（2）温度对黏度值的影响要小。以免因温度变化而黏度变化太大，以致影响机械的正常工作。由于燃料设备大部分在室外工作，冬夏、日夜、南北方的温差都较大，润滑剂一般要适应在$-30\sim+40$℃的气温变化范围内使用。

（3）要有良好的抗氧化性。由于某些燃料设备的备品较少，而又要求长期不停的工作，尤其是室外的检修和换油都不方便，也有些机械的运转时间不多，但要求长期不检修不换油，因而要求润滑油长期不变质。

(4) 要有良好的防锈、防腐蚀性。由于燃料设备大都在露天风吹、日晒、雨淋的条件下工作，因而要求润滑油有良好的防锈性能；有些机械在有腐蚀性气体或烟尘的环境里工作，因而要求润滑油有防腐蚀的性能。

(5) 要有良好的抗磨性能。由于燃料设备工作负荷变化大，停车和启动频繁，运动方向变化多，甚至有振动负荷或冲击等特点，对润滑油膜的形成和保持都十分不利，因而要求润滑油（脂）根据负荷情况应具有必要的抗磨油性或抗磨极压性。

(6) 要求良好的耐水性能。由于燃料设备大都在露天工作，易受雨水或湿气的侵袭，因而要求润滑油有良好的抗乳化性和水分离性能，更不应有遇水发生水分解等反应的情况（润滑油中某些添加剂易发生）。要求润滑脂必须有良好的抗水刷洗性能。

(7) 要有良好的密封性能。由于燃料设备可能在尘埃或有害杂质飞扬的情况下工作，因而要求润滑剂有良好的密封性能和耐密封材料溶胀性，以防止杂质侵入和漏油。

二、典型燃料设备润滑剂的选用

1. 推煤机

推煤机是燃料系统中最常用的关键机械，由于使用条件苛刻，因此对润滑剂的要求严格而特殊。驱动动力一般多用高速、高强化系数柴油机，而需使用相当于卡特皮勒 3 系列，或 API 的 CD 级润滑油高档内燃机油。而液压系统则要用高黏度指数的防锈、抗氧化、抗磨性能良好的液压油，必要时可用防锈、抗氧级汽轮机油、精制机械油等黏度和质量适当的润滑油代用，尤其在寒冷地区冬季要求使用凝点极低的寒冷液压油，有时可用适当的变压器油调配代用。减速齿轮等要用多级通用极压齿轮油。履带行走装置包括启动轮、诱导轮、上下转轮，履带等滑动部分的负荷大、有冲击、杂质多而润滑条件差，一般用齿轮油或内燃机油润滑，齿轮油负荷性能好，但耐热性差，遇水产生酸性，因而尽可能用内燃机油。也可用防锈抗氧化极压锂基或复合钙基脂。其他润滑脂润滑部位最好选用多数通用的 2 号锂基极压润滑脂。

2. 带式输送机

带式输送机是燃料系统中必不可少的重要设备。设备简单，操作方便。但由于其工作条件受尘埃或风雪等侵袭，因此要求对设备润滑维护尤其注意。要搞好润滑部位的密闭防尘措施，并要求所用润滑油（脂）有利于密封和防尘，并具有防锈耐水性等性能。

3. 卸煤机

卸煤机是燃料系统的重要设备。一般多系间断性或突击性的运转，而且载荷的变动大，甚至也有冲击性和振动性。大都是在露天风尘雨雪的不利条件下运转，因而要求所用润滑油（脂）的抗氧化性能、润滑性能、黏附性能、抗乳化性和耐水淋性能良好。

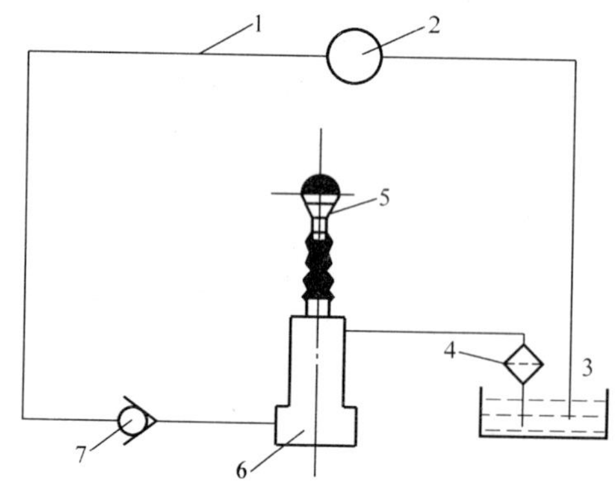

图 2-4　行走减速机润滑原理图

1—输油管；2—齿轮；3—油池；4—过滤器；5—凸轮机构；6—柱塞泵；7—单向阀

三、斗轮式堆取料机的润滑

1. 油泵强制润滑

在稀油润滑中，有油泵润滑。斗轮机上的行走减速机就是采用这种润滑方式。行走减速机壳体下方有柱塞泵。柱塞泵在弹簧和装在齿轮轴上的凸轮作用下，从油池（减速机壳体下部）吸油，排出的油经管道输送到减速机的顶端，对各齿轮副及轴承进行润滑，其原理如图 2-4 所示。

油润滑（脂润滑）在斗轮机上应用得很多，有的采取分散润滑，有的采取集中润滑，这里介绍一下集中润滑的一些知识。

2. 手动集中润滑

对斗轮机上润滑点多、注油比较困难的大型部件（如回转轴承）采用局部集中润滑，由一个手动干油集中供油。手动集中润滑系统结构原理图如图 2-5 所示。

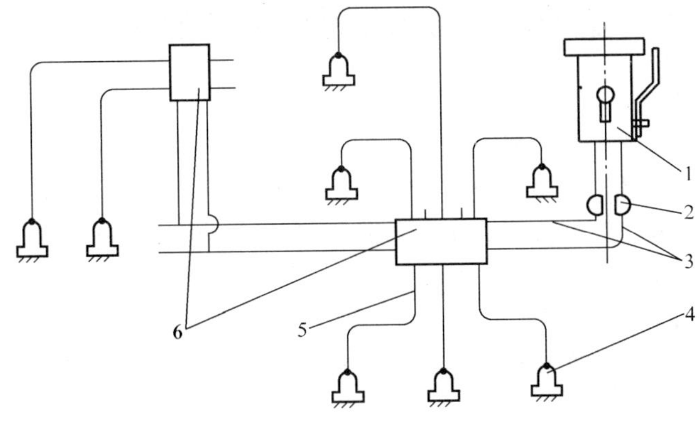

图 2-5　手动集中润滑系统原理图

1—手动干油泵；2—干油过滤器；3—主油管；4—润滑点；5—支油管；6—双线给油器

当需要注油时，压动手动干油泵手柄，干油泵将具有一定压力的润滑脂经滤油器打入输油管，再经给油器、支油管注入各润滑部位，实现润滑。给油器可以根据各润滑点的油量调节通往各支油管的流量。

3. 电动集中润滑

电动集中润滑用于润滑区半径较大（可达 5～120m）、润滑点较多的场合。电动集中润滑能减轻使用人员的劳动强度，不致因使用人员不熟悉设备而遗漏对某些润滑点的注油。这种润滑方式可以由电气控制，以对设备实现定时、定量自动给脂，其原理图见图 2-6。

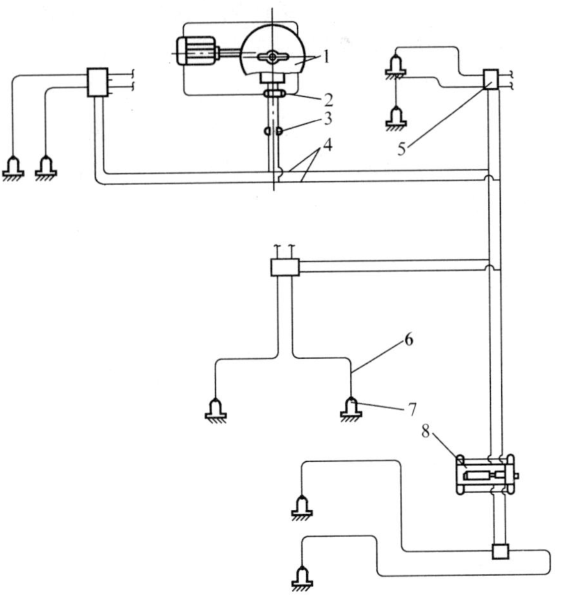

图 2-6　电动集中润滑系统原理图

1—电动干油站；2—电磁换向阀；3—干油过滤器；4—主油管；5—给油器；6—支油管；7—润滑点；8—压力操纵阀

系统中的换向阀用于改变供油方向，压力操纵阀用于控制电磁换向阀和油泵停止工作，双线给油器将油泵经主油管输送来的润滑脂定量地分配到各润滑点。

当润滑点需要给脂时，油泵在电气控制装置的控制（手动或自动控制）下开始工作，送入主油管的润滑脂经过给油器供给支油管，当最长主油管末端的支油管末端达到预定压力时，压力操纵阀动作，电磁阀换向，向另一主油管供油。当与这一主油管最长的分支相连的支油管末端达到预定压力时，压力操纵阀动作，油泵停止工作，完成一个工作周期。若泵站为自动控制时，前一个工作周期完成后达到预定时间，泵再次启动完成下一个工作周期。

集中润滑的缺点是油路长、易堵塞油管，造成部分润滑点不能润滑，因此必须定期检查、试验、清洗油系统管路及元件。

第四节　常用机械零部件的润滑

一、滑动轴承的润滑

润滑油黏度的高低是影响滑动轴承工作性能的一个重要因素。由于润滑油的黏度随温度的升高而降低，因此，所选用的润滑油应具有在轴承工作温度下，能形成油膜的最低黏度。对于最常见的边界摩擦的滑动轴承，当速度低、负荷大时，可选用黏度较高的润滑油；当速度高、负荷小时，可选用黏度较低的润滑油。

滑动轴承对润滑脂的要求是：

（1）当轴承载荷大、轴颈转速低时，应选用针入度小的油脂；轴承载荷小、轴颈转速高时，应选用针入度大的油脂。

（2）润滑脂的滴点一般应高于工作温度20～30℃。

（3）滑动轴承如在水淋或潮湿环境下工作时，应选用钙基、铝基或锂基润滑脂；如在环境温度较高的条件下工作时，可选用钙—钠基脂或合成脂。

（4）应具较好的黏附性能。

二、减速器内滚动轴承和齿轮的润滑

1．滚动轴承的润滑

滚动轴承润滑的主要作用是降低摩擦阻力、减轻磨损、散热、吸振与缓蚀。

滚动轴承大多采用脂润滑或油润滑。其润滑方式可根据轴承内径与转速的乘积 d_n 值选取。

（1）脂润滑。润滑脂是在润滑油中加入稠化剂（如钙、钠、锂等金属皂基）后形成的膏状润滑剂。其油膜强度高，黏附性好，承载能力大，润滑脂不易流失，便于密封和维护，并能防止灰尘、潮气及其他杂物侵入。但散热差，转速较高时，功率损失大。故常用于 d_n 值较小，温度较低的场合。

润滑脂通常在装配时填入轴承室，以后每年添加1～2次。添脂时可拆去轴承盖，也可用旋盖式油杯或用压力脂枪从压注油杯中注入润滑脂。

填入轴承室的润滑脂应当适量，过多容易发热；过少则达不到预期的润滑效果。通常以填满轴承室空间的1/3～1/2为宜。转速较高（n=1500～3000r/min）时，不应超过1/3；转速较低（n＜300r/min）或润滑脂易于流失时，填充量可适当多一些，但不应超过轴承室空间的2/3。

如果工作环境恶劣，需增加润滑脂的填充量。比如球和滚子轴承在易污染的环境中，为防止灰尘、杂质侵入，对低速或中速轴承填加润滑脂时，要把轴承和轴承盖空间全部填满。球和滚子轴承装在垂直方向上时，加润滑脂只装满轴承，轴承上盖则只填空间的一半，轴承下盖只填空间的1/2～3/4。

（2）油润滑。一般说来，减速器中的轴承采用油润滑为多，因其润滑和冷却效果好，摩擦发热少，可利用箱体内的油进行润滑，供油方便且无须定时加脂等。当减速器受工作条件及结构型式限制不便采用油润滑时，可采用润滑脂润滑。

2．齿轮的润滑

除了少数低速（v＜0.5m/s）小型减速器采用脂润滑外，绝大多数减速器的齿轮都采用油润滑，其主要润滑方式为浸油润滑。对于高速传动齿轮，则为压力喷油润滑。

所谓浸油润滑，就是将齿轮浸入油中，当轮子回转时，黏在上面的油液被带到啮合面进行润滑，同时油池中的油也被甩上箱壁，供以散热。这种润滑方式适用于齿轮圆周速度 $v \leqslant 12m/s$ 的场合。

为避免浸油润滑的搅油功耗太大及保证轮齿啮合的充分润滑，传动件浸入油中的深度不宜太深或太浅。

在单级减速器中，大齿轮浸油深度为 1～2 倍齿高。

对两级或多级齿轮减速器，设计时应选择合适的传动比，使各级大齿轮的直径大致相等，以便浸油深度相近。

浸油润滑时油池应保持一定的深度和储油量。减速机内部油位要符合要求。因为油位太高起不到降温作用，油位太低起不到润滑作用。油池太浅易激起箱底沉渣和油泥。一般齿顶圆至油池底面的距离不应小于 30～50mm。

第五节 润 滑 剂

燃料设备的润滑主要涉及润滑油和润滑脂。

一、润滑油

（一）润滑油的作用

润滑油是用在各种类型机械上以减少摩擦，保护机械及加工件的液体润滑剂，主要起润滑、冷却、防锈、清洁、密封和缓冲等作用。

对润滑油总的要求是：①减摩抗磨，降低摩擦阻力以节约能源，减少磨损以延长机械寿命，提高经济效益；②冷却，要求随时将摩擦热排出机外；③密封，要求防泄漏、防尘、防窜气；④抗腐蚀防锈，要求保护摩擦表面不受油变质或外来因素的侵蚀；⑤清净冲洗，要求将摩擦面的积垢清洗排除；⑥应力分散缓冲，分散负荷和缓和冲击及减震；⑦动能传递。

（二）润滑油的组成

润滑油一般由基础油和添加剂两部分组成。基础油是润滑油的主要成分，决定着润滑油的基本性质，添加剂则可弥补和改善基础油性能方面的不足，是润滑油的重要组成部分。

（1）润滑油基础油。润滑油基础油主要分矿物基础油及合成基础油两大类。矿油基础油由原油提炼而成。润滑油基础油主要生产过程有：常减压蒸馏、溶剂脱沥青、溶剂精制、溶剂脱蜡、白土或加氢补充精制。矿物基础油的化学成分包括高沸点、高分子量烃类和非烃类混合物。其组成一般为烷烃（直链、支链、多支链），环烷烃（单环、双环、多环），芳烃（单环芳烃、多环芳烃），环烷基芳烃以及含氧、含氮、含硫的有机化合物和胶质、沥青质等非烃类化合物。

（2）添加剂。添加剂可改善润滑油的物理化学性质。一般常用的添加剂有：黏度指数改进剂，倾点下降剂，抗氧化剂，清净分散剂，摩擦缓和剂，油性剂，极压剂，抗泡沫剂，金属钝化剂，乳化剂，防腐蚀剂，防锈剂，破乳化剂。

（三）润滑油的基本性能

润滑油的基本性能包括一般理化性能、特殊理化性能。

1. 一般理化性能

一般理化性能表征润滑油的内在质量。对润滑油来说，这些一般理化性能如下：

（1）外观（色度）。油品的颜色，可以反映其精制程度和稳定性。

（2）密度。润滑油的密度随其组成中含碳、氧、硫的数量的增加而增大。

（3）黏度。黏度反映油品的内摩擦力，是表示油品油性和流动性的一项指标。在未加任何功能添加剂的前提下，黏度越大，油膜强度越高，流动性越差。

（4）黏度指数。黏度指数表示油品黏度随温度变化的程度。黏度指数越高，表示油品黏度受温度的影响越小，其黏温性能越好，反之越差。

（5）闪点。闪点是表示油品蒸发性的一项指标。油品的馏分越轻，蒸发性越大，其闪点也越低。反之，油品的馏分越重，蒸发性越小，其闪点也越高。

（6）凝点和倾点。凝点是指在规定的冷却条件下油品停止流动的最高温度，是表示润滑油低温流动性的一个重要质量指标。倾点是油品低温流动性的指标。同一油品的凝点和倾点不相等，一般倾点都高于凝点 2～3℃。

（7）酸值、碱值和中和值。酸值是表示润滑油中含有酸性物质的指标。酸值分强酸值和弱酸值两种，两者合并即为总酸值（简称 TAN）。人们通常所说的“酸值”，实际上是指“总酸值”。碱值是表示润滑油中碱性物质含量的指标。碱值亦分强碱值和弱碱值两种，两者合并即为总碱值（简称 TBN）。中和值包括总酸值和总碱值。

（8）水分。水分是指润滑油中含水量的百分数，通常是重量百分数。润滑油中水分的存在，会破坏润滑油形成的油膜，使润滑效果变差。

（9）机械杂质。机械杂质是指存在于润滑油中不溶于汽油、乙醇和苯等溶剂的沉淀物或胶状悬浮物。

（10）灰分和硫酸灰分。灰分是指在规定条件下，灼烧后剩下的不燃烧物质。灰分的组成一般认为是一些金属元素及其盐类。国外采用硫酸灰分代替灰分。

2. 特殊理化性能

润滑油品还具有表征其使用特性的特殊理化性质。质量要求越高，或是专用性强的油品，其特殊理化性能就越突出。特殊理化性能包括：抗老化性能、耐高温能力等。

二、润滑脂

1. 基本概念

润滑脂是将一种或几种稠化剂分散到一种（或几种）液体润滑油中形成的一种固体或半固体的产物。为了改善润滑脂的某些性能，会加入一些其他组分（添加剂或填料）。

当施加一个外力时，润滑脂在流动中逐渐变软，表观黏度降低，但是一旦处于静止，经过一段时间（很短）后，稠度再次增加（恢复），这就是润滑脂的触变性。润滑脂的这种特殊性能，决定了它可以在不适于用润滑油润滑的部位使用，这显示出它的优越性。

2. 润滑脂的组成

润滑脂是由基础油、稠化剂和添加剂（包括填料）组成。基础油是液体润滑剂，有矿物油和合成润滑油之分。稠化剂是一些具有稠化作用的固体物质。添加剂是为了改善润滑脂某些性能而加入的物质。

矿物油润滑性能好，黏度范围宽，不同黏度的油分别适用于制造不同用途的润滑脂；其来源广泛，价格低廉。矿物油的缺点是对高温、低温不能同时兼顾，或不能适应宽温度范围。

合成油是指用各种化学反应合成的一大类功能性液体，不同的合成油在某些方面显示出比矿物油更好的优越性。目前润滑脂中常用的合成油有合成烃类油、酯类油、硅油、含氟油、聚醚型油等。

稠化剂分类如下：

（1）烃基。有地蜡、石蜡、石油脂等。

（2）皂基。有钠基、钙基、复合钙、锂基、复合锂、钡基、铝基、复合铝等。

（3）有机。脲类化合物、酰胺类化合物、有机染料、氟碳化合物等。

（4）无机。膨润土、硅胶、硼化氮、石墨等。

3. 润滑脂的优点和缺点

润滑脂的优点：

（1）润滑脂润滑无需复杂的密封装置和供油系统，可以降低设备的维护费用。

（2）润滑脂的黏附性使其在摩擦表面上的保持力强，因而润滑脂抗水、密封性和抗漏失性能突出，可以在密封不良甚至敞开的摩擦部件上使用。

（3）润滑脂使用寿命长，供油次数少，无需经常添加。

（4）润滑脂的油膜厚度比润滑油的油膜厚度厚。

（5）润滑脂的摩擦系数比润滑油低，节约动力消耗。

（6）润滑脂承载能力、减震能力和降噪能力更好。

（7）润滑脂的使用温度范围比润滑油更宽。

润滑脂的缺点：

（1）润滑脂是半固体，常温下不流动，所以在摩擦部件上加脂、换脂和清洗比较困难。

（2）混入的水分、灰尘、磨屑难以分离出来。

（3）润滑脂的润滑方式决定其冷却效果较润滑油差。

（4）对高转速设备不太适用。

4. 润滑脂的主要性能指标

通过不同的试验，可以测定润滑脂的不同性能指标，这些指标可以在一定程度上反映润滑脂的实际工作性能，可作为选用润滑脂的重要参考。润滑脂的主要性能指标如下：

（1）锥入度。

（2）滴点。

（3）低温相似黏度和低温转矩。

（4）压力分油和高温钢网分油。

（5）润滑脂延长工作锥入度。

（6）承载能力。

（7）润滑脂氧化安定性试验。

（8）润滑脂腐蚀试验。

（9）润滑脂的防锈试验。

三、燃料机械常用润滑油和润滑脂

（1）燃料机械常用的润滑油见表 2-1。

表 2-1　常用润滑油

<table>
<tr><th rowspan="2">名称</th><th rowspan="2">代号</th><th colspan="3">运动黏度（mm^2/s）</th><th rowspan="2">黏度指数</th><th rowspan="2">闪点不低于（℃）</th><th rowspan="2">凝点不高于（℃）</th><th rowspan="2">应用举例</th></tr>
<tr><th>40℃</th><th>50℃</th><th>100℃</th></tr>
<tr><td rowspan="4">中极压工业齿轮油</td><td>N120</td><td>110～130</td><td></td><td rowspan="4"></td><td rowspan="4">不小于 90</td><td rowspan="4">190</td><td rowspan="4">−8</td><td rowspan="4">斗轮、尾车伸缩、皮带、回转以及走行减速机</td></tr>
<tr><td>N150</td><td>130～160</td><td></td></tr>
<tr><td>N220</td><td></td><td>193～242</td></tr>
<tr><td>N320</td><td></td><td>288～352</td></tr>
<tr><td rowspan="2">齿轮油</td><td>HL-20</td><td>17.9～22.1</td><td></td><td>2.7～3.2</td><td rowspan="2"></td><td>170</td><td>−20</td><td rowspan="2">检测减速机、回转检测减速机、走行低速齿轮副</td></tr>
<tr><td>HL-30</td><td>28.4～32.3</td><td></td><td>4.0～4.5</td><td>180</td><td>−5</td></tr>
</table>

续表

名称	代　号	运动黏度（mm²/s）			黏度指数	闪点不低于（℃）	凝点不高于（℃）	应用举例
		40℃	50℃	100℃				
透平油	20号							液力耦合器
航空液压油	HY-10							制动器
合成锭子油		12～14			不小于163		−45	制动器、走行制动器、防爬器油缸
变压器油	DB-25							制动器

（2）燃料机械常用的润滑脂见表2-2。

表2-2　　常用润滑脂

名称	牌号	外观	滴点不低于	锥入度 1/10mm	应用举例
石墨钙基润滑脂	ZG-S	黑色	80	—	检测开式齿轮、回转销轮、伸缩开式传动、圆锥滚轮滚道
MoS_2锂基润滑脂	1号	淡黄色到暗褐色	170	310～340	斗轮、回转、走行、皮带机电机和改向、驱动滚筒和伸缩齿轮、斗轮轴轴承和防爬器销轴和回转支承反轮、走行轮、支承轮以及俯仰系统铰轴等

复习思考题

1. 燃料设备的润滑如何分类？
2. 燃料设备润滑的作用有哪些？
3. 什么是燃料设备构件的磨损？有哪些分类？
4. 典型燃料设备如何选用润滑剂？
5. 燃料设备常用零部件如何润滑？
6. 润滑油的基本性能有哪些？

第三章　燃料及燃烧

第一节　燃料概述

一、燃料煤

煤炭是世界上最重要的矿产资源，根据国际能源专家估计，全世界的可采储量约达6875亿t标准煤。

煤炭是我国的主要能源。从我国煤炭生产的品种来看，无烟煤约占总产量的20%，烟煤约占75%，褐煤只有5%。煤炭的用途十分广泛，既是燃料，也是重要的工业原料。

1. 煤炭的生成

煤是由植物残骸经过复杂的生物化学作用和物理化学作用转变而成的。这个转变过程叫做植物的成煤作用。一般认为，成煤过程分为两个阶段，即泥炭化阶段和煤化阶段。前者主要是生物化学过程，后者是物理化学过程。

在泥炭化阶段，植物残骸既分解又化合，最后形成泥炭或腐泥。泥炭和腐泥都含有大量的腐殖酸，其组成和植物的组成已经有很大的不同。

煤化阶段包含以下两个连续的过程：

第一个过程，在地热和压力的作用下，泥炭层发生压实、失水、肢体老化、硬结等各种变化而成为褐煤。褐煤的密度比泥炭大，在组成上也发生了显著的变化，碳含量相对增加，腐殖酸含量减少，氧含量也减少。因为煤是一种有机岩，所以这个过程又叫做成岩作用。

第二个过程，是褐煤转变为烟煤和无烟煤的过程。在这个过程中煤的性质发生变化，所以这个过程又叫做变质作用。地壳继续下沉，褐煤的覆盖层也随之加厚。在地热和静压力的作用下，褐煤继续经受物理化学变化而被压实、失水。其内部组成、结构和性质都进一步发生变化。这个过程就是褐煤变成烟煤的变质作用。烟煤比褐煤碳含量增高，氧含量减少，腐殖酸在烟煤中已经不存在了。烟煤继续进行着变质作用。由低变质程度向高变质程度变化。从而出现了低变质程度的长焰烟、气煤，中等变质程度的肥煤、焦煤和高变质程度的瘦煤、贫煤。它们之间的碳含量也随着变质程度的加深而增大。

温度对于在成煤过程中的化学反应有决定性的作用。随着地层加深，地温升高，煤的变质程度就逐渐加深。高温作用的时间愈长，煤的变质程度愈高，反之亦然。在温度和时间的同时作用下，煤的变质过程基本上是化学变化过程。在其变化过程中，所进行的化学反应是多种多样的，包括脱水、脱羧、脱甲烷、脱氧和缩聚等。

压力也是煤形成过程中的一个重要因素。随着煤化过程中气体的析出和压力的增高，反应速度会愈来愈慢，但却能促成煤化过程中煤质物理结构的变化，能够减少低变质程度煤的孔隙率、水分和增加密度。形成煤必须具备四个先决条件：

①植物条件；②气候条件；③地理条件；④地壳运动条件。

2. 火力发电厂的燃料用煤

燃料是指在燃烧过程中能够发出热量的物质（除核燃料），作为燃料应具备两个条件：①可燃；②燃烧时可放出的热量在经济上是可算的。

电厂燃煤的利用原则如下：

(1) 尽量不用其他工业部门所必需的优质煤，并通过经济技术比较尽量利用当地或就近的劣质燃料，以保证国家的燃料资源得到充分、合理利用。

(2) 尽量利用当地或就近的劣质燃料，以减轻运输负担。

二、燃料油

燃料油是成品油的一种，是石油加工过程中在汽、煤、柴油之后从原油中分离出来的较重的剩余产物，用于电站锅炉燃料。燃料油主要由石油的裂化残渣油和直馏残渣油制成，其特点是黏度大，含非烃化合物、胶质、沥青质多。燃料油的主要技术指标有黏度、含硫量、闪点、水、灰分和机械杂质。

(1) 黏度：黏度是燃料油最重要的性能指标，是划分燃料油等级的主要依据，它是对流动性阻抗能力的度量。它的大小表示燃料油的易流性、易泵送性和易雾化性能的好坏。目前国内较常用的是 40℃运动黏度（馏分型燃料油）和 100℃运动黏度（残渣型燃料油）的燃料油。

(2) 含硫量：燃料油中的硫过高会引起金属设备腐蚀和环境污染。根据含硫量的高低，燃料油可划分为高硫、中硫和低硫燃料油。

(3) 闪点：是涉及使用安全的指标，闪点过低会带来着火的隐患。

(4) 水分：水分的存在会影响燃料油的凝点及燃料性能，会造成炉膛熄火、停炉等事故。

(5) 灰分：是燃料使用后剩下的不能燃烧的部分，灰分掺入燃料油后，会加速泵、阀的磨损。例如，覆盖在锅炉受热面上，会使传热性变坏。

(6) 机械杂质：它会堵塞过滤网，造成抽油泵磨损和喷油嘴堵塞，影响正常燃料的使用。

燃料油可以分为常压重油、减压重油、催化重油和混合重油。

电力行业的燃料油主要用于两个方面：一是燃油机组发电、供热；二是燃煤机组的点火、助燃和稳燃用油。

第二节 煤 的 特 性

一、煤的物理性质

1. 粒度和颗粒组成

煤的颗粒一般具有几个方向的线尺寸，所谓粒度是指煤颗粒的最大线尺寸。

2. 含水率（湿度）

煤里所含水分有表面水分（也叫外在水分）和固有水分（也称内在水分）。煤中所含水分的多少用湿度来表示。

3. 容重

单位容积煤的质量称为煤的容量。容重又分为静堆积容重和动堆积容重。

(1) 静堆积容重：是指自然倾倒于标准容器中的煤质量与该容器的容积之比。

(2) 动堆积容重：是指煤在标准容器中，振动密实后煤的质量与煤所占容积之比。

4. 松散性（流动性）和堆积角（ρ）

煤在整个输送机系统中的状态，可由煤的松散性表现出来，即用颗粒的流动性来说明，煤的松散性用自然堆积角 ρ 来表示。

自然堆积角：自由堆放着的煤堆的侧表面与水平面之间的最大夹角。对于带式输送机的振动范围，堆积角是自然堆积角的 0.7 倍。

颗粒的松散性也是煤的主要性质之一，影响煤流动性的因素很多，主要有内摩擦力、黏滞力、容重及煤中所含细小颗粒与空气的多少等。

5. 机械强度

机械强度是指煤抵抗破坏性外力的能力，可以用可磨性系数 K_{km} 表示。

6. 磨损性

是指煤的颗粒在运动时，对于它接触的设备产生的磨损叫磨损性。

7. 腐蚀性

是指煤与其接触的表面产生化学反应，这是煤中含有硫和硫铁化合物所造成的。

8. 自燃性

是指常温下煤在空气中由于氧化作用，产生有机部分的氧化过程。氧化的结果是煤开始放热、自燃直到燃烧。自燃的发生与煤的物理性质、化学成分、储存方法及储存的时间有关。

二、煤的元素分析

煤的元素分析，即煤的化学成分分析。煤的化学成分包括碳（C）、氢（H）、氮（N）、硫（S）、水分（M）、灰分（A）。

（1）碳：是煤中最基本的组成部分，是煤中主要的可燃元素。

（2）氢：是煤中单位发热量最高的元素，含量不多约占 3%～6%（1kg 氢气燃烧时放出 12049kJ 的热量）。

（3）氮：是煤中杂质，既不燃烧也不助燃，在燃烧过程中产生氧化氮，会污染大气。

（4）硫：是煤中可燃元素，也是有害元素，燃烧产生氧化硫及硫化物，污染大气。

（5）水分：也是煤中杂质，是有害成分。

（6）灰分：是煤中的主要杂质，也是有害成分，它是煤中不能燃烧的矿物质在煤燃烧后留下来的固态残渣。

三、煤的工业分析

火力发电厂一般采用煤的工业分析法，根据煤的燃烧过程，按规定条件把煤试样在 102～105℃进行干燥，用加热和燃烧的办法来测定煤的水分（M）、挥发分（V）、固定碳（FC）和灰分（A）的百分含量。

1. 水分的测定

把煤试样放在烘箱内，保持 102～105℃的温度烘烤约 2h 至其质量不再变化时为止，试样所失去的质量占原煤质量的百分比，即为该煤含水分的百分含量。

2. 挥发分的测定

挥发分是煤的重要特性，是煤分类的重要依据。煤失去水分后置于隔绝空气中加热到一定温度分解出的气态物质，称为挥发分。这些气体大部分都是可燃的，如 CO、H_2、CH_4、N_2S 等，只有少部分是不可燃的。挥发分的析出与温度有关，也与煤的煤化程度有关。煤在 170～260℃时，煤化程度越浅，挥发析出的温度越低。

把失去水分的煤试样置于隔绝空气的条件下（防止被烧掉），规定各种煤统一加热到 850℃，煤中会挥发出气体，随着温度的升高和时间的延长，挥发的速度先是不断增加而后又逐渐降低，约 7min 后挥发过程可基本结束，煤样由于这种挥发所失去的质量占原试样质量的百分比数，即为该煤样的挥发分的百分含量。

3. 固定碳和灰分的测定

煤试样去掉水分和挥发分后剩余下来的固定部分称为焦炭，焦炭是由固定碳和灰分组成的。将焦炭在空气中加热到 800±25℃的温度下燃烧，到质量不在变化时取出来冷却，这时焦炭失去的质量就是固定炭的质量，剩余部分就是灰分的质量，这两个质量各占原试样（未烘干加热前）

质量的百分数，即是该固定碳和灰分组成的百分比。

四、煤的分析基准表示方法

为了确切地反映煤的特性，不但要知道煤的成分，还应当知道分析煤成分时煤所处的状态。同一种煤当其所处的状态不同，分析得出的成分含量会不同。煤分析常用的基准有收到基、空气干燥基、干燥基和干燥无灰基四种，它们的工业和元素分析结果表达如下：

（1）收到基。以收到状态的煤为基准来表示煤中各组成成分的百分比，用下标 ar 表示，它计入了煤的灰分和全水分。其成分可用下列平衡式表示

工业分析 $$M_{ar}+A_{ar}+V_{ar}+FC_{ar}=100\%$$

元素分析 $$C_{ar}+H_{ar}+N_{ar}+S_{ar}+O_{ar}+A_{ar}+M_{ar}=100\%$$

式中：M_{ar}、A_{ar}、V_{ar}、FC_{ar}、C_{ar}、H_{ar}、S_{ar}、O_{ar} 为煤中的水分、灰分、挥发分、固定碳、碳、氢、氮、可燃硫、氧成分的收到基含量的百分数。

（2）空气干燥基。由于煤的外部水分变动很大，在分析时常把煤进行自然风干，使它失去外部水分，以这种状态为基准进行分析得出的成分称为空气干燥基，以下标 ad 表示。其成分可用下列平衡式表示

工业分析 $$M_{ad}+A_{ad}+V_{ad}+FC_{ad}=100\%$$

元素分析 $$C_{ad}+H_{ad}+N_{ad}+S_{ad}+O_{ad}+A_{ad}=100\%$$

（3）干燥基。以无水状态的煤为基准来表达煤中各组成成分，以下标 d 表示。其成分可用下列平衡式表示

工业分析 $$A_{d}+V_{d}+FC_{d}=100\%$$

元素分析 $$C_{d}+H_{d}+N_{d}+S_{d}+O_{d}+A_{d}=100\%$$

（4）干燥无灰基。除灰分和水分后煤的成分，这是一种假想的无水无灰状态，以此为基准的成分组成，以下标 daf 表示。其成分可用下列平衡式表示

工业分析 $$V_{daf}+FC_{daf}=100\%$$

元素分析 $$C_{daf}+H_{daf}+N_{daf}+S_{daf}+O_{daf}=100\%$$

煤中本来只有碳、氢和可燃硫三者为可燃成分，但由于氧和氮总是同可燃元素结合在一起，故常把去除水分和灰分后的成分都算作可燃部分，以此为基准进行分析得出煤的干燥无灰基成分。

第三节　燃料的燃烧

燃料按存在形态可分成固体燃料、液体燃料和气体燃料三种，如煤、重油和天然气等。我国电厂主要燃用固体燃料煤炭。

一、燃烧

燃料中的可燃物质同空气中氧气在高温下进行激烈的化学反应，并产生光和热的现象叫燃烧。

1. 燃料燃烧的条件

燃烧需具备以下三个条件：

（1）可燃物质（来源于燃料）；

（2）助燃的氧气（来源于空气）；

（3）足够高的温度（来源于炉膛高温）。

2. 煤在炉内的燃烧过程

煤炭在炉内燃烧过程一般经过以下四个阶段：

（1）干燥阶段：煤吸收炉膛热量，水分被蒸发。

（2）挥发分析出及其燃烧阶段：煤在炉膛升温至一定阶段，挥发分从煤中析出，当温度达到着火温度，逸出的挥发分便开始在煤表面燃烧。

（3）焦炭燃烧阶段：煤中挥发分析出后剩余可燃组分为焦炭，达到一定温度时，焦炭开始燃烧并产生大量热量。

（4）燃尽阶段：当焦炭燃烧到一定时间后，大部分含碳物质已燃烧完，只有少量被灰渣包围的焦炭继续燃烧直到燃尽。

焦炭燃烧时间（从开始燃烧至燃尽）远比挥发分燃烧时间长，大约占煤全部燃烧时间的90％。

二、煤的混配掺烧

1. 煤混配掺烧的意义

燃煤的种类和性质对电厂锅炉设备的结构选型、受热面的布置，以及运行的经济性和可靠性都有很大的影响，因此锅炉都是根据提供的煤质参数进行设计的。当实际燃用的煤质与设计不符合时，要按锅炉对煤质的要求进行合理配煤，使煤质达到或接近设计要求，以保证锅炉的正常燃烧和运行的经济性。混配的另一个原因是符合环保要求。

2. 确定混配掺烧比例

首先要选用对锅炉燃烧影响大的煤质指标或煤种作为配煤依据。如若锅炉燃烧不好，可选用挥发分作为配煤的煤质指标；若锅炉易结渣，则选用灰熔点作为配煤的煤质指标等。然后选用某种煤种作为配煤比例基数，计算另一煤种的掺入比例。

若有两种以上的煤种混配时，可先选两种掺配后，再与第三种掺配，再以此为基础与第四种掺配等。也可设定所需煤为100％，计算出各种煤的掺入比例。

3. 混配方法及混配地点

煤炭混配比例确定下来后，就可以按一定方法进行混配。目前混配的方法主要有以下两种。

第一种方法叫分堆（罐）混配法。有储煤场的电厂，可以把煤按煤种或挥发分、热值高低进行分堆存放，掺烧时，用取煤机按一定比例从各煤堆中把所需煤的数量送入输煤系统。有储煤罐或储煤仓的电厂可用储罐把煤按煤的挥发分或发热量高低分罐储存，当掺烧时，调节储罐闸板开度，即可进行煤的混配。

第二种方法叫堆放混煤床法。即先用堆煤机把煤按一定比例数量和堆取方式，将煤堆放成混煤床，然后从混煤床中提取煤至输煤系统。

第三种方法叫动态混配。即直接按比例将煤送往输煤皮带进行混配。混配地点可在煤矿、储煤场和储煤仓进行。

第四节　煤的发热量

煤的发热量是煤质重要特性之一。煤的最大使用价值就是利用其燃烧释放出来的热量。因此，它不但是动力煤计价的主要依据，而且是设计锅炉，计算发、供电煤耗率的重要参数。煤的发热量有弹筒、高位和低位发热量三种：①弹筒发热量是煤在一定试验条件（在充有过量氧气的弹筒内）下完全燃烧释放出的总热量，它包括煤本身燃烧释放出的热量，燃烧形成的水蒸气又全部凝结成水时释放出的热量和煤中氮、硫燃烧时形成的硝酸、硫酸所释放出的热量三部分；②从弹筒发热量中扣除硝酸、硫酸释放出的热量后叫高位发热量；③从高位发热量中扣除水释放出的热量叫低位发热量。很明显，当同一种煤用三种方法表示发热量时，其数值大小顺序是：弹筒热值>高位热值>低位热值。

所以，在使用时一定要注意发热量的表示方法。煤在锅炉中实际燃烧时，所能利用的仅是煤的低位发热量。

1. 发热量

单位质量的煤完全燃烧时放出的热量，称为煤的发热量或热值，用 Q 来表示，单位为kJ/kg。发热量分为高位发热量和低位发热量。

高位发热量：当1kg煤完全燃烧所生成的烟气中的部分水蒸气都凝结成水时煤放出的全部热量，称为煤的高位发热量（Q_G）。

低位发热量：当1kg煤完全燃烧所生成的烟气中部分水蒸气未凝结成水时煤放出的热量，称为煤的低位发热量（用 Q_D 表示）。锅炉所利用的只是低位发热量，因为炉膛烟气温度过高，烟气中的水蒸气压力很低，一般不会凝结，因此水蒸气中的汽化潜热并不能释放出来的缘故。

2. 煤的焦结性

当煤被加热，在水分蒸发和挥发分逸出之后，剩下的坚固程度不同的残留物（焦炭）有的松脆，有的结成不同硬度的焦块，焦炭的这种不同结焦程度的性质称为煤的焦结性。

按照焦炭的机械强度，煤的结焦性大致可分为以下三个等级：

（1）不焦结性煤：焦炭呈粉末状；

（2）弱焦结性煤：焦炭呈松散状；

（3）强焦结性煤：焦炭坚硬成块状。

第五节　煤质和煤种对输煤系统和设备的影响

一、煤的分类

（1）无烟煤：碳化程度最高，即含碳量最多，不易点燃，发热量最高，重度大，质硬块大不易破碎，呈金属光泽，为灰黑和黑色，燃烧缓慢，无烟，只有很短的蓝色火焰，没有焦结性。

（2）贫煤：碳化程度低于无烟煤并与烟煤相近，其性质也介于无烟煤和烟煤之间，含氢量较少发热量低于烟煤，不易点燃，火焰较短色黄且无烟，储存稳定。

（3）烟煤：碳化程度次于无烟煤，含碳量较高，发热量也较高，呈灰黑色，有光泽，质松易碎，一般容易点燃，火焰长，烟大，有焦结性。

（4）褐煤：碳化程度较低，灰分和水分高，挥发分较高，发热量较低，呈棕褐色，质松易碎，易点燃，不耐烧，火焰长，焦结性弱，吸水性强，热稳定性差，易风化自燃。

（5）泥煤：碳化程度较低，含水分高，挥发分最高，灰分变动较大，呈土黄色，干后质松易碎。

二、煤的性质对输煤设备的影响

1. 发热量变化的影响

如锅炉负荷不变，当煤的发热量降低，则煤耗增大，输煤系统的负担加重。

2. 煤中灰分变化的影响

煤的灰分大小是衡量煤质好坏的重要标志，煤的质量级别是根据煤的灰分多少制定的。对于工业煤来说，灰分总是无用成分，它给运输增加了负担，也增加了输煤系统的负担。煤的灰分越高，固定碳就越少，发热量也就越低。根据经验推算，煤的灰分每增加1%，其发热量减少约209～377kJ/kg，由于灰分的比重大约是可燃质比重的2倍，因此灰分大造成输煤系统设备磨损增加。

3. 煤中水分的影响

煤中水分的增大，除增大燃煤的消耗量，增加输煤系统出力外，还易引起输煤设备黏煤。煤中水分大到6%以上时，将造成落煤管等堵塞，尤其会降低筛分设备效率，不利于带式输送机的运行，严重时会中止输煤，加重设备锈蚀，冬季会使煤冻结而影响输送。

4. 挥发分和硫分变化的影响

挥发分和硫分对输煤设备无明显影响，但对于高挥发分和高硫分的煤，应注意防止自燃和爆炸。因为挥发分高的煤种燃点较低，硫的燃点也低。

5. 煤的颗粒度、硬度、表面形状等对输煤机械的影响

煤的颗粒组成、硬度、表面形状对筛碎设备、带式输送机等的正常运行都有直接的影响。当煤中大颗粒增多，机械强度大时，会使碎煤机负荷加大，同样对落煤管会有不同程度的冲击和磨损，降低设备的使用寿命。

当煤中小颗粒数量较多时，要求筛子具有较高的筛分效率。此时带式输送机上煤流运行的稳定程度得到改善。但同时由于小颗粒的增多使各处落煤管壁、死角黏煤，黏煤区的扩大将会产生堵塞现象。

6. 可磨性

煤的可磨性表明煤的机械强度大小，标志煤粉碎的难易程度。测定煤的可磨性，引入了一个由试验测得的可磨性系数K_{km}。某一种煤的可磨性系数，就是在风干状态下，将标准的煤和所测的煤由相同粒度破碎到相同细度时消耗的电能之比。

标准的煤是一种极难磨的无烟煤，其可磨性系数定为$K_{km}=1$。

第六节　煤质和煤种对燃煤锅炉的影响

为了提高煤的综合利用价值，必须了解、研究煤的工艺性质，以满足使用时对煤质的不同要求。煤的工艺性质主要包括黏结性和结焦性、发热量、化学反应性、热稳定性、透光率、机械强度和可选性等。

1. 黏结性和结焦性

黏结性是指煤在干馏过程中，由于煤中有机质分解、熔融而使煤粒能够相互黏结成块的性能。结焦性是指煤在干馏时能够结成焦炭的性能。煤的黏结性是结焦性的必要条件，结焦性好的煤必须具有好的黏结性。黏结性是进行煤的工业分类的主要指标，一般用煤中有机质受热分解、软化形成的胶质体的厚度来表示，常称胶质层厚度。胶质层越厚，黏结性越好。测定黏结性和结焦性的方法很多，除胶质层测定法外，还有罗加指数法、奥亚膨胀度试验等方法。黏结性受煤化程度、煤岩成分、氧化程度和矿物质含量等多种因素的影响。煤化程度最高和最低的煤，一般都没有黏结性，胶质层厚度也很小。

2. 发热量

发热量是指单位质量的煤在完全燃烧时所产生的热量，亦称热值，常用kJ/kg表示。它是评价煤炭质量，尤其是评价动力用煤的重要指标。国际市场上动力用煤以热值计价。发热量主要与煤中的可燃元素含量和煤化程度有关。为便于比较耗煤量，在工业生产中，常常将实际消耗的煤量折合成发热量为2.930 368kJ/kg的标准煤来进行计算。

3. 化学反应性

化学反应性又称活性，是指煤在一定温度下与二氧化碳、氧和水蒸气相互作用的反应能力。它是评价气化用煤和动力用煤的一项重要指标。反应性强弱直接影响到耗煤量和煤气的有效成

分。煤的活性一般随煤化程度加深而减弱。

4. 热稳定性

热稳定性又称耐热性，是指煤在高温作用下保持原来粒度的性能。它是评价气化用煤和动力用煤的又一项重要指标。热稳定性的好坏，直接影响煤在炉内能否正常燃烧以及煤的气化和燃烧效率。

5. 挥发分

挥发分是判明煤炭着火特性的首要指标。挥发分含量越高，着火越容易。根据锅炉设计要求，燃煤挥发分的值变化不宜太大，否则会影响锅炉的正常运行。如原设计燃用低挥发分的煤而改烧高挥发分的煤后，因火焰中心逼近喷燃器出口，可能会因烧坏喷燃器而停炉；若原设计燃用高挥发分的煤种而改烧低挥发分的煤，则会因着火过迟而使燃烧不完全，甚至造成熄火事故。因此供煤时要尽量按原设计的挥发分煤种或相近的煤种供应。

6. 灰分

灰分含量会使火焰传播速度下降，着火时间推迟，燃烧不稳定，炉温下降。灰分越高，热效率越低。燃烧时，熔化的灰分还会在炉内结成炉渣，影响煤的气化和燃烧，同时造成排渣困难；炼焦时，全部转入焦炭，降低了焦炭的强度，严重影响焦炭质量。煤灰成分十分复杂，成分不同直接影响到灰分的熔点。灰熔点低的煤，燃烧和气化时，会给生产操作带来许多困难。为此，在评价煤的工业用途时，必须分析灰成分，测定灰熔点。

7. 水分

水分是燃烧过程中的有害物质之一，它在燃烧过程中吸收大量的热，对燃烧的不利影响比灰分大得多。煤化程度越低，煤的内部表面积越大，水分含量越高。水分对煤的加工利用不利。在煤的储存过程中，煤中水分能加速煤的风化、破裂，甚至导致煤自燃；在运输时，会增加运量，浪费运力，增加运费；燃烧时，降低有效发热量；在高寒地区的冬季，还会使煤冻结，造成装卸困难。

8. 灰的熔融性

煤灰的熔融性是指灰分熔点的高低。当锅炉内温度达到或高于灰分的熔点时，固态的灰分将逐渐熔成液体状态，具有黏性，与锅炉内受热面管子接触时就会黏附在受热面上造成结渣（俗称结焦），使传热恶化，影响锅炉安全经济运行。各种煤的灰熔点在1200～1400℃之间，软化温度大于1200℃的煤称为易熔灰分的煤。由于煤粉炉炉膛火焰中心温度多在1500℃以上，在这样的高温下，煤灰大多呈软化或流体状态。

9. 煤的硫分

硫是煤中有害杂质，虽对燃烧本身没有影响，但它的含量太高，对设备的腐蚀和环境的污染都相当严重。因此，电厂燃用煤的硫分不能太高，一般要求最高不能超过2.5%。

复习思考题

1. 简述煤的生成过程。
2. 燃油的主要技术指标有哪些？
3. 煤的物理性质有哪些？
4. 简述煤的工业分析法。
5. 煤的成分基准有哪些？
6. 煤质煤种对输煤系统和设备的影响有哪些？

第四章　液　压　传　动

第一节　液压传动的工作原理

液压传动技术已有二三百年的历史，普遍地用于起重机、机床及工程机械。当前液压技术正向迅速、高压、大功率、高效、低噪声、经久耐用、高度集成化的方向发展。

我国的液压技术最初应用于机床和锻压设备上，后来又用于拖拉机和工程机械。现在，随着从国外引进一些液压元件、生产技术以及进行自主化设计，我国现已形成了国产液压元件系列，并在各种机械设备上得到了广泛的使用。

一切机械都有相应的传动机构并借助其达到对动力的传递和控制的目的。机械的各种传动方式如下：

- 机械传动——通过齿轮、齿条、蜗轮、蜗杆等机件直接把动力传送到执行机构的传递方式
- 电气传动——利用电力设备，通过调节电参数来传递或控制动力的传动方式
- 流体传动
  - 液体传动
    - 液压传动——利用液体静压力传递动力
    - 液力传动——利用液体流动动能传递动力
  - 气体传动
    - 气压传动
    - 气力传动

一、液压传动的工作原理

液压传动的工作原理，可以用一个液压千斤顶的工作原理来说明。

图 4-1 是液压千斤顶的工作原理图。大油缸 9 和大活塞 8 组成举升液压缸。杠杆手柄 1、小油缸 2、小活塞 3、单向阀 4 和 7 组成手动液压泵。如提起手柄使小活塞向上移动，小活塞下端油腔容积增大，形成局部真空，这时单向阀 4 打开，通过吸油管 5 从油箱 12 中吸油；用力压下手柄，小活塞下移，小活塞下腔压力升高，单向阀 4 关闭，单向阀 7 打开，下腔的油液经管道 6 输入举升油缸 9 的下腔，迫使大活塞 8 向上移动，顶起重物。再次提起手柄吸油时，单向阀 7 自动关闭，使油液不能倒流，从而保证了重物不会自行下落。不断地往复扳动手柄，就能不断地把油液压入举升缸下腔，使重物逐渐地升起。如果打开截止阀 11，举升缸下腔的油液通过

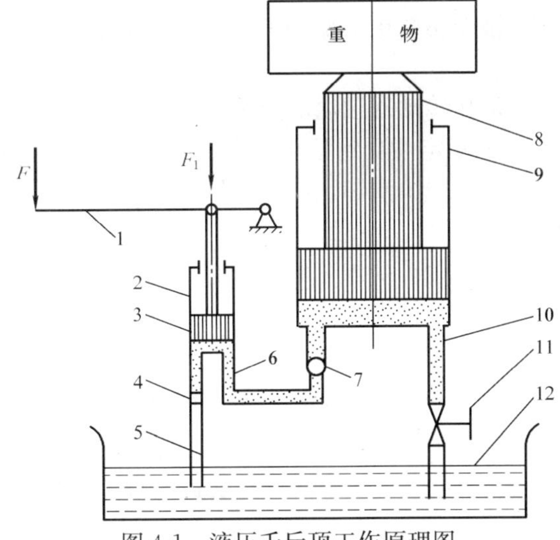

图 4-1　液压千斤顶工作原理图

1—杠杆手柄；2—小油缸；3—小活塞；4，7—单向阀；5—吸油管；6，10—管道；8—大活塞；9—大油缸；11—截止阀；12—油箱

管道10、截止阀11流回油箱，重物就向下移动。这就是液压千斤顶的工作原理。

通过对上面液压千斤顶工作过程的分析，可以初步了解到液压传动的基本工作原理。液压传动是利用有压力的油液作为传递动力的工作介质。压下杠杆时，小油缸2输出压力油，是将机械能转换成油液的压力能，压力油经过管道6及单向阀7，推动大活塞8举起重物，是将油液的压力能转换成机械能。大活塞8举升的速度取决于单位时间内流入大油缸9中油容积的多少。由此可见，液压传动是一个不同能量的转换过程。

二、液压传动的优缺点

液压传动之所以能得到广泛的应用，是由于它具有以下的主要优点：

(1) 由于液压传动是油管连接，所以借助油管的连接可以方便灵活地布置传动机构，这是比机械传动优越的地方。例如，在井下抽取石油的泵可采用液压传动来驱动，以克服长驱动轴效率低的缺点。由于液压缸的推力很大，且极易布置，在挖掘机等重型工程机械上，已基本取代了老式的机械传动，其操作方便，而且外形美观大方。

(2) 液压传动装置的质量轻、结构紧凑、惯性小。例如，相同功率液压马达的体积为电动机的12%～13%。液压泵和液压马达单位功率的重量指标，目前是发电机和电动机的十分之一，液压泵和液压马达可小至0.002 5N/W（牛/瓦），发电机和电动机则约为0.03N/W。

(3) 可在大范围内实现无级调速。借助阀或变量泵、变量马达，可以实现无级调速，调速范围可达1∶2000，并可在液压装置运行的过程中进行调速。

(4) 传递运动均匀平稳，负载变化时速度较稳定。正因为此特点，金属切削机床中的磨床传动现在几乎都采用液压传动。

(5) 液压装置易于实现过载保护——借助于设置溢流阀等，同时液压件能自行润滑，因此使用寿命长。

(6) 液压传动容易实现自动化——借助于各种控制阀，特别是液压控制和电气控制结合使用时，能很容易地实现复杂的自动工作循环，而且可以实现遥控。

(7) 液压元件已实现了标准化、系列化和通用化，便于设计、制造和推广使用。

液压传动的缺点如下：

(1) 液压系统中的漏油等因素，影响运动的平稳性和正确性，使得液压传动不能保证严格的传动比。

(2) 液压传动对油温的变化比较敏感，温度变化时，液体黏性变化，引起运动特性的变化，使得工作的稳定性受到影响，所以它不宜在温度变化很大的环境条件下工作。

(3) 为了减少泄漏，以及满足某些性能上的要求，液压元件的配合件制造精度要求较高，加工工艺较复杂。

(4) 液压传动要求有单独的能源，不像电源那样使用方便。

(5) 液压系统发生故障不易检查和排除。

总之，液压传动的优点是主要的，随着设计制造和使用水平的不断提高，有些缺点正在逐步被克服。液压传动有着广泛的发展前景。

第二节　液　压　系　统

在液压传动中，人们利用没有固定形状但具有确定体积的液体来传递力。图4-2是一个经过简化了的液压传动系统模型。图中有两个直径不同的液压缸2和4，缸内各有一个与内壁紧密配合的活塞。如活塞5上有重物W，则当活塞1上施加的力F达到一定大小时，就能阻止重物W下降。

一、液压系统的组成

液压系统由如下部分组成。

(1) 动力元件：即液压泵，它可将机械能转化成液压能，是一个能量转化装置。

(2) 执行元件：其作用是将液压能重新转化成机械能，克服负载，带动机器完成所需的运动。

(3) 控制元件：如各种阀，其中有方向阀和压力阀两种。

(4) 辅助元件：如油箱、油管、滤油器等。

(5) 传动介质：即液体。

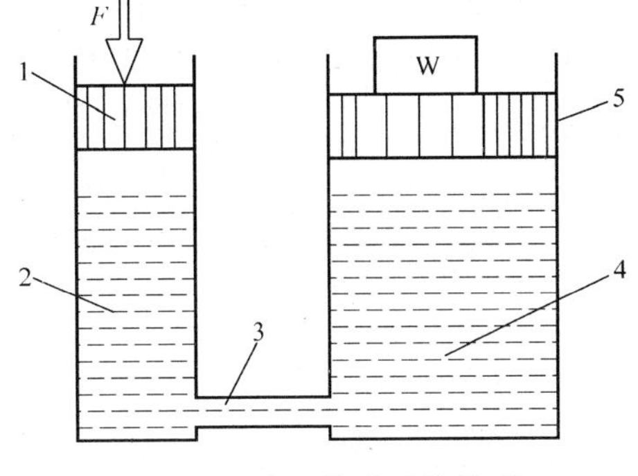

图 4-2　液压传动系统模型

1、5—活塞；2、4—液压缸；3—液体

二、典型液压系统及液压图形符号

图 4-3 所示为一典型液压系统工作原理图。图 4-4 为用液压图形符号绘制的液压系统图。

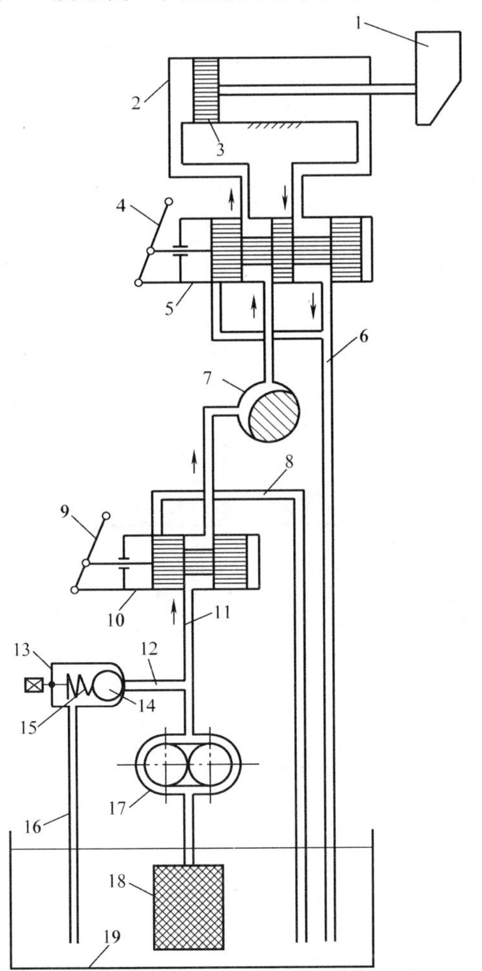

图 4-3　液压系统工作原理图

1—负载；2—液压缸；3—活塞；4—换向手柄；5—换向阀；6、8、16—回油管；7—节流阀；9—开停手柄；10—开停阀；11—压力管；12—压力支管；13—溢流阀；14—钢球；15—弹簧；17—液压泵；18—滤油器；19—油箱

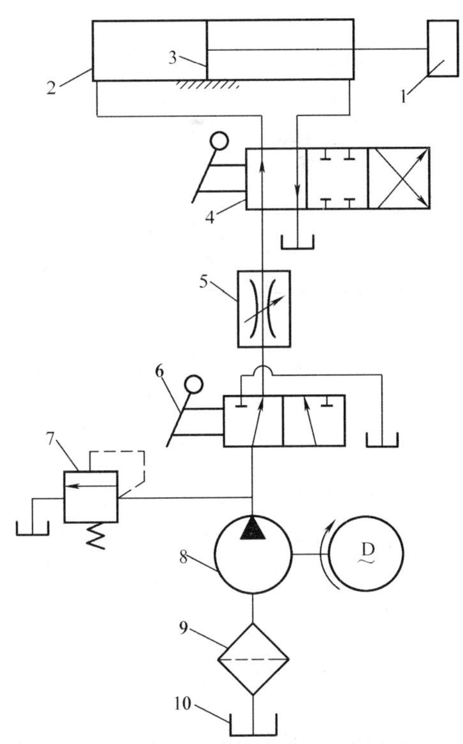

图 4-4　液压系统的图形符号图

1—负载；2—液压缸；3—活塞；4—换向阀；5—节流阀；6—开停阀；7—溢流阀；8—液压泵；9—滤油器；10—油箱

图 4-3 所示的液压系统是一种半结构式的工作原理图。它有直观性强、容易理解的优点。当液压系统发生故障时，根据图 4-3 所示的原理图检查十分方便，但此图形比较复杂，绘制比较麻烦。我国已经制定了用规定的图形符号来表示液压原理图中的各元件和连接管路的国家标准，对于这些图形符号有以下几条基本规定。

(1) 符号只表示元件的职能，连接系统的通路，不表示元件的具体结构和参数，也不表示元件在机器中的实际安装位置。

(2) 元件符号内的油液流动方向用箭头表示，线段两端都有箭头的，表示流动方向可逆。

(3) 符号均以元件的静止位置或中间零位置表示，当系统的动作需另有说明时，可作例外。

三、液压传动在机械中的应用

驱动机械运动的机构以及各种传动和操纵装置有多种形式。根据所用的部件和零件，可分为机械的、电气的、气动的、液压的传动装置。液压传动具有很多优点，在工业中的应用越来越广泛。

液压传动在机械工业部门的应用情况见表 4-1。

表 4-1　　液压传动在各类机械行业中的应用实例

行业名称	应用场所举例
工程机械	挖掘机、装载机、推土机、压路机、铲运机等
起重运输机械	汽车吊、港口龙门吊、叉车、装卸机械、皮带运输机等
矿山机械	凿岩机、开掘机、开采机、破碎机、提升机、液压支架等
建筑机械	打桩机、液压千斤顶、平地机等
农业机械	联合收割机、拖拉机、农具悬挂系统等
冶金机械	电炉炉顶及电极升降机、轧钢机、压力机等
轻工机械	打包机、注塑机、校直机、橡胶硫化机、造纸机等
汽车工业	自卸式汽车、平板车、高空作业车、汽车中的转向器、减振器等
智能机械	折臂式小汽车装卸器、数字式体育锻炼机、模拟驾驶舱、机器人等

第三节　常用液压元件

一、液压执行元件

液压执行元件：将液体的液压能转换为机械能的转换装置。

液压执行元件可分为液压马达和液压缸两大类。液压马达可以实现连续的回转运动。直线运动的液压缸，可以实现直线往复运动，输出推力（或拉力）和直线运动速度。摆动液压缸，实现往复摆动，输出角速度。

(一) 液压马达

1. 液压马达的分类及特点

额定转速高于 500r/min 的属于高速液压马达；额定转速低于 500r/min 的则属于低速液压马达。高速液压马达的基本形式有齿轮式、螺杆式、叶片式和轴向柱塞式等。它们的主要特点是：转速较高，转动惯量小，便于起动和制动，调节（调速和换向）灵敏度高。通常高速液压马达的输出扭矩不大，故又称为高速小扭矩液压马达。

低速液压马达的基本形式是径向柱塞式，如多作用内曲线式、单作用曲轴连杆式和静压平衡式等。低速液压马达的主要特点是：排量大，体积大，转速低，有的可低到每分钟几转甚至不到一转。通常，低速液压马达的输出扭矩较大，可达几千到几万 ，所以又称为低速大扭矩液压马达。

2. 液压马达与泵的相同点

从工作原理上讲，泵是用电动机带动，输出的是压力能（压力和流量）；马达输入压力油，输出的是机械能（转矩和转速）。从结构上看，马达和泵是相似的。

马达和泵的工作原理均是利用密封工作容积的变化吸油和排油的。泵在工作容积增大时吸油，工作容积减小时排出高压油；马达在工作容积增大时进入高压油，工作容积减小时排出低压油。

3. 泵和马达的不同点

泵是能源装置，马达是执行元件。泵的吸油腔一般为真空（为改善吸油性和抗气蚀耐力），通常进口尺寸大于出口尺寸，马达排油腔的压力稍高于大气压力，没有特殊要求，进、出油口尺寸可以相同。泵的结构需保证自吸能力，而马达无此要求。马达需要正反转（内部结构需对称），泵一般是单向旋转。马达的轴承结构及润滑形式需保证在很宽的速度范围内使用，而泵的转速虽相对比较高，但变化小。

液压马达的容积效率比泵低，通常泵的转速高。而马达输出较低的转速。液压泵是连续运转的，油温变化相对较小，经常空转或停转，受频繁的温度冲击。泵与原动机装在一起，主轴不受额外的径向负载。而马达直接装在轮子上或与皮带、链轮、齿轮相连接时，主轴将受较高的径向负载。

4. 液压马达工作参数及使用性能

流量：理论流量是指无泄漏的情况下，单位时间内吸入油液的体积。

工作压力：马达的实际工作压力即输入油液的压力。在计算时应是马达进口压力和出口压力之差。

额定压力：正常工作条件下，按试验标准规定连续运转的最高压力即额定压力，超过这个最高压力就叫做超载。

额定流量：是指在额定转速和额定压力下输入到马达的流量。

排量：在不考虑泄漏的情况下，液压马达每转一弧度所需输入液体的体积（m^3/s）。

理论角速度和理论转速：即不考虑泄漏时的角速度和转速。

理论输出功率：理论输出功率等于其输入功率。

容积效率：马达内部各间隙的泄漏所引起的损失称为容积损失。液压马达的理论输入流量与实际输入流量之比成为容积效率。

5. 液压马达的使用性能

启动性能：马达的启动性能主要用启动扭矩和启动效率来描述。如果启动效率低，启动扭矩就小，马达的启动性能就差。启动扭矩和启动机械效率的大小，除了与摩擦力矩有关外，还受扭矩脉动性的影响。

制动性能：液压马达的容积效率直接影响马达的制动性能，若容积效率低，泄漏大，马达的制动性能就差。(因泄漏不可避免，常设其他制动装置)。

最低稳定转速：最低稳定转速是指液压马达在额定负载下，不出现爬行现象的最低转速。

6. 叶片式液压马达的典型结构

双作用叶片马达的结构如图 4-5 所示，其结构特点如下：

转子两侧面开有环形槽，其间放置燕式弹簧。弹簧套在销子上，并将叶片压向定子的内表

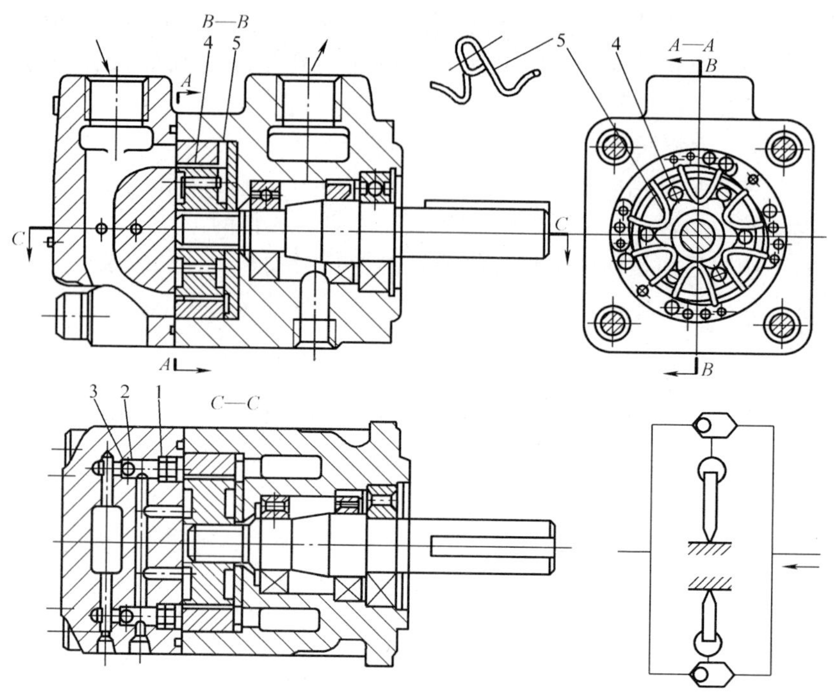

图 4-5 双作用叶片马达

1、3—阀座；2—单向球阀；4—销子；5—燕式弹簧

面，防止启动时高、低压腔互相串通，保证马达有足够的启动扭矩输出。

为了保证马达正、反转变换进、出油口时，叶片底部总是通高压油，以保证叶片与定子紧密接触，用了一组特殊结构的单向阀（梭阀），单向阀由钢球和阀座组成。图 4-5 中右下方为双作用叶片马达工作原理图。

叶片沿转子体径向布置，进、出油口大小相同，叶片顶部呈对称圆弧型，以适应正、反转要求。

叶片马达优点：体积小，转动惯量小，因此动作灵敏。允许频繁换向（甚至可以在千分之几秒内换向）。缺点：泄漏较大，不能在低转速下工作。所以叶片式马达一般用于高转速、低扭矩以及动作要求灵敏的场合。

7. 单作用连杆型径向柱塞式液压马达

低速大扭矩马达多数采用径向柱塞式结构。一般的齿轮马达、叶片马达、轴向柱塞马达，它们的转速分别相当于同类泵的转速或略高，一般的转速范围是 500～2000r/min。这类马达统称为常速马达（常速马达的缺点是在低速运转时转速不均匀）。

在闭式传动方式中采用常速液压马达，再靠减速器获得低转速、大转矩。与这种方式相比较，低速液压马达具有明显的优越性。低速马达虽有很多优点，但精度和成本较高，低速时容积效率较低。

连杆型径向柱塞式马达是一种单作用低速大扭矩马达。其优点是结构简单，制造容易，价格较低；其缺点是体积、质量较大，扭矩脉动较大，低速稳定性差，转速转矩均匀性差，效率较低。

单作用曲轴连杆型径向柱塞式液压马达的典型结构如图 4-6 所示。

（二）液压缸

液压缸是液压系统中的执行元件，它的职能是将液压能转换成机械能。液压缸的输入量是流

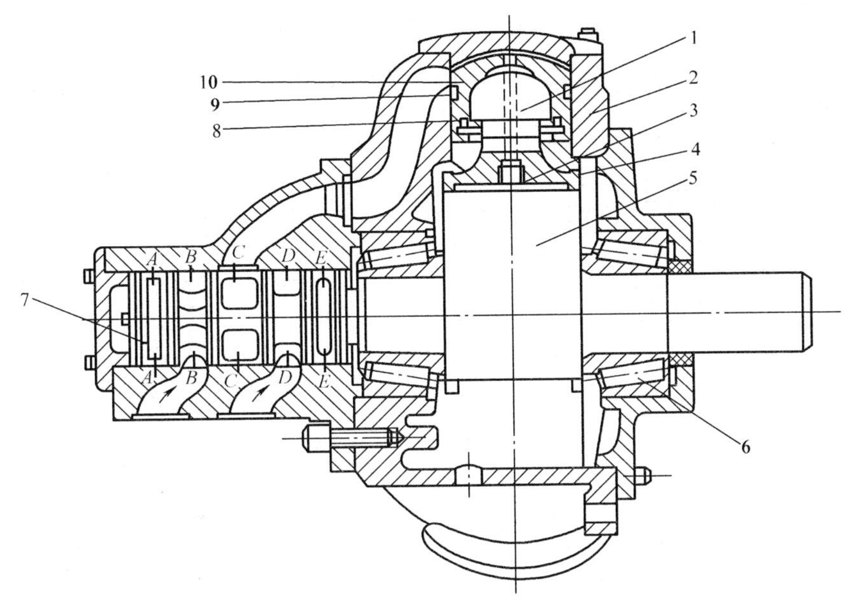

图 4-6　曲柄连杆式径向柱塞式液压马达

1—节流器；2—壳体；3—连杆；4—挡圈；5—曲轴；6—滚珠轴承；7—配流轴；8—卡环；9—密封环；10—柱塞

体的流量和压力，输出的是直线运动速度和力。液压缸的活塞能完成直线往复运动，输出的直线位移是有限的。

1. 液压缸的典型结构

如图 4-7 所示为双作用双活塞杆式液压缸结构图，主要由缸体、活塞和两个活塞杆等零件组成，活塞和活塞杆 1 用开口销连接。活塞杆分别由导向套 7 和 9 导向，并用 V 型密封圈密封，螺钉用于 V 型密封圈的松紧。两个端盖上开有进出油口。

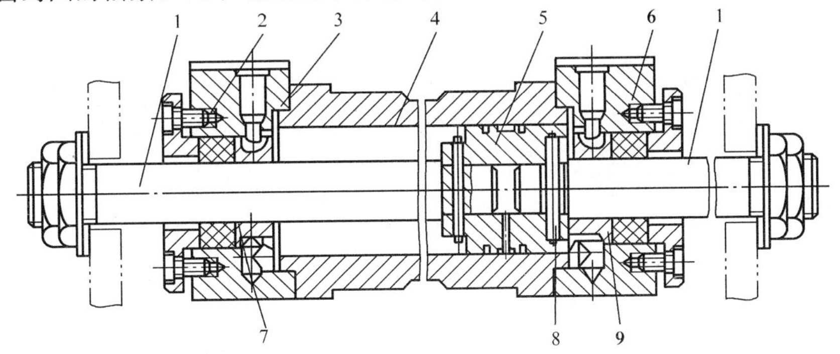

图 4-7　双作用双活塞杆式液压缸结构图

1—活塞杆；2—螺钉；3—端盖；4—缸体；5—活塞；6—V 型密封圈；7、9—导向套；8—开口销

当液压缸右腔进油、左腔回油时，活塞左移；反之，活塞右移。由于两边活塞杆直径相同，所以活塞两端的有效作用面积相同。若左右两端分别输入相同压力和流量的油液，则活塞上产生的推力和往返速度也相等。这种液压缸常用于往返速度相同且推力不大的场合，如用来驱动外圆磨床的工作台等。

如图 4-8 所示为单作用活塞杆式液压缸结构图。缸体和底盖焊接成一体。活塞靠支撑环导向，用 Y 型密封圈密封，活塞与活塞杆用螺纹连接。活塞杆靠导向套导向，用 V 型密封圈密封。端盖和缸体用螺纹连接，螺母用来调整 V 型密封圈的松紧。缸底端盖和活塞杆头部都有耳环，便于铰接。

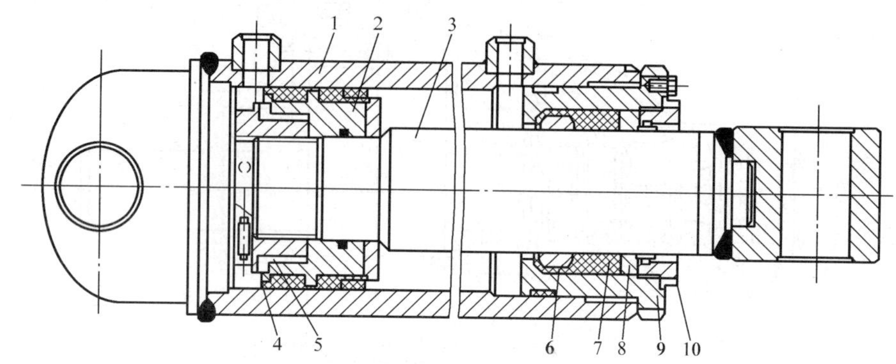

图 4-8　单作用活塞杆式液压缸结构图

1—缸体；2—活塞；3—活塞杆；4—支撑环；5—Y 型密封圈；6、8—导向套；7—V 型密封圈；9—端盖；10—螺母

2. 液压缸的缓冲装置

设置缓冲装置的目的：使活塞接近终端时，增大回油阻力，减缓运动件的运动速度，避免冲击。节流缓冲装置有缝隙节流和小孔节流两种。当活塞右行至缸端部时，即缓冲活塞开始插入缸端的缓冲孔时，活塞与缸端之间形成封闭空间，其中受困的油液只能从缓冲柱塞与孔槽之间的节流环缝（或节流小孔）中挤出，从而造成回油背压，迫使运动的柱塞减速制动，实现缓冲。

3. 液压缸排气装置

液压系统在安装过程中或长时间不工作后会渗入空气，油液中也会混有空气。由于气体有很大的可压缩性，使液压缸产生爬行、噪声和发热等一系列不良现象。因此，在设计液压缸时，要保证能及时排除积留在缸内的气体。

一般利用空气较轻的特点，在液压缸的最高处设置进出油口，以便把气体带走；如不能在最高处设置油口时，可在最高处设置放气孔或专门的放气阀等放气装置，如图 4-9 所示。

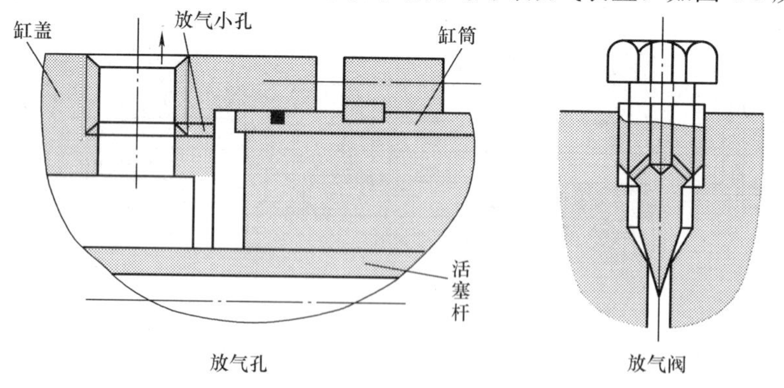

图 4-9　放气孔和放气阀

二、液压控制阀

液压控制阀的分类如下：

按用途分类可分为：压力控制阀；流量控制阀；方向控制阀。

按结构形式分类可分为：滑阀（或转阀）；锥阀；球阀；喷嘴挡板阀；射流管阀。

按连接方式分类可分为：螺纹连接阀；法兰连接阀；板式连接阀；叠加式连接阀。

按控制方式分类可分为：

(1) 开关（或定值控制）阀：借助于手轮、手柄、凸轮、电磁铁、弹簧等来开关液流通路，定值控制液流的压力和流量的阀类，统称普通液压阀。

(2) 伺服控制阀：输入信号（如电气、机械、气动等）多为偏差信号（输入信号与反馈信号的差值），可以连续成比例地控制液压系统中的压力流量的阀类，多用于要求高精度、快速响应的闭环液压控制系统。

(3) 比例控制阀：阀的输出量与输入信号成比例。它们是一种可按给定的输入信号变化的规律，成比例地控制系统中液流参数的阀类，多用于开环液压程序控制系统。

(4) 数字控制阀：用数字信息直接控制的阀类。

(一) 压力控制阀

在液压系统中，凡是用来控制最高压力，或保持某一部分的压力值，以及利用油液的压力来控制油路的通断等的阀通称为压力阀。这类阀的共同特点是利用油液压力和弹簧力相平衡的原理进行工作。

压力控制阀按功能和用途可分为溢流阀、减压阀、顺序阀、平衡阀和压力继电器等。

1. 溢流阀

溢流阀的用途有：①定压溢流作用；②安全保护作用；③作卸荷阀用；④作远程调压阀；⑤作高低压多级控制阀；⑥作顺序阀。

锥阀式直动型溢流阀的结构中，锥阀的左端设有偏流盘托住弹压弹簧，锥阀右端有一阻尼活塞（阻尼活塞一方面在锥阀开启或闭合时起阻尼作用，用来提高锥阀工作的稳定性；另一方面用来保证锥阀开启后不会倾斜）。进口的压力油（压力为 p）可以由此活塞的径向间隙进入活塞底部，形成一个向左的液压力 $F=pA$（A 为活塞底部面积）。当作用在底部的液压力 F 大于弹簧力时，锥阀阀口打开，油液由锥阀口经回流口溢回油箱。只要阀口打开，有油液流经溢流阀，溢流阀入口的压力就基本保持恒定。通过调节杆来改变调压弹簧的预紧力 F_t，即可调整溢流压力。

图 4-10 所示为球阀式直动型溢流阀。它也有一个阻尼活塞，但与锥阀式结构不同，活塞与球阀之间不是刚性连接，而是通过阻尼弹簧使活塞与球阀接触（活塞两端的液压力平衡）。由于活塞的阻尼作用，可使始终与活塞相连接的球阀运动平稳。

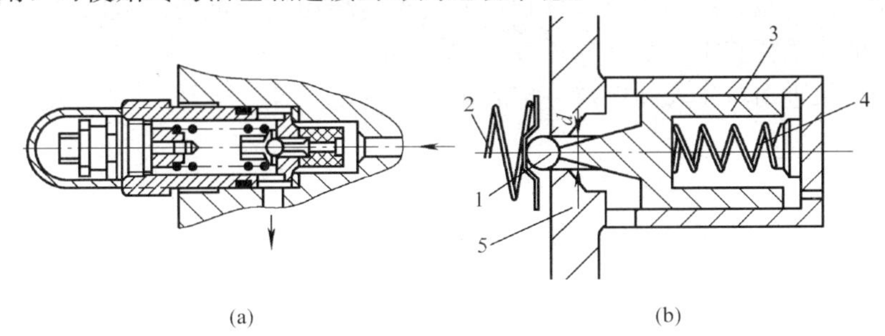

图 4-10　球阀式直动型溢流阀

(a) 结构图；(b) 局部放大图

1—球阀；2—主弹簧；3—阻尼活塞；4—阻尼弹簧；5—球阀座

溢流阀的静态性能指标有：

压力调节范围：是指调压弹簧在规定的范围内调节时，系统压力平稳地（压力无突跳及迟滞现象）上升或下降的最大和最小调定压力。

启闭特性：是指溢流阀从开启到闭合过程中，被控压力与通过溢流阀的溢流量之间的关系。

卸荷压力：当溢流阀作卸荷阀使用时，额定流量下进、出油口的压力差称为卸荷压力。

最大允许流量和最大稳定流量：溢流阀在最大允许流量下工作时应无噪声。溢流阀的最小稳定流量取决于对压力平稳性的要求，一般规定为额定流量的 15%。

2. 减压阀

减压阀是使出口压力低于进口压力的压力控制阀。减压阀可分为定压输出减压阀、定差减压阀和定比减压阀三种。定压输出减压阀有直动型和先导型两种结构形式，如图 4-11 所示，该阀由先导阀调压，主阀减压。

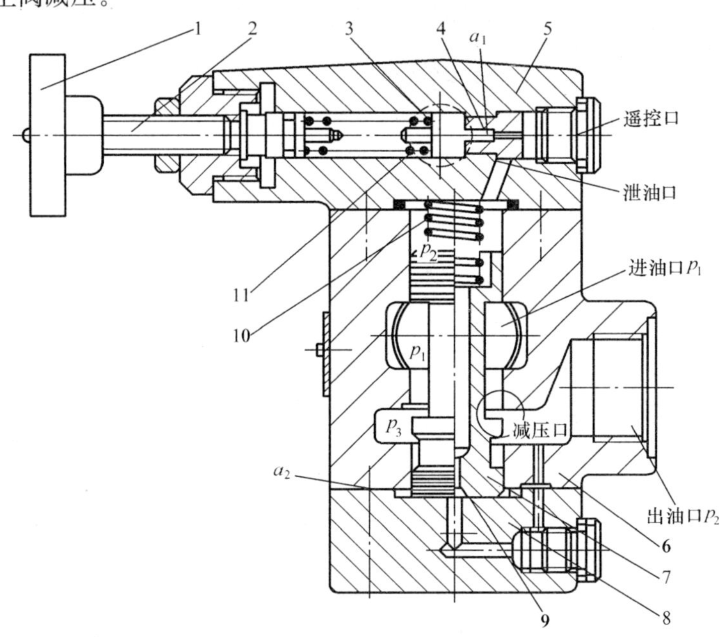

图 4-11 定压输出减压阀

1—调压手轮；2—调节螺钉；3—锥阀；4—锥阀座；5—阀盖；6—阀体；
7—主阀；8—端盖；9—阻尼孔；10—主阀弹簧；11—调压弹簧

定差减压阀将定差减压阀的进出口分别与节流阀两端相连，可是节流阀两端压差保持恒定，此时通过节流阀的流量将基本不受外界负载变动的影响。

定比减压阀可使进出口压力间保持一定的比例。只要适当选择大、小柱塞的直径比，即可获得所需的进、出口压力比。

3. 顺序阀

顺序阀的功用是以系统压力为信号使多个执行元件自动地按先后顺序动作。根据控制压力来源的不同，它有内控式和外控式之分。其结构也有直动型和先导型之分。图 4-12 所示为内控式先导型顺序阀，若将底盖旋转 90°并打开螺堵，即可称为外控式顺序阀。表 4-2 为溢流阀、顺序阀、减压阀的比较。

表 4-2　　溢流阀、顺序阀、减压阀的比较

分类	溢流阀	减压阀	顺序阀
控制油路的特点	通过调整弹簧压力控制进油路的压力，保证进口压力恒定	通过调整弹簧压力控制出油口的压力，保证出口压力稳定	直控式：通过调定调压弹簧的压力控制进油路压力；夜控式：由单独油路控制压力
出油口情况	出油口与油箱相连	出油口与减压回路相连	出油口与工作回路相连

续表

分类		溢流阀	减压阀	顺序阀
泄漏形式		内泄式	外泄式	内泄式
进油口状态及压力值	常态	常闭（原始状态）	常开（原始状态）	常闭（原始状态）
	工作状态	进出油口相通，进油口压力为调整压力	进油口压力低于出油口压力，出油口压力稳定在调定值上	进出油口相通，进油口压力允许继续升高
连接方式		并联	串联	实现顺序动作式串联，作卸荷阀用时并联
功用		定压、溢流或限压	减压、稳压	不控制系统的压力，只利用系统的压力变化控制油路的通断
工作方式		进油腔压力控制阀芯移动	出油腔压力控制阀芯移动	进油腔压力控制阀芯移动

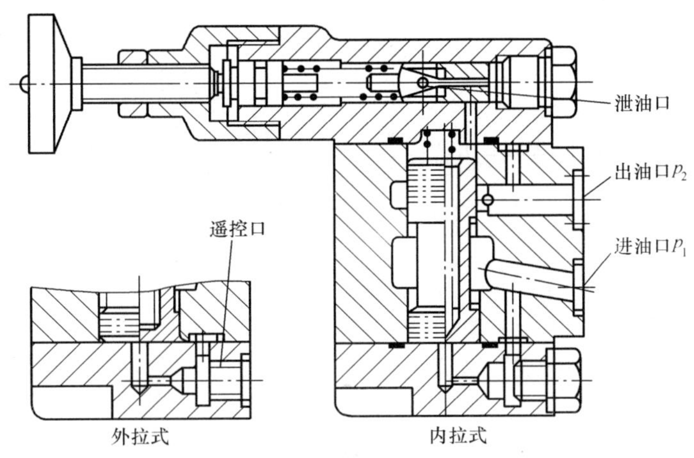

图 4-12　顺序阀

（二）流量控制阀

流量控制阀是通过改变节流口通流面积或通流通道的长短来改变局部阻力的大小，从而实现对流量的控制。流量控制阀是节流调速系统中的基本调节元件。在定量泵供油的节流调速系统中，必须将流量控制阀与溢流阀配合使用，以便将多余的流量流回油箱。流量控制阀包括节流阀、调速阀、溢流节流阀等。

1. 节流阀

如图 4-13 所示，具有螺旋曲线开口的阀芯与阀套上的窗口匹配后，构成了具有某种形状的棱边型节流孔。转动手轮（此手轮可用顶部的钥匙来锁定），则螺旋曲线相对套筒窗口升高或降低，从而调节节流口面积的大小，即可实现对流量的控制。由于节流阀的流量不仅取决于节流口面积的大小，还与节流口前后压差有关，阀的刚度小，故只适用于执行元件负载变化很小和速度稳定性要求不高的场合。

对于执行元件负载变化大及对速度稳定性要求高的节流调速系统，必须对节流阀进行压力补偿，以保持节流阀前后压差不变，从而达到流量稳定。固定式节流阀用于改变流量。可调式节流阀用于速度较低的液压系统。可调式单向节流阀用于需要单向节流调整，反向快速运动的场合。

2. 调速阀

如图 4-14 所示，调速阀是进行了压力补偿的节流阀。它由定差减压阀和节流阀串联而成。节流阀前、后的压力分别引到减压阀阀芯右、左两端，当负载压力增大，于是作用在减压阀芯左端的液压力增大，阀芯右移，减压口加大，压降减小，而使节流阀的压差保持不变；反之亦然。这样就使调速阀的流量恒定不变。

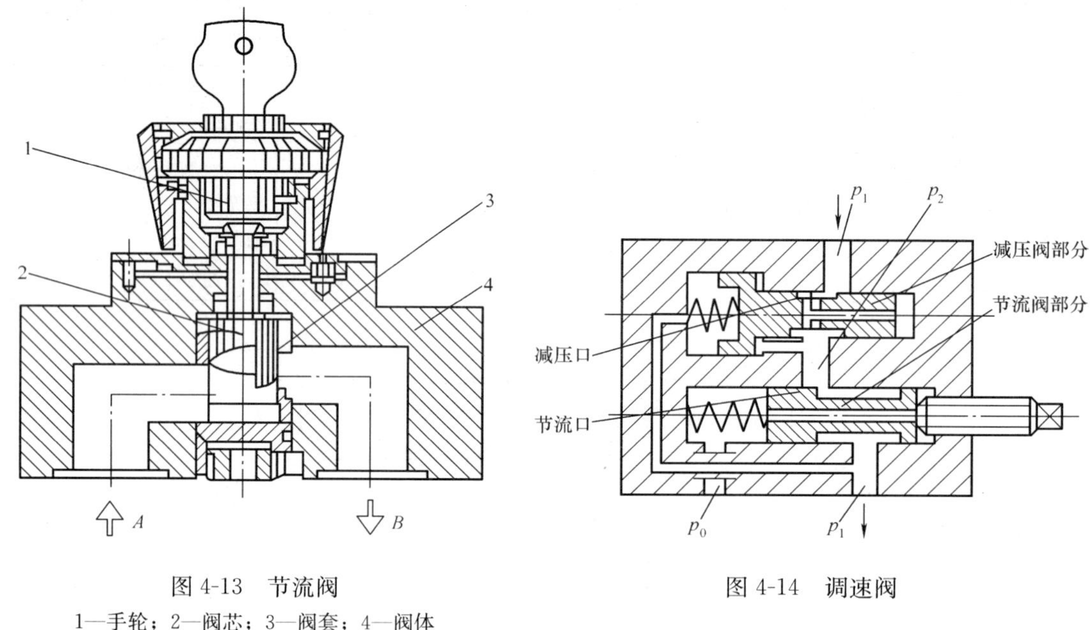

图 4-13 节流阀

1—手轮；2—阀芯；3—阀套；4—阀体

图 4-14 调速阀

调速阀装在进油路上、回油路上或旁油路上，都可以达到改善速度负载特性且使速度稳定性最高的目的。

3. 温度补偿调速阀

为了使调速阀的流量控制精度更进一步提高，可在结构上采取温度补偿措施，这种阀称为温度补偿调速阀，如图 4-15 所示。它也是由减压阀和节流阀两部分组成，其中的节流阀部分如图 4-15 所示，其特点是节流阀的芯杆（即温度补偿杆）由热膨胀系数较大的材料（如聚氯乙烯塑料）制成，当油温升高时，芯杆热膨胀使节流阀口关小，正好能抵消由于黏性降低时流量增加的影响。

4. 溢流节流阀

如图 4-16 所示，溢流节流阀也是一种压力补偿型节流阀，它由溢流阀和节流阀并联而成。这种溢流节流阀上还附有安全阀，以避免系统过载。

表 4-3 为调速阀与溢流节流阀的比较。

表 4-3　调速阀与溢流节流阀的比较

调　速　阀	溢　流　节　流　阀
减压阀和节流阀串联	溢流阀和节流阀并联
泵出口压力保持恒压。即阀的出口压力为恒压，不随钢负载压力的变化而变化	泵出口压力即阀进口压力是变化的。负载压力越大，阀的进口压力就越高
只有泵的部分流量流过阀。减压阀芯运动时阻力较小	泵的全部流量都流过阀，溢流阀芯运动时阻力较大，溢流阀弹簧较硬

续表

调速阀	溢流节流阀
节流口上的压力差较小	节流口上下游的压力差较大
泵消耗的功率较大，发热也较大	泵消耗的功率较小，发热也较小

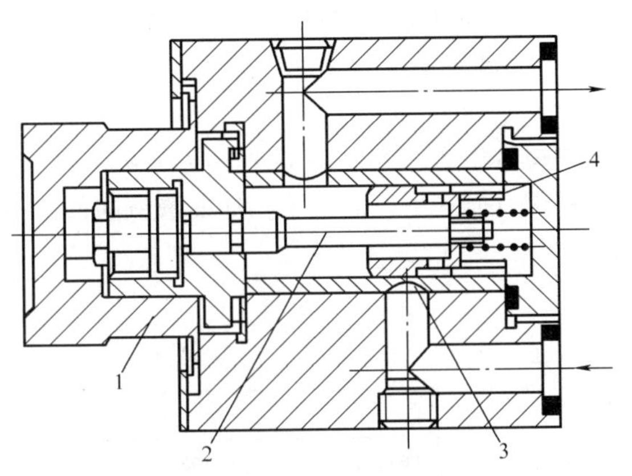

图 4-15 温度补偿调速阀

1—手柄；2—温度补偿杆；3—节流孔；4—节流阀芯

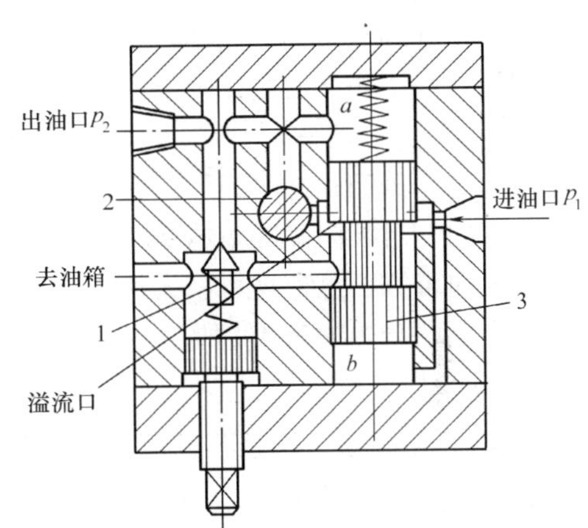

图 4-16 溢流节流阀

1—安全阀；2—节流阀；3—溢流阀

（三）方向控制阀

方向控制阀是用来改变液压系统中各个油路之间液流通断关系的阀类，如单向阀、换向阀及压力表开关。

1. 单向阀

单向阀有普通单向阀和液控单向阀。

图 4-17 所示的是普通单向阀，它的作用是使液体只能沿一个方向流动，不许液体反向倒流。对单向阀的要求主要有：①液流通过时压力损失要小，而反向截止时密封性要好；②动作灵敏，工作时无撞击和噪声。

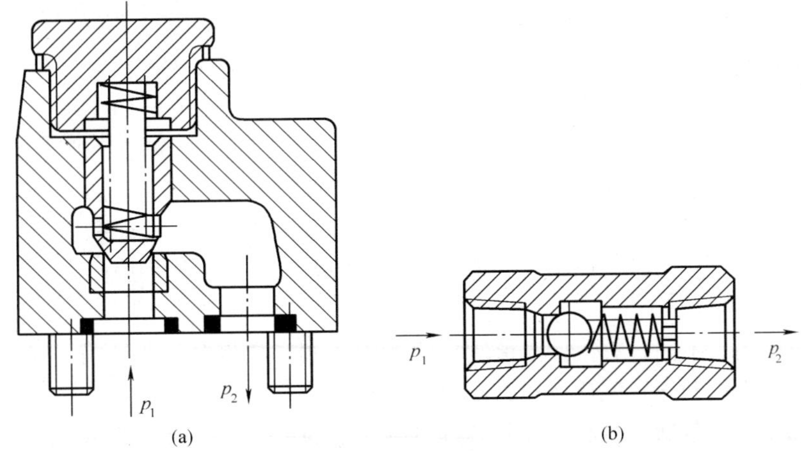

图 4-17 单向阀

（a）阀芯为锥形的直角式单向阀；（b）阀芯为球形的直通式单向阀（管式连接）

普通单向阀的主要用途是：选择液流方向；区分高低压油；保护泵正常工作；泵停止供油时，保护缸中活塞的位置。

液控单向阀按控制活塞的泄油方式不同，有内泄式和外泄式之分。内泄式的控制活塞的背压腔通过活塞杆上对称铣去两个缺口与油口相通；外泄式的活塞背压腔直接通油箱。一般在反向出油口压力较低时采用内泄式；高压系统采用外泄式，以减小控制压力。

液控单向阀按结构特点可分为简式和卸载式两类。卸载式的特点是带有卸载阀，当控制活塞上移时先顶开卸载阀的小阀芯，使主油路卸压，然后顶开单向阀芯。这样可大大减小控制压力，使控制压力与工作压力之比降低到4.5%，因此可用于压力较高的场合。

2. 换向阀

换向阀是借助阀芯与阀体之间的相对运动，使之与阀体相连的各油路实现接通、切断，或改变液流方向。对换向阀的基本要求是：①液流通过阀时压力损失小；②互不相通的液流间的泄漏小；③换向可靠、迅速且平稳无冲击。

换向阀的分类如表4-4所示。

表4-4　换向阀的分类

分类方法	类型
按阀的结构形式分	滑阀式、转阀式、球阀式、锥阀式（即逻辑换向阀）
按阀的操纵方式分	手动、机动、电磁、液动、电液动、气动
按阀的工作位置数和控制的通道数来分	二位二通、二位三通、二位四通、三位四通、三位五通等

（四）电液比例阀

1. 电液比例阀概述

比例阀是一种输出量与输入信号成比例的液压阀。它可以按给定的输入电信号连续地、按比例地控制液流的压力、流量和方向。在普通液压阀上用电—机械转换器取代原有的控制部分，即成为比例阀。

按用途和工作特点的不同，比例阀可分为比例压力阀（如比例溢流阀、比例减压阀、比例顺序阀）、比例流量阀（如比例节流阀、比例调速阀）和比例方向流量阀（如比例方向节流阀、比例方向调速阀）。

2. 比例阀的特点

能实现自动控制、远程控制和程序控制。能把电的快速灵活等优点与液压传动功率大等特点结合起来。能连续地、按比例地控制执行元件的力、速度和方向，并能防止压力或速度变化及换向时的冲击现象。简化了系统，减少了元件的使用量。制造简便，价格比伺服阀低廉，但比普通液压阀高。由于在输入信号与比例阀之间需设置直流比例放大器，相应增加了投资费用。使用条件、保养和维护与普通液压阀相同，抗污染性能好。具有优良的静态性能和适当的动态性能，动态性能虽比伺服阀低，但已经可以满足一般工业控制的要求。效率比伺服阀高。

3. 比例压力阀

比例压力阀按用途不同，有比例溢流阀、比例减压阀和比例顺序阀之分。按结构特点不同，则有直动型比例压力阀和先导型比例压力阀之分。

先导型比例压力阀包括主阀和先导阀两部分。其主阀部分与普通压力阀相同，而其先导阀本身实际就是直动型比例压力阀，它是以电—机械转换器（比例电磁铁、伺服电机或步进电机）代替普通直动型压力阀上的手动机构而成。

4. 比例流量阀

比例流量阀分为比例节流阀和比例调速阀两大类。

在普通节流阀的基础上，利用电—机械比例转换器随节流阀口进行控制，即成为比例节流阀。对移动式节流阀而言，利用比例电磁铁来推动；对旋转式节流阀而言，采用伺服电机经减速后来驱动。

5. 逻辑阀

逻辑阀是以逻辑阀单元为主阀，配以适当的盖板和不同的先导控制阀（简称先导阀）组合而成的具有一定控制功能（可以是压力控制，也可以是流量控制、方向控制或复合控制）的组件。

逻辑阀单元用来控制主油路的液流方向、压力和流量。它由阀芯、阀套、弹簧和密封件等组成。逻辑阀单元有锥阀和滑阀两种结构。逻辑阀单元主要由阀套、阀芯和弹簧组成。阀芯结构除了基本形式外，还可以做成：①阀芯内设节流小孔；②阀芯尾部带节流窗孔；③阀芯内有通孔等多种形式。

6. 电液数字阀

用计算机的数字信息直接控制的液压阀，称为电液数字阀，简称数字阀。数字阀可直接与计算机接口，不需要数/模转换器。与比例阀、伺服阀相比，这种阀结构简单，工艺性好，价廉，抗污染能力强，重复性好，工作稳定可靠，功率小。

用数字量进行控制的方法有很多，目前常用的是增量控制法和脉宽调制控制法两种。相应的按控制方式可将数字阀分为增量式数字阀和脉宽调制式数字阀两类。

7. 电液伺服阀

电液伺服阀由电—机械转换器和液压放大器组成。电液伺服阀是一种将小功率电信号转换为大功率的液压能输出，以实现对流量和压力控制的转换装置。它集中了电信号的具有传递快，便于遥控，容易检测、反馈、比较、校正，惯性小，反应快等优点，是一种控制灵活、精度高、快速性好、输出功率大的控制元件。

按电—机械转换器的结构，电液伺服阀可分为动圈式和动铁式两种。

按液压前置放大器的结构形式，电液伺服阀可分为滑阀式、喷嘴挡板式和射流管式三种。

按液压放大器的串联级数。电液伺服阀可分为单级、二级、三级。

按伺服阀的功用，电液伺服阀可分为流量伺服阀（用于控制输出的流量）和压力伺服阀（用于力或压力控制系统）两种。

按反馈方式，电液伺服阀可分为没有反馈、机械反馈、电气反馈、力反馈、负载压力反馈、负载流量反馈等数种。

按液压能源，电液伺服阀可分为恒压源式（即进入液压放大器的液压源的压力为恒值，而流量是可变的）和恒流源式（即进入液压放大器的能源流量是恒值，而压力是可变的）两种。

三、液压辅助元件——蓄能器

1. 蓄能器的作用

蓄能器的作用是将液压系统中的压力油储存起来，在需要时又重新放出。其主要作用表现在以下几个方面。

（1）作辅助电源。某些液压系统的执行元件是间歇动作，总的工作时间很短，有些液压系统的执行元件虽然不是间歇动作，但在一个工作循环内（或一次行程内）速度差别很大。在这种系统中设置蓄能器后，即可采用一个功率较小的泵，以减小主传动的功率，使整个液压系统的尺寸小、质量轻、价格便宜。

（2）作紧急动力源。对某些系统要求当泵发生故障或停电（对执行元件的供油突然中断）

时，执行元件应继续完成必要的动作。例如为了安全起见，液压缸的活塞杆必须内缩到缸内。在这种场合下，需要有适当容量的蓄能器作紧急动力源。

(3) 补充泄漏和保持恒压。对于执行元件长时间不动作，而要保持恒定压力的系统，可用蓄能器来补偿泄漏，从而使压力恒定。

(4) 吸收液压冲击。由于换向阀突然换向，液压泵突然停车，执行元件的运动突然停止，甚至人为地需要执行元件紧急制动等原因，都会使管路内的液体流动发生急剧变化，而产生冲击压力（油击）。虽然系统中设有安全阀，但仍然难免产生压力的短时剧增和冲击。这种冲击压力，往往引起系统中的仪表、元件和密封装置发生故障，甚至损坏或者管道破裂，此外还会使系统产生明显的振动。若在控制阀或液压缸冲击源之前装设蓄能器，即可吸收和缓和这种冲击。

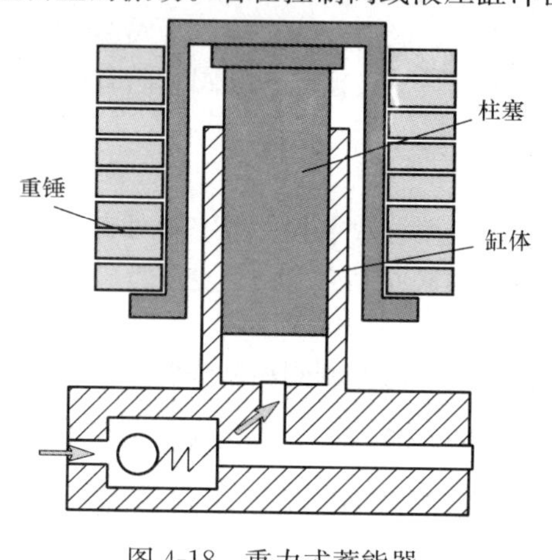

图 4-18　重力式蓄能器

(5) 吸收脉动，降低噪声。泵的脉动流量会引起压力脉动，使执行元件的运动速度不均匀，产生振动、噪声等。在泵的出口处并联一个反应灵敏而惯性小的蓄能器，即可吸收流量和压力的脉动，降低噪声。

2. 蓄能器的分类和结构

(1) 重力式蓄能器。重力式蓄能器（如图 4-18 所示）是利用重物的垂直位置变化来储存、释放液压能。这种蓄能器产生的压力取决于重物的质量和柱塞面积的大小。重力式蓄能器在工作过程中，无论油液进出多少和快慢，均可获得恒定的液体压力，而且结构简单，工作可靠。重力式蓄能器的缺点是体积大、惯性大，反应不灵敏，有摩擦损失。重力式蓄能器常用于固定设备中作蓄能用。

(2) 弹簧式蓄能器。弹簧式蓄能器（如图 4-19 所示）是利用弹簧的压缩来储存能量。这种蓄能器产生的压力取决于弹簧的刚度和压缩量。

弹簧式蓄能器的特点是结构简单、容量小。这种蓄能器一般用于小流量、低压（$p \leqslant 1.2$MPa）、循环频率低的场合。

(3) 充气式蓄能器。充气式蓄能器按气体与液体是否接触

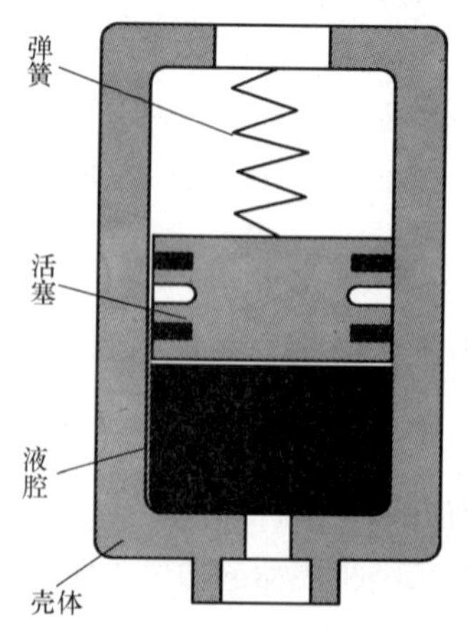

图 4-19　弹簧式蓄能器

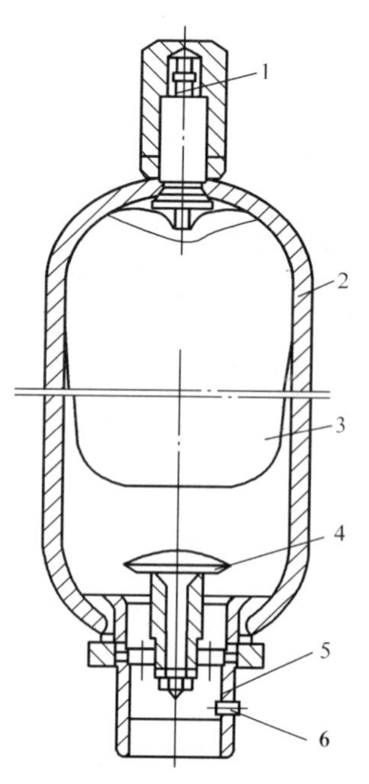

图 4-20　气囊式蓄能器

1—充气阀；2—壳体；3—气囊；4—提升阀；5—阀体总成；6—放气塞

分为非隔离式（直接接触式）和隔离式两种。直接接触式蓄能器，由于压缩空气直接与液压油接触，气体容易混入油液，影响工作的稳定性。这种蓄能器适用于大流量的低压回路中。常用的隔离式蓄能器有活塞式和气囊式两种。

如图 4-20 所示为气囊式蓄能器，它是利用气体（一般用氮气）的压缩和膨胀来储存、释放液压能的。气囊将液体和气体隔开，提升阀只许液体进出蓄能器，而防止气囊从油口挤出。充气阀只在为气囊充气时打开，蓄能器工作时该阀关闭。

气囊式蓄能器的特点是体积小，质量轻，反应灵敏，可吸收液力冲击和脉动。

四、液压动力元件

液压动力元件起着向系统提供动力源的作用，是系统不可缺少的核心元件。液压系统是以液压泵作为系统提供一定的流量和压力的动力元件，液压泵将原动机输出的机械能转换为工作液体的压力能，是一种能量转换装置。

（一）液压泵

1. 液压泵的工作原理

液压泵是依靠密封容积变化的原理来进行工作的，故一般称为容积式液压泵，图 4-21 所示的是一单柱塞液压泵的工作原理图，其中柱塞装在缸体中形成一个密封容积，柱塞在弹簧的作用下始终压紧在偏心轮上。原动机驱动偏心轮旋转使柱塞作往复运动，使密封容积的大小发生周期性的交替变化。当密封容积由小变大时就形成部分真空，使油箱中油液在大气压作用下，经吸油管顶开单向阀进入油箱而实现吸油；反之，当密封容积由大变小时，其中吸满的油液将顶开单向阀流入系统而实现压油。这样液压泵就将原动机输入的机械能转换成液体的压力能，原动机驱动偏心轮不断旋转，液压泵就不断地吸油和压油。

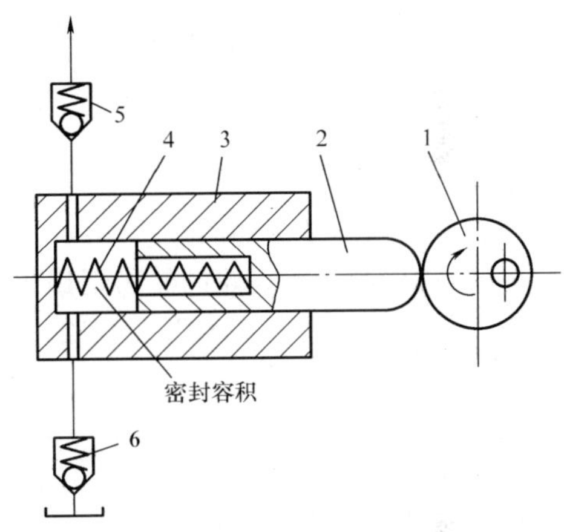

图 4-21　液压泵工作原理图
1—偏心轮；2—柱塞；3—缸体；4—弹簧；
5—单向阀（压油）；6—单向阀（吸油）

2. 液压泵的特点

(1) 具有若干个密封且又可以周期性变化的空间。液压泵输出流量与此空间的容积变化量和单位时间内的变化次数成正比，与其他因素无关。这是容积式液压泵的一个重要特性。

(2) 油箱内液体的绝对压力必须恒等于或大于大气压力。这是容积式液压泵能够吸入油液的外部条件。因此，为保证液压泵正常吸油，油箱必须与大气相通，或采用密闭的充压油箱。

(3) 具有相应的配流机构，将吸油腔和排液腔隔开，保证液压泵有规律且连续地吸、排液体。液压泵的结构原理不同，其配油机构也不相同。

3. 液压泵的主要性能参数

压力：①工作压力。液压泵实际工作时的输出压力称为工作压力。②额定压力。液压泵在正常工作条件下，按试验标准规定连续运转的最高压力称为液压泵的额定压力。③最高允许压力。

排量和流量：①排量 V。液压泵每转一周，由其密封容积几何尺寸变化计算而得的排出液体的体积叫液压泵的排量。排量可调节的液压泵称为变量泵；排量为常数的液压泵则称为定量泵。②理论流量 q_i。理论流量是指在不考虑液压泵的泄漏流量的情况下，在单位时间内所排出的液体体积的平均值。③实际流量 q。液压泵在某一具体工况下，单位时间内所排出的液体体积称为实际流量。④额定流量 q_n。液压泵在正常工作条件下，按试验标准规定（如在额定压力和额定转速下）必须保证的流量。

功率和效率：①液压泵的功率损失。液压泵的功率损失有容积损失和机械损失两部分。②液压泵的功率。包括输入功率和输出功率。③液压泵的总效率。液压泵的总效率是指液压泵的实际输出功率与其输入功率的比值。

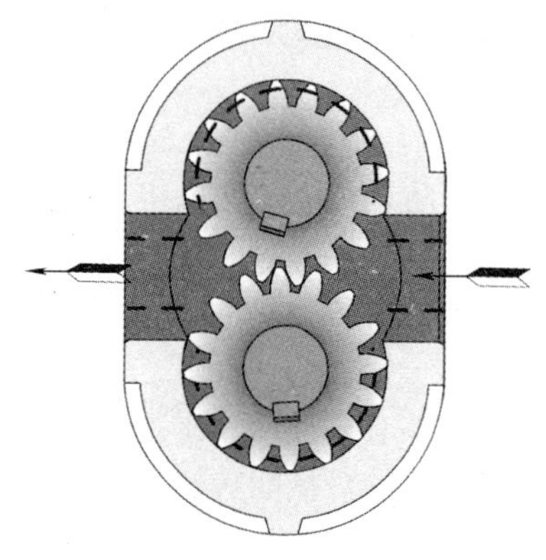
图 4-22 外啮合型齿轮泵工作原理

（二）齿轮泵

齿轮泵是液压系统中广泛采用的一种液压泵，它一般做成定量泵，按结构不同，齿轮泵分为外啮合齿轮泵和内啮合齿轮泵，而以外啮合齿轮泵应用最广。下面以外啮合齿轮泵为例来介绍齿轮泵。

齿轮泵的工作原理如图 4-22 所示，它是分离三片式结构，三片是指两个泵盖和泵体，泵体内装有一对齿数相同、宽度和泵体接近而又互相啮合的齿轮，这对齿轮与两端盖和泵体形成一密封腔，并由齿轮的齿顶和啮合线把密封腔划分为吸油腔和压油腔两部分。两齿轮分别用键固定在由滚针轴承支撑的主动轴和从动轴上，主动轴由电动机带动旋转。

齿轮泵的详细结构如图 4-23 所示，当泵的主动齿轮按图示箭头方向旋转时，齿轮泵右侧（吸油腔）齿轮脱开，齿轮的轮齿退出齿间，使密封容积增大，形成局部真空，油箱中的油液在外界大气压的作用下，经吸油管路、吸油腔进入齿间。随着齿轮的旋转，吸入齿间的油液被带到另一侧，进入压油腔。这时轮齿进入啮合，使密封容积逐渐减小，齿轮间部分的油液被挤出，形成了齿轮泵的压油过程。齿轮啮合时齿向接触线把吸油腔和压油腔分开，起配油作用。当齿轮泵的主动齿轮由电动机带动不断旋转时，轮齿脱开啮合的一侧，由于密封容积变大则不断从油箱中吸油；当轮齿进入啮合的一侧，由于密封容积减小则不断地排油，这就是齿轮泵的工作原理。

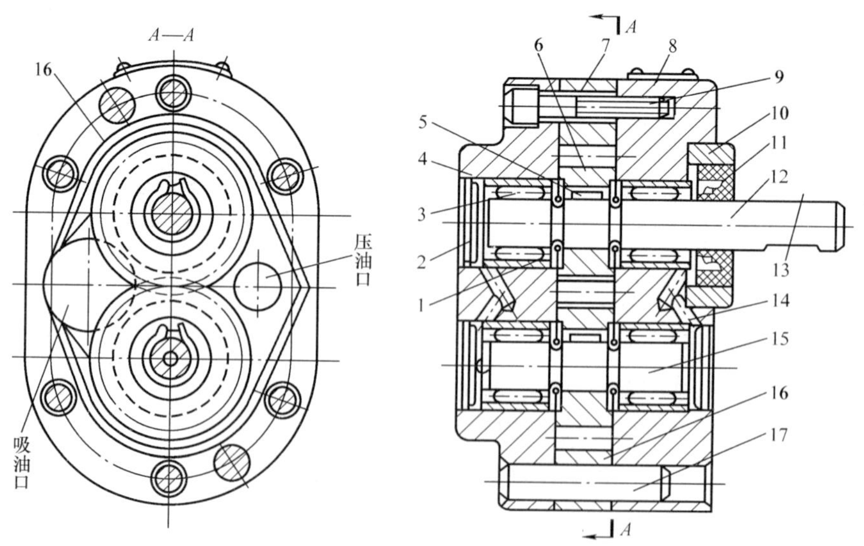

图 4-23 齿轮泵的结构

1—轴承外环；2—堵头；3—滚子；4—后泵盖；5、13—键；6—齿轮；7—泵体；8—前泵盖；9—螺钉；10—压环；11—密封环；12—主动轴；14—泄油孔；15—从动轴；16—泄油槽；17—定位销

（三）叶片泵

叶片泵的结构较齿轮泵复杂，但其工作压力较高，且流量脉动小，工作平稳，噪声较小，寿命较长。广泛应用于中低液压系统中，但其结构复杂，吸油特性不太好，对油液的污染也比较敏感。

单作用叶片泵的工作原理如图 4-24 所示，单作用叶片泵由转子、定子、叶片和端盖等组成。定子具有圆柱形内表面，定子和转子间有偏心距。叶片装在转子槽中，并可在槽内滑动，当转子回转时，由于离心力的作用，使叶片紧靠在定子内壁，这样在定子、转子、叶片和两侧配油盘间就形成若干个密封的工作空间，当转子按图示的方向回转时，在图的右部，叶片逐渐伸出，叶片间的工作空间逐渐增大，从吸油口吸油，这是吸油腔。在图的左部，叶片被定子内壁逐渐压进槽内，工作空间逐渐缩小，将油液从压油口压出，这是压油腔，在吸油腔和压油腔之间，有一段封油区，把吸油腔和压油腔隔开，这种叶片泵在转子每转一周，每个工作空间完成一次吸油和压油，因此称为单作用叶片泵。转子不停地旋转，泵就不断地吸油和排油。

双作用叶片泵的工作原理如图 4-25 所示，泵也是由定子、转子、叶片和配油盘等组成。转子和定子中心重合，定子内表面近似为椭圆柱形，该椭圆形由两段长半径 R、两段短半径 r 和四段过渡曲线所组成。当转子转动时，叶片在离心力和（建压后）根部压力油的作用下，在转子槽内作径向移动而压向定子内表面，由叶片、定子的内表面、转子的外表面和两侧配油盘间形成若干个密封空间。当转子按图示方向旋转时，处在小圆弧上的密封空间经过渡曲线而运动到大圆弧的过程中，叶片外伸，密封空间的容积增大，要吸入油液；在从大圆弧经过渡曲线运动到小圆弧的过程中，叶片被定子内壁逐渐压进槽内，密封空间容积变小，将油液从压油口压出，因而，当转子每转一周，每个工作空间要完成两次吸油和压油，所以称之为双作用叶片泵。这种叶片泵由于有两个吸油腔和两个压油腔，并且各自的中心夹角是对称的，所以作用在转子上的油液压力相互平衡，因此双作用叶片泵又称为卸荷式叶片泵。

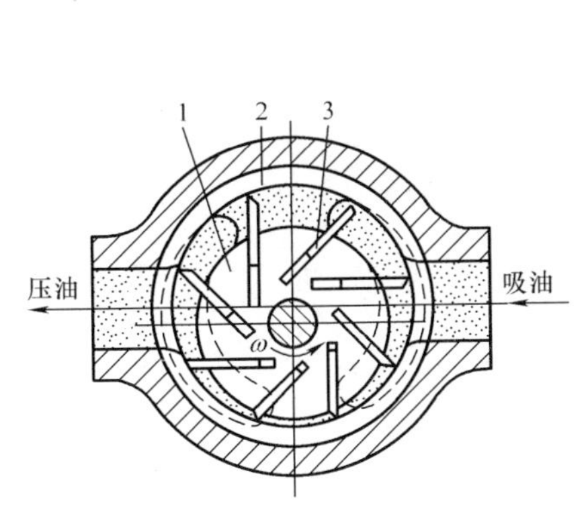

图 4-24　单作用叶片泵的工作原理

1—转子；2—定子；3—叶片

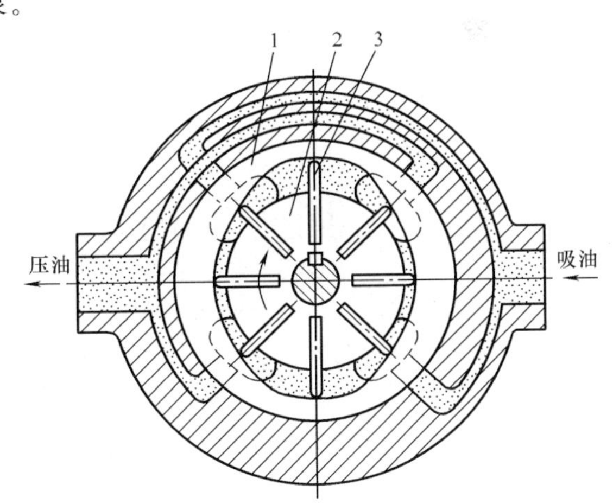

图 4-25　双作用叶片泵的工作原理

1—定子；2—转子；3—叶片

（四）柱塞泵

柱塞泵是靠柱塞在缸体中作往复运动造成密封容积的变化来实现吸油与压油的液压泵，与齿轮泵和叶片泵相比，这种泵有许多优点。柱塞泵压力高，结构紧凑，效率高，流量调节方便。柱塞泵按柱塞的排列和运动方向不同，可分为径向柱塞泵和轴向柱塞泵两大类。

径向柱塞泵的工作原理如图 4-26 所示，柱塞径向排列装在缸体中，缸体由原动机带动连同柱塞一起旋转，所以缸体一般称为转子，柱塞在离心力的（或在低压油）作用下抵紧定子的内壁，当转子按图示方向回转时，由于定子和转子之间有偏心距 e，柱塞绕经上半周时向外伸出，柱塞底部的容积逐渐增大，形成部分真空，因此便经过衬套上的油孔从配油孔和吸油口 b 吸油；当柱塞转到下半周时，定子内壁将柱塞向里推，柱塞底部的容积逐渐减小，向配油轴的压油口 c 压油，当转子回转一周时，每个柱塞底部的密封容积完成一次吸压油，转子连续运转，即完成压吸油工作。

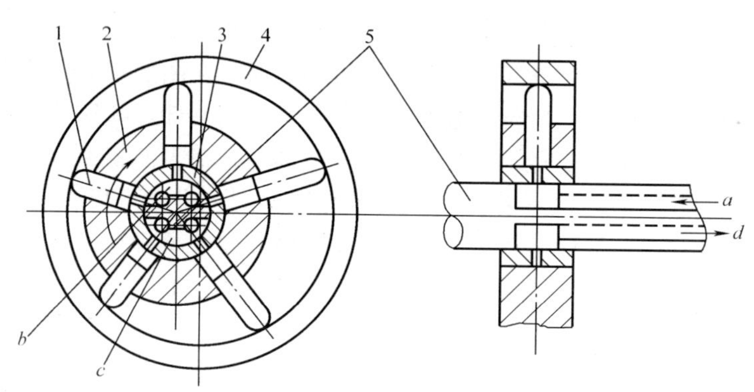

图 4-26　径向柱塞泵的工作原理

1—柱塞；2—缸体；3—衬套；4—定子；5—配油轴

轴向柱塞泵是将多个柱塞配置在一个共同缸体的圆周上，并使柱塞中心线和缸体中心线平行的一种泵。轴向柱塞泵有：直轴式和斜轴式两种形式。如图 4-27 所示为轴向柱塞泵的工作原理，这种泵主体由缸体、配油盘、柱塞和斜盘组成。柱塞沿圆周均匀分布在缸体内。斜盘轴线与缸体轴线倾斜一角度，柱塞靠机械装置或在低压油作用下压紧在斜盘上，配油盘和斜盘固定不转，当原动机通过传动轴使缸体转动时，由于斜盘的作用，迫使柱塞在缸体内作往复运动，并通过配油盘的配油窗口进行吸油和压油。缸体每转一周，每个柱塞各完成吸、压油一次。

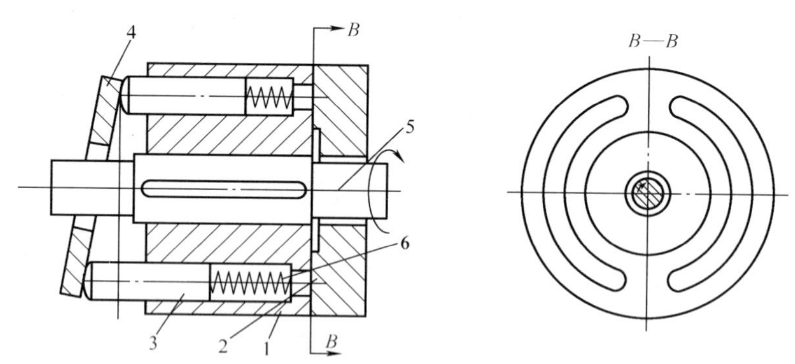

图 4-27　轴向柱塞泵的工作原理

1—缸体；2—配油盘；3—柱塞；4—斜盘；5—传动轴；6—弹簧

直轴式轴向柱塞泵的典型结构如图 4-28 所示。

复习思考题

1. 简述液压传动的工作原理。

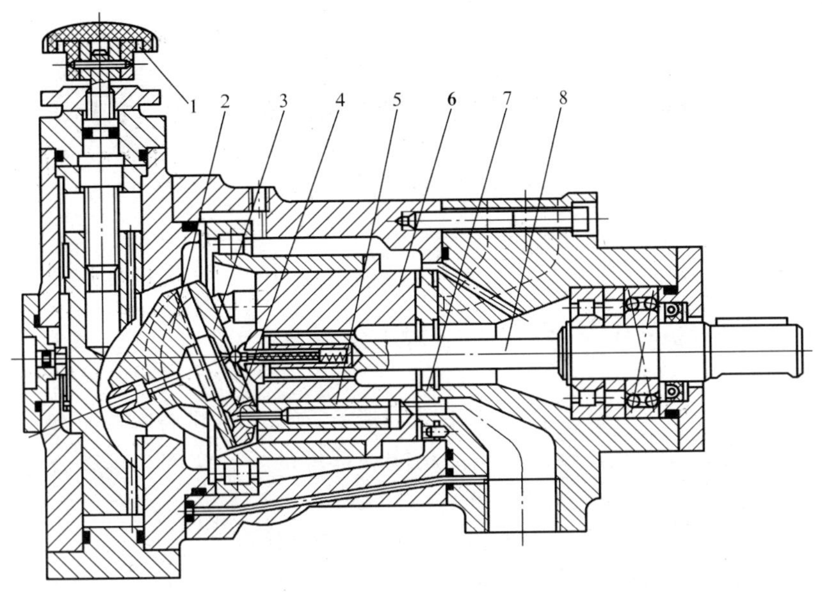

图 4-28　直轴式轴向柱塞泵的结构

1—转动手轮；2—斜盘；3—回程盘；4—滑履；5—柱塞；6—缸体；
7—配油盘；8—传动轴

2. 液压传动有哪些优点和缺点?

3. 液压系统由哪些原件组成?

第五章　机 械 基 础 知 识

第一节　连　　接

连接是构成机械设备的各个功能部件，需要以各种方式固定在一起形成整体结构，以实现特定的功能。

按照不同的分类标准，连接可以分为不同的形式。按照不同的连接原理，可以分为机械连接、黏接和焊接三种连接方式；按照结构的功能和部件的活动空间，可以分为动连接和静连接结构。

机械连接：铆接、螺栓连接、键销连接、弹性卡扣连接等。

焊　　接：利用电能的焊接（电弧焊、埋弧焊、气体保护焊、点焊、激光焊）。

利用化学能的焊接（气焊、原子氢焊、合铸焊等）。

利用机械能的焊接（锻焊、冷压焊、爆炸焊、摩擦焊）。

黏　　结：黏合剂黏结、溶剂黏结。

静 连 接：不可拆固定连接（焊接、铆接、黏结）。

可拆固定连接（螺纹连接、销连接、弹性形变连接、锁扣连接、插接等）。

动 连 接：柔性连接（弹簧连接、软轴连接）。

移动连接（滑动连接、滚动连接）。

转动连接。

一、螺纹连接

螺纹连接是利用螺纹零件构成的可拆连接，在燃料机械设备中应用非常广泛。

1. 螺纹的类型

常用螺纹的类型主要有普通螺纹、管螺纹、圆锥螺纹、矩形螺纹、梯形螺纹、锯齿形螺纹等，如图 5-1 所示。前三种主要用于连接，后三种主要用于传动。起连接作用的螺纹称为连接螺纹，起传动作用的螺纹称为传动螺纹。标准螺纹的基本尺寸可查阅有关标准。

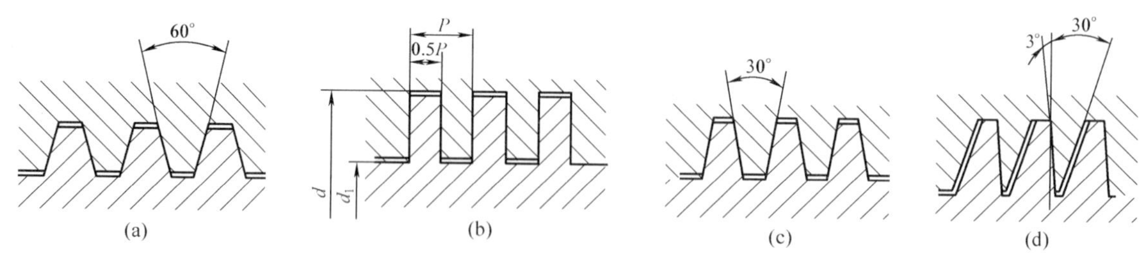

图 5-1　螺纹的类型

（a）三角螺纹；（b）矩形螺纹；（c）梯形螺纹；（d）锯齿形螺纹

2. 螺纹连接的主要类型

螺纹紧固件连接有螺栓、螺钉、双头螺柱和紧定螺钉连接四种基本类型。螺纹连接的主要类型见表 5-1 和图 5-2。

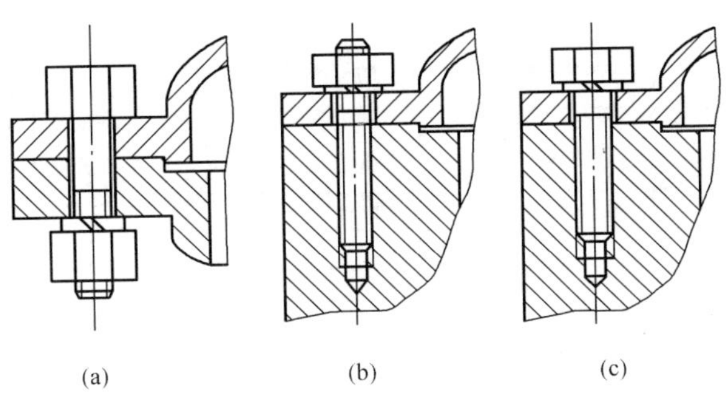

图 5-2　螺纹连接的主要类型

(a) 螺栓连接；(b) 双头螺柱连接；(c) 螺钉连接

表 5-1　　　螺纹连接的基本类型

受拉螺栓连接 受剪螺栓连接	无需在被连接件上切制螺纹，其使用不受被连接件材料的限制，应用广泛。用于可制通孔的场合
双头螺柱连接	座端旋入并紧固在被连接件之一的螺纹孔中，用于受结构限制而不能用螺栓或希望连接结构较紧凑的场合
螺钉连接	不用螺母，具有光整的外露表面，应用上同双头螺柱连接相似。不宜用于经常拆装的连接
紧定螺钉连接	旋入杯连接件之一的螺纹孔中，其末端顶住另一被连接件的表面或孔中，以固定两个零件的相对位置，并可传递不大的力或扭矩

3. 螺纹的主要参数

如图 5-3 所示，螺纹的主要参数有以下几种：

(1) 外径 d：在垂直于螺纹的轴线方向量得的螺纹最外边界间的距离，或称为螺纹的最大直径，定为螺纹的公称直径。

(2) 内径 d_1：在垂直于螺纹的轴线方向量得的螺纹最内边界间的距离，或称为螺纹的最小直径。

(3) 中径（或称为平均直径）d_2。

(4) 螺距 p：沿螺纹的轴线方向量得的相邻两牙降间的距离。

(5) 升角 α：螺纹与其轴线的垂直平面所形成的夹角。

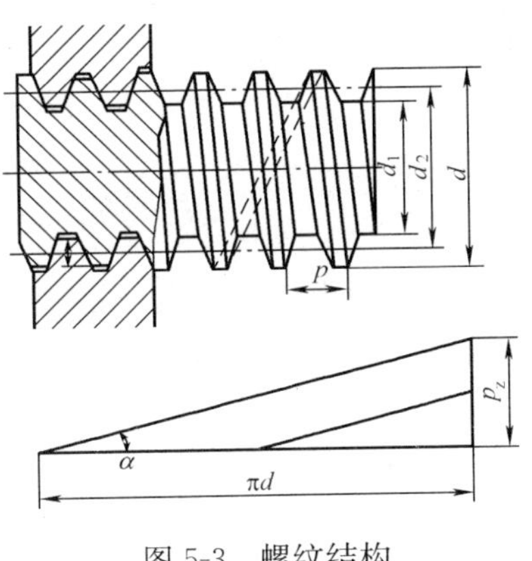

图 5-3　螺纹结构

二、键连接

键和花键主要用来实现轴和轴上零件（如齿轮、带轮等）的周向固定以传递转矩；有的还能实现轴上零件的轴向固定以传递轴向力；有的则能构成轴向动连接以使零件在轴上滑动。

键连接的类型有平键、花键、半圆键、楔键和切向键连接等，键是标准件。

1. 平键连接

平键的两侧面是工作面，上表面与轮毂槽底之间留有间隙（见图 5-4）。工作时，依靠键与键槽的互相挤压传递转矩。常用的平键有普通平键、导向平键和滑键三种。普通平键的端部形状可制成圆头（a 型）、方头（b 型）或单圆头（c 型）。圆头键的轴槽用指形铣刀加工，键在槽中固定良好。方头键轴槽用盘形铣刀加工，键卧于槽中用螺钉紧固。单圆头键常用于轴端。

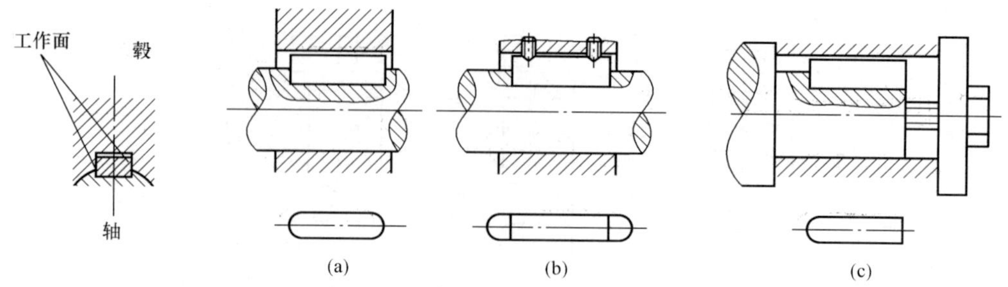

图 5-4 各种形式的平键

(a) 圆头；(b) 方头；(c) 一端圆头，一端方头

导向平键用于动连接。按端部形状，导向平键分为圆头（a 型）和方头（b 型）两种。导向平键一般用螺钉固定在轴槽中，导向平键与轮毂的键槽采用间隙配合，轮毂可沿导向平键轴向移动。为了装拆方便，键中间设有起键螺孔。导向平键适用于轮毂移动距离不大的场合（见图 5-5）。

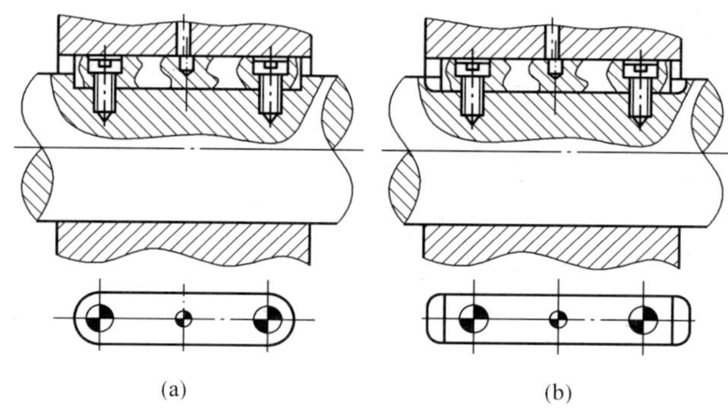

图 5-5 导向平键

(a) 圆头；(b) 方头

键一般采用碳钢制造，通常用 45 钢。键的类型应根据键连接的结构、使用特性及工作条件来选择。选择时应考虑以下各方面的情况：需要传递转矩的大小；连接于轴上的零件是否需要沿轴滑动及滑动距离的长短；对于连接的对中性要求；键是否需要具有轴向固定的作用；键在轴上的位置（在轴的中部还是端部）等。

2. 花键连接

轴和轮毂孔周向均布多个凸齿和凹槽所构成的连接称为花键连接。齿的侧面是工作面。由于是多齿传递载荷，所以花键连接的承载能力高，对轴的削弱程度小，具有定心精度高和导向性能好等优点。

花键连接按齿形可分为矩形花键连接（见图 5-6）和渐开线花键连接（见图 5-7）。

矩形花键的齿形是矩形，容易加工，应用广泛。矩形花键按齿的尺寸及数目不同可分为轻、中两系列，分别适用于不同的载荷情况。渐开线花键的齿形是渐开线，受载时齿上有径向分力，能起自动定心作用，有利于保证连接的同心度。渐开线花键齿根部较厚，故强度高，承载能力大，寿命长。渐开线花键可利用加工齿轮的设备及刀具进行加工，因此工艺性较好，可获得较高精度及互换性，但花键孔拉刀的制造成本高。

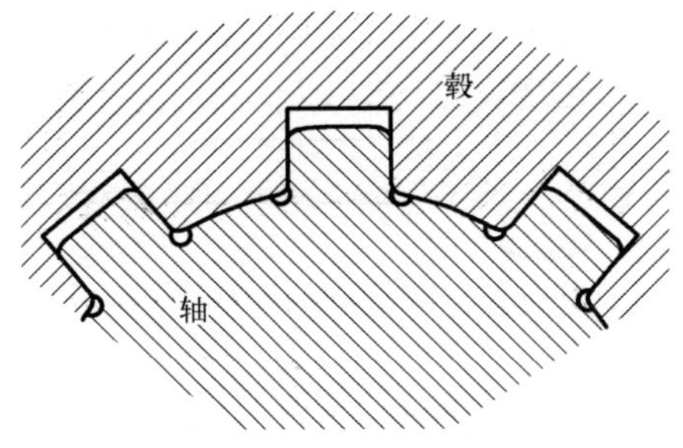

图 5-6　矩形花键

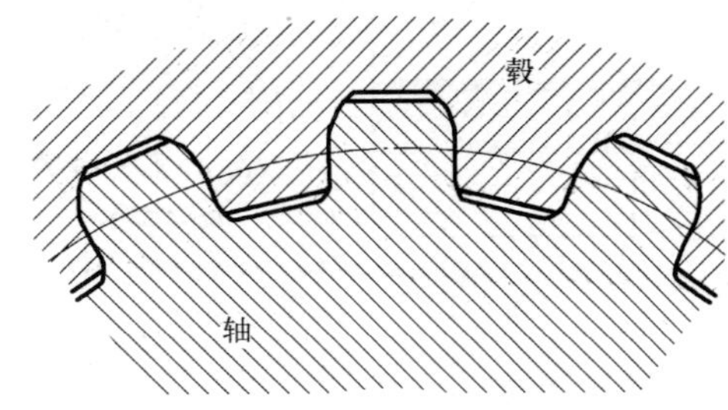

图 5-7　渐开线花键

三、销连接

销主要用来固定零件之间的相对位置，起定位作用，也可用于轴与轮毂的连接，传递不大的载荷，还可作为安全装置中的过载剪断元件。销的常用材料为 35、45 钢。

销有圆柱销和圆锥销两种基本类型（见图 5-8），这两类销均已标准化。圆柱销利用微量过盈固定在销孔中，经过多次装拆后，其连接的紧固性及精度降低，故只适用于不常拆卸处。圆锥销有 1∶50 的锥度，装拆比圆柱销方便，多次装拆对连接的紧固性及定位精度影响较小，因此应用广泛。

销还有许多特殊形式。图 5-9 所示为大端具有外螺纹的圆锥销，便于装拆，可用于盲孔；小端带外螺纹的圆锥销，可用螺母锁紧，适用于有冲击的场合。图 5-10 所示是带槽的圆柱销，称为槽销，用弹簧钢滚压或模锻而成。销上有三条压制的纵向沟槽，槽销压入销孔后，它的凹槽即产生收缩变形，借助材料的弹性而固定在销孔中，销孔无需铰光并可多次装拆，适用于承受振动和变载荷的连接。图 5-11 是开尾圆锥销，销尾可分开，能防止松脱，多用于振动冲击场合。图 5-12 所示为弹性圆柱销，其用弹簧钢带卷制而成，具有弹性，用于冲击振动场合。图 5-13 所示为开口销，是一种防松动零件，用于锁紧其他紧固件。

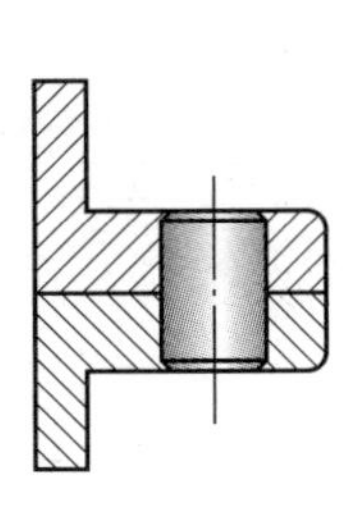
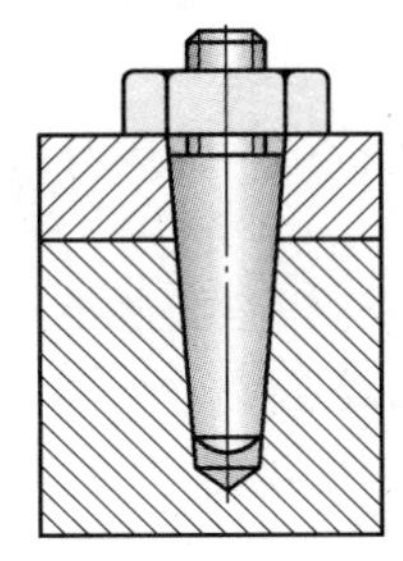
图 5-8　圆柱销和圆锥销

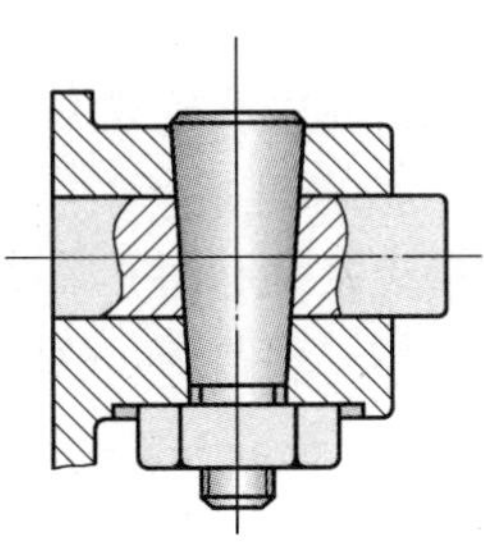
图 5-9　具有外螺纹的圆锥销

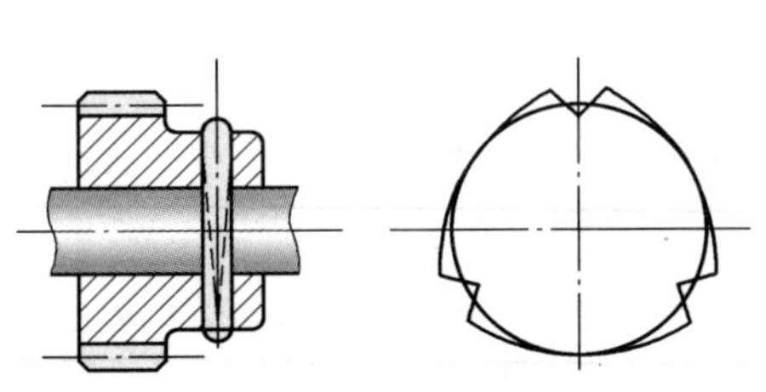
图 5-10　带槽的圆柱销

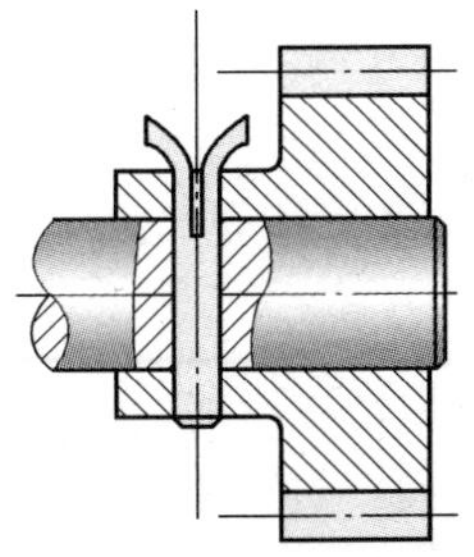
图 5-11　开尾圆锥销

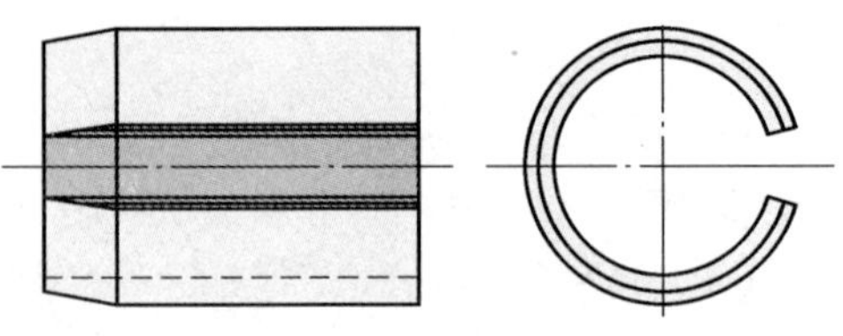

图 5-12　弹性圆柱销

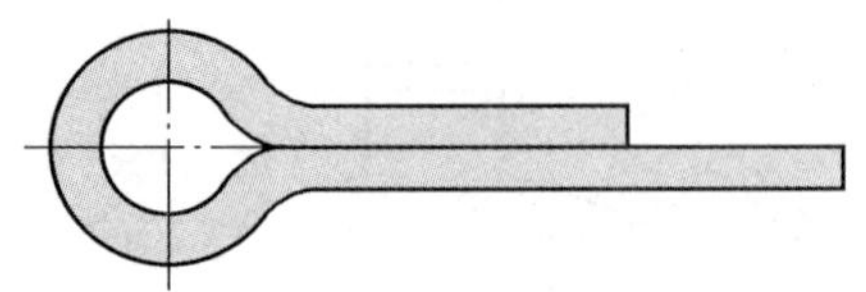

图 5-13　开口销

四、过盈连接

过盈连接是利用零件间的过盈配合形成的连接，其配合表面多为圆柱面，也有圆锥或其他形式的配合面。

过盈连接使配合面间产生一定的压力，工作时靠此压力产生的摩擦力传递转矩或轴向力。

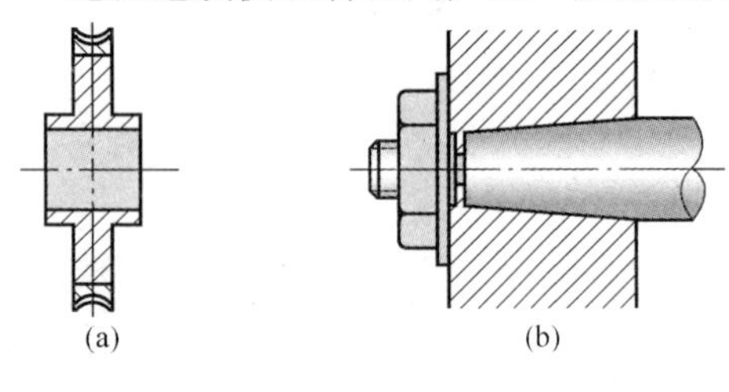

图 5-14　过盈连接

（a）蜗轮齿圈与轮心的过盈连接；（b）圆锥面过盈连接

过盈连接的特点是结构简单，同轴性好，轴上不开孔或槽，对轴削弱小，承载能力高，耐冲击性能好。但配合表面的加工精度要求高，且装拆不方便。图 5-14（a）所示是蜗轮齿圈与轮心的过盈配合连接。图 5-14（b）所示为一种螺母使结合面产生相对轴向位移和压紧的圆锥面过盈连接。

过盈连接装配时可采用压入法和温差法两种装配方法。压入法是将较大的轴强制压入较小的毂孔中，压入过程中不可避免地会损伤配合表面，故降低了连接的紧固性。为了减少过大的损伤，装配时配合表面应涂润滑油。用温差法装配时，将毂孔加热使其膨胀，或者将轴冷却使其收缩，也可以同时加热毂孔及冷却轴，以形成装配间隙并顺利实现装配，从而达到连接的目的。温差法配合表面损伤较小，紧固性高，承载能力强。一般尺寸小或过盈量小时可采用压入法装配，尺寸大或过盈量大时采用温差法装配。

过盈连接设计的要点是按载荷选择适用的配合并校核其最小过盈能传递所承受的载荷，最大过盈不会引起轴或轮毂失效，还可以计算压入力、压出力和加热温度。

五、成形连接

成形连接是利用非圆截面的轴与相应轮廓的毂孔配合而构成的连接，如图 5-15 所示。因这种连接不用键或花键，故又称为无键连接。

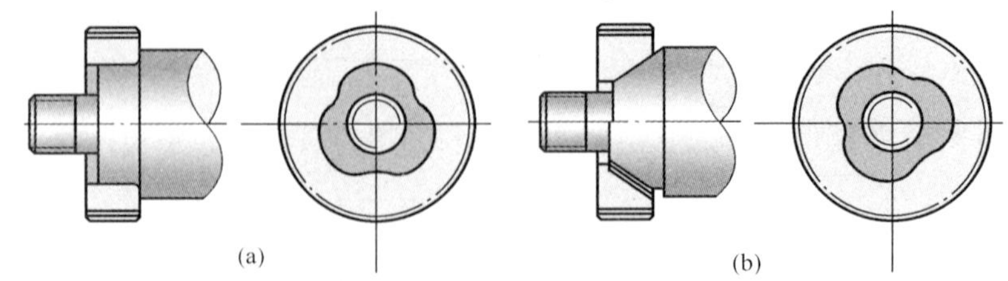

图 5-15　成形连接

（a）柱形的轴和毂孔；（b）锥形的轴和毂孔

轴和毂孔可以是柱形的，也可以是锥形的。前者只能传递转矩，后者除可传递转矩外，还能传递轴向力，制造较为复杂。成形连接也有采用方形、六方形等截面形状的。

成形连接对中良好，又没有键槽及尖角引起的应力集中，故可传递较大的转矩，装拆也很方便，但加工比较复杂，应用不普遍。

六、焊接

焊接是利用局部加热、加压使两个以上的金属件在连接处形成原子或分子间的结合而构成的不可拆连接。焊接具有强度高、紧密性好、工艺简单、操作方便、劳动强度低等优点，广泛用于金属构架、壳体及机架等结构的制造。

焊接方法可以归纳为熔化焊、压力焊和钎焊三个基本类型。熔化焊是最基本的焊接工艺方法，在焊接生产中占主导地位。压力焊及钎焊具有成本低，易于实现机械化、自动化操作等特点。熔化焊又分为电弧焊、电渣焊、气焊等，在机械制造中最常用的是电弧焊。电弧焊是利用焊条与焊件间产生电弧热将金属加热并熔化的一种焊接方法。本节只概略介绍有关电弧焊结构的基本知识。

根据被焊件在空间的相互位置，焊接接头基本上可分为对接接头、搭接接头和正交接头（T型和L型）三种类型。

第二节 传　　动

一、齿轮传动

1. 齿轮传动的特点和类型

齿轮传动是机械传动中最重要的，也是应用最为广泛的一种传动型式。齿轮传动的主要优点是：

(1) 工作可靠、寿命较长；

(2) 传动比稳定、传动效率高；

(3) 可实现平行轴、任意角相交轴、任意角交错轴之间的传动；

(4) 适用的功率和速度范围广。

齿轮传动的缺点是：

(1) 加工和安装精度要求较高，制造成本也较高；

(2) 不适宜于远距离两轴之间的传动。

齿轮传动的类型很多，按照一对齿轮轴线的相互位置，齿轮传动可分类如下（见图5-16）：

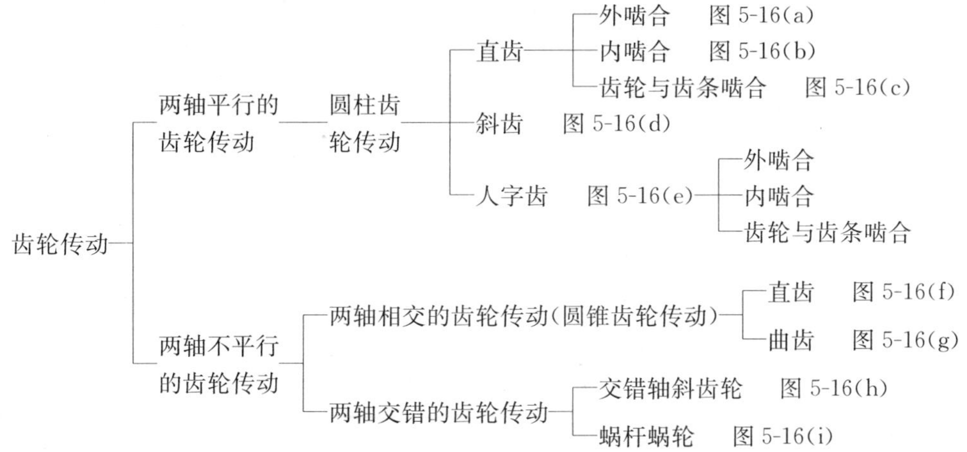

2. 齿廓啮合基本定律

齿轮传动是依靠主动轮的轮齿依次推动从动轮的轮齿来进行工作的。对齿轮传动的基本要求之一是其瞬时传动比必须保持不变；否则，当主动轮以等角速度回转时，从动轮的角速度为变

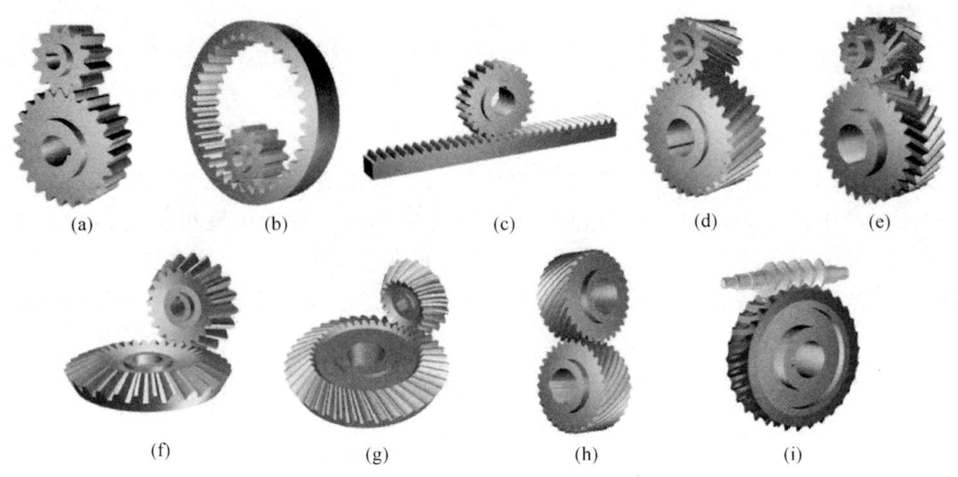

图 5-16　齿轮传动的主要类型

数，从而产生惯性力。这种惯性力将影响轮齿的强度、寿命和工作精度。齿廓啮合基本定律就是研究当齿廓形状符合何种条件时，才能满足这一基本要求。

要使齿轮保持定角速比，不论齿廓在任何位置接触，过接触点所作的齿廓公法线都必须与两轮的连心线交于一定点。这就是齿廓啮合的基本定律。

凡满足齿廓啮合基本定律而互相啮合的一对齿廓，称为共轭齿廓。符合齿廓啮合基本定律的齿廓曲线有无穷多，传动齿轮的齿廓曲线除要求满足定角速比外，还必须考虑制造、安装和强度等要求。在机械应用中，常用的齿廓有渐开线齿廓、摆线齿廓和圆弧齿廓，其中以渐开线齿廓应用最广。

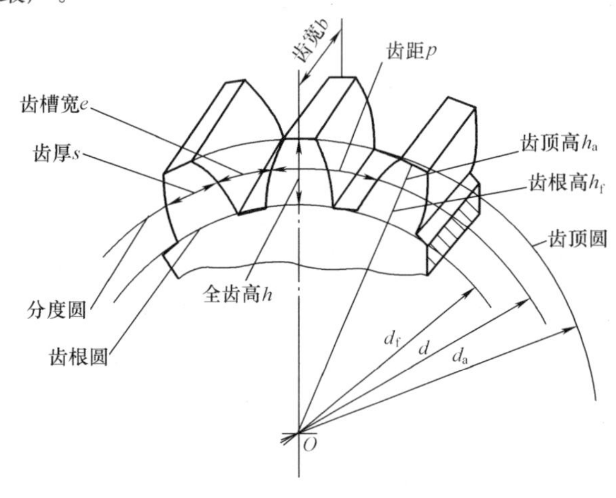

图 5-17　齿轮各部分名称

3. 齿轮参数

图 5-17 所示为直齿圆柱齿轮的一部分。为了使齿轮在两个方向都能传动，轮齿两侧齿廓由形状相同、方向相反的渐开线曲面组成。

齿轮各参数名称如下：

(1) 齿顶圆：齿顶端所确定的圆称为齿顶圆，其直径用 d_a 表示。

(2) 齿根圆：齿槽底部所确定的圆称为齿根圆，其直径用 d_f 表示。

(3) 齿槽：相邻两齿之间的空间称为齿槽。齿槽两侧齿廓之间的弧长称为该圆上的齿槽宽，用 e 表示。

(4) 齿厚：在任意直径 d_k 的圆周上，轮齿两侧齿廓之间的弧长称为该圆上的齿厚，用 s 表示。

(5) 齿距：相邻两齿同侧齿廓之间的弧长称为该圆上的齿距，用 p 表示。显然 $p=s+e$ 及 $p_k=(\pi d_k)/z$。式中的 z 为齿轮的齿数。

(6) 模数。规定比值 p/π 等于整数或简单的有理数，并作为计算齿轮几何尺寸的一个基本参数。这个比值称为模数，以 m 表示，单位为 mm，即 $m=p/\pi$，齿轮的主要几何尺寸都与 m 成正比。

为了便于齿轮的互换使用和简化刀具，齿轮的模数已经标准化。我国规定了模数的系列。

(7) 分度圆。标准齿轮上齿厚和齿槽宽相等的圆称为齿轮的分度圆，用 d 表示其直径。分度圆上的齿厚以 s 表示；齿槽宽用 e 表示；齿距用 p 表示。分度圆压力角通常称为齿轮的压力角，用 α 表示。分度圆压力角已经标准化。由于齿轮分度圆上的模数和压力角均规定为标准值，因此齿轮的分度圆可定义为齿轮上具有标准模数和标准压力角的圆。齿轮分度圆直径 d 则可表示为 $d=pz/\pi=mz$。

(8) 齿顶与齿根。在轮齿上介于齿顶圆和分度圆之间的部分称为齿顶，其径向高度称为齿顶高，用 h_a 表示。介于根圆和分度圆之间的部分称为齿根，其径向高度称为齿根高，用 h_f 表示。齿顶圆与齿根圆之间轮齿的径向高度称为全齿高，用 h 表示，故 $h=h_a+h_f$。

(9) 顶隙。顶隙是指一对齿轮啮合时，一个齿轮的齿顶圆到另一个齿轮的齿根圆的径向距离。顶隙有利于润滑油的流动。

若一齿轮的模数、分度圆压力角、齿顶高系数、齿根高系数均为标准值，且其分度圆上的齿厚与齿槽宽相等，则称为标准齿轮。

4. 齿轮轮齿的加工方法

轮齿加工的基本要求是齿形准确和分齿均匀。轮齿的加工方法很多，最常用的是切削加工法，此外还有铸造法、热轧法等。轮齿的切削加工方法按其原理可分为成形法和范成法两类。

(1) 成形法。成形法是用与齿轮齿槽形状相同的圆盘铣刀或指状铣刀在铣床上进行加工，如图 5-18 所示。加工时铣刀绕本身的轴线旋转，同时轮坯转过 $2\pi/z$ 角度，再铣第二个齿槽。其余依此类推。这种加工方法简单，不需要专用机床，但精度差，而且是逐个齿切削，切削不连续，故生产效率低，仅适用于单件生产及精度要求不高的齿轮加工。

(2) 范成法。范成法是利用一对齿轮（或齿轮与齿条）互相啮合时其共轭齿廓互为包络线的原理来切齿的（见图 5-19）。如果把其中一个齿轮（或齿条）做成刀具，就可以切出与它共轭的渐开线齿廓。

范成法种类很多，有插齿、滚齿、剃齿、磨齿等，其中最常用的是插齿和滚齿，剃齿和磨齿用于精度和粗糙度要求较高的场合。

图 5-20 所示为用齿轮插刀加工齿轮时的情形。齿轮插刀的形状和齿轮相似，其模数和压力角与被加工齿轮相同。加工时，插齿刀沿轮坯轴线方向作上下往复的切削运动；同时，机床的传动系统严格地保证插齿刀与轮坯之间的范成运动。齿轮插刀刀具顶部应比正常齿高，以便切出顶隙部分。

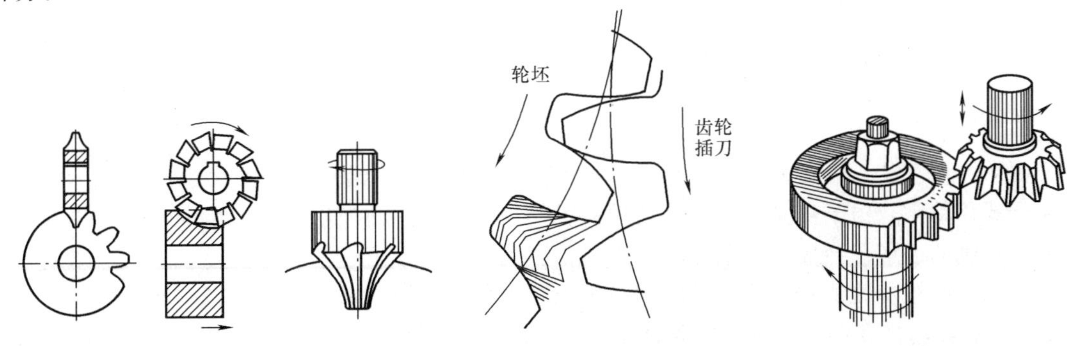

图 5-18 成形法加工齿轮　　图 5-19 范成法加工齿轮　　图 5-20 齿轮插刀切齿

当齿轮插刀的齿数增加到无穷多时，其基圆半径变为无穷大，插刀的齿廓变成直线齿廓，齿轮插刀就变成齿条插刀，图 5-21 为齿条插刀加工轮齿的情形。

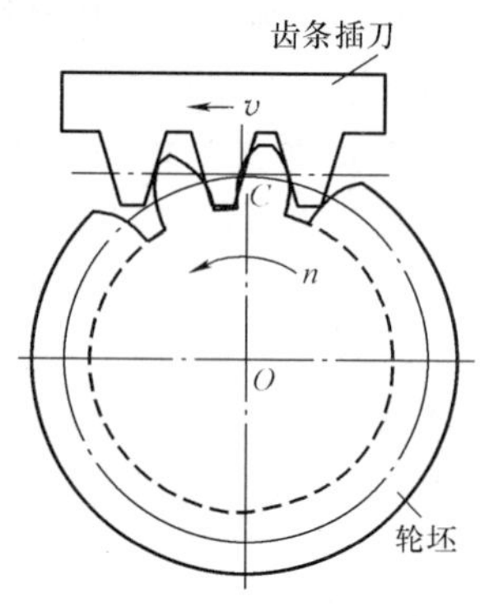

图 5-21　齿条插刀加工轮齿

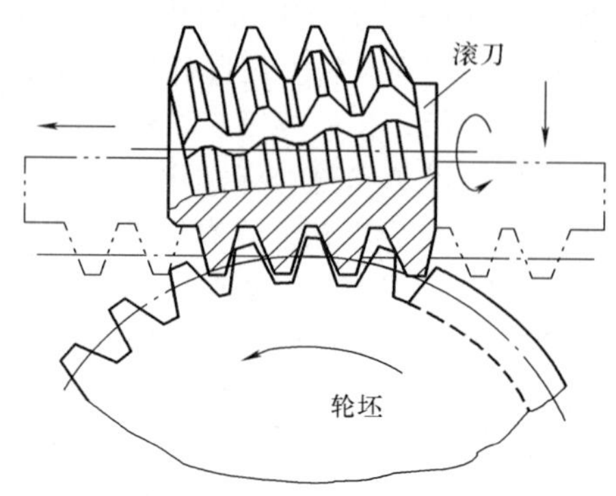

图 5-22　滚刀加工轮齿

齿轮插刀和齿条插刀都只能间断地切削，生产效率低。目前广泛采用齿轮滚刀在滚齿机上进行轮齿的加工。滚齿加工方法基于齿轮与齿条相啮合的原理。图 5-22 为滚刀加工轮齿的情形。滚刀的外形类似沿纵向开了沟槽的螺旋，其轴向剖面齿形与齿条相同。当滚刀转动时，相当于这个假想的齿条连续地向一个方向移动，轮坯又相当于与齿条相啮合的齿轮，从而滚刀能按照范成原理在轮坯上加工渐开线齿廓。滚刀除旋转外，还沿轮坯的轴向逐渐移动，以便切出整个齿宽。

5. 轮齿的失效形式

轮齿的主要失效形式有以下 5 种：

(1) 轮齿折断。齿轮工作时，若轮齿危险剖面的应力超过材料所允许的极限值，轮齿将发生折断。轮齿的折断有两种情况，一种是因短时意外的严重过载或受到冲击载荷时突然折断，称为过载折断；另一种是由于循环变化的弯曲应力的反复作用而引起的疲劳折断。轮齿折断一般发生在轮齿根部。

(2) 齿面点蚀。在润滑良好的闭式齿轮传动中，当齿轮工作了一定时间后，在轮齿工作表面上会产生一些细小的凹坑，称为点蚀。点蚀的产生主要是由于轮齿啮合时，齿面的接触应力按脉动循环变化，在这种脉动循环变化接触应力的多次重复作用下，由于疲劳，在轮齿表面层会产生疲劳裂纹，裂纹的扩展使金属微粒剥落下来而形成疲劳点蚀。通常，疲劳点蚀首先发生在节线附近的齿根表面处。点蚀使齿面的有效承载面积减小，点蚀的扩展将会严重损坏齿廓表面，引起冲击和噪声，造成传动的不平稳。齿面抗点蚀能力主要与齿面硬度有关，齿面硬度越高，抗点蚀能力越强。

(3) 齿面胶合。在高速重载传动中，由于齿面啮合区的压力很大，润滑油膜因温度升高容易破裂，造成齿面金属直接接触，其接触区产生瞬时高温，致使两轮齿表面焊粘在一起，当两齿面相对运动时，较软的齿面金属被撕下，在轮齿工作表面形成与滑动方向一致的沟痕，这种现象称为齿面胶合。

(4) 齿面磨损。互相啮合的两齿廓表面间有相对滑动，在载荷作用下会引起齿面的磨损。尤其在开式传动中，由于灰尘、砂粒等硬颗粒容易进入齿面间而发生磨损。齿面严重磨损后，轮齿将失去正确的齿形，会导致严重噪声和振动，影响轮齿正常工作，最终使传动失效。采用闭式传动，减小齿面粗糙度值和保持良好的润滑可以减少齿面磨损。

(5) 齿面塑性变形。在重载的条件下，较软的齿面上表层金属可能沿滑动方向滑移，出现局部金属流动现象，使齿面产生塑性变形，齿廓失去正确的齿形。在起动和过载频繁的传动中较易产生这种失效形式。

6. 齿轮材料

对齿轮材料的要求是：齿面有足够的硬度和耐磨性，轮齿心部有较强韧性，以承爱冲击载荷和变载荷。常用的齿轮材料是各种牌号的优质碳素钢、合金结构钢、铸钢和铸铁等，一般多采用锻件或轧制钢材。当齿轮直径在400～600mm时，可采用铸钢；低速齿轮可采用灰铸铁。表5-2列出了常用齿轮材料及其热处理后的硬度。

表5-2　　常用的齿轮材料

材　料	机械性能/MPa		热处理方法	硬度	
	σ_b	σ_s		HBS	HRC
45	580	290	正火	160～217	
	640	350	调质	217～255	
			表面淬火		40～50
40Cr	700	500	调质	240～286	
			表面淬火		48～55
35SiMn	750	450	调质	217～269	
42SiMn	785	510	调质	229～286	
20Cr	637	392	渗碳、淬火、回火		56～62
20 CrMnTi	1100	850	渗碳、淬火、回火		56～62
40MnB	735	490	调质	241～286	
ZG45	569	314	正火	163～197	
ZG35SiMn	569	343	正火、回火	163～217	
	637	412	调质	197～248	
HT200	200			170～230	
HT300	300			187～255	
QT500—5	500			147～241	
QT600—2	600			229～302	

7. 齿轮常用的热处理方法

（1）表面淬火。表面淬火一般用于中碳钢和中碳合金钢。表面淬火处理后齿面硬度可达HRC52～56，耐磨性好，齿面接触强度高。表面淬火的方法有高频淬火和火焰淬火等。

（2）渗碳淬火。渗碳淬火用于处理低碳钢和低碳合金钢，渗碳淬火后齿面硬度可达HRC56～62，齿面接触强度高，耐磨性好，而轮齿心部仍保持有较高的韧性，常用于受冲击载荷的重要齿轮传动。

（3）调质。调质处理一般用于处理中碳钢和中碳合金钢。调质处理后齿面硬度可达HBS220～260。

（4）正火。正火能消除内应力，细化晶粒，改善力学性能和切削性能。中碳钢正火处理可用于机械强度要求不高的齿轮传动中。

8. 齿轮的结构

齿轮强度计算和几何尺寸计算，主要是确定齿轮的模数、分度圆直径、齿顶圆直径、齿根圆直径、齿宽等；而轮缘、轮辐和轮毂等结构尺寸和结构形式，则需通过结构设计来确定。齿轮的结构有锻造、铸造、装配式及焊接齿轮等形式，具体的结构应根据工艺要求及经验公式确定。

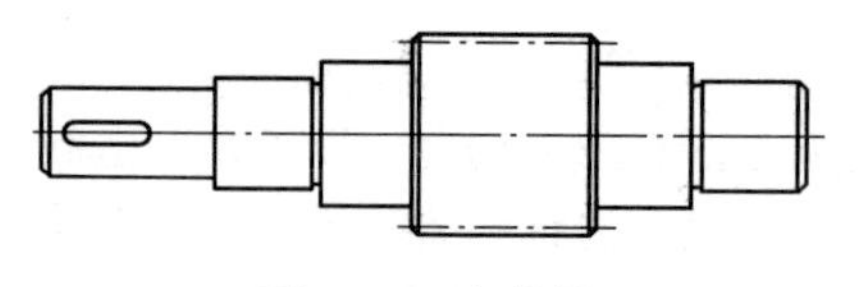

图 5-23　齿轮轴

当齿顶圆直径与轴径接近时，应将齿轮与轴做成一体，称为齿轮轴（见图 5-23）。

当齿顶圆直径 $d_a \leqslant 500$mm 时，一般都用锻造齿轮；当 $d_a > 500$mm 时，一般都用铸造齿轮。

对于大型齿轮（$d_a > 600$mm），为节省贵重材料，可用优质材料做的齿圈套装于铸钢或铸铁的轮心上。对于单件或小批量生产的大型齿轮，可做成焊接结构的齿轮。

二、带传动

带传动是由两个带轮和一根紧绕在两轮上的传动带组成，靠带与带轮接触面之间的摩擦力来传递运动和动力的一种挠性摩擦传动。

带传动通常是由主动轮、从动轮和张紧在两轮上的环形带所组成。根据传动原理的不同，带传动可分为摩擦传动型（见图 5-24）和啮合传动型（见图 5-25）两大类。

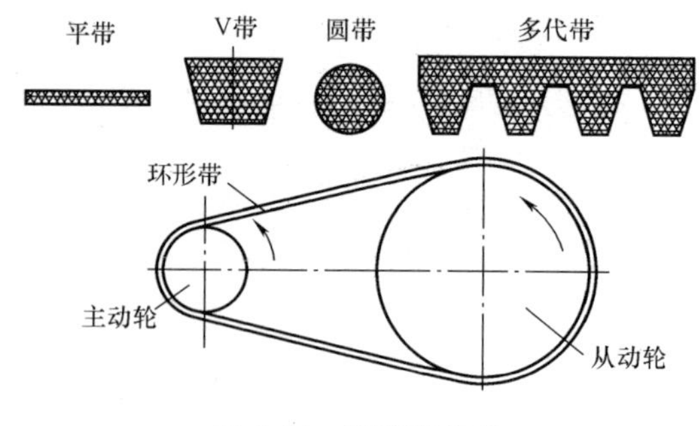

图 5-24　摩擦带传动

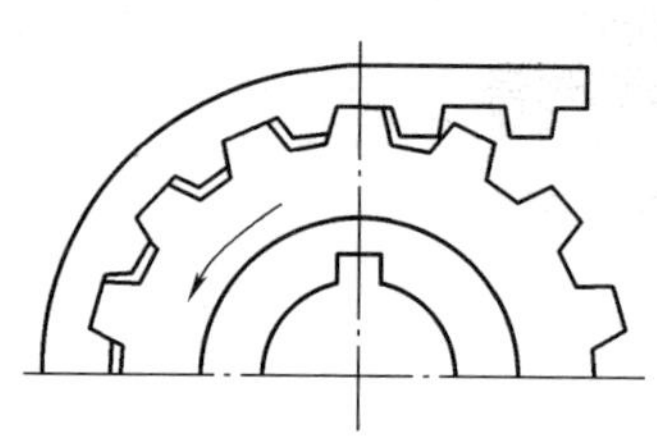

图 5-25　啮合带传动

（一）摩擦传动型

摩擦传动型是利用传动带与带轮之间的摩擦力传递运动和动力。摩擦型带传动中，根据挠性带截面形状不同，可分为以下几类：

（1）普通平带传动。如图 5-26（a）所示，平带传动中带的截面形状为矩形，工作时带的内面是工作面，与圆柱形带轮工作面接触，属于平面摩擦传动。

（2）V 带传动。如图 5-26（b）所示，V 带传动中带的截面形状为等腰梯形。工作时带的两侧面是工作面，与带轮的环槽侧面接触，属于楔面摩擦传动。在相同的带张紧程度下，V 带传动的摩擦力要比平带传动约大 70%，其承载能力因而比平带传动高。在一般的机械传动中，V 带传动现已取代了平带传动而成为常用的带传动装置。

（3）多楔带传动。如图 5-26（c）所示，多楔带传动中带的截面形状为多楔形。多楔带是以平带为基体、内表面具有若干等距纵向 V 形楔的环形传动带，其工作面为楔的侧面，它具有平带的柔软及 V 带摩擦力大的特点。

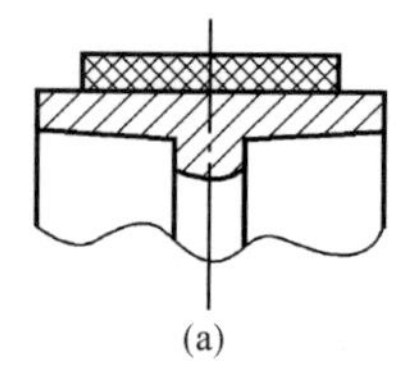

(a)

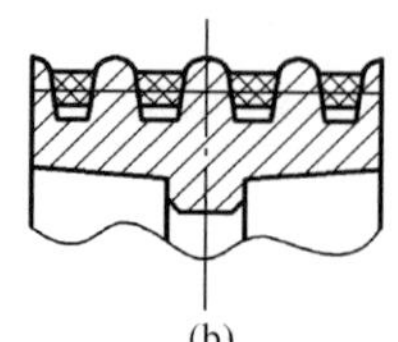

(b)

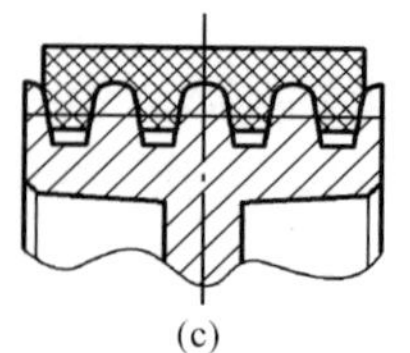

(c)

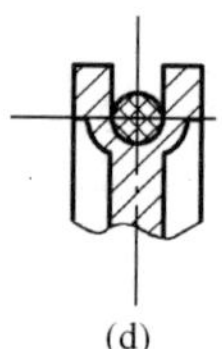

(d)

图 5-26　摩擦带传动的类型

（a）平带传动；（b）V 带传动；（c）多楔带传动；（d）圆带传动

（4）圆带传动。如图 5-26（d）所示，圆带传动中带的截面形状为圆形，圆形带有圆皮带、圆绳带、圆锦纶带等，其传动能力小，主要用于带速小于 15m/s ，传动比为 0.5～3 的小功率传动，如仪器和家用器械中。

（5）高速带传动。带速 $v>30$m/s，高速轴转速 $n=10\ 000\sim50\ 000$r/min 的带传动属于高速带传动。

（二）啮合传动型

啮合传动型是指同步带传动，同步带传动是靠带上的齿与带轮上的齿槽的啮合作用来传递运动和动力的。同步带传动工作时，带与带轮之间不会产生相对滑动，能够获得准确的传动比，因此它兼有带传动和齿轮啮合传动的特性和优点。带的最基本参数是节距 ，它是在规定的张紧力下，同步带纵截面上相邻两齿对称中心线的直线距离。

由于不是靠摩擦力传递动力，带的预紧力可以很小，作用于带轮轴和其轴承上的力也很小。其主要缺点在于制造和安装精度要求较高，中心距要求较严格。同步带在各种机械中的应用日益广泛。

在两类带传动中，由于都采用带作为中间挠性元件来传递运动和动力，因而具有结构简单、传动平稳、缓冲吸振和能实现较大距离两轴间的传动等特点。摩擦型带传动还具有过载时将引起带在带轮上打滑，起到防止其他零件损坏的优点。其缺点是带与轮面之间存在相对滑动，导致传动效率较低，传动比不准确，带的寿命较短。

（三）弹性滑动和打滑

1. 弹性滑动

由于带是弹性体，受力后必然产生弹性变形。传动工作时因为紧边和松边拉力不同，所以弹性变形也不同。这种由于带的弹性变形而引起的带与带轮间的滑动，称为弹性滑动。

弹性滑动将引起下列后果：①从动轮的圆周速度低于主动轮；②降低传动效率；③引起带的磨损；④发热使带温度升高。

在带传动中，由于摩擦力使带的两边发生不同程度的拉伸变形，摩擦力是这类传动所必需的，所以弹性滑动也是不可避免的。

由于弹性滑动的影响，从动轮的圆周速度低于主动轮的圆周速度，其相对降低率称为滑动率 ε。

滑动率 ε 的值与弹性滑动的大小有关，亦即与带的材料和受力大小等因素有关，不能得到准确的数值，因此带传动不能获得准确的传动比。带传动的滑动率一般为 1%～2%，粗略计算时可忽略不计。

2. 打滑

在正常情况下，带的弹性滑动并不是发生在整个接触弧上。接触弧可分为有相对滑动的（滑动弧）和无相对滑动的（静弧）两部分。

当带不传递载荷时，滑动角为零。随着载荷的增加，滑动角逐渐增大，而静角逐渐减小。当滑动角增大到带轮包角时，达到极限状态，带传动的有效拉力达到最大值，带就开始打滑。由于带在大轮上的包角总是大于在小轮上的包角，所以打滑总是先发生在小带轮上。

打滑将造成带的严重磨损，带的运动处于不稳定状态，致使传动失效。

不能将弹性滑动和打滑混淆，打滑是由于过载所引起的带在带轮上的全面滑动，工作中是应该避免的。在传动突然超载时，打滑可以起到过载保护作用，避免其他零件发生损坏。

三、链传动

链传动是由装在平行轴上的主、从动链轮和绕在链轮上的环形链条所组成，见图 5-27，以链

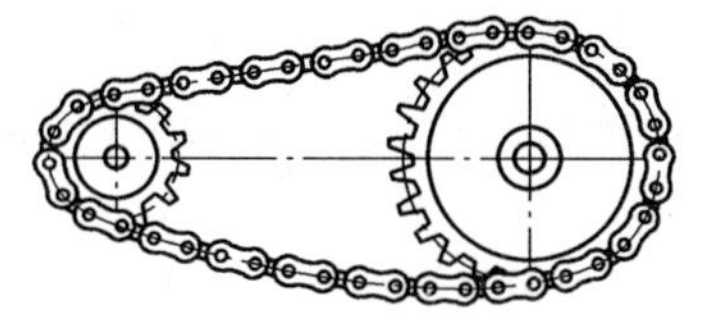

图 5-27 链传动简图

作中间挠性件，靠链与链轮轮齿的啮合来传递运动和动力。其中，应用最广泛的是滚子链传动。

在链传动中，按链条结构的不同，主要有滚子链传动和齿形链传动两种类型：

1. 滚子链传动

滚子链的结构如图 5-28 所示。它由内链板、外链板、销轴、套筒和滚子组成。链传动工作时，套筒上的滚子沿链轮齿廓滚动，可以减轻链和链轮轮齿的磨损。

把一根以上的单列链并列、用长销轴连接起来的链称为多排链，图 5-29 为双排滚子链。链的排数愈多，承载能力愈高，但链的制造与安装精度要求也愈高，且愈难使各排链受力均匀，将大大降低多排链的使用寿命，故排数不宜超过 4 排。当传动功率较大时，可采用两根或两根以上的双排链或三排链。

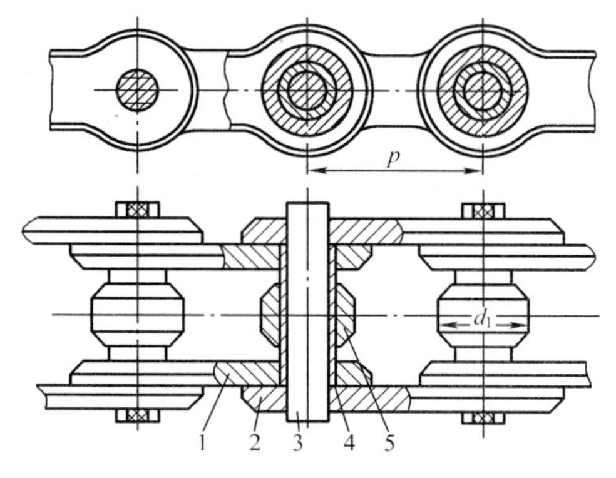

图 5-28 滚子链

1—内链板；2—外链板；3—销轴；4—套筒；5—滚子

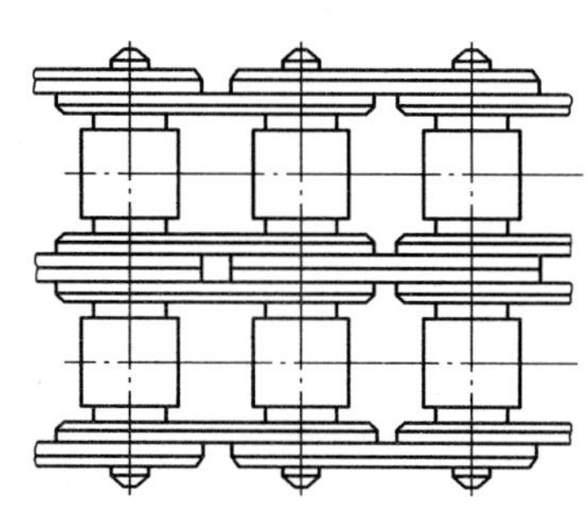

图 5-29 双排滚子链

为了形成链节首尾相接的环形链条，要用接头加以连接。链的接头形式见图 5-30。当链节数为偶数时采用连接链节，其形状与链节相同，接头处用钢丝锁销或弹簧卡片等止锁件将销轴与连接链板固定；当链节数为奇数时，则必须加一个过渡链节。过渡链节的链板在工作时受附加弯矩，故应尽量避免采用奇数链节。链条相邻两销轴中心的距离称为链节距，用 p 表示，它是链传动的主要参数。

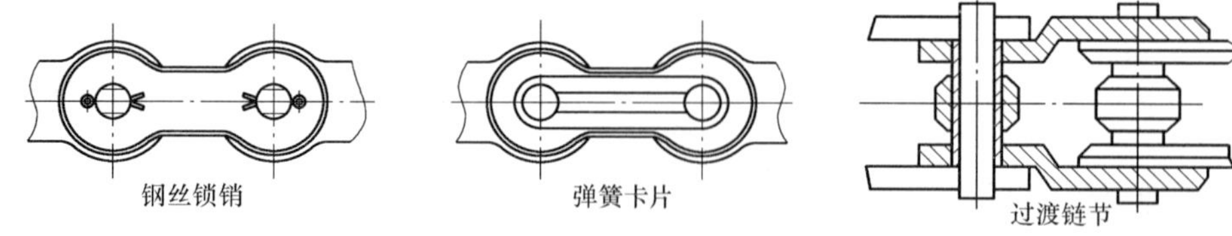

图 5-30 链节头

2. 齿形链传动

齿形链传动是利用特定齿形的链板与链轮相啮合来实现传动的。

它是由彼此用铰链连接起来的齿形链板组成，链板两工作侧面间的夹角为 60°，相邻链节的链板左右错开排列，并用销轴、轴瓦或滚柱将链板连接起来。按铰链结构不同，分为圆销铰链式、轴瓦铰链式和滚柱铰链式三种。

与滚子链相比，齿形链具有工作平稳、噪声较小、允许链速较高、承受冲击载荷能力较好和轮齿受力较均匀等优点；但结构复杂、装拆困难、价格较高、质量较大并且对安装和维护的要求也较高。

四、蜗轮蜗杆传动

蜗轮蜗杆传动（见图5-31）是由交错轴斜齿圆柱齿轮传动演变而来的。小齿轮的每个轮齿可在分度圆柱面上缠绕一周以上，这样的小齿轮外形像一根螺杆，称为蜗杆。大齿轮称为蜗轮。为了改善啮合状况，将蜗轮分度圆柱面的母线改为圆弧形，使之将蜗杆部分地包住，并用与蜗杆形状和参数相同的滚刀范成法加工蜗轮，这样齿廓间为线接触，可传递较大的动力。

1. 蜗轮蜗杆传动的类型

按蜗杆形状的不同可分：

（1）圆柱蜗杆传动，如图5-32所示。圆柱端杆传动又分普通圆柱蜗杆（阿基米德蜗杆、渐开线蜗杆、法向直廓蜗杆、锥面包络蜗杆）和圆弧圆柱蜗杆传动。

圆弧圆柱蜗杆（见图5-33）传动和普通圆柱蜗杆传动相似，只是齿廓形状有所区别。这种蜗杆的螺旋面是用刃边为凸圆弧形的刀具切制的，而蜗轮是用范成法制造的。在中间平面（即蜗杆轴线和蜗杆副连心线所在的平面上），蜗杆的齿廓为凹弧形，而与之相配的蜗轮的齿廓则为凸弧形。所以，圆弧圆柱蜗杆传动是一种凹凸弧齿廓相啮合的传动，也是一种线接触的啮合传动。其主要特点为：效率高，一般可达90%以上；承载能力高，一般可较普通圆柱蜗杆传动高出50%～150%；体积小；质量小；结构紧凑。

图5-31 蜗轮蜗杆传动机构

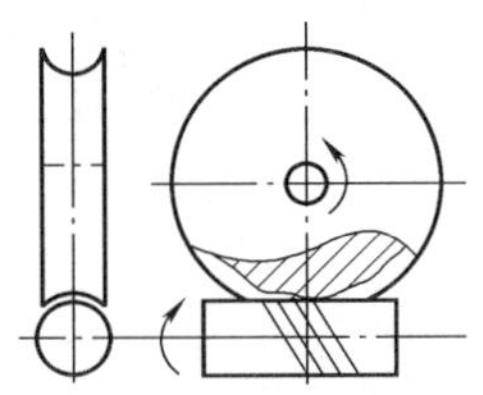

图5-32 普通圆柱蜗杆

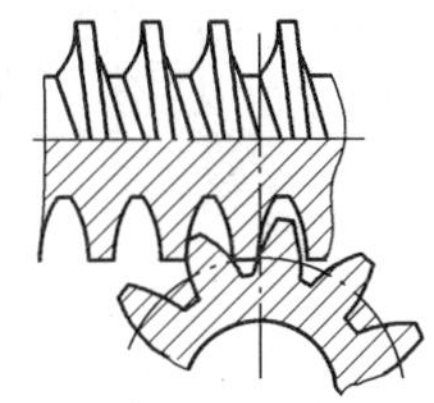

图5-33 圆弧圆柱蜗杆

（2）环面蜗杆传动。环面蜗杆（见图5-34）传动的特征是蜗杆体在轴向的外形是以凹圆弧为母线所形成的旋转曲面，所以把这种蜗杆传动叫做环面蜗杆传动。在这种传动的啮合带内，蜗轮的节圆位于蜗杆的节弧面上，即蜗杆的节弧沿蜗轮的节圆包着蜗轮。在中间平面内，蜗杆和蜗轮都是直线齿廓。由于同时相啮合的齿对多，而且轮齿的接触线与蜗杆齿运动的方向近似于垂直，这就大大改善了轮齿受力情况和润滑油膜形成的条件，因而承载能力约为阿基米德蜗杆传动的2～4倍，效率一般高达0.85～0.9；但它需要较高的制造和安装精度。除上述环面蜗杆传动外，还有包络环面蜗杆传动。这种蜗杆传动分为一次包络和二次包络（双包）环面蜗杆传动两种。它们的承载能力和效率较上述环面蜗杆传动均有显著的提高。

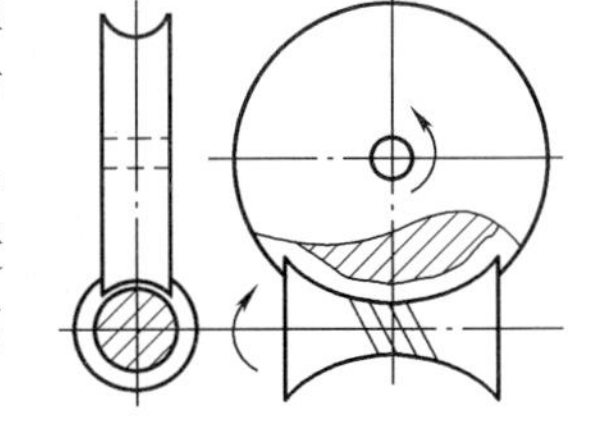

图5-34 环面蜗杆

（3）锥蜗杆传动。锥蜗杆（见图5-35）传动也是一种空间交错轴之间的传动，两轴交错角通常为90°。蜗杆是在节锥上分布的等导程的螺旋。而蜗轮就像一个曲线齿锥齿轮。锥蜗杆传动的特点是：啮合齿数多，重合度大，故传动平稳，承载能力高；蜗轮用淬火调制，可以节约有色金属。

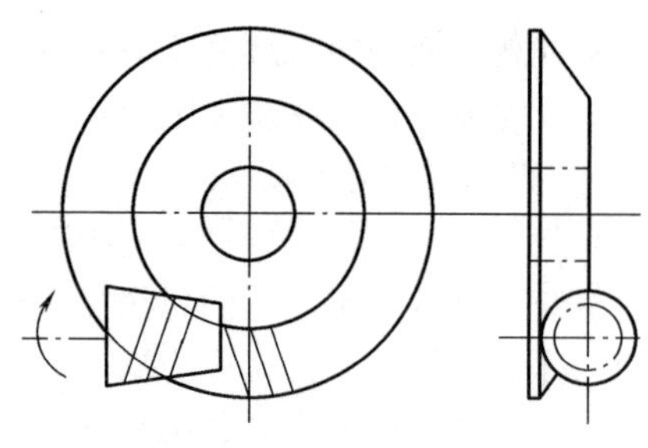

图 5-35　锥蜗杆

2. 蜗杆传动的特点

(1) 传动比大，结构紧凑。在动力传动中，一般传动比 $i=5\sim80$；在分度机构或手动机构的传动中，传动比可达 300；若只传递运动，传动比可达 1000。由于传动比大，零件数目又少，因而结构十分紧凑。

(2) 传动平稳，无噪声。在蜗杆传动中，由于蜗杆齿是连续不断的螺旋齿，它和蜗轮齿是逐渐进入啮合及逐渐退出啮合的，同时啮合的齿对又较多，故冲击载荷小，传动平稳，噪声低。

(3) 具有自锁性。当蜗杆的螺旋线升角小于啮合面的当量摩擦角时，蜗杆传动便具有自锁性。这时，只能以蜗杆为主动件带动蜗轮传动，而不能由蜗轮带动蜗杆运动。

(4) 传动效率低，磨损较严重。蜗杆传动与螺旋齿轮传动相似，在啮合处有相对滑动。当滑动速度很大，工作条件不够良好时，会产生较严重的摩擦与磨损，从而引起过分发热，使润滑情况恶化。因此摩擦损失较大，效率低；当传动具有自锁性时，效率仅为 0.4 左右。为保证有一定使用寿命，蜗轮常须采用价格较昂贵的减磨材料，因而成本高。蜗杆轴向力较大，致使轴承摩擦损失较大。

3. 蜗轮蜗杆结构

蜗杆通常与轴为一体，采用车制或铣制，其结构见图 5-36。

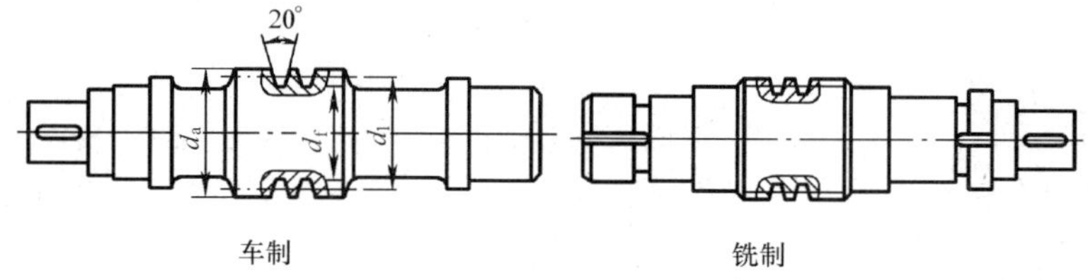

图 5-36　蜗杆结构

如图 5-37 所示，蜗轮常采用组合结构，由齿冠和齿芯组成。其连接方式有铸造连接、过盈配合连接和螺栓连接。蜗轮只有在低速轻载时采用整体式。

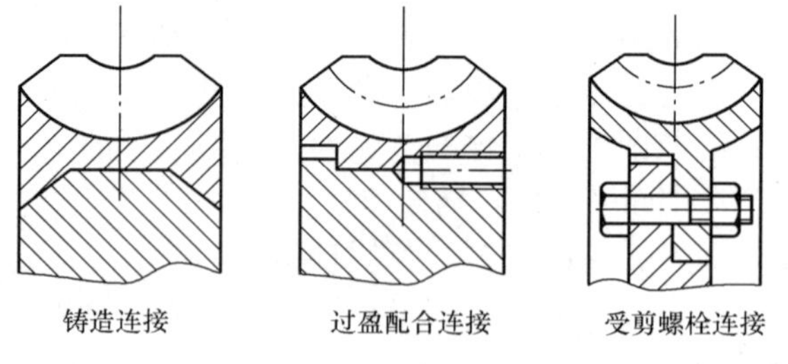

图 5-37　蜗轮的组合结构

第三节　轴　承　与　轴

轴承是支撑轴颈或轴上的回转件，根据轴承的工作原理可分为滚动摩擦轴承（滚动轴承）和滑动摩擦轴承（滑动轴承）。

一、滚动轴承

滚动轴承是广泛运用的机械支撑。其功能是在保证轴承有足够寿命的条件下，用以支撑轴及轴上的零件，并与机座作相对旋转、摆动等运动，使转动副之间的摩擦尽量降低，以获得较高传动效率。

1. 滚动轴承的工作特点

滚动轴承的优点如下：

(1) 应用设计简单，产品已标准化，并由专业生产厂家进行大批量生产，具有优良的互换性和通用性。

(2) 起动摩擦力矩低，功率损耗小，滚动轴承效率（0.98～0.99）比混合润滑轴承高。

(3) 负荷、转速和工作温度的适应范围宽，工况条件的少量变化对轴承性能影响不大。

(4) 大多数类型的轴承能同时承受径向和轴向载荷，轴向尺寸较小。

(5) 易于润滑、维护及保养。

滚动轴承的缺点如下：

(1) 大多数滚动轴承径向尺寸较大。

(2) 在高速、重载荷条件下工作时，寿命短。

(3) 振动及噪声较大。

2. 滚动轴承构造

滚动轴承一般是由内圈、外圈、滚动体和保持架组成，如图5-38所示。内圈装在轴颈上（在推力轴承中称为轴圈），配合较紧；外圈装在机座或零件的轴承孔内，通常配合较松。内外圈上有滚道，当内外圈相对旋转时，滚动体将沿滚道滚动。滚动体是实现滚动摩擦的滚动元件，除“自转”外，还绕轴线公转。滚动体形状有球形、圆柱形、锥柱形、滚针形、鼓形等，如图5-39所示。保持架的作用是把滚动体均匀地隔开。

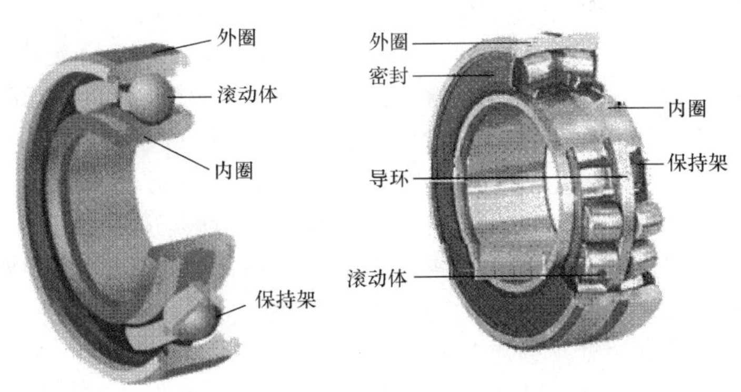

图5-38　滚动轴承构造

为适应某些使用要求，有的轴承可以无内圈或无外圈，或带防尘、密封圈等结构。

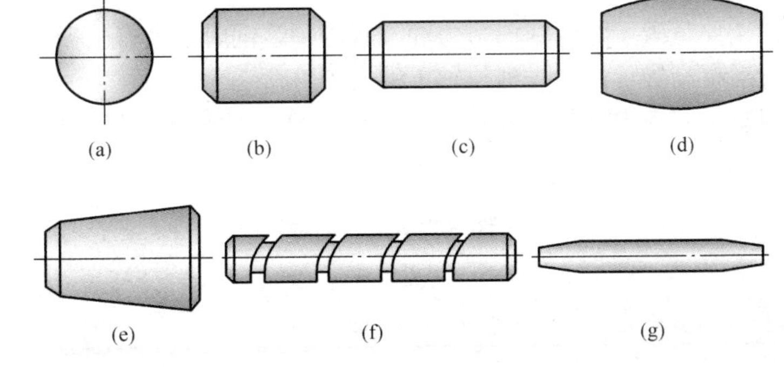

图5-39　滚动体

(a) 球形；(b)、(c) 圆柱形；(d) 鼓形；(e) 锥柱形；(f) 圆柱形（带槽）；(g) 滚针形

3. 滚动轴承材料

滚动体与内外圈的材料要求有高的硬度和接触疲劳强度、良好的耐磨性和冲击韧性。一般用

含铬合金钢制造，常用材料有 GCr15、GCr15SiMn、GCr6、GCr9 等，经热处理后硬度可达 HRC 61～65。保持架一般用低碳钢板冲压而成，高速轴承多采用有色金属（如黄铜）或塑料保持架。

4. 滚动轴承的主要类型

为满足具体的使用要求，需要有不同类型的轴承来保证实际需要。根据滚动体形状，滚动轴承大致可分为球轴承和滚子轴承；按其承受负荷的主要方向，则可分为向心轴承和推力轴承。

（1）载荷的大小、方向和性质：球轴承适于承受轻载荷，滚子轴承适于承受重载荷及冲击载荷。当滚动轴承受纯轴向载荷时，一般选用推力轴承；当滚动轴承受纯径向载荷时，一般选用深沟球轴承或短圆柱滚子轴承；当滚动轴承受纯径向载荷的同时，还有不大的轴向载荷时，可选用深沟球轴承、角接触球轴承、圆锥滚子轴承及调心球或调心滚子轴承；当轴向载荷较大时，可选用接触角较大的角接触球轴承及圆锥滚子轴承，或者选用向心轴承和推力轴承组合在一起，这在极高轴向载荷或特别要求有较大轴向刚性时尤为适宜。

（2）允许转速：因轴承的类型不同有很大的差异。一般情况下，摩擦小、发热量少的轴承，适于高转速。设计时应力求让滚动轴承在低于其极限转速的条件下工作。

（3）刚性：轴承承受载荷时，轴承套圈和滚动体接触处就会产生弹性变形，变形量与载荷成比例，其比值决定轴承刚性的大小。一般可通过轴承的预紧来提高轴承的刚性；此外，在轴承支承设计中，考虑轴承的组合和排列方式也可改善轴承的支承刚度。

（4）调心性能和安装误差：轴承装入工作位置后，往往由于制造误差而造成安装和定位不良。此时常因轴产生挠度和热膨胀等原因，使轴承承受过大的载荷，引起早期的损坏。自动调心轴承可自行克服由安装误差引起的缺陷，因而是适合此类用途的轴承。

（5）安装和拆卸：圆锥滚子轴承、滚针轴承和圆锥滚子轴承等，属于内外圈可分离的轴承类型（即所谓分离型轴承），安装拆卸方便。

5. 滚动轴承的代号

滚动轴承代号是用字母加数字来表示轴承结构、尺寸、公差等级、技术性能等特征的产品符号。国家标准 GB/T 272—1993《滚动轴承　代号方法》规定轴承的代号由前置代号、基本代号和后置代号三部分组成。基本代号是轴承代号的基础。前置代号和后置代号都是轴承代号的补充，只有在遇到对轴承结构、形状、材料、公差等级、技术要求等有特殊要求时才使用，一般情况可部分或全部省略。

6. 滚动轴承的润滑与密封

滚动轴承的润滑主要是为了降低摩擦阻力和减轻磨损，同时也具有吸振、冷却、防锈和密封等作用。合理的润滑对提高轴承性能，延长轴承的使用寿命有着重要意义。

滚动轴承的润滑材料有润滑油、润滑脂及固体润滑剂，具体润滑方式可根据速度因数 dn 值按表 5-3 选择。d 为轴颈直径，mm；n 为工作转速，r/min。

表 5-3　　滚动轴承润滑方式的选择

<table>
<tr><th rowspan="2">轴承类型</th><th colspan="5">速度因数 dn（mm·r/min）</th></tr>
<tr><th>浸油/飞溅润滑</th><th>滴油润滑</th><th>喷油润滑</th><th>油雾润滑</th><th>脂润滑</th></tr>
<tr><td>深沟球轴承</td><td rowspan="3">$\leqslant 2.5\times10^5$</td><td rowspan="3">$\leqslant 4\times10^5$</td><td rowspan="3">$\leqslant 6\times10^5$</td><td rowspan="3">$\leqslant 6\times10^5$</td><td></td></tr>
<tr><td>角接触球轴承</td><td></td></tr>
<tr><td>圆柱滚子轴承</td><td>$\leqslant (2\sim3)\times10^5$</td></tr>
<tr><td>圆锥滚子轴承</td><td>$\leqslant 1.6\times10^5$</td><td>$\leqslant 2.3\times10^5$</td><td>$\leqslant 3\times10^5$</td><td></td><td></td></tr>
<tr><td>推力轴承</td><td>$\leqslant 0.6\times10^5$</td><td>$\leqslant 1.2\times10^5$</td><td>$\leqslant 1.5\times10^5$</td><td></td><td></td></tr>
</table>

二、滑动轴承

在滑动轴承表面能形成润滑膜将运动副表面分开，使滑动摩擦力大大降低，由于运动副表面不直接接触，因此也避免了磨损。且滑动轴承的承载能力大，回转精度高，润滑膜具有抗冲击作用，因此，在工程上获得广泛的应用。滑动轴承通常由轴承座、轴瓦、轴承衬和润滑结构等部分组成。

润滑膜的形成是滑动轴承能正常工作的基本条件，影响润滑膜形成的因素有润滑方式、运动副相对运动速度、润滑剂的物理性质和运动副表面的粗糙度等。滑动轴承的设计应根据轴承的工作条件，确定轴承的结构类型、选择润滑剂和润滑方法及确定轴承的几何参数。

1. 按承受载荷的方向分类

根据承受载荷的方向不同，滑动轴承分为推力滑动轴承（见图 5-40）和径向滑动轴承（见图 5-41）。推力滑动轴承的受力与轴中心线平行，径向滑动轴承的受力垂直与轴的中心线。

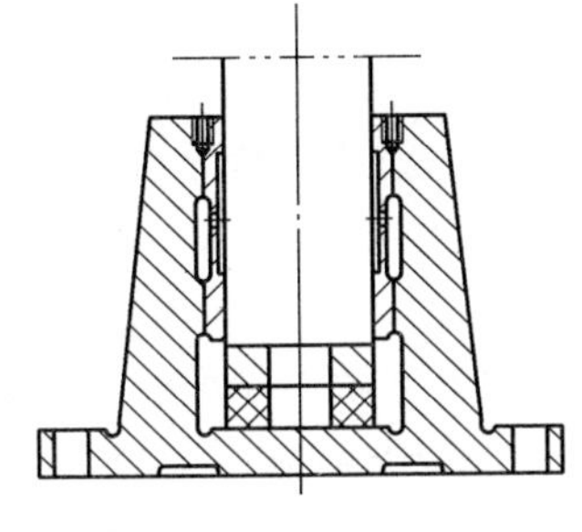

图 5-40　推力滑动轴承

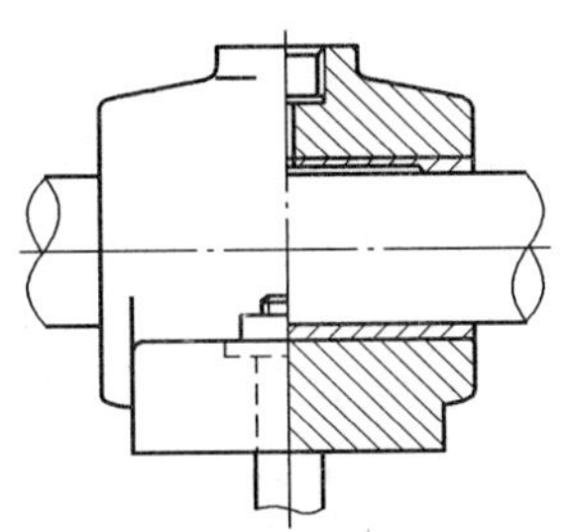

图 5-41　径向滑动轴承

2. 按润滑膜的形成原理分类

根据润滑膜的形成原理不同，滑动轴承分为：

（1）动压滑动轴承（见图 5-42）。利用相对运动副表面的相对运动和几何形状，借助流体黏性，把润滑剂带进摩擦面之间，依靠自然建立的流体压力膜，将运动副表面分开的润滑方法为流体动力润滑。

（2）静压滑动轴承（见图 5-43）。在滑动轴承与轴颈表面之间输入高压润滑剂以承受外载荷，使运动副表面分离的润滑方法成为流体静压润滑。

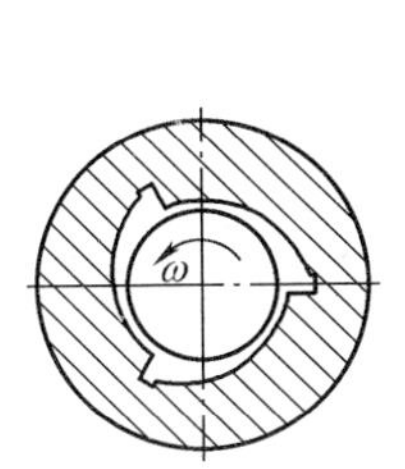

图 5-42　动压滑动轴承

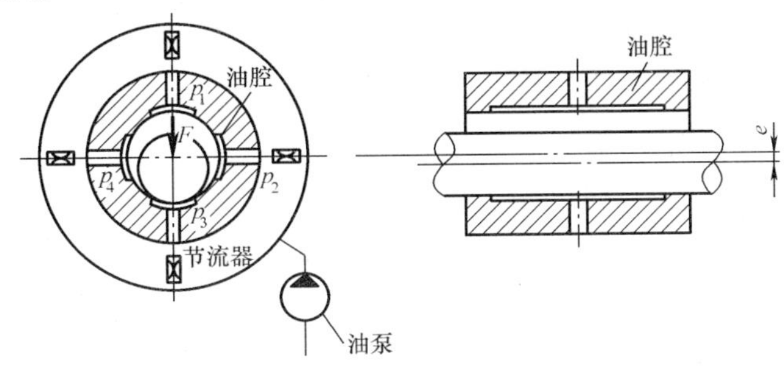

图 5-43　静压滑动轴承

3. 按结构型式不同分类

根据结构型式不同，滑动轴承可分为整体式滑动轴承、剖分式轴承和自动调心式轴承。

最简单的整体式滑动轴承（见图 5-44）是圆柱孔径向滑动轴承，它可直接在机器壳体上钻出或镗出孔，孔中可安装套筒型轴瓦。典型的整体式滑动轴承由轴承体、轴瓦组成，轴承体与机架用螺栓固定，轴瓦上开有油孔，并在内表面开油沟以输送润滑油。但整体式滑动轴承无法调节轴颈和轴承空间的间隙，当轴瓦磨损后必须更换，此外，在安装轴时，必须作轴向运动，很不方便。如果用剖分式滑动轴承，就可以克服这两项缺点。

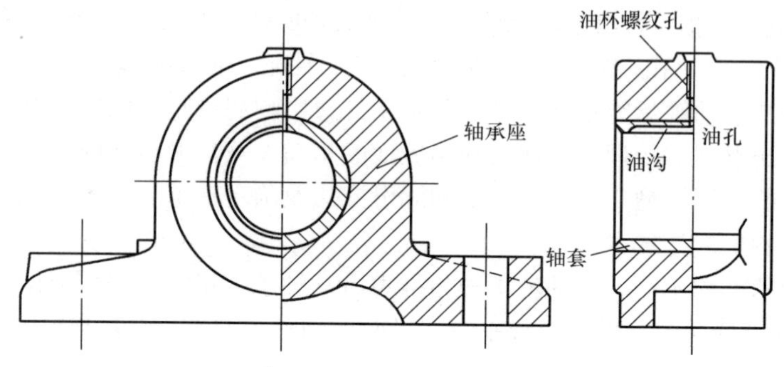

图 5-44　整体式滑动轴承

剖分式轴承（见图 5-45）由轴承座、轴承盖、剖分轴瓦、轴承盖螺栓组成。为了节省贵金属或其他需要，常在轴瓦内表面上贴附一层轴承衬。轴承与机架用螺栓连接，轴瓦内表面不承担载荷的部分开有油沟，润滑油通过漏油孔和油沟流进间隙。轴瓦的剖分面最好与载荷方向近于垂直，多数轴承的剖分面是水平的，也有倾斜的。轴承座的剖分面做成阶梯形，以便定位和防止工作时松动。轴承座和轴承盖的剖分面间留有不大的间隙，间隙中插入薄片，轴瓦工作面发生磨损后，取去部分垫片，并对轴瓦工作面进行修刮，安装后拧紧螺栓，就可以弥补磨损后的间隙。剖分式轴承在装拆时，轴不需要作轴向位移，装拆较方便。

自动调心式轴承如图 5-46 所示。

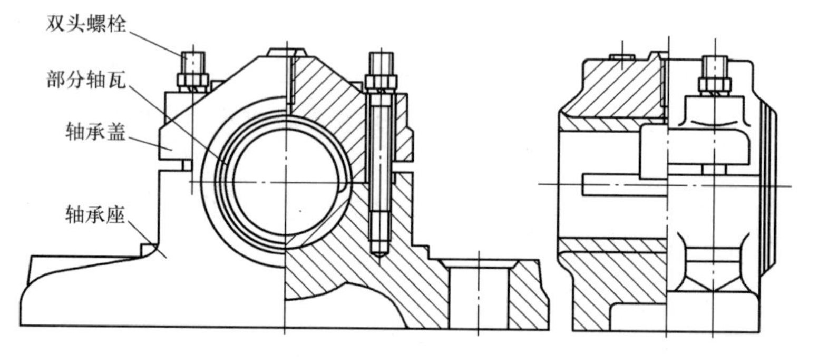

图 5-45　剖分式轴承

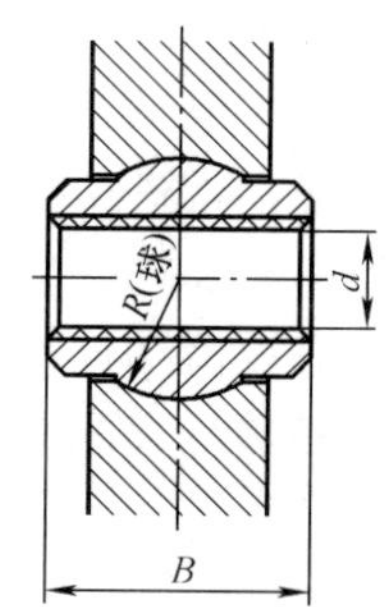

图 5-46　自动调心式轴承

三、轴承材料

轴瓦或轴承是滑动轴承的重要零件，轴瓦和轴承衬的材料统称为轴承材料。由于轴瓦或轴承衬与轴颈直接接触，一般轴颈部分比较耐磨，因此主要失效形式是轴瓦的过度磨损。轴瓦的磨损与轴颈的材料、轴瓦自身材料、润滑剂和润滑状态直接相关，选择轴瓦材料应综合考虑这些因素，以提高滑动轴承的使用寿命和工作性能。

轴承的材料有：

（1）金属材料，如轴承合金、青铜、铝基合金、锌基合金等；

（2）多孔质金属材料（粉末冶金材料）；

（3）非金属材料。

其中的轴承合金又称白合金，主要是锡、铅、锑或其他金属的合金，由于其耐磨性好、塑性高、跑合性能好、导热性好和抗胶合性好及与油的吸附性好，故适用于重载、高速情况下。轴承合金的强度较小，价格较贵，使用时必须浇注在青铜、钢带或铸铁的轴瓦上，形成较薄的涂层。

多孔质金属是一种粉末材料，它具有多孔组织，若将其浸在润滑油中，使微孔中充满润滑油，变成了含油轴承，具有自润滑性能。多孔质金属材料的韧性小，只适应于平稳的无冲击载荷及中、小速度情况下。

常用的轴承塑料有酚醛塑料、尼龙、聚四氟乙烯等，塑料轴承有较大的抗压强度和耐磨性，可用油和水润滑，也有自润滑性能，但导热性差。

四、轴

轴是组成机器的重要零件之一。用于支承作回转运动或摆动的零件来实现其回转或摆动，使其有确定的工作位置。

1. 轴的分类

（1）按照轴线形状分类，轴可分为直轴、曲轴和软轴三种。

直轴：直轴按外形不同可分为光轴、阶梯轴及一些特殊用途的轴，如凸轮轴、花键轴齿轮轴及蜗杆轴等。

曲轴：曲轴是内燃机、曲柄压力机等机器上的专用零件，用以将往复运动转变为旋转运动，或作相反转变（见图 5-47）。

软轴：软轴主要用于两传动轴线不在同一直线或工作时彼此有相对运动的空间传动，也可用于受连续振动的场合，以缓和冲击（见图 5-48）。

（2）按照所受载荷性质分类，轴可分为心轴、转轴和传动轴三种。

心轴：通常指只承受弯矩而不承受转矩的轴。

转轴：既受弯矩又受转矩的轴。

传动轴：只受转矩不受弯矩，或受很小弯矩的轴。

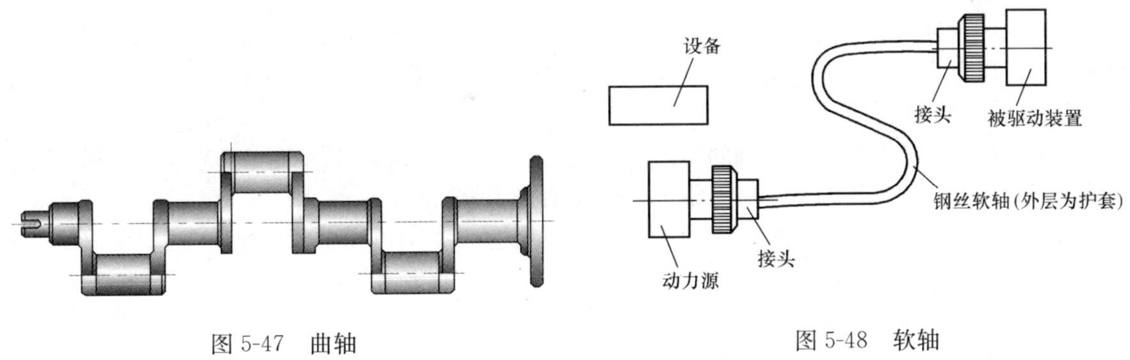

图 5-47　曲轴　　图 5-48　软轴

2. 轴的材料

首先应有足够的强度，对应力集中敏感性低；还应满足刚度、耐磨性、耐腐蚀性及良好的加工性。常用的轴材料主要有碳钢、合金钢、球墨铸铁和高强度铸铁。选择轴的材料时，应考虑轴所受载荷的大小和性质、转速高低、周围环境、轴的形状和尺寸、生产批量、重要程度、材料机械性能及经济性等因素，选用时应注意如下几点：

（1）碳钢有足够高的强度，对应力集中敏感性较低，便于进行各种热处理及机械加工。一般可用 30、40、45、50 等牌号的优质中碳钢制造，尤以 45 号钢经调质处理最常用。

（2）合金钢机械性能更高，常用于制造高速、重载的轴，或受力大而要求尺寸小、质量小的轴。至于那些处于高温、低温或腐蚀介质中工作的轴，多数用合金钢制造。常用的合金钢有 12CrNi2、12CrNi3、20Cr、40Cr、38SiMnMo 等。

（3）通过进行各种热处理、化学处理及表面强化处理，可以提高用碳钢或合金钢制造的轴的强度及耐磨性。特别是合金钢，只有进行热处理后才能充分显示其优越的机械性能。

（4）球墨铸铁和高强度铸铁的机械强度比碳钢低，但因铸造工艺性好，易于得到较复杂的外形，吸振性、耐磨性好，对应力集中敏感性低，价廉，故应用日趋增多。

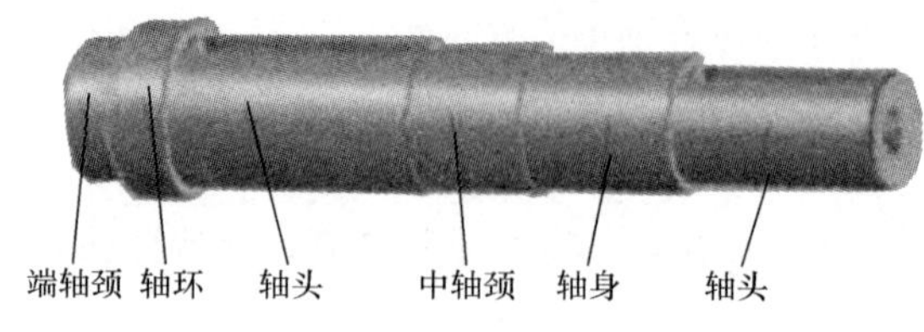

图 5-49　轴的结构

3. 轴的结构

轴主要由轴颈、轴头、轴身三部分组成，见图 5-49。轴上被支承部分叫做轴颈；安装轮毂部分叫做轴头；连接轴颈和轴头的部分叫轴身。

4. 零件在轴上的定位

零件在轴上的轴向定位方法，主要取决于它所受轴向力的大小。此外，还应考虑轴的制造及轴上零件装拆的难易程度、对轴强度的影响及工作可靠性等因素。

常用轴向定位方法有轴肩（或轴环）、套筒、圆螺母、挡圈、圆锥形轴头等，见图 5-50。

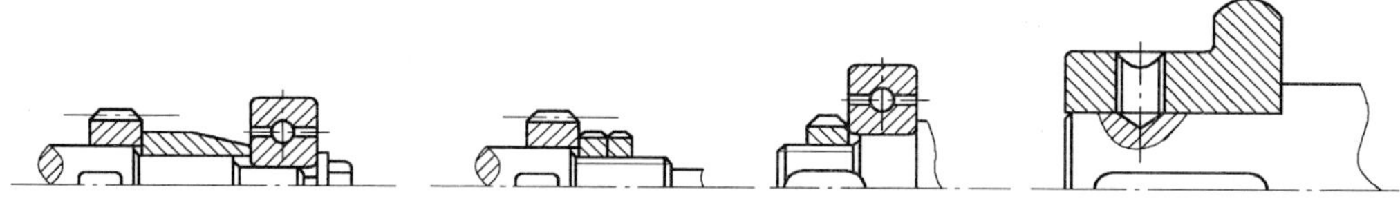

图 5-50　零件在轴上的定位

（1）轴肩：轴肩由定位面和过渡圆角组成。为保证零件端面能靠紧定位面，轴肩圆角半径必须小于零件毂孔的圆角半径或倒角高度；为保证有足够的强度来承受轴向力，轴肩高度值也有明确要求。

（2）轴环：轴环的功用及尺寸参数与轴肩相同，宽度由要求而定。若轴环毛坯是锻造而成，则用料少、质量小。若由圆钢毛坯车制而成，则浪费材料及增加加工工时。

5. 轴结构的工艺性

所谓轴结构的工艺性，是指轴的结构应尽量简单，有良好的加工和装配工艺性，以利于减少劳动量，提高劳动生产率及减少应力集中，提高轴的疲劳强度。

（1）为减少加工时换刀时间及装夹工件时间，同根轴上所有圆角半径、倒角尺寸、退刀槽宽度应尽可能统一；当轴上有两个以上键槽时，应置于轴的同一条母线上，以便一次装夹后就能加工。

（2）轴上的某轴段需磨削时，应留有砂轮的越程槽；需切制螺纹时，应留有退刀槽。

（3）为去掉毛刺，利于装配，轴端应倒角。

（4）当采用过盈配合连接时，配合轴段的零件装入端，常加工成导向锥面。若还附加键连接，则键槽的长度应延长到锥面处，便于轮毂上键槽与键对中。

（5）如果需从轴的一端装入两个过盈配合的零件，则轴上两配合轴段的直径不应相等，否则第一个零件压入后，会把第二个零件配合的表面拉毛，影响配合。

第四节　联　轴　器

一、联轴器的功用

联轴器是用来传递功率、扭矩及转动的。由于原动机和设备的制造和安装不可能绝对精确，以及工作受载时基础、机架和其他部件的弹性变形与温差变形，联轴器所连接的两轴线不可避免的要产生相对偏移。被连两轴可能出现的相对偏移有轴向偏移、径向偏移和角向偏移，以及三种偏移同时出现的组合偏移。两轴相对偏移的出现，将在轴、轴承和联轴器上引起附加载荷，甚至出现剧烈振动。因此，联轴器还应具有一定的补偿两轴偏移的能力，以消除或降低被连两轴相对偏移引起的附加载荷，改善传动性能，延长机器寿命。为了减少机械传动系统的振动、降低冲击尖峰载荷，联轴器还具有一定的缓冲减震性能。

二、联轴器的类型及特点

为了适应不同需要，人们设计了形式众多的联轴器，部分已标准化。机械式的联轴器包括刚性联轴器、挠性联轴器、安全联轴器和起动安全联轴器。其中，挠性联轴器包括无弹性元件的挠性联轴器、非金属弹性元件的挠性联轴器和金属弹性元件的挠性联轴器。

1. 刚性联轴器

刚性联轴器不具有补偿被连两轴轴线相对偏移的能力，也不具有缓冲减震性能；但结构简单，价格便宜。只有在载荷平稳，转速稳定，能保证被联两轴轴线相对偏移极小的情况下，才可选用刚性联轴器。在先进工业国家中，刚性联轴器已被淘汰不用。属于刚性联轴器的有套筒联轴器、夹壳联轴器和凸缘联轴器（见图 5-51）等。

图 5-51　凸缘联轴器

2. 挠性联轴器

挠性联轴器具有一定的补偿被连两轴轴线相对偏移的能力，最大补偿量随型号不同而异。凡被连两轴的同轴度不易保证的场合，都应选用挠性联轴器。

（1）非金属弹性元件的挠性联轴器。非金属弹性元件的挠性联轴器，在转速不平稳时有很好的缓冲减震性能；但由于非金属（橡胶、尼龙等）弹性元件强度低、寿命短、承载能力小、不耐高温和低温，故适用于高速、轻载和常温的场合。

弹性套柱销联轴器的结构与凸缘联轴器相似，只是用带有非金属（如橡胶等）弹性套的柱销取代连接螺栓，如图 5-52 所示，它靠弹性套的弹性变形来缓冲减震和补偿被连两轴的相对偏移。安装这种联轴器时，应在两个半联轴器之间留出一定间隙，以便给两个半联轴器留出足够的相对偏移量。弹性套柱销联轴器适用于起动频繁、载荷有变化但载荷不很大的场合。

弹性柱销联轴器是用聚酰胺柱销置于两个半联轴器的凸缘孔中以实现两者连接的，如图 5-53 所示。聚酰胺有一定的弹性，可缓冲减振；并靠它的弹性变形来补偿被连两轴的相对偏移。弹性柱销联轴器适用于载荷和转速变化的场合。

弹性活块联轴器是由两个带凸爪的半联轴器，中间加以非金属（橡胶或聚氨脂）弹性活块互相嵌合而成，如图 5-54 所示。为防止弹性活块在联轴器运转因离心力被甩出去，用薄套筒圈住。

图 5-52　弹性套柱销联轴器

图 5-53　弹性柱销联轴器

图 5-54　弹性活块联轴器

（2）无弹性元件的挠性联轴器。无弹性元件的挠性联轴器的承载能力大，但不具有缓冲减震性能，在高速或转速不稳定或经常正、反转时，有冲击噪声。无弹性元件的换性联轴器适用于低速、重载、转速平的场合。

万向联轴器主要用于两轴有较大角向偏移的场合，最大角向补偿量 α 可达 35°～45°。图 5-55 所示为十字轴万向联轴器。

齿轮联轴器（见图 5-56）是由两个具有外齿圈的半联轴器和两个具有内齿圈的外壳及连接螺栓所组成，两个带外齿圈的半联轴器分别与两轴相连。为了补偿两轴的相对偏移，在相啮合的齿间留有较大的齿侧间隙，并将外齿圈的齿顶制成弧面，齿面制成鼓形，齿轮联轴器有较好的补偿两轴相对偏移的能力，与尺寸相近的其他联轴器相比，承载能力较大，齿轮啮合处需润滑，结构较复杂，造价较高，适用于低速、重载的场合。

链条联轴器（见图 5-57）是由两个带有相同齿数链轮的半联轴器，用一条滚子链连接组成。其结构简单，装拆方便，效率高，可在高温、多尘、油污、潮湿等恶劣环境下工作，但不能承受轴向力。

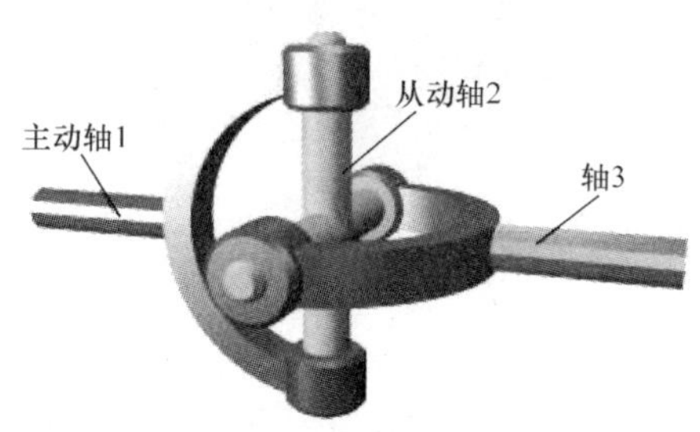

图 5-55　万向联轴器

图 5-56　齿轮联轴器

（3）金属弹性元件的挠性联轴器。金属弹性元件的挠性联轴器，除了具有较好的缓冲减震性能外，且承载能力较大，适用于速度和载荷变化较大及高温或低温场合。

蛇形弹簧联轴器是由两个带外齿的半联轴器，在齿间安装 6～8 组矩形截面的蛇形弹簧组成，如图 5-58 所示。为防止蛇形弹簧在联轴器运转时因离心力而脱出，在半联轴器上装有外壳，两外壳用螺栓连接。外壳内储有润滑脂，以减轻齿轮与弹簧的摩擦。扭矩是通过半联轴器上的齿和蛇形弹簧传递的。

图 5-57　链条联轴器

图 5-58　蛇形弹簧联轴器

膜片联轴器由两个半联轴器，金属膜片组和螺栓及螺母所组成，如图 5-59 所示。一半联轴器通过螺栓与金属膜片组的两个孔连接，另一半联轴器通过螺栓与金属膜片组的另外两个孔连接，于是扭矩通过膜片组的弹性变形来补偿被连两轴的相对偏移。这种联轴器结构简单，质量小，具有良好的缓冲减震性能，且不需润滑，耐高温和低温，其金属膜片经特殊处理和表面涂层，具有良好的耐磨性和很高的抗疲劳强度，是可以取代齿轮联轴器的一种新型联轴器。

3. 液力联轴器

液力联轴器又称液力耦合器，如图 5-60 所示。主动轴与外壳相连，外壳内腔上有叶片；从动轴与转子相连，转子上亦有叶片；壳体内装有一定量的黏性液体（通常为润滑油）。当主动轴连同壳体及其上叶片转动时，叶片推动流体作如图 5-60 中箭头所示的流动，流动的液体推动转子转动，从而带动从动轴转动。由于电机起动时，只需推动有限的流体流动，因而起动力矩很小；随着电机转速的升高，流体流动速度增高，动能增大，逐渐推动从动轴上的转子加速转动，直到达到一定的转速为止。这种联轴器起动容易、平稳，且具有过载保护作用，但在起动完毕之后的稳定运转阶段，主、从动轴始终保持一定的转速差，并且转速差随载荷的变化而变化。

图 5-59　膜片联轴器

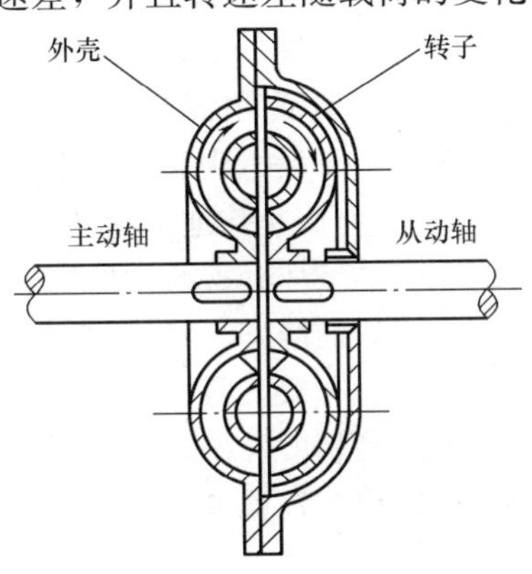

图 5-60　液力联轴器

第五节　减速器与变速箱

一、减速器

减速器的结构随其类型和要求不同而异。单级圆柱齿轮减速器按其轴线在空间相对位置的不同分为：卧式减速器和立式减速器。前者两轴线平面与水平面平行，后者两轴线平面与水平面垂直。一般使用较多的是卧式减速器，故以卧式减速器作为主要介绍对象。

单级圆柱齿轮减速器可以采用直齿、斜齿或人字齿圆柱齿轮。由于减速器已成为一种通用的传动部件，因此，圆柱齿轮减速器多数已经标准化，其主要参数均已标准化和规格化。

1. 减速器的构造

图 5-61 和图 5-62 所示分别为单级直齿圆柱齿轮减速器的轴测投影图和结构图。

减速器一般由箱体、齿轮、轴、轴承和附件组成。

箱体由箱盖与箱座组成。箱体是安置齿轮、轴及轴承等零件的机座，并存放润滑油起到润滑和密封箱体内零件的作用。箱体常采用剖分式结构（剖分面通过轴的中心线），这样，轴及轴上的零件可预先在箱体外组装

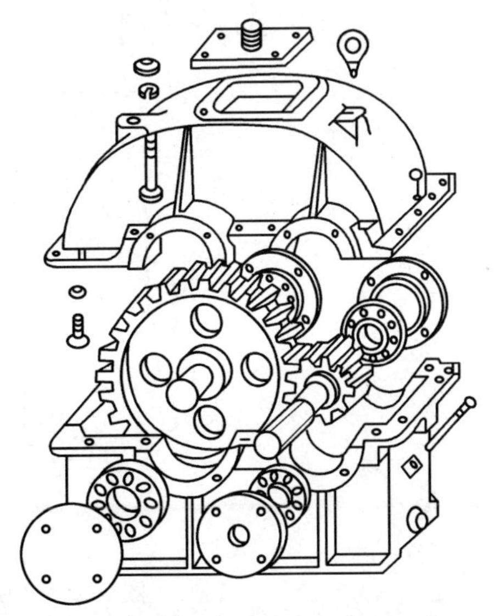

图 5-61　单级直齿圆柱齿轮减速器的轴测投影图

好再装入箱体内，拆卸方便。箱盖与箱座通过一组螺栓连接，并通过两个定位销钉确定其相对位置。为保证座孔与轴承的配合要求，剖分面之间不允许放置垫片，但可以涂上一层密封胶或水玻璃，以防箱体内的润滑油渗出。为了拆卸时易于将箱盖与箱座分开，可在箱盖凸缘的两端各设置一个起盖螺钉（见图 5-62），拧入起盖螺钉，可顺利地顶开箱盖。箱体内可存放润滑油，用来润滑齿轮；如同时润滑滚动轴承，在箱座的接合面上应开出油沟，利用齿轮飞溅起来的油顺着箱盖的侧壁流入油沟，再由油沟通过轴承盖的缺口流入轴承（见图 5-62）。

减速器箱体上的轴承座孔与轴承盖用来支承和固定轴承，从而固定轴及轴上零件相对箱体的轴向位置。轴承盖与箱体孔的端面间垫有调整垫片，以调整轴承的游动间隙，保证轴承正常工作。为防止润滑油渗出，在轴的外伸端轴承盖的孔壁中装有密封圈（见图 5-62）。

应在减速器箱体上根据不同需要装置各种不同用途的附件。为了观察箱体内的齿轮啮合情况和注入润滑油，在箱盖顶部设有观察孔，平时用盖板封住。在观察孔盖板上常常安装透气塞（也可直接装在箱盖上），其作用是沟通减速器内外的气流，及时将箱体内因温度升高受热膨胀的气体排出，以防止高压气体破坏各接合面的密封，造成漏油。为了排除污油和清洗减速器的内腔，在减速器箱座底部装置放油螺塞。箱体内部的润滑油面的高度是通过安装在箱座壁上的油标尺来观测的。为了吊起箱盖，一般装有 1～2 个吊环螺钉。不应用吊环螺钉吊运整台减速器，以免损坏箱盖与箱座之间的连接精度。吊运整台减速器可在箱座两侧设置吊钩（见图 5-62）。减速器的箱体是采用地脚螺栓固定在机架或地基上的。

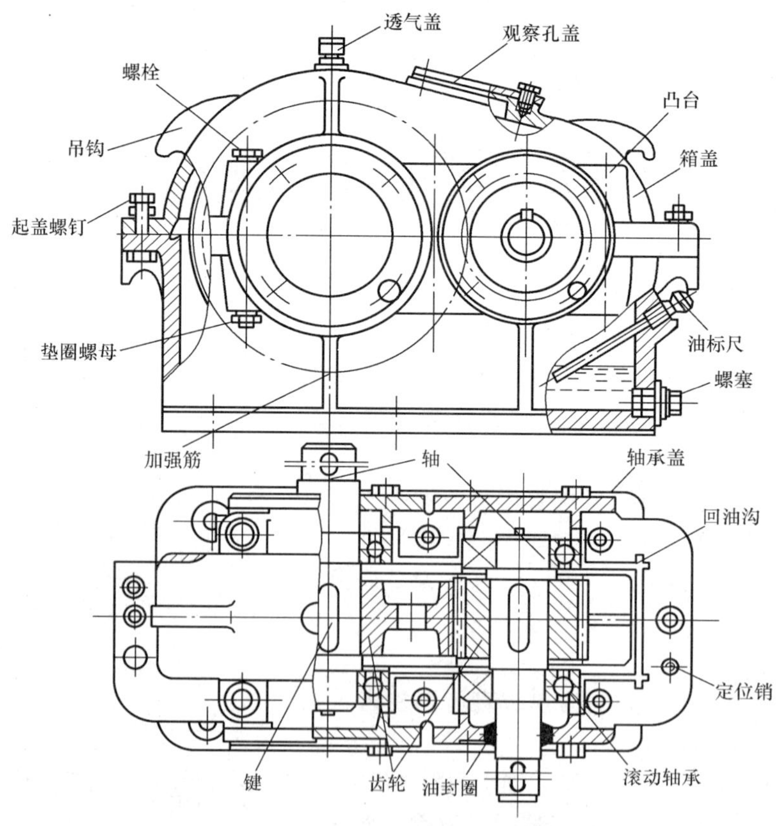

图 5-62　单级直齿圆柱齿轮减速器的结构图

2. 减速器的主要类型与特点

（1）圆柱齿轮减速器。单级圆柱齿轮减速器，如图 5-63 所示。其应用广泛，结构简单，精度容易保证。轮齿可做成直齿、斜齿或人字齿。此减速器可用于低速重载，也可用于高速传动的设备。

两级圆柱齿轮减速器包括展开式、分流式、同轴线式和同轴分流式。

展开式（见图 5-64）是两级减速器中最简单、应用最广泛的结构。齿轮相对于轴承位置不对称。当轴产生弯扭变形时，载荷在齿宽上分布不均匀，因此轴应设计得具有较大刚度，并使高速轴齿轮远离输入端。

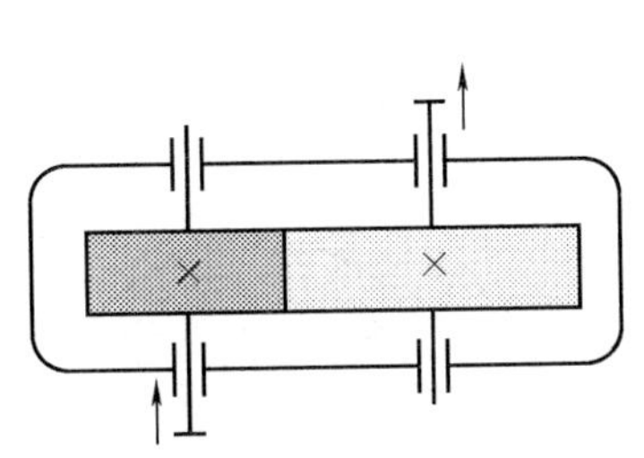

图 5-63　单级圆柱齿轮减速器

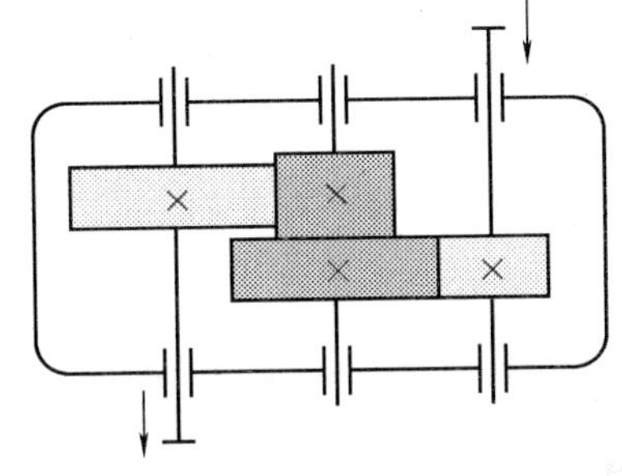

图 5-64　展开式两级圆柱齿轮减速器

分流式两级圆柱齿轮减速器的高速级为对称左右斜齿轮，低速级可为人字齿或直齿（见图 5-65）。齿轮与轴承对称布置。载荷沿齿宽分布均匀，轴承受载平均，中间轴危险截面上的转矩相当于轴所传递转矩之半。但这种结构不可避免要产生轴向窜动，从而影响齿面载荷的均匀性。结构上应保证有轴向窜动的可能。通常低速级大齿轮作轴向定位，中间轴齿轮和高速小齿轮可以轴向窜动。

同轴线式两级圆柱齿轮减速器（见图 5-66）的箱体长度小，输入轴和输出轴布置在同一轴线上，使设备布置较为方便、合理。当传动比分配适当时，2 对齿轮浸油深度大致相同。但轴向尺寸较长，中间轴较长，其齿轮与轴为不对称布置，刚性差，载荷沿齿宽分布不均匀。

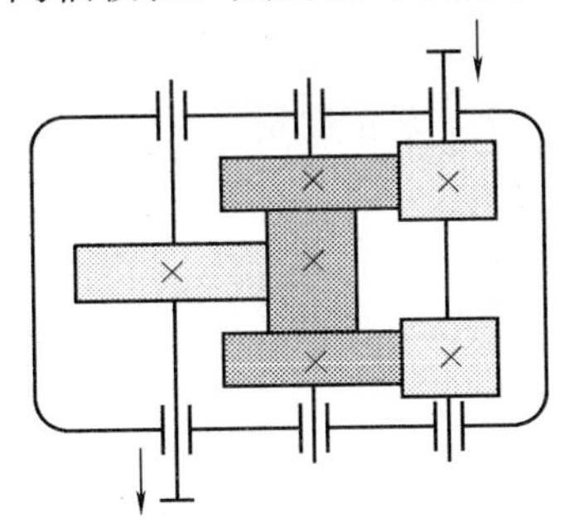

图 5-65　分流式两级圆柱齿轮减速器

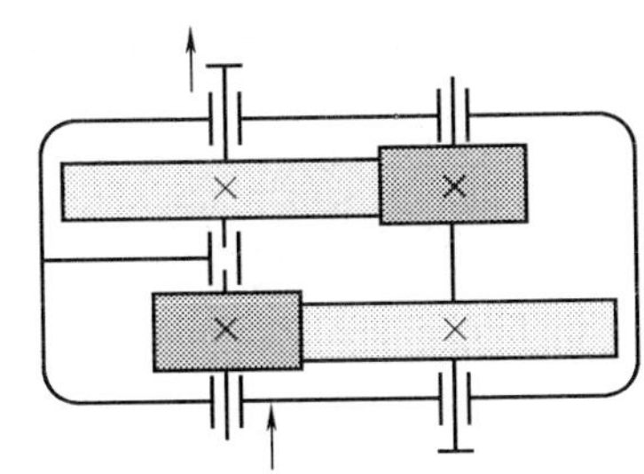

图 5-66　同轴线式两级圆柱齿轮减速器

同轴分流式两级圆柱齿轮减速器（见图 5-67）从输入轴到输出轴的功率分左右二股传递，因此啮合轮齿仅传递一半载荷。输入轴和输出轴只受转矩，中间轴只受全部载荷的一半。故可缩小齿轮直径、圆周速度及减速器尺寸。一般用于重载齿轮。其关键是要采用合适的均载机构，使左右二股分流功率均衡。

（2）圆锥、圆锥—圆柱齿轮减速器。单级圆锥、圆锥—圆柱齿轮减速器的（见图 5-68）轮齿可制成直齿、斜齿或曲线齿。适用于输入轴和输出轴二轴线垂直相交的传动中，可分为水平式或立式。

两级圆锥、圆锥—圆柱齿轮减速器（见图 5-69）的圆锥齿轮应在高速级，使圆锥齿轮不致太大，否则加工困难。圆柱齿轮可为直齿或斜齿。

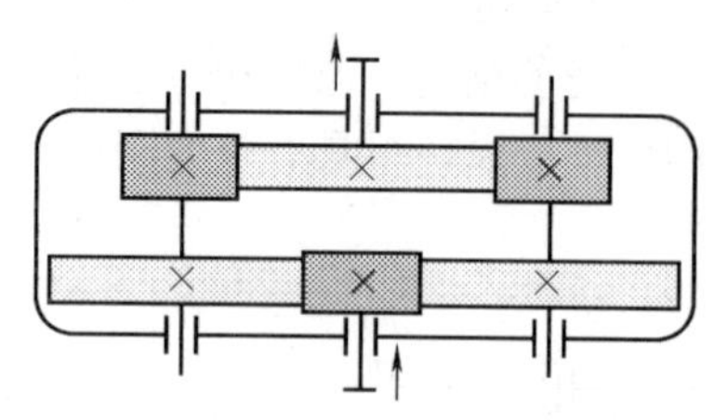

图 5-67　同轴分流式两级圆柱齿轮减速器

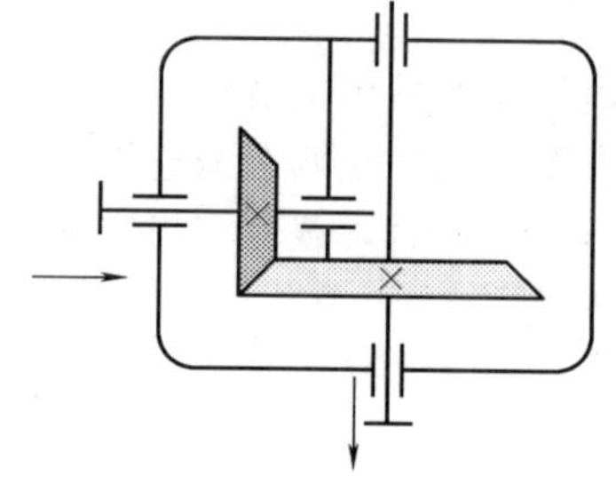

图 5-68　单级圆锥、圆锥—圆柱齿轮减速器

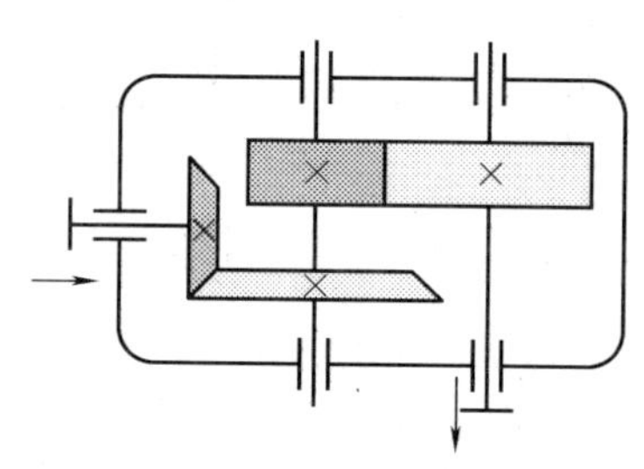

图 5-69　两级圆锥、圆锥—圆柱齿轮减速器

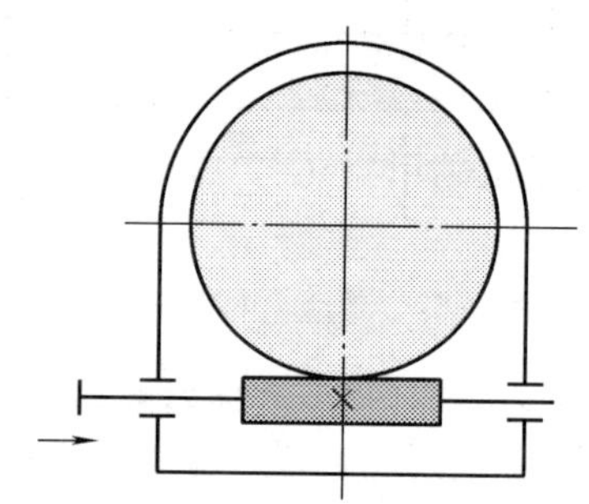

图 5-70　蜗杆下置式的蜗杆、蜗轮—蜗杆减速器

（3）蜗杆、蜗轮—蜗杆减速器。蜗杆下置式的减速器（见图 5-70），蜗杆布置在蜗轮的下方，啮合处的冷却和润滑较好，蜗杆轴承润滑也方便。但当蜗杆圆周速度太大时，油的搅动损失较大，这种减速器一般用于蜗杆圆周速度 $v<5\mathrm{m/s}$ 的情况。

蜗杆上置式的减速器（见图 5-71），蜗杆布置在蜗轮的上方，装拆方便，蜗杆的圆周速度允许高一些，但蜗杆轴承润滑不方便。

蜗杆侧置式的减速器（见图 5-72），蜗杆放在蜗轮的侧面，蜗轮轴是竖直的。

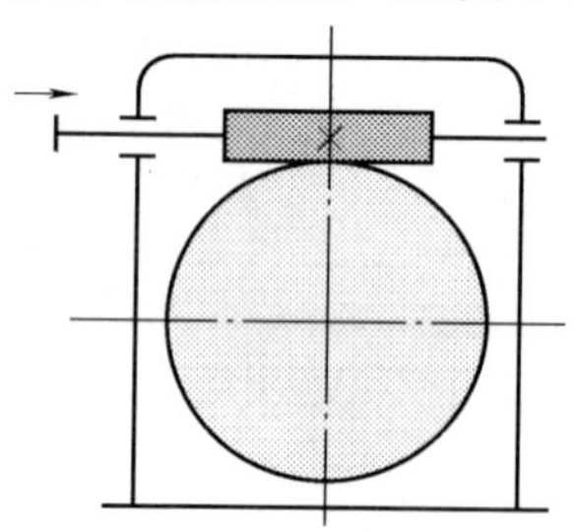

图 5-71　蜗杆上置式的减速器

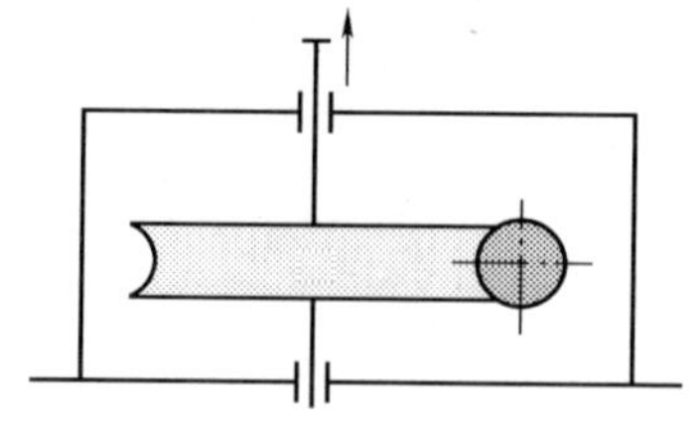

图 5-72　蜗杆侧置式的减速器

二、变速器

1. 变速器的功用

变速器能改变传动比，扩大驱动转矩和转速的变化范围，以适应经常变化的工况条件，使设备在最有利（功率较高而能耗较低）的工况下工作。

2. 变速器的构成和分类

变速器由变速传动机构和操纵机构组成，需要时，还可以加装动力输出器。在分类上有两种方式：按传动比变化方式和按操纵方式的不同来分。

（1）按传动比变化方式分类。

有级式变速器：采用齿轮传动，具有若干个定值传动比。按所用轮系型式不同，有轴线固定式变速器（普通变速器）和轴线旋转式变速器（行星齿轮变速器）两种。

无级式变速器：它的传动比在一定的数值范围内可按无限多级变化，常见的有电力式和液力式（动液式）两种。动液式无级变速器的传动部件为液力变矩器。

综合式变速器：是指由液力变矩器和齿轮式有级变速器组成的液力机械式变速器，其传动比可在最大值与最小值之间的几个间断的范围内作无级变化，目前应用较多。

（2）按操纵方式分类。

强制操纵式变速器：直接操纵变速杆换挡。

自动操纵式变速器：其传动比选择是自动进行的。

半自动操纵式变速器。

3．变速器的工作原理

为了更好地理解变速器的工作原理，我们先来看一个变速器的简单模型，看看各部分之间是如何配合的（见图5-73）。

输入轴与原动机相连，轴和上面的齿轮是一个部件。下面的轴和齿轮叫做中间轴。输入轴旋转并通过啮合的齿轮带动中间轴的旋转，这时，中间轴就可以传输动力了。

输出轴是一个花键轴，直接和驱动轴相连，通过联轴器来驱动负载。负载的转动会带着花键轴一起转动。

花键轴上齿轮和花键轴是由套筒来连接的，套筒可以随着花键轴转动，同时也可以在花键轴上左右自由滑动来啮合齿轮。

如图5-73所示，输入轴带动中间轴，中间轴带动右边的齿轮，齿轮通过套筒和花键轴相连，传递能量至驱动轴上。同时，左边的齿轮也在旋转，但由于没有和套筒啮合，所以它不对花键轴产生影响。

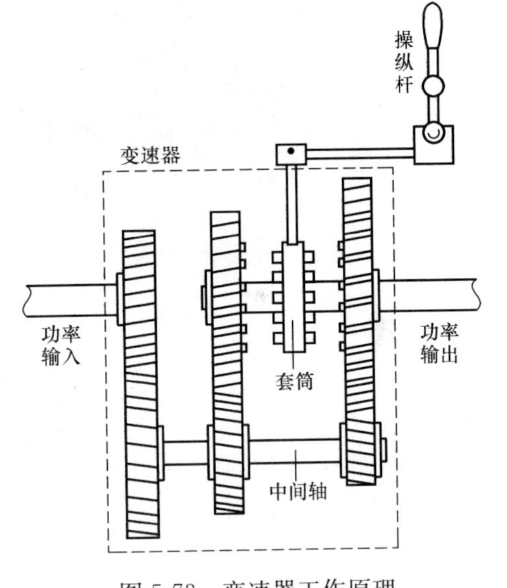

图5-73　变速器工作原理

当套筒在两个齿轮中间时，变速器处在空挡位置。两个齿轮都在花键轴上自由转动，速度是由中间轴上的齿轮和花键轴上的齿轮间的变速比决定的。

复习思考题

1．连接的形式有哪些？

2．螺纹连接的基本形式有哪些？

3．传动的形式有哪些？

4．滚动轴承有哪些优点和缺点？

5．轴的类型有哪些？

6．联轴器有哪些类型？

7．减速器由哪些部件构成？

第六章　内燃机基础知识

第一节　内燃机概述

目前常见的动力装置有：柴油机、汽油机、燃气轮机、喷气式发动机、蒸汽机、核动力装置等。广义而言，按照燃料的燃烧形式，动力装置可分为两大类，一类是内燃机，一类是外燃机。

内燃机是将燃料（液体或气体）引入汽缸内燃烧，再通过燃气膨胀，推动活塞、曲柄一连杆机构，从而输出机械功的热力发动机。内燃机是燃料直接在机器内部燃烧的发动机，包括往复活塞式柴油机、汽油机等，如图 6-1 所示。

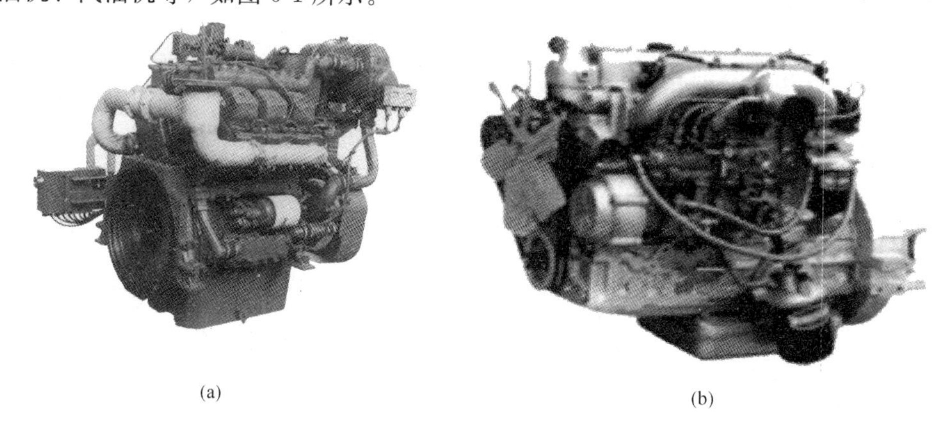

(a)　(b)

图 6-1　各种内燃机

(a) 柴油机；(b) 汽油机

一、内燃机的优点和缺点

1. 内燃机的主要优点

内燃机的工质在循环中的平均吸热温度远高于蒸汽发动机中的蒸汽的平均吸热温度，因此内燃机的热效率通常高于蒸汽发动机，一般达到 20%～30%，甚至更高；内燃机起动迅速，中、小型内燃机通常在几十秒至几分钟内即能起动，并投入全负荷运转，机动性强；内燃机用水极少或根本不用水，运行维护比较简便。

2. 内燃机的主要缺点

内燃机对燃料要求高，不能直接燃用劣质燃料和固体燃料；由于间歇换气以及制造上的困难，内燃机单机功率的提高受到限制，现代内燃机的最大功率一般小于 4 万 kW，而燃气轮机的单机功率可以达到数千瓦；内燃机低速运转时输出转矩下降较多，往往不能适应所带负荷的转矩特性；内燃机不能反转，故在许多场合下需设置离合器和变速机构，这会使系统复杂化，而活塞式蒸汽机的低速与反转性能就显著优于内燃机；此外，一般热力发动机都存在所谓“公害性”，而内燃机的噪声和废气中的有害成分对环境污染尤其突出。

二、内燃机发展简史

内燃机的发展，已有一百多年的历史。通过长期的不断改进和提高，内燃机现已发展得比较完善。由于它的热效率高，适应性好，功率范围宽广，已广泛用于工业、农业、交通运输业和能源动力行业。因此，内燃机工业的发展，对于国民工业的发展、国民经济和国防建设都具有十分重要的意义。

1824 年，卡诺（法国工程师）发表了热力发动机的经典理论——卡诺原理。

1866 年，奥托（德国工程师）提出了四冲程内燃机的“奥托循环”理论。

1879 年，奔驰（德国工程师）首次研制成功火花塞点火内燃机。

1883 年，戴姆勒（德国工程师）发明热管点火的立式汽油机。

1897 年，狄赛尔（德国著名热机工程师）最早制成了柴油机。

1907 年，正反转的柴油机试验成功。

1926 年，设计出用排气能量将进气压缩的废气蜗轮增压器，从而提高发动机的功率。

1925 年，比希获得了脉冲增压专利并在试验中获得了成功，功率可提高 50%～100%。

从 20 世纪 50 年代起，随着蜗轮增压器效率的改进，柴油机采用蜗轮增压技术后的功率和效率都得到了很大提高，从而被广泛地推广应用。

如今，已经几乎无机不增压，增压后，柴油机的功率能提高 1～3 倍。在采用废气蜗轮增压器后，不仅可以大大提高发动机功率，缩小外形尺寸，节约原材料，降低燃油消耗，而且可以使排烟浓度降低，减少废气排放中的 CO、HC 以及 NO_x 的含量。

三、内燃机分类

（1）按结构特点分类。

1）筒形活塞柴油机。

缺点：活塞裙部起导向作用，在侧推力的作用下，活塞与缸套磨损较大。

优点：结构简单，紧凑，轻便，用于中、高速柴油机。

2）十字头活塞柴油机。

优点：活塞与缸套间无侧推力，因为由十字头导向，故磨损较小，不易擦伤和老死。

缺点：使柴油机高度和质量增大，结构复杂。

（2）按缸数分：单缸机和多缸机。

（3）按燃料分：柴油机，汽油机，煤气机。

（4）按工作原理：四冲程和二冲程。

（5）按进气方式：增压和非增压。

（6）按点火方式：点燃和压燃。

（7）按用途：固定式内燃机和移动式内燃机。

（8）按标定转速：高速机，$n>1000$r/min；中速机，300r/min$<n<$1000r/min；低速机，$n<$300r/min。

（9）按曲轴转向：左转，右转，可逆转和不可逆转。

第二节　内燃机工作原理

一、柴油机的主要机件和系统

四冲程柴油机的主要机件如图 6-2 所示。

（1）固定机件：机座，机体，主轴承，汽缸盖，汽缸套等。

（2）运动机件：曲轴，连杆，活塞，活塞销，连杆螺栓等。

（3）配气机构：凸轮轴，顶杆，摇臂，气阀机构（进气阀、排气阀、气阀弹簧）等。

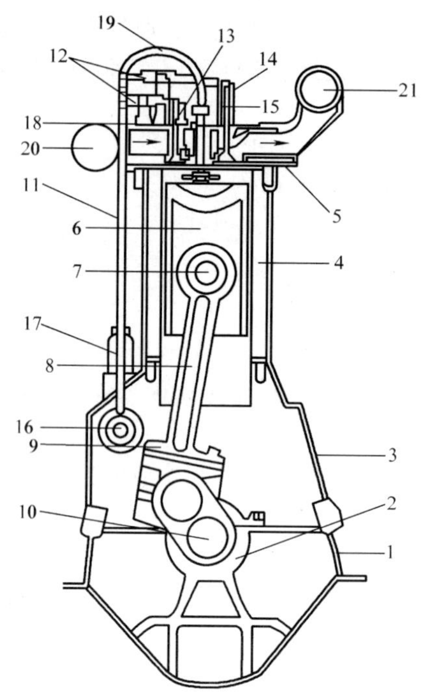

图 6-2　四冲程柴油机的主要机件

1—机座；2—喷油器；3—主轴承；4—机体；5—进气管；6—汽缸套；7—汽缸盖；8—活塞；9—活塞销；10—连杆；11—连杆螺栓；12—排气管；13—曲轴；14—凸轮轴；15—顶杆；16—摇臂；17—进气阀；18—排气阀；19—气阀弹簧；20—喷油泵；21—高压油管

（4）燃油系统：喷油泵，高压油管，喷油器等。

（5）辅助机件：进气管和排气管等。

此外，对于整机而言，还有润滑、冷却、起动和控制等系统。

二、内燃机的主要名词

（1）上止点：活塞距曲轴中心最远的位置，如图 6-3（a）所示。

（2）下止点：活塞距曲轴中心最近的位置，如图 6-3（b）所示。

（3）活塞冲程（S）：上、下止点间的距离。

（4）压缩室容积（V_c）：活塞位于上止点时，活塞顶部与缸盖间的容积，又称燃烧室容积。

（5）汽缸工作容积（V_h）：活塞上、下止点之间的容积称为一个汽缸的工作容积。

（6）汽缸的最大容积（V_a）：活塞在下止点时汽缸的容积，即汽缸工作容积与压缩容积之和。

（7）汽缸的总容积（总排量）：室内燃机所有汽缸工作容积的总和。

（8）压缩比：汽缸最大容积与压缩室容积的比值称为压缩比（V_a/V_c）。

三、四冲程柴油机的工作原理

柴油机的工作是由进气、压缩、燃烧膨胀和排气这四个过程来完成的，这四个过程构成了一个工作循环。活塞走过四个过程才能完成一个工作循环的柴油机，称为四冲程柴油机。

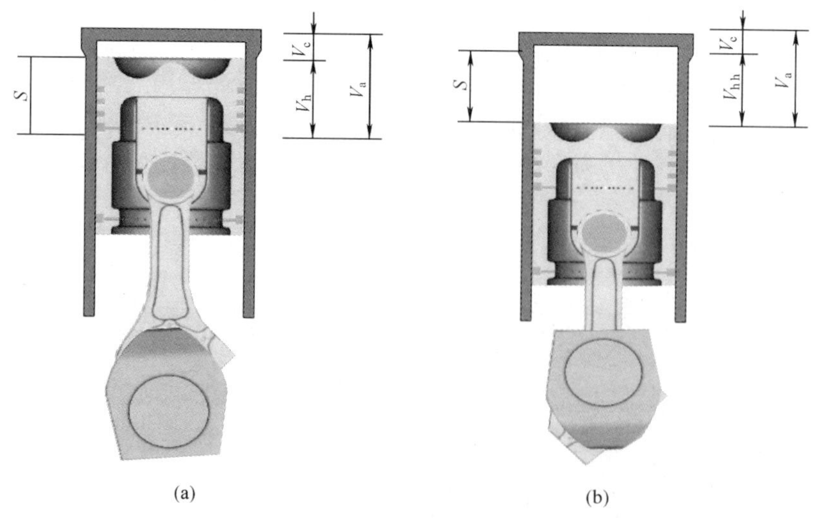

图 6-3　活塞位置

（a）上止点；（b）下止点

1. 进气冲程

进气冲程开始时，活塞位于上止点，有残气，活塞下行，进气阀开，排气阀关。

进气压力大致保持不变。为了利用气流的惯性来提高充气量，进气阀在活塞过了下止点以后才关闭。

2. 压缩冲程

进、排气阀关，活塞上行，缸内气体被迅速压缩，气压上升，同时气温升高，达到柴油的自燃温度时，柴油便自行燃烧膨胀。其作用是提高空气的温度，为燃料的自行发火作准备；为气体膨胀做功创造条件。柴油自燃温度为543～563K。

3. 燃烧膨胀冲程

燃烧膨胀冲程为作功或工作冲程。此时进排气阀钧关闭，缸内燃料迅速燃烧膨胀，气体压力急剧上升，推动活塞自上止点往下止点运动。

4. 排气冲程

排气阀早开晚关，排气阻力存在，比如有消声器，使排气阀必须提前打开，以减少活塞排气的阻力，而活塞在完成排气过程时，主要靠惯性。

活塞走完四个冲程才能完成一个工作循环。四个冲程中只有一个冲程作功，而其他三个冲程完全靠发动机的惯性来完成的。

四、四冲程汽油机的工作原理

1. 进气冲程

此时，活塞被曲轴带动由上止点向下止点移动，同时，进气门开启，排气门关闭。当活塞由上止点向下止点移动时，活塞上方的容积增大，气缸内气体压力下降，形成一定的真空度。由于进气门开启，汽缸与进气管相通，混合气被吸入汽缸。当活塞移动到下止点时，汽缸内充满了新鲜混合气以及上一个工作循环未排出的废气。空气由空气滤清器经进气道上的化油器，将汽油吸入并雾化成细小的油粒与空气混合，即形成可燃混合气，而后进入汽缸。

2. 压缩冲程

活塞由下止点移动到上止点，进、排气门关闭。曲轴在飞轮惯性力的作用下被带动旋转，通过连杆推动活塞向上移动，汽缸内的气体容积逐渐减小，气体被压缩，汽缸内的混合压力与温度随着升高。

3. 燃烧膨胀冲程

此时，进、排气门同时关闭，火花塞点火，混合气剧烈燃烧，汽缸内的温度、压力急剧上升，高温、高压气体推动活塞向下移动，通过连杆带动曲轴旋转。在发动机工作的四个过程中，只在这个行程才实现热能转化为机械能，所以这个行程又称为做功行程。

4. 排气冲程

此时，排气门打开，活塞从下止点移动到上止点，废气随着活塞的上行，被排出汽缸。由于排气系统的阻力，且燃烧室也有一定的容积，所以在排气终了，不可能将废气排净，这部分留下来的废气称为残余废气。残余废气不仅影响充气，对燃烧也有不良影响。

五、二冲程柴油机的工作原理

四冲程柴油机的活塞相当于一个空气泵，而对于二冲程柴油机而言，活塞没有空气泵的作用，为了完成进排气过程，即排除燃烧后的废气，并把新鲜空气充满汽缸，必须安装专用的扫气泵（增压器）。

二冲程柴油机与四冲程柴油机相比，在相同的气缸尺寸和转速下，二冲程发动机的功率理应比四冲程发动机大一倍；但由于扫气容积损失和充气时间短，程废气消除困难，而驱动扫气泵要

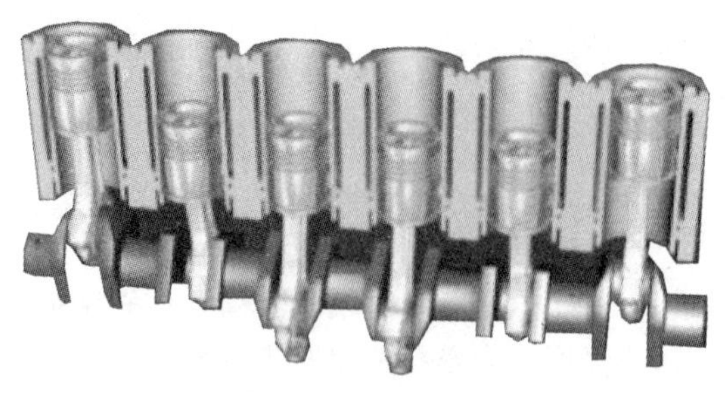

图 6-4　直列 6 缸机的曲轴活塞运动演示图

消耗一部分功率，所以功率只增加了 50%～70%左右。

六、多缸柴油机

从柴油机工作过程本身看，只有做功冲程对外做功，而进气、排气及压缩冲程都不做功，反而消耗能量，实际上柴油机的转动是不均匀的，可见图 6-4。

转速不均匀的危害有：运动件受冲击负荷，容易造成磨损；容易产生扭振；不平衡。

追求均匀性的方法：单缸时需加装飞轮；多缸机除飞轮外，采取合理的发火顺序。为了保证发动机运转的均匀和平衡性的要求，对四冲程柴油机，曲轴转动两转内，每个汽缸完成一个工作循环。因此，各缸应相隔一定的转角而均匀的发火。

第三节　内燃机的主要性能指标

一、动力性指标

动力性指标为内燃机对外做功能力的指标，主要包括功率、平均有效压力、转速和活塞平均速度。

1. 有效功率

（1）功率：内燃机单位时间内所做的功称功率。

（2）指示功率：内燃机在汽缸中单位时间内所作的功。

（3）有效功率：指示功率减去消耗于内部零件的摩擦损失、泵气损失和驱动附件等机械损失后，从发动机曲轴输出的功率，称为有效功率。有效功率可以利用测功器测定。

2. 标定功率

内燃机出厂时铭牌上厂方标定的有效功率。

（1）15min 功率：内燃机允许连续运转 15min 的最大有效功率。

（2）1h 功率：内燃机允许连续运转 1h 的最大有效功率，为工程机械的最大使用功率。

（3）12h 功率：内燃机允许连续运转 12h 的最大有效功率，可作为工程机械的正常使用功率。

（4）持续功率：内燃机允许长期运转的最大有效功率。

3. 其他有效功率

（1）升功率：每升汽缸工作容积发出的有效功率。

（2）单位活塞面积功率：衡量燃烧室组件热负荷的尺度，表征发动机的热负荷特性。

（3）经济功率：在燃油消耗率较少的功率区运转时的有效功率。

（4）极限功率：冒黑烟时的功率。

4. 平均有效压力

作用于活塞顶上的假想的大小不变的压力。它使活塞移动一个行程所做的功，等于每个循环所做的有效功。

5. 转速和活塞平均速度

（1）转速：内燃机曲轴每分钟的转速，用 r/min 表示。转速对内燃机性能和结构影响很大，而且其范围十分广泛（86～6000r/min）。

1）最高转速 R_{max}：受调速控制时，柴油机所能达到的最高转速。

2）最低稳定转速 R_{min}：柴油机能稳定工作的最低转速。

在最低稳定转速和最高转速之间是柴油机的转速工作范围（$R_{min}<n<R_{max}$）。

（2）活塞平均速度 C_m。活塞在气缸中的运动速度是不断变化的，在行程中间较大，在止点附近较小，在止点处为零。活塞平均速度是表征内燃机高速性的一项主要指标。根据活塞平均速度，可将柴油机分为高速、中速和低速三种类型，其具体数值大致如下：

低速机：$C_m \leqslant 6.5$m/s；

中速机：6.6m/s$<C_m<$10m/s；

高速机：$C_m \geqslant 10$m/s。

二、经济性指标

经济性指标一般指内燃机的燃油消耗率和机油消耗率。

1. 燃油消耗率

燃油消耗率简称比油消耗，它是内燃机工作时每千瓦小时所消耗燃油量的克数，单位为（g/kWh）。

指示燃油消耗率以指示功率计；有效燃油消耗率以有效功率计。

现代内燃机的燃油消耗率（g/kWh）的范围为：

汽油机：265～340；

高速柴油机：212～251；

中速柴油机：197～281；

低速柴油机：160～190。

2. 滑油消耗率

内燃机在标定工况时，每千瓦时所消耗滑油量的克数，称为滑油消耗率，单位为 g/kWh。

滑油消耗的方式有：

（1）滑油经活塞环窜入燃烧室或由气阀导管流入缸内烧掉，未烧掉的则随废气排出。

（2）有一部分燃油在曲轴箱内雾化或蒸发，而由曲轴箱通风口排出。滑油消耗率一般为 0.5～4g/kWh。

三、质量和外形尺寸指标

质量指标和外形尺寸指标用于评价内燃机结构的紧凑性和金属材料的利用率。

1. 质量指标

比质量：单位功率的质量，内燃机净质量与标定功率的比值。即：$G_w=G/N_e$（单位为 kg/kW）。净质量不包括润滑油、燃油、冷却水及其他未直接装在内燃机本体上的附属设备与辅助系统的质量。比质量的值如下：

汽油机：1～3；

高速机：1.4～3.7；

中速机：10～19；

低速机：20～35。

2. 外形尺寸指标

外形尺寸指标又称紧凑性指标。通常用单位体积功率来表示。

四、排气污染指标

废气中的污染成分主要有：

一氧化碳（CO）：一氧化碳是无色无味的气体，空气中含量超过 0.1%人就会中毒。

碳氢化合物（HC）：成分复杂，对人体有麻痹、致癌作用，是造成烟雾的因素之一。

氮氧化合物（NO_x）：有强烈的刺激味，对心脏和肺造成损坏，是大气中形成臭氧的主要因素。

二氧化硫（SO_2）：有强烈的刺激味，与灰尘一起危害更大。

微粒（PT）：微粒的主要成分是碳，大多小于 0.3μm，微粒碳核子吸附其他有毒物质被人体吸入肺后，对人体会造成损害。

CO 主要取决于过量空气系数 α：$\alpha<1$ 时汽油机的 CO 排量可达容积的 6%；而若 $\alpha>1$ 时，CO 的排量只为 0.2%～0.3%。

HC 的含量与燃烧的缓慢甚至停止有关，在燃烧惰转和减速时生成。

NO_x 的含量取决于火焰温度，也与火焰前锋中是否富氧以及高温持续时间有关。

第四节　内燃机的主要零部件

内燃机的主要零部件包括运动机件、固定机件和配气机构三部分。

一、内燃机的运动机件

在内燃机中的运动机件，主要指曲柄连杆机构。由活塞组、连杆组和曲轴等部分组成。

曲柄连杆机构的功用是将热能转变为机械功：燃料燃烧是的气体压力使活塞做直线运动，通过连杆变成曲轴旋转运动而对外输出有效功。旋转着的曲轴又使活塞不断地往复运动，从而保证了连续地实现柴油机的工作循环。

（一）活塞组

活塞组由活塞、活塞销、活塞环、衬套和活塞销盖组成。

活塞组有三个作用：①与汽缸、汽缸盖共同构成发动机的密闭工作空间，防止燃气漏入曲轴箱，阻止过多的润滑油窜入汽缸内；②承受燃气压力，并将其传给连杆和曲轴；③承受侧推力，起到了导向作用。

1. 活塞

活塞在工作时要承受很高的气体压力作用，且受周期性的冲击力，容易产生交变应力和变形，引起疲劳破坏。因此要求活塞具有足够的强度和刚度。活塞还要承受往复惯性力的作用，要求在保证强度的前提下，尽量减轻质量，以减小往复惯性力，从而减少机械负荷。

活塞的结构形式：按有无冷却的角度可分为非冷却活塞和冷却式活塞；还有整体铝活塞、整体油冷活塞、组合式油冷活塞、组合式水冷活塞等。

活塞的基本结构包括：顶部、环槽、活塞销座和裙部。活塞顶部、汽缸盖和汽缸壁组成燃烧室，如图 6-5 所示。

2. 活塞销

活塞销的功用是连接活塞与连杆，将活塞承受的力传给连杆。

活塞销要能承受燃烧压力产生的交变冲击力；与活塞销座及连杆的配合面承压面积不能大，相对运动速度低，不易形成油膜，润滑条件差，很容易磨损。

对活塞销的要求是要有很高的强度、良好的韧性、耐磨及质量要轻。

一般活塞销采用优质低碳钢或低碳合金钢制造，表面渗碳淬火，使得表面硬而耐磨，内部韧性高、耐冲击。

活塞销的结构形式如图 6-6 所示。活塞销无论为何种形式，都要求有很高的加工精度和光洁度。

3. 活塞环

活塞环分为气环和油环两种。

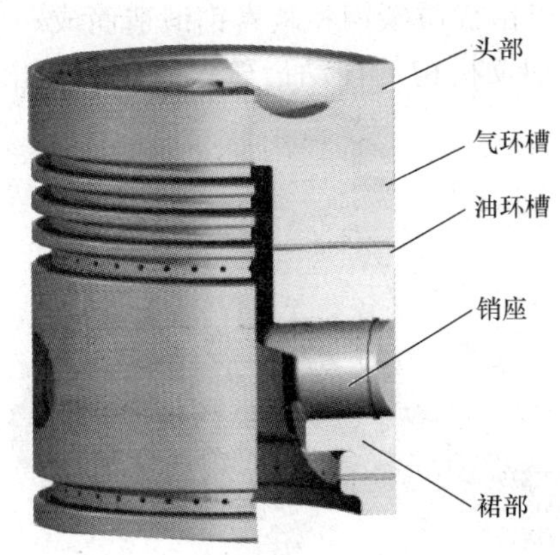

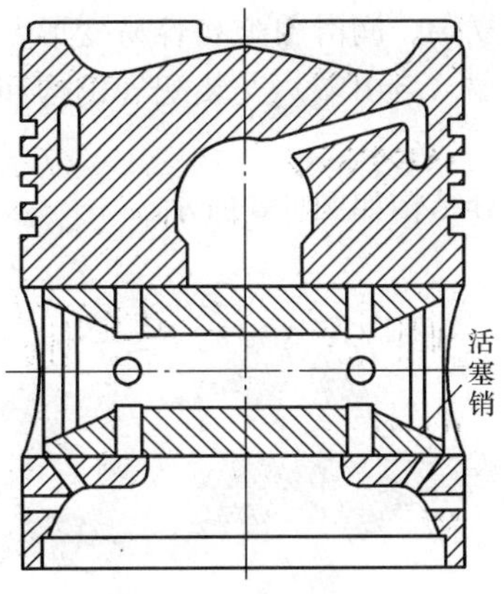

图 6-5 活塞的基本结构

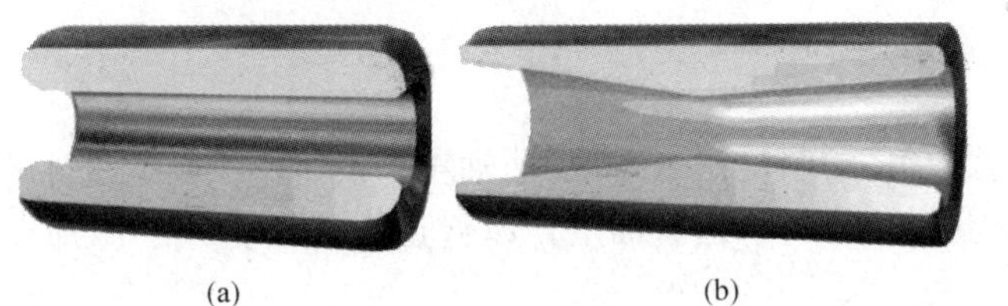

图 6-6 活塞销的结构形式

(a) 直内孔；(b) 圆锥内孔；(c) 圆柱圆锥组合形

一般高速机有 2～3 道气环，中速机有 3～4 道气环，低速机有 5～6 道气环；油环一般是 1～2 道。目前的趋向是减少环数，强化第一道环。因此柴油机所消耗的摩擦功中约有 50%是活塞环和活塞裙与缸套间的摩擦引起的。

油环的作用是密封汽缸，防止燃气漏入曲轴箱。

（二）连杆组

连杆组是由连杆、连杆盖、连杆螺栓、连杆轴瓦、小端寸套等部分组成。连杆本身又分为连杆小端、连杆身和连杆大端三部分，如图 6-7 所示。

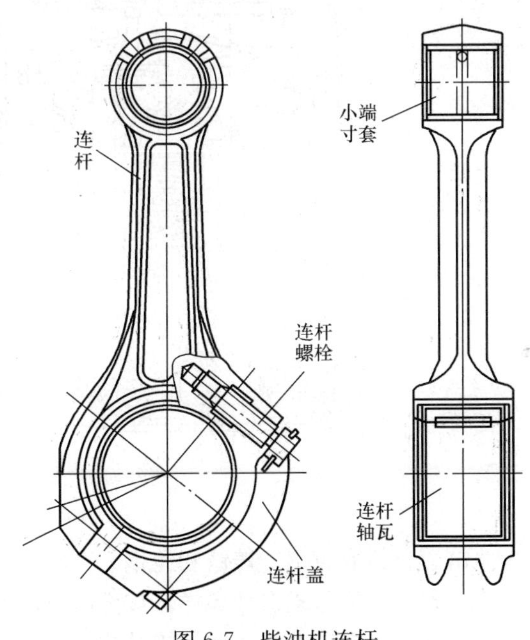

图 6-7 柴油机连杆

连杆的功用是连接曲轴和活塞，将作用于活塞的力传给曲轴，并将活塞的往复直线运动变为曲轴的旋转运动。

连杆的运动方式是小端往复直线运动；大端回转运动；杆身为复杂的平面运动。

对连杆的性能要求是要有足够的强度和刚度；尽量减轻连杆质量；大端及小端轴承可靠，耐磨性好；易于制造，成本低。

连杆由优质碳素钢或合金钢锻造而成。

（三）曲轴

曲轴的功用是汇集所有汽缸内燃烧气体所做的功，以旋转的形式输出。曲轴的工作条件是受力复杂、形状复杂、润滑困难和容易变形。曲轴可由优质碳钢和碳素钢锻造而成。

曲轴的前端（自由端）安装配气机构和各种辅助机构的传动齿轮；后端（输出端）带凸缘，可安装飞轮。

曲轴各部分结构如图 6-8 所示。

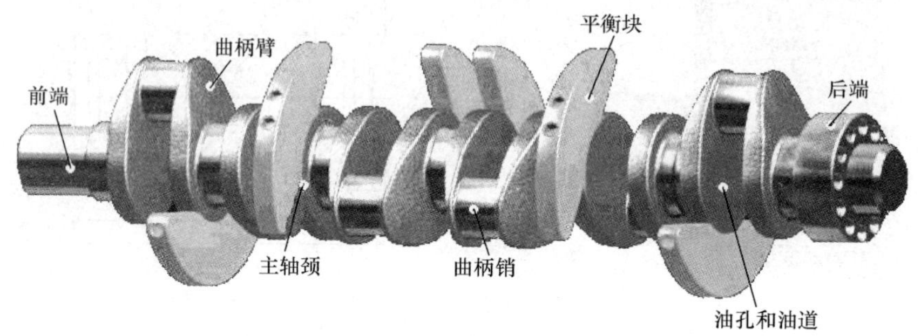

图 6-8　曲轴各部分结构

二、固定机件

固定机件主要包括：汽缸盖、汽缸套、机体（汽缸体的曲轴箱）及机座。固定机件的作用是保证运动件相互位置，并构成燃烧室、气道、水道、油道，以保证燃烧、换气、冷却和润滑的需要。

1. 汽缸盖

汽缸盖的功用是封闭汽缸，与活塞和汽缸套一起组成燃烧室。汽缸盖工作中受高温高压燃气作用，螺栓会受到预紧力、压缩应力、弯曲应力和热应力的作用。

汽缸盖上安装有喷油器，进、排气阀，以及进、排气阀驱动机构，如图 6-9 所示。内部布置有进、排气道，冷却水腔，螺栓孔道。故汽缸盖为最复杂的零件之一，要求汽缸盖有足够的强度和刚度并保证结合面的良好密封。

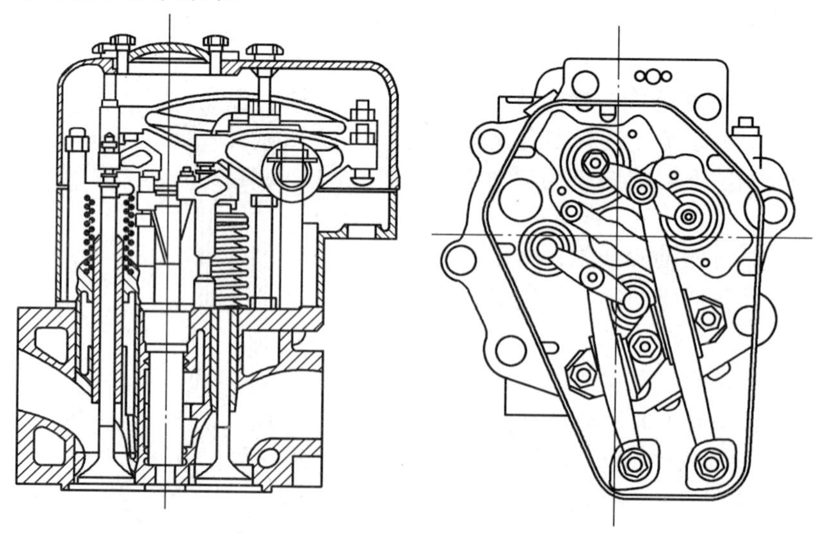

图 6-9　柴油机汽缸盖

汽缸盖材料有铸铝、铸铁和铸钢。

汽缸盖的结构形式多种多样，按汽缸盖的数量分类，有单体式汽缸盖和整体式汽缸盖；按结构形式分，有组合式汽缸盖、焊接结构汽缸盖、双层底结构汽缸盖和钻孔冷却汽缸盖等。

2. 汽缸套

汽缸套的功用是构成工作循环的空间；作活塞的导向面，十字头的是滑块和导板；向周围导热。

汽缸套的工作条件是内表面受高温高压燃气的反复作用；进气时受进气空气的吹拂；外表面受冷却水的冲刷和腐蚀；内外表面的温差热应力作用；承受侧推力，与活塞之间为高速相对运动，产生摩擦和磨损。

汽缸套的结构有湿式和干式缸套。

汽缸盖与汽缸套之间的密封靠弹性垫片。气密材质有铝板、铜皮包石棉、软钢；如图 6-10 所示，与汽缸盖对应，汽缸垫片有整体式垫片和单体式圆环垫片。水密封时由于缸套下部温度较低，可用橡皮圈密封。

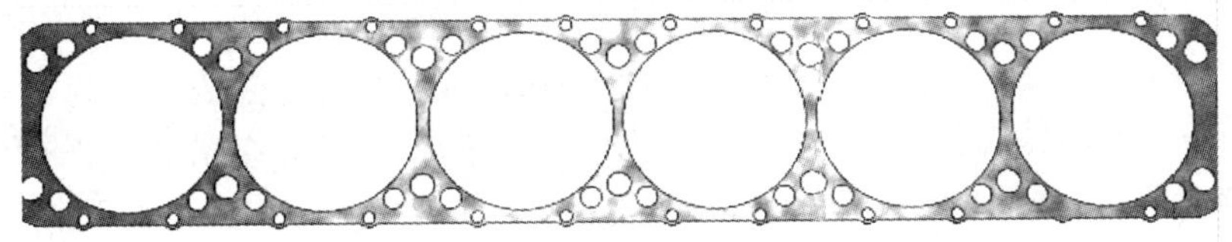

图 6-10　整体式垫片

3. 机体与机座

按主轴承结构划分，机体与机座可分为正置式主轴承的机体机座结构、倒挂式主轴承的机体机座结构和隧道式主轴承的机体机座结构。

（1）正置式主轴承的机体机座结构。机座承受曲柄连杆机构传来的气体压力，机座有较大的强度和刚度。机座两侧与座和主轴承座部分设置有坚固的骨架和加强筋。此种结构的尺寸、质量较大，适用于质量、尺寸指标要求不严格和寿命要求较长的中速和低速柴油机中。曲轴中心线在划分面以下刚性好。

（2）倒挂式主轴承的机体机座结构。这种结构无机座，只有机体，有油底壳，适用于中高速机。

（3）隧道式主轴承的机体机座结构。汽缸体与曲轴箱铸成整体，主轴承没有剖分面，为圆盘形滚动轴承。此机体机座结构的过盈量、质量较大，工艺复杂，装拆及维修不方便。

（4）十字头柴油机的固定机体。主轴承撑紧螺栓向上顶住机架向下压住轴承盖和轴瓦，把轴承盖压紧在主轴承座上。

三、配气机构

配气机构是控制内燃机进、排气过程的机构。按汽缸的发火顺序和汽缸中的工作过程，配气机构适时开启和关闭进气阀及排气阀，进入新鲜空气，排出废气。

配气机构工作转速高，以很高而变化的速度工作，惯性力和热负荷大，且润滑不良，零件磨损大。因此要求配气机构定时准确，有足够大的气体流通面积，振动和噪声小，工作可靠，寿命长；还要结构简单，维修方便。

1. 配气机构的布置及传动

配气机构的类型有气阀式、气孔式、气孔—气阀式。

气阀式配气机构按气阀的布置可分为：顶置式气阀和侧置式气阀；按凸轮轴的位置可分为：上置式凸轮和下置式凸轮；按曲轴和凸轮轴的传动方式可分为齿轮传动和链条传动。

顶置式气阀如图 6-11 所示。

凸轮轴布置形式有三种：①下置式凸轮轴，如图 6-11 所示；②上置式凸轮轴，如图 6-12 所示；③顶置式凸轮轴，如图 6-13 所示。

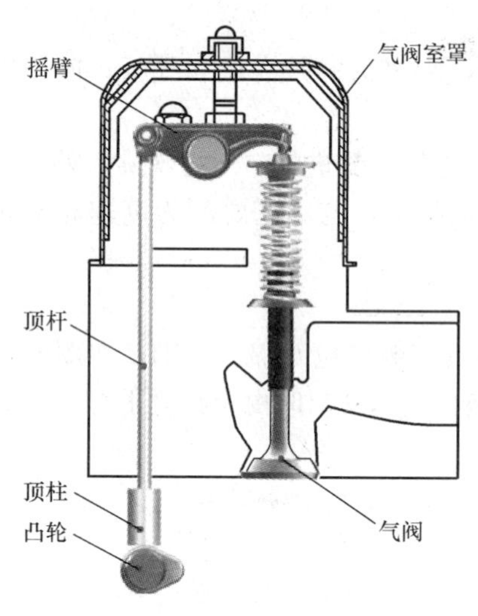

图 6-11　顶置式气阀配气机构

凸轮轴的传动方式有圆柱齿轮式传动、锥齿轮传动、链条式传动等。

2. 气阀式配气机构的构成

气阀式配气机构的组成可分为气阀机构和传动机构。其中，气阀机构由气阀、气阀弹簧、气阀导管和气阀座等零件组成，气阀机构见图 6-14。

气阀在高温状态下工作，冷却和润滑困难；阀盘与阀座受惯性力和弹簧力的冲击作用，尤其是气阀间隙的存在，使冲击负荷显著增加；气阀受热膨胀，可引起阀杆在导管中卡住。因此，要求气阀在工作温度下保持较高的机械性能，耐热和耐磨；气阀与阀座配合的密封性好；外形合理，对气流阻力小。进气阀采用材料为普通合金钢、铬钢或镍钢。排气阀用耐热合金钢。

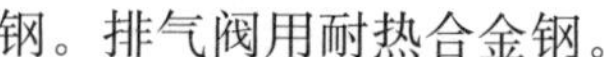

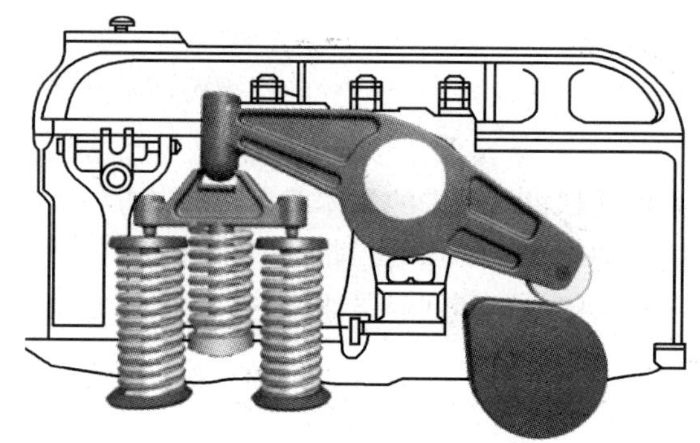

图 6-12　上置式凸轮轴

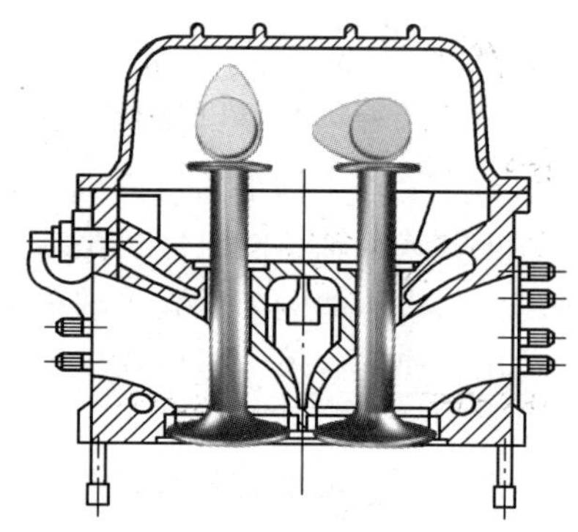

图 6-13　顶置式凸轮轴

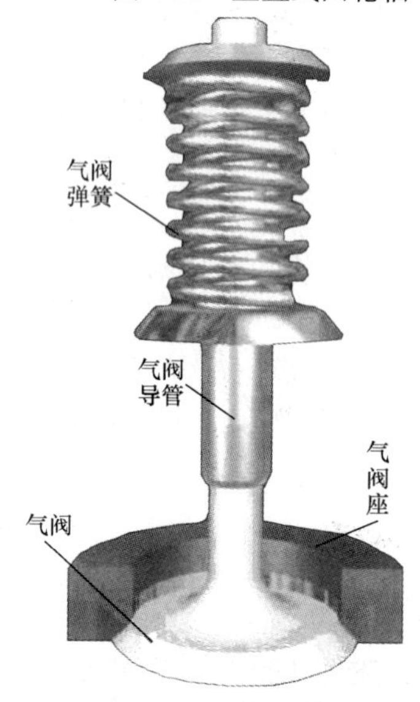

图 6-14　气阀机构

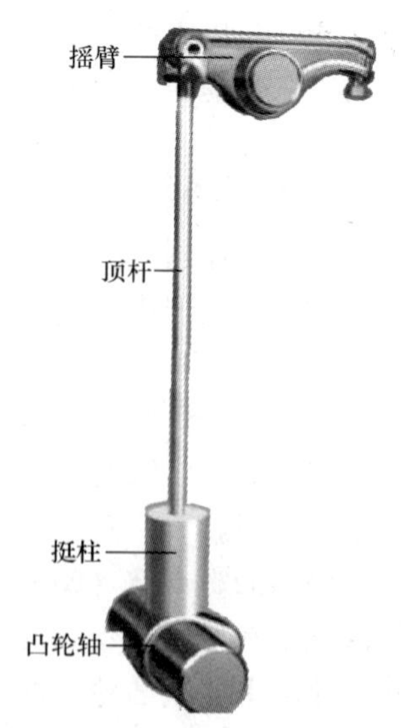

图 6-15　气阀式传动机构

导管的作用是作导向用，保证气阀作往复直线运动；将阀杆的热量传给冷却介质。导管材料为耐磨材料，内外表面均需加工，内孔精铰。

气阀座是为了提高耐磨性。加工精度高，成本高。座圈脱落容易造成事故。材料为耐热钢、合金铸铁或特种青铜。

气阀弹簧为高碳锰钢、硅锰钢或镍铬钢丝冷卷制造，并经喷砂和喷丸表面处理。

注意：采用同心布置的不等直径的多个弹簧，弹簧圈的绕向不同。以防止折断的弹簧卡断进入到另一个弹簧圈内。

气阀式传动机构可分为机械式和液压式。机械式传动机构的零件有凸轮轴、挺柱、顶杆、摇臂、传动齿轮，如图 6-15 所示。

凸轮轴的结构包括轴、凸轮、凸轮轴承。

挺柱有平板式、滚轮式、液压式及滚轮摇臂式，见图 6-16。平板式包括菌形和筒形，挺柱在工作中有微小的自转，使工作表面磨损。

顶杆用于顶置式气阀、下置式凸轮轴的配气机构，向摇臂传递凸轮轴经顶柱传来的推力。对于顶杆的要求是刚性好，质量轻。为了减轻质量，顶杆一般用空心管制成，小型内燃机的顶杆也有用实心钢棒制成的。顶杆上端焊有钢质的凹球形接头与摇臂调节螺钉的球头相配合；下端焊有球形接头，支撑在挺柱的凹球承座内。

摇臂用来改变顶杆传递的运动方向以推开气阀。由钢模制造或球墨铸铁制造，摇臂的断面一般为 T 字形或工字形，以减轻质量并有足够的刚性，摇臂的长、短臂比值为 1.6 左右。

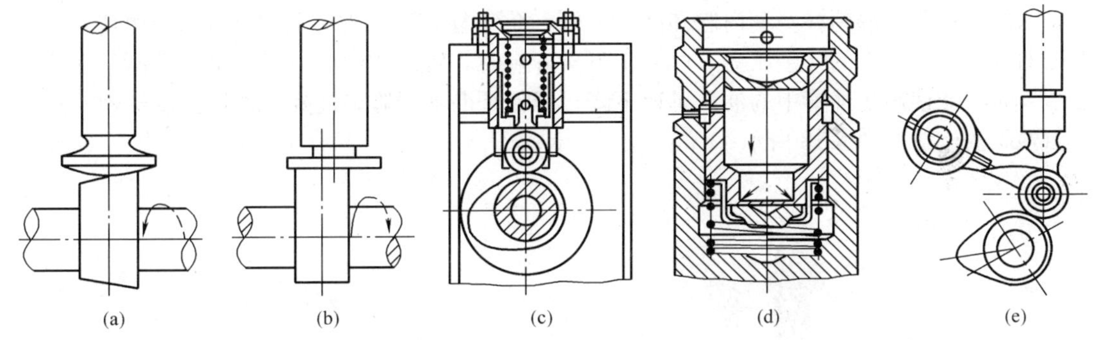

图 6-16　各种挺柱

(a) 菌形；(b) 筒形；(c) 滚轮式；(d) 液压式；(e) 滚轮摇臂式

四、柴油机的燃油系统

1. 燃油系统的功用及组成

(1) 功用：根据柴油机运转工况的需要，将适量的清洁燃油，在一定的时间内，以适当的雾化状态喷入燃烧室，形成混合气体并为燃烧创造有利条件。

(2) 组成：输油泵、滤清器、喷油泵、出油阀、喷油器、燃烧室。

2. 可燃混合气的形成与燃烧室形式

(1) 可燃混合气体的形成方式。柴油机中由于燃烧室型式不同，混合气形成的方式也不同，大致可分为空间混合气形成、油膜混合气形成、复合式混合气形成。

可燃混合气的质量对燃烧过程起决定性作用。要求：喷入汽缸的油粒应雾化良好，并具有一定的射程，即油粒微小并充满整个燃烧室空间；燃料的喷射形状应与燃烧室形状相适应，以形成良好的混合气；在燃烧室造成强烈的空气涡流以促使在燃烧室间形成良好混合。

（2）直接喷射式燃烧室：直接喷射式燃烧室设在活塞顶上，是一个统一的空间。主要靠喷射油束与燃烧室形状相互配合，使燃油与空气均匀地混合。有统一式、复合式、半分开式、球型油膜式、分开式、涡流室式、预燃室式、直喷式燃烧室。

3. 喷油泵

喷油泵又称高压油泵，其作用是提高燃油压力，并根据柴油机工况的要求，将一定量的燃油在准确时间内喷入燃烧室。

根据燃烧室形式和混合气形成方法不同，喷油泵必须提高压力足够高的燃油，以保证良好的雾化质量；供油量可调节，且各缸供油量相等；保证各缸供油提前角相同，供油急速开始，停油迅速利落。

喷油泵分为单体泵与合成泵（整体泵）两种。

单体泵主要由一个柱塞和柱塞套构成，本身不带凸轮轴，有的甚至不带滚轮传动部件，由于这种单体泵便于布置在靠近汽缸盖的部位，从而使高压油管大大缩短，目前应用在缸径为200mm以上的大功率中、低速柴油机上。如图6-17所示。

合成泵是在同一泵体内安装与汽缸数相同的柱塞元件，每缸一组喷油元件，由泵体内凸轮轴的各对应凸轮驱动。合成泵可作为柴油机的一个整体附件通过法兰或底部支座安装在柴油机上，并进行单独校准与维修。小型高速柴油机大多采用这种合成泵。

4. 出油阀

位于喷油泵上端，柱塞压油时开启，不压油时在出油阀弹簧和油管压力下关闭，属精密元件。

出油阀的作用是隔断柱塞套内腔和高压油管，防止柱塞下行时，将高压油管中的燃油吸回；使高压油管中保持一定的残余压力，以便于下次开启时，管内燃油压力可以很快升高；在喷油泵供油结束时，能使高压油管中的油压迅速下降，以保证断油干脆，消除喷油器的滴油现象。

出油阀的构造如图6-18所示。

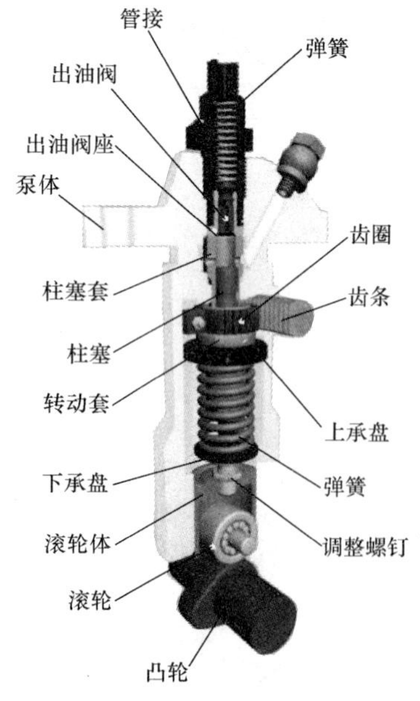

图6-17 喷油泵的基本结构图

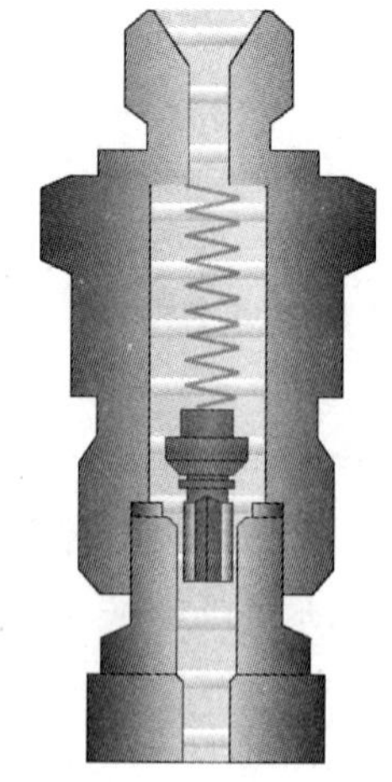

图6-18 等容式出油阀构造

5. 喷油器

喷油器安装在汽缸盖上，将燃料雾化成极细的微粒，喷入汽缸，对雾化质量的要求，主要取决于燃烧室形式。

喷油器按喷油嘴形式的不同分为：开式和闭式。开式喷油器如图 6-19 所示，主要特点是喷油器的喷油管内腔始终与燃烧室相通。由于它没有关闭喷孔的针阀，故称为开式喷油器。

6．输油泵

输油泵的功用是当柴油机工作时克服管路中的流动阻力，将燃油箱内的燃油输送给喷油泵。

输油泵有活塞式、齿轮式、刮板式三种形式。图 6-20 为活塞式输油泵。

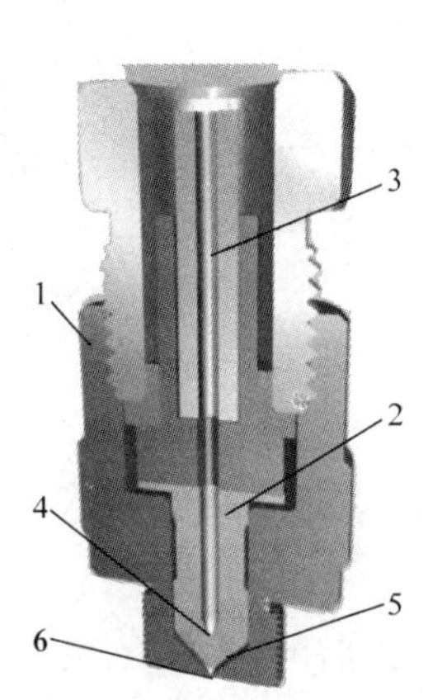

图 6-19　开式喷油器

1—喷油器体；2—固定针阀；3—轴向孔；4—两个固定互成 90°的孔；5—沟槽；6—喷孔

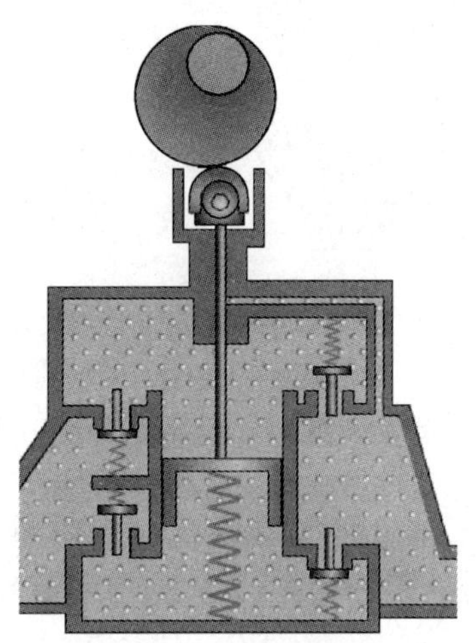

图 6-20　活塞式输油泵

7．滤清器

在柴油机中一般都安装两个滤清器。第一个为粗滤器，它安装在输送泵之前，滤出较大的杂质。第二个为细滤器，能滤出微小的杂质，它安装在喷油泵之前。细滤器分为纸质式（见图 6-21）毛毡式、（见图 6-22）和高压缝隙式（见图 6-23）三种。

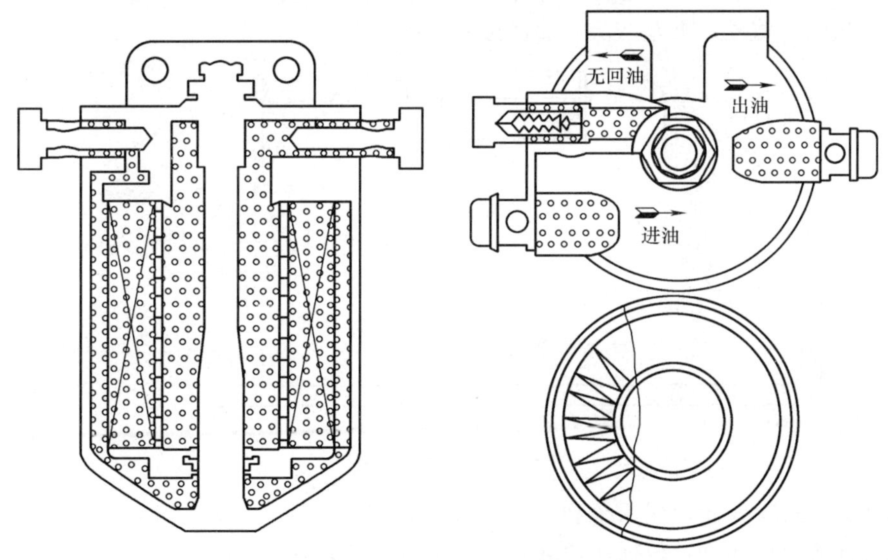

图 6-21　纸质式滤清器

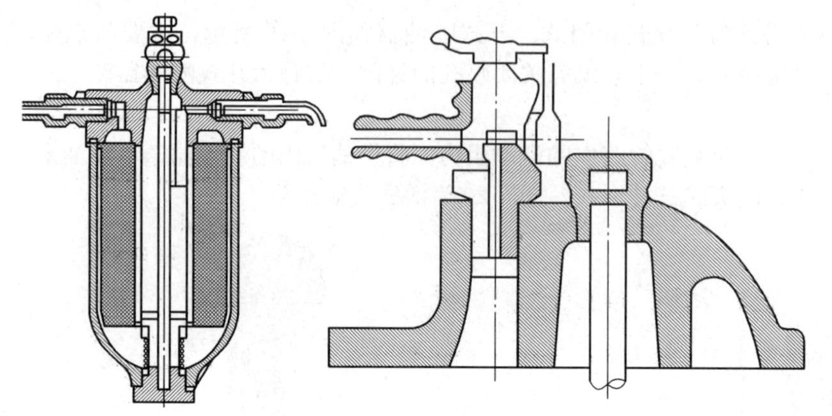

图 6-22　毛毡式滤清器

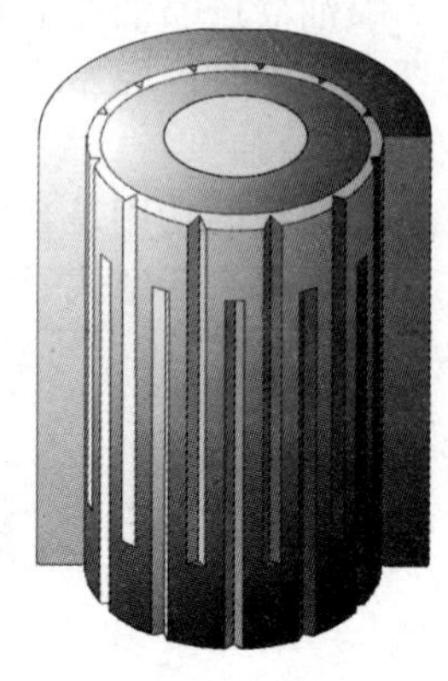

图 6-23　高压缝隙式滤清器

第五节　内燃机增压技术

内燃机增压的目的是通过将空气预先压缩后供入汽缸，增加进气质量，相应地增加循环供油量，从而可以增加发动机功率。

增压的基本类型分蜗轮增压、机械增压、气波增压三种，对应的增压器称蜗轮增压器、机械增压器、气波增压器。

一、蜗轮增压

蜗轮增压器由涡轮机和压气机构成。将发动机发出的废气引入涡轮机，废气的能量推动涡轮机叶轮旋转，并带动与其同轴安装的压气机叶轮工作，新鲜空气在压气机内增压后进入汽缸，如图 6-24 所示。

蜗轮增压的最大优点是燃油经济性好，并可大幅度降低有害气体的排放和噪声水平。缺点是低速时排气能量低，增压效果差，低速加速性能较差。

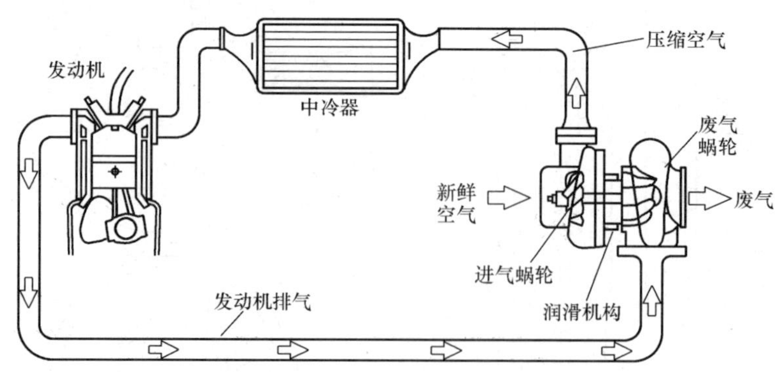

图 6-24　蜗轮增压系统

蜗轮增压系统分单蜗轮增压系统和双蜗轮增压系统。

单蜗轮增压系统除包括蜗轮增压器之外，还包括进气旁通阀、排气旁通阀和排气旁通阀控制装置等，如图 6-25 所示。

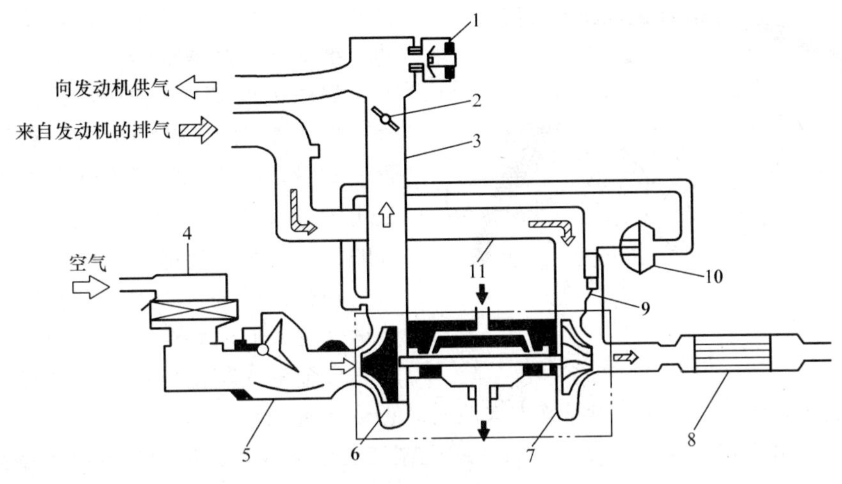

图 6-25　单蜗轮增压系统示意

1—进气旁通阀；2—节气门；3—进气管；4—空气滤清器；
5—空气流量计；6—压气机；7—涡轮机；8—催化旁通阀；
9—排气旁通阀；10—排气旁通阀控制装置；11—排气管

二、蜗轮增压器的结构及工作原理

车用蜗轮增压器由离心式压气机和径流式涡轮机及中间体三部分组成。增压器轴通过两个浮动轴承支承在中间体内。中间体内有润滑和冷却轴承的油道，还有防止润滑油漏入压气机或涡轮机中的密封装置等。

1. 压气机

离心式压气机由进气道、压气机叶轮、无叶式扩压管及压气机涡壳等组成，如图 6-26 所示。

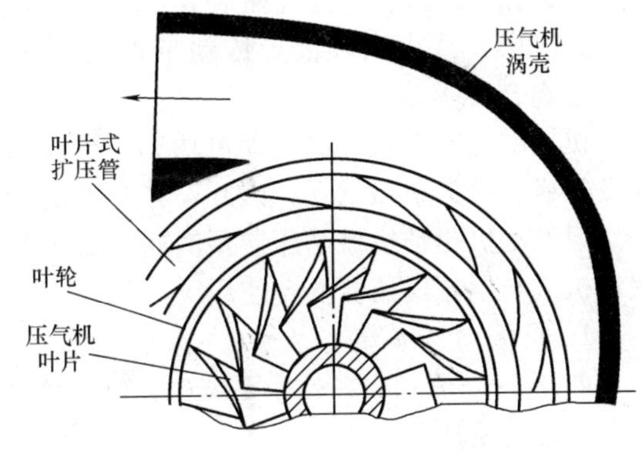

图 6-26　离心式压气机

当压气机旋转时，空气经进气道进入压气机叶轮，并在离心力的作用下沿着压气机叶片之间形成的流道，从叶轮中心流向叶轮的周边。空气从旋转的叶轮获得能量，使其流速、压力和温度均有较大的提高，然后进入叶片式扩压管。扩压管为渐扩形流道，空气流过扩压管时减速增压，温度也有所提高。在扩压管中，空气所具有的大部分动能转变为压力能。

扩压管分叶片式和无叶片式两种。叶片式扩压管的优点是扩压比大，压气机效率高，但结构复杂，工况变化对压气机效率有较大的影响。

涡壳的作用是收集从扩压管中流出的空气，将其引向压气机出口，空气在涡壳中继续减速增压，完成由动能转变为压力能的过程。压气机叶轮由铝合金精密铸造，涡壳也用铝合金铸造。

2. 涡轮机

径流式涡轮机的作用是将发动机排气的能量转变为机械功。径流式涡轮机由涡壳、喷管、叶轮和出气道等组成，如图 6-27 所示。

发动机排气经涡壳引导进入叶片式喷管。喷管是由相邻叶片之间构成的减缩形流道组成。排气流过喷管时降压、降温、增速、膨胀，使排气的压力能转变为动能。从喷管高速流出的废气冲

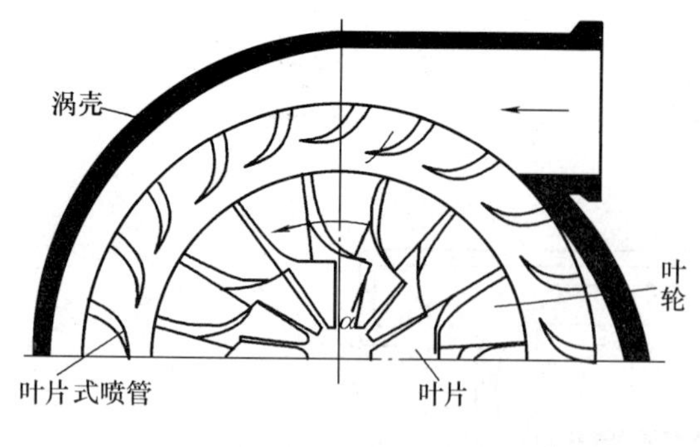

图 6-27　径流式涡轮机

击叶轮，并在叶片所形成的流道中继续膨胀做功，推动叶轮高速旋转。

涡轮机的喷管也有叶片式和无叶片式之分。现代车用径流式涡轮机多采用无叶式喷管。此时，涡轮机的涡壳除具有引导废气以一定角度进入涡轮机叶轮的功能外，还具有将排气的压力能和热能部分地转变为动能的作用。

涡轮机叶轮工作温度经常在 900℃左右，并承受巨大的离心惯性力作用，所以采用镍基耐热合金钢或陶瓷材料制造。陶瓷材料质量减轻 2/3，可使蜗轮增压加速滞后的问题大大改善，但耐热冲击性能差。

喷管叶片用耐热和抗腐蚀的合金钢铸造或机械加工成形。涡壳用耐热合金铸铁铸造，内表面应光洁。

3. 转子

涡轮机叶轮、压气机叶轮和密封套等零件安装在增压器轴上，构成增压器转子，如图 6-28 所示。其转速高达 10 万～20 万 r/min，因此必须经过动平衡检验、调整。增压器轴一般用韧性好、强度高的合金钢 40Cr 或 18CrNiWA 制造。

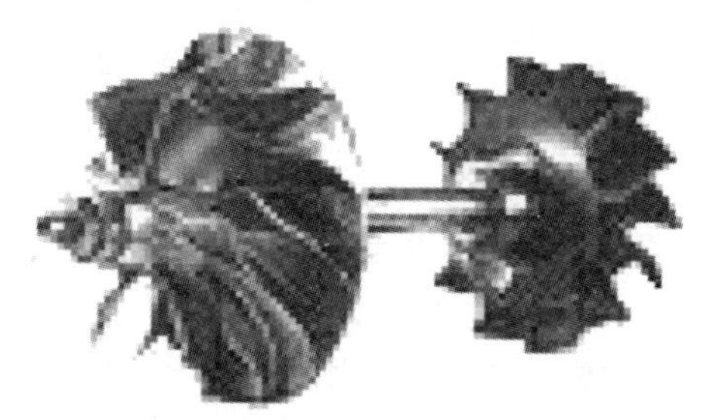
图 6-28　蜗轮增压转子

二、机械增压

机械增压器由发动机曲轴经齿轮增速器驱动（见图 6-29），或由曲轴齿形传动带轮经齿形传动带及电磁离合器驱动。

机械增压能有效提高发动机功率，与蜗轮增压相比，其低速增压效果更好。由于机械增压器与发动机直接为机械联系，因此，其变工况的瞬态响应性好，加速性好，尤其是低速时加速性好。但发动机驱动机械增压器要消耗输出功率，因此发动机的燃油经济性较差。一般适用于小型汽油机或与蜗轮增压器复合使用。

1. 机械增压系统

如图 6-30 所示，在这个系统中，机械增压器为罗茨式压气机，由曲轴带轮经传动带和电磁离合器带轮驱动。

当发动机在小负荷下工作时，电子控制装置根据气门位置传感器的信号使电磁离合器断电，增压器停止工作。与此同时，使进气旁通阀通电而开启，即在不增压的前提下，空气经旁通阀以及旁通管路进入汽缸。

2. 机械增压器

罗茨式压气机由转子、转子轴、传动齿轮、壳体、后盖和齿轮室罩等组成。

在压气机前端装有电磁离合器及电磁离合器带轮。压气机有两个转子。发动机曲轴带轮经传动带、电磁离合器带轮和电磁离合器驱动其中一个转子，而另一个转子由传动齿轮带动。

罗茨式压气机有两叶（直线型）和三叶（螺旋型）之分。三叶转子有较低的工作噪声及较好的增压器特性，如图 6-31 所示。

罗茨式压气机工作原理如图 6-32 所示。当转子旋转时，空气从压气机入口吸入，在转子叶片的推动下空气被加速，然后从压气机出口压出。出口与进口的压力比可达 1.8，供气量与转速成正比。

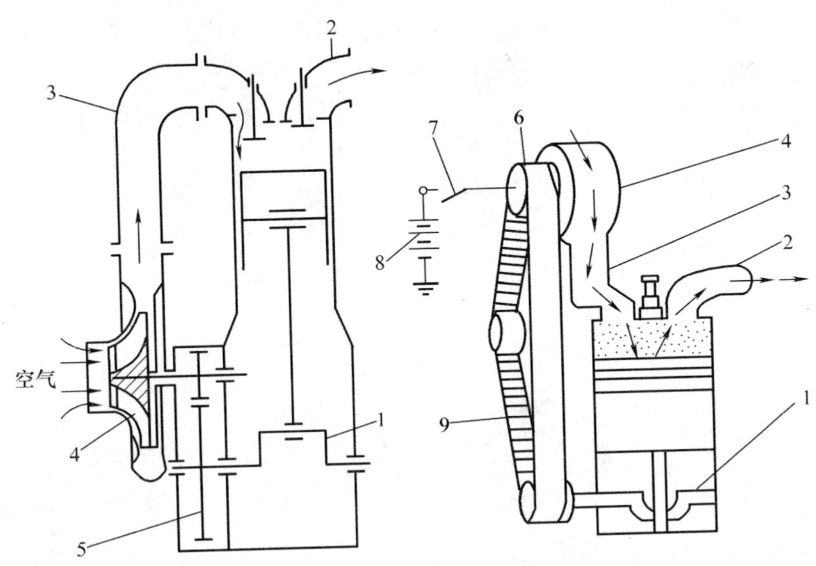

图 6-29　机械增压示意图

1—发动机曲轴；2—排气管；3—进气管；4—机械增压器；5—齿轮增速器；
6—电磁离合器；7—开关；8—蓄电池；9—齿形传动带

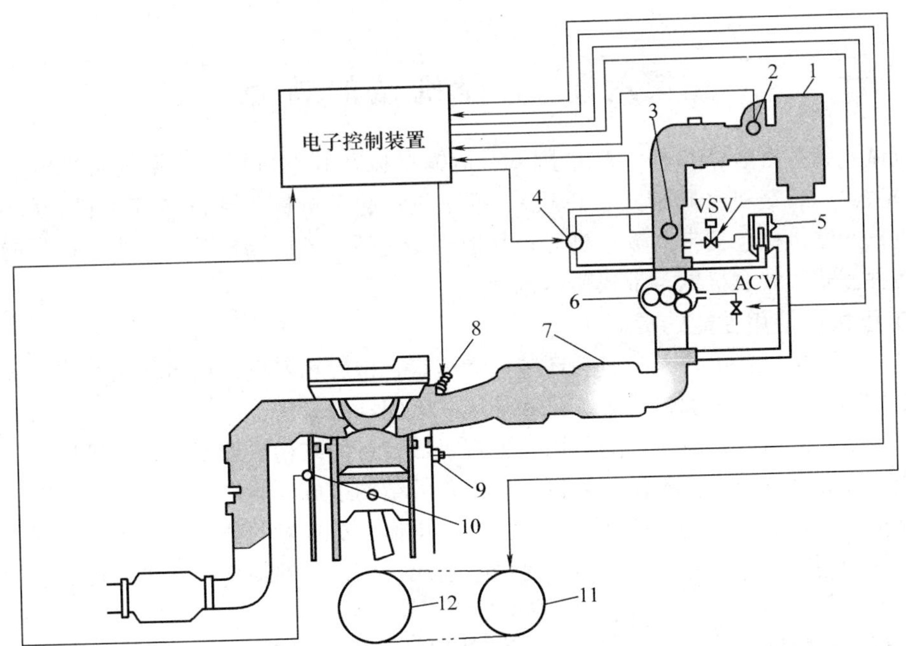

图 6-30　电喷发动机机械增压系统

1—空气滤清器；2—空气流量计；3—节气门及节气门位置传感器；4—怠速空气控制阀；
5—进气旁通阀；6—机械增压器；7—中冷器；8—喷油器；9—爆燃传感器；
10—冷却液温度传感器；11—电磁离合带轮；12—曲轴带轮

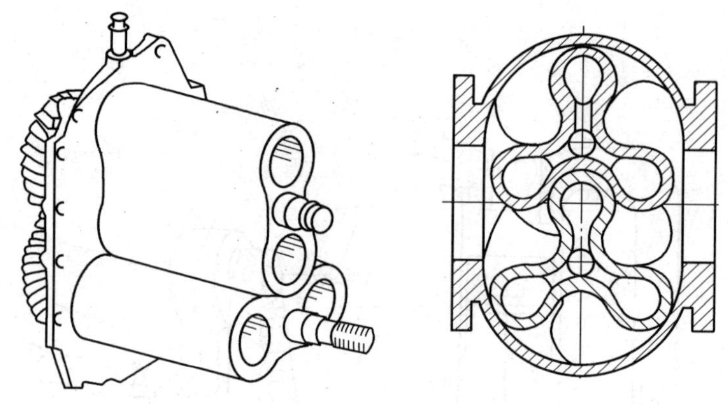

图 6-31　两叶转子和三叶转子

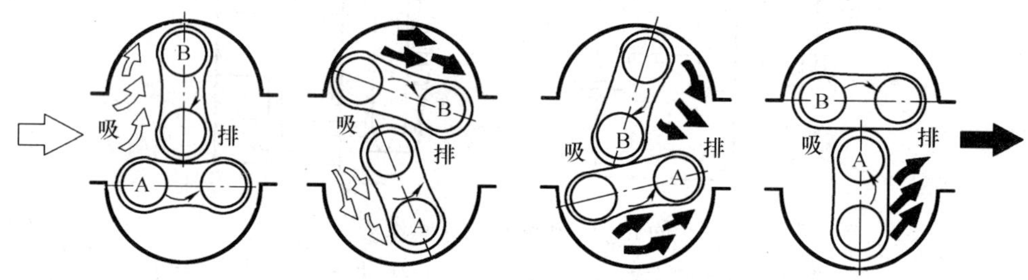

图 6-32　罗茨式压气机工作原理

第六节　工程机械的特点

工程机械包括挖掘装载机械、起重机械、运输机械及其他机械。挖掘装载机械包括挖掘机（履带式、轮式）、装载机（履带式、轮式）、推土机；起重机械包括汽车起重机、履带起重机、塔式起重机；运输机械包括带式输送机等；其他机械包括空气压缩机等。火力发电厂的输煤系统中涉及到多种型式的装载机械、带式输送机等。

一、工程机械使用性能的提高

工程机械在使用过程中，人、机和环境三大因素直接影响着机械设备使用性能的优劣。要提高机械设备使用性能，必须加强对人、机和环境三大因素的管理。

随着新技术、新材料、新工艺的应用，工程机械设备的结构更加复杂，对机械设备操作人员的要求也相应提高。操作人员不仅要懂得机械设备的结构组成、原理、性能，掌握操作技巧，而且还要掌握机械设备的故障快速诊断和维修能力。操作人员良好的技术水平可以在很大程度上提高机械设备的利用率和完好率，避免因人为因素造成机械设备的损坏，并可缩短机械设备的维修时间。

工程机械设备的维护保养质量是机械设备使用的前提和基础。机械设备在长期的使用过程中，机械的零部件磨损、间隙增大、配合改变，机械设备应有的静平衡和动平衡被破坏，工作稳定性、可靠性和机械的工作效率都显著下降，甚至会造成某些总成和零部件的永久性伤害。因此，必须建立有效的机械设备管理机制，尤其加大对机械设备维护保养的管理力度，严格落实各项规章制度，结合实际情况，科学、高效、合理地制定出维修保养计划，有专人负责和检查，按时按级做好机械设备的维护保养工作，定期进行维护保养情况检测，并认真做好机械设备的维护保养记录。具体内容包括以下三个方面：

（1）加强设备的保养工作，防止误保，杜绝漏保。由于保养不当是造成设备故障的主要原因之一，因此保养工作必须强制执行。

（2）加强设备的日常检查工作，检查结果应详细记录，不但要包含以往的维修保养记录、换件记录，而且要包含日常使用情况和工作量的记录，以便分析、判断机械故障，及时而准确地消除故障隐患。

（3）建立健全机械维修、保养规章制度，完善数据统计系统，对大小故障建档备案。

许多大型的机械设备规模都很大，每一部分的质量都在几吨到几十吨，因此对工作场地的要求比较严格。工作场地的选择要充分考虑到风向、河流和周围建筑物对设备可能造成的影响，避免机械设备在使用过程中因质量大、剧烈振动等原因，造成设备的倾斜、基础塌陷等，造成不必要的损坏和经济损失。机械设备在酷热、严寒等条件下使用时，都应该采取必要的措施加以保护，并根据实际情况对设备的一些参数进行必要的调整。如风力的大小对机械设备的正常工作有很重要的影响，风力过大时设备的输料传送带就会发生跑偏，严重时会发生输料传送带扯裂或输料皮带架倾斜、倒塌等现象。机械设备开机前应对能源装置进行系统的维护保养和检查，对电机的输出功率、工作的稳定性和安全性进行全面的检查。

二、工程机械的科学养护

按技术标准规范操作。操作者按技术要求规范操作，才能达到对工程机械科学养护的目的。如使用前应认真检查油、水、电是否按要求配置，机器启动是否正常，各部位润滑是否达到要求等。

按责任制划分严格管理。对设备的管理应定人、定机、定责，制定详细的机械使用、维护责任条款和奖惩规定，并定期检查考核，定期对操作者进行技术培训和安全教育，定期对设备性能及使用状况进行检测登记，以达到人机最佳工作状态。

按时间要求定期维护。按时保养，定期维护，可以使设备始终保持良好的运行状态。不能以时间紧、任务重为由放弃保养或超常规使用，更不能让设备“带病”工作。

按作业实际情况分级养护。根据不同机械的技术性能，把机器各个系统和部位分为重要、次要、易损、不易损等级，并根据使用运转状况区分为重点关注部位、一般注意部位、经常检查部位与稍加注意部位，以达到降低故障率，提高设备完好率的使用要求。

按技术要求更换零配件。不同的设备对零配件、油料的使用有不同的要求，绝不能图省钱使用劣质备件，如各种滤芯等，也不能图省事使用劣质的燃油和不符合技术要求的润滑油，更要谨防在设备维修时图便宜而更换假冒伪劣的配件。

三、工程机械大修的基本要求

1. 大修前的技术鉴定

工程机械大修的目的是恢复其性能。工程机械经过较长时间的运转后，各主要部件和总成的老化均已达到极限，应将机器全部进行解体、清洗、检查和修理。

工程机械大修前需进行技术鉴定，对机器的各部件进行未解体前的压力、流量、温度和扭矩等性能的检测，审阅技术档案和运转记录等资料，考核燃油和润滑油的消耗，与原生产厂家所提供的有关参数加以比较，以确定是否需要大修。

确定工程机械是否需要大修的主要技术状况如下：

（1）动力性能指标下降 20%以上。

（2）传动机构主要零件磨损达到极限程度，有偏摆、异响、撞击和抖动等现象。

（3）转向机构磨损后间隙过大，操纵失灵；变速器齿轮及轴磨损严重，换挡困难或经常跳挡；制动机构严重磨损，制动性能下降或失效，且无法调整。

（4）机架主体变形或开裂；工作装置磨损严重、操纵失灵；不能完成正常的工作量，或作业精度达不到要求；行走机构严重磨损，无法正常工作。

2. 大修方法的选择

工程机械大修时，应对各部分进行分组解体、测量、检查和鉴定，并对各总成的各个部件进行磨耗检测，以确定部件是否需更换。一般对磨损较大的运动件需要更换；对一些不便更换的部件，宜采用焊补、热喷涂、电刷镀和镀铬等工艺恢复其原设计尺寸。为保证更换部件的质量，应按照要求购买原厂家或指定协作厂家的零配件。

维修方法分为就车修理和更换总成修理。

3. 注意事项

（1）注意排除安全隐患。

（2）要进行维修后的技术性能测试。

（3）建立大修工程机械的维修档案。

四、工程机械的基本安全要求

1. 对操作人员的要求

加大操作人员专业技术培训力度。机械操作人员上岗前必须经过专业培训，考试合格取得操作证后方可独立操作，定期进行技术练兵。操作人员必须熟知并严格执行机械设备操作规程。

提高全员安全意识。重视安全培训，建立企业的安全生产责任制，实行安全一票否决制，抓好岗前的安全教育、安全生产技术交底等工作，定期召开安全生产会议，解决安全生产难题，开展安全生产竞赛。

严肃劳动纪律。机械作业时必须穿戴劳动保护用品，不得擅离工作岗位或将机械交给非本机操作人员操作，严禁酒后操作。

建立和健全各项规章制度。建立和规范机械设备的操作规程、计划检修、责任制度及日常登记、保管、调整等项工作制度。

加强风险管理。预先制定风险控制计划、灾难计划和应急计划。

2. 确保机械正常运转的相关要求

新购或经过大修、改装和拆卸后重新安装的机械设备，必须按要求和规定进行测试和试运转，新机和大修后的机械设备执行走合期使用规定。

严禁拆除机械设备上的自动控制机构、力矩限位器等安全装置，以及监测、指示、仪表、警报器等自动报警、信号装置。缺少安全装置或安全装置已失效的机械设备不得使用。维修由专业人员负责进行。

复 习 思 考 题

1. 内燃机有哪些优点和缺点？
2. 内燃机是如何分类的？
3. 内燃机的主要性能指标有哪些？
4. 内燃机有哪些主要零部件？

第二篇

燃料计量与管理

第七章　燃　料　计　量

第一节　计量基础知识

在我国，煤是火力发电厂的主要燃料，其燃料费用占发电成本的75%左右。为了提高发电厂燃煤计量的准确性，适应电力工业安全生产低消耗的需要，在火力发电厂的输煤系统中设置了燃料计量装置。计量装置主要有轨道衡、汽车衡、电子皮带秤等。轨道衡和汽车衡是用于进厂原煤的计量，为电厂与煤矿、运输部门进行结算时提供准确的依据，电子皮带秤是用于进入锅炉原煤仓的煤的计量，为指导和考核电厂经济运行提供重要参考数据。

一、测量与计量

量，是指某种物体、物质或某种现象可以表达并能定量确定的一种属性，如时间、温度、热量、质量和长度等都是量的范畴。量的大小可用量值来确定，如1s、30℃、5kg等是时间、温度、质量的量值。

测量是指以确定被测对象量值为目的的操作过程。其目的是通过确定被测对象量值的大小，可以对同类事物的属性进行比较，从而认识事物现象的特性。如山的高低，时间的长短，质量的大小等。

计量是指运用技术和法制手段，使用公认的标准作基础，实现量值统一为目的的测量。为实现统一，计量对整个测量领域起指导、监督、保证作用。

所谓量值统一，就是指计量单位要统一，测量结果要准确一致。

二、计量工作

计量工作是指以保证实现量值统一为目的的全部活动。计量工作的基本任务就是保证量值的统一和测量结果的准确一致。计量工作是国民经济和社会发展的重要技术基础，也是科技进步和现代化管理的重要技术保证。

早期的计量工作称为“度量衡”。度量衡是古时最初利用测量器具的“度、量、衡”来表示统一；“度”指长度、“量”指容量、衡指质量等量值的全部工作。随着科技的发展和生产力水平的提高，计量工作的范围已远远超出“度量衡”的范围，已从原来的度量衡发展到几何计量、温度计量、力学计量和电学计量等16种计量，并且计量已突破传统的物理量范畴，逐步发展到化学量、工程量，以及生理、心理等范围计量工作所涉及的科学领域，已从自然科学扩展到了社会科学。计量工作包括计量器具、计量标准、计量基准、量值传递等。

1. 计量器具

计量器具是指用以直接或间接测出被测对象量值的装置、仪器仪表、量具和用于统一量值的标准物质的统称。

2. 国家计量基准

国家计量基准是指用于复核和保存计量单位的单位量值，经国务院计量行政处分部门批准，作统一全国量值的最高依据的计量单位器具。我国的“千克”基准为存放在中国计量科学院的第60号（国际编码）铂铱合金砝码。

3. 计量标准和标准物质

准确度低于计量基准，用于检定计量标准和工作计量单位器具的计量器具叫计量标准。计量标准根据用途和性质可分为社会安定公用计量单位标准、部门或企业计量标准和其他计量标准。计量标准是一定范围内统一量值的依据。

标准物质是计量单位标准中的一类，它是在规定条件下，具有高稳定的物理、化学或计量学特性，并经正式批准作为标准使用的物质或材料。标准物质的用途是标定仪器、验证测量方法或鉴定其他物质。至1990年12月，国家计量部门已审批发放各类一级标准物质446种，二级标准物质241种。

4. 工作计量器具

用于现场测量而不用于检定工作的计量器具，叫做工作计量器具。

5. 量值传递

通过对计量器具的检定或核准，将国家基准所复现的计量单位量值通过各等级计量标准传递到工作计量器具，以保证对被测对象所测得的准确一致，这个过程称之为量值传递。量值传递是计量过程的中心环节，要保证量值在全国范围内准确一致，就必须建立一个全国统一的科学的量值传递体系，这就要一方面确定量值传递管理体制，另一方面要制定各种国家计量检定系统表。

三、计量监督和计量保证

1. 计量监督

狭义的计量监督是指计量器具在制造、安装、修理或使用时，检查它们是否正确使用所实行的监督管理工作。广义计量监督是指依法对一切测量领域实行的国家监督，发现不符合要求的，依法进行处置。计量监督的主要任务是监督计量、法规的执行，以保护国家、集体和个人免受不准确或不诚实的测量所造成的危害。

2. 计量保证

计量保证是指用来保证测量安全和适当准确度的一切规程、技术设备和必要措施，即通过计量技术、计量法规和计量组织来实现量值统一。

四、计量工作的主要内容

依据计量工作的主要性质，计量工作可由计量技术和计量管理两大部分组成。计量技术主要是指研究建立计量基准、计量单位制、计量检定和测量方法等方面的科学技术。实质就是为保证量值统一，所必须采取的各种技术手段和方法。例如，轨道衡的设计制造、安装、调试、使用、检修维护和检定等均属于计量技术部分。

按测量对象的性质，计量技术目前可分为十大类。

1. 几何测量

几何测量就是对物体几何量的测定。物体几何量包括物体的长度，相互间的位置（即角度和粗糙度）等。几何量的基本量是长度，因此几何量计量也称长度计量。长度计量的基本单位是米，符号为“m”。

2. 温度计量

温度是表示物体冷热程度的一个物理量。温度是一个非常重要的物理量，在所有物理测量中，温度测量约占一半比例。温度的表示方法很多，常用的有两种：一种叫热力学温度，它是国际上公认的最基本温度，一切温度最终都要以它为准；另一种叫摄氏温度。

热力学温度计量的最基本单位是开尔文，简称“开”，符号是“K”。摄氏温度计量的基本单位是“摄氏度”，简称“度”，符号是“℃”，它是采用在一定条件下将水沸点时为“100℃”。热力学温度用 T 表示，摄氏温度用 t 表示，二者关系为 $T=t+273.16$。

温度计量是计量技术的一项重要内容，它在国民经济中占有重要的地位。人们的日常生活、工农业生产和科学试验等都离不开温度的测量。火力发电厂的运行生产，煤质化验对高温炉、烘箱的条件控制，热量计的操作等几乎都离不开温度的控制和监督。

温度的测量不能直接进行，只能借助于随温度变化的其他物理量的变化间接的测出温度的值。

3. 力学计量

力学计量的内容很多，有质量、容量、密度、压力、真空、力、力矩、黏度、硬度、冲击、速度等。现仅就几种常用的力学计量作出介绍。

（1）质量计量。质量计量就是对物体质量进行的一种计量。质量是物质的基本属性，它是指物体所含物质的多少，不受地球引力的影响对同一物体，质量是社会恒定的。它的单位是“千克”，单位符号是“kg”。质量计量在压力学计量中，有着重要的地位。火电厂燃料计量工作其主要内容也是质量计量，如用轨道衡对入厂煤的质量验收；用皮带秤对入炉煤的质量计量；库存煤的月末盘点和燃料油的计量等，都属于质量计量。

（2）容量计量。容量计量单位是升，它所用的计量器具有量杯、量筒、滴管、吸管和比重瓶等。

（3）密度计量。是指物体单位体积所具有的质量。密度计量的单位为“kg/m^3”。所用的计量器具有酒精计、糖量计、密度计、海水密度计等。这些计量器具又由各种标准密度计、标准酒精计、糖量计、等进行检验。

（4）黏度计量。黏度是指液体内摩擦，就是当液体在层流时，这种内摩擦表现为流体内部对运动的阻力。黏度计量的单位是“Pa・s”。所用的计量器具有黏度计等。

（5）流量计量。它是测定液体通过输送管道的数量，即包括对流速和流量的测量。这部分计量对化工、石油、冶金等部门的生产流程的管理和自动化的控制极其重要，单位是 m^3/s，所用的计量器具有各种流量计。

4. 电磁计量

电磁计量是根据电磁原理，应用各种电磁仪器、仪表，对各种电磁量进行测量，测量内容有电流计量、电阻计量、电压计量等。

5. 无线电计量

无线电计量是指无线电技术所用全部频率内从低频率到微波的一切电气特性的测量。无线电计量内容十分丰富，如有表征无线电信号特性频率、波形、脉冲和噪声等的计量，有表征无线电设备特性的灵敏度、频率、宽度、失真、增益等的计量。

6. 时间频率计量

时间是描述客观事物的发展运动变化的基本参数。时间的计量单位是“秒”，其符号是“s”。频率是单位时间内周期性过程的重复、循环或振动的次数，计量单位为“Hz”。周期是每重复、循环或振动一项所需要的时间。

7. 电离辐射计量

电离辐射计量是对那些能直接或间接引起电离的辐射（x 射线，γ 射线，伦琴射线、镭、铀、钍元素的中子辐射）进行测量，过去常称为放射性计量。放射性计量分为程度计量和剂量两个方面。它广泛应用于医疗卫生、环保监测、原子能发电、探矿、探伤、石油管道去污定位以及应用于农业上育种和食品等。

8. 光学计量

光学计量主要包括光强、光通量、亮度、照度、色度、辐射度、感光度、激光等项。光学计量基本单位有：发光强度[坎德拉]—“cd”；光亮度单位是[坎德拉]每平方米—“cd/m^2”；光通量单位是[流明]—“lm”；光照度单位是[勒克斯]—“lx”。

9. 声学计量

声学计量是专门研究测量物质中声波的产生、传播、接收和影响特性。声强、声压、声功率是声学计量中三个重要的基本参数。声学计量涉及通信、广播、电影、房屋建筑、工农业生产、医药卫生、航行、渔业、海防、语言、音乐、生理、心理以及各种生产、生活和科学领域。例如水声计量在军事方面用来搜索、引导武器攻击敌人的舰艇，在经济建设方面用于导航、保证航海安全、深测鱼群捕捞、研究海底的地质结构以及测量海底深度等。

10. 化学计量

化学计量也称物理化学计量，是指对各种物质的成分和物理特性等进行的分析和测量。化学计量常用的计量器具有以下几种。

(1) 标准物质。标准物质是指具有确定的一种或几种特性，用于校准测量仪器、评价测量方法或确定材料量值的物质。例如，用标准的苯甲酸去标定热量仪的热容量；用标准煤样去标定煤的某些指标等。

(2) 黏度计。黏度是液体物质的一种物理特性，它是评价石油产品质量的一个重要指标。黏度测量有两种办法，即绝对测量和相对测量法。绝对测量法是直接测量有关各量，再按公式计算出黏度，这种方法准确度高，但难度大。

(3) 热量计。测量各种燃料的燃烧热叫热量计量。热量的计量单位为“焦”，符号为“J”我国建立的燃烧热标准，测定准确度可以达到±0.006%。

第二节　电子轨道衡

轨道衡是设置在铁道线路上，用来称量铁路运输来煤或其他物品质量的大型衡器。大多数轨道衡用来称量散装货物的质量，属于特制检定计量器具。另一些轨道衡计量工厂内工艺流程中的物料质量，以及货物列车超载和偏载的情况，少数轨道衡称量铁路机车、车辆的轮重、轴重和整车质量，这些称量设备不涉及贸易往来，可视为计量测试设备。强制检定计量器具的轨道衡，有以下四个特点：

(1) 从结构上看，它属于有承重装置的类型，带有秤盘或承重台面的台案秤，和汽车衡相似。

(2) 称量货物必须通过铁道。

(3) 称量对象是装在铁路车辆中的大宗散装货物。

(4) 保证货物称量准确度的范围为，最小称量到100t或到150t。

一、轨道衡的分类

轨道衡的种类很多，可按计量原理、使用状态、计量方式和用途等进行分类。

1. 按计量原理分类

按计量原理分类，轨道衡可分为机械式和电子式两种。

(1) 机械式：以机械杠杆作传递元件，当杠杆系统达到平衡时，将质量转换成机械量的称量。这一类轨道衡的工作原理为杠杆原理，当杠杆系统达到平衡时，就将力的计量转换成了长度、角度或小砝码的质量等机械量的计量。

杠杆平衡系统是大家所熟悉的，轨道衡中有三种常用的读数装置，即标尺游砣式、指针度盘式和数字显示式读数装置。标尺游砣式装置是属于水平计量的一种读数装置。利用游砣在计量杆上的不同位置，改变作用在计量杠杆的力矩，使杠杆系统达到平衡，根据游砣在刻度标尺上的位置读出计量结果。

计量杠杆是否达到平衡状态，用安装在计量器具末端视准器内的平衡指示标尺加以识别，或使计量杆在视准器内作上下均匀的摆动，其摆幅在第一周期内距视准器上下边缘的距离不大于1mm，则视计量杆为平衡。当结构确定之后即可计算大小游砣的质量及量杆的分度量。

（2）电子式：通过敏感元件的变形，把质量转换成电学量，通过测量电学量来测量煤的质量。传感器的主要作用是转换力值为电压或电流值，并且希望这一转换是线性的，或者说在允差范围内必须是线性的。如果用于衡器，则要求计量台面空载时其输出显示“零”。除此之外，当轨道衡在恶劣的环境中使用时，还要求传感器应能长期保持稳定与可靠，而不必经常进行标定。只有满足以上基本要求的传感器才能正常使用。

电阻应变式传感器的弹性体及其测量桥路有的电阻应变片与弹性体用胶粘为一体，当力沿弹性体加载时，弹性体产生变形，应变片也随之变形，于是其电阻值发生改变。测量电阻值的变化，即可获得力值 F 的大小。设计时采用补偿办法，即可以满足上面提到的关于轨道衡测量的几项要求。在加力时，只有工作片产生变形，而补偿片的变形，可产生电信号。

2. 按使用状态分类

按使用状态分类，轨道衡可分为静态称量轨道衡和动态称量轨道衡两种。

（1）静态称量轨道衡：被称车辆在静止状态（即停在轨道衡上）进行称量。轨道衡上所受的力和力矩均处于平衡状态，因此，线路和车辆状态对轨道衡影响较小，称量准确度较高。

（2）动态称量轨道衡：被称车辆在规定的速度范围内通过轨道衡进行称量。这里的车辆可以是处在已经编组联挂的列车中，也可以是单独一车辆。后一种情况是指编组站驼峰线用来称量露放车辆的动态轨道衡，这里只介绍前一种情况下的动态称量，量即用于对联挂车辆进行称量的轨道衡。这种动态轨道衡主要应用于各工矿企业进行商业核算。

3. 按计量方式分类

按计量方式分类，轨道衡可分为整车计量式、转向架计量式和轴计量式三种。

（1）整车计量式：整节车在称量台面上进行一次称量，这时得到的质量即为此被称车辆的质量。

（2）转向架计量式：每辆被称车辆的四个轴分两次称量，每次称量一个转向架的质量，累加得到的总质量即为每节被称车辆的质量。

（3）轴计量式：每辆被称四轴车分四次称量，累加得到的总质量即为每节被称车辆的质量。

4. 按用途分类

按用途分类，轨道衡可分为专用型和通用型两种。

（1）专用型：用于单一物体的称量。

（2）通用型：通用型轨道衡有称量散装固态物质和液态物质两种。

机械式轨道衡因结构和精度等问题，已逐渐被电子轨道衡取代。电子轨道衡是以电阻应变式称重传感器作为力—电转换元件，采用微处理机控制进行计量的，是对列车进行动态或静态称重的自动化计量设备，其计量自动化程度高，性能可靠，精度高，操作简便，结构稳定，是目前广泛使用的陆路运输称重设备。

实用中有静态电子轨道衡和动态电子轨道衡两种。火力发电厂使用的大多是动态电子轨道衡，动态电子轨道衡是进厂列车快速动态自动化计量的重要设备，适用于标准轨距四轴货车的称重，可对整列列车进行动态连续称重，可实现自动称量、自动运算、自动显示，可对称重结果进行时间、车号、毛重、净重等记录的打印。

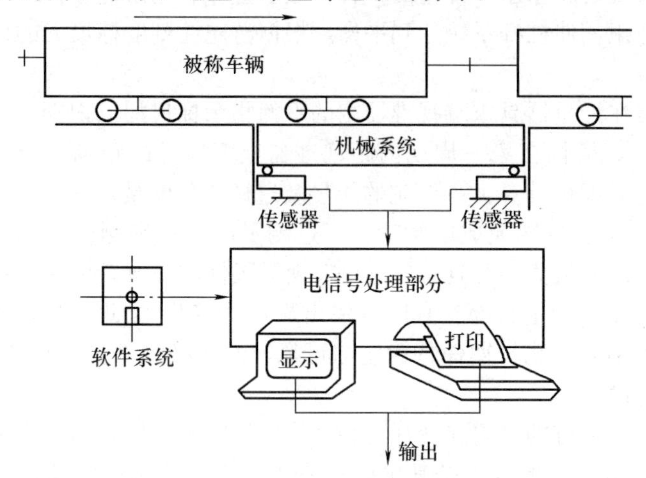

图 7-1　电子轨道衡总体示意图

二、动态电子轨道衡的组成与原理

（一）动态电子轨道衡的组成

电子轨道衡总体示意图如图 7-1 所示。电子轨道衡一般由线路、引轨、机械部分、传感器及电信号处理部分、微机系统部分组成。

1. 线路及引轨

台面两侧连接承载台的铁路线统称为动态轨道衡的线路部分，它包括承载台两端的一段铺在钢筋混凝土基础上的引轨和两侧的线路。

国产动态轨道衡一般要求：基坑两端应有 25m 左右的钢筋混凝土基础的整体道床，连接整体道床的两侧还应有 50m 以上的平直道，其坡度不允许超过 0.2%。根据其对地形及气温条件的要求，可分为深基坑、浅基坑及无基坑式。基坑与线路基础相连，浅基坑为 lm 左右，深基坑为 2m 左右，并设有通道，两者都应有一定厚度的钢筋混凝土结构和安放传感器的承重墩台，其平面示意图如图 7-2 所示。

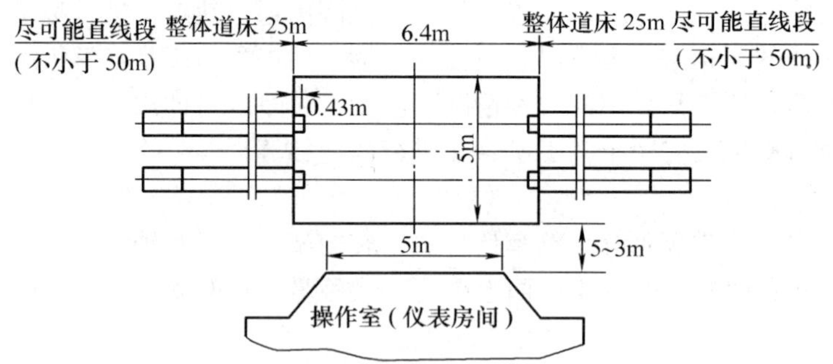

图 7-2　轨道衡秤体基础整体道床平面示意图

2. 机械部分

机械秤台结构示意图如图 7-3 所示，机械部分主要由称量台面及主梁、过渡器、限位器等组成。

（1）台面及主梁：主要由台面轨，梁体、安全休止器、纵向横向定位装置、台面覆盖等构成。

（2）过渡器：为减少车轮经过引线轨与台面轨接缝处产生的冲击振动，在四个轨缝处分别安装一个随动桥式过渡器，过渡器中部有一个高于轨缝处轨顶高的圆弧面。车轮经过过渡器时，自然会绕过横向轨缝，从而减小冲击振动。过渡器主要由过渡器座、过渡块、压板等组成，目的是为了避免车辆进入秤台时在衔接处产生冲击。

（3）限位器：为使计量台面在动态下减小位移，在计量台面纵横两个方向均安装限位器，用于秤台平衡定位，抵御非称量方向的作用力。

3. 传感器及电信号处理部分

称量台面由四支压式传感器支承，四支传感器分别固定在基础预埋件上。传感器是微机轨道衡中完成压力与电量转换的重要零部件，将被称物质量转化为模拟电信号。传感器输出的电信号经过放大、滤波和规范化处理，送至A/D转换电路进行模拟量与数字量转换，并输送给微机系统。

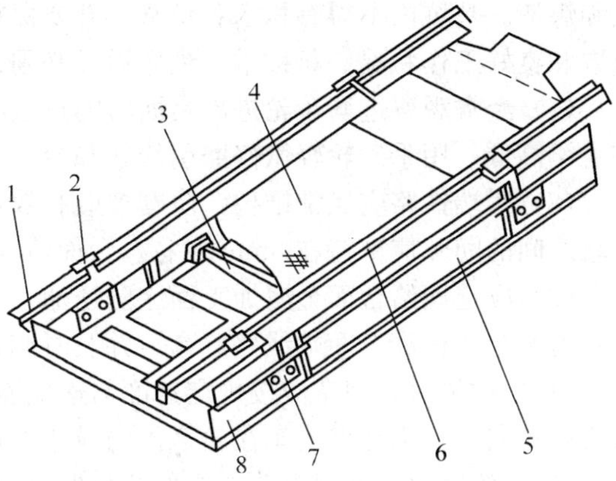

图 7-3　机械秤台结构示意图

1—引轨；2—过渡器；3—调整器；4—台面盖板；5—主梁；6—台面轨；7—传感器孔；8—底座

4. 微机系统部分

微机系统部分主要是对输入的数字量（开关量）进行判断、处理，并将处理后的结果从显示器和打字机输出。动态轨道衡的型号有100t、150t和200t等规格，显示分度值为50kg（或100kg），车速要求小于30km/h。其软件系统组成如表7-1所示。

表 7-1　　动态电子轨道衡的软件组成

基础数据采集系统	检车数据采集
	基础数据修改，车厢号，货物品名等
	收货单位，发货单位，到站名称输入
	车辆自重输入
数　据处理系统	编辑轨道衡基础数据
	统计数据，编制输出“计量单”
	查询检车数据，计量单数据和修改日志数据
	输出统计报表和月报表

（二）动态电子轨道衡的基本原理

当被称车辆以一定速度通过秤台时，载荷由秤台轨、主梁体传至称重传感器，称重传感器将被称载荷及车辆进入、退出秤台的变化信息，转换为模拟电信号送至处理器内，将信号放大整理，A/D转换后，输送给微机，在预定程序下微机进行信息判断和数据处理，把称量结果从显示器和打印机输出。

三、运行与维护

电子轨道衡在运行维护中须注意下列事项：

（1）轨道接近开关和光电开关，应保持正常位置和清洁良好的工作状态。

（2）称量时，列车应按规定速度匀速地通过台面，尽量不要在通过台面时加速或减速，尤其要避免刹车，不允许列车在轨道衡的线路上进行调车作业；不称量的车辆不要从台面上通过或限速通过。

（3）传感器及其恒温装置应保持长期供电。

（4）称量前无荷重时台面质量指示应为零位。每次称重后须检查空秤指示是否仍为零，避免零点漂移造成的称量误差。

（5）每星期检查一次台面各紧固环节，紧固件不得有松动，主要紧固环节为：紧固传感器顶板、底板的螺栓；紧固限位器座的紧固螺栓、限位器及其锁紧螺母；紧固台面轨、引线轨端扣件紧固螺栓；台面底座下32个地脚螺栓不得松动，各垫铁不得松动。

（6）注意保持台面的高度和水平，经常启动高度调节器，保持台面不得有较大下沉重，以保证过渡器的正常位置。每班必须清扫台面，特别是主梁与底座、台面轨与引线轨之间的间隙处不得有脏物存在。擦拭各零部件，尤其要保持限位装置的清洁、润滑良好，及时清除在其上面的煤灰和煤渣。基坑内不得有积水和煤灰，并要保持干燥，排水系统不得堵塞。轨道开关应保持正常位置和良好工作状况。每称重一列车后，必须进行清扫、擦拭和调整。

（7）经常观察过衡车轮进出台面轨的过渡状态，轨端不得有明显冲击现象，调整办法有：调整主梁高低；用手砂轮轻微修磨引线轨和台面轨端。

（8）两端铁路应经常维护，防爬器应有效，要严防线路轨向台面方向强行窜动，线路轨与台面轨之间的间隙应保持在 8mm 左右。台面轨与中间线路轨之间的间隙应保持在 5mm 左右。

（9）应定期给台面金属加工面涂防锈油，并每两年将台面油漆一次；应定期（一年左右）复检轨道衡台面标高及两端线路标高，并及时调整。

（10）称量时，列车应按规定速度匀速地通过台面，尽量不要在通过台面时加速或减速，尤其要避免刹车，不允许列车在轨道衡的线路上进行调车作业，不称量的车辆不要从台面上通过。

（11）传感器及其保温装置应保持长期通电。传感器的共振电压必须每班检查、调整，模/数（A/D）转换器在使用前要提前接通电源，以保证在测量前有足够的预热时间。

（12）操作人员离开操作室时，应将电子轨道衡的电源切断，启动休止装置将台面顶起，以保护称重传感器。电子轨道衡 3 个月以上不工作时，应将传感器拆下，换上传感器代用垫。

四、轨道衡机械故障分析及处理

（1）空载零点示值增大。

故障原因：①电气系统受外界干扰；②传感器电源输出变化；③机械台面及主梁部分与有关部分的调整间隙不对或有异物卡住。

处理方法：①检查电源系统，排除干扰源；②调整电源输出在规定值内；③检查过渡器与主梁方面的间隙，检查与称量无关的物体是否与主梁接触。

（2）空载零点示值减小。

故障原因：①传感器在台面空载时输出值有变化；②机械部分有非正常接触；③机械部分存在质量问题。

处理方法：①检查传感器空载时的输出值是否正常，检查传感器绝缘电阻值是否正常；②检查主梁及台面与各部分的接触是否正常，间隙是否正确；③检查机械部分和焊接铆接部分有无裂纹、松动。

（3）车辆离秤台距离不同时，空载零点示值变化。

故障原因：①线路轨压板扣件未锁紧，轨底面未垫实；②机械底座地脚螺钉未紧固，可调垫铁未垫好，螺栓未紧好。

处理方法：①检查线路轨压板扣件，检查轨底面是否垫实，锁紧压板扣件；②检查地脚螺钉并紧固，调整垫铁，接触面应严密，螺栓紧固好。

（4）台面部分位置施加砝码后示值无变化。

故障原因：横向，纵向限位器与主梁紧固超过规定值。

处理方法：检查各限位器的紧定力矩，应符合有关要求，不能满足推荐值时，用两把力矩扳手同时紧定。

（5）不同吨位检衡车在秤台上时重复性误差超过±0.1％。

故障原因：①电气系统故障；②机械系统未按规定进行紧固；③传感器零点漂移。

处理方法：①检查电气系统，消除故障；②检查各部分的紧固螺栓、螺母，调整垫铁，使各面贴实；③调整传感器。

（6）静、动态测试时示值突然变化很大。

故障原因：①附近动力设备启动，产生振动干扰；②传感器电源输出变化；③主梁与传感器接合不好，螺栓未紧固。

处理方法：①排除干扰；②检测传感器电源输出并进行电源调整；③检查传感器与主梁的结合部位，调整螺栓并进行紧固。

(7) 系统示值受当地湿度影响明显。

故障原因：①传感器恒温系统故障；②限位器随温度变化而有所变化。

处理方法：①检查传感器恒温系统是否符合精度要求；②检查限位器的紧定力矩是否合适。

五、轨道衡的检修

轨道衡除要日常维护保养外，还要定期检修，以保证轨道衡计量的准确性。轨道衡的检修周期为2年。

1. 轨道衡的检修项目

(1) 检修前准备工作。

(2) 设备解体。

(3) 设备的检查与检修。

2. 轨道衡的检修工艺要求和质量标准（见表7-2）

表7-2 轨道衡的检修工艺和质量标准

检修项目	检修工艺	质量标准
检修前准备工作	(1) 检修前应熟悉有关技术资料和各部分的性能，对有关的数据做好记录，做到检修时心中有数，检修后有鉴别比较 (2) 设备解体前应对设备周围场地进行清理，工作现场保持清洁，按规定做好安全措施	
设备解体	(1) 设备解体后，对于不允许互换和要求按原位安装的零件，应做好标记和记录，保留原标记 (2) 拆下的零件要注意保管，防止丢失、锈蚀，对于光洁的结合面要加以保护，防止碰撞损伤表面；传感器拆下时要保护好探管，防止碰撞 (3) 拆卸带有衬垫和斜块支撑的结合面时，应注意原有衬垫的高度和斜块的位置，做好记录和标记，特别是用于调整间隙的垫片更要注意保存	
设备的检查与检修	(1) 底座部分。检查底座各焊接铆接部位是否有松动或开裂、变形等，各零件应完好无损坏，地基无裂纹，地脚螺栓无松动 (2) 传感器部分。传感器固定装置有无松动、变形，压头装置是否完好，有无变形磨损。认真检查和校验，必要时要进行更换 (3) 主梁及过渡器部分。检查各调整装置、限位装置等零部件有无变形、磨损等，各焊接和铆接部位有无松动、变形、裂纹等。过渡器装置进行解体检查，看其有无裂纹、损坏等。发现变形、裂纹等要及时更换 (4) 电气部分。主要检查传感器，恒温装置、仪表、检测装置等	(1) 秤体台面及所有覆盖金属应除锈、刷漆，地脚螺栓应紧固，并涂防锈油 (2) 秤体各有关部分的间隙应满足技术要求。各垫铁按原位置垫好，各调整螺栓、螺母应按要求拧紧，用力矩扳手进行紧固校准 (3) 过渡器的高度应合适，满足技术要求 (4) 机械部分检修安装完毕后，要进行电气系统的调试，显示合格后，进行碾压工作，并进行复测工作。工作现场不准留有杂物，排水系统要畅通

第三节　电子皮带秤

电子皮带秤（简称皮带秤）的作用是对带式输送机输送的物料进行计量，为火力发电厂的经济核算提供依据。

一、称重原理和组成

皮带秤与人们熟悉的非自动秤比较，前者是物料在输送过程中连续、自动地完成称重任务。后者是物料在静止状态下，断续地进行称重。所以连续、自动称重是皮带秤的主要特点。装于输送皮带上的皮带秤的称重原理是：利用自身的传感器和测速传感器把皮带上通过的物料量与皮带速度，转换成电信号输入到放大器中进行电信号放大，对放大后的信号进行规范化整理并进行A/D转换，然后输入到主控机内，由主控机的电脑进行运算、调节和控制，最后从显示器上显示出质量，同时进行打印制表。皮带秤的工作原理框图如图 7-4 所示。

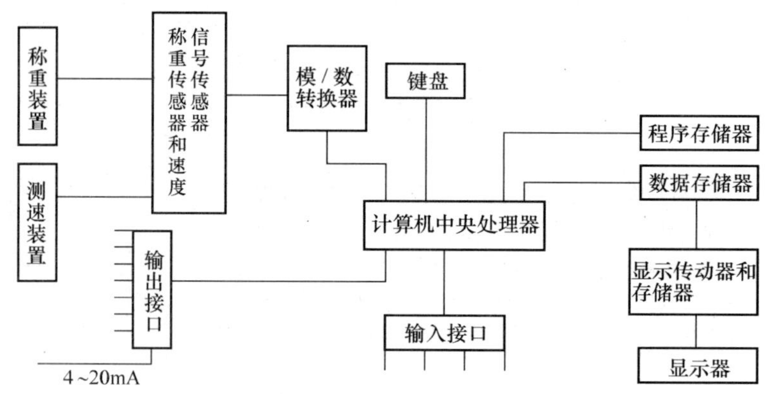

图 7-4　皮带秤工作原理框图

为了测得运动皮带上单位长度的瞬时流量，某时段距离的物料质量，或一段时间和一段距离的累积质量。这些量在理论上的计算，可用积分法和累加法两种数学模式来演算。

1. 积分法

输送机输送物料时，主控机连续测量皮带上每单位长度的载荷值并与皮带在同一时刻的速度相乘，测得结果为物料的瞬时流量。因物料输送的不均匀性和皮带速度随时间变化，所以在时间间隔的累计流量可以用积分式得出。

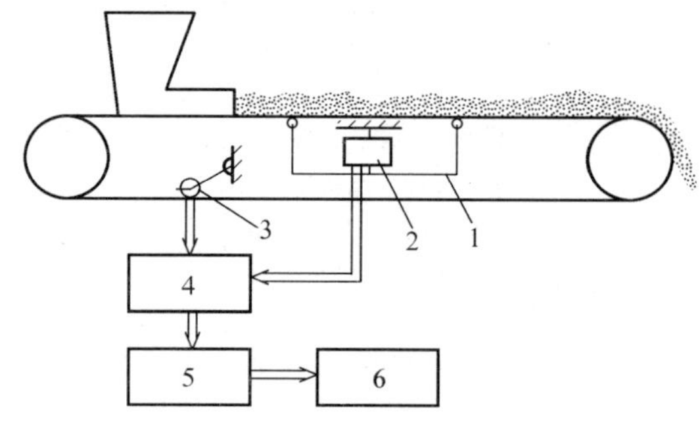

图 7-5　皮带秤的组成部件

1—秤架；2—称重传感器；3—测速传感器；4—放大器；5—电脑仪表；6-打印机

2. 累加法

输送机输送物料时，我们约定每当皮带运行一段距离时，累加器作一次被称物料质量的累加。在一段时间内，皮带运行了多少倍的此距离，累加器则有多少次被称物料质量的累加和。

如图 7-5 所示，皮带秤一般由秤架、称重传感器、测速传感器、信号放大器、主控机及输出设备组成。

皮带秤的结构形式、种类较多，分类的方法多种多样，至今仍不统一。

以称重传感器的工作原理进行分类的有电阻应变式皮带秤、差动变压器式皮带秤、压磁式皮带秤、核子式皮带秤和蛇螺式皮带秤等。其中，以电阻应变式的产品最多。以秤架结构形式进行分类的有单托辊式皮带秤、多托辊式皮带秤、平行板簧式皮带秤和悬臂式皮带秤等。

以主控机仪表结构特点及运算方式进行分类的有模拟式皮带秤、数字式皮带秤和微机式皮带秤等。

另外，还有按皮带速度不同分类为恒速和调速皮带秤。总之，每种分类方法都是突出动态称重系统中的某一组成部件，把皮带秤分成了各种类型。

二、皮带秤的结构及作用

皮带秤主要分为两大部分：机械部分和仪表部分。

（一）机械部分

机械部分主要由秤架、称重托辊、托辊架、支承部分等组成，主要是对输送带上的物体重量进行传递，使称重传感器完成力—电转换。皮带秤的称重装置是指皮带秤的负荷承受部分，简称为秤架。秤架装在皮带输送机上，它对皮带上通过的物料重量由称重传感器和测速传感器进行信号转换。在转换过程中，由于“皮带效应”对称重结果的影响甚大，为了减轻这种影响，人们研制、设计了各种各样的秤架，常见的秤架有以下几种：

1. 单托辊秤架

单托辊秤架是指皮带输送机上只有一组托辊对物料重量进行力—电转换，我们称这组托辊为称重托辊。与它相邻的前后一组固定的托辊称为过渡托辊。其具体结构有直接支承式和杠杆式两种类型。在杠杆式中又分带配置平衡重物和不配置平衡重物两种，用移动平衡重物的方法可使空皮带输送机施加在称重传感器的预置力调到适当数值，然后电路调零，确保物料的实际称量量程，如图 7-6 所示。

2. 多托辊秤架

由两组或两组以上称重托辊组成的秤架叫多托辊秤架，具体结构又分为双杠杆和悬浮式两种类型。与单托辊秤架一样，这两种类型的多托辊秤架，每一类型都有配置平衡重物和不配置平衡重物两种型式。图 7-7 和图 7-8 分别为双杠杆式秤架和悬浮式秤架。

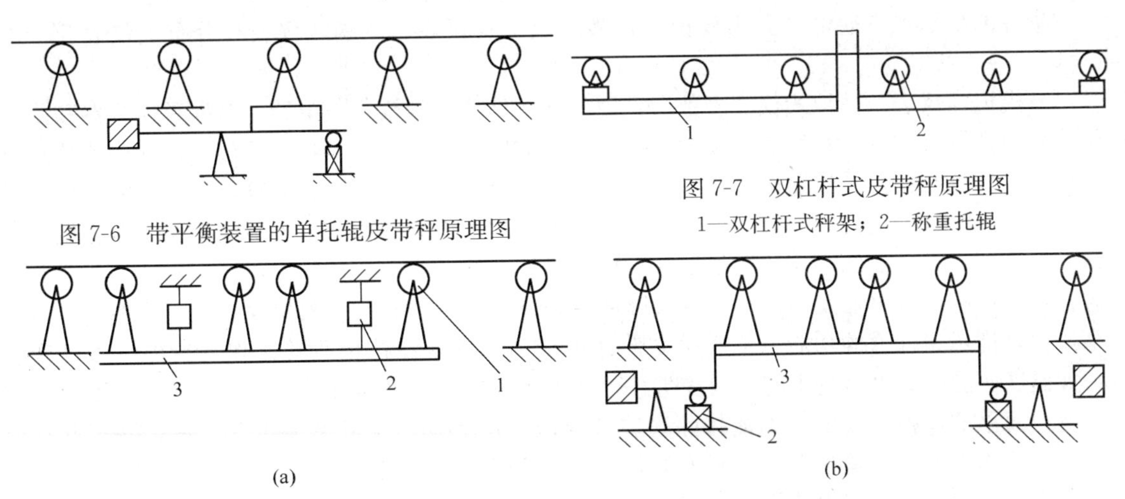

图 7-6　带平衡装置的单托辊皮带秤原理图

图 7-7　双杠杆式皮带秤原理图

1—双杠杆式秤架；2—称重托辊

图 7-8　悬浮式皮带秤原理图

（a）全悬浮式；（b）带配重悬浮式

1—称重托辊；2—称重传感器；3—秤架

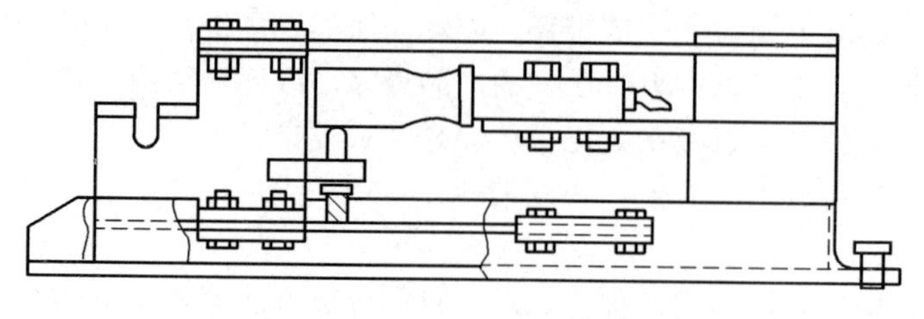

图 7-9　平行板簧片式秤架原理图

3. 平行板簧片式秤架

其基本结构是把两块平行簧板一端固定在机架上，另一端悬浮，在悬浮端安装称重托辊。图 7-9 为平行板簧片式秤架示意图。

秤架结构优越性对比：

单托辊秤架具有结构简单，造价低的优点，但计量准确度较低，运行稳定性较差。一般只适于准确度要求不高的配料控制计量。

多托辊秤架是高准确度皮带秤采用最多的一类结构，目前应用这种秤架，配合先进的主控机，使皮带秤的计量检定最大允许误差优于±0.25%。主要优点有：计量性能稳定可靠，由于多托辊秤架增长了称重有效长度，称重托辊的组数增多，秤架的整体性能比单托辊秤架大大改善。皮带在运行过程中零点和示值的稳定性增强，置信度增高，抗干扰能力强。通过试验，多托辊秤架抗物料流量变化的干扰、皮带跑偏干扰、物料块度大小不均的干扰等能力都比单托辊秤架要好。多托辊秤架的缺点是设计结构比较复杂，造价较高。由于准确度高，现场日常维护检测要求较严。

平行板簧片式秤架是一种新型秤架，主要优点是采用单弹性体无杠杆的整体设计结构，克服了一般秤架由于多支点，杠杆在运行中的变差。这种秤架结构精巧，一台 800mm 宽的皮带秤，秤架全长不大于 700mm，秤体总重（包括称重托辊）只有 35kg 左右。由于减少了连接部件，因此计量稳定性好，抗偏载能力强。用于配料时，保留了单托辊秤架的优点，克服了单托辊秤架稳定性差，抗偏载能力差等不足。组成多托辊秤架时，具有多托辊秤架的优点，克服了多托辊秤架结构复杂，造价较高的不足，是一种很受用户欢迎的设计结构。

（二）电气仪表部分

仪表部分又可分为称重传感器、测速传感器、放大器、A/D 转换器、电脑电路等几个局部电路。下面主要讨论显示仪表、称重传感器和测速传感器这几个器件。

1. 显示仪表

皮带秤的指示仪表通常可分为模拟式仪表、数字式仪表、电脑式仪表和分布式仪表几个类别。

（1）模拟式仪表。模拟式仪表多数厂家用分立元件或小规模集成电路，对称重传感器和测速传感器的模拟输入信号进行积算。模拟式仪表要完成以下运算工作：从称重传感器和测速传感器来的信号，首先经模拟乘法器进行乘法运算；然后送入积分器进行积分运算，积分器的输出值送入比较器。当积分值达到定值时，继电器动作，进而短接积分器积分电容，使得积分电容放电回到初始电压值。继电器的触点接通电源，对机械式计算器发一个计数脉冲，产生累计量显示。重复进行这种过程，继电器发出一个个计数脉冲，完成对输入的累计。模拟仪表稳定性差、可靠性不高，仅有指示累计值的功能，不能对皮带秤进行“除皮”和校量程等工作。当环境条件变化时，如温度、湿度、电磁场干扰以及皮带秤秤架上积料造成皮重增加等因素，都会对模拟仪表产生影响。简单的模拟仪表由于不能排除这些外界因素的影响，在安装调试几天后，甚至几小时后，便不能正确显示运输带上的物料质量，产生 5%～10%的误差，导致皮带秤不能正常使用。所以，模拟仪表目前已很少使用。

（2）数字式仪表。数字式仪表基本上可完成模拟仪表的功能，区别在于数字仪表采用数字量进行运算。数字式仪表的基本工作原理是：将称重传感器送来的模拟信号经转换器转换为频率信号和测速传感器（测频方式）送来的频率信号经数字式乘法器相乘然后送入分频器，经分频器分频后驱动计数器进行累计。数字式仪表比模拟式仪表的可靠性高。若附加一些简单的硬件，也可在人工干预下进行“除皮”操作。但是要增加功能，必然造成硬件电路增加，可靠性下降。随着以CPU为主导的大规模集成电路的发展，数字式仪表将很快被电脑式仪表取代。

（3）电脑式仪表。微处理器CPU是智能化式仪表的核心部分，通常区分数字式皮带秤和电脑式或智能式皮带秤的方法，就是一台皮带秤称重仪表中是否带有微处理器CPU。一台电脑皮带秤的称重仪表实际上也是一台具有多个输入输出口的微型计算机。微型计算机是计算机科学和大规模集成电路技术的结晶，目前广泛地应用于过程控制、计量检测、通信系统、数据处理等方面。

带有微处理器的仪表通常称为电脑式仪表。由微处理机芯片作为核心器件对传感器输出信号进行处理积算和控制的皮带秤系统，俗称“电脑皮带秤”。电脑皮带秤在准确度、稳定性、可靠性、自动化控制等方面的优点明显地改变了皮带秤性能特征。电脑皮带秤的准确度已达到±0.25%之内，具有故障自诊断、通过程序进行自动控制和数据处理等功能。

（4）分布式仪表。可组合成分布式计量控制系统功能的仪表，称为分布式仪表。分布式仪表是在普通电脑式仪表基础上增加了通信绳网功能。电脑皮带秤显示仪表系统的发展过程和计算机控制与管理系统的发展过程一样（或者说电脑皮带秤显示仪表系统也是一种计算机控制与管理系统），经历了集中式、分散式、集散式三个阶段。在皮带秤显示仪表系统的初期，大多采用集中式系统，这是有客观原因的。因为当时计算机的价格昂贵，购置一台需要很大的投资，因此总希望它能承担较多的任务。尤其是当时一些大型生产过程中的测量值比较多，需要集中在操作室由一两个人全面监视，集中式就显示出一定的优点。

分布式系统除了有分散式系统的可靠性高，信号线缆少、反应快、易于扩展等优点之外，还能克服分散式系统的缺点，使得子系统间可以联系，并且可以有主从之分。特别是微型计算机性能的日益提高，其价格的大幅度降低，再加上计算机通信技术与局部网络技术的迅速发展，都使分布式系统的推广应用有了更好的基础。

2. 称重传感器

称重传感器是皮带秤力与电转换的核心部件。称重传感器按变换原理分类，主要有：电阻应变片式、差动变压器式、电容式、压磁式、压电式等。其中，电阻应变片式称重传感器具有结构简单，体积小，密封性好；线性度和重复性好；频率响应快，能进行动态称重；工作可靠，稳定性好；综合误差小，与秤架连接简单等优点，所以应用较广。

3. 测速传感器

测速传感器测速的准确度直接影响到皮带秤的计量精度，所以说测速传感器是皮带秤称重系统中的一个重要元件。目前测速传感器主要有数字式和模拟式两种。这两种传感器又分为接触式和非接触式。信号转换形式有光—电转换和磁—电转换之分。目前最常用的是数字式磁—电转换测速传感器。

三、电子皮带秤的维护

（一）电子皮带秤维护的重点

1. 皮带秤的称重段

（1）要经常定期清除秤区的积尘、物料块等脏物。特别是要经常清理称重框架，校量标准块，秤区托辊和测速轮上的脏物。

（2）定期对称重托辊进行润滑，每年至少两次。但润滑后要即时重新校对零点。

（3）始终保持皮带沿输送机的中心线运行。如果由于物料偏载造成皮带跑偏超差，必须调整加料机构。如果输送物料时，皮带回归中心，空带运行时跑偏超差，应在秤区之外设置防跑偏滚筒。

（4）秤架上要防止过载，冲击，严禁在秤架上站人。有条件时应加盖防护。更换皮带或维修时，应把定位螺栓拧紧。

（5）定期检查测速传感器的测轮与皮带的接触状况，测轮轴线应与物料运行方向严格垂直，并与皮带接触良好。

2. 现场放大器的维护

现场放大器一般有防尘密封措施，一般只需查看接线是否完好，有无短路或断路。接线松散、接触不良时会引起数据不稳。

3. 显示仪表的维护

显示控制仪表的维护也比较简单，只要定期清理机内积尘板上的积尘，以防静电干扰。经常检查所有电缆和开关旋钮，以防这些部位接触不良。尤其是控制室内有振动的情况下，更要注意这些部位的防护。

另外，还要重点做好计量输送机和秤区的环境保护。

（二）皮带秤的维护方法

现场维护工作人员首先要熟悉被维护皮带秤的结构特点、仪表功能和操作原理等。要熟读生产厂家给的技术操作说明书，以便有的放矢地制订一些维护方法和维护制度。

1. 维护性校准

经常校准皮带秤的零点和量程，是维护皮带秤综合计量性能指标的主要方法。

（1）零点发生变化。一般与皮带输送机系统有关，主要原因是秤架上积尘或者卡了物料块，皮带与托辊的贴合性能发生了变化。检查秤架的皮带上是否粘了物料，使自重均匀度发生了变化。要清除皮带上的积料，有条件时装上清扫器。电子元件发生了故障，如传感器零点、放大器零点发生了漂移。

（2）量程发生变化。一般主要是电子线路、皮带张力等有了变化，引起变化的原因主要有：皮带张力有改变，测速传感器测轮上积尘或与皮带打滑，秤区托辊的准直性发生了变化，称重传感器的线性度发生了改变，电子线路有了故障。应针对具体情节加以调整、检修，再进行检测。

2. 排除故障

首先要识别显示仪表上的故障功能，热读技术操作说明书上指出的故障排除方法，来着手进行检修。由于各厂家的产品结构，设计思路各有特性，在此不便统一叙述。总之，皮带秤的现场维护，是一门综合的应用技术，维护者需要有一定的专业知识和现场工作经验才能胜任。

四、现场安装和调试技术

（一）皮带秤的安装

影响皮带秤的称量精度和使用可靠性的因素，除了取决于皮带秤本身各元器件的质量和精度外，还有秤的安装质量。安装不得当时，就会影响秤的准确度。对此要严把皮带秤安装质量关。

1. 安装皮带秤对皮带机的要求

（1）输送机皮带的物理性能和接头。皮带每单位长度的质量应基本恒定，对于Ⅰ、Ⅱ级秤，其变化量应小于皮带单位长度平均质量的百分之五；对Ⅲ、Ⅳ级秤，应小于皮带单位长度平均质量的百分之十。皮带接头不要超过三个，而且各连接段的型号规格应一致，接缝不能用金属卡子连接，应粘接，接缝与皮带侧边夹角不大于45°。

（2）皮带的长度和跑偏。最适于安装皮带秤的皮带长度（指首轮中心线到尾轮中心线距离）为15～60m，一般不要超过100m。

称重段皮带的跑偏量必须控制。在槽形托辊上，皮带横向运动受到两侧托辊的摩擦阻力。此项阻力可分解为水平与垂直方向的两个分力，其中主要是垂直分力造成称重结果的误差，因此必须限制跑偏。皮带在托辊上的跑偏量应控制在皮带宽度的±8%内，对高精度皮带秤还要严一些，控制在带宽的2%为宜。跑偏限制的方法一般需要在称重段两侧设置限位滚筒，强制性地迫使皮带沿输送机中心线运动。但这种限位滚筒设置在称重段之外相当一段距离（6m以上）上，以防引入皮带秤误差。

（3）皮带的贴合性。皮带在空载和任何有效量程范围内的荷载下，都应与称重托辊贴合。由于皮带具有抗弯刚度，所以皮带本身通过环形将承受一部分负荷重量。这种效应造成的称重误差，通过理论分析，大部分是系统误差，可以通过调整皮带秤的零点给予大部分补偿。问题在于，皮带所承受的负荷是随着物料的断面形状、流量大小而改变的。因此皮带与托辊的贴合强度会随时改变，而皮带抗弯刚度的影响也跟随在其中，改成仅靠调控空秤零点而无法消除的随机误差。当皮带预张力调整适度时，随机误差可以消除一部分。剩余的随机误差，在安装调试中是无法消除的。皮带与托辊在运行状态下的贴合性好，可以减小此类随机误差的引入。型号规格一致的皮带秤上的称重托辊与输送机上的托辊应具有相同的母规格，制造精度比输送托辊应有所提高。托辊转动灵活，其径向跳动应小于0.2mm，轴向窜动应小于0.5mm。

（4）槽角限制。由于皮带是一种具有一定抗弯刚度的薄板壳，其抗弯刚度随托辊槽角的增大而增加，造成皮带传力的准确度降低，槽角小对动态计量性能有利。因此托辊槽角一般不允许大于30°。

（5）输送带倾角及速度。输送机的倾角一般要求在12°以内，并保证物料不会向下滑动，对称量精确度要求不高的皮带秤，输送机的倾角允许达到18°。输送带的速度应控制在2m/s以下，不允许超过3m/s。

2. 皮带秤的安装

皮带秤的安装是一项专业性很强的技术工作，特别是在现场进行部件组装时，要求安装调试人员有丰富的经验。

（1）装秤前的准备工作。

根据所装秤的规格及安装要求，进行样的安装位置确定，并做好标记，以秤的位置为标准确定秤的称量区，在秤的称量区前后四组托辊上作标记，统称为秤区。

挪开皮带。把秤区的一段皮带挪开或用杠子抬起段输送机打扫干净，便于安装调试工作。

拆除固定托辊。将装秤架位置的托辊拆除，并打扫干净；准备装秤架。

施放基准线。用一根ϕ0.3～ϕ0.5mm的钢丝作为基准线，在输送机直线段尽可能远的长度上拉一根中心线，调整秤区的固定托辊组，使之与中心线严格对齐。然后在每只托辊中间的表面上划中心线作标记。同理，再用两根基准线建立两侧翼托辊的中心线，并在侧翼托辊上划好标记。

（2）装不带称重托辊秤架。装不带称重托辊秤架时，把秤架按照安装顺序依次放在预定的安装位置，并进行中心位置调整，调整好中心位置后要进行定位固定。

（3）装调称重托辊。在秤区内把秤区远端的向前第4组和向后第4组托辊用垫铁垫高4mm，把基准线固定在向前第5组固定托辊上，另一端绕过向后第5组固定托辊相同位置后下垂。先装与向前第1组固定托辊相应邻近的称重托辊，并核准中心，该托辊的中段与基准线相接触，误差应小于±0.5mm，以第一组称重托辊为基准，装其他托辊。同理，按上述方法装好并调整侧翼称重托辊，要求侧翼中心线等高，若高度不等时，应调整托辊座下的垫片。

（4）称重传感器安装。传感器的安装分为称重传感器的安装和测速传感器的安装。它们分别按照皮带秤生产厂家提供的安装方法进行安装、接线。

（5）现场称量仪表的安装。称量仪表包括现场信号放大器和称量仪表两部分。安装时，应满足生产厂家提出的环境要求。

（二）皮带秤的校准

由于皮带秤是计量部门强制管理的计量器具，所以应按检定规程的要求进行周期检定。由于皮带秤在动态下进行称重计量，在检定周期内还要求用户定期校准，才能确保这种计量器具的使用准确度。目前，皮带秤的校准方法有两种：模拟校准和实物校准。

1. 模拟校准

模拟校准负荷量指的是它们所代替实际物料的输送量，称为“等效负荷量”。这是由于皮带秤进行实物检测时，人力、物力消耗过大，于是人们在实践中创造了这些行之有效的辅助方法。皮带秤的模拟校准常用的方法有：挂码法、链码法和电信号校准等。在模拟校准前，应测定皮带的长度、皮带的速度、校准皮带长度等有关参数，以备校对核算时使用。

（1）挂码校准：将一定质量的砝码挂在秤架上，向秤架施加作用力，以此来模拟物料在皮带上流动时对秤架的作用力。挂码校准简单，很早就被采用。但模拟效果差，置信度低。因为砝码挂在秤架上，秤架受载变形下沉，称重托辊有离开皮带的趋势，造成皮带自重对称重托辊的压力减小。砝码的质量愈大，压力减小愈多，与实物在皮带上的输送状况相反。在加载方式上，又是一个集中载荷，因此模拟置信度低。

（2）链码校准：将若干质量接近的滚轮用链板连接起来作为一条金属链子，试验时把链子放在皮带秤的称重段上，首端固定。当输送机运转时，滚轮就在皮带上原地滚动，模拟物料在皮带上的流动。滚链的重量作用在皮带上与实物接近，而且荷重在称重段及其前后是均匀的。物料在输送过程中，整条皮带上装有物料，称重段的物料对传感器有拉力或压力，与称重段靠近的前后区域的物料又使这个作用力减小。链码固有一定的长度，可以做到精确模拟，而挂码是无法模拟的，因此相对而言，链码比较好地模拟了物料的输送状态。它的缺点有称重托辊的间距与链码的滚链距离不是整数倍，相对位置的变化对模拟结果有影响。

（3）电信号校准：在秤传感器电阻应变片桥路上的一臂并联一个高精密度的高阻值电阻，在主机上装一个选择开关。正常工作时，选择开关断开；校准时，当皮带上空载传感器输出为零，合上选择开关，皮带秤处于校准状态，电桥平衡被破坏，传感器有信号输出，以此来完成模拟电信号检测校准。相比之下，电信号校准具有方法简单、操作方便的优点。

2. 实物校准

实物校准是用日常输送的物料在现场实际运行状态下，对皮带秤进行综合校准。

（1）用料斗秤作标准秤进行校准。用料斗秤做为标准秤，架在皮带输送机的适当位置上，物料通过料斗秤计量进入下料斗导入皮带称重段进行动态计量。或者物料先进行动态计量，再导入料斗秤。把料斗秤称量物料的示值作为标准值与皮带秤的累计示值进行比较。这里要求料斗秤的容量与被检皮带秤的“最小累计载荷”相适应。料斗的下料速度在被检皮带秤有效量程范围内（20%～100%）可控。这种检测方法的速度快，检测设备造价较高。

（2）用汽车衡、轨道衡等作为标准秤进行校准。把通过皮带秤的物料从输送带上取出进行静态称量，或者把被测物料先进行静态称重，再导入下料口通过皮带秤进行称量，把静态称量的示值与皮带秤的累计示值进行比较。这种校准方法人工劳动强度大，动用的设备比较多，操作过程比较繁杂。

五．电子皮带秤的常见故障和处理

皮带秤常见的故障及处理方法如下：

1. 零点发生变化

故障原因：①秤架上有积尘或有异物卡住；②皮带与称重托辊的贴合性发生变化；③皮带上

粘有物料；④传感器零漂；⑤放大器零漂。

处理方法：①清扫秤架上的积尘，取出卡住的异物；②检查秤架的准直性，必要时进行秤架的调整；③清除皮带上的杂物；④调整传感器的平衡；⑤调整放大器的工作点。

2. 量程发生变化

故障原因：①皮带张力发生变化；②溅速轮异常；③皮带打滑；④称重托辊准值性发生变化；⑤称重传感器线性度发生变化；⑥电子电路故障。

处理方法：①检查皮带拉紧装置有无异常；②检查测速传感器装置；③检查打滑原因；④检查称重托辊准直性，必要时重新进行调整；⑤检查称重传感器，必要时进行更换；⑥确定故障，请专人检修。

第四节 循环链码装置

一、循环链码校验装置的作用

目前，对于电子皮带秤的标定，多数采用实物标定。此种方法故障率高，特别对大流量的皮带秤的现场标定非常困难，不能准确解决电子皮带秤的动态标定问题。而循环链码校验装置是一种能够模拟实物料流动的动态校验装置，能够对电子皮带秤进行校验和检查。同时动态循环链码校验装置能够满足单托辊、双托辊、三托辊、四托辊的电子皮带秤校验的需求。

二、循环链码校验装置的构成

循环链码校验装置主要包括标准循环链码、链码支撑、链码驱动（可选）、链码升降、测速计、控制系统 6 部分。

（一）结构

（1）标准循环链码：圆柱形/链板连接/油密封/等级 M2 级/精度：≤0.03%/标准质量：35kg/m。

（2）链码支撑：框架/支撑传导轮，安装在皮带上方。

（3）链码驱动（可选）：电机（调频变速）/减速机/驱动轮。

（4）链码升降：电动推杆/活动支撑轮，水平张紧。

（5）测速计：500 脉冲/转，测速轮/传感器。

（6）控制系统：控制箱 IP54/显示器 TDT20/PLC S7 200/变频器 SVO37iG5-4/常规电器。

（二）链码结构图

链码结构图如图 7-10 所示。

图 7-11 为循环链码图，图中链码支撑由支架、拖辊组成；链码驱动由驱动电机、电磁离合器、主动齿轮构成，驱动电机与电磁离合器水平方向相连接，电磁离合器与主动齿轮水平方向相连接；链码升降由从动齿轮、电动推杆相连接，从动齿轮与标准循环链码滚动接触，电动推杆底部固定在支架上；测速计由编码器、拖架、滚动轮组成，编码器固定在滚动轮的轴上，

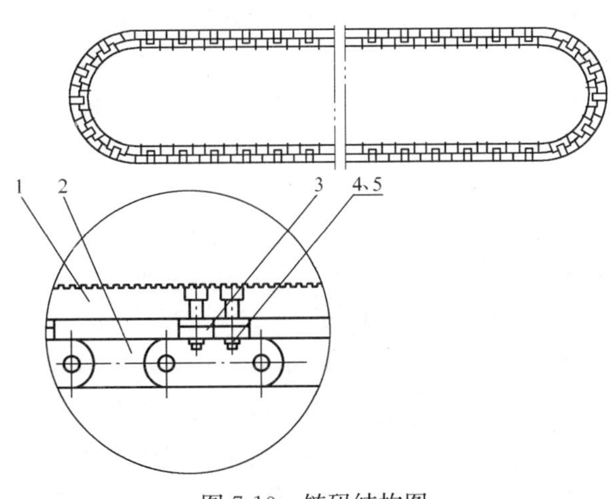

图 7-10 链码结构图

1—砝块；2—链条；3—链块；4—螺钉；5—螺母

随轮子一起转动，拖架与滚动轮通过销轴连接，拖架固定在链码支撑的支架上；控制系统由PLC、变频器、显示屏及相应的电气配件构成。

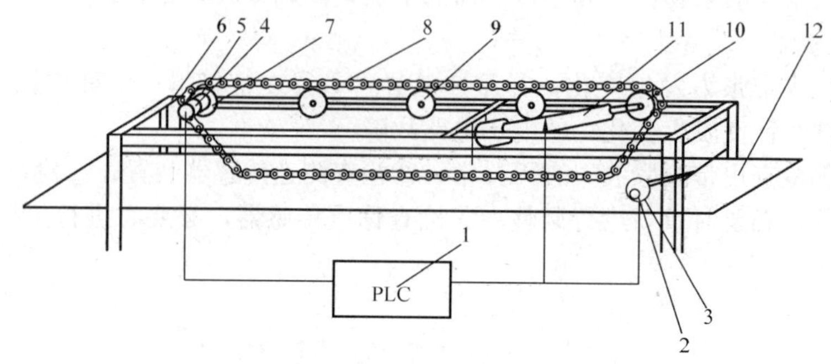

图 7-11 循环链码图

1—PLC；2—滚动轮；3—编码器；4—驱动电机；5—电磁离合器；6—支架；7—主动齿轮；8—循环链；9—拖辊；10—从动齿轮；11—电动推杆；12—拖架

三、工作原理

根据链码模拟实物进行皮带秤的校验，首先链码落下并转动，使得链码与皮带同步，根据PLC测得的皮带速度、设置的校验时间，PLC自动计算校验时间内的流量瞬时值及累计值。用皮带秤上显示的瞬时流量和累计流量与链码仪表上显示的数值进行比较，找出误差，进行皮带秤的校正。

四、系统优点

（1）采用循环链式结构的组成装置，能使链码完全模拟皮带上运行的实物，精度高，量值传递准确。

（2）精度高：采用高精度速度传感器，500 脉冲/转；链码加工精度高，为±0.02kg/m。

（3）易维护：采用专业化设计，各转动部分配合紧凑，系统安全可靠，维护量小，链码与连接链板之间的连接采用油密封，精度高，耐磨损。适合长期工作。

（4）易操作：只需对系统的按钮进行简单操作，一个操作人员就能够完成皮带秤校验的全过程。

（5）功能全：控制系统采用施耐德公司PLC，自动化程度高，能全自动完成校验过程并显示皮带秤示值、链码累计值和皮带秤误差等校验结果。

（6）模拟逼真：辊式链码提供的校验载荷可产生与实物校验相同的皮带下垂变形，从而模拟实物载荷；链码的驱动速度有高精度测速系统和变频驱动系统控制，确保链码的传动与皮带同步，有效去除因滑动摩擦力存在带来的校验误差。

（7）适应性好：所有电气设备安装在进口控制柜内，防护等级为IP65，就地布置时能满足各种恶劣的现场环境；所有设备布置在皮带机上方的支架上，布局合理，空间占用小，便于安装。

五、链码的选择标准

1. 校验链码的质量标准

链码规格的选用应根据胶带输送机的有关参数及生产率来确定。其规格应与电子皮带秤的最大称量能力一致，一般应选取最大瞬间荷重的80％及40％（即计量范围内的高负荷、低负荷两点）。80％、40％各一条或两条40％的较为理想。根据这两种链码标定结果进行比较，更有利于了解电子皮带秤高低负荷下的精度情况。

最大瞬间荷重的计算公式为 $W_L = Q_m / v \times L \times 1000/3600$。式中的 W_L 为最大瞬间荷重（kg）；Q_m 为最大称重能力（t/h）；v 为胶带输送机带速（m/s）；L 为电子皮带秤的称量段长度（m）。

相当于最大瞬间荷重 80%的校验链码（kg/m）$= W_L / L \times 0.8$。

相当于最大瞬间荷重 40%的校验链码（kg/m）$= W_L / L \times 0.4$。

2. 就地校验

保证皮带正常空载运行，保证皮带上没有余煤。

将选择开关“自动/手动”打到“手动”位置，将选择开关“就地/远程”打到“就地”位置。按下“驱动链码”按钮，链码运转。可以随时按下“停止”按钮让链码停止。当链码运转平稳后，按“放链码”按钮落下链码，链码自动跟随皮带同步运行。放链码过程中随时按下停止按钮，链码停止放下。当链码运行平稳后按下“校验”按钮，校验过程中随时按下停止按钮，链码停止校验并结束。校验过程中，显示屏显示累积量和累积误差。按升链码键，升起链码，停止皮带运行。

3. 远程校验

将选择开关“自动/手动”打到“手动”位置，将选择开关“就地/远程”打到“远程”位置。皮带空载运行，保证皮带上没有余煤。按下“远程开始”按钮，链码自动落下将跟随皮带同步运行，同时校验装置自动校验皮带秤。校验完成后，自动升起链码并停止转动。

4. 显示屏

显示屏可以显示如下内容：

（1）显示链码校验时间（也可以修改时间）。

（2）显示链码瞬时量。

（3）显示链码累积量。

（4）显示链码单位质量。

（5）显示皮带速度。

注：根据用户选择 PLC 厂家的不同，显示屏的型号和操作方式有所不同，详细说明请参考显示屏使用手册。

六、运行中注意事项

（1）检查装置附近的工作环境，不得有影响运行的杂物，并对皮带上及码块上的污迹进行清理。

（2）开机前检查各部件，应无异常，电动推杆及各转动部分应运转灵活。

（3）启动电动推杆，将循环链码平稳放在空载皮带上，链码运行平稳后，再开始校验。

（4）在循环链码升降过程中必须升降自如，不得有卡涩现象。

七、维护与保养

（一）日常维护

（1）对于正常检修需要的材料和备件参考推荐的备件。

（2）磨损程度和部件的报废标准基于外观检查。用来替换磨损件的推荐备件随货供应。

（3）本设备例行维护不需要特殊的工具。

（二）每月维护

1. 链码

检查链码上的淤积，清洁链码。为保证设备长周期安全、自由运行，链码应以轻质润滑油润滑以免生锈。

2. 传动装置

（1）检查传动机构、托辊机构、涨紧机构是否灵活、可靠。

（2）以测试模式启动链码装置确保传动装置正确地工作和停机。

（3）检查所有螺帽和螺栓等，是固定好的，所有布线和表面保护。

（三）年度维护

1. 链码

检查链码的淤积，清洁链码。为保证设备长周期安全、自由运行，链码应以轻质润滑油润滑以免生锈。

2. 传动装置

（1）检查传动机构、托辊机构、涨紧机构是否灵活、可靠。

（2）以测试模式启动链码装置确保传动装置正确地工作和停机。

（3）检查所有螺帽和螺栓等，是固定好的，所有布线和表面保护

（4）给轴承上油。

（5）检查齿轮电机油位，如有必要加满油。

（6）检查链码的磨损和正确操作。按要求调整或替换。

（7）放出齿轮箱中的润滑油，观察油中残渣，若出现细小金属和微粒，则预示着齿轮或轴承的失效。用洗涤油冲洗之后重新注入润滑油。

（四）定期润滑

（1）每月润滑轴承。

（2）每月检查齿轮电机并清洗，每年重加油。

第五节　电子汽车衡

一、电子汽车衡的原理

为了对一些采用汽车运输来煤的火力发电厂进行来煤计量，在输煤系统专设一种汽车计量衡器，即汽车衡。汽车衡还具有自动称重、自动去皮重、自动记忆和自动打印报表等功能。

电子汽车衡（汽车磅）控制原理如图 7-12 所示。电子汽车衡的原理是：载重汽车置于秤台上，秤台将重力传递至称重支承头，使称重传感器弹性体产生形变，使应变梁上的应变计桥路失去平衡，输出与重量值成比例的电信号，经线性放大器将信号放大，再经 A/D 转换为数字信号，由仪表的微处理机（CPU）对质量信号进行处理后直接显示重量数据。配置打印机后，即可打印记录称重数据，如果配置计算机，可将计量数据输入计算机管理系统进行综合管理。

电子汽车衡的特点是：①汽车衡采用特制结构使秤体抗压强度高，抗扭和抗侧向载荷能力

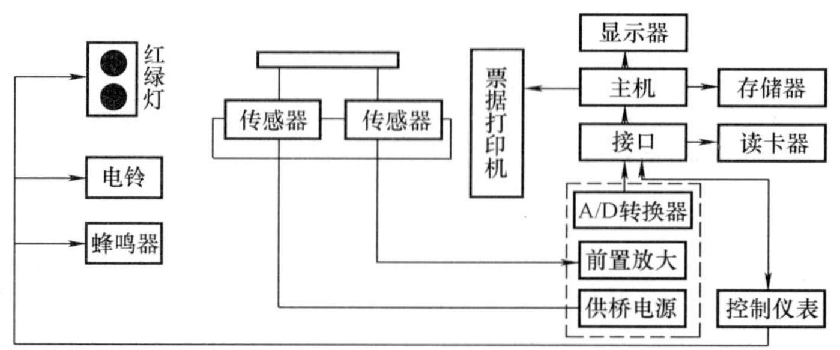

图 7-12　电子汽车衡控制原理图

强；②电子汽车衡的可靠性高，计量准确，标定调校方便；③防雷效果好，可避免或减少间接雷击；④汽车衡具有防作弊的效果。

二、电子汽车衡的结构

电子汽车衡主要由秤台、称重传感器及连接件、称重显示仪表、限位器、计算机及打印机等零部件组成。

1. 称重传感器

（1）称重传感器的工作原理。如图 7-13 所示为称重传感器的原理图，当金属弹性体受力后产生弹性变形，其变形的大小与所受外力成正比例。用粘贴在其表面特定位置的应变片组成有源测量电桥。当弹性体受到外力作用后，应变片随着弹性体变形的大小而发生阻值的变化，使测量电桥有信号输出，如果把外力撤销，金属弹性体恢复原状，测量电桥输出信号为零。

（2）弹性体的结构形式。因称重传感器为直压式，其弹性体的结构形式有单剪切梁式、双剪切梁式、轮幅式、板环式等。弹性体只能承受垂直的压力，如果有较大的水平分力冲击，则可能使弹性体损坏。在实际中，为了防止汽车驶入或驶出秤台时水平分力对传感器的破坏，装设了传感器水平保持器，用以抵御水平分力对传感器的作用。如图 7-14 所示，称重传感器一般是在秤台上四角均布，而在特长的秤台上，则采用六个，在秤台上的布置为，四角各一个，中央两侧各一个。

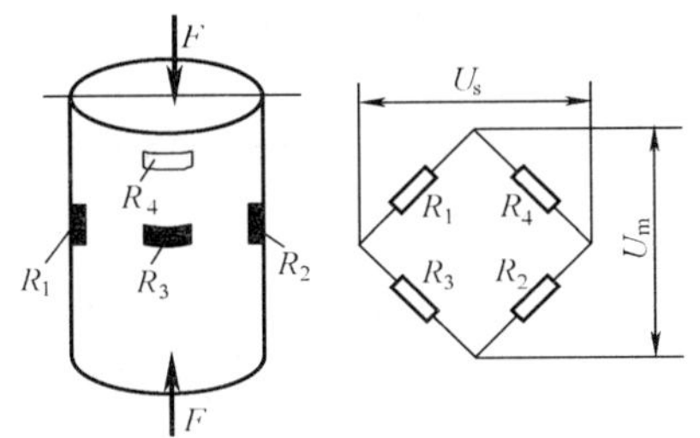

图 7-13　传感器原理图

F—外力，$R_{1\sim4}$—应变电阻；

U_s—供桥电压；U_m—输出电压

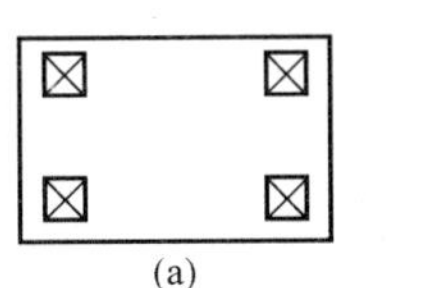

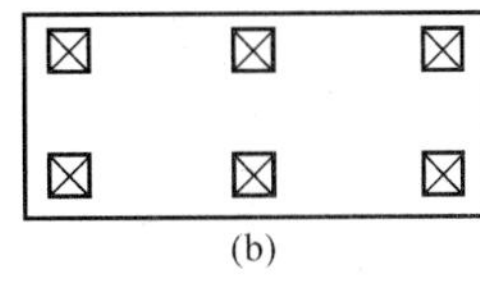

图 7-14　称重传感器布置图

（a）普通型秤台；（b）加长型秤台

2. 秤台与限位器

（1）汽车衡秤台。秤台的安装形式有深基坑式、浅基坑式和无坑式三种。汽车衡秤台采用钢板焊接而成，为顶载式薄壳结构，其台面和骨架一般使用特殊钢材制造，秤台下面均覆以钢板，可以增强本体的刚度。

（2）秤台限位器。如图 7-15 所示为水平限位器布置图。安装秤台限位器的目的是：因为汽车驶入秤台时，会使秤台在水平方向有较大幅度的摆动，特别是汽车以较快速度驶入时，会产生一横向冲力。为了保证秤台在技术允许的范围内摆动和保护传感器不受较大的水平分力的作用，故在秤台的动、静架之间设置了水平限位器。限位器分别安装在秤台动、静架四边轴向中心，安装四对。

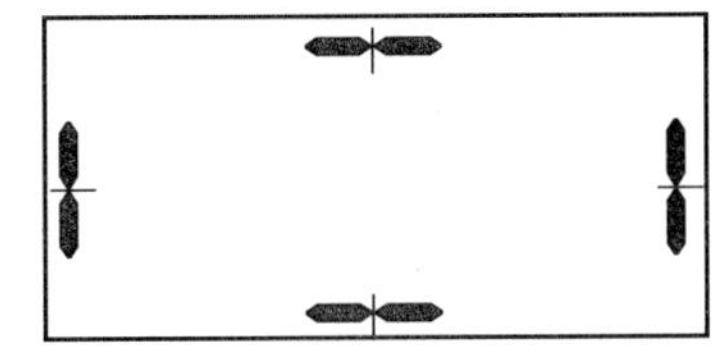

图 7-15　水平限位器布置图

3. 称量终端显示设备

（1）称量终端显示设备组成。称量终端显示设备主要有放大器、A/D 转换器、控制器等。

（2）称量终端显示设备的作用。称量终端显示设备的作用是将传感器输出的信号进行放大，滤波，整形，输入到 A/D 转换回路中转换成数字量，由主控仪表进行信号处理，信息储存，内容显示，打印制表等。

三、电子汽车衡的维护

1. 秤台的维护

秤台四周间隙内不得卡存有异物。连接件每半年进行一次保养，涂防锈油，经常清扫秤台面，保持其清洁，秤体要定期重新涂刷表面油漆。经常检查限位器的限位间隙是否在允许范围内，限位器的固定螺栓与秤体不应有碰撞和接触。禁止在秤台上进行电弧焊作业。若必须在秤台上进行电弧焊作业时，断开仪表装置与秤台的各种连接电缆线；电弧焊的地线必须设置在被焊部位的附近，并要牢固地接触秤体；传感器不得成为电弧焊回路的一部分。非称重车辆不允许通过秤台。严禁汽车或其他重物撞击秤体。汽车在称重时应按规定速度平稳地通过秤台，严禁在称重过程中突然加速和制动。

2. 仪表的维护

要经常检查仪表的各种连接线是否松动，有无折断，接地线是否牢固。要保持接线盒内干燥清洁，盒内干燥剂要定期进行更换。当发现盒内潮湿时，要及时用电吹风机进行烘干。仪表操作人员和检修人员必须进行专门培训，经考试合格，才允许上岗工作。

3. 一般常见故障处理

（1）开机后仪表无显示。

故障原因：①无电源；②仪表故障。

处理方法：①检查电源是否接好，电源有无输出；②请仪表检修人员进行处理。

（2）仪表指示不稳定，漂移。

故障原因：①导线接触不好；②稳压电源故障；③接线盒受潮；④传感器故障；⑤仪表故障。

处理方法：①检查各导线接头；②检查稳压电源输出；③检查接线盒，若受潮则烘干；④检查传感器故障点；⑤检查仪表故障。

第六节　核　子　秤

就国内固体物料连续计量设备来说，20 世纪 50、60 年代是以机械式皮带秤为主，60 年代末电子皮带秤开始使用，随后迅速占领了整个市场，全面取代了机械式皮带秤。从 1984 年起，首都钢铁公司、内蒙古包头第一热电厂、上海吴泾化工厂引进了美国伽瑞（Kay-Ray）公司的核子皮带秤（简称“核子秤”）后，电子皮带秤一统天下的局面被打破。核子皮带秤以较快的速度发展，不仅国外核子皮带秤的生产厂商争先恐后来国内推销产品，国内有关大专院校、科研院所、工厂也相继研制生产各类核子皮带秤。

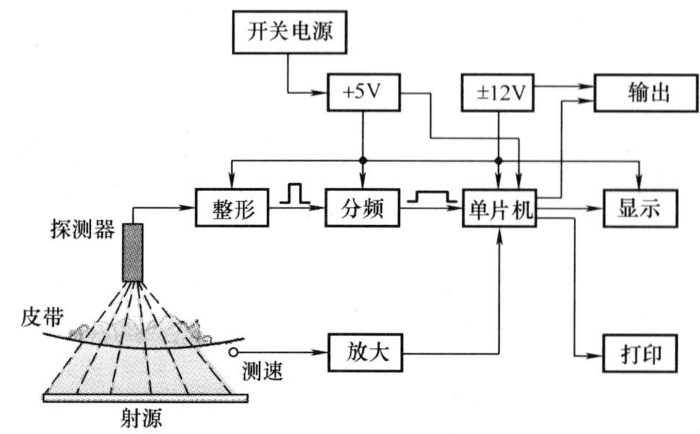

图 7-16　核子秤的原理框图

核子皮带秤是对皮带输送机输送的物料进行计量的一种设备。核子秤结合了核技术与计算机技术多用于自动配煤系统中。

一、核子秤的原理与结构

1. 核子秤的原理

如图 7-16 所示，核子秤利用装在皮带下方铅罐中的 C_s137 辐射源发出的 γ 射线经过不同的物料而发生变化的规律进行测量。射源发出的 γ 射线穿过皮带上的物料后，被安装在皮带上方支架上的电离室感应器吸收，由于物料的厚度、质量及堆积密度不同，其衰减程度也不同，电离室感应器内惰性气体被激励的程度及电离产生的电流大小发生变化。此电位信号经过前置放大，输入微机处理，得到被测物料的质量、流量。若其值偏离给定值所要求的范围，经过反馈系统经微机传送至变频调速器，变频调速器控制给煤系统电动机的转速快慢，以达到下料量始终保持在要求的给定值范围内。

2. 核子秤的结构特性

(1) 核子秤配煤系统感应器不与皮带直接接触，因而在测量时不受皮带颠簸、跑偏及张力变化的影响，其操作环境要求低，在粉尘大的环境下也可使用。

(2) 在每个料仓后的主皮带上安装核子秤，其每个料仓的下料量由后一核子秤的计量减去前一核子秤的计量得到，下料量采用电动机变频调速控制。

(3) 系统采用模块方式，由操作台控制站和变频柜组成；控制站由一个开关模量和多个控制模块组成，每个控制模块对应一台秤。

(4) 控制模块、变频柜、执行给煤机构和核子秤构成一闭环系统，在计算机发生故障时，不会影响自动配料。参数可在模块上直接改且有数据显示，各秤之间和各控制模块之间相互独立，单独检修台秤或更换控制模块就可排除故障，这样就确保了整个配煤系统工作的稳定性。

(5) 在操作方面，操作员只需对开关量模块进行操作，在开关量面板上可进行各仓的启停、手/自动转换、流量、配比、水分的选择修改等操作。在系统启动时，按选定的仓位实现顺序启停，这样确保了系统在启停时都是混合料，提高了配料质量。

(6) 系统具有齐全的数据设定和查询功能，界面动态表格中的每班每斗的水分含量和给定配比等应由人工输入；能够查阅班报、日报生产运行报表，有故障分析表格及每班每个斗槽的动态，有配比准确度趋势图和历时趋势图。有斗槽下料量过多或断流时的报警装置，操作工可从报警提示上判断哪个斗槽下料超出标准。

(7) 为保证下料均匀和稳定，必须做到：①保持一定料位，以确保均恒给料压力；②防止料口附近挂料，以防断料；③减少煤料中杂物，防止堵塞出料口；④给料口的大小适中（套筒提起高度合适），使变频调速器在约35Hz波动，以便具有均匀的给料外形，同时使电动机处在最佳工作状态，流量调节灵敏；⑤控制各单种煤水分应小于10%，出料均匀稳定。

核子皮带秤的结构框图如图7-17所示。

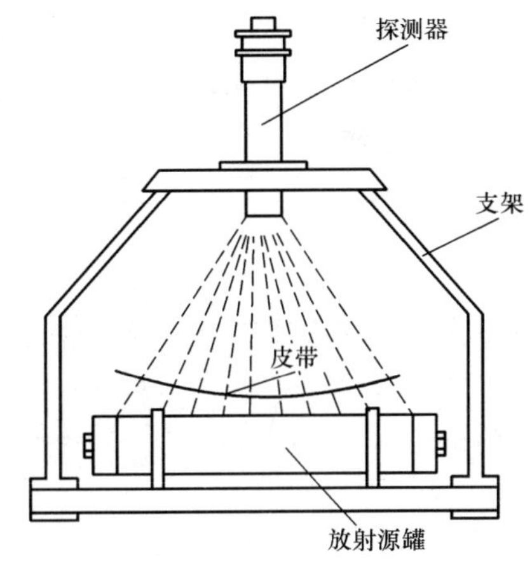

图7-17　核子皮带秤的结构框图

二、核子秤的安装及维护

核子皮带秤的秤体小巧，搬运及安装工作量小，从安装要求上讲，可以说不讲究，只要简单地固定在皮带机纵梁上就可以了，安装空间大约只需300mm就够了，安装时甚至可以不停皮带输送机。

核子皮带秤的维护工作量少，除了在皮带下方的探测器（或射源）的积灰影响准确度外，其余部分不需要经常维护。只是每月用校验板进行模拟校验即可，而用校验板进行模拟校验远比电子皮带秤采用挂码、滚链校验简单。

三、核子秤的安全问题

核子皮带秤装有核辐射源，核辐射源通常采用铯（C_s137），其辐射强度对点状射源一般为

3.7×10^9 贝可（100 毫居里），对线状射源一般为 6×10^8 贝可（16 毫居里），只比一般 γ 射线密度计射源强度稍大。核子皮带秤对射线防护已作了周密的考虑，如配有体积较大的铅射源罐、射线关断开关、防辐射板等。秤体周围的射线剂量事先经过计算，安装后又要经过卫生、防疫、公安部门检定，当检定合格，发放使用合格证后才能使用。防护标准是按长时间在辐射区域工作制定的，使用核辐射仪表的确存在安全问题，（如在容器内安放裸源以测量料位），但对于核子皮带秤其放射源始终放在铅罐中的应用，则认为是非常安全的，所以，对使用核子皮带秤我们不应该有恐惧心理。

对安全问题，有以下看法：

（1）使用核子皮带秤是安全的。

（2）核子皮带秤使用之前，要向全体工作人员普及核辐射仪表知识及防护知识。

（3）使用核辐射仪表应有完善的规章制度和严格的安全防护措施，订购核辐射仪表之前，要向卫生、防疫、公安部门提出申请并取得同意，安装后要经卫生、防疫、公安部门审查并发放使用合格证后方可使用；要配备专用的辐射剂量检测仪表并指定专人负责维护工作，工作人员享受特殊保健措施并需定期检查身体。

第七节　其他燃煤计量装置

一、料斗秤

料斗秤是电子皮带秤的实物校验装置，质量标准由砝码传递给料斗秤，料斗秤传递给标准煤，标准煤传递给皮带秤。只有安装了料斗秤的煤耗计量装置才具有真正的质量含义。此外，由于皮带秤的运行稳定性差，实物校验通常也需要经常进行，按规定燃煤计量装置每月用实煤校验装置校验 2～4 次，而每次校验都需要几十吨至几百吨被称量过的煤送上皮带作为标准物，这在没有专用称量装置的情况下是很困难的。校验皮带秤的料斗秤是用实物校验皮带秤的称量精度，可以使检测工作变得简单快速，料斗秤是实现皮带秤计量管理现代化不可缺少的配套设施。

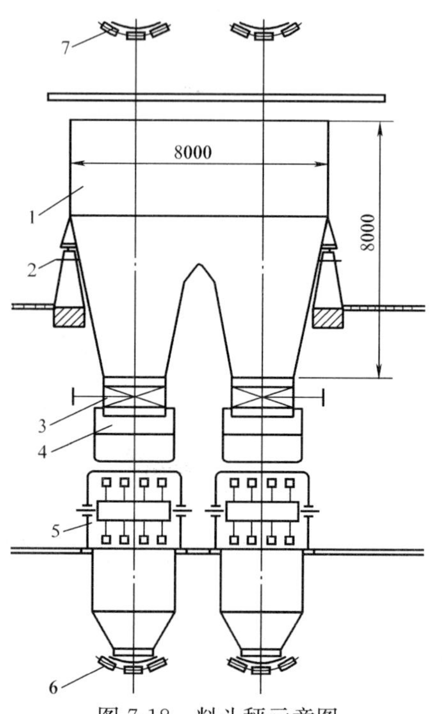

图 7-18　料斗秤示意图

1—料斗；2—称重传感器；3—闸板组件；4—给料机；5—环锤式碎煤机；6—下皮带；7—上皮带

（一）主要结构

1. 机械部分

如图 7-18 所示，料斗秤本体机械部分包括料斗本体、限位装置、休止装置、传感器座体装置及定位部件。自校装置机械部分包括液压加力架、液压操作台、自校传感器安装定位部件。

2. 微机测量系统

料斗秤微机测量系统框图如图 7-19 所示。秤本体测量部分包括工作传感器及其供桥电源、模数转换及微机接口、微型计算机系统。自校装置测量部分包括自校传感器及其供桥电源、模数转换装置和微机接口。

（二）工作原理

当被称量的物料经过输送设备进入称重料斗后，称

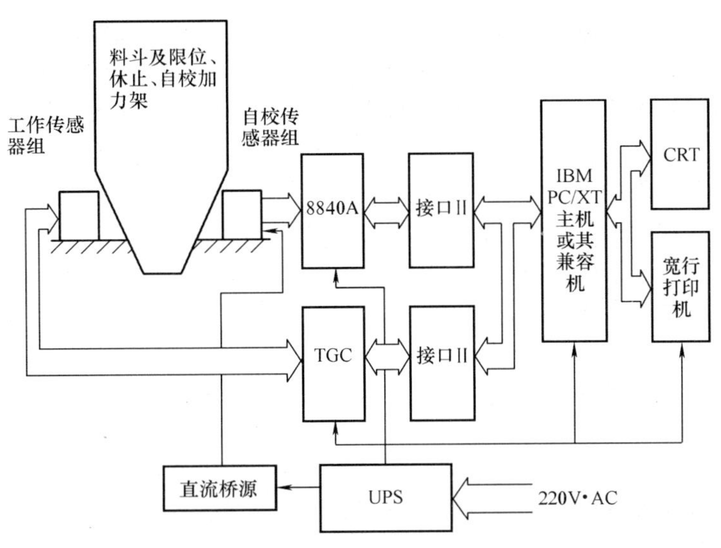

图 7-19　料斗秤微机测量系统原理框图

重传感器产生与物料质量值成正比的电信号输入微处理机，经处理后显示出物料的质量值，经过称量后的物料通过装有皮带秤的输送设备返回到系统中去。将料斗秤和皮带秤所显示的物料质量进行比较，从而达到对皮带秤进行校验的目的。为保证料斗秤的准确性，配有若干个标准砝码(每个砝码 1t)，用电动推杆全自动加卸载，简便快速，便于检验其自身精度；也有采用液压加压方式完成校验的，这对 30t 以上大型秤的校验将显得更为简单快速。

（三）料斗秤的维护及常见故障处理

1. 日常维护

(1) 为防止尘土进入设备内部,料斗秤的计算机及仪表部分应有护罩遮盖,工作结束后放好护罩。

(2) 传感器附近严禁有积尘，禁止用水冲洗其表面特别是传感器引出线的接口部分，防止传感器的引线有断开现象。

(3) 液压系统的油管上不准堆放物品，防止压坏油管。液压自校系统工作完毕后要将自校传感器脱离工作位，防止该系统对料斗施加附加力。

(4) 砝码要放在干燥的垫块上，禁止用水冲洗其表面，如有必要清除上面的积尘时，应用吹风机将尘土吹掉。

(5) 料斗本体均应处在自由悬浮状态，应经常检查斗体上有无被卡涩的地方并修理。将斗内的煤全部拉空后，及时把闸板门关闭到位。

2. 常见故障及处理

(1) 称量时显示值明显摆动或不正确。

故障原因：①传感器接头处断开或进水、进尘；②某一传感器失去供桥电压；③某一传感器损坏；④A/D 板或其他接口损坏。

处理方法：①接好接头或处理进水、进尘，消除接地或短路现象；②检查每一路的供桥电源并恢复；③加载后测输出的毫伏值判断出好坏，然后更换；④检查 A/D 板及其接口并恢复。

(2) 称量显示值明显小于进煤量。

故障原因：①秤体有卡涩地方；②闸板门不严，有涌煤现象。

处理方法：①消除对秤体发生附加力的物体；②将闸板门重新关严。

(3) 零点变化大，稳不住。

故障原因：①热机时间短；②料斗内有进煤；③闸板门不严有漏煤现象；④称体上有检修人员工作。

处理方法：①延长热机时间；②停止向料斗内加煤；③将闸板门关到位后重新取零点；④停止检修工作后重新取零点。

（4）皮带秤严重超差。

故障原因：①皮带秤本身有问题；②料斗秤有问题。

处理方法：①检修皮带秤；②用液压自校法或挂码法验证料斗秤并恢复。

（5）液压自校时显示值减小快。

故障原因：液压系统漏油。

处理方法：检查漏点并修复。

（6）挂码校验时超差。

故障原因：系统有问题。

处理方法：请专业人员进行详细分析检查。

二、激光盘煤装置

火电厂的燃煤管理是生产管理的重要环节之一，火电厂的效益是与发电量及耗煤量密切相关的，而煤场存煤量的计量对电厂的经济指标有着直接的影响。所以，迅速、准确地测量出煤场存煤的体积和质量，是各电厂进行成本核算、经济效益评估和科学管理的重要工作。存煤量计量准确与否，一方面关系到电厂煤耗的计量和经济指标；另一方面，也关系到如何根据电厂负荷准确预测现有存煤的可用时间，这是电厂运行过程中应掌握的重要数据，尤其是用煤紧张时更是如此。

激光盘煤装置适用于火力发电厂、煤矿、煤码头等装有门式堆取料机（或门抓）的大型煤场煤堆体积的测量，也可用于其他散碎体积的测量。

（一）激光扫描测距原理

采用激光扫描测距原理，将激光脉冲扫描单元安装在堆取料机门架上，通过堆取料机的行走实现三维体积测量。系统各种信号（包括堆取料机行走位置、姿态、测量数据、通信等）由主控单元进行实时处理并计算出存料体积，同时根据物料密度计算出物料质量。不要求对煤堆进行人工整形，就可实施测量，与传统人工测量方法相比，操作简单、准确、高效。只需一个人在机房内通过微机键盘简单操作就能自动完成测量，煤堆体积数值和三维立体图形可一次打印出来。200m×50m 煤堆测量一遍只需 30min。装置测量零位可调，相对误差小于 1%，同一煤场堆放两种煤时，可以分别给出各自测量结果。

激光盘煤是利用激光三角测距原理和三维成像技术，采用 CCD 摄像和微机控制技术，把整个煤堆划分成若干个底面积相等的小柱体，测出每个小柱体的高度，求出每个小柱体体积，再通过运算得到整个煤堆体积。

（二）激光盘煤系统的组成

激光盘煤系统由机械扫描系统、光电探测系统、控制系统（运行控制、数据采集和数据处理系统）三部分组成。

第一部分是机械扫描系统。激光扫描部件装在煤场门抓或门式堆取料机大车横梁上单轨小车上，单轨随大车作纵向运行时，小车同时在轨上作横向往复运行，以实现对整个煤场的两维机械扫描。

第二部分是光电探测系统。光电探测系统由线光源激光器、CCD 摄像机和光学三角组成。并且这些装置都装在小车上，并使激光束垂直向下照射在煤堆表面，同时用 CCD 摄像机对激光点探测成像，根据光点在线阵 CCD 上的位置计算出煤堆各点高度，进而求出煤堆体积。

第三部分是运行控制、数据采集和数据处理系统。该系统是由以PC机为核心的微机系统、电子线路和相关软件组成，并装有数据采集单片机。CCD驱动脉冲单片机和执行电路及各种电源的电气箱挂在小车上，PC机运行应用软件和键盘操作实现数据传输和对小车运行的控制，数据采集是由小车上的光电探测头和两个单片机完成的，PC机通过串行通信的数据，进行数据处理计算体积；但小车运行控制则是PC机运行应用软件通过串行通信传输指令实现的。

（三）激光盘煤系统的功能

（1）激光盘煤系统可对煤堆任意点高度进行测量，也可对煤堆任意截面进行测量，实时显示截面各点高度，可打印截面二维图形。

（2）可连续自动测量整个煤堆体积，实时显示测量状态，一次打印出测量结果数据和煤堆三维立体图形，测量中间允许任意停车，再启动后接续测量，不丢数据。同一煤场堆放两种煤堆时，可分别给出各自的测量结果。

（3）激光盘煤系统测量零位可调，标定方便。

（四）激光盘煤系统的特点

（1）利用堆取料机的行走减小了激光扫描单元的最大测程，这样就避免采用大测程设备，并且提高了测量精度。

（2）采用的激光扫描单元，具有无死区、不怕强光、测程长、测量精度高、设备体积小、抗震动的优点。激光扫描单元带内部加热功能，可全天候工作。光学扫描设备无机械运动，避免了大量的维护工作。接口及控制方便灵活，手提电脑即可随时盘煤。

（3）软件操作直观简洁，中文界面即用即会。安装容易，省时省力。输出报表，图文并茂，色彩鲜明，使用方便。输出信息可联网送出。

（五）系统维护

（1）探头的维护：由于激光扫描单元无机械运动，因此无需特别维护，只需定期清除激光扫描单元测量窗的灰尘，确保测量精度。

（2）本系统不适宜24h通电工作。

（3）微机与主控单元间的连接头妥善保管，确保通信正常。

第八节　燃油计量与验收

一、概述

火力发电厂锅炉启动时或因其他因素使燃烧不稳定时，需要投油助燃。电厂锅炉燃用的油一般是石油产品，即重油或轻柴油。重油主要指渣油和燃料重油。根据燃油的运输方式（管道输送、罐车运油和船舶运油）的不同，进厂燃油计量的方法也不同。锅炉用油一般用管道流量计计量。

目前，国内发电厂计量散装石油及液体石油产品采用体积质量法，即先对石油及液体石油产品的体积、温度、密度进行测定，进而计算石油及液体石油产品的质量。

根据燃油的运输方式，进厂燃油计量和验收方法有罐车运油计量验收方法、船舶运油计量验收方法、管道输油计量验收方法等。为了做好石油的计量验收工作，必须了解石油及液体石油产品的密度测定及计量换算方法。

（一）密度的测定

1. 石油及液体石油产品的密度

石油及液体石油产品的密度，是指在真空中单位体积所具有的质量，以 ρ_t 表示，单位为

kg/m^3。

2. 石油及液体石油产品的标准密度

石油及液体石油产品在20℃时的密度，被规定为标准密度，以 ρ_{20} 表示，并以此计算其在标准温度20℃下的质量。已知它的标准密度，亦可计算在其他温度下的密度和体积。

3. 石油及液体石油产品的视密度

计量石油所用的ST-1型密度计，其刻度是在20℃下标定的。当密度计在非标定温度下使用时，因不同于标定温度的膨胀和收缩量，测得的密度不是标定温度下的真实密度，而是视密度，以符号 ρ'_t 表示。

（二）石油及液体石油产品的计量换算

国标石油计量公式

$$M=(\rho_{20}-1.10)V_{20} \tag{7-1}$$

式中 M——石油在空气中的质量，kg；

ρ_{20}——石油在20℃时的标准密度，kg/m^3；

V_{20}——石油在20℃时的标准体积，m^3；

1.10——空气浮力影响的修正值，kg/m^3。

石油在20℃下的标准体积计算公式

$$V_{20}=V_t[1-f(t-20)] \tag{7-2}$$

式中 V_t——石油在 t 时的体积，m^3；

f——石油体积的温度系数，1/℃。

由于视密度 ρ'_t，不能直接用于计量，因而应换算成标准密度 ρ_{20}。

标准密度 ρ_{20} 乘以20℃时的体积 V_{20}，所得油量是石油的真空中质量。

为了求得石油在空气中质量，必须校正石油称重时，空气对所称石油和砝码的浮力影响。此时可将石油的标准密度减去空气浮力影响的修正值 $1.10kg/m^3$，再乘以 V_{20}，就求得了石油在空气中的质量 M。

二、燃油计量和验收方法

（一）罐车运油计量验收方法

罐车运油计量方法主要测量油罐车油面高度、水面高度和油温等，从而计算出罐车运油量。罐车运油的验收主要是采用采样方法，通过化验样品进行验收。

1. 测量油罐车油面高度

目前铁路油罐车都有经过检定而编制的油罐车容积表，当测得油罐车实际油面高度后，即可从油罐车容积表上查出相应的油体积。测量油面实际高度的方法见图7-20所示。测量油面高度的方法有以下两种：

（1）适用于轻质油类的测实法。即将特制的钢卷尺直接放入油罐底，在油迹处读出油面

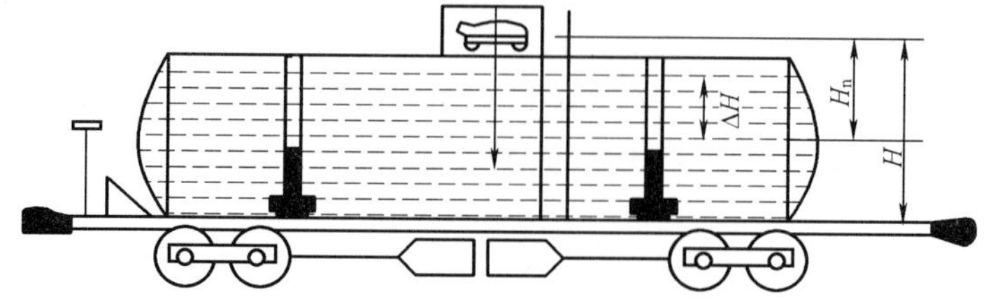

图7-20 测量油面高度方法示意图

ΔH——水距油面的距离；H_n—测量孔到油面的距离；H—测量孔到油罐底部的距离

高度。

(2) 适用于黏度较大燃油的测空法。即是测量从量油孔至油面的空间距离（空高），然后计算出油罐实际油面高度。

2. 测量油罐内水面高度

测量水面高度前的准备工作：首先估计出水面高度，选择合适的水尺，把水尺用干棉纱擦净，并在量水尺上均匀涂上试水膏。测量水面高度的方法：首先按照量油面方法下尺，当量水尺接触罐底时，要保持尺与罐底垂直。停0.5min后，提出水尺，在变色的分界线处，读出水面高度并作记录。

3. 测量油罐内油温

当采用半导体温度计时，将半导体温度计浸入油内所测部位，停10s，迅速提起，立即读数。读数时，先读小数后读整数。油面高度低于3m者，在油柱高度的1/2处测温。如果采用水银温度计时，将水银温度计浸入油内所测部位，停2～7min，迅速提起，立即读数。

4. 验收采样

对采样器的要求：采样器必须要洁净，并在采样前先用油品洗涤一次采样器。采样方法：将洗涤后的采样器口盖盖严，然后将采样器投至所采油柱部位，打开采样器口盖、待液面气泡停止后，提出采样器，将油样倒入洁净的闭口瓶或量筒内。

(二) 船舶运油计量验收方法

船舶运油计量，通常采用检尺验收的方法和测量电厂收油罐的容积来计算质量。

1. 油仓计量法

由于船舶在出厂时，都有经过检定而编制的油仓容积表。当测得油仓实际装油高度后，即可从容积表上查出相应的油品体积V_{20}（单位是m^3）。然后根据国标石油计量公式（7-1）计算各个油仓的实际装油吨数。一般万吨轮有18～20个以上的油仓，千吨油驳有8～10个油仓。各个油仓都有各自的容积，把各个油仓装油吨数加起来，即是该油轮实际到货质量（t）。

(1) 船舶装载容量的测量方法。

1) 先测得从量油孔至油面之间的空高。在实际测量时不可能做到将量油尺一端准确地正好放到接触面，故测量时可将量油尺的一端少许浸入油面，然后将量油尺齐油孔的刻度读数减去浸入油面中一端的刻度读数，即为该测量仓的实际空高数。

2) 每测量一个油仓后，应将黏在量油尺一端的油迹擦掉，然后逐仓进行测定，分别做好测定记录。

3) 各个仓位实际高度减去空高即为各个仓油面高度，查船舶容积表换算为各个仓的容积。

4) 把各个仓的容积相加起来，即为该船装载的体积容量。

(2) 船舶空载容量的测量方法。

船舶油仓的底油：因为船舶油仓的出油口处与仓底有一定的间距，故在卸油时不能全部卸尽，总有一定数量的油留存仓内，通常称为油仓的底油。而在装载测量中的装油量是包括底油的。因此，必须再测量一次各仓位的底油，并予以扣除，才能求得实载质量。

测量方法是：将量油尺插至油仓底部再取出，油黏附在量油尺刻度上的读数，即为该仓底油高度数值，查表换算出实际体积容量，逐仓测定后，加起来即为该船底油的总体积容量，即船舶空载容量。

(3) 测量油温。

船舶油仓测量油温的方法是：将装有保护套的温度计放入油位高1/2处的测温点，然后拔开保护套上木塞使油注入套内，停5min后，将温度计提出罐外，迅速擦净温度计上的油迹，读出温度数值。

测量油温的目的是：油品温度的高低与计算油的质量关系极大，在卸油前应及时测温，

(4) 原油采样。原油采样部位与混入平均试样的份数，均随着容器形式的不同及体积的大小而各异。原油采样应采用标准采样器。

2. 油罐计量法

电厂收油时可用检定后的油罐来计量。油罐的容积是用积分法计算标定出来的，一般误差较小。油罐计量采样、测温和测量油高的方法与上述方法相同。

(三) 管道输油计量验收方法

管道输油的计量方法有用流量计和用油罐的方法。

1. 用流量计的方法

使用流量计计量是在流量的管道上装有定时测温和定时取样装置。以流量计记录下来的输油体积、温度来计算输油质量。

2. 用油罐的方法

使用油罐计量即输油前先计算好油罐实际储油吨数，收油单位可去检尺验收，然后开泵输油直至该罐油全部输送完为止。

复习思考题

1. 火力发电厂燃料计量装置有哪些?
2. 燃料计量的主要工作内容有哪些?
3. 电子轨道衡的特点有哪些?
4. 电子皮带秤的主要组成部分有哪些?
5. 电子汽车衡的控制原理是怎样的?
6. 简述核子秤的计量原理。

第八章 燃料管理

第一节 概述

一、电厂燃料管理在电力企业中的地位和作用

根据能源开发与制取方式，可把能源分为一次能源和二次能源。一次能源是指以现有的形式存在于自然界中的能源，如煤炭、石油、天然气、水力和风力等。二次能源是指由一次能源直接或间接转换为其他种类和形式的能源，如电能、煤气和汽油等。一次能源中的煤炭、石油和天然气等会随着人类的不断开发和利用日趋减少，以至枯竭，因此又把这些一次能源叫做非再生性能源。相对把水力、风力等一次能源叫再生性能源。

火电厂是将一次能源燃料转变加工成二次能源电能的生产企业。没有燃料的投入，就没有电能的产出。燃料是电厂生产活动的物质基础，燃料供应是电厂生产过程中的第一道工序，因此，燃料管理是火力发电企业生产管理工作的重要组成部分，是电厂主业。

我国火电厂以燃煤为主，每年电煤消费占全国煤炭产量的42.1%。随着市场经济的不断完善和发展，国家对煤炭产业的结构和煤炭市场的调整，煤炭价格趋势是只涨不降，目前，燃料费用占发电成本70%以上，因此，燃料管理是火力发电企业经营管理的重要组成部分。加强电厂燃料管理工作，对保证火电厂安全经济运行具有十分重要的意义。

二、电厂燃料管理的主要内容

电厂燃料管理内容因各个电厂燃料管理体制的不同而不同。总体讲，电厂燃料管理的主要内容包括以下几方面：

(1) 入厂燃料的供应管理。主要包括燃料需用量计划的编制，燃料的组织订货市场采购，燃料调运、接卸、化验、计量、验收等项内容。

(2) 入炉煤的耗用管理。主要包括煤的混配掺烧，入炉煤的计量和化验等项内容。

(3) 库存煤的管理。包括库存煤的定期盘点和煤场管理等项内容。

(4) 燃料费用管理。包括燃料价格的审核、承付，燃料成本的核算等项内容。

(5) 燃料的统计管理。主要包括对各类指标的汇集和整理，报表填报和燃料经济活动分析等项内容。

(6) 燃料的信息网络管理。主要包括相关软件的开发、信息网络化建设和维护等基本内容。

随着电力企业的改革和煤炭、铁路等相关产业的结构调整，以及新的燃料管理体制的建立，燃料管理内容也会不断发生新的变化。

第二节 燃料入厂计量管理

一、燃料入厂计量方法

轨道衡、皮带秤和汽车衡用于进厂原煤的计量。燃油通常采用检尺验收的方法，即测量和计算油仓（油罐）的容积或测量电厂收油罐的容积来计算燃油的质量。管道输油采用流量计的计量方法。这些方法为电厂与煤矿、炼油厂和运输部门进行结算时提供准确的依据。

二、计量管理

管理的基本任务是最有效地组织各方面的力量，调动各种积极因素，使之实现组合最佳化与效率、效果最优化，从而达到创造最好的经济效益和工作成果的目的。因此，有人把管理工作概况为人员、设备、材料和资金。意思是说最有效地发挥人员、设备、材料和资金的作用。从这一点上来看，管理体现在人们全部工作过程中。

根据计量单位工作的性质和特点，为了确保量值的统一，我国计量管理方法一般有以下几种。

1. 法制管理方法

这种管理方法的特点是，由国家或政府运用法律顾问对计量单位活动进行制约和监督，对计量单位工作实行强制性管理。优点是规范性强，便于统一领导和依法处理问题，可以说是对计量工作实行法制管理。具体内容包括以下几点：

(1) 制定计量法律、法规；

(2) 制定贯彻计量法规的实施细则、实施办法和规章制度等；

(3) 以政府名义发布通告、布告；

(4) 建立健全计量机构，组织计量单位机关队伍，执行计量监督等。

2. 行政管理方法

这种管理方法的特点是，由政府行政机关通过行政命令、指示、规定等方式直接对所管理的对象发生影响，并具有约束力，以实现管理者的意图。上级领导下级、下级服从上级是行政管理的基本原则。从某种意义讲，行政管理是实施法制管理手段的补充。这种管理方法的优点是：使被管理系统工程集中统一；便于管理职能的发挥；能处理特殊问题和具有一定的灵活性。其主要内容包括以下几方面：

(1) 在计量法的原则下，按行政管理体系，对所有管理的对象发布命令、指示和规定动作等。

(2) 对建立、健全各级计量机构进行干预。

3. 技术管理方法

这种方法的基本特点是：从科学技术上确保计量工作量值统一。理论上讲计量技术管理不是强制性的，是按照科学规律办事的；但如果计量单位科学成果（如基准、标准和检定方法等）得到计量部门的确认，并用作统一的量值手段时，则具有了法规上的作用。其主要内容有以下几方面：

(1) 建立和维护各计量基准、标准并组织量值传递；

(2) 制定各种量值检定系统、检定规程等技术法规，并组织实施；

(3) 建立实验室各项管理制度；

(4) 编制计量器具周期检定计划，组织周期检定，并研究选用正确的计量单位器具和周期的检定理论等；

(5) 不断提高计量人员的技术素质和工作能力。

第三节　燃煤计量验收

一、燃煤计量验收的内容

火力发电厂燃煤验收工作的主要内容是指进厂煤的计量和质量验收：进厂煤的计量因运输方式不同，分火车运煤的计量验收、船舶运煤的计量验收和汽车运煤的计量验收。大中型火电厂火车运煤，目前普遍采用电子轨道衡计量煤炭的数量。船舶运煤一般采用观测水尺换算载质量，也有采用码头磅秤或电子皮带秤进行计量的。进厂煤质量验收包括采样、制样和化验。化验项目根据煤炭计价规定为发热量、灰分、水分、挥发分、硫分、块度下限率及煤炭品种。为积累资料，应建立档案，并应定期进行储备品种累积煤样的元素分析、工业分析，对灰熔融性、硫分等每年至少测定一次。

二、燃煤计量验收的方法

1. 火车运输煤量的验收

目前大中型火电厂对煤量的计量，普遍采用电子轨道衡。因条件限制，尚有部分电厂未安装轨道衡而仍以尺检测比重换算的办法进行数量验收，并获得煤矿、铁路的认可。但这种办法既繁琐又有较大的误差，故只能作为临时措施。

电子轨道衡可方便地完成全模拟逻辑判别运算处理等工作，同时还可完成对计量结果的一系列辅助处理，包括对应除皮、分类累计、长期存储、核算计价、制表打印等。煤车过衡后，应立即从煤车上采样。从同一种煤的各车皮上采取的煤样可混合成为一个综合样，然后化验其水分、灰分、挥发分及发热量等。

轨道衡计量须注意以下几个方面的问题：

（1）收煤单位所用的轨道衡，必须有半年以内的衡检合格证。

（2）车皮自重以标记自重为准。如水洗煤和水采煤，过轨道衡以后，收煤单位还必须按照国家煤炭送货办法的规定执行，即：煤车在过轨道衡后，从该煤车上采取煤样化验全水分，然后再将轨道衡测量出的到站煤实际质量，按公式（8-1）折算成含规定水分的到站煤质量。

对原煤、混煤，当实测全水分超过规定水分时，可按下列公式计算煤量

$$m_{gs} = m_{tm} \cdot \frac{100 - M_{tm}}{100 - M_{gs}} \tag{8-1}$$

式中 m_{gs}——含规定水分的到站煤的质量，t；

m_{tm}——到站煤的实际质量，t；

M_{tm}——到站煤实测全水分，%；

M_{gs}——规定水分，%。

对洗混煤、洗末煤和其他洗煤，当实测全水分超过计量水分时，可按下式折合成含计量水分的煤量

$$m_{Jl} = m_{tm} \cdot \frac{100 - M_{tm}}{100 - M_{J}} \tag{8-2}$$

式中 m_{Jl}——含计量水分的到站煤的质量，t；

M_{J}——计量水分，%。

轨道衡分动态和静态两种。车辆动态过衡与静态过衡，其称量出来的质量是有误差的。动态过衡时车辆通过的速度越快，误差越大，这是因为质量与速度有关。相对而言，静态过衡比动态过衡准确；慢速过衡比快速过衡准确。但是，当动态过衡的速度缓慢时，这种“速度误差”很小，可以忽略不计。因此，动态轨道衡都有限速规定，在实际操作时必须严格控制。

2. 船舶运输煤量的验收

船舶运煤计量不能用轨道衡，也不能用量线的方法计算。船舶运煤可以用码头电子皮带秤验收，但一般都是用察看水尺来换算载重。

（1）电子皮带秤计量法。是将轮船（或驳船）上的煤通过机械装置转移到码头专用的皮带上，然后用电子皮带秤直接检出煤量，此计量准确可靠，也较简单。

(2) 吃水表尺计量法。表示吃水的标记叫做水尺。船舶的装货数量可以从吃水水尺多少来计量。水尺数标刻在船头、船尾及船中、左、右侧船壳上。目前通用的水尺有公制和英制两种。读取吃水时，看水面与数字相切的位置。运煤的船舶大小不一，构造各异，但是各种船舶的装载质量都可以用水尺计量方法求得。由于每种船的结构具体情况不一样，电厂可向航运部门索取每种船只的载重标尺（水尺表），并按照船只水尺表上水尺高低所核定的装载质量进行验收。

3. 汽车运输煤量的验收

汽车运煤大都采用电子汽车衡进行计量。该设备自动化程度高，工艺可靠，计量精度高，操作简便，结构稳定，是一种较理想的汽车称重设备。

第四节　燃煤的耗用与储备

一、燃煤的耗用

1. 入炉煤计量与正平衡计算煤耗

一个企业如果投入少产出多，经济效益就好，反之则经济效益就差。火力发电厂是将燃料的热能转换成电能的能源加工厂，因此考核其经济效益的最主要的指标就是发供电煤耗，即供1kWh的电能需投入（耗用）多少克燃料。

过去，由于计量设备的准确性差，多数电厂以热平衡试验测定的锅炉热效率换算不同的煤耗率，再以此煤耗率乘以实际发电量，计算出燃料耗用量，这就是反平衡法。但是，热平衡测试是在固定工况下进行的，以及众多测试仪器的累计公差和其他一些主、客观因素，致使推算出来的煤耗率的准确性也差，据此计算出来的燃料耗用量与实际耗用量就有误差。随着计量技术的进步，计量设备的准确度普遍提高，为准确计量燃料耗用量创造了有利条件。由此，原电力部明确规定：火电厂发供电煤耗统一以入炉煤计量煤量和入炉煤机械取样分析的低位发热量按正平衡计算；对125MW及以上凝汽式与供热式大型火电机组，则逐步实现单台机组计算发供电煤耗。

所谓“按正平衡方法计算”，就是根据计量装置测得的日发电、供热耗用的燃料实际质量和火电厂实际生产外供的电量、热量来计算发供电煤耗率。也就是说，是先计量出耗用煤量，后算出煤耗率。反平衡方法则是先有煤耗率，后算出耗用煤量。“反平衡”的关键是热平衡测试求得煤耗率，“正平衡”的关键则是正确的入炉煤计量。

2. 正平衡方法计算煤耗率的条件

(1) 配备按入炉煤正平衡计算煤耗所需的全部装置，包括燃煤计量装置、机械采制样装 置、煤位计和实煤校验装置等。

(2) 为准确计量燃煤量，计量装置须定期经实煤校验，以保证计量装置的称量精度不低于±0.5%。实煤校验每月进行2～4次，校验所用的标准称量器具的最大允许使用误差应不大于±0.1%。

(3) 要使用符合标准要求的机械采制样装置（包括采样头、碎煤机、缩分器、余煤处理设备及其他附属设备）。在未全面实行正平衡计算煤耗前，一些电厂采用的是“以正平衡方法为主，反平衡方法校核”，结果往往是以计划认定的煤耗率为主，来校核计量装置测得的入炉煤量。全面实行正平衡计算煤耗，如果计量装置配备全、称量精度符合标准，由此测定的入炉煤量就不应再用反平衡方法来“校核”。“反平衡方法”仅供煤耗偏差分析用，不能以此修正入炉煤量。

二、煤的储备

煤在储存过程中易受氧化作用，严重时会发生自燃；并且煤的氧化作用会降低其发热量和黏结性。煤堆上的煤易被风吹走和被雨水冲走而受损失，而且煤堆上落下大量尘土又易影响煤质。

对此，无论是露天储煤，还是筒仓储煤的电厂，都应加强对存煤的科学管理，选择合理的储煤方法。这对电厂节约煤炭有重大的现实意义。

（一）燃料储备的概念

为了保证火力发电企业正常进行发电，就必须储备一定数量的燃料。过去，由于电力工业资金是统筹统支，燃料能储备多少，资金就给多少。而且一般做法是夏季尽量储备，冬季耗用。但是随着经营机制的变化，电力燃料储备量究竟多少才合适，这是近几年来引人注意的问题。如果燃料储量过大，就会造成燃料积压，而且增加燃料的热值损失，且占用大量流动资金，影响企业资金周转和企业经济效益；如果过少，又很难保证正常发电，甚至造成停机限电，损失更大。因此加强燃料储备管理，对提高电力企业经济效益有重大意义。

当然为了保证正常发电，必须有一定数量的燃料储备。其储备煤量要依据锅炉机组的消耗水平、运输路程远近、储煤场大小、季节气候等因素来具体确定。要求一般矿区发电厂煤炭经常储备量（周转煤量）不低于5～7天耗用量，而且保险储备（安全储备）为不低于5天耗用量。如果是非矿区发电厂，煤炭经常储备量不低于6～12天耗用量；并且保险储备不低于6天耗用量。

（二）煤的组堆保管方法

各种煤炭在不同程度上都有氧化的趋向，虽然通常这个过程较为缓慢，可是其结果会使燃料发热量降低。大多数煤种在第一年储备中，发热量降低不到3%；而劣质煤在第一年储备中则可降低多达5%，还会改变其燃烧特性。风化能使块煤变成碎片，这种现象在劣质煤及靠近煤堆表面尤为明显。当煤炭的氧化过程进行得较为迅速时，还将产生足够的热量而出现自燃现象。对此，堆放储煤时应将不同品种的煤分类组堆存放。如需长期储存的煤，组堆时要采取措施，限制空气流过通道，以减少或消除过度氧化。要求煤堆要分层压实，使其密度达1～1.6t/m^2，以减少空气占有的空隙。

在堆煤时，由于煤炭施加于其地层下的载荷力可能介于170～200kN/m^{2}之间，故需要有适当承载力的坚实地面和地层，以减少地面下沉。

在组堆过程中，为了消除煤块和煤末分离的偏析现象，往煤堆上卸煤时，第一层要沿整个煤堆四周的边缘堆平；在堆铺第二层时要沿其整个煤堆四周的边缘向中心缩退0.5～0.7m，第二层堆平压实后再堆第三层……。以此类推，直至整个煤堆组成为止。其压实的分层厚度一般为0.3～0.6m。如果用于链条炉层状燃烧时，压实分层最小厚度应当是0.8m。如果用于煤粉炉悬浮燃烧，压实分层的厚度可减小，而压实负荷可以加重。

当组堆完了后，还要进行测温。如发现煤堆上部0.5m深处有一点或多点温度超过周围环境温度10℃时，需要补充压实，当温度超过60～65℃时，应迅速采取降温措施。如果条件允许，可立即采取倒堆浇水降温。如果温度超过80℃时，则有的煤就会在1～2天内自燃发火。当煤堆温度升高以后，就表示煤堆内部的氧化作用相当剧烈，已有明显的变质，应采取相应的措施，应尽量不使煤堆发热。

煤堆不宜过高。因为堆积过高，万一发现有自燃发火的危险，在较短的时间内很难倒堆。要求褐煤和长焰煤的堆存高度一般以低于2m为宜，并且堆存时间以在半个月至一个月之内为较好。而气煤、肥煤、焦煤和瘦煤的堆放高度可达4～5m左右，但堆放时间也以不超过2个月为宜。贫煤和无烟煤一般不易自燃，所以不限堆放高度，但堆放时间也不宜超过半年，因为堆放时间越长，损失的热量也越多。煤堆的高度取决于煤场机械设备和煤堆的宽度。煤堆越宽，煤堆高度也愈高。但一般不要堆得过宽过高，因为煤堆越高大，堆内温度愈高，随着煤堆增高，进入煤堆的空气量也增多，自燃的可能性就增大，而且使氧化面积增大。

煤堆的形状则依据储煤量，煤炭的质量，电厂厂址地形，可占用面积以及堆煤设备诸因素决定。电厂常用的各种煤堆形状有：

（1）圆锥、圆弧形煤堆。一般设有倾斜的输煤皮带及固定的悬臂式堆煤机时，就堆成圆锥、圆弧形煤堆，并且这种堆煤机带有固定的转臂、或随煤堆加高可以升起的转臂及防止粉尘飞扬的伸缩溜管。

（2）直的长方形煤堆。一般靠沿轨道移动的堆煤机堆放成直的长方形煤堆。目前我国多数火电厂储存煤堆成正截角锥体形，由于正截角锥体比正方形煤堆自然通风的范围大，顶端表面平整，这样不仅有利于盘点，而且可减少风力和雨水冲刷的损耗。

煤堆的取向，目前从我国大多数地区的实际经验来看，以南北取向长，东西取向短为宜。这是因为我国地理位置在北半球，阳光照射顶空时偏南，冬天偏南更多。如果这样堆放可减少太阳光直射，从而也就减少了煤堆因高温而自燃的机会。

由于我国南方地区（北纬15°～30°的地区内）夏天的中午阳光几乎垂直照射煤堆顶部。因此，煤堆顶部受热很大。为了减少阳光对煤堆的辐射热，煤堆可采用屋脊式尖顶。由于各个产地的煤容易自燃的季节及自燃的温度是不相同的，有不少煤在夏季高温时容易自燃，也有的煤在春季或秋季容易自燃，甚至还有在冬天下雪天容易自燃的。这是因为煤中丝炭在低温下容易吸附氧而氧化。例如，大同煤中丝炭含量很高（20%～60%，一般超过30%～40%），每当冬季下大雪时，由于雪是一层良好的保温材料，煤中丝炭因氧化产生的热量很快在煤堆内部积聚起来达到燃点。因此，在下雪的季节要特别注意大同煤及类似的丝炭含量高的煤容易自燃的问题。

（三）圆筒形储仓与干煤棚保管方法

1. 圆筒形储仓（筒称筒仓）储煤

国外的工矿企业越来越多地采用大型筒仓储煤代替储煤场，这主要由于环保要求和其他储存因素。近年来，我国少数火电厂也开始采用筒仓储煤。这是因为筒仓具有占地面积少，改善周围环境，系统运行灵活，燃煤风化损失小，施工快等优点。据不完全统计，目前已有30余个电厂的筒仓投入运行和在建造中。投运的筒仓运行工况可分为三种类型：①筒仓结构合理，煤在仓内呈整体流动，卸煤顺利，运行良好；②筒仓结构较为合理，但是偶尔也有堵煤，在仓内呈棚拱，应采取一些必要措施，运行基本良好；③仓内经常堵煤，运行不理想。

筒仓储煤的问题是筒仓防堵，所以在设计筒仓时，对筒仓机理和结构要给予足够的重视。筒仓主要的功能是储煤，但筒仓除储煤外，在输煤系统中还可作缓冲和混配煤用。目前大多数电厂设置筒仓仅作为一种功能用的为数不多，往往是几种功能同时应用。筒仓运行一大难题是结板形成棚拱，原因是燃煤在筒仓内长时间储存会因自重引起压实，发生储煤在筒仓内流动困难，严重时会结板形成棚拱。一旦出现严重棚拱现象，可以用空气炮破拱。筒仓储煤时应注意的问题：一是在筒仓内壁采用铸石做衬，既耐磨、耐冲击，又使表面不生锈、光滑而阻力小，易使煤在仓内向下流动；二是存煤一般存放3～5天就需轮流起用一次，适时地使仓内煤炭流动；三是加强筒仓储煤的管理。根据煤质特征实行分仓储存，按煤种和粒度决定储存的高度。特别是储存破碎过的煤，因其颗粒较细，流动性小，很容易造成筒仓堵塞。一般情况下，筒仓总储煤量不宜超过20 000t。筒仓越大，储煤越多，自重压实的可能性越大，堵塞的发生概率也越多。

2. 干煤棚

在南方进入雨季时，配煤和储煤工作显得更为紧张，所以为了防雨防风，大型火电厂燃煤日消耗量在10 000t以上，大部分电厂都建有1～2个干煤棚。目前干煤棚的主要结构形式有门式刚架轻钢结构、网架结构、门式拱桁架和两铰拱桁架结构等。

（1）门式框架轻钢结构干煤棚。图8-1所示为门式框架干煤棚外形立面图。从门式框架干煤棚结构上看，这种干煤棚与门式斗轮机在外形上配合紧凑，可使建筑空间利用率达到80%以上，而采用网壳结构的干煤棚空间利用率仅有45%左右，所以门式框架干煤棚可节省建筑空间利用率。与其他种类的干煤棚相比，大跨度门式框架轻钢结构干煤棚的优点是：跨度大、耗钢量少、安装方便、施工周期短和抗震性能好等；并且屋面板和墙板均采用带彩色涂层的波纹钢板，大大减轻了结构自重，最大限度地节约了钢材，同时也节省了大量资金。

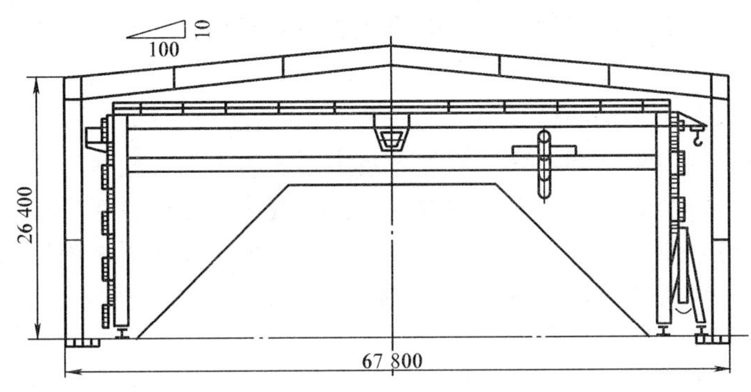

图 8-1 框架式干煤棚（单位：mm）

(2) 大跨度柱面网壳干煤棚。目前我国已建成的跨度最大的柱面网壳干煤棚跨度达108m，采用三心圆柱面双层网壳的结构形式。柱面网壳结构如图8-2所示。空间网架结构的优点是刚度大、整体性强、抗震性好、造型美观大方等，是目前广泛采用的一种屋盖承重结构。

（四）堆煤的氧化及自燃

为了防止煤在组堆存放过程中的氧化和自燃，首先要了解储存煤的氧化与自燃发火的难易程度，也就是说必须测定存煤的氧化程度和自燃倾向。一般认为，煤含有的芳香结构聚合物越高，煤的化学稳定性也越大，对氧化的抵抗力也越强，自燃的倾向就越少。虽然在试验室中测定煤氧化程度的方法很多，但常用的是直接测定煤的着火点（燃点）温度。例如，褐煤易自燃发火，因为褐煤氧化性强，所以自燃发火温度很低。无烟煤不易自燃发火，是由于无烟煤氧化性弱。但煤的氧化性强弱和自燃发火还与煤的矿物组成各成分含量的多少，以及其中水分的大小有关。影响煤的自燃因素很复杂，但对电厂储存煤具有实际意义的基本因素，可以归纳为以下三个方面。

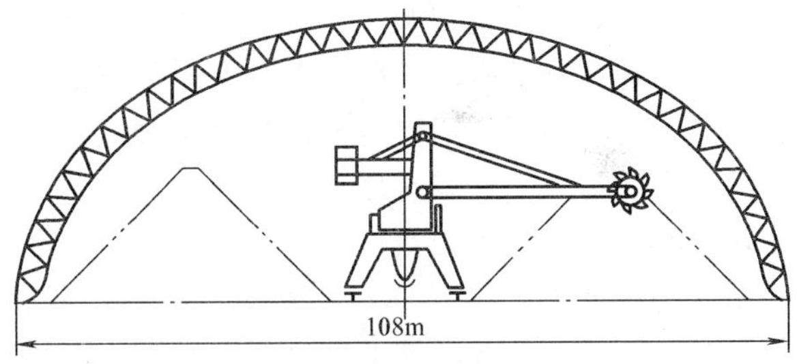

图 8-2 柱面网壳式干煤棚

1. 煤氧化对自燃的影响

煤的自燃主要是由煤的氧化所引起的。当露天存放时，由于长时间受到风、雨、冰、阳光和空气中氧的作用，存煤的物理、化学性质发生了很大变化。煤被空气氧化的过程大致可归纳如下。

从矿井开采出来的新鲜煤，首先以原始的物理状态吸附了空气中的氧，然后进一步形成煤的有机质和不坚实的化合物（表面氧络化物）。而且这种络化物由于受到外界光和热的影响，使煤开始碎裂和分解，其产物有水、一氧化碳和二氧化碳等；同时煤开始放热，继续分解形成新的表面。这样，氧与煤的新表面不断接触而使氧化作用反复循环进行下去，煤堆的温度就逐渐上升。煤的氧化速度快慢与氧化时产生的温度高低成正比。试验表明，煤的氧化温度在30～100℃时，每增高1℃，氧化速度就提高2.2倍。煤的着火温度有的在260～280℃左右（褐煤），也有的在290～350℃（弱黏煤和不黏煤）。当煤堆温度超过60℃时，煤的氧化速度迅速增加，煤堆每昼夜的平均温度就剧烈上升，又进一步使氧化速度加快。当煤堆温度达到100℃时，1～2天内即可达到煤的自燃着火温度，煤就开始自燃。高硫煤（含黄铁矿多）在储存时，易发生自燃。因为煤中含的硫先氧化成硫的氧化物，遇水生成稀硫酸，其过程呈放热反应，最终生成硫酸盐。上述放热反应的过程促使煤堆温度升高，更加速了煤的氧化和自燃过程。

2. 水分对煤氧化和自燃的影响

对煤氧化速度有相当大影响的是煤中含的水分。由于煤在组堆时，煤块与煤末有自然偏析现象，会在煤堆底部内形成大量空洞，这样空气可自由透入。当煤开始氧化放热时，这些空洞给热量聚积创造了有利条件，从而也促进了煤堆温度的迅速提高，因此自燃发火也大都发生在这个部位。这时，煤堆中水分蒸发又生成大量汽化热，热量在煤堆较高部位出现聚积（通常在煤堆表层深处1m左右），这样就更加剧了煤的氧化和自燃。

3. 大气温度变化对自燃的影响

煤堆自燃除了煤质自身氧化和水分蒸发影响外，大气温度变化对煤堆自燃也有影响。因为煤堆的自燃，是随着大气温度变化和大气压力的增加而加剧。有不少煤在夏季高温时容易自燃，也有的煤在春季或秋季容易自燃。可是在一般情况下，煤堆的自燃经常发生在秋后大气温度下降的时候。这是因为秋后大气密度比煤堆内空气密度大得多，所以渗入煤堆的空气量增大起来。在夏季缺雨时，大气温度比煤堆温度高，这时大气的密度比煤堆内的空气密度低，所以进入煤堆中的空气就缓慢下来。由此可见，大气温度升高，则煤堆温度下降。大气温度下降，则煤堆温度上升。综上所述，甚至有的煤在冬天下雪天更容易自燃。煤堆温度的变化与大气温度的波动相关，如此循环反复，就促进了煤的风化和氧化过程，大大加快了煤的自燃。

总之，决定煤是否容易自燃的最本质因素，内因是煤的大分子结构具有的化学活性大小，煤中含水分和硫分多少等因素；外因是煤堆周围的环境因素。

防止自燃的措施是：①压实煤堆，使其内部的空气尽量减少，并喷洒一层石灰乳；②不同粒级的煤应分开堆存；③煤堆不宜过高；④经常测量煤堆的温度，在测温过程中，如果发现煤堆温度达到60℃的极限温度，或煤堆每昼夜平均温度连续增加高于2℃，应立即消除可能自燃区域。方法是将可能自燃区域的煤挖出，暴露在空气中散热降温或立即供应锅炉燃烧。切记不要往可能自燃区域的煤中加水，这会加速煤的氧化自燃。

（五）煤氧化对各项指标的影响

煤在露天长期存放，因不断受到风、雨、霜、露、日晒等外界的作用及温度变化的影响，出现氧化变质。通常看到的是煤的发热量降低，水分和灰分增高，黏结性很快降低，甚至消失。煤中的挥发分也因氧化而发生变化；但经深度氧化后的煤，不管原属于什么牌号，它的挥发分都有增高。在氧化煤的挥发分中，其中二氧化碳含量高，因此它的挥发分的热值均比原来的煤要低。挥发分小于17%的贫煤，储存6个月后，发热量损失平均在2%左右；挥发分大于35%的气煤和长焰煤，同样储存6个月后，其发热量损失平均近5%左右，这说明挥发分高的煤热量损失大。煤中碳、氢、氧、氮、硫（有机硫）等元素含量也有变化，即元素组成的变化。氧化后的存煤其机械强度降低且容易自燃。

（六）库存煤盘点

库存煤盘点一般每月进行一次，盘点前需将煤场、煤沟等库存煤整理成一定的形状，然后丈量计算出体积，并根据煤的密度计算库存煤量。

复 习 思 考 题

1. 试述火力发电厂燃料管理的主要内容?
2. 试述火力发电厂燃料计量验收的主要内容?
3. 燃料储备的概念是怎样的?
4. 煤氧化对其各项指标有什么影响?

第九章 采 样 设 备

入厂煤采样是为按合同约定煤质验收质量，以便按质论价，同时也为合理储存煤炭提供依据。保证进入电厂的煤炭质量合格，锅炉燃烧稳定安全，且电厂经济利益不受损失。入炉煤采样是为监督入炉煤质，以确保锅炉的安全、经济运行和准确计算煤耗。此外，制粉系统也要依靠采样监控以达到最佳的经济煤粉细度，为调节锅炉燃烧状态和内部经济核算提供合格试样。

第一节 入厂煤采样装置

入厂煤采样装置有人工采样和机械采样两种；现在电厂基本都采用机械采样装置，实现了自动采样。自动采样装置是在火车、汽车顶部采取煤样并进行破碎、缩分，最终制成3mm以下的煤样。现代化采样设备可为电厂、煤矿等有关单位提供煤质检测和监督的可靠依据。并有助于燃煤管理，保障电厂的经济利益和规范化管理。

一、自动采样装置

自动采样装置是用于火车、汽车和轮船等处的样品采集。

根据采样机的活动方式，采样装置分为固定式和悬臂移动式两种。采样装置有插铲采样头和螺旋采样头等几种，采样头可用液压或电动控制，其采样深度可以调节，悬臂式采样系统较固定式采样增加了水平范围的调节功能，可对同一载体的一个或几个具有代表性的采样点进行采样。

自动采样装置的精密度要符合规定要求，且不存在系统误差，并能长期可靠运行。对相关设备的要求如下：

（1）采样器。采样器的开口宽度应为被采煤样最大粒度的2.5～3倍，采样器能在此标准规定的采样点上采样。性能可靠，不会发生影响皮带输煤机正常工作的故障。

（2）破碎机。破碎机工作面要耐磨，连续运转时不发生过热和产生强烈气流。有防堵措施和防金属弃杂物的保护措施。破碎粒度要符合下一工作程序进料粒度的要求。

（3）缩分器。缩分器的缩分比要恒定。缩分器的留样质量要符合煤的粒度与保留最小质量之间的关系。缩分器无系统误差，其精密度要符合规定要求。

（4）自动采样装置的整机性能。采样器、破碎机、给煤机、缩分器等各部件的出力要匹配。整机水分损失率要小于1%。整机运行要实现自动控制。

二、汽车运煤采样机

1. 汽车运输工具顶部采样方法

（1）采样单元：可按煤品种1000t作为一个采样单元，若运煤量少，也可以同一品种煤一天的实际运量为一采样单元。

（2）子样点布置：运煤汽车有带拖斗和不带拖斗的。不论运煤量多少，不带拖斗汽车为一辆车，带拖斗汽车视为两辆车，子样点按斜线三点布置，3个子样点布置在车厢对角斜线上，1、3子样点各距车角0.5m（按子样点离车角水平距离计）。对于同一品种煤一天运量不足30t（6个车皮以下）时，依据均匀布点和车厢中央子样点与近车角子样点总比例保持一致的原则布置子样点。

(3) 子样最小质量：与在火车顶部采样原则上一致（见表 9-2)。

(4) 采样操作：对同一品种煤一天运量超过 30t（6 个车以上）时，不论带拖斗或不带拖斗的汽车，均按斜线 3 点循环布置子样点，每车至少采取一个子样；对同一品种煤一天运量不足 30t（6 个车以下）时，至少采取 6 个子样。采样时用采样尖铲在子样点位置上挖坑至 0.4m 以下再采。

当一辆车需采取 1 个子样以上时，应按均匀布点的原则，将多个子样分布在同一条对角线上，见图 9-1。

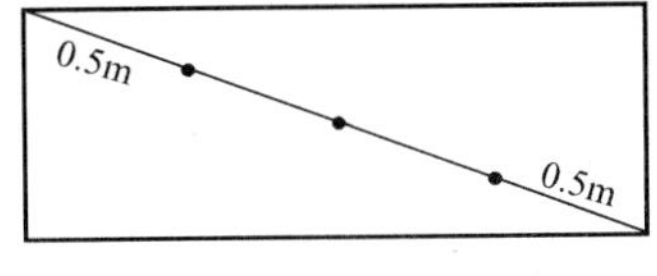

图 9-1　采样点部位的布置

1) 1 辆车：取 6 个点，中心 2 个采样点不得重合，但要紧邻，见图 9-2。

2) 2 辆车：每车采 3 个点，见图 9-3。

3) 3 辆车：1 辆车采 3 个点，另 2 辆车各采 2 个点，见图 9-4。

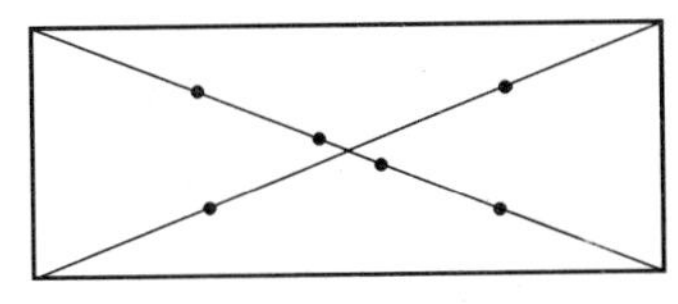

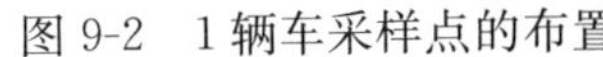

图 9-2　1 辆车采样点的布置

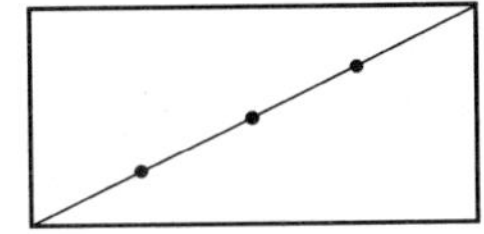

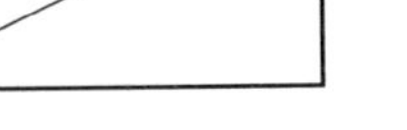

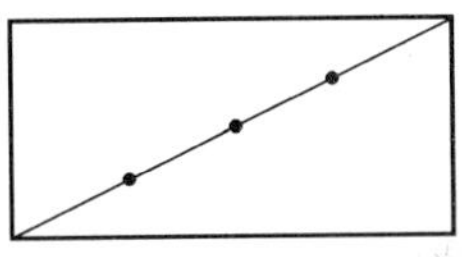

图 9-3　2 辆车采样点的布置

4) 4 辆车：2 辆车各采 2 个点，另 2 辆车各采 1 个点，见图 9-5。

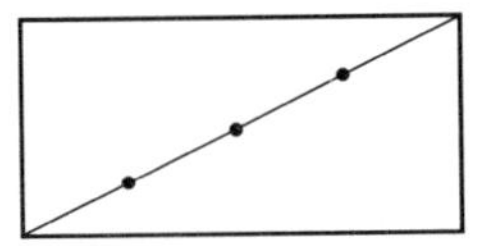

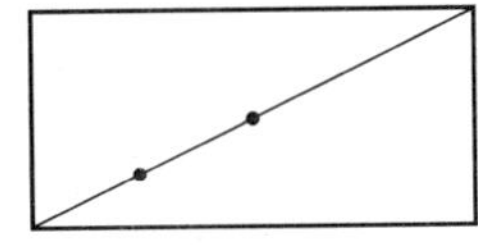

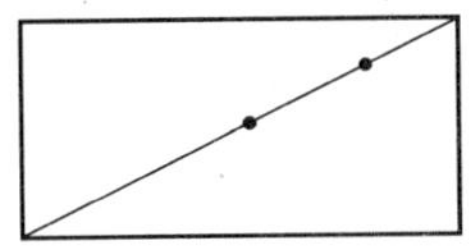

图 9-4　3 辆车采样点的布置

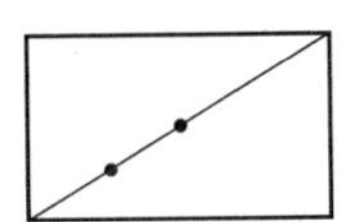

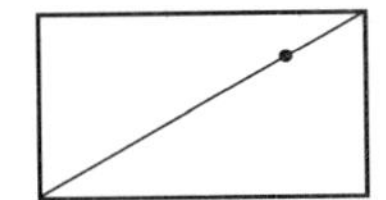

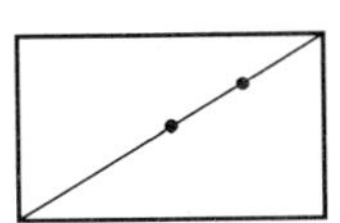

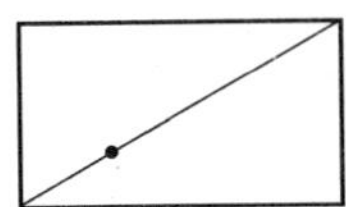

图 9-5　4 辆车采样点的布置

5) 5 辆车：1 辆车采 2 个点，另 4 辆车各采 1 个点，见图 9-6。

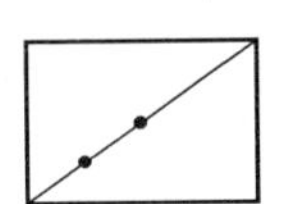

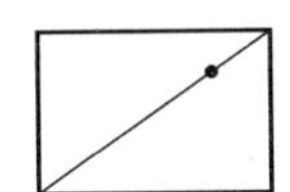

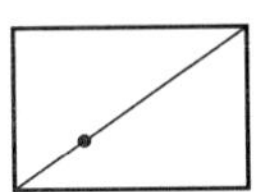

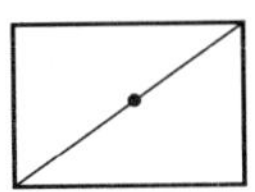

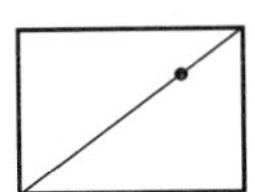

图 9-6　5 辆车采样点的布置

6) 6 辆车：每车采 1 个点，见图 9-7。

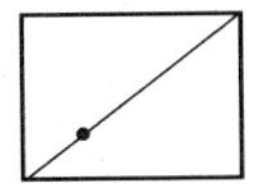

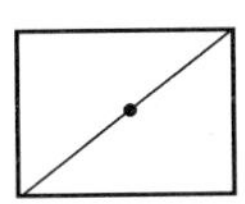

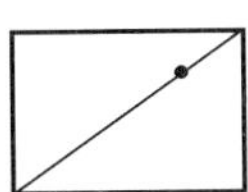

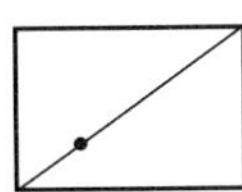

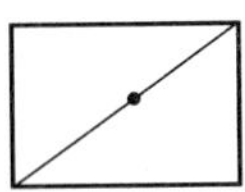

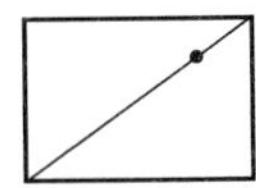

图 9-7　6 辆车采样点的布置

2. 汽车煤采样机的结构

图 9-8 所示为汽车煤采样机结构示意图。该采样机的结构主要由样品采集部分、破碎部分和缩分集样部分组成，余煤处理按需要配置。汽车煤采样机一般安装在运煤汽车经过的路旁，并且

采用固定安装方式。其工艺流程为：先由钻取式采样头提取煤样，主臂抬起后所采得的煤样沿主臂内部通道进入制样部分，再经细粒破碎机破碎后进入缩分器缩分，缩分后有用的煤样进入集样装置。

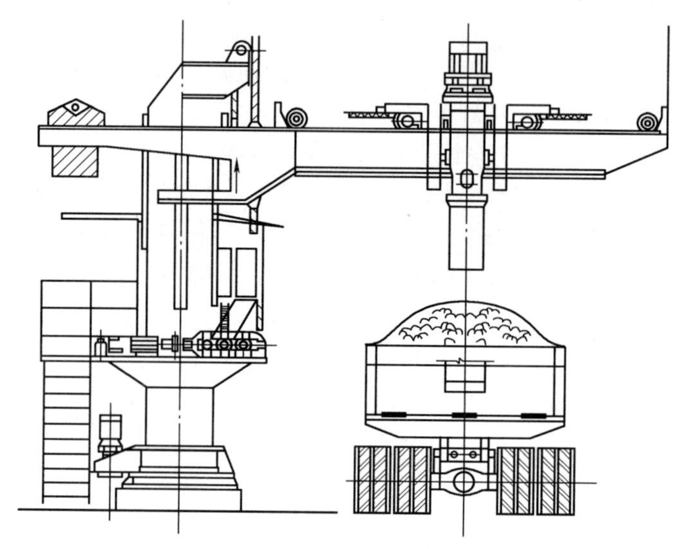

图 9-8　汽车煤采样机

三、火车煤采样机

1. 在火车顶部采样方法

（1）人工采样：300mm×250mm 的专用采样尖铲，适用于火车、汽车顶部，以及船舱内和煤堆等静止煤的采样。在分布的子样点部位上挖坑至 0.4m 以下，然后采取子样。

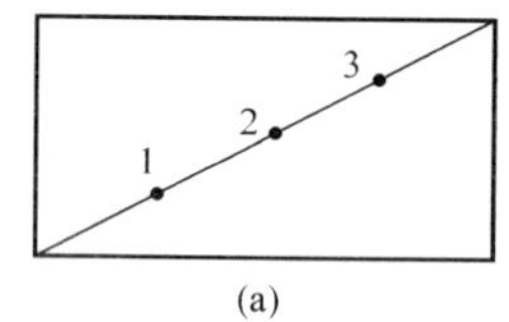

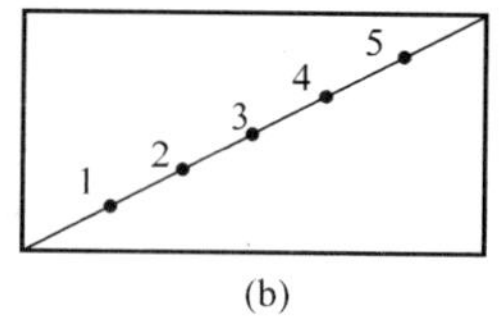

图 9-9　火车顶部子样点布置图

（a）3 点斜线法；（b）5 点循环法

（2）机械采样：可用接斗直接截取煤流采取煤样，也可用采样尖铲。子样点的布置有 3 点斜线法和 5 点循环法，见图 9-9 和表 9-1。子样的最小质量与煤的粒度有关（见表 9-2）。粒度越大，煤质越不均匀，采样量越多。

表 9-1　　**子样点布置的规定**

	煤量（t）	子　样　数	采 样 方 法
原煤	≤300	≥18	3 点斜线法
筛选煤	＞300	每车皮 3 个子样	
精煤	＜300	不少于 6 点	5 点循环法
洗煤	≥300	5 点循环、1 个车皮 1 个样	

表 9-2　　**子样与质量的规定**

商品煤最大粒度（mm）	＞100	＜100	＜50	＜25
每个子样最小质量（kg）	5	4	2	1

2. 火车煤采样机的结构

图 9-10 所示为火车煤采样机结构示意图。火车采样机主要由采样小车、给煤机、破碎机、缩分器、集样器、余煤处理系统及大小行走机构组成。火车煤采样机能连续完成煤样的采取、破

碎、缩分和集样，制成工业分析用煤样，余煤返排回车厢。其工艺流程为：先由钻取式采样头提取煤样，再通过密闭式皮带给煤机送入破碎机，煤样经破碎机破碎后进入缩分器，然后缩分后的煤样进入集样器，多余的煤样由余煤处理系统排入原煤车厢。

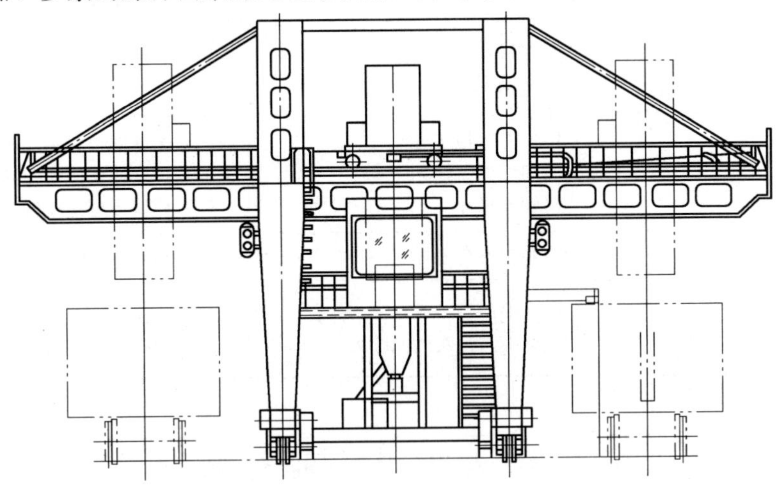

图 9-10　火车煤采样机

四、自动采样装置的运行维护

1. 启动前的检查

(1) 检查并确认电动机接地线牢固。

(2) 检查并确认控制箱上的电源指示灯明亮。

(3) 检查并确认各部位螺栓紧固无松动。

(4) 检查并确认各部位严密无漏煤。

(5) 检查并确认各部位销轴无串动。

(6) 检查并确认取样部件无变形及严重磨损。

(7) 检查并确认自动取样机周围无杂物。

(8) 检查并确认取样部件无黏煤。

(9) 检查并确认照明光线充足。

2. 运行中的检查

(1) 要求在输煤运行中，使用自动取样机取样时，禁止使用调试操作。

(2) 禁止在运行中清理取样部件上的粘煤。

(3) 禁止在运行中进行检修、擦拭、加油等工作。

(4) 取样机未停电，禁止任何人进行检修或拆下防护罩等工作。

(5) 禁止在运行中打开人孔门。

3. 常见故障及处理方法（见表 9-3）

表 9-3　　**自动取样机常见故障及处理方法**

故障现象	故障原因	处理
样品质量与测试质量不同	(1) 取样部件损坏 (2) 接收窗口的位置不正 (3) 挡板故障 (4) 分割器磨损或变形	(1) 检修取样部件 (2) 调整接收窗口的位置 (3) 检修挡板传动机构

续表

故障现象	故障原因	处理
三角皮带打滑	皮带太松	调整皮带松紧度
斗提机转动部件有异音，皮带跑偏	（1）减速机和轴承座缺油 （2）滚筒轴偏	（1）加油 （2）调整滚筒轴
电动机连续运行	（1）限位开关损坏 （2）时间继电器损坏 （3）接触器损坏	（1）检修限位开关 （2）检修或更换时间继电器 （3）检修或更换接触器
缩分比不准确	缩分口调整不合适	调整缩分口
碎煤机振动，破碎粒度大	（1）锤磨损严重 （2）推煤板与锤头的间隙大	（1）更换锤头 （2）调整推煤板与锤头的间隙

第二节 入炉煤采制样装置

一、入炉煤采制样概述

入炉煤采制样装置是电厂用来检测煤质特性的技术设备，它能在物料运输过程中，按照国际或国家的标准抽样的方法，自动取出并按规定标准要求制成具有代表性的试样，以便对样品进行物理和化学分析，确定其质量指标，为生产提供必要的技术数据。现在电厂都采用皮带机机械采制样设备，机械取样装置的采样方式有：皮带机端部采样和皮带机中部采样两种，入炉煤采制样系统如图 9-11 所示。

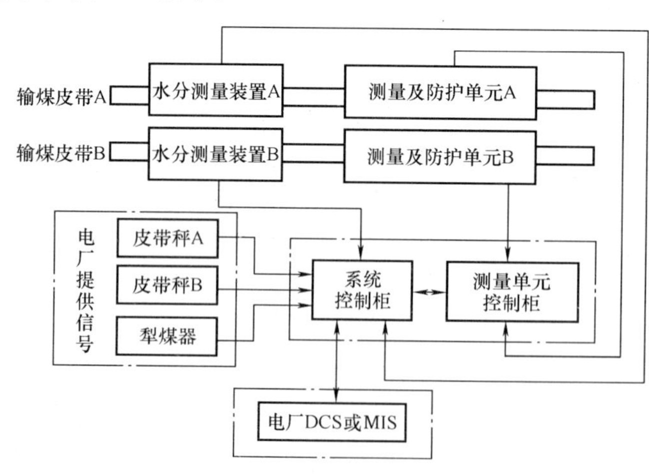

图 9-11 入炉煤采制样系统

二、入炉煤采制样装置的结构

1. 皮带机头部机械采制样设备

（1）皮带机头部采样机结构布置。图 9-12 所示为皮带机头部采样机布置结构示意图。皮带机头部采样机由采样头、给煤机破碎机、缩分器、余煤处理几部分组成。

（2）皮带机头部采样机工作过程。当皮带机头部配置转盘式采样头时，首先开孔的转盘在自动装置的控制下定期旋转切割煤流全断面，快速截取皮带机头部下落的煤流，这样截取的煤样通过落煤管进入给煤机，通过皮带（或螺旋）给煤机将样品煤均匀地输入破碎机，此过程应采用密闭式输送机，可防止粉尘污染，减少水分损失。煤样破碎机主要采用环锤反击式细粒破碎机（也可以采用小型破碎机），把煤样粒度缩减形成合格品，然后从排料口排出，粒度不大于 30mm 的煤样经破碎后粒度为不大于 6mm，煤样粒度与煤样质量成等级关系。斗提机或螺旋输送机，把弃煤送回皮带机。专人定期取送集样器中的煤样，便完成了采制样工序。缩分器的种类主要有刮扫式缩分器、移动料斗式缩分器、摆斗式缩分器、旋鼓式缩分器等，缩分器缩分比应为 1～1/80，并且可调。集样器备有

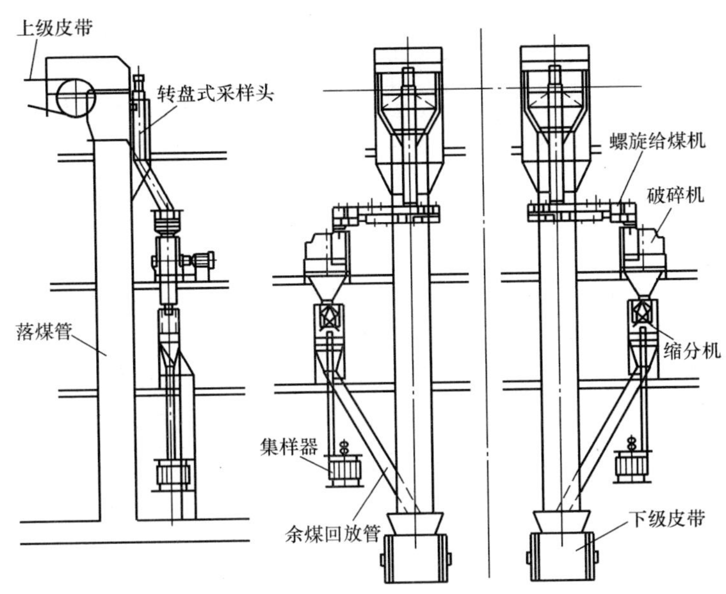

图 9-12　皮带机头部采样机布置

1～6 个样罐，并能实现电动换罐。

2. 皮带中部采制样设备

(1) 皮带机中部采样机结构。图 9-13 所示为皮带机中部采样机结构示意图。皮带机中部采样机主要是由采样头、破碎机和缩分器等部件构成。

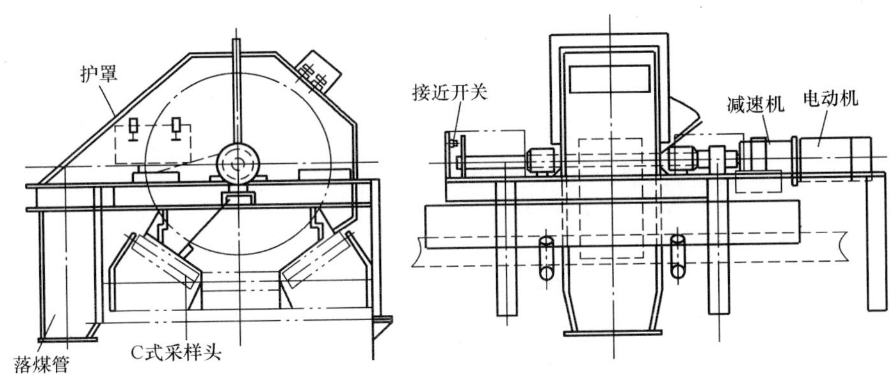

图 9-13　皮带机中部采样机

(2) 皮带机中部采样机的工作过程。采样头刮扫器杠杆定期以最快的速度贴近皮带旋转对煤流进行刮扫取样，刮取的煤样通过落煤管进入碎煤机中破碎后，样品煤粒度达到 3～4mm；破碎后的样品再经过缩分后进入样品煤收集器内，采样制样工作即告完成。

(3) 对采样过程的工作要求。系统密闭性好，整机水分损失应小于 1.5%。在燃煤水分达到 12%时（褐煤除外）仍能正常工作。

采样头工作时移动的弧度应与皮带载煤时的弧度相一致，以消除留底煤，掠过皮带的速度以不丢煤为原则，要保证能采到煤流整个横截面而且不接触皮带，保证在旋转过程中回到起始位置后不接触煤流。

采样头动作时间一般在 0～10min 内可调，以满足不同均匀度煤的需要。

破碎机的工作面应耐磨，当破碎湿煤时，不发生堵煤现象。破碎机工作时无强烈的气流产生，以减少水分损失。出料粒度中大于3mm的煤不超过5%。应能自动排出煤中金属异物，碎煤机被卡时保护装置动作，碎煤自停延时反转后可将异物从排出孔排出，以保护破碎机。

缩分器缩分出的煤样量要符合最小留样质量与粒度关系。余煤回送系统要简易可行，能将余煤返回到采样皮带下游。

三、运行维护

1. 运行中的检查

设备运行中检查以下方面：①自动采样头运行平稳，未伤及皮带，刮斗动作可靠，采样周期稳定；②给煤机运行正常，给料均匀，湿煤时未发生堵塞，且除铁器运行良好；③碎煤机运行正常，破碎机出料粒度小于6mm，无发热现象，无堵塞现象；缩分比例正常，机内未发生堵塞；④余料回收装置运行正常，无堵煤现象，各处不漏煤；⑤各电气设备运行正常，无过热现象，各保护信号良好。

2. 采样装置的启停

①皮带采样装置的启停受集控室的程控进行，并和皮带连锁运行；②皮带采样装置在就地设有控制盘，盘上有设备运行指示信号；手动控制按钮，可实现就地的设备调试和事故情况时的就地取样。

3. 常见故障处理

采制样装置的常见故障处理见表9-4。

表 9-4　采制样装置的常见故障处理表

故　　障	故　障　原　因	故　障　处　理
振动且噪声大	机座安装不牢	紧固机座
	转子失去平衡	使转子平衡
	轴承内有杂质或损坏	清洗或更换轴承
	粉碎机超负荷	减至正常负荷
	粉碎机进入铁块等异物	排除异物
破碎粒度大	动、静齿盘磨损严重	更换齿盘
	筛网损坏严重	更换筛网
轴承温度过高	润滑脂不佳或数量不当	保证正常合理的润滑
	轴承质量低劣或损坏	更换轴承
皮带打滑	皮带太松	张紧皮带

第三节　煤质在线监测仪

在线检测煤质成分，实时监控入炉煤质，是锅炉节能和电厂煤场管理的保障。原煤中碳、氢、硫等组成的有机物及碳都是可燃烧性物质，这些物质的原子量虽然不同，但是原子序数都比较低，平均值为6左右。煤灰中硅、铝、钙、铁的氧化物及盐类物质是代表着不可燃烧的物质，即灰分，这些元素的原子序数都比较大，灰分的平均原子序数大于12。可燃烧物质与灰分之间的平均原子序数相差大于6左右，可以利用这个差异值的物质特性通过γ射线来检测灰分含量及热值。

一、煤质在线监测仪的应用原理及特点

1. 应用原理

煤质在线监测仪用双源γ射线穿透法来测试灰分值。根据穿透皮带煤层后探头获得射线剂量的大小，来计量并确定煤中灰分值的大小，进而转换运算出煤的发热量数值。射源中低能量射线既能用来监测煤质灰分，也能用来消除厚度密度带来的影响。

煤质在线监测仪的安装示意图如图9-14所示，射源装于上下层皮带中间，探头正对准射源装于皮带上约300mm的高度。工作时对皮带煤流进行实时不间断监测，并运用微积分计算原理提高精确度，测量时间为10次/s、1次/s或10次/min可选，煤流厚度为100～300mm。

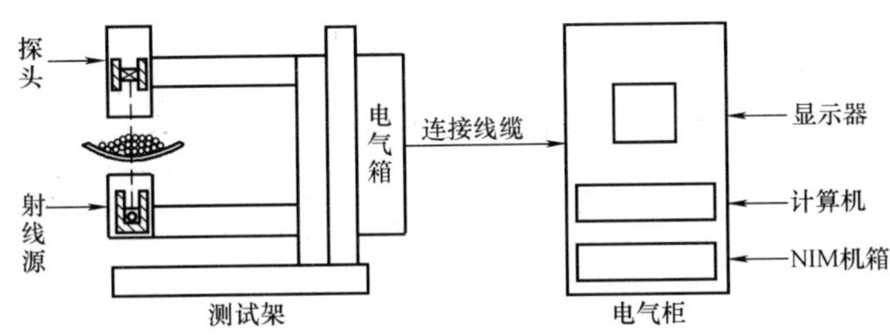

图9-14　煤质在线监测仪示意图

2. 特点

(1) 属非接触测量，检测快速，可提高入炉煤检测质量和水平，有效识别来煤中掺混的劣质煤、煤矸石等。

(2) 全煤流检测，取消采制样，避免了采样、制样等人为因素的干扰。

(3) 连续全扫描监测，实时性强，误差小；每6s内给出一次测试结果，可连续显示灰分和热值曲线，及时准确地反映煤质变化情况。

(4) 全指标检测，除工业指标外，还可检测灰成分及煤质特性等指标；在线跟踪监控磨煤机进出口、燃烧出口煤质。

(5) 接口灵活，检测数据可传送至电厂燃料、运行、管理等相关部门。

3. 优点

(1) 减少非停、熄火等事故。该装置可实时在线检测入炉煤煤质，运行人员可根据煤质及时调节配风，避免机组非停、锅炉熄火等事故的发生。

(2) 提高锅炉效率。该装置可实时在线检测入炉煤质，运行人员可根据煤质及时调节配风，确保锅炉在最佳工况下运行。

(3) 减少稳燃油用量。采用入炉煤在线检测装置，运行人员可根据燃料成分、煤质特性及时调整锅炉燃烧，确保锅炉在最佳工况下运行，不投助燃油或者减少助燃油用量。

(4) 减少机组电耗。采用入炉煤在线检测装置，运行人员可根据煤质特性及时调整制粉系统磨煤机、风烟系统风机、除尘系统除尘器、灰水系统灰渣泵等设备的运行参数，确保设备处在最佳工况下运行。

二、监测和维护

来煤比较杂的电厂，应根据经验，将来煤大致划分为几个煤种。在使用中由于不同煤层所含元素有所差异，特别是硫元素、铁元素对测试的影响显著，所以要根据不同的校验值分煤种监测。

使用中应加强对放射源的防护和管理，防止丢失。若长期不用，要先关闭射线源，若探头影响检修等工作，可通过远程控制按钮或现场按钮将探头转出皮带。

监测仪辐射水平低于国家规定值，水平方向0.8m外射线强度接近房间本地的辐射水平。在工作状态下，冲洗皮带或检修时，可能接触射线，水平方向尽可能和测试探头保持大于0.5m的

距离。垂直方向不得将手或身体其他部位伸进探头与放射源之间。如果伸进探头与放射源之间，应随即用水冲洗。

复 习 思 考 题

1. 入厂煤的采样有什么重要意义？
2. 螺旋采样装置由哪些部件构成？
3. 煤质在线监测仪的应用原理是什么？
4. 煤质在线监测仪的特点是什么？

第三篇

燃料设备及运行技术

第十章 卸 煤 设 备

第一节 概 述

火力发电厂的运煤方式决定卸煤的方式和设备。目前运煤方式主要有公路运煤、铁路运煤和水路运煤三种方式，每一种来煤方式都有对应的卸煤方式。

一、公路来煤的卸煤机械和受卸设施

由公路运来的煤主要是汽车运煤。汽车卸车机是用来接卸平板汽车或拖挂车运煤的专用机械，可以将煤快速卸到固定的地下煤斗内，汽车卸车机提高了汽车卸煤的效率，减轻了工人的劳动强度，节省了大量的劳动力。当部分或全部燃煤采用汽车运输时，厂内应根据汽车运输年来煤量设置相应规模的受煤站，不宜采用在斗轮式和抓斗式煤场的煤堆上卸车的方式。部分燃煤由公路运输的发电厂，铁路卸煤设施的规模应结合公路受煤设施的能力综合考虑，做适当调整。

1. 卸煤设备

（1）插铲刮板式卸车机。目前多数采用垂直升降插铲刮板式卸车机，这种卸车机克服了弧线升降所形成的刮料死角，有效地减少了余料量，提高了作业效率。

（2）螺旋汽车式卸车机。螺旋汽车式卸车机集螺旋与刮板于一体，采用垂直升降和液压恒定浮动补偿技术，卸车效率较高。综合出力 2～50t/h，每辆车卸车时间约 60s，螺旋直径为 800mm，大车机构跨度为 13.5m。

（3）液压台式卸车机。液压台式卸车机结构简单，在煤斗箅子旁做有一个液压平台，靠近箅子的一侧用销轴固定，远离箅子的一侧用液压油缸来升降。使用时将汽车背靠箅子停放在液压平台上并固定止挡，然后打开汽车的后马槽，即可起升液压油缸后汽车头部随平台升高，煤自动流出直到卸空为止。

2. 受卸装置

（1）当发电厂汽车运输年来煤量为 30×10^4t 及以下时，受煤站宜与煤场合并布置，可将煤场内某一个或几个区域作为受煤站，采用抓斗式起重机、装载机和推煤机等清理受煤站货位。当燃煤以载重汽车为主运输时，受煤站宜设置简易卸车机械；受煤站内采用地下受煤斗输出，其输出系统宜与煤场共用。

（2）当发电厂汽车运输年来煤量在 30×10^4～60×10^4t 时，受煤站可采用多个受煤斗串联布置或浅缝式煤槽布置方式；当燃煤以载重汽车为主运输时，受煤站宜设置卸车机械；受煤站的输出系统宜尽量与煤场共用。

（3）当发电厂汽车运输年来煤量在 60×10^4t 及以上时，受煤站宜采用缝式煤槽卸煤装置；当燃煤以载重汽车为主运输时，受煤站应设置汽车卸车机。

二、铁路来煤的卸煤机械和受卸设施

对铁路来煤的卸煤机械的要求是：卸煤速度快，彻底干净且不损伤车厢。对受卸设施的要求是：具备一定的货位，使之不影响一次或多次卸车，并能将所接受的煤尽快地转运出去。

1. 卸煤设备

(1) 螺旋卸煤机。螺旋卸煤机是利用螺旋体的转动将煤从单侧或双侧拨出的。单向螺旋体的卸煤机为单侧卸煤，双向螺旋体的卸煤机为双侧卸煤。螺旋卸煤机较适合于卸小块煤或碎煤，对于卸冻煤也有一定的适应性。

(2) 翻车机。翻车机是将敞顶煤车翻转一定角度，使煤靠自重卸下的一种卸载专用机械。在电厂中使用时需相应设置缝式煤槽或地下煤斗，以构成完整的受卸设施。翻车机多用在大中型火电厂，有转子式和侧倾式两种。转子式翻车机是被翻卸车皮的中心基本与翻车机转子同心，车皮和转子同时回转，将煤卸入下方的受煤斗中。侧倾式翻车机是被翻卸车皮中心与翻车机转子中心保持一定的偏心距离，借助转子的悬臂举升车皮，将煤倾卸在一侧的受煤斗中。

(3) 底开车厢。底开车厢是煤矿至发电厂的专用煤车车厢。车厢底部为两块相互对合可翻动的平板，当平板翻动时，由于煤的自重，煤由车厢底部卸出。底开车厢的优点是卸煤速度快，卸车时间短，操作简单，清车工作量小，适用于固定编组的专列运行。

2. 受卸装置

(1) 长缝煤槽受卸装置。螺旋卸煤机、底开车厢通常与这种受卸装置配合。煤由铁路两侧的箅子落入煤槽中，经下边缘的长缝口散落在卸煤台上，再由叶轮给煤机单侧或双侧拨到单路或双路带式输送机的皮带上。

(2) 翻车机受卸装置。煤由单翻车机或双翻车机卸入设有箅子的受煤斗中，并经带式给煤机输送至与翻车机轴线平行或垂直引出的带式输送机上。

三、水路来煤的卸煤机械和受卸设施

靠近港湾和通航河道的燃煤电厂多采取水路来煤的运煤方式。煤由煤船装运至发电厂煤码头，并由卸煤机械卸至输送机上，送往储煤场及锅炉房原煤仓。水路来煤具有运费低廉及运输能力大的优点，因此被具有水路运输条件的发电厂广泛采用。由水路来煤的电厂，应装设码头卸煤机械；卸煤机械的总额定出力应根据与交通部门商定的煤船吨位及卸船时间确定，但不应小于全厂锅炉最大连续蒸发量时总耗煤量的300%；全厂装设的卸煤机械的台数不宜少于两台。大型码头的卸船机械宜采用桥式抓斗牵引式卸船机；接卸万吨级以上非自卸船的煤码头应配备清仓机械。

1. 码头

船舶停靠码头分浮码头和固定码头两类。浮码头由船、联桥和引桥组成。固定码头多采用桩基或大量土石方填筑建立的钢筋混凝土构筑物，必要时附带建有防浪堤。

设计中尽可能利用或扩建原有的港口码头。如必须新建船舶码头时，可与附近的厂矿企业联合建设，统一调度使用。如无上述条件时，则设置电厂专用的船舶码头。

2. 卸煤设备

(1) 桥式抓煤机。卸煤时，它将煤提升到一定高度后，卸入指定的受卸设施——固定式或移动式煤斗中，并以相反的动作回复原位。煤斗中的煤由皮带输送机送往储煤场或直接送往锅炉房原煤仓。

这种设备的缺点是工作效率不太高，卸煤时对环境的污染大。这是由于它在以相反动作回复原位时不抓煤，形成了周期性间断工作，而且煤爪在放煤时易造成煤尘飞扬，从而影响了它的工作效率和工作环境。但由于它使用和维修方便，因而为许多中、小型火力发电厂所采用。

（2）链斗式卸煤机。这种卸煤机由置于壁架前端的若干链斗向一个方向连续不断地回转，将煤从船舱中取出，然后倒入置于臂架上的皮带输送机，并由皮带输送机送往储煤场或锅炉房原煤仓。

链斗式卸煤机的优点是工效高、能耗小，对环境的污染也较小。因为它不像桥式抓煤机那样周期性间断工作，而是连续工作，若干链斗不断地取煤、倒煤，且倒煤的动作幅度较小。该机械的主要缺点是结构复杂且易磨损。

3. 受卸装置

水路来煤的受卸设施是指煤码头及码头上的煤斗和皮带输送机等。煤卸船后，均通过码头上的皮带运输机接入电厂的输煤系统，运到储煤场存储，或直接送进锅炉房。

第二节　翻　车　机

一、翻车机卸车系统

翻车机卸车系统是一种采用机械的力量将车辆翻转以卸出物料，它是安全、高效的现代化大型卸车设备，广泛用于火力发电厂、港口、矿山等散装物料的翻卸，其综合卸车能力可达1200t/h（合每小时卸车20～25节），环保性能好，适用于铁路敞车作业，整个作业过程可实现全自动，并有可靠的监控及故障诊断功能和综合管理功能。

翻车机卸车线是以翻车机为主机，配有重车铁牛、摘钩平台、迁车台、空车铁牛等设备组成的作业线。随着设备的逐步更新换代，目前翻车机卸车线也有了较大的变化。首先主机由原来的“单翻”转变到“双翻”及“多翻”，其次重牛和轻牛也在逐步被调车机所取代。这个作业线生产效率高，同时为卸煤机械实现自动控制创造了条件。

翻车机系统按车辆流程分为贯通式布置或折返式布置两种形式，系统中的核心设备是翻车机本体，其结构型式可分为转子式翻车机和侧倾式翻车机两种类型，其中转子式翻车机又分为“C”型转子式翻车机和“O”型转子式翻车机两种。另外按本体的驱动方式又可分为钢丝绳传动和齿轮传动两种；按压车形式可分为液压压车式和机械压车式两种；按翻卸能力又可分为“双翻”和“三翻”等多种类型。但目前习惯上采用按结构型式分类。

火力发电厂因所处的地形地质条件不同，卸车线的布置形式和设备组成也不尽相同。根据布置形式，卸车线可分为贯通式和折返式两种。

1. 折返式翻车机卸车线

当厂区平面布置受限时，常采用折返式翻车机卸车线，这种布局结构紧凑，也是一种用得比较多的翻车机卸车线，折返式卸车线需由迁车台将翻卸后的空车平移到与重车线平行的空车线上，再通过空车铁牛将空车一节一节地推送出去。

由前牵地沟式重牛、摘钩台、重车推车器、“O”型转子式翻车机、迁车台和空车铁牛等组成的折返式翻车机卸车线布置形式如图10-1所示。这种作业线的工艺流程是：重车铁牛将整列重车牵引到摘钩台上就位后，摘钩台后端抬起，第一、二节车钩脱开后第一节重车靠斜坡自溜或重车推车器将其推入翻车机定位，由翻车机将车辆夹持定位整体翻转165°～175°，物料卸入料斗内，并回翻至0°；卸完煤的空车由翻车机平台上的推车器推入迁车台，启动迁车台使之平移到与空车线对位后，迁车台上的推车器又将空车推到空车线上，空车溜过空牛牛坑后，空牛出坑，将空车一节一节地推送出去。

早期的折返式卸车线也有用后推式重车铁牛或前牵式重牛而不设摘钩台的，重车靠人工摘钩、坡道溜入翻车机进行翻卸。待卸的煤车在翻车机进车端前就位停稳后，机车退出重车停车线，运行人员做好解风管、排余风缓解煤车制动闸瓦等工作后，重车铁牛开始工作。当翻车机在零位，定位器升起时，重牛驶出牛槽，牛臂上的车钩与列车接触，铁牛以 0.5m/s 的速度推动或拉动列车向翻车机前进。当第一辆车进入坡道时，操作人员提起第一辆车与第二辆车之间车钩的钩提，铁牛的驱动装置制动，使第二辆车及以后的车辆停止前进，第一辆车依靠惯性沿坡道溜进翻车机。当第一辆车的最前面的一组轮碰到翻车机活动平台上制动靴时，车辆停止，翻车机翻转卸煤，翻车机返回零位时，制动铁靴落下，活动平台上进车端的推车器将空车推出翻车机。卸完煤后的空车通过推车器、迁车台和空车铁牛送到空车线上集结成列，这些结构布局因为有过多的人力劳动和车辆自行溜放工序，因此难以实现自动化控制，现已逐渐被淘汰。

由“C”型转子式翻车机、重车调车机、迁车台和空车调车机等设备组成的折返式作业线是目前比较先进合理的翻车机卸车系统，这种系统中的重车调车机和空车调车机取代了“O”型转子式翻车机系统的重牛、摘钩台、重车推车器和空牛等设备，使全部作业过程中车辆不存在自行溜放的失控现象。当重车调车机牵引整列重车到位后，重车靠人工或自动摘钩，由重车调车机将第一节重车牵入翻车机；翻卸完毕后，由牵引第二节重车的重车调车机的前钩将第一辆车皮推送至迁车平台上并定位，当迁车台移动到与空车线对位后，由空车调车机将空车推到空车线上。

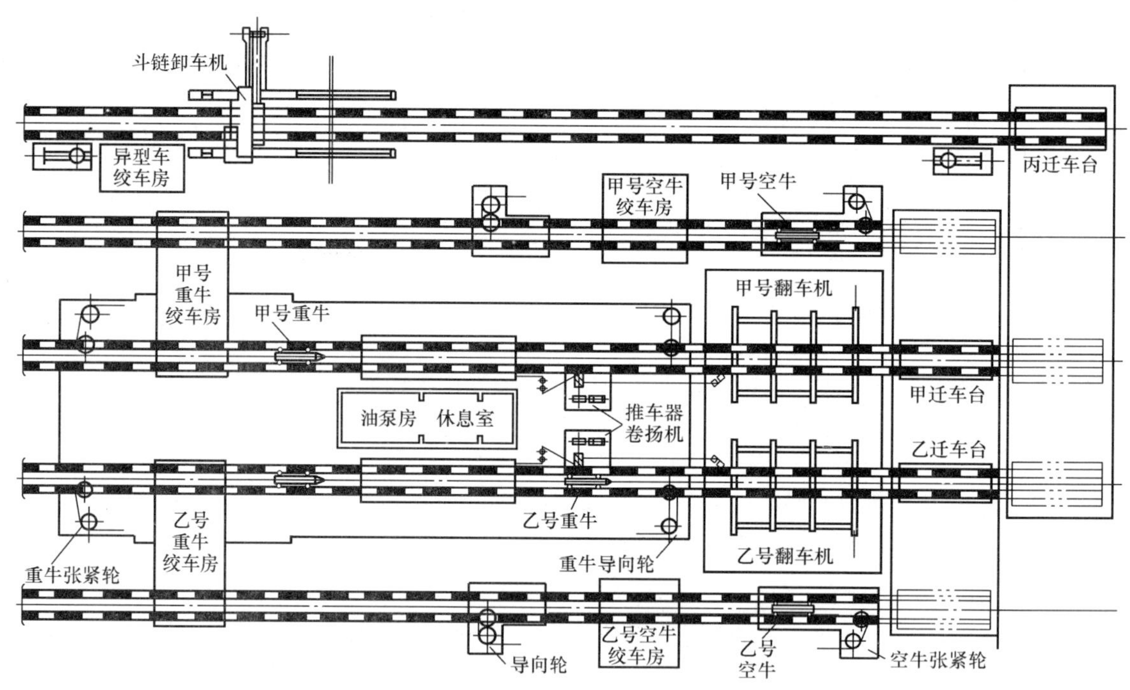

图 10-1　折返式翻车机卸车线布置形式

2. 贯通式翻车机卸车线

贯通式翻车机与折返式翻车机运行过程基本相同，区别是在翻车机后没有布置迁车台，而是将翻卸后的空车通过铁牛（当空车推出翻车机溜过空车铁牛的牛槽后，空车铁牛驶出牛槽，推动空车向空车线运行一节车箱长度的距离后，空车铁牛返回牛槽）或调车机直接推向空车线。贯通式翻车机卸车线适用于翻车机出口后场地较广、距离较长的环境，空车车辆可不经折返而直接返回到空车铁路专用线上。贯通式卸车线主要有以下两种布置形式。

（1）由翻车机、前牵式重车铁牛、摘钩平台和空车铁牛等设备组成的作业线。结构布局如图 10-2 所示，整列重车由前牵式重车铁牛牵引到摘钩平台上，重车由摘钩平台自动摘钩后溜入翻

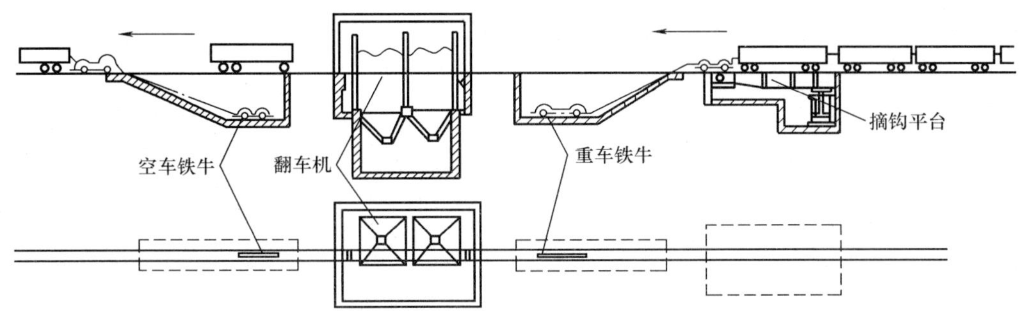

图 10-2　贯通式卸车线（一）

车机进行翻卸，卸完的空车由推车器推出，并由空车铁牛推到空车线上。

（2）由翻车机、重车调车机（或拨车机）等设备组成的作业线。结构布局如图 10-3 所示，整列重车由重车调车机牵引到位，靠人工摘钩，重车调车机将单节重车牵到翻车机内进行卸车，卸完的空车再由重车调车机送到空车线上。

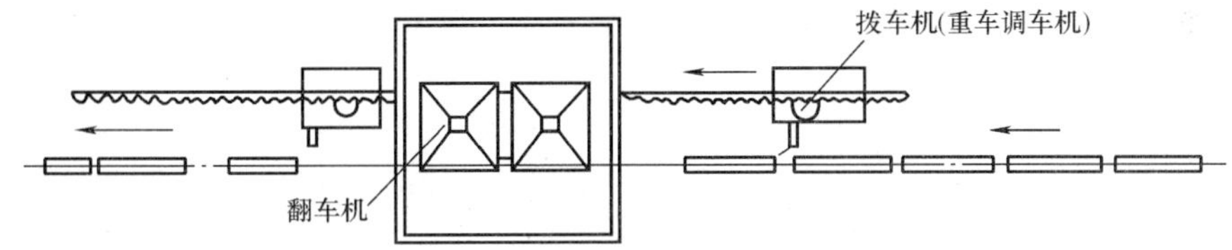

图 10-3　贯通式卸车线（二）

二、翻车机及其附属设备

（一）“O”型转子式翻车机

转子式翻车机是由转子、平台、压车机构、传动机构等部分组成，如图 10-4 所示。

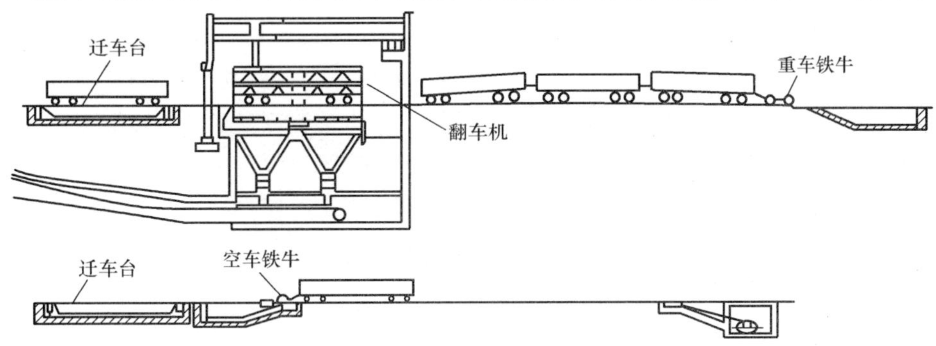

图 10-4　折返式翻车机卸车线

这种翻车机的转子是整体结构。整个转子由底梁、压车梁和管子联系梁等四个成封闭形的圆环联系起来，并放置在四组托辊上。压车装置采用四连杆摇臂机构，共两组，每组均由连杆，导向装置等组成。

平台上安装有定位装置和推车装置。定位装置安装在平台的出车端，以液压缓冲器为主体，由其和制动铁靴等组成，使溜入翻车机的车辆能自动减速并停止。而推车装置是以停车平台进车端的推车器为主体，由它和传动卷扬机所组成，当翻车机恢复到原位后，推车器便将空车推出翻车机。由于其转子是整体结构，因此取消了中间支座，从而解决了中间支座积煤严重的问题。

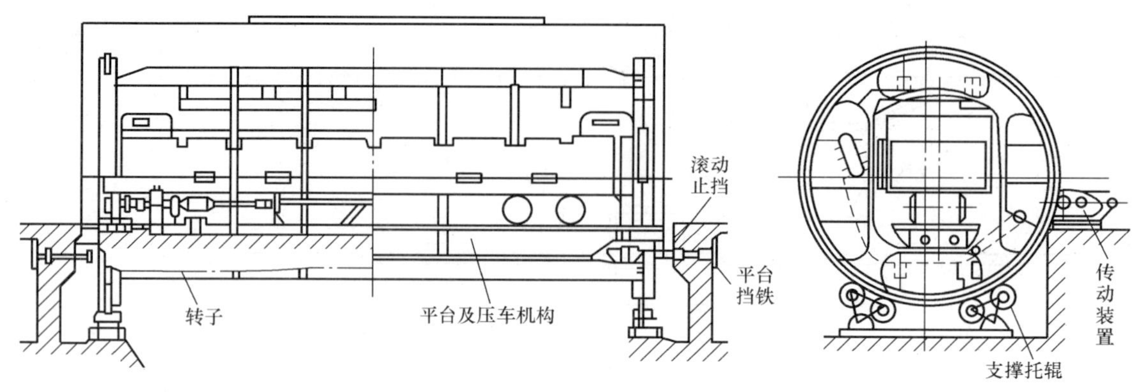

图 10-5　KFJ-3 型转子式翻车机

为适应摘钩后车辆溜入翻车机时速度较大的需要，增大了定位装置上液压缓冲器的容量，将液压缓冲器的行程由 180mm 增加至 300mm，将接受速度由 0.6m/s 提高至 1.2m/s。同时，为了方便检修，将液压缓冲器移至平台台面上。

（二）KFJ-3 型转子式翻车机的工作过程

KFJ-3 型转子式翻车机的结构如图 10-5 所示。当满载货物的重车溜入翻车机后，平台上的制动铁靴处于升起位置，车辆第一个轮对接触制动铁靴，在液压缓冲器的作用下，消耗掉车辆的全部动能，使其停止。当电动机启动，其转子转至 3°～5°时，平台及其上的车辆，在自重和弹簧装置的作用下，向托车梁移动，并使车辆侧帮靠在托车梁上。弹簧装置的一端与摇臂机构联系，而另一端则支撑在活动平台上，因此弹簧始终力图使活动平台向托车梁移动。

当平台两端的定位辊子离开基础上的平台挡铁，转子继续转动时，车辆、活动平台及摇臂机构与转子无相对运动而一起转动。转子转到 54°时，摇臂机构和平台与车辆一起开始脱离底梁，相对于转子沿月牙形导槽作平行移动，直到车辆上边梁与压车梁接触将车辆压紧为止。目前进入翻车机的车辆中，G1 型煤车的移动行程最大，而 M1 型煤车的移动行程最短。对于行程最短的车辆，转子转到 65°即可将车辆压紧，对于行程最大的车辆，转子转到 85°时就能将车辆压紧。车辆压紧后，平台、摇臂机构及车辆与转子再一起转动，一直旋转到最大角度 175°。转子从最大角度返回原位时，沿上述过程逆向进行。为了使转子回到原位时不致产生大的冲击，在每组摇臂机构下安装了两组液压缓冲器。转子回到零位的准确程度是由平台两端的辊子、固定在基础上的平台挡铁及平台侧面的弹簧来保证的。平台两端的辊子与基础上的平台挡铁相碰，弹簧即被压缩，使平台上的铁轨与基础上的铁轨对准。

当翻车机恢复到原位后，定位装置的偏心轮转动，使制动铁靴落下，推车器随即启动，将空车推出翻车机，制动铁靴升起，等待下一辆车的溜进。这样就完成了一个工作循环。

（三）“C”型转子式双车翻车机

“C”型转子式双车翻车机是目前国内大型燃煤电厂开始使用的一种新型翻车机。有些双车翻车机实质上是两台同型单车翻车机有机串联在一起使用，可以同时双车翻卸，如其中有一台出现故障，也可以解除机械连接，单台运行；消除故障后，再连接起来进行双翻作业。使用双车翻车机可以很大程度地提高劳动生产率。下面以大连重机厂和国外合作生产的 FZ2－1C 型双车翻车机为例作简介。

1. 技术性能

翻卸质量：额定 2×85t；最大 2×100t。

适用车型尺寸：长 11938～14038mm；宽 3140～243mm；高 2790～3293mm。

回转角度：正常工作角度165°；最大回转角度175°。

回转周期：60s。

电动机型号：YIR315S-8。

电动机功率（S=40%）：2×75kW。

电动机转速：733r/min。

减速机型号：ZSY355。

减速机速比：35.5。

制动器型号：YWZ400/90-10。

开式齿轮模数：20mm。

开式齿轮速比：20.524。

总速比：728.6。

设备质量：255t。

2. 设备的组成与结构

FZ2-1C型转子式双车翻车机是由主结构、夹紧装置、靠板装置、支承装置、传动装置及液压系统等组成。

翻车机的主结构是由平台、侧梁、夹紧梁将两端环连接成的回转体组成。平台、侧梁与上下半端环采用焊接方式连接，夹紧梁为螺栓连接。为运输方便，平台、侧梁均分为三段，其中间段为独立段，分别用高强度螺栓与两端段连接，而两端段分别与上下半端环焊固，两个半环用高强度螺栓连接。在使用现场将上述部分组合成翻车机的主结构。

平台位于主结构的下部，箱形梁结构是它的主结构，其两端与端环焊固。其上有钢轨和护轨，两端与过渡短轨连接。钢轨是供各种敞车进出翻车机和使车辆在设定位置停于其上之用；护轨是防止车辆在翻转过程中掉轨。

侧梁位于主结构“C”型端环中部倾翻侧，采用箱形梁结构，两端与端环焊接在一起，其上与靠板伸缩油缸相连。

夹紧梁位于主结构的上部，采用平行四边形箱形梁结构，其上装有八组夹紧油缸装置，并与端环用高强度螺栓连接。

端环分为上左、上右、下左、下右半端环。上下半端环之间用高强度螺栓相连接，左右端环通过平台、侧梁、夹紧梁连成一体组成主结构。端环上装有驱动齿块，环形轨道。翻车机是借助轨道在支承辊上滚动来完成回转动作，从而将车箱内装载的物料卸掉的。而回转动作是由驱动小齿轮带动端环上的齿块来完成的。主结构及其安装在其上的部件，加上重车的重量，均通过端环支承于支承装置上，可见，主结构是翻车机的骨骼，而端环又是连接所有主结构的枢纽，并且驱动装置也要通过端环传递动力来完成回转0°～175°使车辆翻卸的任务。

夹紧装置是翻车机安全工作的关键部件。它由夹紧横梁、夹紧油缸、铰轴支架、夹紧臂、液压缸支架组成。在夹紧过程中，通过夹紧梁以及夹紧梁上的夹紧油缸伸缩运动，随同很小范围内的转动，带动夹紧横梁压住车辆的两边（共八组），随同平台上钢轨一起将车辆夹紧。卸出物料后，车辆转向架弹簧所释放的力，由液压卸掉一部分，从而降低夹紧横梁施加于车辆上边梁上的力，达到卸荷的目的。

靠板装置是消除车辆与靠板间隙的部件，它由靠板体、驱动油缸和连杆组成。在靠板体内前端面装有振动器，可将车厢内壁黏着的物料振下，一般在翻转到150°时开始振动，返回到150°时停止振动。连杆支承在靠板体两端，它的另一端与平台铰接。驱动油缸的伸缩以完成消除车辆与靠板间隙的任务，它一端与侧梁铰接，一端与靠板铰接。靠板体是一焊接件，承受车辆在翻转过程中施加于它的压力。

支承装置分为两组，一组为平辊，一组为凸缘辊。凸缘辊安装在进车端，平辊安装在出车端，分别支承着端环。每组支承辊有四个辊子，每两个辊子通过平衡梁可以转动，从而保证四个辊子均能与端环上的轨道接触，把回转部分的负荷传到基础。

传动装置由电动机、制动器、减速机、联轴器、小齿轮等组成。由于主结构自身刚性较强，故采用两端环分别驱动方式。电动机采用带有涡流制动器的绕线式电动机，具有较高的过载能力和起制动平稳的性能。采用硬齿面减速机，具有承载能力强、效率高、体积小、质量轻之优点，所采用的液压推杆制动器工作可靠，无冲击，齿形联轴器传递扭矩大，允许有一定的安装误差，工艺性能好。

过渡短轨是承接平台与地面基础轨道的过渡轨道。

3. 工艺流程及工作过程

C型双车翻车机一般与拨车机、夹轮器、推车机、逆止器等组成系统作业线。一般生产作业时与拨车机和夹轮器配合即可；需要高效率作业时，需增加推车机。前一种情况的简单流程为：

1）夹轮器、拨车机、翻车机、逆止器就位；

2）夹轮器夹紧待翻列车；

3）拨车机与重车列车连挂；

4）夹轮器打开；

5）拨车机牵引重车列前进，进入翻车机与两节空车连挂，再前进至二节车的位置停止；

6）夹轮器夹紧重车列；

7）手动摘掉前两节重车与后面重车列之间的车钩；

8）拨车机牵引二节重车、推送二节空车前进至重车进入翻车机指定位置定位；

9）拨车机后钩自动摘钩后，推送空车通过逆止器停止，自动脱钩返回一定距离；

10）拨车机大臂抬起；

11）拨车机高速返回到原始位置停止；

12）拨车机大臂落下与重车列连挂，等待下一循环。

翻车机工作过程是：当车辆进入翻车机指定位置停止后，靠板在油缸的作用下伸出，从而消除靠板与车辆之间的间隙，当靠板与车辆接触且发出指令时，夹紧横梁在油缸的作用下压紧车辆。当翻车机接到回转指令时，驱动装置电机启动，翻车机开始回转。当翻车机翻转至45°时洒水装置开始喷水，直至终点，以消除灰尘。当翻转至150°时振动器开始振动，振动过程为150°→165°→150°，将车厢内积料振落。

翻车机在翻转到70°之前，夹紧装置应全部夹紧，当翻机返回至70°时，夹紧装置回到原始位置。

当翻车机返回零位前20°左右（视具体情况而定），涡流制动投入，使翻转趋于缓慢，最后制动。当翻车机返回零位后，翻卸后的空车由拨车机推出（或由推车机推出），翻车机完成一个翻卸过程。

（四）侧倾式翻车机

侧倾式翻车机，即将被翻卸的车辆中心远离翻车机回转中心，使车厢内的煤倾翻到车辆一侧的受料斗内。侧倾式翻车机分为两种类型：一种是钢丝绳传动、双回转点夹钳式压车机构的侧倾式翻车机；一种是齿轮传动、液压锁紧压车的侧倾式翻车机。后一种翻车机结构较合理，在此着重讲述KFJ-1A型侧倾式翻车机。

1. 设备组成

KFJ-1A型侧倾式翻车机是由液压传动装置、回转装置、活动平台、本体结构四部分组成。

有关技术性能及结构在初级工教材中有详述，这里略加介绍。

液压传动装置包括：①液压站：液压泵、高压溢流阀、油箱、低压溢流阀；②管路部分：油管、单向阀、开闭阀；③执行机构：油缸、储能器；④回转装置：减速机、液压制动器、齿轮轴、齿圈等。

活动平台包括：①单向定位器；②止挡装置：减速机、制动铁靴、偏心轴；③推车器装置：减速机、卷筒、滑轮、钢丝绳；④弹簧缓冲器。

本体结构包括：回转盘、压车主梁，压车端梁、压车小梁、压车板、联系梁，托车梁、弹簧缓冲器、平衡重、接煤板等。

2. 工作原理

图 10-6 为压车原理图。当翻车机在零位时，平台上的定位装置的制动铁靴在升起状态。然后在重车推车器的作用下，将满载的一节重车沿着活动平台的轨道溜入翻车机，当前轮与制动铁靴接触后，开始制动，在液压缓冲器的作用下，车辆停止。车辆停止后，启动油泵，输出的高压油通过油管路、单向阀、开闭阀（处于全开位置）进入储能油缸和液压缸上腔（见图 10-6）。储能器管路末端和油箱连接处装有低压溢流阀（限压 2.5×10^5 Pa），储能器缸内压力超过 2.5×10^5 Pa 时，经低压溢流阀回到油箱。当储能器的压力逐渐升高时，储能器活塞开始压缩弹簧，使活塞向下移动，储能器内充满液压油。当油压升到 3.0×10^5 Pa 时，储能器顶端的节点压力表将发出信号，油泵停止工作。按动翻车按钮（此时油泵电机和驱动电机同时转动），翻车机驱动电机通过减速机及小齿轮带动回转盘转动，活动平台与重车在自重与弹簧的作用下，沿导向杆向托车梁移动，靠在托车梁上。

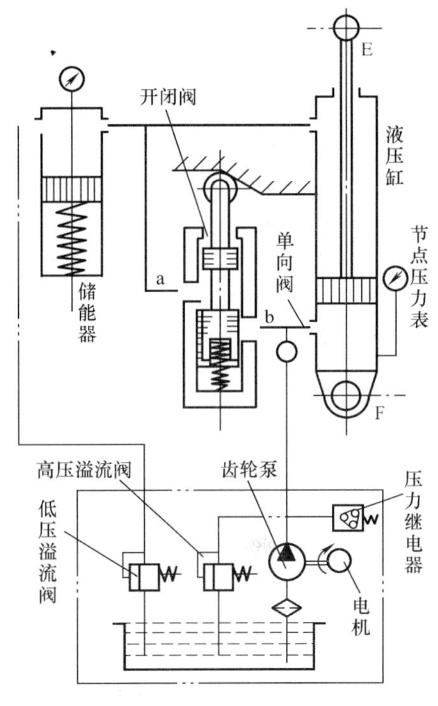

图 10-6 压车原理图
（开闭阀在关闭状态）

如图 10-6 所示，液压缸的上支点 E 是液压缸活塞杆和压车端梁的铰接点，液压缸的下支点 F 是液压缸与回转盘的铰接点。当回转盘转动、重车上边梁未与压车小横梁接触时，压车梁保持空间位置不动，这样与之相连的压车端梁空间位置也不动，故 E 点不动，而液压缸的下支点 F 点却随回转盘转动，因此，E、F 两点间距离拉长。当车辆上边梁与压车小横梁接触后，E、F 两点距离不变，此时两点同时随回转盘绕 O 点转动，平台、车辆、压车机构与回转盘间无相对运动，直至最终角度。

当回转盘在 0°～45°范围内旋转时，开闭阀的凸轮处于压缩状态，开闭阀 a、b 相通。此时由于 E、F 两点距离被拉长后，上腔的油经开闭阀 a、b 进入下腔。与此同时，储能器补给由于活塞杆体积所占据的那一部分空间，而缺少的油也通过 a→b 进入油缸下腔。因此油缸下腔是充满油的。储能器的油流出一部分后压力降低。此时压车主梁上的五个小压车梁和压车板全部贴合将车粘压住。在 0°～45°时，纯属机械作用将车箱夹紧。

当回转盘转动至 45°以后，凸轮处于拉伸状态，开闭阀处于关闭状态，即 a→b 通路堵死，如图 10-6 所示，油缸下腔成封闭状态。随着回转盘继续旋转，车辆及压车梁的重量全部作用在油缸上，此时高压油泵输出的油经单向阀直接注入液压缸下腔，使液压缸内油压上升，直至 50×10^5 Pa（最高压力，即翻车机反转到 160°时），由于液体不可压缩，便将车牢牢夹住。若液压缸内

压力超过 50×10^5Pa 时，压力可通过高压溢流阀回到主油箱。因 E、F 点距离不变，从而保证车辆不致脱轨。

当翻车机转到 160°时，停留 3～5s，使物料卸空后，电机换向，回转盘反向旋转。当返回到 45°时，凸轮从拉伸状态变成压缩状态，a→b 接通，油缸下腔的油重新流回上腔和储能器，此时储能器压力上升。当支腿与轴承座接触后，压车梁停在原空间位置上，而车辆脱离压车梁，与平台返回零位。在定位杆和缓冲弹簧的作用下，平台上轨道与基础轨道对准，与此同时，油缸被压缩，E、F 两点距离恢复到原始长度。当翻车机在零位停止后，电动机断电，制动器抱死。定位铁靴落下，推车器将空车推出翻车机。推车器返回原位，止挡器的定位铁靴重新升起到位，等待下一辆重车的溜进。以上完成了一个工作循环。

（五）翻车机的主要附属设备

1. 重车铁牛

重车铁牛是翻车机卸车线中的主要辅助设备之一，用于推送重载车辆。目前应用的重车铁牛有前牵式和后推式两种类型。前牵式重车铁牛具有运动距离短（40～50m），钢丝绳短，检修维护方便等优点。但车辆不能摘钩，需配置摘钩平台等设备。而后推式重车铁牛与此相反，因此，大多数翻车机卸车线均采用前牵式重车铁牛。30t 前牵地沟式重车铁牛有其独特的特性和构造。

30t 前牵地沟式重车铁牛是由卷扬装置、铁牛、液压系统以及轮滑、托轮、钢丝绳等组成，如图 10-7 所示。

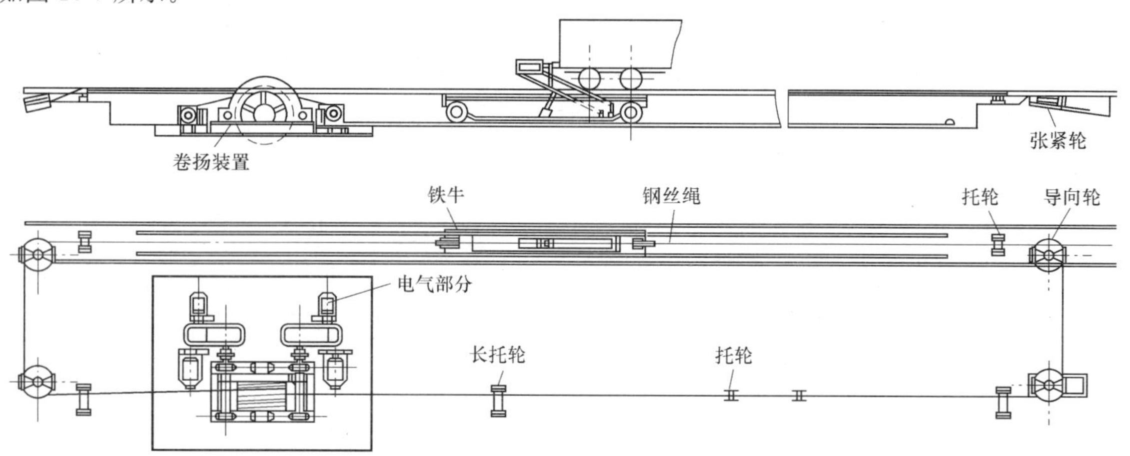

图 10-7 30t 前牵地沟式重车铁牛

卷扬装置是由传动装置和直径为 2m 的钢绳卷筒组成。传动装置是由左右两套完全相同的电动机、减速器等组成，每套均由大小电动机及齿轮减速器组成。其结构示意图如图 10-8 所示。

大电动机通过带制动轮的联轴器与减速机高速轴相连。小电动机通过另一带制动轮的联轴器与减速机第二级主动齿轮轴相连。减速机高速轴上装有摩擦片式离合器，大电动机工作时，离合器的主、从动摩擦片闭合，小电动机不接电空转，小电动机工作时，离合器主、从动摩擦片分离，大电动机处于制动状态。摩擦片离合器主、从动摩擦片的离合是由一液压系统来控制的，如图 10-9 所示，当接通油泵电动机和减速机上的两台液压电磁制动器的电源时，油泵输出的压力油通过两位四通阀注入油缸，压紧摩擦片，两个制动器松闸，此时启动大电动机工作。当油压达到 0.7MPa，溢流阀打开，油经溢流阀润滑齿轮和摩擦片。油缸压力保持 0.7MPa 以保证传送大电机所输出的转矩。当重车铁牛将车牵引到需要位置时，两位四通阀复位，摩擦片在弹簧的作用下，迅速脱开，准备启动小电动机去接车。

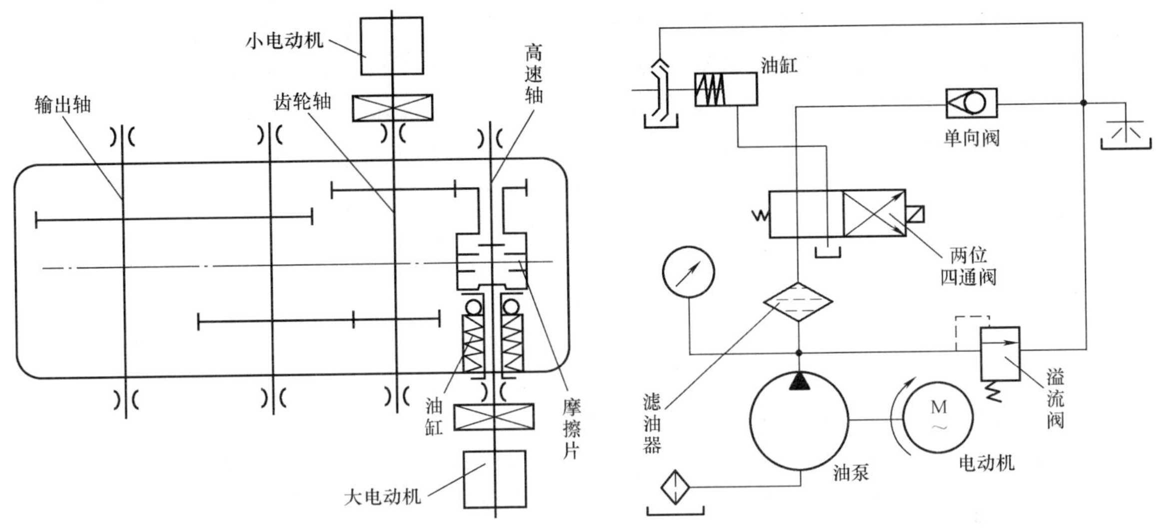

图 10-8　重车铁牛传动机构组成示意图　　图 10-9　重车铁牛减速机液压系统图

有关摘钩平台、迁车台、空车铁牛的结构组成及工作过程在此从略。随着科学技术的发展，卸车设备的自动化水平逐渐提高，一批新型的翻车机附属设备相继在国内问世。下面简单介绍一下重车调车机、定位机、夹轮器及空车调车机。

2. 重车调车机

重车调车机也叫重车拨车机，它相当于重车铁牛的作用，能将整列重车牵向翻车机，见图 10-10。

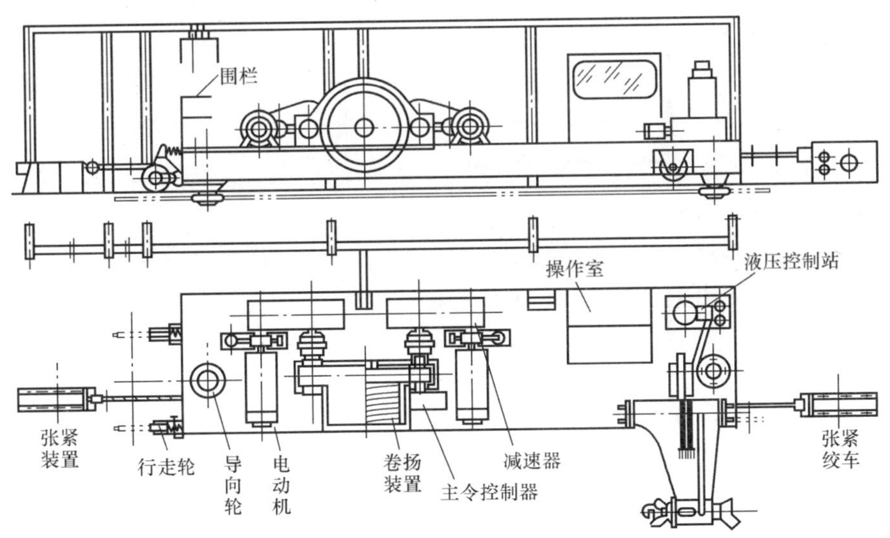

图 10-10　重车调车机示意图

重车调车机有四个特点：

（1）定位准确。老型翻车机的调车系统（重车铁牛、摘钩台、迁车台、空车铁牛等）都是人工操作，进车车辆的载重量、轴承、轴瓦型式甚至风向都对“溜放”速度有很大影响；严格说是在失控状态下，用操作人的技术熟练程度来保证运行的，存在着一定的不安全因素。调车机在平行于翻车机轨道上往复行走，由液压系统控制的车臂可以抬起和下落，臂上的车钩牵引车辆前进，到位后才脱开，完全处在控制状态下运行，不再出现“溜放”操作，也就不会发生由于进车速度过高，碰坏止挡器的故障，不会发生因进车速度低而到不了位，需人工就位的现象。

（2）提高系统效率。翻车机本身翻转一次不到 1min，而辅机协调动作要完成一个操作周期，在老型调车系统大约需要 3min，而新型调车机的轨道是在翻车机轨道的外侧，不存在牛体要“进窝”、“出窝”而迟延时间，调车机返回时间与翻车机同时作业，完成一操作周期只需要 2min，提高了系统效率，这对耗煤量大的大型火力发电厂是很有意义的。

（3）简化土建，降低成本。由于调车机的部件几乎全装在机身上，不需另建卷扬机房和牛坑，也不要钢丝绳穿过钢轨的设施，使得土建简化。

（4）简化调车系统。如果配用在侧倾式翻车机上，翻车机是 C 型结构，有一侧是空的，调车机即可通过翻车机，它既能牵引整列重车，也可将单节车在翻车机平台上定位，同时将空车推出，用在贯通式翻车机上，可以不再配用其他调车设备。

齿条传动调车机的牵引力，是由 5～7 个立式电动机和行星齿轮减速机自成一体的驱动装置组成，与地面的一齿条啮合，结构比较复杂，制造工艺难度大，所以成本也高，价格是重车铁牛的一倍以上。钢丝绳重车调车机是由两台电动机作驱动的卷扬机作牵引力，结构比较简单，价格略高于重车铁牛，但功率不能任意加大。如要求牵引过多的重车，钢丝绳不可能太粗，卷扬机也受到车体限制，直径太大无法实现。两种调车机各有利弊，设计时，应综合考虑。有关几种调车机技术规格见表 10-1。

表 10-1　　几种调车机技术规格

型　　号	ZDS-30	ZDS-8	ZDC-30	DWJ-S
牵引力（t）	30	8	30	5
车体（长×宽，mm）	11 700×2850	8100×2000	14 000×2200	6000×2000
牵引速度（m/s）	0.6	0.5	0.6	0.6
总质量（t）	45	30	70	20

3. 定位机

定位机的功能与老型调车系统中的重车推车器相同，用在侧倾式翻车机上，将单节重车牵至翻车机上，并能将空车顶出翻车机上。它也是调车机的一种，不过是为了提高系统综合效率而增加的设备。负荷不是太大的电厂，可以不考虑配备。

4. 夹轮器

夹轮器用于整列车到位后，夹住第二节车的前轮，防止整列车在弹性反作用下的溜动，还可以保证车辆在一定外力干扰下，保持不动。同时摘去第一节车辆车钩，使其进入翻车机作业。

夹轮器原理与剪刀相同，由四个液压油缸驱动，位于进车轨道下，结构比较简单，但对保证安全能起很大的作用。

5. 空车调车机

它在平行于空车线的车轨道上往复运行，其作用相当空车铁牛，结构与重车调车机相同，不过功率小些而已。但是它有与重车调车机相同的 T 型长臂，可以伸进迁车台，将空车拉到空车线上来，省去迁车台上的推车器，省下了由迁车台上出来空车的溜放时间和空车“出窝”、“进窝”时间，也省下了迁车台到空车线设备的溜坡时间，从而使空车线上的土方开挖量减少。同样，能准确定位，确保运行的安全。

三、翻车机的运行维护及故障处理

1. 运行维护

翻车机的运行维护，主要是对各转动设备的检查和维护，在设备运行中应经常巡回检查，经常对设备进行清扫和加油维护工作，发现问题及时处理。运行维护点如下：

（1）监视设备启动、运行中仪表所指示的电流、电压是否正常，注视各种灯光，注意各种联系信号，注意电动机、减速机及其他转动机械的振动、声音有无异常变化。

（2）液压系统。液压系统不漏油，各压力表指针在允许范围内。油箱经常保持规定油位，不应有抽空现象，油内无泡沫。一般油温应为35～60℃，不能超过60℃；如超过，必须停机检查。

（3）制动器工作应灵活可靠。液压推动器不缺油，抬起时无磨损冒烟现象，落下时无偏斜和有间隙现象。翻车机回零时，活动平台轨道对位应良好。

（4）各限位开关应灵活好用、可靠，无误动作现象。推车器灵活好用，无卡阻现象。钢丝绳无断裂、打花、跳槽现象，滑轮、托辊转动灵活。翻车机回零后无撞击现象，并轮道对齐。确保每个翻车循环畅通无阻，安全可靠地进行工作。

（5）检查转子上月牙槽内，应无杂物。

（6）检查减速机，应油位适中，不漏油，无异常响声。

（7）定期检查更换油缸和储能器活塞用密封圈。各转动设备的加油保养周期及所用润滑油种类列于表10-2至表10-5中。

表10-2　　重车铁牛设备加油系列表

加油部位	油　　种	加油间隔时间
减速机	40号、50号机械油	油位低于标记下限
液压制动器	变压器油	油位低于标记下限
卷筒齿轮	钠基润滑脂	1个月
齿轮联轴器	齿轮油	30d
轴瓦座油盅	钙钠基、润滑脂	3个月
重牛本身的车轮	钠基润滑脂	30d
卷筒瓦座油杯	30号机械油	2d
重牛抬头支点	钠基润滑脂	30d
钢丝绳改向轮	钙基润滑脂	7d
钢丝绳托滚	钠基润滑脂	3个月
钢丝绳滑动托轮	50号机械油或润滑脂	2d
重牛本身液压油	22号透平油	油位低于1/3

表10-3　　翻车机设备加油系列表

加油部位	油　　种	加油间隔时间
翻车机转子托轮	钙基润滑脂	3个月
四连杆润滑部位	钠基润滑脂	7d
推车器蜗母箱	齿轮油	油位低于标记下限
挂车器钢丝绳滑杆	15号机械油或润滑脂	2d
推车器车轮	钠基润滑脂	3个月
制挡器润滑部位	50号机械油	7d
制挡器减速机	齿轮油	油位低于标记下限
制挡器偏心轮轴座	钠基润滑脂	每次检修后
转子转动减速机	30号机械油	油位低于标记下限
转子驱动轴瓦座	钠基润滑脂	30d
电力液压制动器抱闸	变压器油	油位低于标记下限
翻车机平台缓冲器	22号透平油	30d
制挡缓冲器	22号透平油	30d

表 10-4 迁车台设备加油系列表

加油部位	油 种	加油间隔时间
行车车轮	钠基润滑脂	3 个月
液压缓冲器	22 透平油	1 个月
推车器车轮	钠基润滑脂	3 个月
推车器蜗母箱	齿轮油	油位低于标记下限
行车减速机	15 号机械油	油位低于标记下限
推车器钢丝绳滑轮	15 号机械油、润滑脂	2d
行走齿轮联轴器	齿轮油	1 个月
行车抱闸液压制动器	变压器油	油位低于标记下限

表 10-5 空车铁牛设备加油系列表

加油部位	油 种	加油间隔时间
减速机	30 号、40 号机械油	油位低于标记下限
电磁液压制动器	变压器油	油位低于标记下限
齿轮联轴器	齿轮油	3 个月
传动轴瓦座	钠基润滑脂	1 个月
钢丝绳卷筒轴瓦	钠基润滑脂	1 个月
大齿轮	钠基润滑脂	1 个月
铁牛行走轮	钠基润滑脂	1 个月
钢丝绳改向轮	钠基润滑脂	2d
钢丝绳托辊	钠基润滑脂	3 个月

2. 故障处理

翻车机及其附属设备的常见故障现象、产生的原因及处理方法见表 10-6。

表 10-6 翻车机及其附属设备的故障、产生原因及处理方法

故 障 现 象	产 生 原 因	处 理 方 法
减速机振动大，温度高，声音异常	（1）地脚螺栓松动 （2）靠背轮中心不正 （3）齿轮啮合不好成掉齿 （4）油位过高或过低	（1）紧固地脚螺栓 （2）对轮找正 （3）检修齿轮 （4）使油位符合要求
制动器失灵	（1）调整螺栓松动 （2）闸瓦片磨损过大 （3）间隙不合要求 （4）液压推杆故障或缺油 （5）控制部分故障 （6）摩擦面有油	（1）紧固螺栓 （2）若超过标准立即更换 （3）调整间隙 （4）检修推动器，保持油位适中 （5）检修控制部分 （6）用汽油清洗摩擦面
平台对位不准	（1）主令制动器动作不正确 （2）制动器失灵 （3）液压缓冲器缺油，回位弹簧故障 （4）月牙槽内有杂物	（1）调整主令制动器 （2）恢复制动器 （3）缓冲器加油，检修回位弹簧 （4）消除杂物
储能器油管爆破	（1）储能器油压太高 （2）低压溢流阀失灵	（1）降低油压小于 5×10^5Pa （2）处理或更换低压溢流阀

续表

故障现象	产生原因	处理方法
翻车机翻起时压车梁压不住车箱，掉摆块和弹簧	（1）齿轮油泵磨损，间隙过大，流量不足 （2）冬季高压溢流阀油中有水，润滑阀芯冻在回油位置上 （3）液压油使用不当，冬季黏度过大，夏季油过稀，造成油泵油量不足 （4）液压缸活塞密封圈损坏，压车时液压油从油缸下腔流入上腔，造成泄压 （5）开闭阀阀芯与阀座磨损间隙过大，造成液压油缸泄压 （6）油箱中油位低，油泵抽空，有“吱吱”抽空声 （7）油管接头漏气，使油管路中有空气 （8）油管路或油箱过滤网堵塞	（1）处理或更换齿轮油泵齿轮 （2）更换新油，处理高压溢流阀 （3）更换油液，冬季用25号变压器油，夏季用30号机械油 （4）更换液压缸活塞密封圈 （5）检修开闭阀，拧紧油管接头 （6）油箱加油至红线上 （7）清除空气，拧紧油管接头 （8）清除管路或油箱滤网杂质
翻车机翻车速度缓慢、吃力	（1）驱动电机和制动轮抱闸未打开，推动器损坏 （2）驱动电机有一台故障，单电机驱动	（1）检修推动器和抱闸 （2）检修有故障的电机
翻车机翻回到零位时扁担梁支轴销折断	（1）冬季回油管路中带水，冻成冰后以致堵塞 （2）低压溢流阀阀芯卡涩 （3）开闭阀滑轨位置改变，使翻车机返回到45°时开闭阀开启过晚	（1）消除油管路中冰块，更换新油 （2）检修低压溢流阀 （3）将开闭阀滑轨复位
电动机振动大	（1）电动机地脚螺栓松动 （2）轴承缺油或碎裂 （3）联轴器中心不正 （4）转子不平衡或动静有摩擦 （5）电机串轴	（1）紧固地脚螺栓 （2）加油或更换轴承 （3）联轴器找正 （4）转子做静或动平衡，处理动静摩擦点 （5）修理串轴
电动机电流升高，电动机过热、冒烟	（1）负荷大 （2）转动机械犯卡 （3）通风不良，层间短路或一相断路	（1）减小负荷 （2）消除机械犯卡 （3）良好通风，修理电动机
电动机启动时只响不转	（1）开关缺相 （2）定子断相	（1）开关某相接触不良，处理接点和触头，或更换保险 （2）修理电动机定子
翻车机启动时无动作	（1）安全开关位置不对 （2）终点限位开关未复位 （3）二次回路故障	（1）开关放到接通位置 （2）将开关复位 （3）检查回路、排除故障
启动翻车机翻起一段后，缓慢停止，电动机“嗡嗡”响	（1）电压太低 （2）频敏变阻器阻值太大	（1）调整提高电压 （2）调整频敏变阻器阻值为额定范围
启动后电动机未动	（1）电源开关未合 （2）极限开关未复位 （3）二次回路故障	（1）合上开关 （2）限位开关复位 （3）检查二次回路
启动后电流太大，重牛不动	（1）机械部分犯卡 （2）车辆有的抱闸未打开 （3）电动机抱闸未打开	（1）处理机械犯卡 （2）检查车闸并打开 （3）检查电动机抱闸并打开

续表

故障现象	产生原因	处理方法
翻起车轮离轨	(1) 液压缸内有空气 (2) 开闭阀不严 (3) 液压缸活塞密封环损坏 (4) 储能器压力太低	(1) 排除空气 (2) 检修开闭阀更换易损件 (3) 更换密封环 (4) 翻车前打压
制动器不起，制动瓦冒烟	(1) 液压推杆器不升起 (2) 液压推杆器控制部分障碍 (3) 制动闸间隙小或闸瓦偏斜 (4) 液压推杆器缺油	(1) 检修推杆器 (2) 检查控制部分并修理 (3) 调整制动瓦间隙 (4) 补油至红线
轴承温度升高	(1) 轴承缺油，或油量过多 (2) 润滑油变质或油内有杂物 (3) 轴承磨损破裂 (4) 轴承卡住造成外套松动	(1) 加油或放油，使油量正常 (2) 更换合格的油 (3) 更换轴承 (4) 处理犯卡、清洗轴承修理外套
油泵过度发热	(1) 油泵磨损或损坏 (2) 油泵压力超过额定压力	(1) 修理或换泵 (2) 调整溢流阀降低压力
油泵剧烈振动	(1) 油泵抽空 (2) 油有泡沫 (3) 地脚螺栓松动 (4) 油泵内循环 (5) 传动中心不正或联轴器松动 (6) 油路堵塞	(1) 查泵、溢流阀和打开油箱等 (2) 加油，放气 (3) 紧固地脚螺栓 (4) 检查修理或更换油泵 (5) 找正中心或紧固螺栓 (6) 清理油路
油泵抽空	(1) 油箱不透气 (2) 油黏度太大 (3) 油温度低	(1) 将油箱打开 (2) 更换黏度小的油 (3) 多启停几次，使油加温
油泵运转时有明显的噪声	(1) 吸油滤油器堵死 (2) 油位太低，有时吸入空气 (3) 工作油黏度太大	(1) 清洗、检修滤油器 (2) 加油 (3) 换黏度小的油
翻车机回零位转道不对应	(1) 抱闸抱紧程度不合适 (2) 托车梁下有杂物 (3) 定位杆及撞块损坏 (4) 限位开关位置不对	(1) 调整抱闸 (2) 清除杂物 (3) 修复定位杆及撞块 (4) 调整限位开关
储能器油管爆破	(1) 储能器油压太高 (2) 低压溢流阀失灵	(1) 调整储能器压力 (2) 更换溢流阀
定位器开不起或落不下	(1) 定位铁靴卡住 (2) 限位开关未复位 (3) 控制线路故障	(1) 消除卡塞 (2) 修复限位开关 (3) 检修控制回路
电机卷扬机不转	(1) 油泵未转 (2) 电磁阀电源跳闸或电磁铁未动作 (3) 油泵压力太大	(1) 启动油泵 (2) 重合闸或检查控制回路 (3) 调整压力到 7.09×10^5Pa

四、翻车机及其附属设备的试运转

翻车机及其附属设备，在安装或大修完毕后，要进行试运转。试运转的原则是：先电控，后机械；先手动，后自动；先空载，后重载。

(1) 试用前，应将所有与电动机相连的联轴器脱开；先单独进行电控回路的启停及联跳试验，合格后再单独试运电动机，检查接法、电压、电流及旋轮方向与要求是否一致。应特别注意的是，由两台电动机驱动的一台设备，其同步与转向必须一致。同时试用后再检查所有电气元件是否有异常现象，并及时解除异常。

(2) 调整主电机的制动器，使之松紧符合要求。对于由两台电动机驱动的设备，要测出各制动器断电至电动机停止转动的制动时间，并比较两制动器的制动时间，二者之差应不大于10%。

(3) 通过上述检查合格后，将各联轴器连接完好，而后检查各减速机的油位是否符合要求。在无负荷情况下反复试动几次，仔细观察并检查各运动部件的工作情况。

(4) 对于翻车机等设备的无负荷运转，应用手动控制使各设备按工作过程动作几次，一般不少于三次。

(5) 空载试验应注意的几个问题：传动机构的轴承温升小于35℃，最高不超过65℃，机械各部分不得有异常声响及跳动现象；各级限位开关必须动作灵活可靠；液压系统不漏油且温升在35～60℃。

(6) 在空载试运合格后，即可进行重载试运转，此时要特别注意空载时所监测的各个项目。

(7) 试用后保证各设备信号正确、表计完好。

五、翻车机检修周期及项目

(一) 转子式翻车机的检修项目

(1) 各传动、转动部位轴承解体清洗、检查、间隙调整，加油，必要时更换轴承。

(2) 检查并紧固轴承底座以及各接合部位的所有螺栓。

(3) 检查开式传动齿轮、齿圈的磨损情况，测量并调整其啮合数据，打磨修理毛刺。

(4) 传动减速机解体检修。

(5) 制动器解体检修。

(6) 联轴器解体检修、清洗、加油或更换传动销。

(7) 检查回转盘、底梁、压车梁、平台等金属架构有无裂纹和变形等现象。并进行修理。

(8) 转子下部的支托轮轴承或轴瓦解体、清洗、加油。必要时更换轴承或轴瓦。

(9) 检查、清洗平台下部缓冲弹簧。

(10) 解体检修、调整液压缓冲器并加油。

(11) 定位及推车装置进行解体、检修；调整、更换磨损严重及损坏的部件。

(12) 更换推车器传动钢丝绳。

(13) 检查并调整复位弹簧，必要时更换。

(14) 更换摇臂机构月牙形导向槽磨耗板，并调整滚轮与磨耗板的间隙及平台在零位时的位置。

(15) 检查平台轨道，并更换磨损或损坏的轨道。

(16) 按电气检修的有关规定和标准对翻车机电气设备（如电动机、开关和接触器等）进行检查或检修。

(二) 侧倾式翻车机的检修项目

(1) 各转动部位轴承的解体、清洗、检查，间隙调整，加油，必要时更换轴承。

(2) 各部位螺栓的检查并紧固。

(3) 开式传动齿轮、齿圈的检查、测量，并调整其啮合参数。

(4) 各传动减速机的解体大修，其检修项目见有关标准。

(5) 制动器、联轴器的解体检修。

(6) 各金属结构部件（如回转盘、底梁、压车梁、平台等）的全面检查，发现裂纹、螺钉脱落和变形时，要进行修理。

(7) 压车梁垫板胶板的检查，磨损及损坏的，要进行更换或修补。

(8) 对液压缓冲器和弹簧缓冲器进行解体检修和调整，并按规定加油。

(9) 定位及推车装置的解体检修，按要求进行检修或更换部件。

(10) 推车器钢丝绳的更换。

(11) 平台轨道和定位挡轮的检查。发现损坏、磨损和不灵活现象时，要进行修理。

(12) 压车液压缸的解体检修，更换易损件。

(13) 齿轮泵、储能器、溢流阀、换向阀、单向阀、节流阀以及各开闭阀的解体检查，更换磨损部件。

(14) 油箱、滤油器、管路、阀门等油系统部件的检查、清洗，更换油箱液压油。

(15) 各液压表计的校正和完善。

(16) 电气设备的检修，按电气检修有关规定进行。

(三) 调车设备检修项目和质量标准

为确保卸车线中调车设备的正常运行，搞好各设备和部件的检修维护工作尤为重要。下面简要介绍主要设备和部分机构的检修维护。

1. 卷扬装置

(1) 卷筒的绳槽磨损深度不应超过 2mm，超过时可重新加工车槽。

(2) 卷筒磨损后的壁厚应不小于原厚度的 85%，否则应进行更换。

(3) 卷筒在钢丝绳的挤压和其他作用下，可能发生弯曲和扭转变形，有时会造成卷筒裂纹的现象。产生裂纹时，只要裂纹不大于 0.1mm 可以进行补后再加工，其具体方法是在裂纹两端(宏观可见的端部) 各钻一止裂小孔，为防止电焊时的裂纹变形、扩大，磨出焊接坡口，进行电焊修补后再进行加工处理。

(4) 钢丝绳在更换和使用当中不允许绳呈锐角折曲，以及因被夹、被卡或被砸而发生扁平和松动断股现象。

(5) 钢丝绳在工作中严禁与其他部件发生摩擦，尤其不应与穿过构筑物的孔洞边缘直接接触，防止钢丝绳的损坏与断股。

(6) 使用的钢丝绳要定期 (一般每六个月) 涂抹油脂，以防止其生锈或干摩擦。

(7) 严禁钢丝绳与电焊线接触，防止电弧烧伤。

(8) 传动或改向滑轮，其轮槽径向磨损不超过钢丝绳直径的 1/4。轮槽壁的磨损不应超过原厚度的 1/3，否则应进行更换或经电焊修补后再机加工。

(9) 滑轮的轮辐如发生裂纹，轻微时可进行焊补，但焊补前必须把裂纹打磨掉，并采取焊前预热，焊后消除应力处理，以防变形。

(10) 改向滑轮的轴孔一般都嵌有软金属轴套 (如铜瓦套等)，其磨损的深度不应超过 5mm，其损坏的面积应小于 0.25cm^2。

(11) 改向滑轮应定期检查加油润滑 (一般每月进行一次)。

(12) 改向滑轮的侧向摆动不超过 $D_0/1000$ (D_0 为滑轮的直径)。

2. 传动部分

(1) 减速机接合面漏油。解体减速机，取出全部零件，放出润滑油，而后对其接合面进行刮研或研磨修理。具体的操作方法是：首先清除接合面的污垢和锈层，并用煤油清理干净，然后在接合面上涂一层薄薄的红铅油，方可进行研磨。研磨时，只要磨掉高点和毛刺，即可达到精度要求。

(2) 减速机的出轴及轴承盖处漏油。可能是轴承盖与其孔的间隙过大，一般可在减速机下机座轴承孔的底部开回油槽，或采用橡胶密封环进行密封。

(3) 减速机接合面上的任何地方其间隙不能超过0.03mm。

(4) 要求减速机接合面与传动齿轮各轴线在同一平面内，平面度误差应小于0.02mm。

(5) 减速机内各齿轮的啮合应平稳，无异常声响，若出现如下现象时，可视情况进行处理与调整。

1) 周期性忽高忽低的声响。应调整齿轮的节圆与轴线的偏心，或处理齿轮周节累计偏差过大等问题。

2) 有不均匀的连续敲击声。应对齿轮的工作齿面进行检查，看工作面有无缺陷。

3) 减速机箱体振动，有剧烈的金属锉擦声，并伴有叮哨响声。可能的原因是齿轮的侧隙过小，齿顶磨尖，或齿轮的工作面有凹凸不平的磨损现象；另外也可能是各轮对的中心距偏差过大。发现这一现象时应对齿轮的轮齿和工作面进行修理，并调整轮对的中心距偏差。

(6) 齿轮的磨损，要求其轮齿厚度不小于原齿厚的80%，否则应更换齿轮。

(7) 当齿轮的轮齿工作面发生疲劳点蚀时，每一个齿面的点蚀面积不能大于齿面的60%，否则应进行更换。

(8) 进行传动轴检修时，除宏观检查外，还可用超声波或磁粉探伤，发现轴上有裂纹时，应更换新轴。

(9) 大修后的传动轴，其直线度误差应小于0.2mm。

3. 制动器（液压离合器）

(1) 制动器闸瓦的磨损超限，铆钉与制动轮发生摩擦时，应更换闸瓦。

(2) 检查各铰接点销轴与销孔的磨损情况，磨损超标时，应进行更换。

(3) 经常向各铰接点加油，保证其自如，无卡涩现象。

(4) 定期检查和调整制动器上拉杆的调格螺栓，保证闸瓦在打开和制功时的间隙和紧力在规定范围之内。

(5) 制动器油缸应保持足够的油位，其油压应达到0.9MPa，无漏油、渗油现象。

(6) 制动器闸瓦（也称制动带）不能与油类接触，特别是摩擦制动面上应无油垢。

(7) 制动器打开时，制动器闸瓦与制动轮的间隙，应保持在0.8～1mm。

4. 张紧装置

(1) 张紧轮和导向轮的检修与维护。轮辐无裂纹，绳槽应完整无损，绳槽的磨损深度应小于10mm；铜套与轴的磨损，最小间隙应小于0.5mm；轴的定位挡板应牢固可靠，地脚螺栓无松动。

(2) 张紧小车的检修维护。①车架无明显变形，各焊缝无开裂；②车轮的局部磨损量小于5mm；③轴的直线度误差应小于0.5‰。

(3) 配重装置的检修维护。①配重架无明显变形及开焊，地脚螺栓无松动；②张紧绳和保险绳完好，每个固定绳头的绳卡子不少于3个；③满载工作时，张紧绳放绳长度应保证配重底面离基础地面的距离大于100mm；保险绳的长度应能保证张紧绳卡子在进入张紧导向轮绳槽前100mm时，保险绳必须吃上力。

5. 定位及推车装置的检修与维护

(1) 定位装置上的液压缓冲器动作应灵活，油量要适中，不应有漏油和渗油现象。

(2) 推车器应保持动作灵活，槽钢轨道内不得有杂物阻卡，保持清洁。

(3) 推车器钢丝绳的检修维护与卷扬装置钢丝绳相同。

(4) 定位器方钢与铁靴活动距离应保持5～10mm。

（5）单向定位器的轴与孔应留 2～3mm 的活动间隙，支座侧的立筋应焊接牢固，防止车辆压坏单向定位器。

第三节　底开车卸煤

一、概述

煤漏斗底开车（简称底开车），是一种新型铁路运输专用货车。对于运量大、运距短的大中型坑口火力发电厂尤为适用。它具有卸车速度快，操作方便，效率高等优点。

目前，我国生产底开车的厂家较多，主要有齐齐哈尔车辆厂、青岛四方车辆厂、大连重型机械厂和宝鸡电力修造厂等。底开车的型号有 K18、新 K18、DK-60-4、K18DG 型等。表 10-7 是几种型号底开车的技术参数。

表 10-7　　底开车技术参数

型　号	K18	DK-60-4	K18DG
载重（t）	60	58	60
比容（m^3/t）			1.07
自重（t）	22	26	24
换长（m）			1.3
自重系数	0.367	0.449	0.4
端墙水平倾角	45°	50°	50°
容积 m^3	64	63	64
漏斗板水平倾角	50°	50°	50°
车钩连接线间距（mm）	13 942	14 338	
转向架中心距（mm）	10 500	10 200	
底门最大开度（mm）	550～559	500～600	500
底门数量（个）	4	4	4
传动型式	单级下式 2×11″气缸	一端操纵二级传动接力开门	
开门方式	风控、气动、手动	风控、气动、手动	气动、手动
制动装置	GK 型三通阀和 356×2254 制动缸车辆	二级闭锁	
最大高度（mm）	3400	3511	3536
车体最大宽度（mm）	3240	3180	3240
通过最小曲率半径（m）			145
每延米轨道负荷（t/m）			5.7
每轴对轨道压力（kN）			210

由表 10-7 可见，虽底开车的型号众多，但最主要的尺寸相近。各型号底开车的主要区别在于底门的制动机构、开车机构不同，以及端壁水平倾角不同等。本节以 DK-60-4 和 K18DG 型底开车为例进行说明。

二、底开车结构

（一）DK-60-4 型底开车

底开车一般由一个本体、两个转向架、两组车钩、一套空气制动和手制动装置、一套风动和手动开门传动装置以及一套风动开门控制管路等组成，见图 10-11。风动、手动传动装置装在车辆一端，而空气制动和手动装置装在车辆另一端。

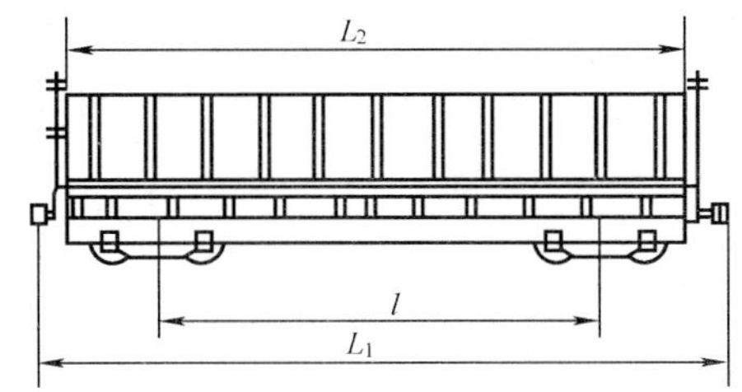

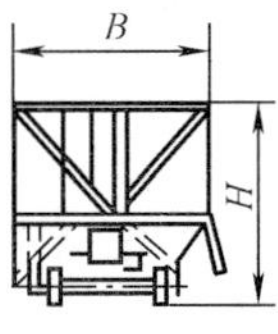

图 10-11　煤漏斗底开车

1. 转向架

转向架主要由铸钢摇枕、铸钢侧架、车轮、车轴、内外圆柱弹簧、滚动轴承、滚动式单制动装置和下心盘等组成。底开车的转向架是一种新型的 B 型转向架，是用来支承车体，并能在轨道上行走的一种机构。

2. 车体

车体主要由两组侧壁、两组端墙、一个底盘架和四个底门组成。它是用钢板焊接而成的容器，呈漏斗状，置于两个转向架上。为了有利于煤的流动，漏斗的端壁与底板水平倾角均为 50°，端壁与侧壁的交角呈圆弧形。在制动装置和开门机构上装有护罩。

3. 风动、手动开门传动装置

这套传动装置包括风动、手动和闭锁装置三部分。风动、手动开关的传动装置是开底门的机构，其动力源及其机构安装在一端的车台上。风动装置由风缸、齿轮齿条、传动轴、上拉杆、曲拐、10°差联轴器、双联杠杆和门拉杆（大刀）等部件组成。手动装置由变速箱和手轮组成，分为一级闭锁和二级闭锁：一级闭锁为双抱式拉杆的过死点闭锁机构，见图 10-12；二级闭锁为上部铁锁、锁转轴，它由锁铁、锁头、齿条顶铁等组成。

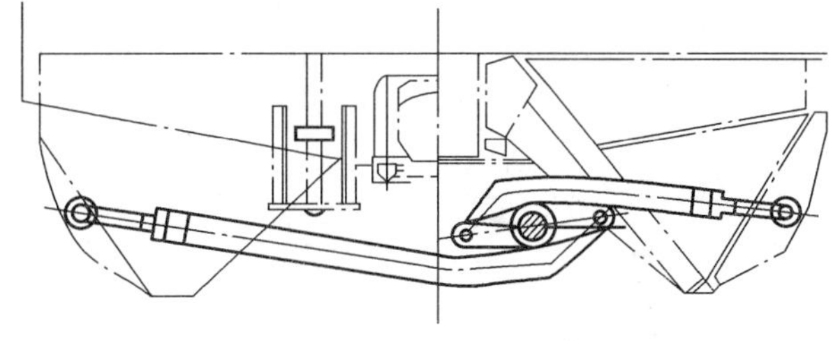

图 10-12　闭锁机构示意图

4. 制动装置

制动装置由调整式空气制动机构和卷链式手制动机构组成，是用来制止车辆行走的机构。空气制动机构由制动主管、制动缸、副风缸、阀体、折角塞门和空重车调整装置等组成。当车辆总质量大于 40t 时，调节手柄放在重车位置，以保证有足够的制动力；当车辆总质量小于 40t 时，应将调节手柄置于空车位，这样可以降低制动力，不至发生车辆滑行现象。手制动机构由制动机、手制动轴、手轮和拉杆等组成，它安装在车架前端。

5. 车钩和缓冲装置

车钩和缓冲装置是车辆连接和减小冲击的机构，安装于车架中梁两端的牵引梁内。上升车钩与 2 号缓冲器用尾框装置连接在一起。

（二）K18DG 型底开车

1. K18DG 型底开车特点

K18DG 型底开车的卸车方法有手动卸车、风控风动卸车、风控风动边走边卸等，其特点有：①卸车速度快、时间短，卸一辆列车只需 2.5h 左右；②操作简单，使用方便，如手动操作，卸车人员只需转动卸车手轮，漏斗底门便可同时打开，煤便迅速自动流出；③作业人员少，省时、省力，每列底开车只需 1～2 人便可操作，开闭底门灵活；④卸车干净，余煤极少，清车工作量

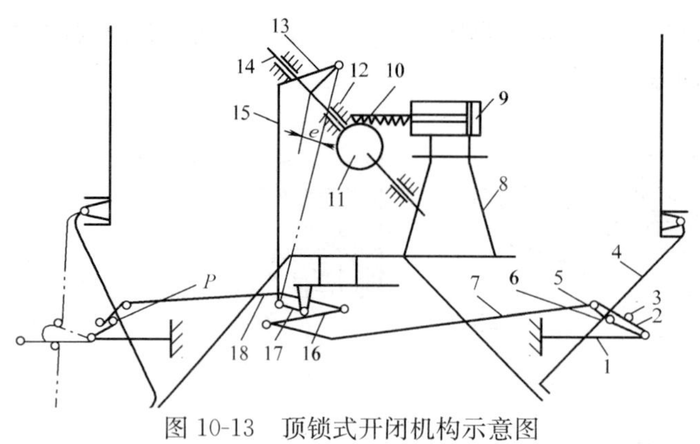

图 10-13 顶锁式开闭机构示意图

1—支承；2—锁体；3—限位挡；4—漏斗门；5—锁门销；6—圆弧面；7—长顶杆；8—风缸底座；9—双向风缸；10—齿条；11—齿轮；12—上部轴支承；13—上曲拐；14—上部轴；15—上拉杆；16—双联杠杆；17—下曲拐；18—短顶杆

小；⑤适用于固定编组专列运行，定点装卸，循环使用，车皮周转快，设备利用率高。

2. 底开车顶锁式开闭机构的组成和特性

顶锁式开闭机构如图 10-13 所示，在开门时，底门不压缩货物，此结构只克服底门销与锁体间的摩擦力，是一种新型开闭机构。顶锁式开闭机构主要由锁体、锁门销、顶杆调节头、短顶杆、下部传动轴、销轴、双联杠杆、长顶杆等部件组成。顶锁式开闭机构因其结构的特点，其具有自锁的特性。当漏斗内煤的压力由漏斗上的销子传给锁体时，因锁体上的接触面是以旋转中心为圆心的圆弧面，所以销子在圆弧面上的任意点都与锁体呈平衡状态，锁体不起跳，漏斗门就不会自开。由于这种自锁，就能可靠地保证运行中的安全。这也是顶锁式开闭机构的优点。

顶锁式开闭机构具有自锁的特性，但自锁并不影响开门。当需要打开底门时，只要锁体克服与底门销的摩擦力，锁体就可跳起，使底门打开。为了保证顶锁式开闭机构始终处于安全的锁闭状态，在结构设计上采用了一个过“死点”的量，即相对于上部轴设计了一个过“死点”偏心距。开门时，不压缩漏斗门，只要将上拉杆、下部轴、顶杆等从松弛状态变为拉紧状态，就可通过“死点”，故所需动力不大。

3. 手动卸车机构

手动卸车机构一般采用蜗轮蜗杆传动。其结构特点是手动离合器为二牙嵌式，并设置 146°空行程，锁体上设自限位挡。其动作过程是：手动时，只要把离合器打到“手动位置”，转动手轮，通过蜗轮蜗杆减速器，带动传动机构使底门上的锁门销离开锁体圆弧锁闭面，底开门便开启，煤即下流，下流的煤又推动漏斗门，进而促使传动机构迅速地开门。此时离合器走空行程，直到锁体上的限位挡与漏斗门相碰，底门开启程度最大。由于离合器有一段宽行程运行，手动打开门后，下部传动机构各部件所受载荷迅速减小。

手动卸车的操作方法是卸车人员先将离合器拨叉打至手动位置，然后用手转动手轮，经蜗轮蜗杆减速器带动传动机构，便可将底开门打开；当煤卸完并将余煤清理干净后，将手轮反方向转动，底开门即关闭。这种方法用于单辆卸车。

4. 风控风动卸车系统

风控风动卸车系统如图 10-14 所示，即卸车开关底门的动力为压力空气，可由地面风源供给，也可由机车供给。此方法适用于整列卸、分组卸，也可单卸。

每一种底开车都有风动系统，结构基本相同，系统由储风筒、操纵阀、作用阀、双向风缸和风动控制管路等组成。

双向风缸的活塞杆向外伸是靠风动控制管路内的压力空气来实现的。在正常情况下，双向风缸处于关闭状态，活塞杆不动作。当需要开门时，首先使控制管路充有压力空气（0.5MPa），打开截断气门，作用阀使储风筒与双向风缸的开门气室相连通，阀杆移动，使关门气室关闭，储风筒的压力空气进入双向风缸后端，推动活塞杆外伸，带动传动机构使底门开启。

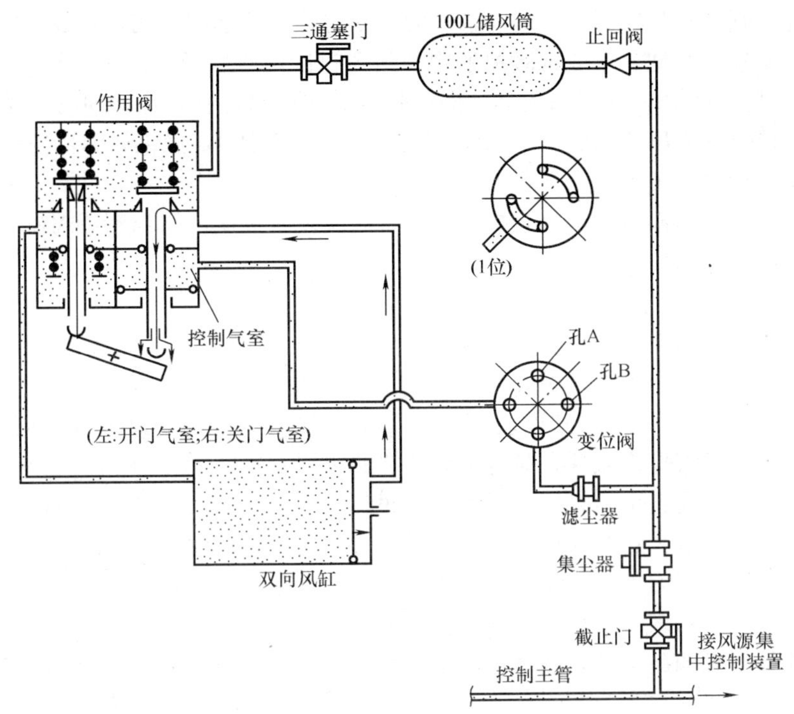

图 10-14　风控风动卸车系统图（开门位置）

当需要关门时，保持控制主管继续充压，使储风筒压力为 0.5MPa 后，将管中的压力空气排出，作用阀使储风筒与双向风缸的关门气室相连通，而开门气室通入空气。此时压力空气进入双向风缸前端，推动活塞杆后移，从而带动传动机构使底门关闭。

风控风动单辆卸车时，其操作方法是直接操纵变位阀实现开关底门，当变位阀置于开门位置时，底门开启；反之，底门关闭。

三、底开车的使用与维护

（一）底开车的使用操作内容

1. 接车

值班员接到进车通知后，应立即对煤沟设施、铁路线路、信号等进行检查，确认具备进车条件时，开通进车信号。确知底开车对准卸煤货位后，关闭进车信号并设置防止机车进入的措施。

2. 卸车

底开车开卸前，卸车人员应确知煤沟能容纳车内的煤量、煤沟箅子上方无妨碍底门开启的杂物，地面风源能供给足够的压力空气等。卸车方法有手动人工卸、风控风动卸、风控风动边走边卸等，开关底开门车辆的车门时，车内禁止站人。关门时，必须按搭扣定位逐个扣好。开关有联动装置的底车门，松放或安装摇柄时，注意防止摇柄返回伤人。

手动卸车的操作方法是卸车人员先将离合器拨叉打至手动位置，然后用手转动手轮，经蜗轮蜗杆减速器带动传动机构，便可将底门打开。当煤卸完并将余煤清理干净后，将手轮反向转动，底门即关闭。这种方法用于单辆卸车，因操作简单、方便、迅速、可靠、省力，是普遍采用的卸车方式。

风控风动卸车指卸车开关底闸的动力为压力空气，可由地面风源提供，也可由机车供给。此种方法适用于整列卸、分组卸，也可单个卸。整列或分组卸的操作方法是：首先确知有足够的压力空气和离合器拨叉放于风控位置后，将管路中各截气阀门和各车控制主管折角塞门打开；将尾车末端（单辆卸时则指不与风源连接的一端）的控制主管折角塞门关闭；将各车控制主管与制动主管一样进行交叉连接。把各车变位阀把手均放到开门位，然后操纵风源向控制主管进行充风，使储风筒压力达到0.5MPa，于是各车底门即行打开。关门时，则待煤卸净后，操纵风源继续向控制主管充风，使储风筒压力达到0.5MPa（不得大于0.5MPa），操纵风源，使控制主管压力空气排入大气，即可使底门关闭。

车辆边走边卸时，其操作方法是直接操纵变位阀实现开关底门。当变位阀放于开门位置时底门开启；反之，底门关闭。

3. 发车

通常底开车是专列编发运行，发车前应做好如下工作：

（1）按通用铁路火车的要求，做好列检工作。

（2）将储风筒至作用阀之间的三通塞门关闭，目的是便于在线运行时卸空储风筒内的压力空气。

（3）为了防止车门被外人误开，应将手动开关的关门手轮卸下。

（4）检查底门附件应齐全、完好，无破损，底门应处于“落锁”位置，否则不得发车。

（5）机车连挂发车前，列检人员应配合司机进行制动简略试验。即将制动阀把手放在常用制动位置，待机车风压表压力为0.5MPa后，减压0.1MPa左右，由列车尾部的检车员确认最后一辆车制动后，向司机显示缓解信号，并确认缓解。

（6）列检人员应确知制动管系漏风不超限，软管塞门把手缓解阀、三通阀、排风管等良好，制动缸活塞行程不超限（空车为85～135mm，重车为110～160mm），制动梁无裂损，弓杆螺母无松弛，闸瓦磨耗剩余厚度不小于10mm，两连接车钩中心高度之差不大于75mm，各拉杆、杠杆和圆销、开口销及手闸配件无裂损。

（7）列检人员应确知关门车的数量、排列负荷要求，即机车后1～3位车辆不得关闭截断塞门，守车前一位车辆不得关闭截断塞门，在列车中部不允许有连续的两辆车关闭截断塞门现象。总之，一列车关闭截断塞门的车辆数不能超过总车辆数的6%。

（二）底开车的维护保养

底开车应有专门人员负责维护保养，做到按期检修，精心进行日常保养，使其保持良好的技术状态，确保正常使用。对底开车的维护保养要做到以下方面：

（1）对各轴承、销接传动、平面滑动及啮合传动部分应勤检查，及时加油，确保润滑良好，并定期清除油垢；要随季节变化按时更换润滑油。

（2）应在本车辆辅修时检修风控制系统及其结构元件（包括双向风缸、储风筒、管接头、截断塞门和各种阀门），在日常检车中发现的缺陷及时予以消除。

（3）每隔三个月（与轴检期相同）应对底门销的“落锁”情况和底开门开闭机构的自锁偏心距（15+2mm）进行检查，不合格者应予以调整。列检作业中发现问题及时处理。

（4）每隔一年半检修一次机构传动装置。

（5）底开车的轴检、制检3个月一次；辅修为6个月一次；段修为1年一次；厂修为5年一次。列检人员严格按此周期按时扣车，按时送修。并应做好完整的台账。

四、底开车的常见故障及处理方法

（1）储风筒不进风。当发现储风筒不进风时，应对系统进行检查。如果是管路及接头损坏而泄漏，应予以修复。如果是系统中的塞门把手没有开通，则应及时打开；如果是塞门损坏泄漏，则应予以更换。

（2）储风筒已充至额定风压（0.5MPa），但底门打不开。造成这种现象的原因可能是：

1）离合器拨叉、操纵阀及各塞门把手位置不对；

2）齿轮脱出内条，传动失灵，传动机构中部件损坏；

3）因双向风缸、作用阀泄漏出现这种现象时，应首先进行仔细检查，找出泄漏部位，予以处理。如果是双向风缸泄漏，只需将风缸后盖拆开，松开活塞压板，取出压板和活塞即可。如果是前盖密封装置泄漏，则必须拆卸内条，取下前盖。

（3）风缸勾杆全部缩回，但底闸开闭机构仍未“落锁”。出现这种现象的原因是齿轮齿条的起始位置不对。处理方法是用手动方法使底门“落锁”，再将风缸活塞缩到底，将齿轮齿条对好位即可。若对好位后，离合器由手动位推向风动位对不上时，则必须将齿轮转过一定角度进行选配。另外，旋转齿条的螺纹也可进行微量调整。

（4）制动缸活塞行程过限。若行程过长，说明制动缸空间增大，从而降低了空气压力，使制动力变小，以致降低制动效果；若行程过短，空间变小，压强增大，制动力变大，则会增加轴瓦与车轮的磨耗，还会引起车轮滑行。所以行程过限是有害的，是不允许的。发现行程过限时应及时调整。调整的办法是：调整上拉杆、五眼铁及更换闸瓦。

（5）两车钩连接而不落锁。其原因是锁销链过紧或提勾杆弯曲，勾头局部有障碍物等。处理方法是：调整锁销链和提勾杆，解体检查内部，清除障碍物。

（6）闸瓦磨耗过限（剩余厚度小于10mm，同一制动梁两闸瓦厚度差大于20mm）。处理方法是更换新瓦。换瓦前须先关闭截断塞门，排出风缸内的空气，在车前方挂出安全标志，以防止人身伤害。

第四节　螺旋卸煤机

螺旋卸煤机是我国火电厂主要的受卸机械之一，螺旋卸煤机又有单向和双向两种，我国电厂使用的螺旋卸煤机一般采用双向螺旋。该设备一般用在缝隙式煤沟上部卸煤车，适用于封闭式或半露天式单、双路长缝煤槽。

一、螺旋卸煤机的基本类型及工作原理

（一）螺旋卸煤机的基本类型

螺旋卸煤机的型式按金属架构和行走机构分类，主要有以下三种：

（1）门型：这种卸煤机的特点是所有工作机构都装在能沿地面轨道往返行走的门架上。

（2）“Γ”型：这是门型卸煤机的特殊种类，主要用在场地狭窄，条件特殊的场合。

（3）桥型：这种型式是把所有的工作机构都装在能沿架空轨道往返行走的桥架上，其特点是沿铁路两侧比较宽敞，结构设计紧凑、合理。

（二）螺旋卸煤机的工作原理

不同的卸煤机械，配套的受煤斗不同，螺旋卸煤机的受煤斗布局如图10-15所示。这种长缝隙煤斗配以叶轮给煤机上煤，螺旋卸煤机是利用正反两套螺旋的旋转对煤产生推力，在推力的作用下，煤沿螺旋通道由车厢中间向车厢两侧运动，卸出车厢；同时大车机构沿车厢纵向往复移动、螺旋升降，大车移动与螺旋旋转协同作用，煤就不断地从车厢中卸出。

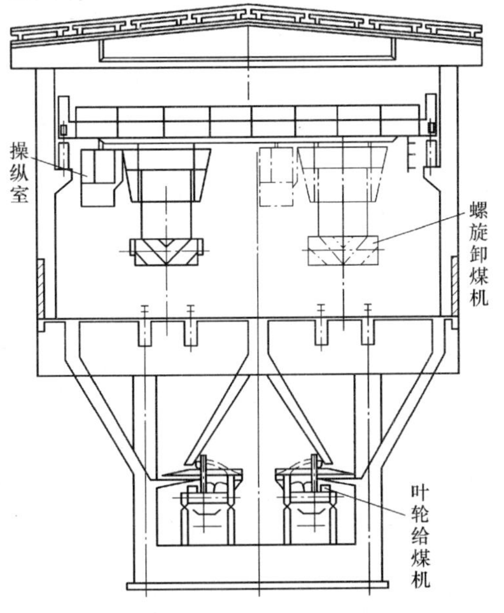

图10-15　螺旋卸煤机设备布局图

二、螺旋卸煤机的结构

螺旋卸煤机由螺旋旋转机构、螺旋起升机构、大车行走机构、小车行走机构及金属架构五部分组成。图 10-16 为桥型螺旋卸煤机的结构。

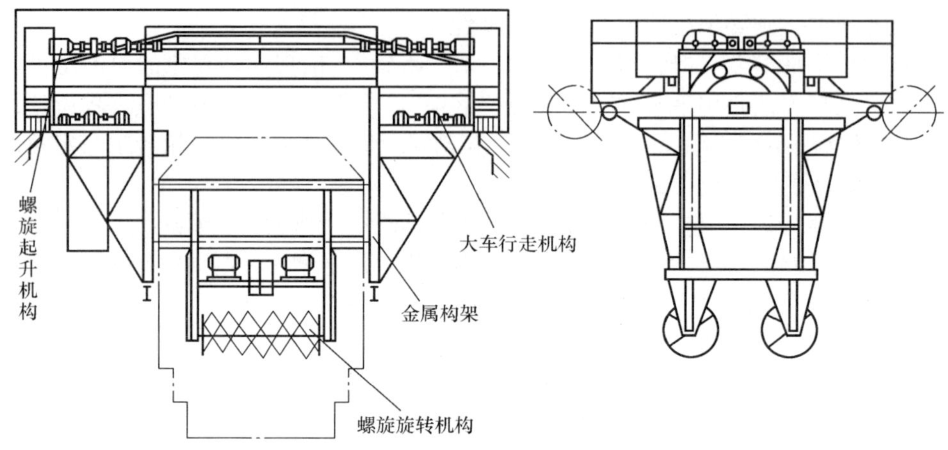

图 10-16　桥型螺旋卸煤机

（一）螺旋旋转机构

螺旋旋转机构一般有两套，每套机构由螺旋本体、螺旋支架和传动装置组成，如图 10-17 所示。

1. 螺旋本体

螺旋本体包括叶片、主轴以及轴两端的轴承座、轴承和链轮。螺旋叶片有单向双向之分。一般螺旋本体长 2000mm，直径为 900mm，叶片螺距为 200～350mm，螺旋导角一般为 20°，螺旋头数为三头，螺旋本体是一空心轴体和焊接于其上的螺旋叶片所组成。螺旋本体通过轴承座用螺栓与螺旋支架相连接，轴承座与轴之间采用较好的密封方式，一般为轴向迷宫式。

2. 螺旋支架

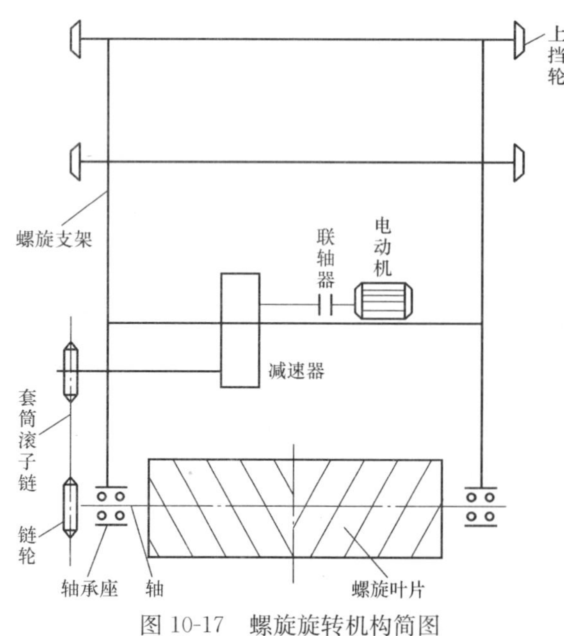

图 10-17　螺旋旋转机构简图

空心轴体的一端用轴承座连接在螺旋臂架上，另一端轴头与链轮用链连接，通过滚子链、链轮与驱动装置相连，由此形成螺旋支架。螺旋支架有两种形式：一种是可以绕固定轴作圆弧摆动的支架（很少采用）；另一种是可沿一定形状的轨道升降的支架。前者为圆弧形升降，后者为混合升降。螺旋支架包括横轴、摆臂、横梁及电动机台板等。

3. 传动装置

传动装置由电动机、联轴器、链轮及套筒滚子链等部件组成。联轴器一般采用摩擦过载式，主要为防止在卸煤过程中，螺旋卸料被大块煤卡住而出现超载现象，造成驱动装置、特别是电机过载而损失。链条的传动方式有三种：一是螺旋单侧传动，二是螺旋中间传动，三是螺旋两侧传动。中间传动是为了增加螺旋的有效工作长度，以尽量减少车底余煤。

（二）螺旋起升机构

螺旋起升机构安装在金属结构的起升平台上，它是由两套单独的传动装置所组成，其作用是将螺旋下降到车箱中将煤一层层卸下，另外是提升螺旋越过车箱或车头。

1. 吃煤方式

(1) 靠螺旋和螺旋支架、传动装置的自重。

(2) 靠机械动力强制向下。

以上这两种方式，前者吃煤深度控制力差，如遇到冻煤和大块煤时，出力达不到要求。

2. 升降方式

一种为绕固定轴摆动圆弧形升降，一种为沿垂直轨道垂直升降。第一种用钢丝绳提升，应用较少；第二种用钢丝绳或链条传动。此外，还有混合升降，它是在链条的传动下，沿垂直、圆弧轨道提升和下降。在工作时螺旋几乎是垂直升降，在上部挡轮进入圆弧轨道后，螺旋支架沿圆弧轨道上升达到最高位置。

3. 起升机构

起升机构主要由电动机、减速器、齿轮联轴器、轴承座、传动轴、制动器、限位开关、链轮及套筒滚子链等组成。

（三）行走机构

行走机构有大车和小车行走机构。

1. 大车行走机构

它是由两套驱动装置和四组轮对组成，其中两个主动轮，两个从动轮。传动方式有集中传动和分别传动两种，分别传动的构造主要有电动机、减速器、联轴器、制动器、角型轴承箱、行走轴及车轮等，分别传动的优点是：可以加大螺旋卸车机的跨度，适应性强，驱动装置简化。

2. 小车行走机构

小车行走机构是由电动机、减速机、制动器和车轮等组成。其作用是使螺旋臂架除沿圆弧作上下移动外，还可将螺旋臂架和小车机构作为整体并沿主梁作水平移动。如 13.5m 跨度的桥式螺旋卸车机用在双线缝隙煤槽上，小车运行可使螺旋由一条重车线移到另一条重车线上来。

（四）金属架构

桥型螺旋卸煤机的桥架是由两根外侧带有走台的箱型立梁与两根端梁组成。每根主梁端部盖板搭接在端梁盖板上，用电焊与端梁刚性连接。每根主梁两侧腹板用连接角钢与端梁腹板焊接，以增加其连接部位的强度。两根箱型端梁为倒马鞍形，端梁端部呈直角弯板。行走轮对的角形轴承箱用螺栓固定在端梁端部。端梁跨中分开两段，采用连接板、连接角钢和螺栓。

起重平台为框架结构，用来安置螺旋起升机构。螺旋支架立柱上装有直线导轨，供螺旋运动的支承导向架，螺旋支架与起升平台的下部用螺栓定位并用电焊加固，侧向支承板是用于加固螺旋支承立柱，以减少螺旋在运动中支承立柱向外侧的弯曲变形。

三、运行与维护

（一）检查与维护

(1) 各连接结构及固定螺丝不应有任何松动，对松动的螺丝应及时拧紧。架构不应有开焊、变形及损坏现象。

(2) 行走车轮和上下挡轮轨道不应有严重磨损及歪斜；车轮、挡轮转动灵活可，螺旋支架提升、下降自如，限位开关工作良好。

(3) 套筒滚子链完整，链销无窜动，链片无损坏。

（4）润滑良好，定期由人工往链子上滴润滑油，形成油膜，减少缓冲冲击，减少磨损，润滑油油质及加油时间见表 10-8 所示。

表 10-8　　螺旋卸煤机润滑油油质及加油时间

加油部位	油质种类	加油间隔时间
起升机构瓦座	40 号或 50 号机械油	一个月
螺旋本体瓦座	钠基黄油	每星期一次
传动套筒滚子链	40 号或 50 号机械油	每星期一次
行车角型轴承箱	钠基黄油	一个月
液压推杆制动器	变压器油	一个月或抱闸不起作用时
U 型滑道及活动轮	40 号或 50 号机械油及黄油	每星期一次
减速器	40 号或 50 号机械油	三个月

（5）对液压推杆制动器的维护应注意以下几个问题：①绞链关节处无卡塞、无漏油和渗油，应定期观察油缸的油量和油质；②制动带应可靠贴在制动轮上，其间隙为 0.8～1mm；③制动带中部因磨损，厚度减少到原厚 1/2，边缘部分减少到原厚度的 1/3 时，应及时更换；④制动轮必须定期用煤油清洗，使摩擦表面光滑无油腻。

（二）操作安全注意事项

机车或其他牵引设备将煤车送至缝隙煤槽上方，摘钩，人工打开敞车侧门后退出现场，螺旋卸煤机司机预警后方可准备操作。

（1）司机在操作前应首先查看各操作把手是否在零位，而且各按钮无卡涩现象。

（2）螺旋接触煤层前，应先转动螺旋，注意不要超出车帮而顶上了车底，最好车底能留 100mm 的煤保护层。

（3）注意煤种变化时螺旋吃煤深度，避免超负荷而损坏设备。

（4）螺旋吃上煤层时应慢速下降，不准用快车上下或行走。

（5）螺旋在煤层中卸煤时如发生蹦跳现象，应立即停车，并提升螺旋，检查煤中是否有石头、木块、铁块等杂物。

（6）提升或大车行走不准撞击限位开关，卸完车后，先将螺旋提升至指定高度，并且把卸煤机开到停放地点。

（7）如遇到电气开关失灵时，应采取紧急停电措施。

四、故障处理

（1）螺旋卸煤机在运行中发生震动、异响、温度异常升高等现象时，应停机检查。

（2）运行中发生电气设备冒烟、有胶臭味时，应立即停下卸煤机，检查原因。

（3）当操作开关失灵时，立即拉开刀闸，找电工修理。

（4）制动器工作时出现冒烟或发出胶臭味，应立即停机并调整制动带与制动轮之间的间隙，制动轮温度不得超过 200℃。

（5）制动器失灵，不能刹住车轮和螺旋，断开电源时滑行距离较大，其原因及消除措施见表 10-9。

（6）制动器不能打开，造成升降及行车迟缓和电动机发热的原因及消除措施见表 10-10。

表 10-9　制动器故障原因及消除措施

故障原因	消除措施
杠杆系统中活动关节卡住	将关节处滴润滑油
润滑油滴入制动轮上	用煤油清洗制动轮及制动带
制动带过分磨损	更换制动带
弹簧张力不足	调整弹簧
制动轮与制动带间隙过大	将间隙调整到0.8～1mm

表 10-10　制动器故障原因及消除措施

故障原因	消除措施
制动轮与制动带间隙过大	调整间隙为0.8～1mm
制动带粘在带污垢的制动轮上	调整制动带
活动关节犯卡	调整相关部件
弹簧张力过大	调整弹簧

（7）电力液压推动器不动作，此故障分如下几种情况：①油液使用不当，应根据室外温度变换油液；②推动器缺油，应补充油液到规定位置；③小电动机不转，应检查电气部分，排除故障。

第五节　链斗卸煤机

一、链斗卸煤机概述

链斗卸煤机是一种将散料从铁路敞车上卸下的专用设备，利用上下回转的链斗，将煤从车厢内提升到一定高度卸在水平皮带机上，而后转卸至倾斜皮带机上，由倾斜皮带机将物料抛至轨道的一侧或两侧。通过大车行走和倾斜皮带机回转或变幅，使卸车机作业于较大的场地。

链斗卸煤机适用于中小型火电厂的卸煤或一般电厂的辅助卸煤设备，其结构如图10-18所示，主要由钢架结构、起升机构、斗式提升机构、水平皮带机、倾斜皮带机、皮带变幅卷扬机机构、大车行走机构、电气控制及电缆卷绕装置、操作室等组成。倾斜皮带机具有水平回转90°和垂直变幅40°的功能，扩大了链斗卸煤机的适应性和作业范围。按跨铁路线的情况，链斗卸煤机可分为单跨、双跨、三跨三种，对粒度较小、松散性好的原煤，有较高的作业效率。5.2m轨距液压链斗卸煤机的综合出力一般为250～300t/h。

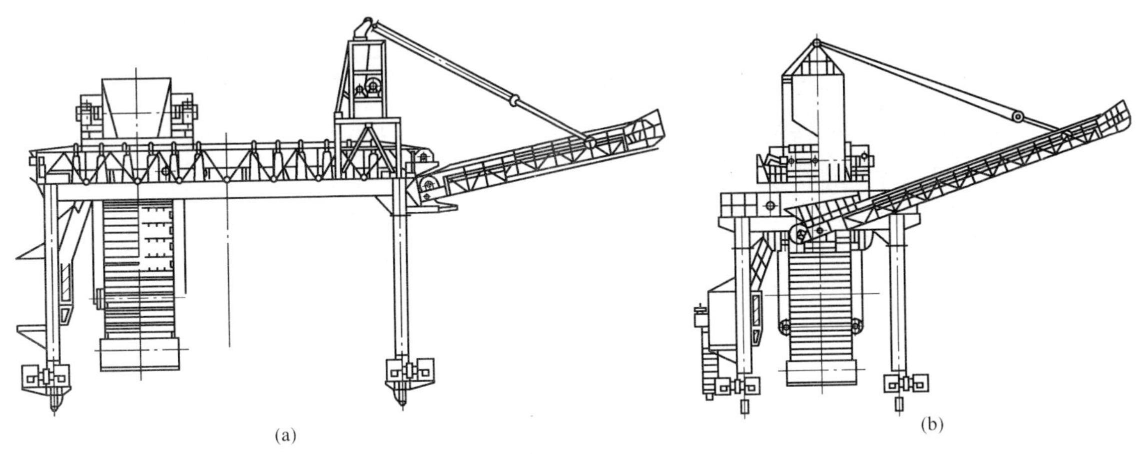

图 10-18　链斗卸煤机
（a）双跨；（b）单跨

链斗卸煤机卸煤的过程是：重车车辆就位后，开动链斗卸煤机的大车行走机构使链斗对准敞车的一端，先启动抛料皮带机，再启动翻斗的升降机构和旋转机构，链斗插入煤中将煤舀取上来，抛至导料斗中，煤通过导料斗流入抛料皮带，抛料皮带运转把煤卸入煤场。抛料皮带的变幅机构随煤堆高度的变化而变幅，旋转机构带动皮带机在煤场旋转，撒卸成弧形煤堆。

链斗既可以在车中分层取煤，也可以逐点取煤。链斗取煤时要留高100mm左右的煤层，以保护敞车车底不受损伤，剩余的煤层由人工清理。

链斗卸煤机运行与维护的主要内容有：

(1) 链斗卸煤机在带负荷工作前，应进行空载运转，在空载运转中，检查各运动及转动部位是否正常。

(2) 在作业顺序上也要先启动皮带运输机和斗式提升机，最后再开动大行走机构，一切正常后，方可正式带负荷工作。

(3) 运行中工作人员应经常检查和监视皮带运输机有无跑偏或其他卡、划、刮、砸等现象，一旦发现，应及时停机进行处理。

(4) 设备运行中防止链条被绳索和杂物等阻卡，避免损坏链条或链轮等转动部件。

(5) 所有转动部位的润滑要求良好，温度不超标，不漏油。

(6) 电动机、减速机及其他转动机械应平稳、无振动，声音正常。

(7) 制动器动作灵敏，并定期检查制动带的磨损情况，当制动带磨损过限或铆钉凸露与制动轮相摩擦时，应更换制动带（即闸瓦）。

(8) 传动钢丝绳无断股、跳槽现象，滑轮转动灵活。

(9) 在卸车过程中要注意不要损坏车体，防止链斗刮伤车底板。

单梁链斗卸煤机是一种结构更为简单的卸车机，其结构如图10-19所示，主要由链斗本体、链斗提升装置、大车走行装置、集载胶带机、钢结构所组成。这种卸煤机链斗固定在链板上，由链轮拖动链斗作回转运动，链斗本体升降采用专用滚筒组，拖动链斗本体沿轨道上下升降，滚筒组采用双绳、双制动，即使一绳断掉或一制动器失灵，滚筒组也可运行。

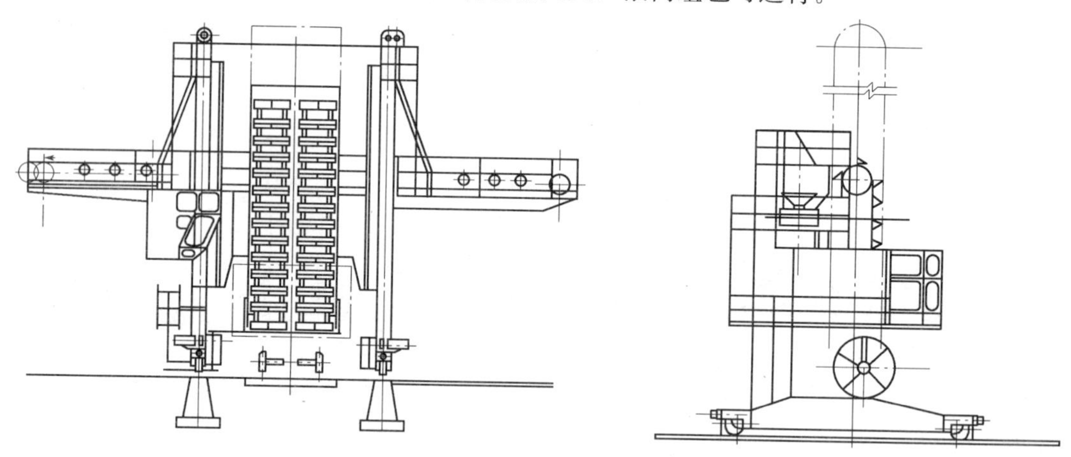

图10-19　单梁链斗卸煤机结构图

大车走行采用挂轴减速机驱动，安装、检修较方便。卸煤机集载胶带机采用可移动式或固定式两种。卸煤机钢结构采用钢析帚制的箱体结构，安装方便。

二、目前国内制造的链斗卸煤机型号

目前国内制造的链斗卸煤机型号见表10-11。

三、链斗卸煤机结构

以5.2m液压式链斗卸煤机（见图10-20）为例进行介绍。链斗卸车机由主梁架、支腿、端梁、底梁、翻斗及翻斗机构、起升机构、变幅机构和皮带机、行走机构等组成。

表 10-11　　　链斗卸煤机型号

型　号	结构或使用特性	轨距（m）
DDK-66	卸砂石	5.0
DDK-66	卸 煤	5.0
DD-69	卸 煤	5.0
HD 型	四排斗链	5.0
单梁型	箱形结构	5.0
D335	四排斗链	5.0
液压驱动型	液压传动	5.2
门 型	悬臂式皮带抛料	10.5
门 型	悬臂式皮带抛料	12.5
门 型	在跨度内抛料	22.5

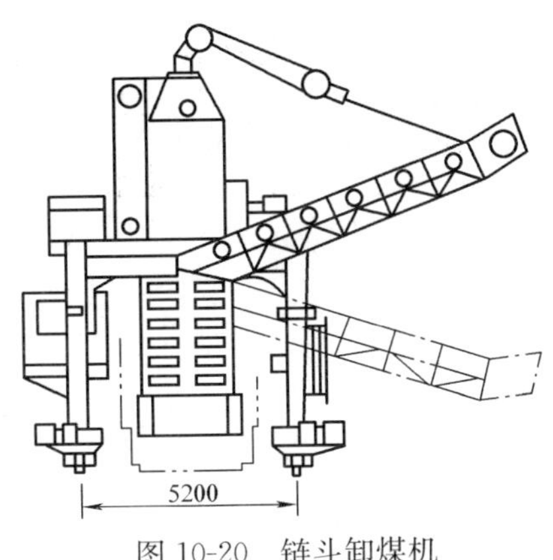

图 10-20　链斗卸煤机

（一）金属构架

主梁架、支腿、端梁和底梁均是由钢板焊接而成的箱形结构，各部分之间采用高强度螺栓连接。行走轮对的三角轴承座用螺栓固定在下底梁两端的角形结构架上，起升机构、翻斗机构、抛料皮带等均支承在桥架上。

抛料皮带机架是采用型钢焊接的桁架结构，其上端由钢丝绳、滑轮组连接成悬吊结构，其根部用销轴与门架主梁铰接，能以铰接点为中心，左右摆动 90°。

翻斗架为焊接结构，由钢丝绳滑轮组连接，沿立柱上、下移动。翻斗架支承翻斗及翻斗回转机构。

（二）大车行走机构

大车行走机构由驱动装置和轮对组成，支承在底梁上。

驱动装置由 YM-B67B-JF 型油压马达驱动，通过减速机和开式齿轮两级变速带动小齿轮转动。两台驱动装置装于左右两侧，同时分别驱动。

大车行走速度有两挡：快速为 16.5m/min，慢速为 2.3m/min。油压马达用电液换向阀控制。

（三）起升机构

起升机构布置在桥架上，由传动装置、卷筒、钢丝绳、滑轮等组成。

传动装置由电动机和减速机组成，卷筒通过联轴器与减速机的低速轴相连接，传动机构的制动采用液压制动器。起升机构是用来起升和降落翻斗机构的设备。

（四）翻斗机构

翻斗机构由传动装置、斗子等组成。它是链斗卸煤机的核心部分，支承在桥架上。传动装置通过链轮带动滚子链，滚子链带动一排排斗子转动，将敞车内的煤舀上来，翻出去，达到卸车的目的。

传动装置中的电动机通过联轴器与减速机相连接。减速机的低速轴通过链轮传动带带动斗子组件上的链轮，链轮带动滚子链，滚子链带动斗子转动。

链斗斗容为 434L，斗子线速度为 1.3m/s，斗宽 1.1m，斗子用 3mm 厚的钢板焊接而成。

链斗卸料采用混合卸料方式。装满煤的斗子转动到链斗架顶点后，由于链斗的转向和倾斜，煤则被抛到导料斗中。

（五）抛料皮带机

抛料皮带机由皮带大架、托辊支架、托辊、运输带、滚筒等组成。其传动装置采用油冷式电动滚筒驱动，以节省空间。

链斗卸煤机的链斗将煤从敞车内取出来，抛撒在导料斗中，煤从导料斗中流到抛料皮带机

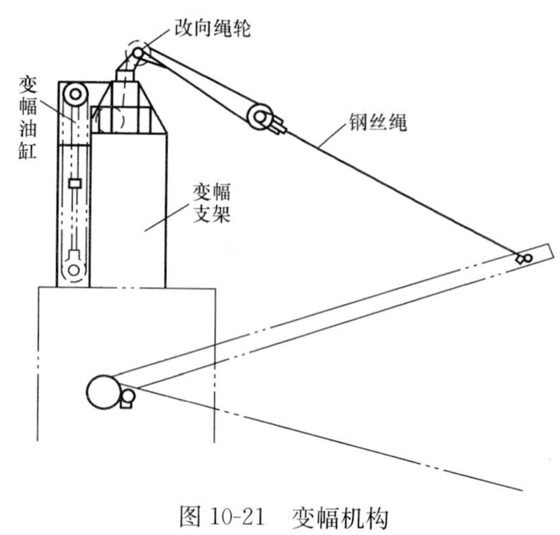

图 10-21　变幅机构

上，抛料皮带机运转又将煤抛撒到煤场。

（六）皮带变幅机构

皮带变幅机构由油缸、变幅滑轮组等部分组成，见图 10-21。油缸行程为 1450mm。油缸下支座与滑轮组的一组定滑轮相连，变幅滑轮组的倍率为 2，采用的钢丝绳为 6×19＋1。皮带机的变幅可以使皮带机头部最高仰到距大车轨道顶面 8250mm，最低俯首时头部距大车轨道顶面 2250mm。

变幅机构的作用是：在皮带抛煤时，调整煤的落差，减少煤尘飞扬，抛料皮带机框架可以以销轴为中心俯仰。

抛料皮带机需要变幅时，操纵油缸的电磁阀动作，油缸下腔充油，活塞升起，活塞上支座推动滑轮组中的滑轮位移，经过放大 2 倍的距离，钢丝绳长度变化，牵引皮带机使其变幅，皮带机的变幅速度为 3.0～5.8m/min。

（七）皮带机旋转机构

抛料皮带机的旋转机构由行程为 425mm 的油缸和扇形开式齿轮组成。抛料皮带机可以绕销轴中心旋转 180°，即不开动大车，抛料皮带可以旋转撒煤（堆煤）。

电磁阀动作可使油缸活塞位移，活塞杆一端与扇形开式齿轮连接，齿轮与抛料皮带尾部通过小齿轮连接。扇形开式齿轮带动抛料皮带机旋转。

（八）液压系统

5.2 m 轨距的链斗卸煤机的三个机构采用液压系统控制，即皮带机的变幅与旋转由油缸驱动，而大车行走机构则由液压马达传动。

液压系统中使用大、小两台双联叶片泵，油泵用来维持液压马达和油缸的工作压力，使液压系统正常工作。

（九）电缆卷筒装置

链斗卸煤机的电源电缆，是通过一个卷筒装置随大车行走来实现的，电缆卷筒由电动机驱动。大车行走时，电动机带动电缆卷筒卷线或放线。

四、链斗卸煤机的检修与维护

（1）检查各连接部位的螺栓是否有松动和损坏，及时紧固或更换。

（2）检查各转动部位的轴承是否缺油和损坏，及时加油和修理。

（3）齿轮的传动应平稳，不应有冲击和碰撞现象。

（4）检查转动轴和链轮是否歪斜，传动链有无下垂过大现象，及时进行校正和调整。

（5）对滚子链定期加油润滑。

（6）检查滚子链连接销是否松动或脱落，链轮与链条的磨损不应超过规定标准。

（7）油泵、液压马达不允许有漏油现象，振动要正常。一旦发现缺陷应立即处理。

（8）检查钢丝绳的使用情况，发现断股或磨损严重时，应及时更换。

（9）注意保护电源电缆，运转中的电缆应有规则地排在卷筒内，防止电缆损伤。

（10）防止在取煤过程中损坏链斗。

液压系统的检修参见翻车机卸车线中液压系统的检修和维护的有关部分，钢丝绳的检修维护与重车、空车铁牛钢丝绳的检修维护相同，金属结构、链传动等部分的检修与螺旋卸煤机的有关部分相同。

五、链斗卸煤机的润滑

经常保持链斗卸煤机良好的润滑，是延长链斗卸煤机的使用寿命，确保其正常运行的一个重要因素。对于需要润滑的零（部）件，必须使用正确的方法，采用正确的润滑油（或脂），使之经常保持良好的润滑状态，这是日常保养和维护的一项必不可少的工作。

链斗卸煤机各机构采用手动分散润滑，润滑剂的选择能满足当地环境温度的要求，润滑方法见表 10-12。

表 10-12　链斗卸煤机各机构的润滑方法

<table>
<tr><th>润滑部位</th><th>润滑材料</th><th>润滑周期</th><th>润滑方式</th><th>备　注</th></tr>
<tr><td>减速器</td><td rowspan="2">N46 机械油</td><td rowspan="2">初期 3 个月，以后 6 个月</td><td rowspan="2">油池润滑</td><td rowspan="7">每周检查</td></tr>
<tr><td>电动滚筒</td></tr>
<tr><td>齿轮联轴器</td><td rowspan="5">1 号钙基润滑脂</td><td rowspan="5">初期 3 个月，以后 6 个月</td><td>涂刷</td></tr>
<tr><td>滚动轴承</td><td>油杯</td></tr>
<tr><td>开工齿轮</td><td rowspan="3">涂刷</td></tr>
<tr><td>十轮组油杯</td></tr>
<tr><td>滑轮、链轮、链条</td></tr>
<tr><td>钢丝绳</td><td>石墨钙基润滑脂 ZC-S</td><td>每月</td><td rowspan="2">油池</td><td rowspan="2">冬天用 10 号变压器油</td></tr>
<tr><td>液压推动器油泵</td><td>YA-N46 液压油</td><td>半月</td></tr>
</table>

润滑注意事项：

（1）各类润滑油及润滑脂，应有专用的密闭的容器盛装，容器、漏斗、油枪等润滑加油用具必须保持清洁。

（2）对于采用涂刷加油方式的部位（如钢丝绳），应先将污旧油刮去，然后涂刷新润滑油、润滑脂。

（3）清洗减速箱油池时，应把陈油放掉，清洗后加入新油至油标指示深度。

（4）对于采用滴涂方式加油部位，可以用油壶进行加油。

六、链斗卸煤机的故障处理

（1）断链。传动装置负荷过载，链磨损和链轮歪斜是造成断链的主要原因。发现断链时应立即停机，将拉断点前后的链子节拆开，换上同型号的备用链节，按工艺要求予以恢复。发现链轮歪斜时，应及时进行校正处理。

（2）链子松弛度过大。先利用拉紧装置进行调整。若调整拉紧装置后仍不符合要求时，则拆掉部分链节，并调整拉紧装置，达到松紧适宜。

（3）轴承发热。造成轴承发热的原因可能是缺少润滑油、轴承歪斜、轴承弯曲变形、轴承内部进煤粉堵塞、轴承紧力过大和轴承的缺陷等。根据查出的原因，进行针对性的处理。

（4）减速机发热。首先检查是否缺油，齿轮啮合是否良好，针对情况采取相应的处理方法。

（5）链斗破损。链斗被煤块、石块或其他坚硬杂物卡住时，易造成损坏。待停机后，对链斗进行校正或补焊。

（6）电源接通后电动机不转，有“嗡嗡”声。①检查更换熔丝；②检查电缆中是否有断线；③检查电气系统是否有其他部件损坏，及时处理。

（7）齿轮转动中有冲击、碰撞声或过热现象。造成的原因是齿轮严重磨损、轴过负荷弯曲、出现异常或齿轮啮合不良等。必须进行解体检查，更换损坏部件，及时进行调整。

（8）电气系统问题。①设备带电或漏电，检查绝缘是否破损或接地不良，及时处理；②电磁阀在运行中若发生不正常或不动作等现象时，应随时处理或更换。

其他常见故障及处理方法见表10-13。

表10-13　　链斗卸车机的常见故障及处理方法

零部件	故障情况	原因及可能后果	消除故障措施
滑轮	滑轮槽磨损不均匀	安装不正确，钢丝绳润滑不良，导致钢丝绳磨损加剧	不均匀磨损超过3mm时更换
	滑轮不转动	心轴和滑轮磨损加剧，阻力加大	注意润滑情况，查看心轴是否损伤，轴承是否完好
	滑轮心轴磨损	润滑不良，心轴损坏导致阻力增加	更换心轴
	轮缘断裂，滑轮倾斜、松动	轴上定位板松动	更换新轮，调整紧固定位板，使轴固定
钢丝绳	断丝扭结和磨损	会导致断裂	发现扭结点、明显变形和严重锈蚀的不得使用；钢丝绳的实际直径比公称直径减少7%以上时，不得使用；在一个捻距内，断丝总数超过10%的不得使用
齿轮	齿轮轮齿折断	在工作时跳动，继而损坏机构	更换新齿轮
	齿轮磨损	齿轮转动时声响异常	超过允许数限值时，更换新齿轮（一般取磨损量达原齿厚的15%～25%）
	轮辐、轮缘和轮毂有裂纹	齿轮损坏	更换新齿轮
	齿轮磨损，齿轮在轴上跳动	断键	停止使用，立即检修
卷筒	卷筒发现疲劳裂纹	卷筒断裂	当卷筒壁厚磨损达原厚度的20%以上时，应更换卷筒
	卷筒轴磨损	轴被剪断	更换车轮
	卷筒绳槽磨损和跳槽	卷筒强度削弱，容易断裂，钢丝绳缠绕混乱	检修传动轴、键及齿轮
行走机构	啃轨	两主动轮直径不相等，大车线速度不等，致使车体倾斜	修正变形
		传动系统偏差过大	调整轨道，使其跨度、直径、标高等符合要求
		结构变形	调整台车机构
		轨道安装误差过大	调整轨道跨距
		轨道顶面有油污或冰霜	调整轨道清扫器
减速器	减速器整体振动	减速器固定螺栓松动，输入或输出轴与电动机、工作机不同心，支架刚性差	调整减速器传动轴的同轴度，紧固减速器的固定螺栓，加固支架，增大刚性

续表

零部件	故障情况	原因及可能后果	消除故障措施
制动器	断电后，不能及时刹住，滑行距离较大	杠杆系统中的活动关节有卡阻现象	
		润滑油滴入制动轮的制动面上	用煤油清洗制动轮及制动瓦
		制动瓦磨损	更换制动瓦
		液力推动器运行不灵活	检查推动器或其他电气部件，检查推动器油液使用是否恰当
制动器	不能打开	制动瓦与制动轮胶粘	用煤油清洗制动轮及制动瓦
		活动关节卡住	检查有无机械卡阻现象，并用润滑油活动关节
		液力推动器运行不灵活	推动器油液使用是否恰当，推动器叶轮和电气是否正常
	制动瓦上发出焦味或磨损	制动时制动轮与制动瓦不均匀地刹住或脱开，致使局部摩擦发热	按制动器使用说明书检修并调整
	制动瓦易于脱开	调整没有拧紧的螺母	按调整的位置拧紧螺母
轴承	轴承产生高温	轴承损坏	根据噪声和振动判断轴承是否损坏，如损坏则更换轴承
		基础松动	检查并拧紧基础螺栓
		缺少润滑油或安装不良	检查轴承中的润滑油量，使其适量
	工作轴承响声大	轴承中有油污	清洗轴承后注入新润滑油
		装配不良，使轴承卡阻	检查轴承装配质量
		轴承部件损坏	更新轴承
车轮	轮辐、踏面有裂纹	裂纹扩展，车轮损坏	更换车轮
	主动车轮踏面磨损不均匀	由于表面淬火不均，车轮倾斜啃轨所致，运行时振动	更换车轮
	轮缘磨损	由于车体倾斜啃轨所致，容易脱轨	轮缘磨损超过原厚度的50%时，更换新件
胶带机	胶带跑偏	胶带支承托辊安装不正	用调心托辊调整，逆胶带运动方向观察，如向左跑偏，可把托辊支架左端前移，或右端后移
		传动滚筒与尾部滚筒不平行	调整滚筒两端支架，使张紧力相同
		滚筒表面有煤垢	去煤垢，改善清扫器作用

续表

零部件	故障情况	原因及可能后果	消除故障措施
胶带机	打滑	胶带接头不正	重新粘接
		给料不正	调整落料装置，使落料煤点正对胶带机中心
		胶带与滚筒间摩擦力不够，滚筒上有水	增加张紧力，干燥滚筒后启动
		胶带张紧行程不够	重新粘接胶带
电动机	整台电机过热	工作制度超过额定值而过载	减少工作时间
	定子铁芯局部过热	在低压下工作，铁芯矽钢片间发生局部短路	当电压降低时，减少负荷，清除毛刺或其他引起短路的地方，涂上绝缘漆
	转子温度升高，定子有大电流冲击，电机不能达到全速额定负荷	绕线端头中心点或并联绕组间接触不良	检查所有焊接接头，清除外部缺陷
		绕组与滑环连接不良	检查绕组与滑环的连接状况
		电刷器械中有接触不良处	检查并调整电刷器械
		转子电路中有接触不良处	检查连接导线对接触器或控制器转子，触头接触不良处进行修整，检查电阻状况，断裂者予以更换
	电动机工作时振动	电动机轴与减速器轴之间不同心	找正电机、减速器的同心度
	电动机工作时不正常	轴承磨损	检查并修理或更换轴承
		转子变形	检查并修整
		滚动轴承磨损	更换轴承
		键磨损	修正或更换新键

第六节 汽车卸煤机

汽车卸煤机是用来接卸平板汽车或拖挂车运来的煤、砂、矿石等散料的专用机械，可以将煤快速卸到固定的地下煤斗内，汽车卸车机提高了汽车卸料的效率，减轻了工人的劳动强度，节省了大量的劳动力。

虽然目前随着大型自卸汽车的大量推广与使用，取代了汽车卸车机应用与发展，但汽车卸车机自 1975 年开始试制以来，相继更新换代，种类较多，还有一定的实用范围。汽车卸车机的种类有插铲刮板式、螺旋卸车式和液压台式卸车机等。

目前多数采用垂直升降插铲刮板式，这种卸车机克服了弧线升降所形成的刮料死角，有效地减少了余料量，提高了作业效率。

螺旋汽车卸车机集螺旋与刮板于一体，采用垂直升降和液压恒定浮动补偿技术，卸车效率较高。综合出力 2～50t/h，每辆车卸车时间约 60s，螺旋直径 800mm，大车机构跨度 13.5m。

液压台式卸车机结构简单，在煤斗箅子旁做有一个液压平台，靠近箅子的一侧用销轴固定，远离箅子的一侧用液压油缸来升降。使用时将汽车背靠箅子停放在液压平台上并固定止挡，然后打开汽车的后马槽，即可起升液压油缸后汽车头部随平台升高，煤自动流出直到卸空为止。

一、QXZ-1050 型汽车卸煤机的结构及原理

QXZ 系列汽车卸车机可分为 QXZ-600、QXZ-850、QXZ-1050 型三种。本节主要以 QXZ-1050 系列刮板式汽车卸车机为例进行介绍。QXZ-1050 型汽车卸车机主要由大车机构、小车机构、液压系统、电气系统、插铲机构、除尘系统组成，如图 10-22 所示。

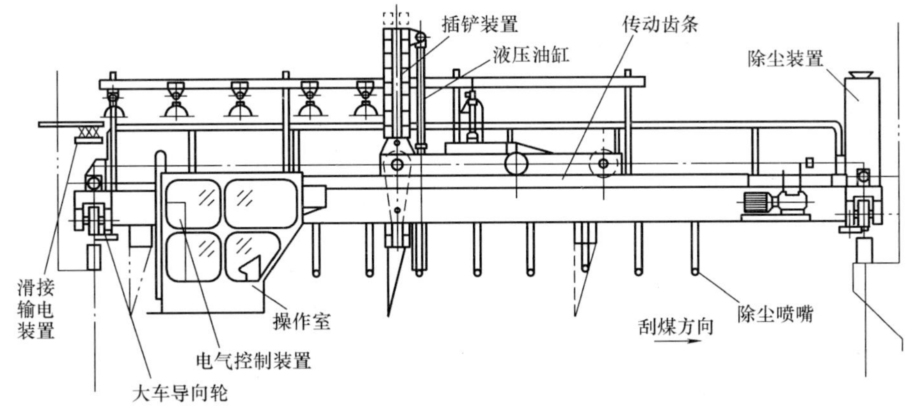

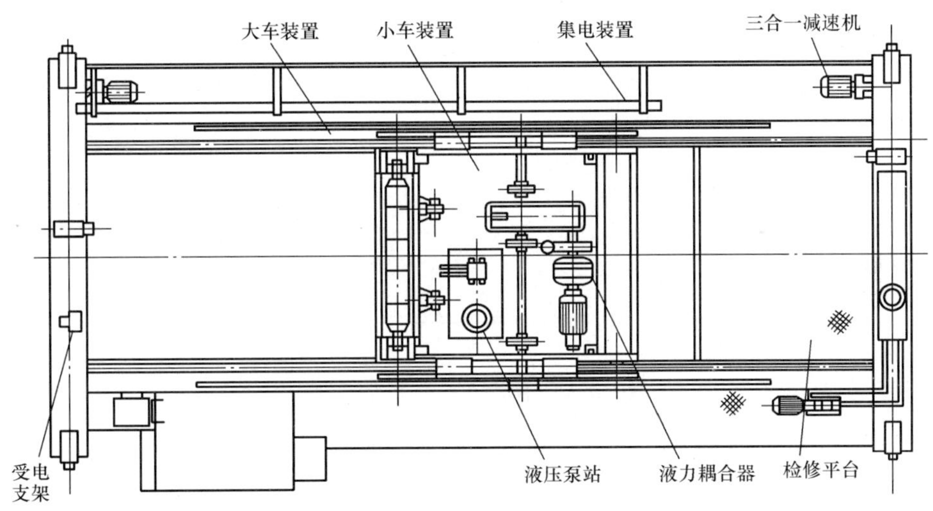

图 10-22　QXZ-1050 型汽车卸车机

（一）大车机构

大车机构主要由两纵两横四节箱形梁组成。端梁固定并连接四套行走机构的走轮，一侧为两套主动轮，由 2 台三合一减速机分别驱动，另一侧为 2 套从动轮。大车纵梁上固定有小车行走轨道和传动齿条。

（二）小车机构

小车机构由 4 横梁、2 纵梁组成固定框架，上面用钢板铺成小平台，一边钢架做成插铲装置框架和两台液压推杆的固定端头，另一边平台上装有小车驱动装置和液压站。小车下装有前后四个行走轮，放置在大车上为它固定的轨道上；小车中间装有小车行走的主动齿轮，它由一台带有液力耦合器的驱动装置来驱使小车在大车固定的传动齿条上前后走动。插铲装置固定在小车上，随小车一起前后移动。

（三）插铲机构

插铲机构是卸料的主要机构。它是由插铲刮板、插铲架、液压缸、液压回路、液压站组成。通过液压缸活塞上下移动，带动插铲架在小车上固定的插铲导向架上下移动，从而带动插铲刮板上下移动。

（四）工作原理

卸车机工作时，大车由三合一减速机驱动行走，定位于被卸汽车上方，小车机构通过带有液力耦合器的驱动装置依靠齿轮齿条传动将小车移动到工作位置，此时插铲位于车箱顶端，开启液压装置，使插铲下降，插入物料中，待插铲刮板接触车箱底板后，压力升至调定压力，恒压补偿系统工作，保持恒压，小车向车尾方向移动，物料卸下，升起插铲，大车行走至另一车位即可再次卸料；水除尘系统在刮板刮料过程中同时喷雾除尘。

二、螺旋式汽车卸煤机

螺旋式汽车卸煤机结构如图 10-23 所示，主要由螺旋本体、起升装置、大车走行、小车走行、钢结构、喷淋系统、控制司机室组成。其结构特点是：

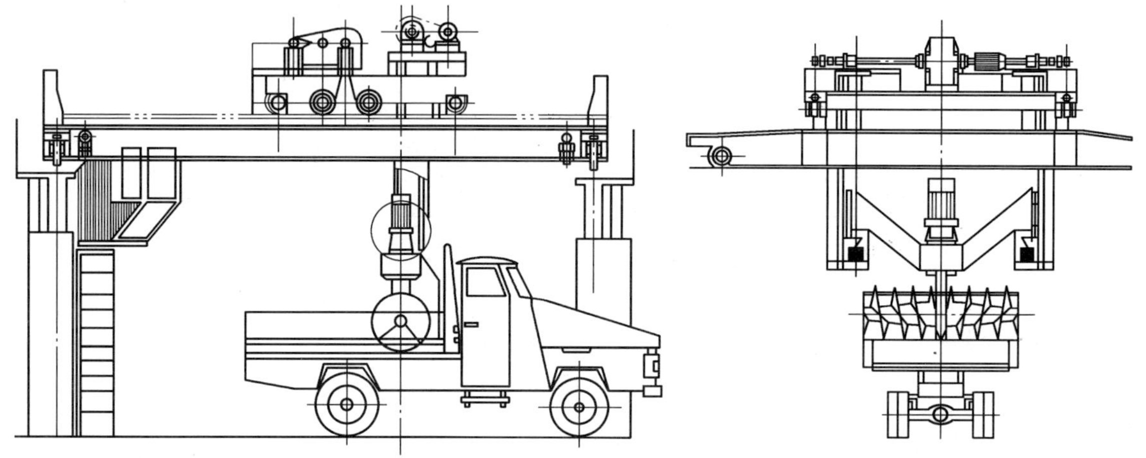

图 10-23　螺旋式汽车卸车机结构

（1）正反螺旋体呈对称布置，由中间支撑并驱动，螺旋体悬伸在两侧，使卸车更流畅。

（2）螺旋传动由一个特制的密封传动箱传动，传动机构、物料无接触、轴承隐藏在螺旋体内，从而延长了传动结构的使用寿命。

（3）螺旋机构设有力矩臂保护装置，当螺旋工作力矩超过允许值时，力矩臂动作，停止电动机转动，从而达到保护螺旋体的目的。

（4）螺旋体传动采用摆线减速机，呈立式布置，从而使结构紧凑，便于检修与安装。

（5）小车采用摆轮摆销传动，由小车自身的驱动装置拖动小车沿轨道走行，从而避免了卸车阻力大、小车运行打滑的现象。

（6）为使卸车更干净，在螺旋体后面装有随螺旋体一起移动的浮动刮板，将螺旋卸剩下的煤一次性刮掉。

（7）机架采用箱体结构，该结构造型美观、制造安装方便。

三、汽车卸煤机的运行维护及故障处理

卸煤机工作时，定位于被卸汽车上方，小车机构通过带有液力耦合器的驱动装置依靠齿轮齿条传动将小车移动到工作位置，此时插铲位于车箱顶端，开启液压装置，使插铲下降，插入物料中；待插铲刮板接触车箱底板后，压力升至调定压力，恒压补偿系统工作，保持恒压，小车向车

尾方向翕动，物料卸下，升起插铲，大车行走至另一车位即可再次卸料；水除尘系统在刮板刮料过程中同时喷雾除尘。

（一）运行维护

（1）汽车卸煤机在正常使用时，必须对机电设备及各运转部件经常进行检查，注意异常声响，传动机构的轴承温升不得超过周围介质的35℃，最高温度不得超过65℃。

（2）各电机电流稳定、无异常波动，空载电流小于额定电流。

（3）大、小行车速度及行程符合技术参数表中规定。

（4）各级限位开关、继电保护装置及有关开关工作可靠。

（5）液压系统无泄漏冲击现象，油温在25～45℃范围内。对系统压力、浮压状态每班都应检查并作详细记录。

（6）动力柜、操作柜、液压站应保持清洁。

（7）液压系统用油要定期更换（运行500h更换一次）。并清洗油箱及油路。

（8）插铲下降时如遇过大阻力，压力继电器动作，插铲停止下降，应升起插铲排除或避开障碍后继续工作。

（9）液压浮压系统在小车前进状态自动投入（连锁），此时插铲升降和小车向后行走不能动作。

（10）汽车卸煤机正常投入运行后，必须在润滑部位进行定期润滑。

（二）常见故障及其处理方法

1. 现象

（1）大车或小车行走时有异音。

（2）插铲升降不灵活。

（3）卸煤机工作时总电源偶尔断电。

（4）插铲插煤力量不足。

（5）液压系统有异常噪声。

（6）液压缸作爬行动作。

（7）液压系统油温过高。

（8）浮压状态刮煤不干净或对汽车压力过大。

2. 原因

（1）传动装置轴承损坏；定位螺栓松动，设备移位车轮轴心线与小车中心线不平行。

（2）插铲导轮卡涩，液压系统故障。

（3）滑线受电装置接触不良。

（4）液压系统压力过低。

（5）油泵吸油管道或漏油器堵塞；吸油管道或泵轴密封处漏气；电机、油泵或管道固定不牢；油中含有气泡。

（6）液压系统中有空气；油箱油面过低；插铲机械阻力过大；阀门或油路不畅通。

（7）液压系统调压过高；卸荷回路故障；油泵效率低。

（8）浮压系统未投入；补偿压力过小或过大。

3. 处理方法

（1）更换轴承；恢复各联轴器中心线重合，拧紧固定螺栓，使用钢丝、钢卷尺检查车轮中心线，使车体的平面度偏差（$S<5$mm），两侧行走轮中心线对车体中心线的对称度（$\Delta A<3$mm），车轮轴线对车体中心线的垂直偏差（$\Delta B<2$mm），如果超差需调到公差范围内。

(2) 调整导向轮座，使导轮与插铲滑导保持1～2mm间隙；修复液压系统。

(3) 校正滑线角钢，处理好接头。

(4) 调整溢流阀Y-63B，提高最大系统压力。

(5) 清洗油管道或漏油器，检查吸油管道，更换泵轴密封件，将电机、油泵、管道找正后固定，排除空气进入油中的可能。

(6) 检查油箱上有无气泡，修复密封，油缸安装是否垂直，检查油面是否过低或油路是否有渣质，使油缸往复运动几次，排除缸中空气。消除机械障碍。检修阀门、疏通油路。

(7) 按实际需要调整压力，检修卸荷回路，修理或更换油泵。

(8) 检查在小车前进状态下2DT阀是否动作，调整溢流阀Y-1013，使补偿压力适中。

第七节 原煤卸船机

一、原煤卸船机的基本类型

(一) 概述

卸船机是对运煤货轮上的散装物料进行装卸的专用机械，除对煤进行作业外，也可用于其他中、轻型散粒物品在码头的连续装卸作业，在沿江沿海的货物码头上被普遍使用。

(二) 类型和特点

目前，在我国使用的卸船机可按工作性质分为两大类；周期性动作机械和连续性动作机械。

1. 周期性动作机械

属于周期性动作机械的，有各种型式的抓斗起重机，如门式抓斗卸船机、锤式抓斗卸船机、固定旋转式抓斗卸船机、浮船式抓斗卸船机等。

门式抓斗卸船机具有悬臂长、提升高、起重量大等特点，便于卸较大型驳船。

锤式抓斗卸船机因结构简单、维修方便，并且该卸船机适用于长形码头，可卸大型驳船，所以电厂采用较多。固定旋转式抓斗卸船机的特点是：卸船机固定不动，在其悬臂范围内作业时，依靠驳船调挡，故使用不便，所以一般常用于小型电厂。浮船式抓斗卸船机适用于装置在囤船上抓卸驳船上的物料，这种机械重心较低，同时允许倾斜一定角度，运行安全可靠。大型桥式卸船机可适应现代大容量快速装卸的需求，其特点是：卸船机伸到航道的悬臂可向上弯曲，以保证大型海轮安全停靠，其抓斗小车在桥架上可往返移动。

2. 连续性动作机械

连续性动作机械有链条式、刮板式卸船机。它们的工作特点是向一个方向不断连续动作，出力比一般周期性动作机械高。这种设备由于结构较复杂，磨损较严重，故我国使用不多。

气力卸船机也是一种连续工作的卸船机械。它利用真空泵或罗茨鼓风机，造成系统中呈真空状态，以汲取驳船内的煤，这种设备在我国已有使用。此外，在国外还采用翻船机直接将船翻转，使煤一次卸到码头煤斗中，我国目前还没有此类设备。

二、原煤卸船机的结构和工作原理

桥式载重小车式卸船机具有适应性结构简单，易维护保养等特点，被我国大部分卸料码头采用。下面重点介绍1250t/h桥式卸船机。1250t/h桥式载重小车式卸船机按主要功能可归纳为五个部分，即金属结构、小车抓斗、大车行走、安全装置和变幅机构。如图10-24所示。

机器工作时抓斗小车沿前桥行至船舱抓取散料后，抓斗小车向岸上方向运行，将散料卸入前门架内侧落煤斗内，经卸船机自身皮带机将物料送至系统皮带上，整机可通过大车沿码头轨道行走来实现移位取料，船靠岸或离码头时，前桥变幅仰起，以便船上桅杆自由通过。

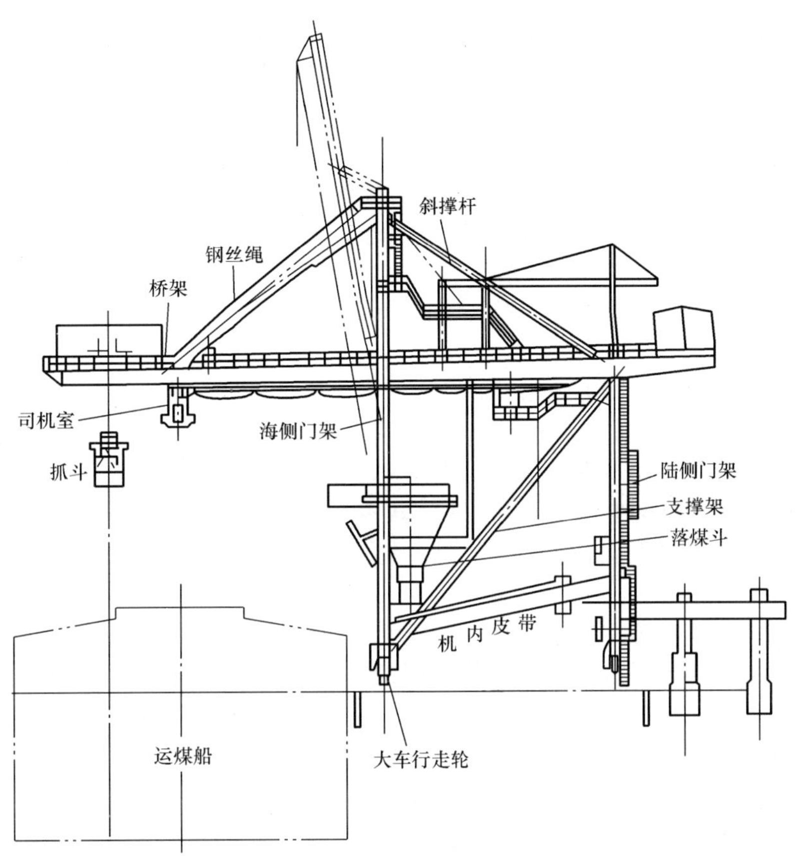

图 10-24　1250t/h 桥式卸船机总体简图

（一）金属结构

金属结构是桥式卸船机的主要受力构件。它主要由前后桥架、前后门架、小门架、上下承梁、支撑杆机内皮带机、大平台等组成。构件之间，主要采用销轴铰接形式，这种结构传力直接、明确，装配调整方便。

前后门架是小车行走的通道和抓斗自重、载荷的主要部件，因此选用刚性大的 A3 钢制造。门架作为支承桥机自重和载荷的主要构件，四根竖直的门架均采用箱式封闭结构。它通过海侧门架顶端相连接的小车架和支撑杆，把前后桥架撑起，形成整机各机构承受力的分配和传递。整机结构简单，布局合理，维修方便。

（二）抓斗小车

抓斗小车是实现抓斗装卸物料的工作机构，它由抓斗、抓斗起升、开闭卷筒、司机室和小车行走机构等组成。

1. 抓斗

1250t/h 桥式卸船机的抓斗采用带平刀口的双绳抓斗，它由斗部、上下横梁、臂架等四部分组成。此外，提升绳组和开闭绳组用以支承和开闭抓斗，这两个绳组分别缠绕在两套独立驱动的提升卷筒和闭合卷筒上，提升、闭合卷筒各采用一台 YZR 型绕线式电机。通过控制电机正反转，提升卷筒使抓斗实现升降，控制闭合卷筒使张开的抓斗闭合并装入物料。

2. 小车行走机构

小车行走是靠 2 组等同驱动装置、4 个轮组组成，每组驱动装置备有 2 套制动器，1 只作停机制动，另1只作紧急定点脚踏制动，另有4只水平轮，紧挨轨道内侧，起水平导向作用。由电动机带动齿轮减速机的低速轴和车架两端的主动轮连接，达到集中驱动行走的目的。

（三）大车行走机构

大车行走机构共有4组台车组，其中海侧2组由2个主动台车和1个从动台车组成，路侧2组由1个主动台车、2个从动台车组成，每个台车有2只车轮，台车之间用平衡梁连接。平衡梁铰接处采用十字销座，结构简单，拆装方便，主动台车上配有1台15kW绕线式电机驱动，经蜗轮蜗杆减速机及开式齿轮驱动。当大车转子回路电阻全部切除后，大车行走速度为25m/min，为实现紧急制动，大车行走部分共采用8台QBOSO-1620B-2型液压制动器。

（四）安全装置

桥式卸船机安全装置主要是夹轨器、制动器、锚定装置和各行走活动部位的限位开关、连锁装置。

（1）夹轨器是在非工作状态下防止卸船机被台风吹走的重要安全装置。本装置共有四个夹轨器。夹轨器为弹簧液压联动装置，在断电无液压状态下通过弹簧作用使夹轨钳将轨道夹紧，当卸船机需要运行时，合上大车电源开关，直接供电启动液压装置，产生液压力使夹钳松开一定间隙，大车即可行走。

（2）锚定装置是卸船机遇有超过7级大风或停止卸料作业的情况下进行停机锚定的安全装置。它由锚桩、插板和锚定器组成，待大车行至锚定位置后，将锚定器插板放下，用插销和锚桩连接。

（3）连锁装置也是卸船机的一种主要保护。司机室和前桥架变幅机构连锁。当司机室驶入后桥架规定位置时，前桥架变幅电机才能开动。同样，只有当前桥架放平时，抓斗小车和司机室才能操作运行。变幅动作和保险钩的位置连锁。此外，机器上装有风速仪，能发出信号，告知风力是否超过规定数值。

（五）变幅机构

变幅机构是前桥架进行俯仰，以便在卸船机进入或退出船舶作业区间工作的机构。它由装设在后桥架上的一台绕线式电动机和其相连接的减速机及一组卷筒组成，控制电动机正反转带动卷筒进行收放绳，钢丝绳通过固定在小车架上和前桥架上的两组动滑轮实现前桥俯仰。为保证前桥俯仰的安全，在电动机和减速机之间的联轴器上装设了一台QBSSU812-Q型电磁制动器，在卷筒上安装了液压圆盘式制动器。在小门架上装设了悬臂挂钩液压推杆，当悬臂上升到82°～84.7°时，前桥即进入钩区，桥架被安全挂钩挂住。

三、运行维护及注意事项

卸船机的运行前的操作是司机在操作室按步骤要求，通过操纵控制盘上的开关、按钮以实现本机所要达到的装卸料目的。

（一）操作注意事项

司机在启动前应检查钢丝绳、滑轮组磨损情况，绳头固定可靠性，提起锚定栓，合上电源开关，观察电流表、电压表指示读数是否正常，松开夹轨器。

在单船作业的开始及作业终止前后进行悬臂操作，悬臂操作的全过程需在悬臂操作室内进行。只有在换舱作业时，方可在司机室进行0°～75°悬臂操作，在悬臂操作前，需将司机室抓斗小车驶回岸侧终点位置。在司机室进行悬臂操作时，必须踩响警报器。

抓斗小车运行前，首先确认故障盘上无故障显示后，踩响警报器。当抓斗小车提升到离地面2m时，将抓斗操作手柄回“零”，抓斗停止上升，确认抓斗升降制动器动作可靠。小车和司机室行走前必须检查悬臂已放到水平位置，小车横行挡轨器已收起，小车通道口的安全门已关好。操作时，必须请机内皮带工注意观察大车电缆卷筒的工作情况，防止电缆损坏。

（二）取料作业

抓斗开闭、抓斗升降、抓斗小车运行三部分运动，组成了取料作业。

司机在得到班长的启动命令后，鸣警报，将抓斗小车行至作业的舱口正上方，听从指挥手的指示，按照规定的舱口作业。开动起升机构，把抓斗提升到上升常用停止位置，校正作业点位置，然后放下抓斗，抓斗向料堆下降，鄂板张开的抓斗靠自重及机械惯性插入料堆，闭合绳上升，鄂板自动关闭。起升绳和闭合绳同速上升，满载的抓斗升到预定高度并运到卸料点的正上方停稳后，闭合绳下降，抓斗在鄂板自重和物料重力的共同作用下张开，物料卸出。待抓斗全部张开，抓斗内的煤全部放光后，小车横行向海侧运动。如此往复进入下一个循环。

四、故障处理

（一）一般故障

卸船机一般故障见表10-14。

表10-14　卸船机一般故障

序号	事故内容	产生原因	处理方法
1	抓斗上升自停，自动张开	（1）闭制动器烧坏 （2）电气故障	（1）快速将抓斗行至料斗上方 （2）切断小车电源 （3）对制动器检查测定 （4）请电气检修
2	钢丝绳叠绕后，造成匝出卷筒	小车中心与抓斗没垂直，钢丝绳松得太多	（1）开车前校验限位 （2）检修调整好钢丝绳
3	抓斗上升时，提升或开闭钢丝绳断股	（1）操作太快，钢丝绳松弛太多，使钢丝绳被钩住未发现 （2）起步太快，吃力不均 （3）钢丝绳老化或疲劳损坏，平时未查出	（1）操作时方向变动不要太猛 （2）先将抓斗闭拢后再吊起 （3）4根钢丝绳全部吃力后再上升
4	悬臂梁不进安全钩	（1）安全钩落不下 （2）安全钩平衡重块不够重	（1）加强检查，加油保证灵活 （2）加重平衡重块
5	悬臂梁放下后，横行小车走不出	（1）横行轨道有障碍物，悬臂未放至水平位置 （2）挡轨器收不起 （3）选择开关未放至所需位置	（1）检查障碍物，再放悬臂 （2）检修挡轨器 （3）检查选择开关，放对位置

（二）传动部分故障

卸船机传动部分故障见表10-15。

表10-15　卸船机传动部分故障

传动部分	故障内容	产生原因	处理方法
减速机	（1）机体振动，声音异常 （2）壳体、轴承处发热	（1）减速机高速轴和电机轴不同心。齿轮表面磨损不均 （2）减速机机座螺栓松动，支架刚性差 （3）缺少润滑油，轴承滚珠破碎；或保护架破碎，齿轮磨损	（1）调整同心度，修整平衡，修整齿轮轮齿 （2）紧固机座固定螺栓，加固支架 （3）更换轴承，修整齿轮；更换润滑油

续表

传动部分	故障内容	产生原因	处理方法
制动器	1. 不能刹车	（1）制动器杠杆系统中个别铰链被卡住；制动轮工作表面有油污；制动片磨损严重；主弹簧张力调整不当 （2）电磁铁冲程调整不当 （3）液压推杆制动器叶轮旋转不灵活，缺油	（1）润滑活动铰链，清洗制动轮工作表面，更换新制动片，调整弹簧 （2）调整电磁铁冲程 （3）检修推动机构和电气部分，补充新油
	2. 制动器不能打开	（1）电磁铁线圈烧坏 （2）主弹簧张力过大 （3）叶轮卡住 （4）电磁铁吸力不足	（1）更换线圈 （2）调整弹簧张力 （3）清理卡涩物 （4）待电压恢复正常
小车行走机构	打滑	（1）轨道上有油或冰 （2）启动过猛	（1）清除轨道上的油污或冰 （2）控制启动力度
	启动时车身扭摆	启动过猛，小车轮压不均或主动轮悬空	控制启动力度，查找并消除轮压不均、主动轮悬空的状况
大车行走机构	啃轨	（1）传动系统偏差大 （2）金属结构变形 （3）轨道变形	（1）查找偏差原因并消除 （2）调整金属结构 （3）查找变形原因并消除

复习思考题

1. 公路来煤的卸煤机械和受卸设施有哪些？
2. 铁路来煤的卸煤机械和受卸设施有哪些？
3. 水路来煤的卸煤机械和受卸设施有哪些？
4. 重车调车机的特点有哪些？
5. 螺旋卸煤机的基本类型有哪些？
6. 螺旋卸煤机的组成部分有哪些？
7. 原煤卸船机的基本类型有哪些？

第十一章 煤 场 设 备

第一节 斗 轮 堆 取 料 机

斗轮式堆取料机是高效连续堆取散料的机械，广泛适用于燃煤火力发电厂、港口、焦化企业、矿山及大型工矿企业的料场。根据结构的不同，可分悬臂式斗轮堆取料机和门式斗轮堆取料机。

一、悬臂式斗轮堆取料机

悬臂式斗轮堆取料机可分别实现取料折返、取料通过、直通、分流等功能。悬臂式斗轮堆取料机结构如图 11-1 所示，主要部件有：门架、门柱、悬架和平衡机构、进料皮带机、尾车、悬臂皮带机、斗轮及斗轮驱动装置、悬臂俯仰机构、回转机构、大车行走机构、斗轮装置、操作室、夹轨自动装置、受电装置、液压系统。

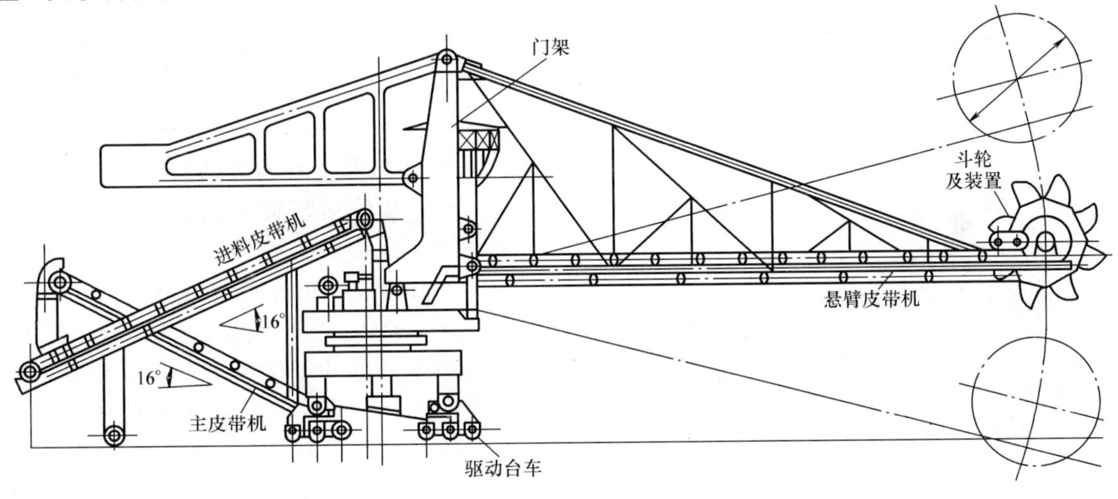

图 11-1 DQ5030 悬臂式斗轮堆取料机

悬臂皮带输送机装在悬臂板梁架构上，是斗轮堆取料机的重要组成部分，以完成堆料和取料功能。在位于斗轮的一侧后部，布置一条向斗轮中心斜向的带式输送机通过落料筒转运到悬臂皮带机堆放到料场。悬臂皮带输送机正转时，将进料皮带输送机运来的煤通过其头部抛洒到煤场，完成堆料作业。当斗轮从煤场中取煤时，悬臂皮带输送机反向运转，将斗轮取到的煤经其尾部的落煤筒（中心落煤筒）落到煤场地面主皮带机上，完成取料作业。取料折返式斗轮堆取料机结构如图 11-2 所示，在斗轮尾车之上布置一条地面输送机，依靠尾车上两组液压缸的作用，完成俯仰动作使物料转运到悬臂皮带上并堆放到料场。

（一）斗轮及传动装置

斗轮及其传动装置是斗轮机挖掘物料的装置，位于斗轮臂架的前端。工作时，驱动装置驱动斗轮转动，斗子切入料堆挖取物料。斗子中的物料由旋转的斗轮提升，经过圆弧挡板进入料区，物料靠自重经溜料板落到悬臂皮带机上被运走。

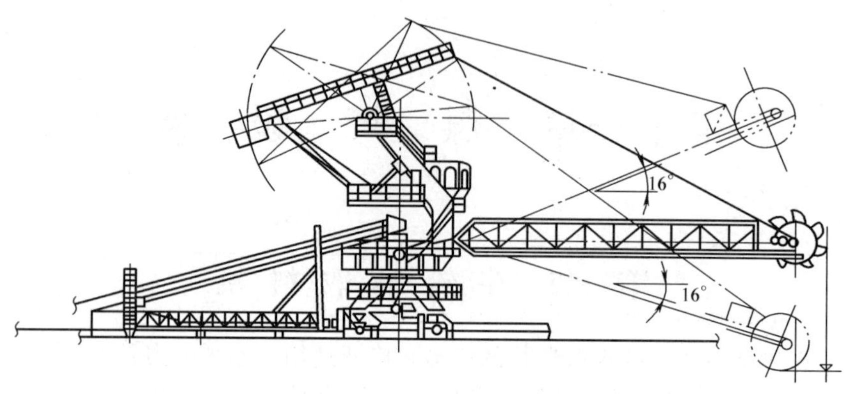

图 11-2　DQ3025 型折返式斗轮堆取料机

1. 斗轮机构的主要参数

斗轮机构的主要参数以三种典型斗轮机为例，在表 11-1 中列出。

表 11-1　　典型斗轮机构参数表

机　　型	斗轮形式	斗轮直径 (m)	斗数	单斗容量 (m^3)	斗轮转速 (r/min)	电机功率 (kW)
DQ3025 型	无格式	3.75	7	0.13	8	37
DQL $\frac{1000}{1200}$ · 30 型	半格式	5.4	9	0.34	8	75
DQL $\frac{1500}{1800}$ · 30 型	半格式	6.2	8	0.54	6.9	90

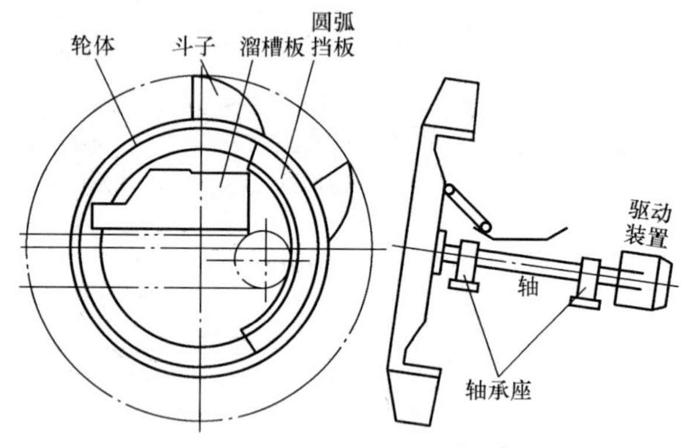

图 11-3　斗轮与驱动部件示意图

2. 斗轮及传动装置的构造

斗轮及传动装置由轮体、斗子、溜料板、圆弧挡板、驱动装置、斗轮轴、轴承座等部分组成，如图 11-3 所示。

（1）轮体。轮体的结构如图 11-4 所示，它是用来安装斗子的圆形载体。斗子均布安装在轮体的圆周上，斗子与轮体连接方式是铰接。斗轮轮体按结构形式分为有格式、半格式、无格式三种。

有格式轮体强度大，结构复杂，卸料困难，允许的转速较低。无格式轮体结构简单，质量小，卸料方便，允许的转速较高，其生产率较高。半格式轮体增加了环形框架轮毂的

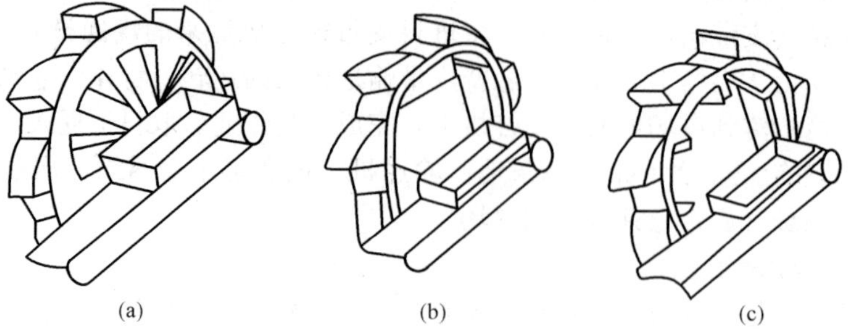

图 11-4　轮体结构形式

（a）有格式；（b）无格式；（c）半格式

高度，与无格式轮体相比，其强度大；与有格式轮体相比，有效容积大，卸料方便。半格式轮体综合了前两种轮体的优点，因此应用较为广泛。有的斗轮机的轮体采用了辐条结构，如图 11-5 所示。这种结构减轻了轮的质量，结构简化，制造方便。

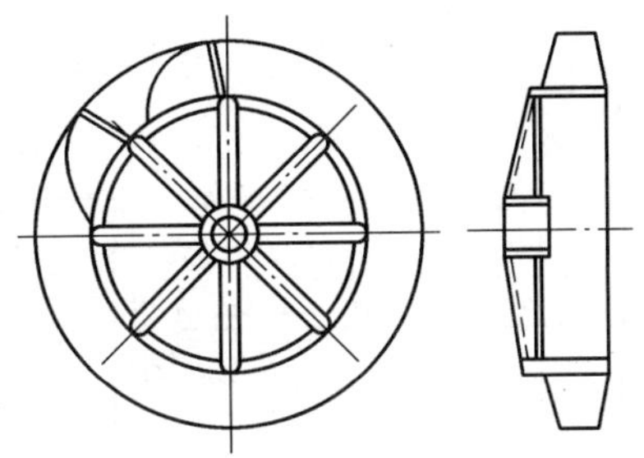

图 11-5　辐条式轮体

（2）斗子。斗子的作用是直接挖取物料，并将挖下来的物料运到卸料区。斗子要求具有以下特点：①要有合理的形状，以减少挖掘阻力、卸料迅速且不残留物料；②要有足够的强度、刚度及耐磨性，保证在工作中不撕裂、不变形、使用寿命长。斗子类型如图 11-6 所示，斗子由斗齿、斗刃、斗体等组成。按挖取物料的不同，斗子可分为前倾型、后倾型和标准型三种类型。

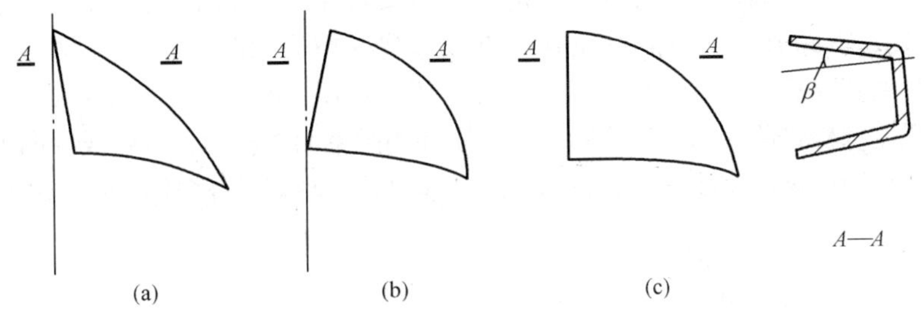

图 11-6　斗子类型图

（a）前倾型斗子；（b）后倾型斗子；（c）标准型斗子

前倾型斗子具有卸料快、满斗率高的特点，多用于取煤。后倾型斗子多用于挖取密度大的物料，它强度大，但满斗率低。标准型斗子介于前二者之间，斗子的前部为斗唇，斗唇部分堆焊有耐磨层，斗齿焊接或采用机械安装于斗唇上，以改善挖掘效果，减少斗唇的磨损。为了满足斗轮臂架回转取料的要求，斗体侧面要有一定的后角 β，见图 11-6 中 A—A 剖面。

（3）溜料板。溜料板的作用是将斗子取上来的物料平滑地落到悬臂皮带机上。它与圆弧挡板、轮体、皮带输送机相接，溜料板的溜料面与臂架水平面成 55°～60°角，溜料板用钢板制成，根据物料不同，需要时，溜料板应装耐磨衬板。

（4）圆弧挡板。圆弧挡板是一个挡料装置，安装在悬臂架上，它的功用就是保证斗子在挖料至卸料前，物料不漏出。

（5）斗轮驱动装置。斗轮驱动装置是一个驱动体系，以保证斗轮按要求的速度旋转。常见的驱动方式有液压驱动、机械驱动和机械液压联合驱动三种。

1）液压驱动方式的传动简图见图 11-7。由液压系统提供的高压油直接驱动低速大扭矩液压马达，带动斗轮轴及轴上斗轮转动的一种驱动方式。斗轮采用液压驱动，转速可实现无级调速和过载保护，同时具有质量轻等特点。

2）机械液压联合驱动的传动图见图 11-8。由液压系统提供的高压油驱动液压马达，再经过圆柱齿轮减速将动力传递给斗轮轴。这种传动具有液压传动的优点，且传动效率较高。

3）机械驱动由电动机、液力耦合器和减速机组成，采用行星轮减速机的机械驱动简图见图 11-9。减速机也可以采用平行轴减速。这两种结构的第一级均采用直角传动，这种传动可改变方向，使电动机、液力耦合器平行臂架布置。同时改善臂架受力状况，增大斗轮自由切削角。

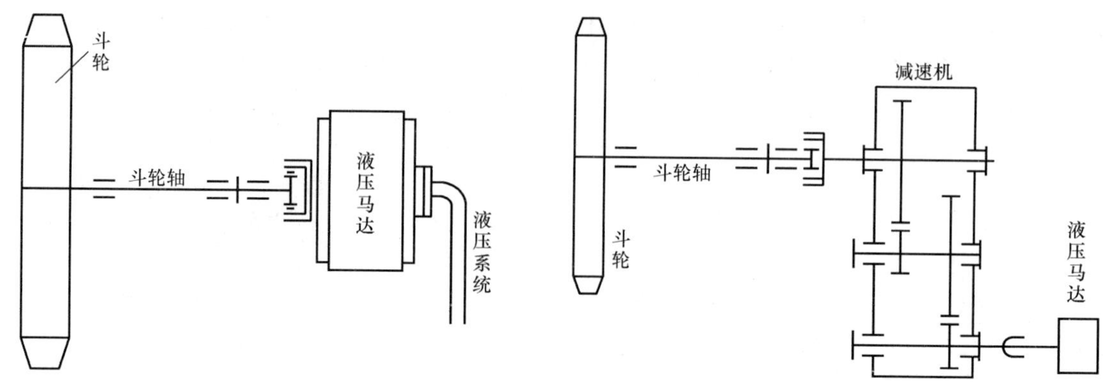

图 11-7　斗轮机液压马达驱动简图

图 11-8　机械液压联合驱动简图

减速机或电动机与斗轮轴以及轮体与斗轮轴的连接可采用无键连接，即涨环或压缩盘连接。这种结构具有安装、拆卸方便的特点，还具有机械过载保护的功能。

涨环结构及压缩盘结构见图 11-10 所示，它由内环、外环、前压环、后压环、高强度螺栓组成。作用原理是用高强度螺栓将前、后压环收紧，通过压环的圆锥面将轴向力分解成径向力，使内外环变形，靠摩擦力传递扭矩，这样使斗轮轴、轮体（或减速机输出轴套）、涨环装置连接成一体。

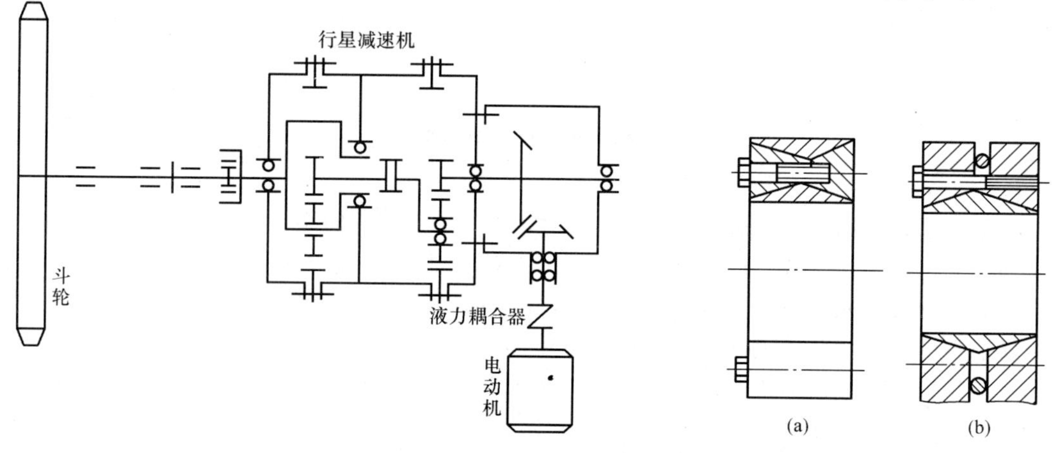

图 11-9　行星轮机械驱动简图

图 11-10　连接类型图

（a）涨环结构；（b）压缩盘结构

杠杆式过载保护装置如图 11-11 所示，电动机和减速机工作时产生的反力矩分别由杠杆及减速机壳体承受。在杠杆的端部设有弹簧装置，当反力矩超过额定值的 1.5 倍时，通过弹簧变形，触动行程开关，使电动机停机，起到过载保护作用。

三种驱动方式的比较见表 11-2。

表 11-2　　**斗轮驱动三种方式的比较表**

传动方式	传动效率	结　　构	调　速　性	过　载　保　护
液压驱动	较低	结构简单，质量轻	可实现无级调速	本身具有过载保护能力
机械液压联合驱动	较　高	结构比较简单，质量大，占地大	可实现无级调速	本身具有过载保护能力
机械驱动	最高	结构复杂，但紧凑，质量较轻	不能实现无级调速，只能定比传动	通过传动中的其他元件实现过载保护

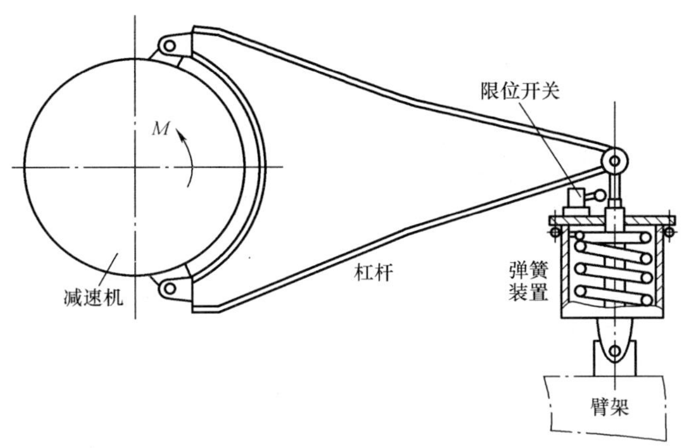

图 11-11　杠杆式过载保护装置

(6) 斗轮的安装形式和要求。

斗轮的安装位置主要应考虑斗轮在挖取物料时臂架受力好，斗子卸料快的要求。

斗轮体在臂架上的安装位置如图 11-12 所示，安装时，在水平面安装位置如图 11-12 (a) 所示，斗轮体中心线 AB 与臂架中心线 CD 相交一个角度，一般取值 4°～6°。这样安装可使挖掘阻力作用在靠近斗轮悬臂机架的中心线，改善斗轮臂架的受力状况。斗轮体在垂直平面上的安装位置如图 11-12 (b) 所示。斗轮体的轴线 EF 与水平线 GH 构成的夹角一般取 7°～8°。这样安装，可使溜料板倾角加大，增加物料在溜料板上的下滑速度，便于卸料，提高斗轮的卸料速度。

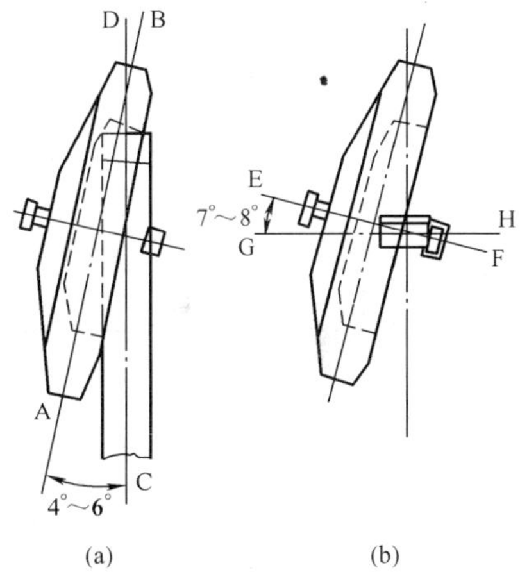

图 11-12　斗轮体在臂架上安装位置图
(a) 斗轮与臂架安装角度；(b) 斗轮体倾斜角度

安装斗轮体时应满足以下要求：①安装时应保证斗轮与两轴承座同轴度的要求；②应按图纸要求调整轮体与圆弧挡板、轮体与溜料板之间的间隙；③连接涨环（或压缩盘）的高强度螺栓，必须用力矩扳手对称逐个拧紧，使连接逐渐加大，直至达到图纸要求；④减速机的安装按图纸要求，进行检查、清洗、加油后，才可以进行试车。

(二) 悬臂皮带机

悬臂皮带机安装在斗轮机悬臂架中央，它具有一般皮带机的特点，它与一般皮带机的主要区别就在于其结构紧凑，各零部件的重心位置尽可能地靠近回转中心。

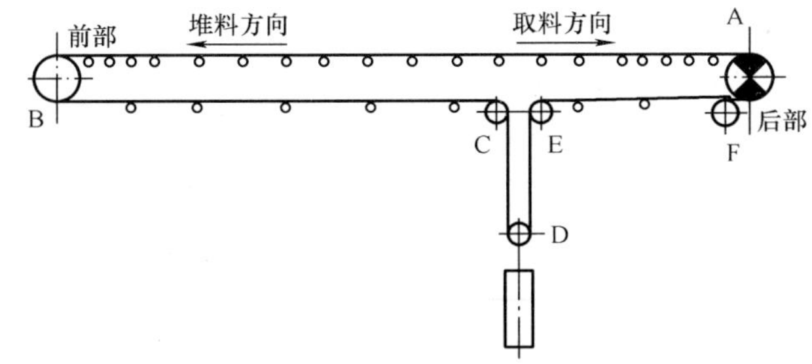

图 11-13　悬臂皮带机的型式

悬臂皮带机的结构型式如图 11-13 所示。通常由 1 个驱动滚筒和 5 个改向滚筒组成，并设有承载托辊和回程托辊。正常作业时，悬臂皮带机可随悬臂上仰或下俯形成一定的倾角。驱动滚筒的下部的改向滚筒是为增加驱动滚筒包角及改向而设置的。皮带机前部斗轮卸料区与后部尾车卸料区的承载分支上都设有分布较密的缓冲托辊组。中部3个改向滚筒用于重锤张紧装置。

（三）回转结构

回转结构由回转支承装置和回转驱动装置两大部分组成，其作用是支承回转部件和实现堆取料作业时臂架的回转运动。

1. 回转支承装置

回转支承装置用于承受垂直力、水平力和倾覆力矩。回转支承装置根据结构型式可分为两大类：滚动轴承式和台车式。

（1）滚动轴承式回转支承装置：主要由滚动轴承和座圈组成，滚动轴承内圈与回转部分（包括转盘、门柱、前臂架、平衡架悬臂皮带机、斗轮等）固定在一起，外圈与不回转部分（门座架）固定。按轴承滚动体的几何形状可分为滚珠轴承和滚柱轴承（也称滚子轴承）。

滚珠轴承主要由带齿轮的轴承外圈（即大齿圈）、上内圈、下内圈和两列滚珠组成。这种轴承主要用于生产能力较小的堆取料机上，其结构见图11-14。交叉滚子轴承主要由大齿圈（即轴承外圈）、内上圈、内下圈和滚子组成，为使结构紧凑，相邻滚子的轴线互相垂直，滚子长度比直径小1mm，其结构见图11-15。

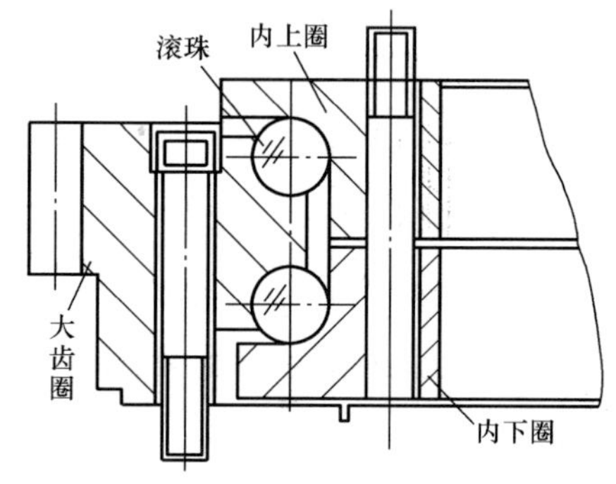

图11-14　滚珠轴承结构示意图

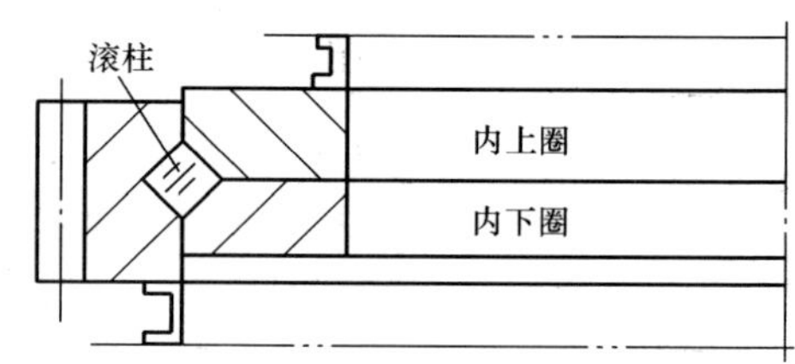

图11-15　交叉滚子轴承结构示意图

为了保证轴承有良好的密封性，除本身有密封圈外，整个轴承外面还有密封罩，其结构见图11-16。密封罩固定在转盘上，水槽固定在门座架上，密封罩下边插入水槽中，靠水槽中的水（或油）进行密封。回转轴承的润滑是脂润滑，润滑脂通过轴承上的润滑孔注入滚动体与滚道的空隙中。

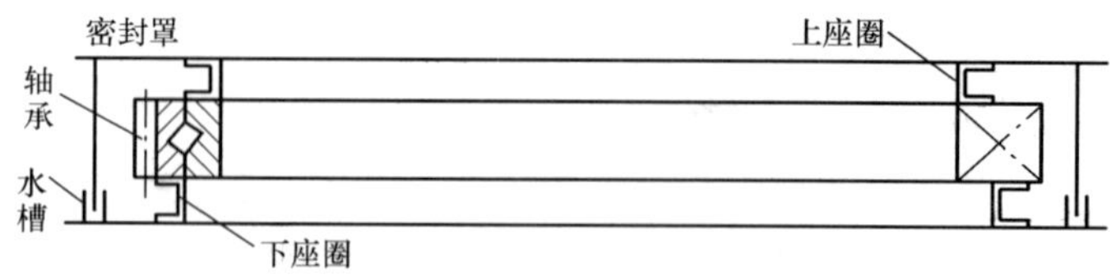

图11-16　水槽密封结构示意图

（2）台车式回转支承装置。台车式回转支承装置主要由垂直支承装置和水平支承装置两部分组成。按水平支承装置的结构型式不同，又可分为水平导轮式台车回转支承装置和转柱式台车回转支承装置。

水平导轮式台车回转支承装置的结构如图11-17所示，由固定在转盘上的4组台车和固定在门架上的圆弧形轨道组成。一般情况下，每组台车有2个无轮缘的车轮，其滚子原理与行走机构中的从动台车组类似。该装置的水平支承装置是由固定在转盘上的4个水平导轮和固定在门架上的水平圆弧形轨道组成，为便于调整，水平导轮的支承轴是偏心轴，用以调节水平导轮和轨道的间隙。

转柱式台车回转支承装置的结构如图 11-18 所示。该装置的垂直支承装置与水平导轮式台车回转支承装置相同。其水平支承装置由固定在转盘上的转轴和固定在门架上的轴套组成。这种装置只能用于堆料机，因为堆料机在门座架中心没有中心落料管。

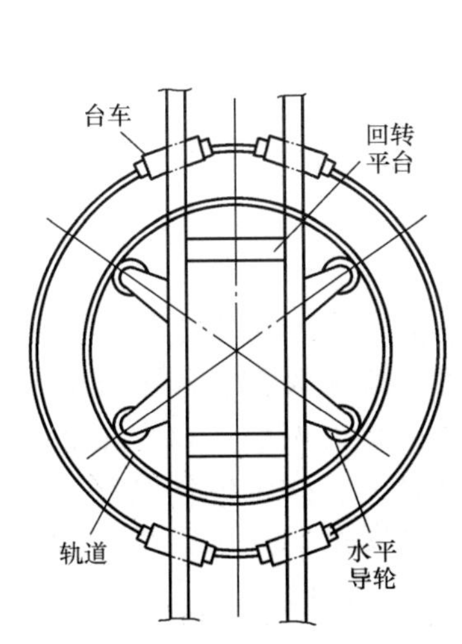

图 11-17　水平导轮式台车回转支承装置

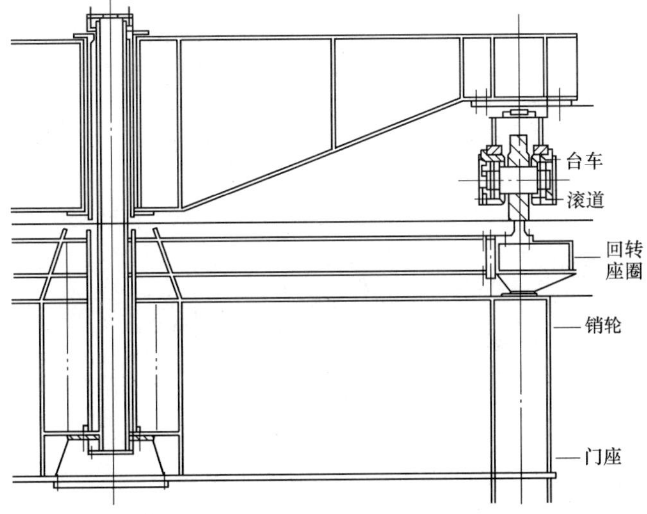

图 11-18　转柱式台车结构示意图

滚动轴承式回转支承装置是国内外堆取料机上应用较多的一种型式，其优点是结构紧凑，空间尺寸小，整机质量较轻，且允许回转部分的重心超出滚动体滚道直径，安全可靠；缺点是轴承的加工精度较高及更换困难较大。

台车式回转支承装置的优点是易于维修，便于更换；缺点是占有空间较大，结构笨重，整机行走跨度大。

2. 回转驱动装置

堆取料机的回转驱动装置设置在转盘上，由驱动装置带动小齿轮（或摆线齿轮）啮合固定在门座架上的大齿圈（或销轮），使回转部分转动。

回转液压传动原理如图 11-19 所示。液压传动一般由低速大扭矩液压电动机、蜗轮减速机、传动轴套构成。

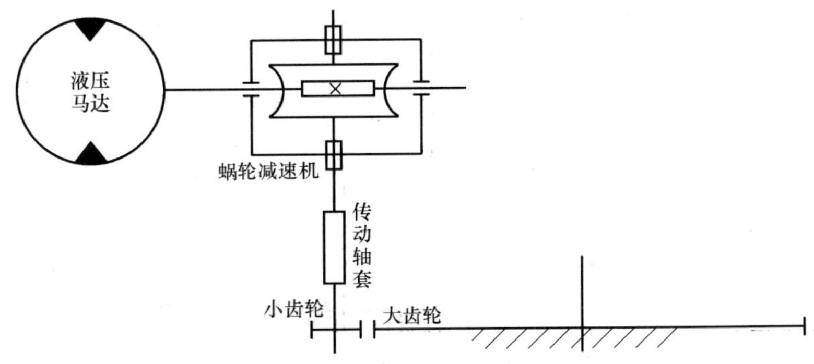

图 11-19　回转液压传动原理图

机械传动可分为定轴传动和行星轮传动两种。

定轴传动由电动机、制动轮联轴器、圆柱齿轮减速机、蜗轮减速机和传动轴套构成。回转驱动定轴传动原理如图 11-20 所示。定轴传动结构庞大，占地面积大，但易于检查及更换零部件。

行星轮减速机传动原理图如图 11-21 所示。行星轮减速机传动主要由电动机、制动轮联轴器、行星减速机等构成。

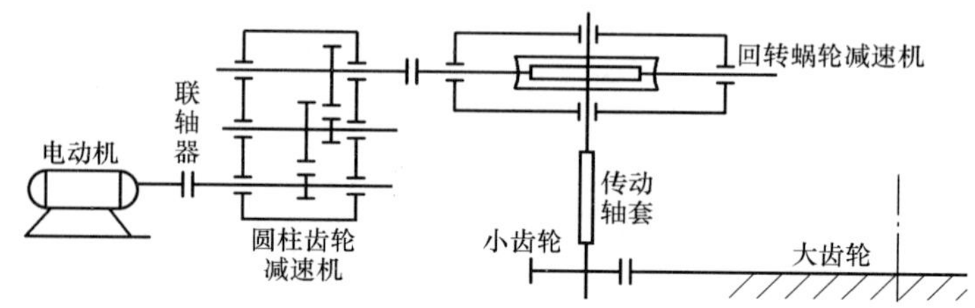

图 11-20　回转驱动定轴传动原理图

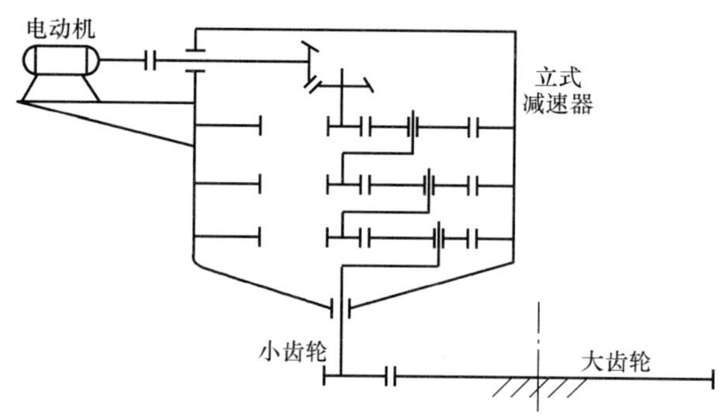

图 11-21　行星轮减速机传动原理图

只有堆料功能的斗轮机不要求回转速度可调；具有取料功能的斗轮机要求回转速度具有可调性，以保证稳定地进行取料作业中。液压传动是靠变量油泵实现回转速度可调；而机械传动是靠电动机进行调速。电动机调速主要有三种方式：交流调速电动机、交流调频调速、直流电动机调速。

（四）变幅机构

变幅机构也称俯仰机构，主要用于实现前臂架的俯仰运动，调节取料时斗轮的取料高度以及堆料时物料的落差。

1. 变幅机构的组成及原理

变幅机构分为机械传动和液压传动两种。

（1）机械传动式变幅机构　如图 11-22 所示，机械传动式变幅机构主要由卷扬机构、动滑轮组、定滑轮组、钢丝绳等组成，其中卷扬机构由电动机、联轴器、制动器、减速器及卷筒组等组成。其工作原理是通过卷扬机构、钢丝绳牵引平衡架尾部的动滑轮组带动前臂架一起实现变幅动作。

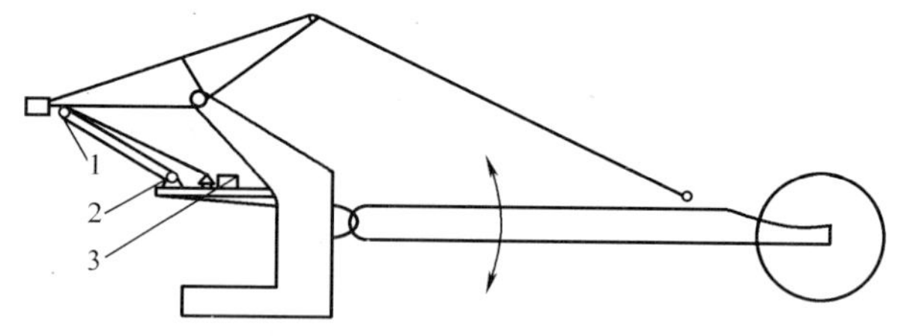

图 11-22　机械传动式变幅机构示意图

1—动滑轮组；2—定滑轮组；3—卷扬机构

（2）液压式变幅机构　如图 11-23 所示，液压式变幅机构由两个双作用油缸组成。工作原理是通过两个双作用油缸推动门柱，门柱带动其上整个机构同时变幅。液压系统有过载保护设施。

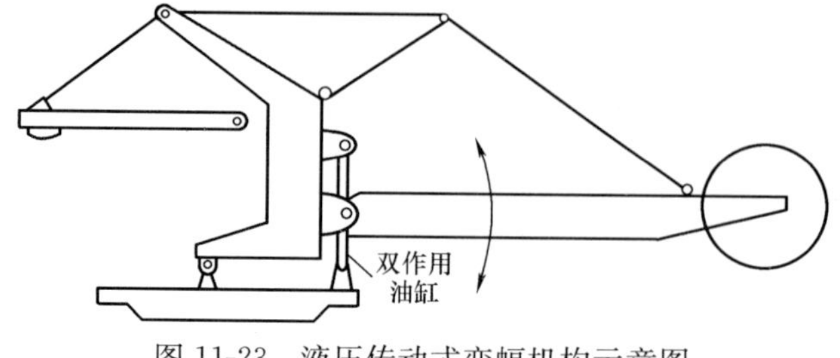

图 11-23　液压传动式变幅机构示意图

2. 变幅机构的传动装置

变幅机构传动装置的主要部分就是卷筒组及其传动连接，目前斗轮机上应用较为广泛的典型结构有带齿轮连接盘的卷筒组、短轴式卷筒组及带大齿轮的卷筒组三种类型，分别见图 11-24、图 11-25、图 11-26 所示。

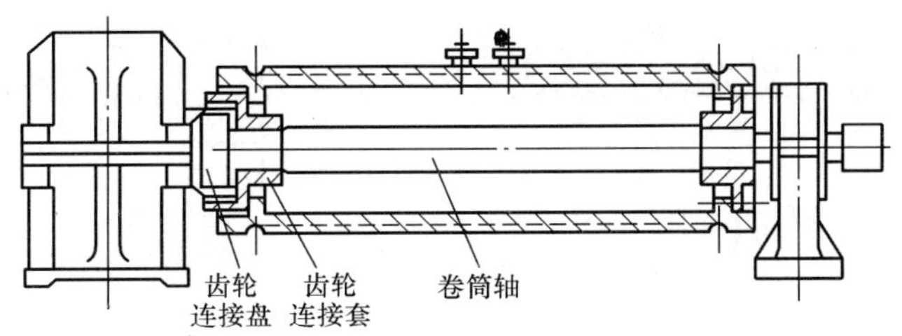

图 11-24　带齿轮连接盘的卷筒组

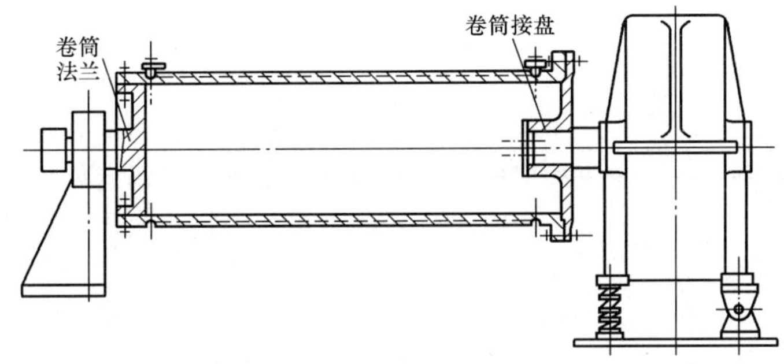

图 11-25　短轴式卷筒组

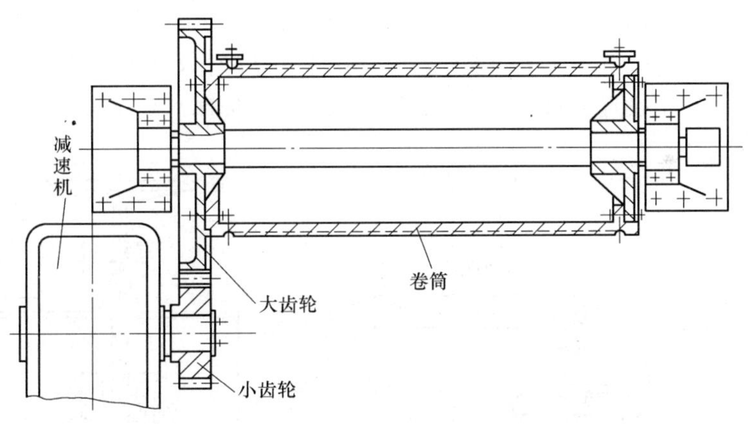

图 11-26　带大齿轮的卷筒组

（五）行走机构

行走机构用来承受整机的各种载荷并根据作业要求在轨道上行走，其结构如图 11-27 所示。

行走机构的结构为组合式，以驱动轮组、从动轮组为单元通过平衡梁进行组合，根据轮压大小选用相应车轮数量的台车组。平衡梁与基本轮组都是铰轴连接，使每个车轮的受力基本相同，平衡梁采用箱形结构，驱动轮数一般不少于总轮数的 50%。

行走驱动装置如图 11-28 所示，由电动机、带制动刹车的联轴器、立式三级减速机、开式齿轮、驱动车轮等组成。为了减少走车时间，驱动电机用双速电机，快速为调车速度，慢速为工作速度。

斗轮堆取料机一般露天设置，迎风面积大，承受较大的风载荷，为了防止整机被大风吹动或吹倒，在行走机构上设置了夹轨钳，还根据需要设置了锚定装置。

1. 锚定装置

如图 11-29 所示，锚定装置是一种预防性装置，在不使用时将设备开到料场设有锚定坑的位

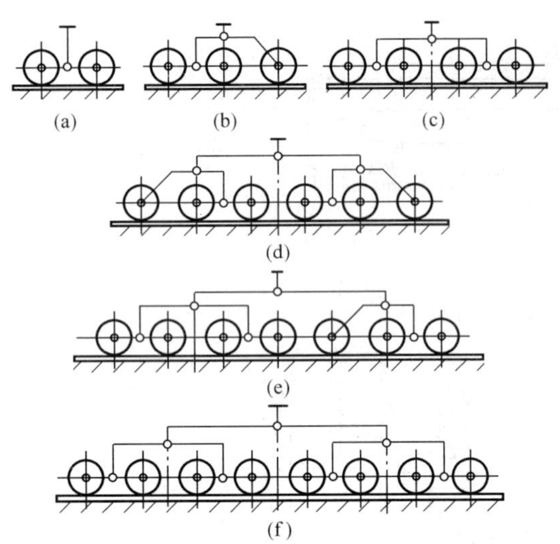

图 11-27　行走机构结构示意图

(a) 双轮台车组；(b) 三轮台车组；(c) 四轮台车组；(d) 六轮台车组；(e) 七轮台车组；(f) 八轮台车组

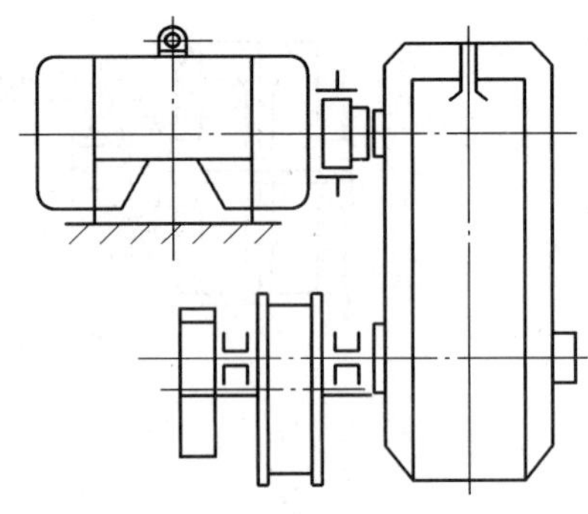
图 11-28　行走驱动装置图

置，将整机固定。锚定的插板强度应满足最大工作风压的要求。在锚定装置上设有限位开关，与整机的电气连锁，使锚定装置处于锚定状态下而不能启动整机行走机构。锚定装置一般在事先有大风预报或有较长停机时间时使用。

2. 夹轨钳

如图 11-30 所示，夹轨钳利用一对夹钳夹住轨道顶部两侧，阻止整机的滑行。为了增大夹紧力和保持夹紧力，夹轨钳采用杠杆式结构，顶部还装有塔形弹簧，夹钳可以电动或手动操作。电动用于正常操作，在停电或试验等情况下可用手动操作。夹钳电气回路中设置了限位开关，通过电气连锁，保证只有在夹钳松开时才能启动行走机构。

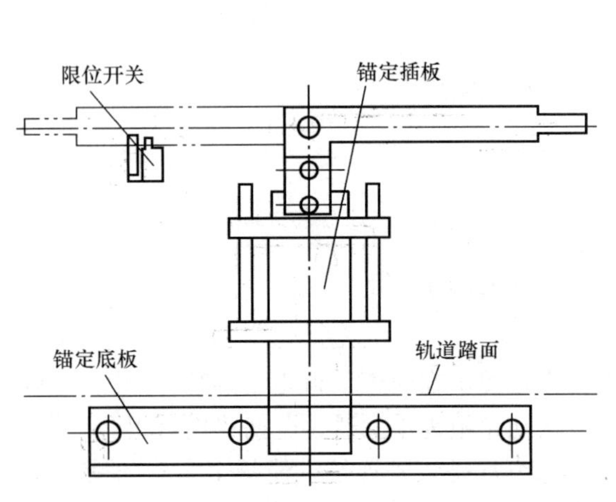

图 11-29　锚定装置示意图

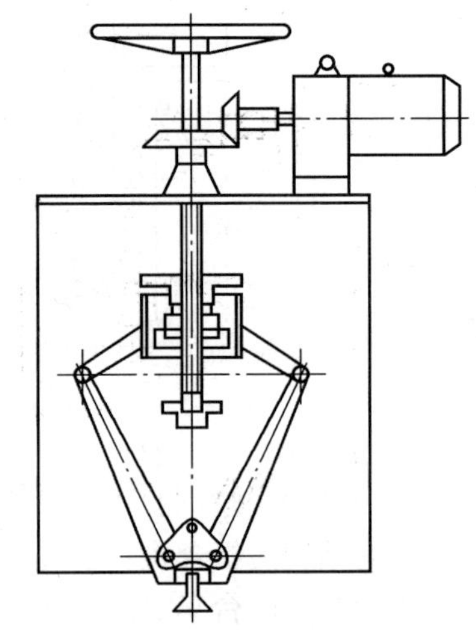
图 11-30　夹轨钳工作原理图

（六）尾车

尾车是堆（取）料机堆料作业时连接地面皮带的桥梁，按功能可分为固定式、折返式、通过式三大类型。

1. 固定式尾车

固定式尾车的结构如图 11-31（a）所示，它与地面共用一条皮带，皮带驱动装置设在地面皮带机上。堆料时，地面皮带运来的物料经尾车落到主机悬臂皮带机上，由悬臂皮带机抛洒到料场上，见图 11-31（b）。取料时，斗轮取上来的物料经悬臂皮带机、中心落料管落到地面皮带机上，且只能向前方输送，见图 11-31（c）。固定式尾车主要应用在堆取料机、堆料机、装搬机、装车机上，且为单向运行。

2. 折返式尾车

折返式尾车就是指堆料时物料从何方来，取料时可原路反向返回的尾车装置。折返式尾车按结构型式可分为变幅和交叉两种型式。

（1）变幅式折返尾车主要由可变幅的皮带机、机架、行走轮、变幅机构、挂钩等组成，其变幅机构型式和主机变幅机构类似，可分为机械、液压两种方式。

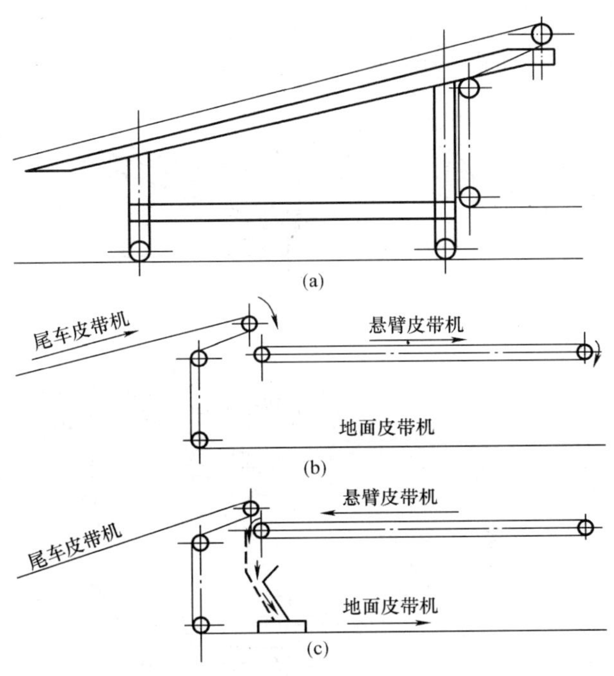

图 11-31　固定式尾车结构及功能图

（a）固定式尾车结构；（b）堆料作业；（c）取料作业

按尾车皮带机参与变幅范围的程度又分为半趴式和全趴式尾车。半趴式仅有一部分尾车皮带机变幅，另一部分为固定的，如图 11-32（a）所示；全趴式是整个尾车皮带机都变幅，如图 11-33（a）所示。

半趴式和全趴式尾车工作原理相同。堆料时，尾车皮带机头部滚筒处于最高位置，由地面皮带机输送来的物料，经与地面皮带机共用的皮带机落到悬臂皮带机上，由悬臂皮带机将物料抛洒到料场，如图 11-32（b）、图 11-33（b）所示。取料时，尾车皮带机头部改向滚筒处于最低位置，斗轮挖取的物料经悬臂皮带机、中心落料管落到与地面皮带机共用一条皮带的尾车皮带机上，物料输向设备的后方，如图 11-32（c）、图 11-33（c）所示。

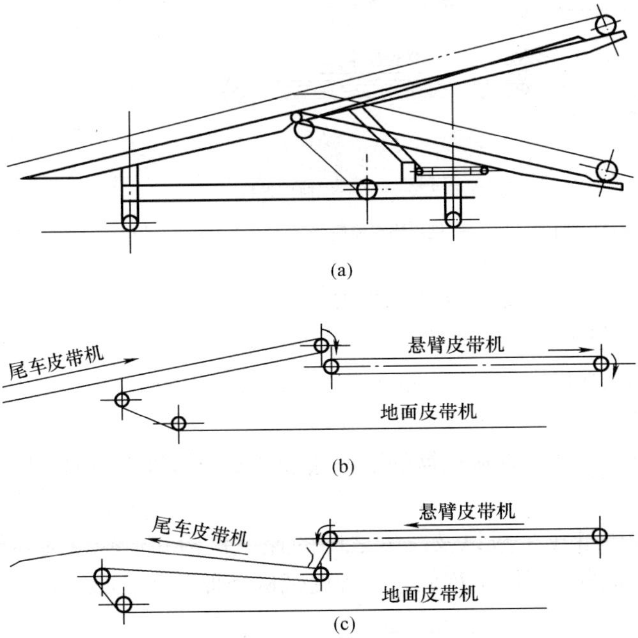

尾车皮带机变换位置时，尾车与主车之间脱开挂钩，主车前进，尾车皮带机变幅，然后主车后退合上挂钩与尾车连接在一起。

（2）交叉式折返尾车由与地面皮带共用一条皮带的提升皮带机、落料管、具有独立驱动装置的斜升皮带机、机架和行走轮等组成，其简化结构如图 11-34（a）所示。

堆料时，地面皮带机输送来的物料经提升皮带机及落料管落到斜升皮带机上，再经斜升皮带机和主机的悬臂皮带机将物料抛洒到料场上；取料时，斗轮

图 11-32　半趴式尾车结构及功能图

（a）结构图；（b）堆料图；（c）取料图

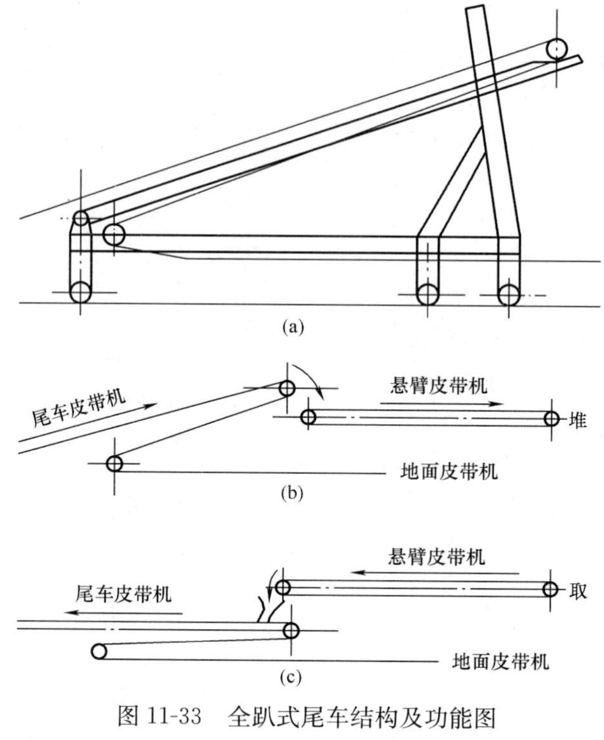

图 11-33　全趴式尾车结构及功能图

（a）结构图；（b）堆料图；（c）取料图

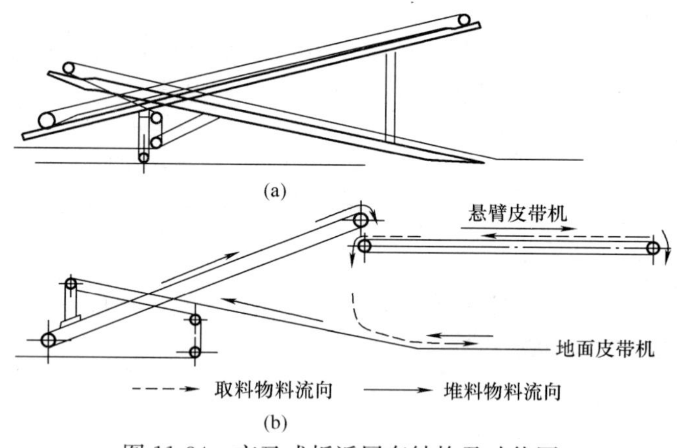

图 11-34　交叉式折返尾车结构及功能图

（a）结构示意图；（b）功能图

挖取的物料经悬臂皮带机和中心落料管落到地面皮带机上，由地面皮带机运往主机的前方。

3. 通过式尾车

通过式尾车是指主机在非堆料状态下，物料可以从机器的下方通过。根据通过方向的不同分为单向通过式尾车和双向通过式尾车。

（1）单向通过式尾车由固定段尾车和中继皮带机以及二者之间的伸缩机构和运转落料斗组成，如图 11-35（a）所示。固定段尾车与前述固定尾车相似。中继皮带机是带有独立的驱动装置的皮带机。

堆料时，地面皮带机输送来的物料经与地面皮带机共用一条皮带的固定段尾车皮带机落到中继皮带机上，再经中继皮带机和悬臂皮带机抛洒到料场上，见图 11-35（b）中的实线。取料时，

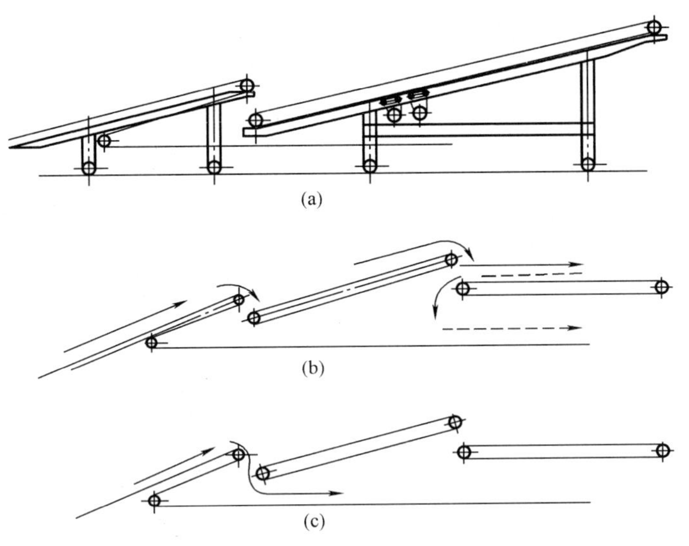

图 11-35　单向通过式尾车结构及功能

(a) 结构；(b) 堆料原理图；(c) 取料原理图

工作原理与固定尾车相同，见图 11-35（b）中的虚线。

物料通过时，设备处于非工作状态，固定段尾车与中继皮带机脱开一段距离，地面皮带输送来的物料经固定段尾车及运转落料斗落到地面皮带机上，运往设备前方，见图 11-35（c）。

（2）双向通过式尾车由变幅段尾车、中继皮带机以及变幅机构组成。中继皮带机结构与单向通过式尾车的中继皮带机相同，变幅段尾车由皮带机、两个行走轮、机架等组成，如图 11-36（a）所示。

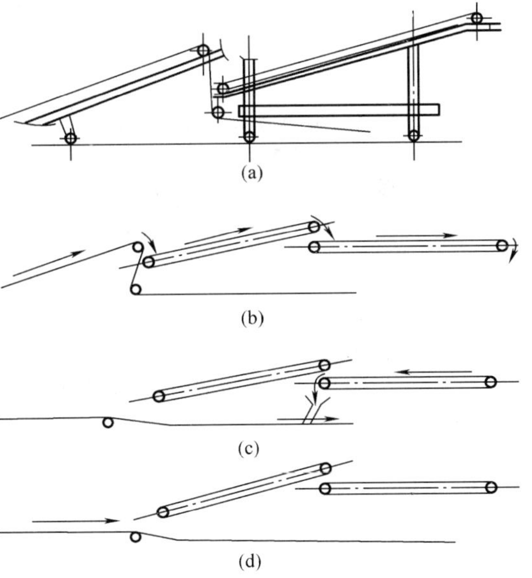

图 11-36　双向通过式尾车结构及工作原理

(a) 结构；(b) 堆料原理；(c) 取料原理；(d) 通过原理

堆料时，变幅段尾车车头部改向滚筒处于最高位置，工作原理与单向通过式尾车相同，见图 11-36（b）。取料时，变幅段尾车头部改向滚筒处于最低位置。取得的物料落到地面皮带机后，即可运往机器的前方，又可运往后方，见图 11-36（c）。物料通过时，尾车状态与取料状态相同，地面皮带机上的物料可以向任何方向输送，见图 11-36（d）。

（七）防尘系统

斗轮机的防尘系统按供水方式可分为四种型式：机上备水箱式、地面水槽式、压力水直接上机式和水管卷筒式。

1. 机上备水箱式防尘系统

斗轮机机上备水箱式防尘系统的水箱一般设置在尾车平台上，工作时，由水泵从水箱中吸水，然后送到各喷洒点实现喷雾防尘。

水箱的储水量要按能满足一个班次一次上煤的用量来考虑，否则中途加水会影响斗轮机的正常工作。最好是在工作前将水箱加满水，斗轮机完成一次上煤任务后，利用停机时间将斗轮机开到加水点加水，水箱加满后，供下一班次上煤时使用。水泵的选择、喷水量（喷水点的数量）、水箱的容量在设计时要匹配合适。

2. 地面水槽供水式防尘系统

这种防尘系统由电动水泵、电磁阀、喷水嘴、过滤器、溢流阀等组成。斗轮机作业时，由水泵通过带有过滤网的吸水管从轨道侧面的水槽中吸水，然后送入各喷洒点喷洒。为了防止污物进入水管，不但在吸水管端部安装有滤网吸入阀，还在水泵的出口处安装了滤水器，同时为了防止喷嘴堵塞后管路压力增高破坏管路，在泵的出水处还安装了溢流阀进行保护，当压力增高时溢流。

3. 压力水直接上机防尘系统

压力水直接上机是由地面定点提供 0.5～0.7MPa 压力水直接上机。地面每相距 20m 设一处供水接口，斗轮机作业时，由电磁阀控制带有快速接扣的机上软管，通过防扯断限力器，实现压力进水直接上机。这种防尘系统需要根据机器的行走位置不断变换上水软管接口的位置。为了防止系统压力突然增高破坏管路，在系统中还安装了安全阀进行保护。

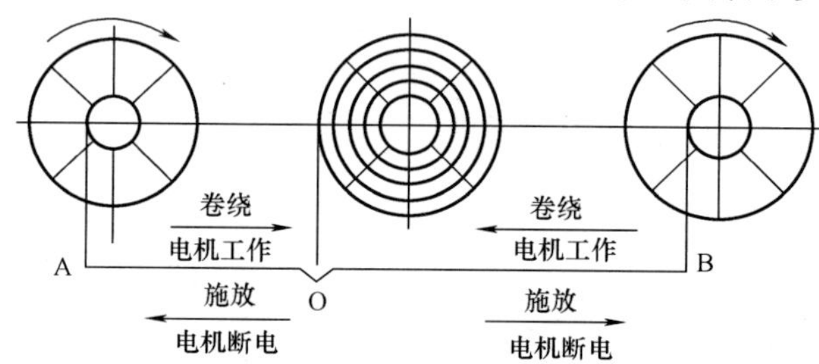

图 11-37　水管卷筒式防尘系统工作原理图

4. 水管卷筒式防尘系统

水管卷筒式防尘系统主要由力矩电机、减速器、电动水泵、卷盘、电磁阀、胶管、喷水嘴等元件组成，其工作过程如图 11-37 所示。

供水管引出端设置在机器行程的二分之一处，斗轮机运行时供水卷筒随着主机在料场轨道上往复运行，斗轮机由料场两端向料场中心运行时，供水卷筒的卷盘将地面上的胶管卷起，当斗轮机由料场中心向料场两端行驶时，又依靠供水胶管的拉力迫使供水卷筒逆转，将胶管施放到地面。

地面提供的压力自来水供给水管后，由多级离心泵将水送到斗轮机各喷洒防尘点；如果地面有高压消防水供给水管，则可省去多级离心泵，由控制回路直接将水送入各点喷洒。

当输送物料的含水量大于 6%～7%时，可不启动喷水防尘系统。如果管路系统长期不使用或冬季停止喷洒时，必须将管路的各排水口打开并排净管路中的存水，以免管路被冻裂。

（八）润滑

良好的润滑效果可以减少运动副的摩擦阻力，提高设备的机械效率和零件的使用寿命。有关润滑的知识在前面有关章节中已经有详细的介绍，这里只介绍在斗轮机上应用的几种润滑方式。

（1）油泵强制润滑。油泵润滑属于稀油润滑，斗轮机上的行走减速机就是采用这种润滑方式。行走减速机壳体下方有柱塞泵。柱塞泵在弹簧和装在齿轮轴上的凸轮作用下，从油池（减速机壳体下部）吸油，排出的油经管道输送到减速机的顶端，对各齿轮副及轴承进行润滑，其原理如图 11-38 所示。

干油润滑（脂润滑）在斗轮机上应用得很多，有的采取分散润滑，有的采取集中润滑，其中集中润滑又分为手动润滑和电动润滑。

（2）手动集中润滑。对机上润滑点多、注油比较困难的大型部件（如回转轴承）采用局部集中润滑，由一个手动干油集中供油。手动集中润滑系统原理图如图 11-39 所示。

当需要注油时，压动手动干油油泵手柄，干油泵将具有一定压力的润滑脂经滤油器打入输油管，再经给油器、支油管注入各润滑部位，实现润滑。给油器可以根据各润滑点的油量调节通往各支油管的流量。

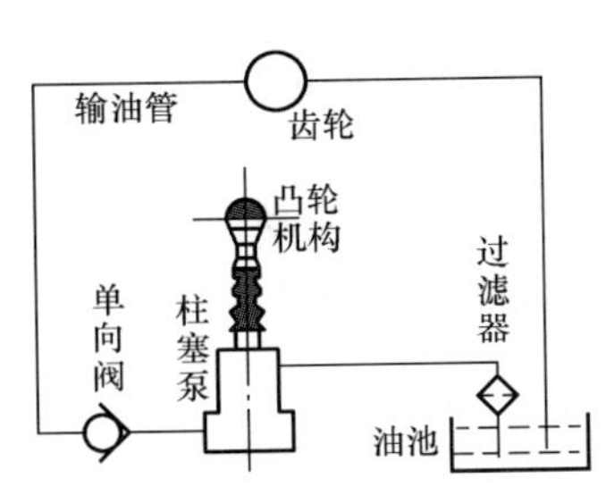

图 11-38　行走减速机润滑原理图

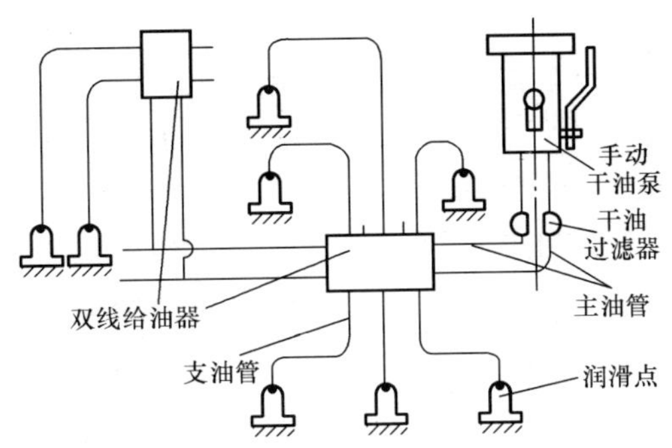

图 11-39　手动集中润滑系统原理图

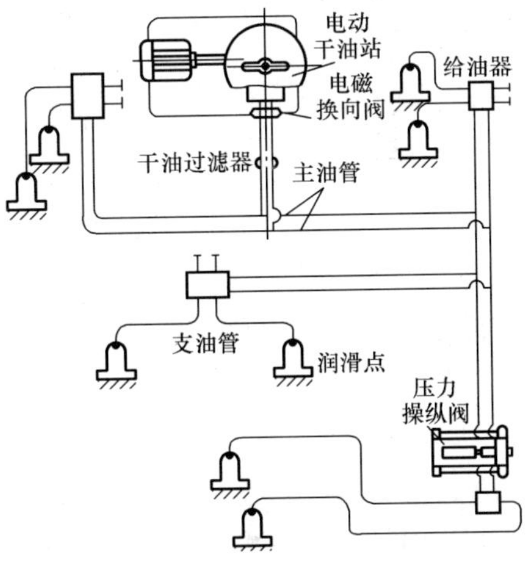

图 11-40　电动集中润滑系统原理图

(3) 电动集中润滑。电动集中润滑用于润滑区半径较大（可达 5～120m）、润滑点较多的场合。电动集中润滑能减轻使用人员的劳动强度，不致因使用人员不熟悉设备而遗漏对某些润滑点的注油。这种润滑方式可以由电气控制对设备实现定时、定量自动给脂，其原理图见图 11-40。

系统中的换向阀用于改变供油方向，压力操纵阀用于控制电磁换向阀和油泵停止工作，双线给油器将油泵经主油管输送来的润滑油定量地分配到各润滑点。

当润滑点需要给油时，油泵在电气控制装置的（手动或自动）控制下开始工作，送入主油管的润滑油经过给油器供给支油管，当最长主油管末端的支油管末端达到预定压力时，压力操纵阀动作，电磁阀换向，向另一主油管供油。当与这一主油管最长的分支相连的支油管末端达到预定压力时，压力操纵阀动作，油泵停止工作并完成了一个工作周期。若泵站为自动控制时，前一个工作周期完成后达到预定时间，泵再次启动完成下一个工作周期。

集中润滑的缺点是油路长，易堵塞油管，造成部分润滑点不能润滑，因此必须定期检查、试验、清洗油系统管路及元件。

（九）供电装置

堆取料机是大型移动设备，斗轮机及其运动机构的供电方式是多种形式的。最常见的是硬滑线供电和软电缆供电，硬滑线有钢制滑线和铜制滑线；软电缆有拖动式、悬挂式、拖线车式和卷筒式四种。

（十）斗轮堆取料机的液压系统

斗轮式堆取料机广泛应用液压系统。根据油液循环方式不同，液压系统可分为开式液压系统和闭式液压系统。

1. 开式液压系统

开式液压系统的油泵从油箱中吸油，排出的液压油驱动液动机（液压马达或油缸）工作，回油直接回到油箱，例如 DQ3025 型斗轮机尾车皮带机机架变幅液压系统就是开式液压系统，见图 11-41 所示。

开式液压系统的优点是液压系统比较简单，有专门的油箱，油箱体积较大，油液冷却条件好，油液中的杂质可沉淀于油箱底部。

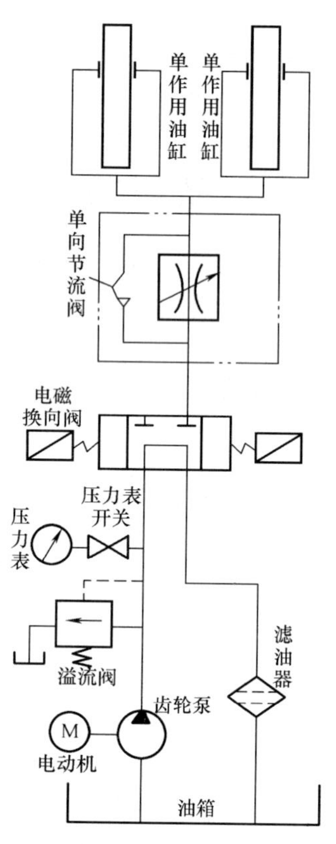

图 11-41 DQ3025 型斗轮机尾车液压系统原理图

开式液压系统的缺点是管路与空气接触机会较多，易吸入空气引起振动；因油箱体积大，所以换向必须采用换向阀；油泵从油箱吸入大量的油，不易保持系统油质的清洁。

2. 闭式液压系统

闭式液压系统主油泵排出的液压油驱动液动机工作，液动机排出的油液经主回油路直接流入油泵的吸油口（不流回油箱），从而形成闭合回路。

闭式液压系统为补充高压下工作油泵及液动机的泄漏损失，以及交换一部分热油回油箱，必须有一个辅助油泵（补油泵）向主油路不断地供油；液动机换向可以通过改变主油泵电动机的转向来实现。

闭式液压系统的优点是空气和杂质进入管路的机会很少，运转平稳可靠，易保持油的纯净。闭式液压系统的缺点是系统比较复杂，散热条件较差，系统升温较高，必须设置补油泵补偿油液泄漏损失。

斗轮机主机上的液压系统多为闭式液压系统。闭式液压系统原理图见图 11-42。

(1) 主机液压系统。DQ3025 斗轮机的回转机构、斗轮机构均采用液压驱动，这种驱动液压系统称为主机液压系统。它由 2 个闭式液压系统以及 1 个公用的补油系统组成。

补油系统主要由下列元件构成：齿轮泵、滤油器、溢流阀、单向阀、油箱，其主要作用是补充两个闭式油路因泄漏而损失的油液。电动机驱动齿轮泵从油箱中将油液吸入泵中并从出口排出，经滤油器后供油至回转及斗轮液压系统。齿轮泵和主机系统油泵的使用压力为 0.5～0.7MPa 以上（一般调整到 0.9～1.2MPa），当工作系统油液泄漏较少时，补油系统压力升高，多余的油液从溢流阀回到油箱，泵停止运转时，为防止工作系统油液流回油箱，在油路上设置了单向阀。只有在补油压力达到 0.9～1.2MPa 时，才能启动主机泵。但调节泵的流量时，必须将补油压调整到 2.0MPa。

回转液压系统是实现斗轮机主机回转部分回转的液压驱动系统，主要由轴向柱塞泵、回转液压电动机、电液换向阀、溢流阀组成。补油系统提供的 0.9～1.2MPa 的低压油进入轴向柱塞泵吸油口，该泵排出的高压油经换向阀进入回转液压电动机，液压电动机带动回转减速机，小齿轮转动带动回转轴承以及上部转动部分回转；当负载高于调整压力（一般为 8MPa）时，溢流阀自动溢流，实现过载保护。当换向阀换向时，液压电动机转子反向回转。

斗轮液压系统主要是实现斗轮回转的驱动系统，主要由轴向柱塞泵、斗轮液压电动机、溢流阀组成。补油系统提供的低压油进入轴向柱塞泵的进油口，该泵排出的高压油

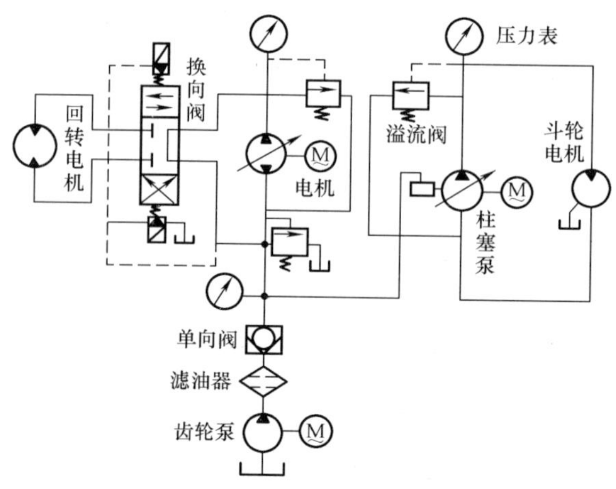

图 11-42 DQ3025 主机液压系统原理图

经管路进入斗轮液压电动机，驱动液压电动机转子旋转，带动斗轮轴及轮体一起旋转，当外载荷高于系统调整压力时，油液经溢流阀流回油箱，实现过载保护。溢流压力为14MPa。

(2) 尾车液压系统：尾车液压系统主要指尾车变幅驱动为液压系统驱动，仍以DQ3025尾车液压系统为例加以说明，见图11-42所示，系统主要由换向阀、单作用油缸、溢流阀、单向节流阀、油箱组成。

堆料时，启动齿轮泵，泵从油箱中吸入油液，从出口排出压力油，经单向节流阀中的单向阀进入油缸，推动柱塞泵伸出，经链条带动皮带机机架升起，当皮带机机架升到预定位置时，电动机自动停止工作，换向阀电磁铁断电，滑阀处于中间位置。当皮带机机架需要下降（取料）时，使换向阀换向，油缸在皮带机机架重力作用下，使柱塞缩回，油液经单向节流阀、换向阀、滤油器回到油箱，节流阀控制皮带机机架的下降速度。当过载时，系统压力升高，油液经溢流阀返回油箱，溢流阀调整压力为5MPa左右。

二、悬臂式斗轮机的运行与维护

（一）斗轮机的堆料作业工艺

1. 堆料工艺方法

堆料作业包括回转堆料法、定点堆料法和行走堆料法三种作业方式。

(1) 回转堆料法是指斗轮机停在轨道上的某一点，转动臂架将煤抛到煤场上，转到端点时大车向前或向后移动一定的距离，继续回转堆料，直至达到所需要的距离后，前臂架再升高一个高度，进行第二层，第三层堆料，直至堆到要求。有必要均匀混料配煤时，可用此法。这种方法的优点是煤堆形状整齐，煤场利用系数高。缺点是回转始终动作，不够经济。

(2) 定点堆料法是指斗轮机在堆料时悬臂的仰角和水平角度不变，待煤堆到一定高度时，前臂架回转某一角度，或前臂不动，大车行走一段距离。这种方法的优点是：动作少，较为经济，为推荐使用方式。缺点是：煤堆外形不规整，煤场利用系数低。

(3) 行走堆料法是指斗轮机前臂架定于某一角度和高度，大车边走边堆料，待大车走到煤场终端时，退回，再行走堆料，同时前臂架转动一角度。这种方法的缺点是：行走电动机始终动作，很不经济，而且机器振动较大。

2. 堆料操作步骤

(1) 接到集控室堆料通知后，检查尾车或挡板是否符合堆料要求，否则应首先操作尾车使其处于堆料位置，或将挡板扳至堆料位置。

(2) 将“堆料”开关打到启动位置，悬臂皮带作堆料运转。

(3) 根据实际情况选择堆料方式进行堆料作业。

(4) 司机接到集控室停止堆料通知后，待地面皮带停止，悬臂皮带上无煤后，将机器回转和行走到应停位置。

(5) 将各操作手柄扳回零位，按下总停按钮，切断设备总电源。

（二）斗轮机的取料作业工艺

1. 旋转分层取料法

这种取料工艺也称为斜坡多层切削法，如图11-43所示，大车不行走，前臂架回转某一角度，取料完毕后，大车再前进一段距离，前

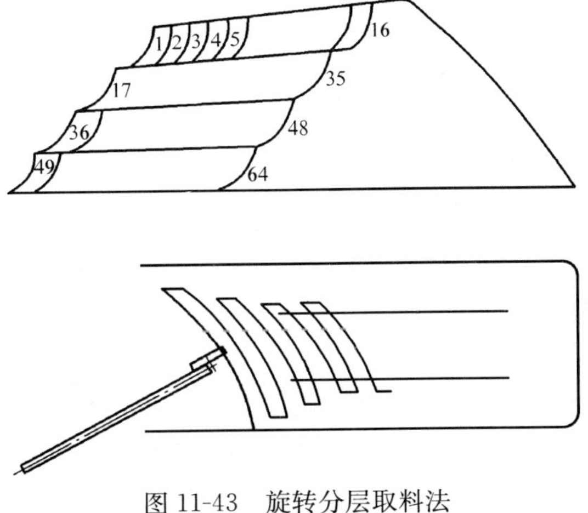

图11-43 旋转分层取料法

臂架反方向回转取料，依次取完第一层，然后将大车后退到煤堆头部，使前臂架下降一定高度，再回转第二层取料，如此循环。根据料堆高度又可分为分段和不分段两种作业方式。如选用分层分段自动取料作业，则首先由司机手动操作斗轮机行走、旋转、俯仰，把斗轮置于料堆顶层作业开始点位置上（手动定位运转），然后靠旋转控制开始取料，每达到旋转范围时行走机构微动一个设定距离（进给量），按照设定的供料段的长度（或设定的旋转次数）取完第一层后，进行换层操作，每层的旋转角度由物料堆积角及层数决定；俯仰高度按层数设定，行走距离由进给量决定，当取完最下一层后进行空段操作，把斗轮置于第二段最顶层的作业开始点上，重复进行取料，供料段的长度设定以臂架不碰及料堆为原则。旋转分层不分段取料工艺的作业效率最高，可以避免作业过程中由于料堆塌方而造成斗轮和臂架过载的危险，适用于较低、较短的料堆，在作业中臂架不会碰及料堆。

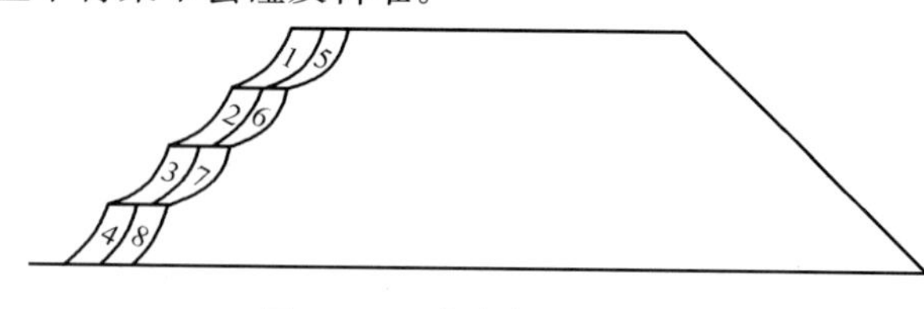

图 11-44　定点斜坡取料法

2. 定点斜坡取料

这种取料工艺也称为斜坡层次取料法，如图 11-44 所示，大车不行走，前臂架回转一个工作角度，斗轮沿料堆的自然堆积角由上至下地挖取物料，大车向后退一段距离，前臂架下降一定高度，再向反方向回转进行第二层取料，如此循环。煤堆成台阶坡形状，这是一种“先堆先取”间断操作的作业工艺，作业效率较低，在作业过程中斜堆容易塌方，造成斗轮过载。

3. 取料操作步骤

（1）接到集控室取料通知后，应检查尾车架或挡板是否符合取料要求，否则应先操作尾车使其处于取料位置，或将挡板扳至取料位置。

（2）尾车调整后与集控室联系，待集控室启动地面皮带后，并观察运转正常后，将堆取料油泵启动，待油压正常后，可进行回转俯仰工作，悬臂皮带作取料运转。

（3）根据具体情况选择取料方式，然后通过上升、下降开关和左转、右转按钮，进行位置调整，将斗轮逐渐切入物料（以切入斗深一半为佳）。

（4）司机接到集控室停止取料的通知后，先将斗轮升起离开取料点，待煤走空后，停斗轮，停悬臂皮带。将斗轮靠边水平停放，不能阻碍运煤汽车通行。

（5）各操作手柄扳至零位。按下总停按钮，切断设备总电源。

（三）斗轮机的运行与检查

1. 斗轮机启动前的检查项目

（1）轨道上应无障碍物，积煤要低于行走减速器底部 200mm，应保证大车行走畅通。上下悬梯和立式减速机不应有碰挂和摩擦的地方，主动轮组和从动轮组下不应有杂物和异常现象，大车刹车完好，松紧合适。轨道内侧面的电缆和水泥地面无摩擦现象。

（2）机器工作地点的正常温度应在－30～＋40℃之间，非正常工作的最大风压为 800Pa（相当于七级风力），正常工作风压小于 250Pa。

（3）夹轨器就位良好。禁止在轨道连接处停夹。行走轨道两端挡铁应牢固可靠。

（4）皮带的中心下煤筒内不应有积煤、杂物堵塞，无漏煤现象，分煤挡板应完好可靠，其他各活动处不应有被物料卡住现象，输煤槽无挡裂、跑出现象。

（5）悬臂皮带后挡板应符合堆取料要求。

（6）皮带不应有破裂、脱胶和严重跑偏现象，胶接头应完好，上下应无积煤和杂物，拉紧装置应完好灵活。

(7) 转盘下面、斗轮处和门座平面上不得有积煤和杂物，如有必须清除后方可启动。

(8) 各滚筒、托辊不应有严重粘煤，各段支架不应有开焊断裂及变形现象。

(9) 各减速机箱油质和油位应符合规定，油位应不低于标尺的1/2处（上下标尺中间），各减速机、电动机地脚无松动，支承架构无断裂变形，各部件地脚螺栓、靠背轮螺栓等均应齐全，不松动，制动器应完好有效，各防护罩完好。

(10) 液压系统不漏油，油泵、油管接头、液压马达无严重渗油现象，油箱油位、油质符合要求，油压表齐全完整。

(11) 各润滑通道畅通，并保持润滑油脂充足。

(12) 斗轮不应有掉齿、螺栓松动等损坏现象。

(13) 斗轮机的梯子及围栏应保持完整。

(14) 各部分无检修维护工作。

(15) 操作用的专用工具齐全。

(16) 总电源开关上无"禁止合闸，有人工作"牌。电缆无过热变形、变色、脱皮现象。

(17) 滑线沟内滑触线无变形、变色、断裂现象、受电装置完好且无严重磨损、变形，滑线与滑环接触良好，碳刷无严重磨损现象，绝缘子无损坏现象，沟内无积水、积煤和杂物堆积。轨道接地线应牢固可靠，导地良好。

(18) 检查各对讲机、指示灯、电源插座、电暖气或空调、各种表计等完好无损。

(19) 大车行走轨道两端限位装置完好。其他各行程限位开关无缺少和损坏现象，复位应灵活可靠。

(20) 各段线路和继电器柜中不应有烧坏、接地和积粉现象。

(21) 停用15天以上应对各电动机测量绝缘。

(22) 拉紧钢丝绳表面应无锈蚀，接头处无松动。变幅钢丝绳应无锈蚀现象，磨损程度应符合要求，表面保持涂有润滑油状态。

2. 斗轮机的启动操作顺序

根据运行方式的需要，经检查无误，斗轮机司机应向集控室汇报，待接到集控室启动命令后，斗轮机方可开机启动上煤。

(1) 先将总电源开关合上，指示灯亮，整机的动力电源接通。

(2) 根据运行方式，将"连锁开关"扳至正确位置。

(3) 操作接通控制电源，同时夹轨器放松（夹轨器放松指示灯亮）。

(4) 按下电铃警告按钮并持续30s，发出斗轮启动警告。

(5) 液压式斗轮机先启动补油泵进行液压系统循环。气候寒冷时，应提前启动油加热器将油温加至20℃，再启动补油泵。

(6) 根据煤堆形状采取相应的作业方式开始作业。

3. 斗轮机运行中的检查内容

(1) 皮带是否跑偏，回转皮带侧不应有异物或刮破皮带现象。各下煤筒是否堵煤或异物卡住，冬季要注意大的冻煤堵塞下煤筒。

(2) 电动机、油泵、减速机及各轴承温度是否正常，机器的声音是否正常。

(3) 各液压部件是否漏油，压力是否正常，油路系统有无振动及异常响声。

(4) 夹轨钳、各抱闸是否动作可靠，回转、俯仰角度是否合适，检查各限位是否可靠。

(5) 各电气控制回路和保护系统是否正常。

(6) 检查机械各部润滑是否稳定正常。

(7) 斗轮运转灵活，吃煤深度合适。

(8) 各电流表、电压表、油压表正常。

4. 斗轮机的紧急停机

发生下列情况时，需要紧急停机。

(1) 操作过程中某一机构不动作时。

(2) 悬臂皮带跑偏、撕裂时。

(3) 电动机温度升高、冒烟、电流超限且不返回或振动强烈、声音异常时。

(4) 减速机振动强烈、温度上升、严重漏油或有异常声音时。

(5) 制动器打滑或冒烟，制动器失灵时。

(6) 滤油器发生堵塞报警时。

(7) 风速仪报警时（遇七级以上大风）。

(8) 液压系统严重漏油时。

(9) 悬臂在上升过程中有抖动现象时。

(10) 油泵噪声大，剧烈振动时。

(11) 设备发生异常，原因不清时。

(12) 煤中遇大块或异常杂物时。

(13) 发生人身事故时。

5. 斗轮机作业的安全注意事项

(1) 根据煤场形状，先用手动方式将煤场大体取平，再考虑选用自动或半自动取料方式，大车开动前，检查夹轨器应放松；检查各指示信号，先空载运行，当俯仰、回转及斗轮旋转正常时再加负荷。每步动作前都要有预令。

(2) 斗轮机大车行走时，严禁任人上下，以防摔伤，下雪和下雨时应更加注意安全。大雨天更要注意煤泥自流而淹埋轨道。

(3) 经常检查风速表转动应灵活正常。遇七级以上大风时，应停止运行，夹紧夹轨器，斗轮下降到煤堆处，以防大风刮动悬臂自转而损坏设备。

(4) 煤场高低不平时，防止煤与皮带反面摩擦或使煤进入滚筒，造成跑偏、撕破等，根据煤场储煤情况及切削高度，及时调整大臂角度。斗轮卡住时，及时回转大臂，以免损坏设备。

(5) 启动油泵前应检查油温在20℃以上，否则应加热后再启动设备，油温最高不大于75℃。调整臂架时，应提前5min启动变幅油泵。冬季气温太低时，停转备用期间时间不得过长，应每隔1h启动循环一次，以提高油温。

(6) 在操作过程中必须集中精力，在按下某一按钮后，要仔细观察执行机构是否动作，若不能动作应马上停机检查。

(7) 调车时，斗轮悬臂梁与地面平行，并且和轨道在同一直线上运行，大臂回转机构在启动时抖动较大，回转过程中不允许进行大车快速行走调整。

(8) 司机室及配电室要有灭火器材及防护装置。

(9) 回转俯仰角不得超过规定限度，在堆料和取料时，悬臂下方不许站人。

(10) 斗轮挖煤不得超过一个斗深。取煤时要防止撞坏轨道、地面皮带和斗轮部件，行走时注意铁轨上不能有煤。堆煤时煤堆边坡底部要离开轨道3m以外。

(11) 尽量避免将“三大块”（大石块、木块、铁块）取上，发现大于300mm×300mm以上的大块时，要及时停止悬臂皮带，人工将大块取下，以防损坏后级设备。

(12) 注意保持煤场工作区内运煤车和推煤机的安全距离。汽车卸煤和斗轮机取煤作业同时进行时，必须保持3m以上的安全距离。

(13) 半自动取煤时，煤场起伏峰谷高差最好在1m以下，各限位开关保护传感器应完好有效。

(14) 停机时要逐挡进行，有间隙地把手柄扳回零位，禁止快速扳回零位，以防止损坏设备。停止运行后，夹紧夹轨器，为使整机平衡，斗轮部分不允许接触地面，将斗轮机靠边水平放置，不得影响煤车和推煤机。停机后应切断电源，防止电源箱内交流接触器长时间带电。司机离开时司机室门必须上锁。检修工作时，将斗轮开到检修场地并将悬臂放好再停电。

(15) 严禁他人随便代替司机操作。应经常保持轨道和电气设备接地良好，防止发生触电事故。斗轮机跳闸后，司机须将所有开关按钮恢复到断开位置，然后检查处理，未查清原因前不准贸然送电。

(四) 斗轮机的维护

1. 斗轮机的日常维护项目

(1) 清扫进入头尾滚筒处及上下托辊间等各处的物料。

(2) 设备启动前检查，定期加油。斗轮传动轴下开设溜煤孔，每次运行完毕，司机须将积煤通过溜煤孔清理干净。

(3) 对大轴承，用手动润滑泵打入钙基润滑脂一次。

(4) 对机械各部及液压系统按时巡回检查，及时排除各种故障或隐患。

(5) 擦净各润滑及液压系统的渗油。有漏油情况及时汇报处理。

2. 每周斗轮机的维护项目

(1) 对行走车轮各轴承座、各改向滚筒、铰轴注入钙润滑脂一次。

(2) 检查各传动件、液压件、制动器，必要时加以调整。

(3) 对皮带机及各挡板进行一次调整，对滑动、转动部分检查并加油。

3. 每个月斗轮机的维护项目

(1) 每月检查各减速箱油质、油位，并注入40号机械油，每6个月过滤或更换一次新油。

(2) 检查蜗轮减速器油位，并注入120号蜗轮油，每3个月过滤或更换一次新油。

(3) 检查各销轴的销定状态、磨损情况，检查紧固件的防松情况。

(4) 检查、清洗或更换各滤油器滤芯。

(5) 检查各结构件，拉杆、电缆包皮无损伤。

三、门式斗轮堆取料机

(一) 门式斗轮机结构

门式斗轮堆取料机也称为门式滚轮堆取料机，具有堆取料过程效率高和操作容易等特点，堆取料能力可达1500t/h以上。适用于大型火电厂的煤场使用，也可用于大型焦化厂、选煤场、港口，以及其他中、轻比重散装物料的储煤场。门式斗轮堆取料机主要由门架金属结构、斗轮及滚轮回转机构、滚轮小车行走机构、大车行走机构、尾车伸缩机构、堆取变换机构、活动梁及其升降机构、皮带输送机、洒水系统、电气系统、梯子平台、操纵室和检修吊车等部分组成。常用的门式斗轮堆取料机（以MDQ900/1200.50型为例）结构如图11-45所示。

(1) 门架是门式斗轮堆取料机的主体结构，由钢板焊成箱形结构。活动梁安装在门架的一侧，可以上下移动。门架横梁上部装有操纵室，其下悬挂着给料皮带和移动皮带机。

(2) 斗轮及滚轮旋转机构装在门架活动梁小车上，是堆取料机的核心部件。斗轮轮体为无格式，开式结构，直径6.5m，装有8～9个斗子，斗底为环状链子构成，不粘斗底并防止减小斗容。工作时利用物料自重进行卸料。斗轮及滚轮旋转机构主要由料斗、滚轮、斗轮小车、圆弧挡

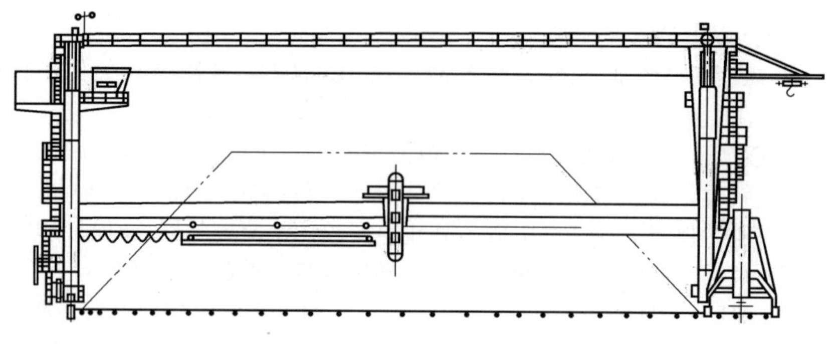

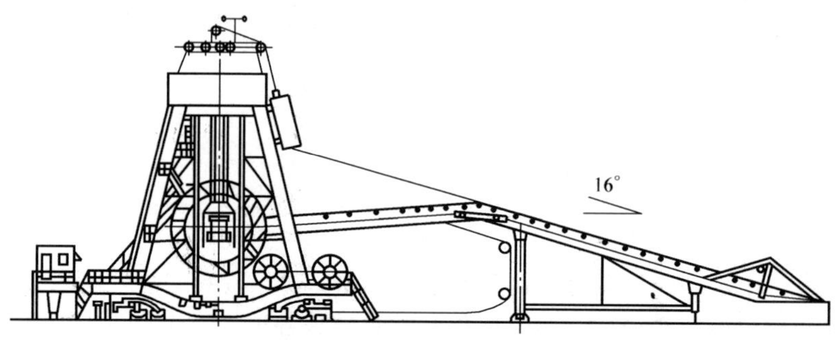

图 11-45　MDQ900/1200.50 型门式斗轮堆取料机

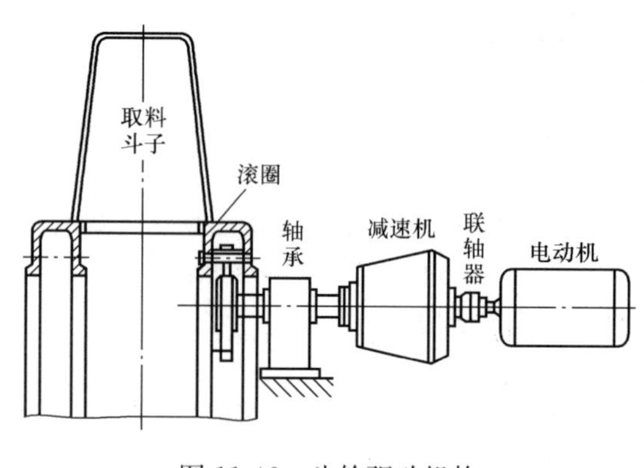

图 11-46　斗轮驱动机构

板、斗轮驱动装置等组成。滚轮旋转采用双驱动，即在斗轮两侧同时驱动，这种驱动方式能够改善斗轮的受力条件，而且有利于斗轮卸料；采用液力联轴器，有效地保证两侧驱动功率的平衡，同时又能对电动机、减速器及其他传动件起到过载保护的作用，克服斗轮在取料过程中小车行走轮脱轨的现象。也有的斗轮机构采用 100kW 的单电动机通过减速装置带动滚轮旋转，斗轮驱动机构如图 11-46 所示。

（3）活动梁升降机构。活动梁的升降是由门架下部台车上左右各装一套升降机构来实现的。升降机构包括电动机、减速机、滑轮组、抱闸等装置，其钢丝绳缠绕方式如图 11-47 所示。活动梁上支撑堆取料皮带、滚轮及小车运行机构，滚轮可沿活动梁上弦左右移动，并随活动梁整体完成上下运动。这样机上堆料系统和取料系统都设置在活动梁上，可以进行低位堆取作业，随着堆料作业过程中料堆高度的变化，调整活动梁的位置，就可使机上抛料点与堆料顶部始终保持较低而又适度的落差，以尽量减少物料粉尘的飞扬，有利于煤场环境的保护。

（4）滚轮小车行走机构的作用是载着滚轮沿活动梁左右行驶，完成斗轮取料，门式斗轮行走小车结构组成如图 11-48 所示。小车车轮运行部分有车轮传动和链传动两种方式，其示意图如图 11-49 和图 11-50 所示。小车运行速度为 12.5～15m/min，无级调速，小车车轮直径为 400mm，由 1 台 5kW 的电动机经过三级立式套装式减速机驱动。

（5）大车行车机构是支撑来料皮带的箱形架子结构。其下装有从动轮组，尾车与门架立柱一侧连接，随台车一起移动。门架下部两侧的行走台车上装有一组双速异步电动机，通过三级立式

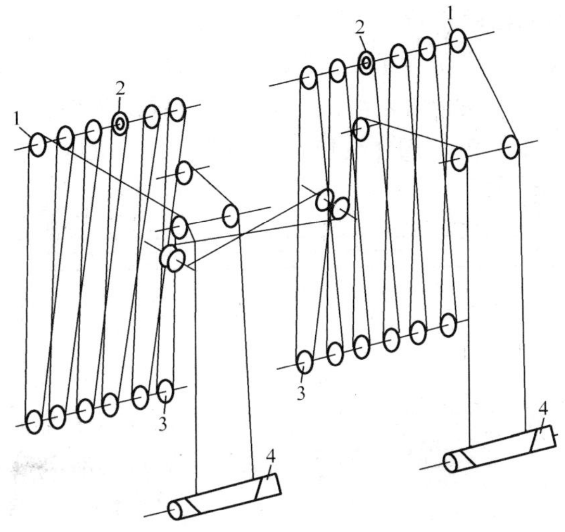

图 11-47　钢丝绳缠绕示意图

1—定滑轮组；2—平衡轮；3—动滑轮组；4—起升卷筒

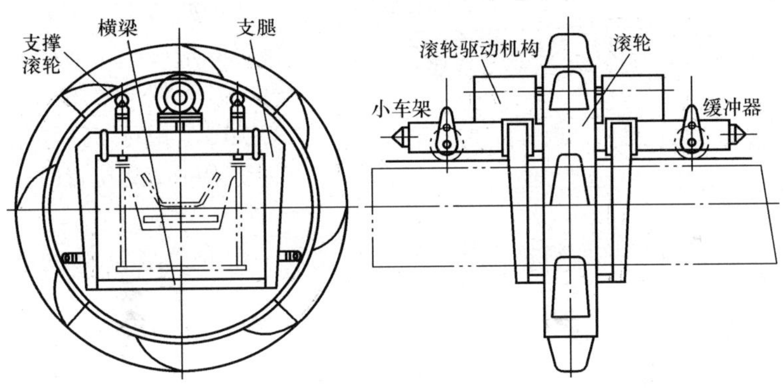

图 11-48　门式斗轮行走小车

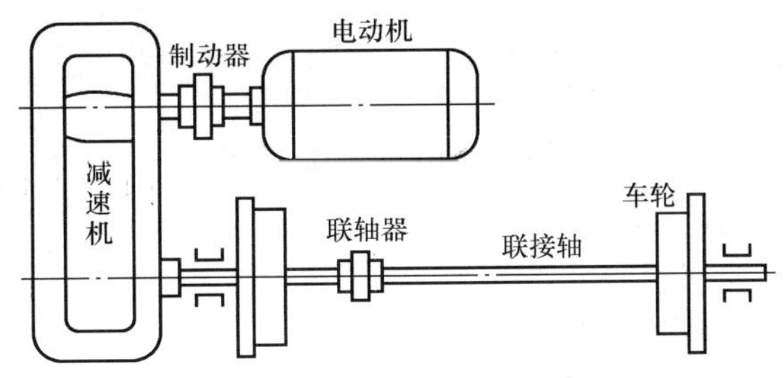

图 11-49　门式斗轮小车驱动装置（车轮传动）

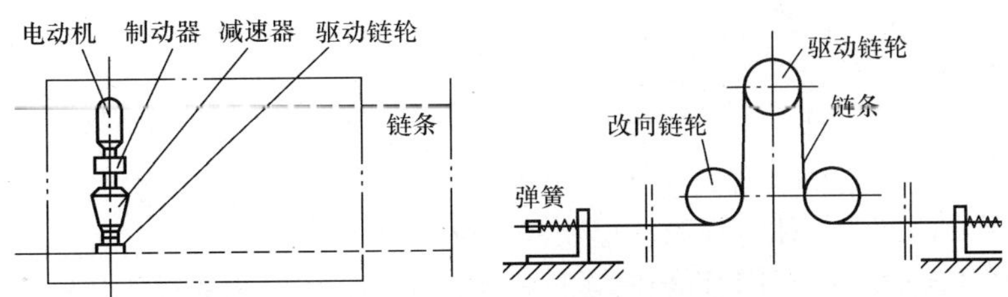

图 11-50　桥式斗轮小车驱动装置（链传动）

减速机驱动主动轮组，使机器沿轨道行走。

（6）皮带输送机包括受料、移动、配煤三条胶带输送机，全部由电动滚筒驱动。配煤皮带机悬挂在活动门架下面，行走驱动装置由电动机、减速机、开式齿轮传动等组成，其组成如图 11-51 所示。移动皮带机堆料或取料的协同作业位置图如图 11-52 所示。

图 11-51　配料皮带机结构示意图

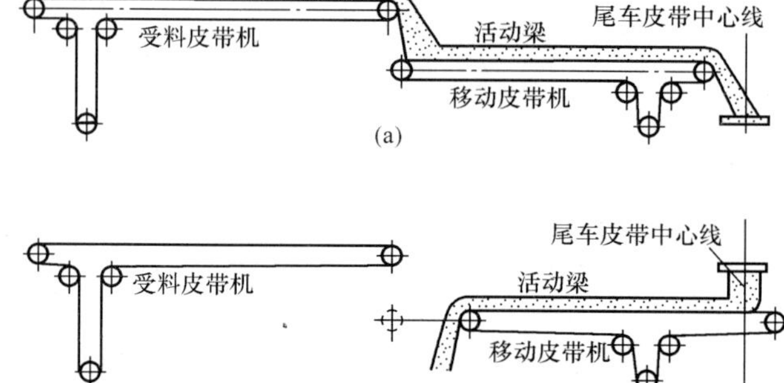

图 11-52　移动皮带机堆料、取料位置示意图

（a）取料时；（b）堆料时

（7）尾车伸缩机构的作用是机器进行堆料作业时，将尾车向驱动台车靠拢；机器取料时，伸缩机构将尾车推离驱动台车。尾车的堆取料变换有两种方式：一种是采用安装在活动梁一端的圆环变换尾车前部相对于活动梁的位置，其结构如图 11-53 所示，此种结构的堆料与取料均使用活动梁内部的皮带运输机；另一种是采用尾车上液压缸的方式变换尾车相对于活动梁的位置，当改变活动梁的高度位置时尾车前部随着活动梁一起运动。

（8）检修吊车：门式斗轮堆取料机在其门架上弦设置一台起质量为 3t 的电动葫芦，供检修时使用。

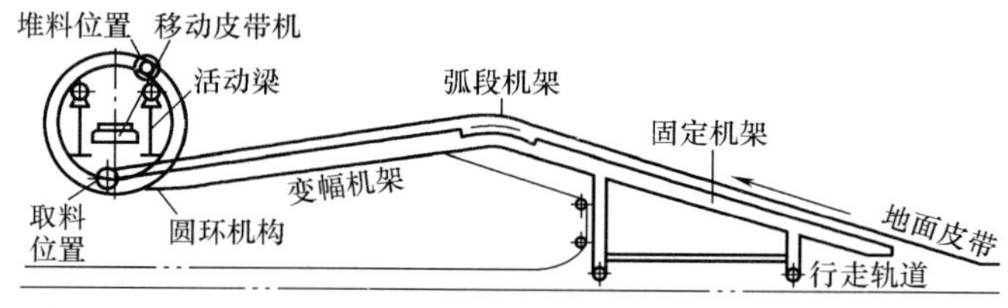

图 11-53　尾车结构示意图

（二）门式斗轮机的运行

1. 门式斗轮堆取料机的取料作业

门式斗轮机的取煤原理是斗轮不断地旋转，斗轮小车往复行走，将储煤场的煤挖取出来通过落料斗卸到受料皮带机上，受料皮带机将煤转运到移动皮带机上，再转运到尾车皮带机运走。斗轮小车往复运动为斗子挖掘煤提供了横向进给，大车行走可以为斗轮提供纵向进给，活动梁升降可以调整取煤高度，因此与堆煤作业一样，取煤作业也是在三维直角坐标系下的空间进行的。取料时先开动伸缩机构使尾车远离台车，根据物料流动性，有以下两种取料方式：

（1）当物体流动性能好时，可采用底部取料法。工作时大车每行进 0.5m 左右即停止不动，将活动梁降至最低点，斗轮从一端开始边行走边挖料。斗轮取完一层物料，则大车前进一段距离，滚轮行走机构反向运行，斗轮取第二层物料，再反向取第三层……。

（2）如果物料的流动性差，斗轮取料时物料不能自流，为了防止物料塌落砸埋斗轮，大都采用分层取料法作业。斗轮首先在煤堆顶部取煤，斗轮在挖取煤的过程中，小车走完一个作业行程后，大车向前移动一段进给距离；然后小车反向行走，再度使斗轮进入挖取状态，直到将煤堆顶部一层全部取完；如果再取下一层，则将大车返回到初始位置，将活动梁下降一段距离，斗轮又可按上述过程取第二层煤。依此循环，以满足上煤系统的需要。工作时，大车每行进0.5m后即停车不动，将活动梁升到最高处（即超过煤堆顶部）。每次取料高度在3.5m左右。开动斗轮及滚轮行走机构，使斗轮沿活动梁由一端向另一端边挖取边行走，待滚轮到达活动梁上轨道终端后，开动大车，让滚轮行走机构返回，斗轮继续取料。待滚轮到达另一端时，活动梁下降3.5m，滚轮返回取料。

2. 门式斗轮堆取料机的堆煤作业

由于门式斗轮堆取料机的堆煤作业是在三维空间中运行的，所以其堆煤条件受限制较少，堆煤工作过程是：先起升活动梁至堆料位置，并使斗轮停在远离尾车的立柱侧，开动伸缩机构使尾车向驱动台车靠拢，此时尾车的胶带输送机的头部对准斜升胶带输送机的受料口，启动尾车及门架横梁上的胶带输送机向煤场堆煤；当所在位置的煤场堆到规定高度时，大车前进一段距离，再继续堆煤。常用的堆煤方法有：

（1）定点堆煤法。先将配料皮带机机架不动，在一点堆煤，当煤堆到预定高度后，机架行走一段距离再继续堆，堆满一行后，将大车行走一段距离，再堆第二行，直至堆到煤场终端，这时完成了第一层堆煤。然后将活动梁提升一段距离，再按堆第一层的方法堆第二层。如此往复作业，最后将煤场堆满，并达到最大堆高。

（2）分层堆煤法。配料小车作往复运动，并通过皮带机正反方向的运行将煤连续一层一层地抛至煤场，堆完一行后（达到预定高度），大车行走一段距离，再堆第二行，如此反复，直至储煤场终点。将活动梁提升一段距离，重复上述作业过程，直至将煤堆满。

堆料胶带输送机悬挂在门架横梁下弦，抛料时为了减少粉尘飞扬，应尽量沿煤堆坡度顺序推进。

3. 门式斗轮堆取料机各皮带机的协调作业

（1）如图11-54所示，受料皮带机位于活动梁左半部分，其功能是把斗轮挖掘出来的煤转运到移动皮带机后再转运到尾车上去。由于受料皮带机几乎在全长段上接受斗轮卸下来的原煤，必然造成原煤对皮带机托辊的冲击，所以受料皮带机全部采用缓冲托辊组，以减少物料冲击。

（2）移动皮带机位于活动梁的右半部分，是进行堆料、取料作业的双向运行皮带机。移动皮带机可在活动梁内移动，通过改变移动皮带机的位置，可分别完成堆料、取料作业。取料时移动皮带机移至受料皮带机下面，斗轮挖取的原煤卸入受料皮带机，再转运到移动皮带机，最后转运到尾车皮带上，完成取料作业；堆料时移动皮带机移至尾车头部改向滚筒之下，由系统皮带机运来的原煤经尾车卸入移动皮带机，再经移动皮带机转运给配料皮带机，堆至煤场。

（3）配料皮带机是一条移动式堆料作业的皮带机，配料皮带机吊挂在活动梁下面，可沿设置在活动梁上的轨道往复运行。堆料时由移动皮带机卸下的原煤按照堆料作业要求，经配料皮带机有规则地堆到煤场。配料皮带机主要由机架、行走装置、电动滚筒、改向滚筒及托辊等组成。为减小原料对配料皮带的冲击，在配料皮带机上全程设置缓冲托辊。

（4）尾车是地面系统皮带机与机上皮带机的连接桥梁，通过机架、改向滚筒、托辊与地面皮带机的胶带套在一起，又通过圆环机构与活动梁连接，可以与主机同步行驶。门式斗轮堆取料机尾车为折返式，尾车采用了圆环变换机构，圆环可绕活动梁回转。取煤时尾车位于移动皮带机下面，移动皮带机处于取煤状态。堆煤时圆环机构回转，尾车改向滚筒运动至堆煤作业位置，移动皮带机处于堆煤状态，即可进行堆煤作业。

四、斗轮机调试与验收

（一）斗轮机试车前的检查内容及要求

（1）锚定器、夹轨器、制动器、限位器、行程开关、熔断器及总开关等处于正常状态，动作安全可靠、灵活、准确、间隙合适。

(2) 金属结构件外观不得有断裂、损坏、变形，拼装焊缝质量符合设计要求。

(3) 各传动机构及零件不得有损坏和漏装现象，紧固件牢靠，铰接点转动灵活。

(4) 液压系统管路走向及元件安装正确，泵与电动机转向正确，各系统压力调整合适，动作准确无误。

(5) 润滑系统供油正常。

(6) 电气系统、动作连锁、事故预警、各种开关、仪表、指示灯和照明等无漏接线头，连锁和预警可靠，电动机转向正确，开关、仪表和灯光使用可靠。

(7) 配质量调整符合整体稳定要求。

(二) 斗轮机各部分空载试车的内容和要求

斗轮机调试时按取料方向运转并多次启动和制动，电动机电流和减速机声音正常，液压传动平稳、不漏油，阀类动作准确，各部轴承温升正常。各部分空载试车都有具体的的内容和要求。

俯仰机构空载试车由原始位置、仰起和下俯至极限位置反复进行，多次启动和制动，电动机电流和减速机声音正常，仰起、下俯开关及控制器动作准确，液压系统平稳、不漏油，轴承或油温正常。

悬臂皮带机空载试车按堆料、取料方向各运转1h，并多次启动和制动以及胶带跑偏后不影响工作，托辊转动灵活，拉紧装置可靠，连锁制动准确，电动机电流和减速机声音正常，各部轴承温升正常。

回转机构空载试车时在回转角度范围内往复运行，多次启动和制动，电动机电流和减速机声音正常，液压传动平稳、不漏油，启动和制动动作准确，各部轴承温升正常。

行走机构空载试车在悬臂架分别呈垂直和平行于轨道状态时取仰起、水平和下俯三种位置进行低速运行，但悬臂架平行于轨道时，取高速运行，运行中多次制动和启动，电动机电源正常，制动器动作可靠，减速机声音正常，尾车运行平稳，电动机与各部轴承温升正常。

各部传动装置空荷连续试车，正反转时间不少于30min，减速机、轴承座等处温升不得超过35℃，声音正常，不漏油。

(三) 斗轮机带负荷堆料（取料）试车的内容和要求

在悬臂架处于水平、仰起和下俯三种极限位置时，分别进行堆料（取料）作业1h，运行中多次进行启动和制动，各部机构运转正常，堆料（取料）达到平均额定生产率，电动机电流正常。

五、检修项目及检修工艺

(一) 金属架构的检修项目及检修工艺

1. 检修项目

(1) 架构的焊缝：应每年检查一次，对重点焊接部位应每季度检查一次。

(2) 架构的铰接部位：需每年检查一次，对连接轴、固定挡片和固定螺栓等应详细检查。

(3) 架构的繁体部分：应每年检查一次，重点部位应每月检查，检查有无变形、扭曲和撞坏等。

(4) 楼梯、平台和通道要随时检查其是否完好。

2. 检修工艺

(1) 对于金属架构开焊部位，要及时进行补焊，焊缝缺陷要挖尽挖透，并严格按焊接、热处理工艺进行补焊。

(2) 对铰接部位的连接轴、固定板和固定螺栓，应保证完好无损，发现缺损应及时进行修复或补齐。

（3）对有缺陷的架构整体，应及时进行修复；对扭曲、变形的应及时进行修整或更换。

（4）对于楼梯、平台和通道，要随时检查，发现缺陷及时消除。

（5）对在检修中拆除的栏杆及平台上的开工孔洞，要采取必要的安全措施，检修后要及时予以恢复。

（6）在承载梁及架构上开挖孔及进行悬挂、起吊重物或进行其他作业时，要经有关专业工程师批准，必要时进行载荷的校核。

（7）为防止金属架构锈蚀，应每两年刷一次油漆。刷漆前要首先认真进行清污除锈，底漆刷防锈漆，面漆刷两遍调和漆。

（二）行走机构的检修项目及检修工艺

1. 检修项目

（1）检查基础及轨道，测量并调整两轨道的水平度、中心距及坡度，检查紧固螺栓。

（2）检查行走轮、轴、轴承、轴承座、传动齿轮的磨损情况，必要时更换。

（3）三级立式减速机解体检修：①检查齿轮、轴的磨损情况；②检查轴承的磨损情况；③检查、修理或更换磨损件；④检查柱塞泵、单向阀的磨损情况；⑤检查、补充或更换减速机内润滑油。

（4）检修减速机电动机。

（5）检修减速机传动联轴器、制动器。

（6）检查、紧固行走部分各部位螺栓。

2. 检修工艺

（1）基础无裂纹及无明显异常，轨道螺栓紧固。

（2）检查轴承。打开轴承两端压盖，将原有润滑脂清洗干净，并用汽油或煤油冲洗干净；测量轴承间隙，检查轴承完好情况，对有缺陷或磨损超限的轴承予以更换。检查轴端螺母的紧固情况，松动的应重新紧固。检查加油嘴，不良的油嘴应更新。确认无问题后，向轴承壳内加注钙基润滑脂，紧固轴承压盖。

（3）拆检游动轮：①将轴承盖和内侧卡轴挡板螺栓拆掉；②拆出游动轮组；③拆开轴端紧固螺母，拆下外端压盖，用专用工具将轴压出；④将两盘轴承的另一个轴承压盖拆下；⑤检查轴承磨损情况，测量轴承间隙；⑥清理、疏通轴内油道；⑦清理、检查游动齿轮；⑧检查密封圈及加油嘴，向轴承内注3/4腔润滑脂，并按拆开的相反顺序组装。

（4）检查、清理主动车轮上的大齿圈，清理完毕后涂以干净的润滑脂。

（5）检查轴承座、轮与齿圈间的紧固螺栓情况。对磨损超限或有伤痕的部件应予以更换。

（6）检查轮缘的磨损情况。

（7）立式减速机的拆出：①用吊车通过减速机头部的起吊环将减速机垂直吊住，钢丝绳应微吃力；②拆开低速轮轴承压盖，松开紧固螺母；③取出减速机耳环上的柱销；④将减速机从驱动轴上取下。

（8）柱塞油泵的检查：①检查油泵的磨块，超过极限的磨块应更换；②检查滤网，破损的滤网应予以更换，过滤细度一般为80～120目；③检查钢球，对已锈蚀、出现斑痕的钢球应予以更换；④检查各弹簧，对已变形、损伤严重，或因锈蚀过度造成刚度降低的弹簧应予以更换，表面锈蚀应清除；⑤用反向灌油的方法检查钢球与密封是否漏油，若有漏油现象，用专用工具其进行研磨。

（9）减速机的检修：①拆卸机壳连接螺栓，将机壳吊起，放于垫板上；②打开减速机盖，用塞尺或压铅丝的方法测量轴承间隙，并做好记录；③将齿轮清洗干净，用千分表和专用支架测定内轮的轴向和径向晃动度，检查齿轮在轴上的紧固情况；④观察齿轮啮合情况和检查齿轮的磨损情况，有无裂纹、脱皮、麻坑及其他异常现象；⑤用塞尺或压铅丝的方法测量齿顶、齿侧的间隙，并做好记录；⑥用齿形样板检查齿形，判断轮齿磨损和变形程度；⑦检查平衡重块有无脱落，重块位置是否正确；

（10）减速机的整体组装：①垂直吊住减速机，将减速机低速轴套在驱动轴上，用专用套管打入，紧固固定螺母，锁紧上退垫，减速机低速轴轴承用压盖固定；②将两个柱销装入耳环，减速机的垂直位置已由主动轴固定，柱销不允许减速机横向受力；③回装油泵输油管路加入润滑油；④齿轮联轴节找中心，抱闸就位。

3. 检修技术质量标准

（1）齿轮联轴器找正，要求其不同心度、径向位移小于 0.3mm，倾斜角小于 0.5°。

（2）三级立式减速机各轴承的轴向间隙见表 11-3。

表 11-3　　　三级立式减速机各轴承的轴向间隙（mm）

轴　径	ϕ45	ϕ60	ϕ95	ϕ190
最大间隙	0.13	0.15	0.18	0.22
最小间隙	0.05	0.06	0.07	0.12
轴承型号	7509	7512	7519	7138

（3）减速机各级传动齿轮的齿侧间隙：高速齿轮 0.12～0.18mm，低速齿轮 0.5～0.26mm。

（4）减速机各齿间啮合情况：沿齿高方向啮合面积大于或等于 45%；沿齿长方向啮合面积大于或等于 60%。

（5）齿侧间隙：一级为 0.12～0.20mm，二级为 0.14～0.25mm，三级为 0.16～0.30mm。

（6）低速轴孔与驱动轴：锥度 1∶10，粗糙度为 $\stackrel{3.2}{\nabla}$ ，键与轴的配合为 H7/h6。

（7）油泵柱塞和柱塞孔的配合间隙为 0.01～0.02mm。间隙超过 0.1mm 时，必须更换柱塞。柱塞和柱塞孔的粗糙度为 $\stackrel{0.4}{\nabla}$ 。

（8）油泵的磷锡青铜磨块磨损超过 2mm 时应更换。

（9）油泵的滤网完整、清洁，进出油口无反向泄漏，喷头在运转中能正常、连续地喷油。

（10）试验要求：齿轮啮合平稳，声音正常。各处无渗漏油现象，刹车灵活可靠，减速机温度不超过 60℃，振动不大于 0.15mm。

（11）轨道应牢固地固定在基础上，各螺栓不应松动，轨道的普通接缝为 1～2mm，膨胀缝为 4～6mm，接头两轨道的横向和高低偏差均不得大于 1mm，轨道的平直度应小于 1/1000。

（12）主动、从动轮组和行走轮各轴承完好无损，间隙符合下列要求：3526 轴承为 0.06～0.10mm；316 轴承为 0.015～0.04mm。内侧轴承不应有轴向间隙，出轴侧应留有轴向间隙 1～1.5mm，两角轴承座内边的间距应保证 480mm（H8/h8）。轴承箱两支承面与车轮中心线的两垂直平面的平行度不应超过±0.08mm。

（13）装配后的车轮应转动灵活。主动车轮的轮齿啮合应符合下列标准：

1）齿顶间隙 2.5mm；

2）齿侧间隙 0.5～0.6mm；

3）啮合斑点所分布的面积：沿齿高方向大于 40%，沿齿宽方向大于 60%。轮缘无局部严重磨损，且各轮缘磨损程度基本相同，轮对在运转时与其他部件不摩擦，各车轮直线偏差小于或等于 2mm。

（三）夹轨器的检修项目及检修工艺

1. 检修项目

检查闸瓦的损坏和螺栓的断裂情况，以及其他丝杠、套、弹簧的磨损情况，及时更换。

2. 检修工艺

（1）依次拆下防尘罩、减速电动机、限位开关，拆下架体与从动车轮上的连接螺栓，将夹轨器吊下，送至检修间。

（2）拆下主轴螺母与滑块间的四条螺栓，将钳夹取出。

（3）拆下空心螺栓，取出挡圈，从主轴上拆下伞形齿轮、手轮及主轴螺母。

（4）拆下钳夹上所有的铰接销轴，拆下闸瓦。

（5）清洗各部件。

（6）检查伞形齿轮轮齿的磨损情况，检查其键槽的完好情况。

（7）检查主轴：①轴的弯曲度；②梯形螺纹的磨损情况；③键及键槽的吻合情况；④彻底清理、疏通空心油管；

（8）检查与主轴配合的两铜套的磨损情况。

（9）检查手轮有无裂纹及键和键槽的配合情况。

（10）检查主轴螺母铜套螺纹的磨损情况及主轴螺母及滚轮的完好情况。

（11）检查钳夹铰接处各销轴、销孔的磨损情况，磨损超限的销轴应更换。

（12）检查闸瓦的磨损及完好情况。

（13）检查涡卷弹簧是否有裂纹或严重脱皮，用加压法测量弹簧的刚度。

（14）清洗、检查、修理完毕后进行组装，组装和就位可按拆卸的相反顺序进行。

（15）各铰接处的销轴、销孔、涡卷弹簧、主轴螺母等在装配中应涂少量润滑脂。

（16）用涂红丹粉的方法检查伞形齿轮啮合状况。如果啮合不良，齿顶、齿侧间隙过大或过小，啮合斑点偏向大端或小端，可采用调节减速机或限位开关底座衬垫的办法解决。调节好后在轮齿上涂以润滑脂。

（11）利用手轮升降夹轨器，按要求调节限位开关的行程。

（18）通过注油嘴向主轴螺母铜套内及主轴轴瓦腔内加注润滑脂。

（19）进行试运。

3. 检修质量技术标准

（1）伞形齿轮：①齿轮无裂纹，伞齿无其他明显异常，轮齿磨损应小于原齿厚的 20%；②大端内顶间隙为 1mm，啮合线在节圆线上；③啮合斑点沿齿高和齿宽方向均大于 40%，且啮合接触不得偏向一侧。

（2）主轴：①主轴的弯曲度小于全长的 1/1000；②主轴梯形螺纹部分应完好，无断扣、咬扣、斑剥等缺陷，磨损应不大于标准规定；③空心油道清洁、畅通；④主轴与铜套的配合为 D4/d4（H9/h6）；⑤主轴与手轮的配合：轴与孔 D4/gc（H9/k6），轴槽与键 Jz/d4（H8/h8），孔槽与键 D4/d4（H9/h8）；⑥主轴与伞形齿轮的配合：轴与孔 D/gc（H7/k6），轴槽与键 Jz/d4（H9/h8），孔槽与键 D4/d4（H9/h8）。

（3）主轴螺母：①螺纹完好无损，磨损量小于原螺纹厚度的 1/3，否则应予更换；②螺母衬套与螺母体配合紧密、无松动，定位销螺栓紧固，且与端面平齐；③螺母体应完好无裂纹，螺孔中螺纹无损伤；④装在螺母中间爪子上的辊子应转动灵活，且无局部磨损；销子完整无弯曲。

（4）连接主轴螺母和滑块的四条螺栓：①无断裂、弯曲和其他明显损伤；②在主轴螺母上固定牢靠，四条螺栓长短一致；③当螺栓头与滑块接触时，涡卷弹簧应为自由状态（无预压缩量），且弹簧上端面与主轴螺母下端面无间隙；④螺栓头部应涂以明显的颜色，以便检验涡卷弹簧的压缩量。

（5）钳夹各销轴应灵活而无松动，定位销牢固可靠且平整，各销轴与孔的配合均为 D4/dc4（H9/f9）。

（6）两闸瓦平行且高低一致：闸瓦沿销轴应有一定的活动量，以便增加适应能力。新换的闸瓦除应满足几何尺寸外，其表面硬度应为 RC28～32。

（7）涡卷弹簧：①表面无裂纹，两端面平行，自由高度 h 的差小于 5mm；②弹簧刚度标准要求见表 11-4。

表 11-4　　弹簧刚度标准

压力（N）	0	8000	15 000	22 000	25 000
弹簧高度（mm）	118	115.5	93.1	85.5	84

（8）限位开关的调节行程应符合以下规定：将涡卷弹簧压缩 30mm 时定为下限点，将主轴螺母由下限点上行 184.9mm，定为上限点。

（9）各润滑点和防锈蚀部位全部涂注钙基润滑脂。

（10）各结合螺栓紧力均匀可靠，密封罩完整无变形，导轨槽平直光滑；行程指示牌完整、鲜明。

（11）试运。夹轨钳制动器（电动、手动）灵活可靠，限位开关动作准确，伞齿轮啮合平稳，无异常噪声。

（四）油缸的检修项目及检修工艺

1. 检修项目

（1）检查密封件的磨损情况，磨损严重的应更换。

（2）各部位螺栓的检查与更换。

（3）检查活塞皮碗，损坏或老化时应更换。

（4）活塞杆的检查。

（5）缸体的检查。

（6）检查轴承座，必要时进行更换。

2. 检修工艺

油缸不得漏油，油封保证完好；连接部分牢固，活塞杆不得有弯曲、损坏、裂纹；活塞与缸体表面应光滑，不得有拉毛；螺栓不得有松动，焊缝不得有裂纹；皮碗不得有纵向深槽，磨损不大于 0.5mm；活塞要保持光洁，不得有因油内杂质磨成的毛刺，粗糙度要求在 $\overset{0.8}{\bigtriangledown}$ 以下；缸体不得有明显的毛刺，粗糙度保证在 $\overset{0.8}{\bigtriangledown}$ 以下。

3. 油缸检修技术标准

活塞泄油孔必须畅通；起导向作用的轴套粗糙度要求在 $\overset{0.8}{\bigtriangledown}$ 以下，活塞杆与轴套之间为动配合，其最大间隙为 0.11mm，最小间隙为 0.04mm；装配后应保证各部件运动灵活，无卡涩现象；活塞皮碗和缸体紧力不应太大；充压力油后，无内部和外部泄漏。

（五）轴向泵的检修项目及检修工艺

检查轴承、活塞、缸体、缸体与配流盘、卡瓦与销子、各密封件的磨损情况；检查蝶形弹簧及其他零件。

1. 检修工艺

(1) 泵体必须与主轴同心，可调整轴承垫片来保证同心度，不同心度不得大于 0.03mm，活塞和缸体的间隙为 0.02～0.03mm，不得大于 0.06mm；圆柱度不得超过 0.10mm，圆度不得超过 0.10mm；

(2) 缸体与配流盘的接合面要求平整，粗糙度在 $\overset{0.8}{\bigtriangledown}$ 以下；

(3) 蝶形弹簧的紧力要求压缩弹簧 0.30～0.40mm；

(4) 活塞与缸体之间要求转动灵活，间隙符合标准，接触面要求均匀；

(5) 各密封件应当密封完好，无泄漏；

(6) 油封与转动轴相结合处的紧力不能太大，防止轴被磨损；

(7) 各接合面保持平整，可用加垫片来调整，紧固螺栓用力要均匀，保证不泄漏；

(8) 检修完毕后，主轴能灵活转动，后泵体能左右轻微地摆动，并要求壳体内加满油，备用油泵泵体内要注满油，以防锈蚀；

(9) 联轴器的找正：对回转油泵，要求径向 0.10mm，轴向 0.18mm；对斗轮油泵，要求径向 0.05mm，轴向 0.11mm。

2. 技术标准

外观整洁，无油垢和煤粉，各接合面及油封不漏油；运转声音正常，振动不超过标准（斗轮油泵振动值≤0.03～0.06mm，回转油泵振动值≤0.04～0.07mm），油温不超过 60℃；不允许反向旋转。

（六）液压马达的检修项目及检修工艺

1. 检修项目

(1) 检查和检修壳体、活塞。

(2) 检查密封件及涨圈的磨损情况，磨损严重或变形时应更换。

(3) 检查缸体的磨损情况。

(4) 检查曲轴轴瓦的磨损情况，必要时更换。

(5) 检查轴承，必要时更换。

2. 检修工艺及质量标准

(1) 涨圈不得有损伤及棱角。装配时相邻两涨圈的开口位置应相错 180°。

(2) 活塞与活塞孔的间隙应在 0.01～0.02mm 范围内。

(3) 检查活塞与活塞孔时，对拆出的液压马达要在柱塞和其孔口旁边做好对位标记。

(4) 曲轴两边推力轴承的轴向间隙为 0.05～0.10mm。

(5) 转阀与阀套的间隙要求在 0.015～0.025mm，转阀不得破损。

(6) 十字接头两边的转阀与曲轴不能任意变换，否则将会使液压马达出现反转现象。

(7) 缸体的内表面磨损不得超过 0.05mm，且不能有沟槽。

(8) 活塞与活塞杆的连接应转动平稳、灵活。

(9) 活塞杆与其下部曲轴结合处的乌金瓦应无损伤及其他明显缺陷。

(10) 油封磨损后需要调整缩紧弹簧时，不能紧力过大，以免磨损轴，当胶圈失去弹性时应更换。

(11) 各结合面应保持平整，必要时可以涂漆片。

(12) 检修中必须保持清洁，不允许有任何污物落入液压马达内。

(13) 检修后，液压马达用手能灵活盘转，将润滑油加满。

(14) 检修好的备用液压马达也要注满油，以防锈蚀。

（七）齿轮油泵的检修项目及检修工艺

1. 检修项目

（1）检查各接合面、密封件、壳体，必要时进行修理或更换。

（2）检查轴承，必要时进行更换。

（3）检查侧板。

（4）检查齿轮。

2. 检修工艺

（1）若只有一个齿轮被磨损，进行修复时，应使两齿轮厚度差在0.05mm范围内，且垂直度与平行度误差不得大于0.05mm。

（2）齿轮的装配间隙：轴向间隙应在0.05～0.08mm之间；径向间隙应在0.03～0.05mm之间。

（3）要求齿顶与箱体内孔之间的间隙在0.155～0.20mm之间。

（4）键与链槽的配合。键与轴上键槽的配合为H9/h9或N9/h9，装配时可用铜棒轻轻打入，以保证一定的紧力。键与轮毂键槽的配合应为D10/h9或Js/h9，装配时应轻轻推入轮毂键槽。键装完后，键的顶部与轮毂的底部不能接触，应有0.2mm左右的间隙。

3. 检修质量技术标准

（1）外壳无裂纹及其他明显损伤，不漏油。

（2）密封件不渗漏。

（3）轴承不得有压伤、疤痕等缺陷。

（4）侧板的表面不能有损伤。

（5）检修后，表面应光洁，无油垢、煤粉。

（6）检修后，齿轮油泵能用手灵活转动。

（7）试转时，应确认转向正确、无噪声。

（8）振动值应不超过0.03～0.06mm。

（八）回转系统的检修项目及检修工艺

1. 检修项目

（1）检查液压系统、泵、马达、管道阀门等，必要时进行更换。

（2）检查推力向心交叉滚子轴承的润滑情况，必要时进行检修。

（3）检查大齿圈与啮合小齿轮的啮合、磨损情况，必要时调整或更换小齿轮。

（4）蜗轮减速机解体检修：①检查蜗轮减速机的啮合、磨损及润滑情况，必要时对蜗轮、蜗杆进行修理或更换；②检查各轴承的润滑、磨损情况，必要时更换轴承；③更换减速机内润滑油。

（5）检查减速机下部开式齿轮的磨损及啮合情况，必要时进行调整或更换齿轮。

（6）检查传动轴套及轴承的润滑与磨损情况，必要时更换传动轴套及轴承。

（7）检查紧固回转系统的各部螺栓，必要时进行更换。

2. 检修工艺

（1）蜗轮减速机的拆装及工艺要求。

1）将蜗轮减速机的所有连接螺栓与液压马达的管接头拆开，用吊车将蜗轮减速机箱连同液压马达一起吊下，放置在检修场地的平面上，下座用枕木垫起，避免蜗轮轴触地。

2）用吊车以适当的力吊住液压马达，拆除液压马达与蜗轮减速机壳之间的紧固螺栓，用两把改锥从接合缝处对称别撬，使液压马达与蜗轮减速机壳脱开，将马达吊至合适位置放下进行检修。

3）拆下箱盖，利用蜗轮辐板上的孔将蜗轮连同轴、轴承一同吊出，置于合适位置，检查蜗轮轮齿的磨损情况；若磨损超过规定要求，应更换齿圈。在拆装齿圈的过程中，要注意定位销的拆卸及定位孔的配制工艺。

4）检查轴承磨损、轴承内套及轮毂在轴上的紧固情况和轴承外套在孔中的配合情况，检查透盖密封毛毡的磨损情况，对磨损严重者应按规定要求进行更换。

5）拆出蜗杆。检查蜗杆齿面磨损情况，检查蜗杆轴承磨损情况。

6）清理箱体，注意污物及棉纱头不能留在箱体内。

7）与拆开相反的顺序，回装蜗杆、蜗轮。考虑轴承的磨损，每次必须采用轴承套压铅丝的方法测量其间隙，并调整轴承套与箱壳间的垫片，以保持蜗杆两端轴承的间隙。

8）由于蜗轮下部支承轴承的磨损，可能会造成蜗轮下沉，致使蜗杆蜗轮的轴线发生偏移，可采用样板靠在蜗轮侧面上并用塞尺测量其间隙，两边间隙应相同。如果不同，可通过下端轴承压盖与箱壳间的垫片进行调整。轴承的轴向间隙通过上轴承盖与箱壳间的垫片进行调整。

9）蜗轮上部轴承应加钙基润滑脂，否则轴承在运转中无法得到润滑。

10）用千分表测量蜗轮蜗杆轮齿间的侧隙。将千分表磁力座固定在箱壳上，表针压在蜗杆的一端面上，卡住蜗轮不动，盘动蜗杆。从一死点到另一死点蜗杆轴向移动量即为侧隙，可通过蜗杆转过的角度值，根据蜗杆的导程来换算侧隙值。

（2）传动套轴的拆装工艺：①拆下小齿轮端部压盖，用专用工具拆下小齿轮；②拆下轴承支座与回转平台部分的紧固螺栓，用钢丝绳吊出传动套轴；③将传动套轴平放，拆去两端轴承压盖，使轴从套中退出；④检查两端轴承，对不符合要求的轴承予以更换；⑤检查各密封件是否磨损；⑥检修完毕后进行回装，回装顺序与拆卸顺序相反，两轴承应加一定的润滑脂；⑦特别要注意两端推力轴承的安装，两个外套不能互换，安装的顺序也不同，对于上端轴承应先装外套，而下端的轴承则应后装外套，并要注意调整好轴承的间隙；⑧最后将齿轮装好，压盖压牢，并检查齿轮啮合情况。

（3）推力向心交叉滚子轴承。由于轴承转速很低，若无滚动有异音及滚道严重磨损等大的问题，一般不需要更换，但必须对其进行定期检查维护和加油润滑。

检修工艺：①清扫落在齿圈上的煤粉，清理齿上的旧黄油，并加注新的黄油，以保证正常润滑；②检查轴承的内、外圈紧固螺栓，若有松动要紧固牢靠；③检查轴承整体与转盘的固定螺栓，若有松动要予以紧固；④检查固定在齿圈上的密封胶皮，如有损坏或磨损，要及时更换。

3. 检修质量技术标准

（1）蜗轮蜗杆侧隙为 0.15～0.3mm。

（2）蜗轮轴承间隙为 0.10～0.2mm。

（3）蜗杆轴承间隙为 0.l5～0.3mm。

（4）蜗轮蜗杆的接触面积在齿高和齿宽方向应大于或等于 55%。

（5）回转泵振动应小于或等于 0.07mm，声音正常，轴承温度小于 70℃。

（6）液压系统不漏油，油温小于 60℃。

（7）回转速度符合取料要求。

（8）换向灵活，冲击力小。

（9）传动套轴两端轴承应保证 0.2～0.3mm 间隙，轴承与轴的配合为 K6，与孔的配合为 K7。

（10）传动轴与蜗轮轴的径向偏差小于 0.5mm。

(11) 转动套轴两端应留有 10mm 的间隙。

(12) 小齿轮与轴为花键配合，各个尺寸公差配合符号要求。

(13) 小齿轮与大齿圈之间接触面积在齿高方向不小于 30%，在齿长方向不小于 40%，齿侧间隙为 1.5～2mm，齿顶间隙为 6.25mm。

(14) 蜗轮轮心无裂纹等损坏现象。青铜轮缘与铸铁轮心配合，一般采用 H7/s6。当轮缘与铸铁轮心为精制螺栓连接时，螺栓孔必须绞制，与螺栓配合应符合 H7/m6。

(15) 蜗轮齿的磨损量一般不准超过原齿厚的 20%。

(16) 蜗轮与轴的配合，一般为 H7/h6，键槽为 H7/h6。

(17) 蜗杆齿面无裂纹毛刺。蜗杆齿形的磨损，一般不应超过原螺牙厚度的 20%。

(18) 装配好的蜗杆传动在轻微制动下，运转后蜗轮齿面上分布的接触斑点应位于齿的中部。

(19) 装配齿顶间隙应符合 0.2～0.3m_t（m_t 为蜗轮端面模数）的计算数值。

(20) 轴应光滑无裂纹，最大挠度应符合图纸的有关数值，其圆锥度、圆柱度公差应小于 0.03mm。

(21) 端盖与轴的间隙应四周均匀，填料与轴吻合，运行时不得漏油。

(22) 上盖与机座结合严密，每 100mm 范围内应有 10 点以上的印痕，印痕均匀分布，未紧螺栓前用 0.1mm 的塞尺塞不进去，且结合面处不准加垫。

（九）斗轮系统的检修项目及检修工艺

1. 检修项目

(1) 检查油泵、油马达及液压系统的其他部件，必要时进行更换。

(2) 检查斗轮传动轴、齿轮的磨损及润滑情况，必要时更换齿轮或轴。

(3) 检查各部轴承的磨损及润滑情况，必要时更换轴承。

(4) 检查斗轮体、斗子、斗壳的磨损情况，必要时整形或挖补。

(5) 检查斗齿的磨损情况，若磨损及时修理或更换。

(6) 检查斗轮减速机及机壳的严密性，消除渗、漏油现象。

(7) 检查溜煤板的磨损情况，磨损严重造成取煤量降低的溜煤板，应修补或更新。更换的溜煤板应符合图纸要求，表面应平整、光滑。

2. 检修工艺

(1) 将齿轮清洗干净，检查齿轮的磨损情况和有无裂纹、掉块现象，轻者可修整，重者需更换。

(2) 用千分表和专用支架测量齿轮的轴向和径向晃动度。如不符合质量要求，应对齿轮和轴进行修理。

(3) 转动齿轮，观察齿轮啮合情况和检查齿轮有无裂纹、剥皮、麻坑等情况，并检查齿轮在轴上的紧固情况。

(4) 用塞尺或压铅丝的方法测量齿顶、齿侧的间隙，并做好记录。

(5) 用齿形样板检查齿形。根据检查结果，判断轮齿磨损和变形的程度。

(6) 斗子、斗壳磨损造成漏煤时，应更换；斗齿磨短时，要补齐；斗齿头部磨损超过 1/2 时，应更换。

(7) 溜煤板磨损严重造成取煤出力降低时，应当修整或更换。

3. 检修质量技术标准

(1) 齿顶间隙为齿轮模数的 0.25 倍。

(2) 齿轮轮齿的磨损量超过原齿厚 25%时，应更换齿轮。

(3) 齿轮端面跳动和齿顶圆的径向跳动公差，应根据齿轮的精度等级、模数大小、齿宽和齿轮的直径大小确定。其中一般常用6、7、8级精度，齿轮直径为80～800mm时径向跳动公差为0.02～0.10mm；齿轮直径为800～2000mm时径向跳动公差为0.10～0.13mm；齿宽为50～450mm的沟轮端面跳动公差为0.026～0.03mm。

(4) 齿轮与轴的配合，应根据齿轮的工作性质和设计要求确定，键的配合应符合国家标准，键的顶部应有一定的间隙，键底不准加垫。

(5) 滚动轴承不准有制造不良或保管不当的缺陷，其工作表面不许有暗斑、凹痕、擦伤、剥落或脱皮现象。

(6) 斗轮液压马达运转声音正常，斗轮运转平稳，轮斗内无积煤。

(7) 斗子转速达到额定转速，取煤量达到额定出力，斗轮转向正确。

(8) 斗轮泵振动小于或等于0.06mm。减速机振动小于或等于0.10mm。

(9) 压力保护要求动作灵敏，动作压力要求在规定范围内。

(10) 溢流阀压力应在规定压力范围内。

(11) 轴承温度小于70℃，油温小于60℃。

(12) 各部连接螺栓齐全、紧固。

(13) 现场要求整洁，液压系统不漏油。

(14) 皮带出力达到标准。

(十) 阀类的检修项目及检修工艺

1. 溢流阀

在泵启动和停止时，应使溢流阀卸荷。调整压力后，应将手轮位置固定，所调的工作压力不得超过系统最高压力；油液要保持清洁，防止杂质堵塞节流孔。

溢流阀动作时要产生一定的噪声，安装要牢固可靠，以减小噪声，避免接头松漏。溢流阀的回油管背压应尽量减小，一般应小于或等于0.2MPa。油系统检修后初次启动时，溢流阀应先处于卸荷位置，空载运转正常后再逐渐调至规定压力，调好后将手轮固定。

溢流阀调定值的确定：溢流阀作纯溢流用时（如补油系统），系统工作压力即为调定压力。溢流阀作安全阀用时，其调定值一般按说明书规定。如说明书未作具体规定，必须掌握调定压力不得超过元件和管路所能承受的最大压力。如果系统工作压力远低于元件和管路的最大承受压力时，其调定值可按系统工作压力的1.2～1.5倍考虑。

溢流阀拆开后，应检查导阀和主阀的锥形阀口是否漏油，并做压力试验，如有泄漏，必须进行研磨处理。检查弹簧是否断裂或变形，阻尼小孔是否畅通；清理阀内各处的毛刺、油垢、锈蚀。安装时，各配合面涂以干净的机油。安装完毕后各油口应封好，以防杂物、尘土进入阀内。

溢流阀的质量标准为动作灵敏可靠，外表无泄漏，无异常噪声和振动。

2. 节流阀

(1) 安装单向节流阀时，油口不能装反。否则，将造成设备损坏事故。

(2) 用节流阀调节流量时，应按流量由小到大的顺序进行，即按斗轮机大臂下降速度由低到高的顺序进行。

(3) 当检修或拆换节流阀时，必须采取防止大臂突然下降的措施（一般可将大臂斗轮放在煤堆上或降到地面上），以防设备损坏和人身伤亡。

(4) 节流阀的检修与溢流阀相同。可能发生的缺陷有：阀口损坏或结垢，弹簧发生永久变形或折断，小孔被污物堵塞，“O”型密封圈破损等。每次应认真检查，消除各部位的缺陷。

(5) 节流阀检修后，应动作灵活，外观无渗漏现象。

3. 流量控制阀

流量控制阀最小流量的调节范围为公称流量的10%，压力补偿装置的压力差为0.15～0.20MPa，供调节的油量必须充足。

4. 方向控制阀

应尽量保持方向控制阀的电压稳定，波动范围为额定电压的85%～110%；使用时应将盖密封，阀的安装方向须与轴线成水平。

5. 单向阀

单向阀的构造简单，维护量小，每次拆开后应检查阀口的严密性，阀芯与阀体孔应无卡涩；清理小孔等处的积垢，检查弹簧是否断裂或变形。安装单向阀时，切勿将进出口方向装反，否则将造成事故。单向阀检修后应动作灵活、可靠、外观无泄漏。

6. 换向阀

(1) 运行中应保证换向阀电磁线圈的电压稳定，电压为额定电压的85%～110%，过高或过低都可能使线圈烧损，在供电系统中最好能有稳压装置。

(2) 在换向阀的检修中应检查阀芯与阀孔的磨损情况，阀芯与阀孔间隙为0.008～0.015mm，粗糙度为$\sqrt{0.4}$，间隙及配合面出现径向沟痕时，应研磨；沟痕严重时应更新。

(3) 检查复位弹簧是否断裂或有无塑性变形。

(4) 清洗阀体通道及阀芯平衡沟槽的油垢及杂物，清洗时要用干净的细白布擦拭，以免划伤高光洁度的配合面，单件清洗完后用压缩空气吹净。

(5) 检查"O"型密封圈是否老化、破损变形，不合格的要更换。

(6) 回装时在阀芯柱塞表面涂以清洁的机油，注意油口不要对错，密封圈要装好，紧固螺栓的紧力要均匀一致。

(7) 组装完后的换向阀如果暂时不装回设备上时，应将各油口封严或用整块干净的白布将阀门重要零件包好，并妥善保管，以防杂物或尘埃进入阀内。

(8) 换向阀检修后应动作灵活、可靠，无漏油（包括不向电磁铁漏油）。

六、斗轮行星减速箱解体检修

(一) 检修工艺

1. 减速器从斗轮机上整体拆除

(1) 用两台2t手拉葫芦将斗轮机悬臂固定在地锚上，防止将减速器拆除时悬臂跷起。

(2) 用手拉葫芦将斗轮固定在地锚上，防止施工时斗轮转动。

(3) 将斗轮机减速箱侧面的栏杆割除。

(4) 施工前用白色油漆将减速器外部各部位做好标记，如减速器端盖的原始位置、收缩卡盘与轴之间的原始位置等。

(5) 将减速器与电机连接的靠背轮保护罩拆除，用力矩扳手将连接靠背轮的螺栓拆除，并在检修卡上记录好螺栓松动时的力矩值。

(6) 用力矩扳手将减速器的4个地脚螺栓拆除，并记录好螺栓松动时的力矩值，将用油漆做好原始记号的减速器的2个定位销拆除。

(7) 用力矩扳手将收缩卡盘的连接螺栓拧松但不拆掉，以防止盘松脱时崩脱发生意外，用4块楔木塞在两收缩卡盘缝的四侧，用大锤使楔木均匀受力，使两收缩卡盘松脱。

(8) 将减速器底板的顶紧螺栓拧紧，使减速箱底板与斗轮机之间有所松动，以减小它们之间的摩擦力。

(9) 将密封端盖上的六角螺栓拆除，用顶紧螺栓将密封端盖顶出，顶紧螺栓拧紧时受力要均匀，对油封、密封套筒进行检查，并用游标卡尺和塞尺测出各部分间隙，并在检修卡上做好记录。

(10) 用两台 50t 液压千斤顶将减速器与传动轴分离，在顶升过程中，千斤顶受力一定要均匀。

(11) 用 8t 汽车吊将减速器吊至地面，起吊过程中，要做好防护措施，防止将别的设备碰坏。

(12) 用 3t 铲车将减速器运至检修车间。

2. 解体检修前准备

(1) 在检修车间，将需要使用的工具及消耗性材料准备好。

(2) 在施工场地上敷设一层透明塑料布，然后在塑料布上铺一层 5mm 厚的橡胶板，用以堆放零件，并防止油污弄脏地面，做到文明施工。

(3) 用行车将减速器水平吊至地面，两头用木板垫平，防止减速器倾斜。

(4) 用铁刷清理减速器的表面，将减速器表面及顶紧螺栓孔内的杂质和气化物清除干净。

3. 拆除输入端伞齿轮

(1) 用拉马将输入端伞齿轮的靠背轮拉出，将键取出放在指定地点，摆放整齐并做好记录。

(2) 用力矩扳手将密封端盖上的螺栓松掉，用两件 M10 螺栓拧入密封端盖的顶紧螺栓，使螺栓均匀受力，将密封端盖顶出。

(3) 对油封、套筒、固定套筒、轴承进行检查，并用游标卡尺和塞尺测出各部分间隙，并做好记录。

(4) 将减速器上部注油孔盖打开，用色印检查伞齿轮的咬合，并测量出齿轮咬合的齿侧间隙及齿顶间隙，做好记录。

(5) 将油封、轴承定位螺母、套筒定位螺栓、密封套筒拆除，放到指定地点摆放整齐，并做好记录。

(6) 用行车将轴承座套吊出，用力矩扳手将螺栓拆除，用顶紧螺栓将轴承座套和伞齿轮整体拆除，对轴承、一级定位套筒各部位间隙进行测量，并做好技术记录。

(7) 将伞齿轮和轴承一起从轴承座套中拆除。

4. 拆除输出端箱体和支座

(1) 对输出花键轴、轴承、套筒进行检查，并测量出各部位间隙，做好技术记录。

(2) 用力矩扳手将输出端箱体上的螺栓拆除，用两件顶紧螺栓将输出端箱体顶出，螺栓拧紧时要均匀。

5. 行星架系统拆装

(1) 拆除行星架推力轴承外壳，加热内套，取出内套。

(2) 用内六角扳手拆除行星轮转动轴上的定位销，如果太紧，可以用烘把将定位销周围加热后再松定位销。在行星架表面和转动轴的结合面做上记号，以便安装时轴和支架的定位孔在一条直线上。

(3) 在轴的两侧各放置 1 只 50t 液压千斤顶，均匀提升千斤顶，直到将转动轴取出，在千斤顶顶起前对转动轴周围均匀加热。

(4) 取出行星轮轴套和齿轮，在取出齿轮前先将内轮拉出一部分后，用撬棒将齿轮顶起，将轴套移动使其偏离中心，将齿轮连同套环一起取出。

(5) 取出齿轮后，用卡环钳将定位齿轮轴承的卡环取出，再用铜棒将轴承敲出。

(6) 清洗齿轮，做PT试验检查齿轮受损情况。

6. 拆除太阳轮轴

(1) 用力矩扳手将密封端盖上的螺栓松掉，用两件M10螺栓拧入密封端盖的顶紧螺栓孔，使螺栓均匀受力，将密封端盖顶出。

(2) 对套筒、定位套筒轴承、轴承定位螺母、止动垫片进行检查，并用游标卡尺和塞尺测出各部分间隙，并做好技术记录。

(3) 将轴承定位螺母和止动垫片拆除，放到指定地点并做好记录。

(4) 用力矩扳手将轴承座套上的螺栓松掉，用顶紧螺栓将轴承座套、轴承一同拆除。

(5) 对伞齿轮、3级定位套筒、4级定位套筒、轴承、太阳轮定位环进行检查，用游标卡尺和塞尺测出各部分间隙，并做好技术记录。

(6) 将太阳轮轴同伞齿轮及轴承一起吊出锥齿轮传动箱体。

(7) 将定位套筒、定位环拆除，将伞齿轮从太阳轮轴上拆除。

7. 减速器组装

(1) 用柴油对各拆除的部件进行清洗，并做环齿PT试验，对齿轮箱内部进行清洗。

(2) 检查各部件受损情况，要求轴承外观应无裂纹、重皮等缺陷。

(3) 伞齿轮、太阳轮轴、定位套筒、定位环经检查合格后，进行复装，将安装完的太阳轮轴装入锥齿轮传动箱体，将轴承座套安装就位。拧紧螺栓，调整轴承位置，安装轴承定位螺母及止动垫片。

(4) 安装行星架系统时，将合格的轴承、卡环和轴套装入行星轮内，并把行星轮装入行星架内。

(5) 将行星轮转动轴承冷却至零下20℃，同时将行星架加热至80℃，将轴装入行星架内，装入时保证轴上的定位孔和行星架上的定位孔在同一位置。

(6) 加热行星架推力轴承后将轴装入。

(7) 用色印检查太阳轮与行星轮啮合情况。

(8) 安装支架和输出端箱体，用力矩扳手按规定力矩将螺栓拧紧。

(9) 安装输入端伞齿轮，将轴承座套安装在锥齿轮传动箱体上，用力矩扳手按规定力矩拧紧螺栓，将装配好的伞齿轮装入轴承座套里，调整伞齿轮及轴承位置。用色印检查伞齿轮啮合情况，符合要求后，将轴承定位螺母拧紧。

(10) 安装油封及端盖拧紧螺栓。

(11) 用铲车将减速器运至斗轮机旁，用8t汽车吊吊装就位，用2台50t千斤顶做推力，将斗轮转动轴承插入减速器输出花键轴内。

(12) 将减速器基座找正，安装定位销、地脚螺栓，恢复斗轮机栏杆，连接联轴器。

(13) 进行试运转。

(二) 质量控制及质量标准

(1) 轴承内套与轴不得产生滑动，不得安放垫片，用热油加热轴承时油温不得超过100℃。在加热过程中轴承不得与加热容器的底部接触，轴与轴封卡圈的径向间隙为0.3～0.6mm，密封盘根部应为均匀质密的羊毛毡，严实地嵌入槽内，与轴接触均匀，紧度适宜。

(2) 油环应成正圆体，环的厚度均匀，表面光滑，接口牢固。油环在槽内无卡涩现象，一般油液底浸入油环直径的1/4。

(3) 装配靠背轮时不得放入垫片或冲打轴以取得紧力，两个靠背轮找中心时，其圆周及端面允许偏差值（即在直径的两端位置所测得间隙之差的最大值）为0.04～0.06mm。

(4) 用色印检查大小齿轮工作面的接触情况，一般沿齿高不少于50%，沿齿宽不少于60%，并不得偏向一侧。

(5) 键与键槽的配合：两侧不得有间隙，顶部（即径向）一般应有0.10～0.40mm间隙，不得用加垫或捻键的方法来增加键的紧力。

(6) 主轴承轴封的安装应符合下列要求：垫料应为质量良好、紧密的细毛毡，厚度适宜，毛毡裁制应平直，接口处应为阶梯形，毛毡与轴接触均匀，紧度适宜。压填料的压圈与轴的径向间隙均匀，一般为3～4mm。

(7) 机盖与机械体的法兰结合面应接触严密，不得漏油。

(8) 所加齿轮油约为67L。

(9) 组装后的减速机用手盘动轴，应转动灵活、轻便，咬合平稳。

(10) 试运转半小时后，要求减速器无异常振动，无异常温升，密封处无漏油现象。

七、斗轮堆取料机故障及处理方法

(一) 斗轮堆取料机常见故障及处理方法

斗轮堆取料机常见故障及处理方法见表11-5。

表11-5　斗轮堆取料机常见故障及处理方法

序号	故障现象		原因分析	处理方法
1	减速器整体振动且有异常声响		(1) 齿轮磨损严重,接触不均匀 (2) 联轴器中心不正 (3) 减速器轴承损坏 (4) 减速器地脚螺栓松动	(1) 更换齿轮 (2) 联轴器中心找正 (3) 更换轴承 (4) 紧固地脚螺栓
2	液力耦合器故障	温升高,受载侧转速低或喷油	(1) 液力耦合器内缺油 (2) 受载侧过载或被异物卡住	(1) 液力耦合器加油至标准位 (2) 减少流量或清除异物
		振动及异常声响	(1) 连接螺栓松动 (2) 联轴器中心不正	(1) 紧固各连接螺栓 (2) 联轴器重新找正
3	设备停止运行时,制动器不能及时刹车,滑行距离过大		(1) 制动器各铰接部位润滑不良或脏污,转动不灵活 (2) 制动毂有油污 (3) 电动液压推杆故障 (4) 闸瓦磨损严重,制动力矩变小	(1) 清理各铰销的脏污,润滑铰销 (2) 清理制动毂的油污 (3) 修理电动液压推杆 (4) 更换闸瓦,调整制动器
4	制动器松开不够或松不开,当电机转动时制动毂冒烟、有异臭		(1) 液压推杆没带电 (2) 制动器各铰销缺油或脏污,转动不灵活 (3) 制动器间隙调整过小,制动闸瓦与制动毂相摩擦 (4) 电动液压推杆故障	(1) 电气检查电缆接头 (2) 清理各铰销的脏污,润滑铰销 (3) 重新调整制动器 (4) 修理电动液压推杆
5	夹轨器不能完全打开或停机后夹钳夹不住		(1) 各铰接部位润滑不良,或被异物卡住 (2) 电磁阀堵塞或线圈损坏 (3) 夹轨器夹钳和轨道中心不正	(1) 清除异物,润滑铰销 (2) 清洗电磁阀和更换线圈 (3) 夹轨器夹钳和轨道中心找正
6	轴承过热,有异常声响		(1) 轴承润滑不良或有脏物 (2) 装配不良 (3) 轴承磨损严重,损坏	(1) 加强润滑或清除脏物 (2) 重新装配轴承 (3) 更换轴承

续表

序号	故障现象	原因分析	处理方法
7	行走轮啃轨	(1) 轨道变形,不平行 (2) 轨道有油污或结冰 (3) 行走轮轴承损坏或轴承座地脚螺栓松动 (4) 两侧主动轮直径不等,使左右行走速度不等	(1) 轨道校正 (2) 清除油污或结冰 (3) 更换行走轮轴承或紧固轴承座地脚螺栓 (4) 更换两侧主动轮
8	行走过载	(1) 行走轮被异物卡住 (2) 行走轮轴承损坏 (3) 行走轮轴承座螺栓松动 (4) 行走轮减速器损坏 (5) 行走制动器打不开	(1) 清理异物 (2) 更换行走轮轴承 (3) 紧固轴承座螺栓 (4) 修理减速器 (5) 检查并修理制动器
9	回转过载	(1) 回转时斗轮与煤堆相碰 (2) 回转制动器未完全打开 (3) 联轴器中心不正 (4) 回转轴承润滑不良或损坏 (5) 回转减速器损坏 (6) 小齿轮和大齿轮中心不正	(1) 使斗轮与煤堆离开 (2) 检查并修理制动器 (3) 联轴器中心找正 (4) 润滑和修理回转轴承 (5) 修理回转减速器 (6) 大、小齿轮中心找正
10	皮带跑偏	(1) 头尾滚筒和皮带的中心线不正 (2) 皮带机支架变形 (3) 调偏托辊组损坏,调偏不灵 (4) 托辊损坏 (5) 滚筒安装倾斜或滚筒表面粘煤 (6) 落煤点不正或落煤筒积煤 (7) 皮带胶接头歪斜或老化变形 (8) 带下积煤,带背面潮湿结冰等	(1) 滚筒皮带中心找正 (2) 校正皮带机支架 (3) 修理调偏托辊组 (4) 更换损坏的托辊 (5) 重新安装或清理粘煤 (6) 调整落煤点或清理积煤 (7) 重新胶接皮带接头 (8) 清理皮带下方的积煤
11	皮带打滑	(1) 煤流太大,皮带过载 (2) 驱动滚筒表面或皮带背面积水、结冰、有油渍等 (3) 皮带张紧力不够 (4) 滚筒等机件损坏	(1) 减少煤流 (2) 空皮带运行,待皮带干燥或清理结冰、油渍 (3) 增加配重 (4) 修理或更换损坏机件
12	皮带机过载	(1) 煤流太大 (2) 落煤筒堵煤 (3) 清扫器太紧 (4) 托辊损坏较多 (5) 导料槽处被大块异物卡住 (6) 制动器未打开或闸瓦间隙过小	(1) 减少煤流,按规定运行 (2) 清理堵煤 (3) 调整清扫器 (4) 更换损坏托辊 (5) 清理导料槽内的大块异物 (6) 调整制动器
13	撒煤严重	(1) 导料槽裙板橡皮磨损或松弛 (2) 裙板橡皮破损或跌落 (3) 落煤筒堵煤 (4) 煤流过大,煤溢出 (5) 清扫器失灵或损坏	(1) 更换或固定裙板橡皮 (2) 更换裙板橡皮 (3) 清理落煤筒 (4) 减少煤流 (5) 调整或更换清扫器
14	清扫器振动严重,有异声	(1) 清扫器紧度不当,角度不适 (2) 刮板有异物卡涩 (3) 皮带破损 (4) 清扫器变形,损坏	(1) 重新调整清扫器 (2) 清理刮板内的异物 (3) 检查皮带,补损 (4) 更换清扫器

（二）液压马达常见故障及处理方法

液压马达常见故障及处理方法见表11-6。

表11-6　液压马达故障及处理方法

故　障	故　障　原　因	处　理　方　法
转速低，转矩小	(1) 油泵供油量、供油压力不足 (2) 马达内泄漏严重 (3) 马达外泄漏严重	(1) 检查并处理油泵 (2) 拆开马达，检查柱塞及配油轴间隙 (3) 检查密封件，接合面对称均匀牢固
噪声严重	(1) 马达内空气未排净 (2) 部位未对准 (3) 转子内衬位移 (4) 斗轮的斗子粘煤不均，湿度偏重 (5) 滚轮内滚针轴承损坏 (6) 马达固定不牢固	(1) 通过系统中排气装置继续排除空气 (2) 转动调相螺钉，至最佳声音锁紧 (3) 拆开马达，用专用工具回位并定位 (4) 清理斗子上的粘煤 (5) 更换滚针轴承 (6) 检查固定架，紧固马达
温度过高	(1) 内泄漏严重，相对运行件磨损 (2) 油的黏度过低 (3) 油脏，造成配油轴硬性磨损 (4) 刚性连接轴与转子不同心	(1) 检查运行件配合间隙，更换过量磨损件 (2) 更换合适的液压油 (3) 换油以消除造成的磨损 (4) 进、排油管采取浮动连接

（三）轴向柱塞油泵常见故障原因及其处理方法

轴向柱塞油泵常见故障原因及其处理方法见表11-7。

表11-7　轴向柱塞油泵故障原因及其处理方法

故　障	故　障　原　因	处　理　方　法
泵排不出油	(1) 油泵主动轴旋转方向错误 (2) 补油系统故障 (3) 油的黏度过高 (4) 主动轴切断	(1) 改变马达转向或调节变量机构 (2) 消除补油系统故障 (3) 改换黏度合适的液压油 (4) 拆开油泵，更换已损坏零件
压力上不去	(1) 因上述原因油泵不能排油 (2) 配流阀缸体柱塞孔磨损严重 (3) 溢流阀故障或压力调整太低 (4) 系统(油缸或马达等)有泄漏 (5) 换向阀故障 (6) 系统空气未排净	(1) 按上述办法消除故障 (2) 拆开油泵，修理或更新零件 (3) 修理或调整溢流阀 (4) 对系统依次检查，消除泄漏 (5) 消除换向阀故障 (6) 继续排除空气
排油量不足	(1) 斜盘或缸体摆角过小 (2) 内部磨损严重，内泄漏过大 (3) 变量机构失灵 (4) 油的黏度太低 (5) 配流盘与缸体预压紧力不够 (6) 变量机构的差动活塞磨损严重，间隙过大	(1) 调整变量机构，加大摆角 (2) 拆开油泵，检查并修理 (3) 拆开变量机构，检查并处理 (4) 更换合适的液压油 (5) 调节螺栓，保证预紧力 (6) 更换活塞，保证活塞和孔的配合间隙在0.01～0.05mm

（四）液压系统油路常见故障及处理方法

液压系统油路常见故障及处理方法见表11-8。

表11-8　液压系统油路故障处理方法

故　障	故　障　原　因	处　理　方　法
过度发热	(1) 油的黏度过高或过低 (2) 不正常的磨损 (3) 工作压力过高 (4) 环境温度过高	(1) 更换合适的液压油 (2) 拆开油泵检查 (3) 检查溢流阀和压力表，使其保证准确度 (4) 冷却器加大可循环的冷水
发出噪声	(1) 从进油管吸入空气 (2) 系统空气未排净 (3) 油黏度过高，或油温太低 (4) 补油系统故障 (5) 管路固定不牢 (6) 换向阀动作不稳定 (7) 泵与马达轴安装不同心	(1) 拧紧接头 (2) 继续排除空气 (3) 更换合适液压油，或加热使油温上升 (4) 消除补油系统故障 (5) 加固管路 (6) 修理换向阀 (7) 重新找正，使达到标准要求
操作杆停不住	(1) 伺服阀芯对阀套油槽的遮盖量不足 (2) 伺服阀芯卡死 (3) 伺服阀芯端部拉断 (4) 活塞及阀芯磨损严重	(1) 检查阀套位置 (2) 拆开清洗，必要时更换阀芯 (3) 更换伺服阀芯 (4) 更换伺服阀芯或差动活塞

第二节　装　卸　桥

一、装卸桥概述

装卸桥是主要用于煤场，承担煤场堆取料作业的设备，也可用来卸车和上煤。装卸桥实际是煤场专用的龙门起重机，它由大车（桥架）和起重小车两大部分组成，如图11-54所示。

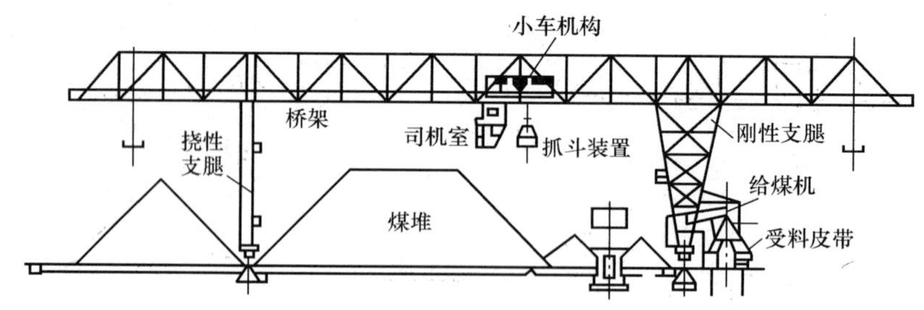

图11-54　5t×40m装卸桥

装卸桥桥架是一个在一端或两端装有高架支腿的桥架结构。在支腿的一端或两端外侧，桥架主梁可以做成外伸悬臂的形式，以扩大装卸桥的作业范围。在桥架的刚性支腿上装有装卸桥的行走机构（即大车行走机构），使整个装卸桥可以沿地上的装卸桥轨道纵向行走。支腿下部横梁上装有防滑装置（夹轨器），防止不运行时大风将装卸桥吹动，保证设备和作业的安全。

起重小车沿桥架主梁上的小车轨道横向行走，在轨道终端位置处装有行程开关和缓冲挡座，在起重小车上装有减速装置，以保证起重小车行走至小车轨道终端位置时能减速、停车。

装卸桥的主要技术参数是跨度和生产率。跨度的大小既与它的用途有关，也与它的结构型式有关。生产率主要取决于抓斗的容积，如果只用于煤场，则可以采用大容积抓斗，其效率可大大提高。

装卸桥通常有两种使用方法，一是只承担煤场的堆取作业，二是同时兼任煤场堆取、卸车、上煤作业。由于装卸桥具有一机多用的特点，运行灵活，管理方便，所以采用较多。雨季雨水渗入煤堆，深度一般不超过 2m，可用抓斗抓取干煤燃用，煤堆堆存形状应平整，并有坡度，以便于排水。大雨、大雾及大风七级以上时停止运行。

装卸桥的主要优点是：运行灵活可靠，维护工作量小，可以进行综合性作业。其缺点是：结构质量大，造价高，电耗大，不便于实现电动化。

二、装卸桥主要结构

装卸桥是由金属结构、大车行走机构、小车行走机构、抓斗升降和闭合机构、缓冲煤斗和给煤机等组成。

（一）金属结构

金属结构主要由主梁和两个支腿组成。支腿分刚性支腿和挠性支腿。主梁的结构有桁架式、箱形、管状几种形式，支腿的结构与主梁相同。

装卸桥的一个支腿与主梁绞接，称为挠性支腿，只承受垂直载荷；另一支腿与主梁采用刚性连接，成为刚性支腿，既可承受垂直载荷，又可承受水平载荷，具有加工方便，节省钢材的优点。装卸桥结构形式有 L 型、C 型、O 型等。按轨道布置区分为箱形结构、中轨箱形和偏轨箱形。装卸桥都是双悬臂结构，悬臂长度为主梁全长的 0.2～0.3 倍。

（二）大车行走机构

大车行走机构的驱动形式有集中驱动和分别驱动两种，装卸桥多为分别驱动。分别驱动是用两台相同的电动机，借齿轮联轴器与减速器高速轴连接，减速器低速轴经联轴器与大车车轮连接。这种结构，减速器距端梁较近，整体尺寸较小，主梁受扭转载荷也较小。

装卸桥设置自动正步装置，当两支腿的电动机不同步造成桥架偏移时，可以从偏斜指示盘上读出偏斜数值。

（三）操纵室

操纵室是司机操纵装卸桥的工作室，操纵室装有大、小车运行机构和升降闭合机构系统的装置和仪表。

操纵室有敞开式和封闭式两种，封闭式分为普通封闭式与带保温层的封闭。操纵室有的固定在主梁下部的一端，有的随小车移动。

在操纵室的上方，有通向大车车台的人孔盖，把人孔盖关上，装卸桥才能送电进行工作。已经运行的装卸桥，打开人孔盖，电源就自动切断，可避免司机或维修人员上车触电。

（四）小车行走机构

1. 小车架

小车架是由钢板焊接的。其上装有小车运行机构、抓斗升降闭合机构、行程限位开关、缓冲器、栏杆等。

2. 小车运行机构

小车运行机构用来驱动小车部分，使其沿主梁上的轨道运行。小车运行机构包括电动机、减速器、制动器、联轴器、车轮与角形轴承箱等。

小车运行机构的结构：减速器位于小车中间，这种方式使减速器输出轴及两侧传动轴所承受的扭距比较均匀。小车从动轮分别安装在两个角形轴承箱的螺旋心轴上独立工作。

3. 抓斗升降闭合机构

抓斗升降闭合机构如图11-55所示，抓斗升降闭合机构是用来抓取装卸物料的装置。抓斗的升降闭合机构分别由电动机、联轴器、制动轮—联轴器、制动器、减速器和卷绳滚筒等组成。抓斗是由2个颚板、1个横梁、2个支撑杆和1个上横梁组成。抓斗的操作过程可分为四个步骤：降斗——张开的抓斗下降到物料堆上后，迫使颚板闭合，并抓取物料；开斗——抓斗运动到卸料地点的上空，卸出物料；然后抓斗进行下一个循环过程。

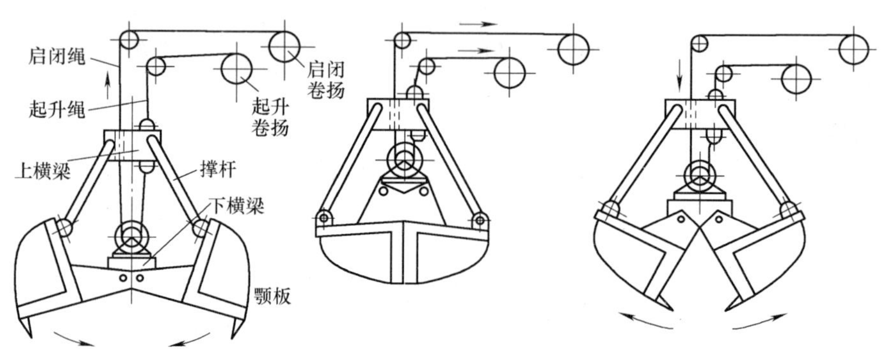

图11-55　抓斗升降闭合机构图

（五）制动器

制动器是用来使装卸桥各机构准确可靠地停止在所需要的位置上，它是装卸桥上三大重要安全构件（制动器、钢丝绳、抓斗）之一。习惯上把制动器叫做闸或抱闸。根据制动器结构以及动力的不同，又有脚闸、电闸、液压闸之分。装卸桥上用的制动器是常闭式的双闸瓦制动器，具有结构简单、工作可靠的特点。常闭式制动器平时抱紧制动轮，在装卸桥工作时方松开。双闸瓦制动器有长行程制动器和短行程制动器之分。

（六）夹轨器

为防止装卸桥被大风吹走，必须装设夹轨器，以保证装卸桥生产运行的安全。目前常用的夹轨器有手动螺杆夹轨器、电动重锤式夹轨器和电动弹簧式夹轨器。如图11-56所示是螺杆夹轨器。

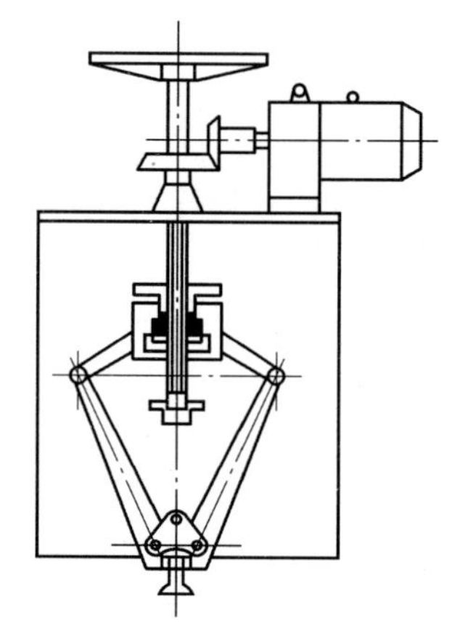

图11-56　螺杆夹轨器

（七）煤斗及给煤机

煤斗及给煤机装在刚性腿外侧，给煤机装在煤斗底下出煤口处。给煤机有往复式单向给煤机和电磁振动给煤机。

三、运行方式

装卸桥的运行方式分为卸煤、堆煤、向锅炉房上煤三种方式。

1. 卸煤

火车来煤时，先将卸煤栈台两侧沟内的煤抓腾空，煤车停好后，抓斗开始卸车，从列车一端顺序卸至另一端。一般一个车皮分为4～6段卸完，在同一位置上一般两抓即可见底，并排两抓能卸除车厢全宽的载煤量，即每段四抓，车箱全长约需16～24抓即可卸完，每抓约需时18～20s。

卸煤后的车底剩余煤量约1t左右，每台装卸桥配置4～5名工人人工清底和开闭车门。通常卸车前先将车门打开，部分煤自流入煤沟或栈台两侧。煤湿时自流煤量小，下抓时煤受抓斗冲击，自流煤量增加。通常自流量在20%～40%左右。

2. 堆煤存煤

少量来煤直接运往锅炉房，约有80%的来煤存入煤场。电厂燃用多种原煤时，卸煤要分别堆存和管理，堆存时平均出力为300～320t/h。

3. 向锅炉房上煤

来煤直接供系统燃用，来煤多时，则部分向煤场堆存。

四、操作与维护

1. 操作的基本要求

抓斗停于所需位置时，不应产生任何摇摆；抓斗停于所需要的位置要准确，各运行机构应协调地配合工作，应以最少的行程完成一次抓取运送的工作循环。设备应预先检修，保证装卸桥在完整的状态下可靠地工作。要严格遵守安全技术操作规程，意外故障时应能灵活地采取措施，制止事故或减少损失。

2. 安全操作的主要内容

开车前要发出声响信号，并观察煤场有无人员情况；开车时应正确扳动控制器手柄，除两手外不许用身体其他部位转动控制器；严格禁止抓斗抓煤时从人头上通过；不允许用限位开关作停车手段；不许在运行时进行维护工作；进入或离开操纵室时，必须与当班司机取得联系；升降、闭合机构突然失效时，司机要沉着冷静，根据情况采取措施；在运行中发现装卸桥有异常现象时，必须立即停车检查，排除故障。

3. 基本操作

严格禁止装卸桥抓取除煤以外的其他东西；司机必须十分熟悉运煤系统的生产过程和特点。如储煤场储存有两种以上的燃煤，需要翻烧、配掺烧时，装卸桥司机要养成每次开车前都要根据煤场堆煤情况，对上下左右都看一眼的良好习惯，做到对周围环境心中有数，在开车时能准确、安全地工作。

4. 润滑及润滑注意事项

装卸桥的润滑是维护工作的主要内容之一。润滑情况的好坏，不仅直接影响各机构的正常运转与机件的寿命，而且还会影响安全生产以及运煤系统的正常上煤情况。

润滑注意事项：润滑材料必须保持清洁，不同牌号的润滑脂不能混合使用；经常检查润滑系统的密封情况，按规定定期润滑；潮湿的场合不宜选用钠基润滑脂，以免因其吸水性强而失效；没有注油点的转动部位，应定期用稀油壶点注各转动缝隙，以减少机械的磨损和锈蚀，润滑时必须全部停电。

五、检修工艺和质量标准

装卸桥的检修包括升降闭合机构检修、大车行走机构检修、小车行走机构检修、给煤机检修、安全装置检修、金属结构检修等。

（一）升降闭合机构

升降闭合机构的检修包括取料装置、滑轮与卷筒、钢丝绳、滚动轴承、联轴器等的检修。

1. 取料装置

取料装置是装卸桥的主要部件，为保证安全作业和提高劳动效率，取料装置必须工作可靠，操作方便。装卸桥是抓取散状物料的设备，其取料装置为抓斗。

抓斗是一种由机械或由电动机控制的自行取物装置。根据抓斗的特点可分为单绳抓斗、双绳抓斗和电动抓斗三种。

抓斗装置的检修项目有抓斗、滑轮和钢丝绳等的检修，抓斗刃口板磨损严重或有较大变形时，应及时修理并更换零件。若采用焊接法更换刃口时，焊条的选用和焊接都要严格按标准工艺进行，并对焊缝进行严格的质量检验。

检修后抓斗的质量标准是：抓斗闭合时，两水平刃口和垂直刃口的错位差及斗口接触处的间隙不能超出标准的规定，最大间隙处的长度不应大于200mm。

2. 滑轮

在装卸桥的升降闭合机构中，滑轮起着省力和改变力方向的作用。滑轮是转动零件，每月要检修一次，进行清洗、润滑。滑轮检修的要求是：

正常工作的滑轮用手能灵活转动，侧向晃动不超过滑轮名义直径的1/1000。

轴上润滑油槽和油孔必须干净，检查油孔与轴承间隔环上的油槽是否对准。

对于铸铁滑轮，如发现裂纹，要及时更换。对于铸钢滑轮，轮辐有轻微裂纹时可以补焊，但必须有两个完好的轮辐，且要严格补焊工艺。

滑轮槽径向磨损不应超过钢丝绳直径的35%，轮槽壁的磨损不应超过厚度的30%。对于铸钢滑轮，磨损未达到报废标准时可以补焊，然后进行车削加工，修理后轮槽壁的厚度不得小于原厚度的80%，径向偏差不得超过3mm。

轴孔内缺陷面积不应超过0.25cm^2，深度不应超过4mm。如果缺陷小于这一尺寸，经过处理可以继续使用。

修复后用一个标准的心轴轻轻压入轮轴孔内，在机床上用百分表测量滑轮的径向跳动偏差、端面摆动偏差、滑轮槽对称中心线偏差。径向跳动偏差不应大于0.2mm，端面摆动偏差不应大于0.4mm，滑轮槽对称中心线偏差不应大于1mm。

3. 卷筒

卷筒可分为铸造卷筒和焊接卷筒。卷筒绳槽已经标准化。为使钢丝绳不致卡住，绳槽半径稍大于钢丝绳半径，一般绳槽半径R为钢丝绳直径d的0.53～0.6倍，槽深C为钢丝绳直径d的0.25～0.4倍，节距$t=d+(2\sim4)$mm。

卷筒直径已经标准化，标准的卷筒直径为300、500、650、700、750、800、900、1000mm。

卷筒既受钢丝绳的挤压作用，还受钢丝绳引起的弯曲和扭转作用，其中挤压作用是主要的。卷筒在力作用下，可能会产生裂纹。横向裂纹允许有一处，长度不应大于100mm；纵向裂纹允许间距在5个绳槽以上有两处，但长度也不应大于100mm。在这范围内，可以在裂纹两端钻小孔，进行电焊修补后，再进行机加工。超过这一范围的应予以更换。

卷筒轴受弯曲和剪切应力的作用，发现裂纹要及时更换，以免发生卷筒被剪断的事故。卷筒绳槽磨损深度不应超过2mm，如超出2mm可进行补焊后再车槽，但卷筒壁厚不应小于原壁厚度的85%。检查轮毂，不得有裂纹，螺钉应紧固。

4. 钢丝绳

装卸桥所用的钢丝绳多是麻芯。它具有较高的挠性和弹性，并能储存一定的润滑油脂，钢丝绳受力时，润滑油被挤到钢丝绳之间，起润滑的作用。

钢丝绳按捻绕方法可分为顺绕、绞绕两种。顺绕钢丝绳就是绳股的捻绕方向和由股捻成绳的方向一致，这种钢丝绳的优点是钢丝绳为线接触，耐磨性能好；缺点是当钢丝绳悬吊重物时，重物会随钢丝绳松散的方向扭转。

绞绕钢丝绳的绳股捻绕方向与股绕成绳的方向相反，起吊重物中不会扭转和松散。由于绞绕钢丝绳具有这一特点，绞绕钢丝绳已被广泛用于装卸桥上。其缺点是绞绕钢丝绳的钢丝间为点接触，因而容易磨损，使用寿命较短。根据钢丝断面结构，钢丝绳又可分为普通型和复合型两种。

钢丝绳在使用中，每日至少要润滑两次。润滑前首先用钢丝刷子刷去钢丝绳上的污物，并用煤油清洗，然后将加热到180°以上的润滑油蘸浸钢丝绳，使润滑油浸到绳芯中去。钢丝绳的更换标准是由一捻节距内的钢丝绳断丝数而决定的。

5. 联轴器

联轴器用来连接两轴，传递扭矩，有时也兼作制动轮。按照被连接两根轴的相对位置和位置的变化情况，联轴器分为固定式联轴器和可移动式联轴器。可移动联轴器又分为刚性联轴器和弹性联轴器。在装卸桥上主要用齿形联轴器，齿形联轴器属刚性联轴器的一种。

在一般性检修中，要注意联轴器螺栓不应松动，经常加注润滑油；在大小修中，联轴器解体检查项目有：检查半联轴体不应有疲劳裂纹，如发现裂纹应及时更换；也可用小锤敲击，根据声音来判断有无裂纹；还可用着色、磁粉等探伤方法来判断裂纹。

两半联轴体的连接螺栓孔磨损严重时，运行中会发生跳动，甚至螺栓被切断。所以要求孔和销子的加工精度及配合公差都要符合图纸或工艺的要求。

用卡尺或样板来检查齿形：以齿厚磨损超过原齿厚的百分数为标准来进行判断，升降机构上的齿形联轴器为15%～20%，运行机构的齿形联轴器为20%～30%时，则要更新。

键槽磨损时，键容易松动，若继续使用，不但键本身，而且轴上键槽和轮毂键槽将不断被啃坏，甚至脱落。修理方法是新开键槽，其位置视实际情况应在原键处转90°或180°处。一般不宜补焊轴上的旧键槽，以防止产生变形和应力集中。不允许采用键槽加垫的办法来解决键槽的松动，在紧急情况下允许配异形键来解决临时故障，但在检修中一定要重新处理。

(二) 大车行走机构

大车行走机构的检修与维护包括车轮、轨道等的检修与维护。

1. 车轮

装卸桥的车轮通常是根据最大轮压来选择。

(1) 车轮滚动面的检修与维护。圆柱形滚动面两主动轮直径为ϕ250～ϕ500mm，车轮直径偏差不大于0.125～0.25mm；ϕ600～ϕ900mm，车轮直径偏差不大于0.30～0.45mm。圆柱形滚动面两被动轮直径为ϕ250～ϕ500mm，车轮直径偏差不大于0.60～0.76mm；ϕ600～ϕ900mm，车轮直径偏差不大于0.90～1.10mm。圆锥形滚动面两主动轮直径偏差大于规定要求时，要重新加工修理。在使用过程中，滚动面剥离、损伤的面积大于2cm^2，深度大于3mm时，应予加工处理。车轮由于磨损或由于其他缺陷重新加工后，轮圈厚度不应小于原厚度的80%～85%，超出这个范围应予以更换。

(2) 轮缘的检修与维护。车轮轮缘的正常磨损可以不修理，当磨损量超过公称厚度的40%时，应更换新轮。在使用过程中若出现轮缘折断或其他缺陷，其面积不应超过3cm^2，深度不应超过壁厚的30%，且在同一加工面上不应多于3处，在这一范围内的缺陷可以进行补焊，然后磨光。

(3) 车轮内孔的维修与维护。车轮轮毂内孔不允许焊补，但允许有不超过面积10%的轻度缩松和缺陷。在使用过程中，轮毂内孔磨损后配合达不到要求时，可将该孔车去4mm左右，进行补焊，然后按图纸要求重新加工。在车削过程中，如发现铸造缺陷（气孔、砂眼、夹杂物等）的总面积超过2cm^2，深度超过2mm时，应继续车去缺陷部分，但内孔车去的部分在直径方向不得超过8mm。

(4) 装配后的检修。车轮装配后基准端面的摆幅应符合规定要求，径向跳动应在车轮直径的公差范围内，轮缘或轮毂的壁厚不得大于3mm（轮径$D \leqslant 500$mm）、5mm（轮径$D > 500$mm）。

2. 轨道

(1) 一般检修与维护。一般检修是检查钢轨、螺栓、夹板有无裂纹、松脱和腐蚀。如发现裂纹应及时更换新件；如有其他缺陷，应及时修理。

（2）轨道的测量与调整。轨道的直线度可用拉钢丝的方法进行检查，轨道的标高可用水平仪测量。轨道的轨距可用钢卷尺来检查，尺的一端用卡板固定，另一端拴一弹簧秤，其拉力为150N左右，每隔5m测量一次。测量前应先在钢轨的中间打上冲眼，各测量点弹簧秤拉力应一致。轨道超过标准时，应予以调整。

（三）缓冲器

缓冲器的作用是吸收小车或大车与终端立柱相接触时的冲击能量，要求能在制动器或终端开关发生故障的情况下，仍能保证装卸桥安全停车。通常使用的缓冲器有橡胶缓冲器、弹簧缓冲器和液压缓冲器等。

液压缓冲器由预杆、工作腔和储油腔等组成。液压缓冲器的优点是无冲击；缺点是受温度影响较大，有时漏油。

装入缓冲器的缓冲液必须先过滤，可用变压器油替代。在装入过程中，必须严格注意排除空气。

（四）夹轨器

夹轨器的各传动部分和铰接点要求灵活，不得有卡涩现象，夹板应紧紧地夹在轨道的两侧。电动夹轨器还要经常注意指示针的位置，及时调整限位开关的行程，以保持夹持力并避免电气部件被烧坏。如果发现夹轨器机构中的闸瓦、钳臂、螺杆、弹簧、螺栓等有裂纹、变形或其他严重损伤时，要及时予以更换。

六、故障及处理

1. 钢丝绳断绳故障

产生原因：断股、断丝、打结或磨损。

处理方法：断股、打结停止使用；断丝数在一捻节距内超过总数的10%时，应更换新绳；钢丝径向磨损40%时应更换新绳。

2. 滑轮

故障类型：①滑轮槽磨损不均匀；②滑轮心轴磨损；③滑轮转不动。

产生原因：①材质不均，安装不合要求，绳轮接触不均匀；②心轴损坏；③心轴和钢丝绳磨损加快。

处理方法：①重新安装或修补；②加强润滑；③检修心轴和轴承。

3. 轴损坏或轴颈损坏

产生原因：①轴发生裂纹；②轴弯曲。

处理方法：①更换新轴；②轴弯曲超过每米0.5mm时应校直。

4. 卷筒的损坏

产生原因：①卷筒上有裂纹；②卷筒轴、键磨损；③卷筒绳槽磨损跳槽。

处理方法：①停止使用或修补；②停止使用或修补；③调整钢丝绳偏斜角。

5. 齿轮故障

故障现象：①在运动中有跳动现象；②启动、制动时有跳动现象；③齿轮损坏；④货物坠地。

产生原因：①轮齿损坏；②轮齿磨损；③轮辐轮圈有裂纹；④键损坏。

处理方法：①更换新齿轮；②超过允许极限应更换新齿轮；③对升降机构应更换新齿轮，运行机构可修补使用；④及时修理。

6. 车轮故障

故障现象：①车轮损坏；②车体走斜啃轨；③脱轨。

产生原因：①轮辐、踏面有裂纹；②主动车轮滚动面磨损不均匀；③轮缘磨损。

处理方法：①更换新轮或修补；②重新车制或成双更换；③补焊或更新。

7. 制动器

(1) 不能刹车。

产生原因：①制动器杠杆系统中个别铰链被卡住；制动轮工作表面有油污；制动片磨损严重；主弹簧张力调整不当。②电磁铁冲程调整不当。③液压推杆制动器叶轮旋转不灵活，缺油。

处理方法：①润滑活动铰链，清洗制动轮工作表面，更换新制动片，调整弹簧；②调整电磁铁冲程；③检修推动机构和电器部分，补充新油。

(2) 制动器不能打开。

产生原因：①电磁铁线圈烧坏；②主弹簧张力过大；③叶轮卡住；④电磁铁吸力不足。

处理方法：①更换线圈；②调整弹簧张力；③清理卡涩物；④等待电压恢复正常。

(3) 制动器脱开调整位置。

产生原因：①调整主弹簧的螺母松动；②螺母或螺杆丝扣损坏。

处理方法：①拧紧螺母；②检修螺母和螺杆的丝扣。

(4) 制动器轮上发生焦味。

产生原因：①制动轮与制动带间隙不均匀，摩擦生热；②辅助弹簧不起作用，制动带不能回位，压在制动轮上；③制动轮工作表面粗糙。

处理方法：①调整制动器；②更换新弹簧；③按要求重新加工制动轮。

8. 小车行走机构

(1) 打滑。

产生原因：①轨道上有油或冰；②启动过猛。

处理方法：①清除轨道上的油污或冰；②控制启动力度。

(2) 小车三条腿。

产生原因：车轮直径偏差过大，安装不合理；小车架变形。

处理方法：按图进行加工，调整安装，并矫正。

9. 大车行走机构

故障内容：啃轨。

产生原因：①传动系统偏差大；②金属结构变形；③轨道变形。

处理方法：①查找偏差原因并消除；②调整金属结构；③查找变形原因并消除。

10. 减速器

故障内容：①周期性颤振的声响；②发生剧烈的金属锉擦声，引起减速器的振动；③壳体、特别是安装轴承处发热；④润滑油沿剖分面流出；⑤减速器在架上振动。

产生原因：①调节误差过大；②轮对中心未对正；轮齿工作面磨损后不平坦，齿顶边缘尖锐；③轴承有故障；轴颈卡住，齿轮磨损；缺少润滑；④密封损坏，壳体变形，螺钉松动；⑤联轴器或轴颈损坏。

处理方法：①修整或重新安装；②检修、重新安装；③检修齿轮啮合状态和轴承的工作状况；更换润滑油；④更换填料，检修壳体接合面；拧紧螺母；⑤拧紧紧固螺栓，在机架上安装挡铁。

11. 滚动轴承

故障现象：轴承产生高温；工作时滚动轴承响声大。

产生原因：①缺少润滑油；②轴承中有污垢；③装配不良而使轴承卡住；④轴承部件磨损或

损坏。

处理方法：①检查轴承中的润滑油，按规定注足；②用汽油清洗轴承，注入新润滑油；③检查轴承的装配；④更换新轴承。

12. 夹轨器

夹轨器的主要故障就是夹不住。

产生原因：各活动绞接部分有卡涩现象或润滑不好；闸瓦磨损。

处理方法：检查各活动绞接部分，加强润滑，更换新闸瓦。

第三节 推　煤　机

一、概述

目前的大中型电厂用推煤机作为煤场平整和辅助上煤。推煤机的主要作用是：它可以把煤场修整平坦，逐层压实，并可通过煤场下部装设的给煤皮带辅助上煤。推煤机堆煤的高度较高，其爬坡角为25°，极限角度为30°，如果推煤机的经济运距选择合适，就能发挥推煤机的最大效能。中型推煤机的经济运距一般为50～100m，最远可达120m。

二、国产履带式推煤机的技术性能与结构简介

（一）T140-1推煤机的主要技术性能参数

（1）自重17 t；最大牵引力137.5kN。

（2）活塞总排量12L；气缸数6，缸径135mm，行程140mm。

（3）标定转速1800 r/min；行走速度为2.52～10.61km/h。

（4）标定功率103kW。

（5）燃油消耗量≤2459L/kW·h。

（6）机油消耗量≤3.48L/kW·h。

（7）冷却方式：闭式循环水冷却。

（8）启动方式：24Y电启动。

（9）空气滤清器：卧式两级滤清。

（10）最小离地高度400mm。

（11）启动电动机为QD27A型；功率8kW。

（12）发电机型号：3JF500A型；容量500W；电流21A；接地方式为负极搭铁。

（13）各油箱加注油容量如下：

水箱及柴油机冷却水：60L

工作装置液压系统用油：85L

柴油机润滑油系统用油：25L

柴油箱装柴油：230L

分动箱、主离合器用油：35L

支重轮、引导轮、托链轮用油（每个）：0.35L

终传动用油（单位）：40L

平衡梁用油：2L

（二）TY220推煤机的主要技术性能参数

（1）额定转速：1800 r/min。

（2）额定功率：162kW。

（3）缸数 6；缸径 139.7mm；行程 152.4mm。

（4）活塞排量：14.01 L。

（5）最小耗油量：<228g/kW·h。

（6）液力变矩器：三元件、一级一相。

（7）变速箱：行星齿轮、多片离合器、液压结合强制润滑式。

（8）中央传动：螺旋锥齿轮、一级减速、飞溅润滑。

（9）转向离合器：湿式、多片弹簧压紧、液压分离、手动-液压操作。

（10）转向制动器：湿式、浮式、直接离合、液压助力、联动操作。

（11）最终传动：二级直齿轮减速、飞溅润滑。

（12）最小离地间隙：405mm。

（13）使用质量：23 450kg。

（14）接地比压：0.077MPa。

（15）最小转弯半径：3.3m。

（16）爬坡性能：30°。

（17）履带中心距：2000mm。

（18）单铲容量：5.6m^3。

（19）生产率：330m^3/h。

（三）推煤机的结构

（1）T140-1 推煤机系半刚性悬架、机械传动、液压操纵、可调式推土装置的履带式工程机械。一般在−20～+40℃的环境温度下正常作业，行驶坡度纵向不得大于 30°，横向不得大于 25°。采用液压助力湿式主离合器，常啮合斜齿轮变速箱，液压操纵湿式转向离合器以及浮动油封，双金属轴套等零部件。

（2）TY220 推煤机采用重庆汽车发动机厂与美国康明斯发动机有限公司引进的 NHK 系列发动机，以大凸轮设计和独特的 PT 燃油系统，有自然吸气、增压、增压中冷和双增压四种吸气形式，具有质量轻，功率高，扭矩大，油耗低，维修保养简便等优点。大修里程可达 50 万 km。

（3）未带驾驶室的推煤机外形如图 11-57 所示。冬季作业时有的推煤机需要带松土器，一般松土器是三齿式，平行四边形架可调可卸，齿距 1000mm（二齿的齿距为 2000mm），最大松土深度 665mm，最大提升高度 555mm，质量 2900kg。推煤机的结构组成如图 11-58 所示。

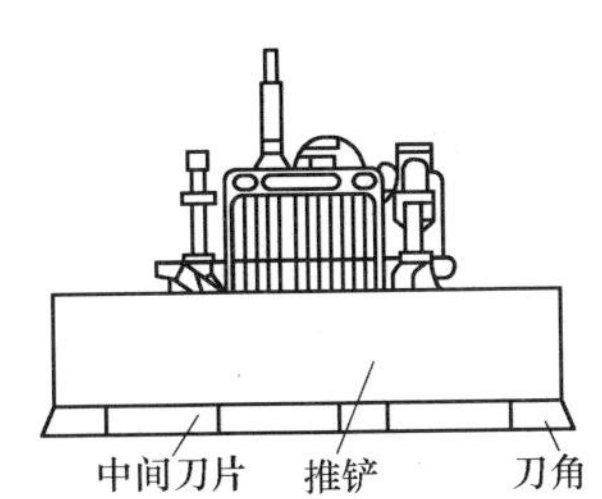

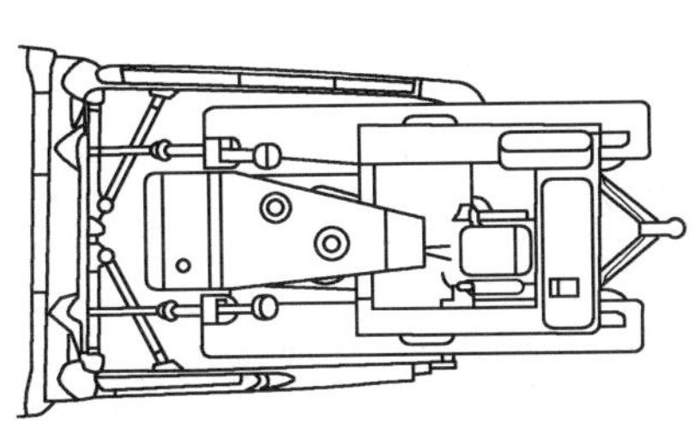

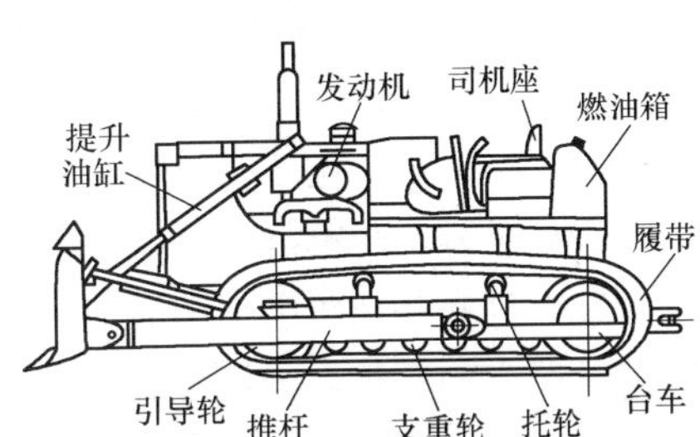

图 11-57　未带驾驶室的推煤机外形结构图

三、推煤机的驾驶

（一）推煤机的出车准备

（1）检查冷却系统是否有水；柴油箱是否有油。检查润滑系统的油底壳、喷油泵、调速器、终减速装置、支重轮、张紧轮、托链轮等部位的润滑情况，补充润滑油。

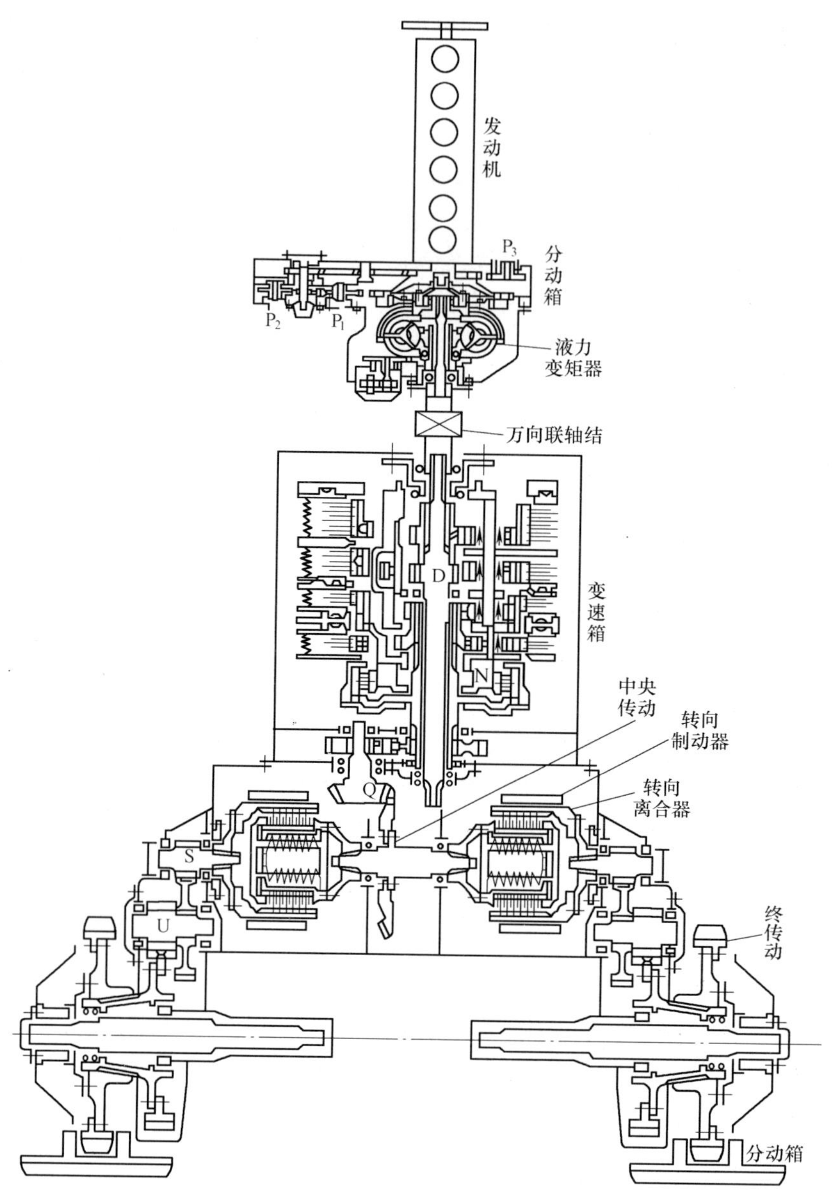

图 11-58　推煤机的结构组成图

(2) 检查并拧紧各部松动的螺栓；检查照明系统及各部位有无漏水、漏油、漏气现象。

(3) 打开柴油箱下部的放泄截门，将柴油中的沉淀水放出。将柴油箱下部输油管截门打开，排除管路中的气体。环境温度低于 5℃时，应将冷却水加热到 80℃以上再加入水箱，当热的冷却水从放水截门流出后，再关闭截门，并继续加注热的冷却水，直至加足为止。

(4) 检查与调整各操纵杆及制动踏板的行程范围、间隙和可靠性。

(5) 检查铲刀和刀片的磨损情况，以及推煤机各部位的螺栓的松紧程度，发现异常应及时处理。

(6) 检查蓄电池的充电量、电气线路和照明设备情况，以保证相关设备的正常使用。

(7) 启动准备工作：①将主离合器操纵杆推向前方，使主离合器处于“分离”状态；②把变速箱进退操纵杆放在需要的位置；③将油门操纵杆拉开 1/3 行程，TY220 应打开燃油截止阀

（停止工作时需关闭燃油截止阀）；④将变速操纵杆放在“空挡”位置；⑤使推煤机装置的操纵杆处于中间“封闭”位置。

（二）推煤机发动机的启动

（1）将电钥匙插入点火开关内，按顺时针方向扭到“启动”位置。

（2）按下启动按钮，柴油机启动后立即松开，并控制油门使柴油机低速空转。如果启动未成功，应等1～2min，使蓄电池恢复能力后，再第二次启动（按下启动按钮的时间不宜超过15s）。

（3）柴油机启动后，应经5min以上的无负荷预热运转（冬季时间应长一些），使油温上升到工作范围内；再起步行驶。TY220空载20min以上，发动机应加上负荷，否则会使发动机在低温下运转，燃烧不良，导致运动部件磨损加剧，还可能产生蜗轮增压器内积油，造成蜗轮底部漏油。

（4）柴油机运转当中的注意事项和检查项目：①电流表的指针应指向充电位置（即指针指向“+”），随时间的推移，指针逐渐转向“0”。②机油压力表指针应在0.29～0.34MPa。③水温在75～85℃范围内为适宜的负荷工作温度，最高时可达90℃。④机油油温80℃为适宜的工作温度，最高可达90℃。⑤检查润滑油、冷却水等有无泄漏，排气是否正常。⑥检查各部件有无异响、异状，如爆发不齐，敲缸响声等。

（三）推煤机的行驶操纵

1. 起步

（1）推煤机起步前应检查现场，避免造成人身伤害或损坏其他物品。

（2）将变速操纵杆扳到所需要的挡次位置（见仪表盘上的换挡标牌）。

（3）将进退操纵杆扳到所需要的位置（见仪表盘上的换挡标牌）。

（4）将推煤操纵杆拉到“上升”位置，使铲刀提升到距地面400～500mm左右高度，然后将操纵杆推到中间“封闭”位置。

（5）将油门操纵杆拉到适当开度（向下是增速）。

（6）将主离合器操纵杆向后拉，推煤机起步，操作时先缓慢起步，再使主离合器完全结合，以减少磨损或防止烧损摩擦片。

推煤机起步注意事项：①变速时，由于花键相碰而不能挂上所要求挡次时，应先将变速操纵杆放回“空挡”位置，然后微微拉动主离合器操纵杆，使花键的相对位置改变，然后再行挂挡。②各操纵杆扳动位置必须正确、彻底，切勿中途停止，以免造成事故。根据所要求的负荷大小，控制油门操纵杆位置。

2. 正常行驶操纵

（1）将主离合器操纵杆推向前方。

（2）将变速操纵杆先扳回“空挡”，然后再扳到所需要的挡次位置，主意操纵杆要扳到底，防止脱挡。

（3）根据需要，将进退操纵杆向后拉（前进），或向前推（后退），注意后退没有五挡。当变速杆在五挡位置时，由于互锁机构，进退杆不可能扳入后退位置，所以不要强行把进退杆扳到后退位置。

（4）再将主离合器操纵杆向后拉，使主离合器重新结合好。

（5）在前进或后退过程中，推煤机需要向右转弯时，先拉右转向操纵手柄，再将同侧制动踏板根据回转程度的大小，适当踩下。也就是说：需要急转向时，将制动踏板踩到终点不动；需要缓转向时，可分几次将制动踏板踩下，并可以将制动踏板不踩到终点，只拉转向操纵手柄，也可以实现推煤机的缓慢转向。

(6) 转向完成后，恢复直线行使的操作顺序与上述正相反。即先松开制动踏板，然后再松开右转向操作手柄。

(7) 向左转向时，操纵过程同上述 (1)、(2) 两项，只是要拉左转向操纵手柄，踩下左制动踏板。

(8) 没有特殊必要，切忌高速原地回转，以免造成行走部分的严重磨损或其他损失。

(9) 推煤机工作时，负荷不能过高或过低，负荷过高（超载）或过低都会增加发动机缸套内的积炭，引起活塞环胶结等故障，降低发动机寿命。

(10) 正常工作时，驾驶员必须经常监视油温、水温及油压的指示数据，以及机械有无异常变化等，发现问题及时排除。

(11) 推煤机不允许在硬路面上用高速行驶。

(12) 不需要使用制动时，驾驶员的脚不应放在制动踏板上，以防止制动器摩擦片不必要的磨损和增加燃油消耗量。

(13) 推煤机越过障碍物时，用一挡并将两转向离合器稍分开，便于推煤机在障碍物顶点上缓行，然后可轻轻地连接其中的一个转向离合器，使推煤机平稳地转过角度，以免冲击。推煤机在无负荷的情况下，从障碍物上下来时，可使用制动器。

(14) 推煤机在坡度上的行驶应选用一挡或二挡，此时应降低发动机转速。如果推煤机从陡坡上下行而且自动下滑时，操纵杆的操纵应相反。即向右转弯则分开左面的转向离合器，向左转弯则分开右面的转向离合器，并且不应使用制动器。推煤机上下坡时禁止变速（换挡），绝对禁止推煤机横坡行驶。当推煤机需要在斜坡上停车时，在分离离合器的同时必须踩住制动踏板，以防止推煤机自行下滑。长时间停车时，可使用制动锁。

(15) 推煤机通过铁路时，应用一挡并垂直于铁轨行驶。当通过铁路影响信号时，必须用木块或草垫垫在铁轨上面，保证绝缘后再通过，以防止发生事故。在任何情况下，都不得在铁路上停留。

3. 推煤机的停车

(1) 在一般情况下，先将主离合器操纵杆推到“分离”位置，然后将油门操纵杆拉到怠速低转位置，再将变速操纵杆放在空挡位置。

(2) 紧急情况下停车，应将主离合器操纵杆向前推到“分离”位置，同时踏死两制动踏板，然后将油门操纵杆向上拉到怠速低转位置，并将变速操纵杆放在空挡位置。

(3) 柴油机需要停车熄火时，除应完成上述操纵外，还需让柴油机怠速低转几分钟，等水温降到75℃以下，油温降到90℃以下再熄火。但不要关闭燃油管道截门。

(4) 在坡上停放时，为了防止由于机身自重下滑，必须将两制动踏板踩死，将掣子扳到锁紧位置。

(5) 为了保证安全，避免事故，柴油机停车熄火前应将铲刀落到地面。

(6) 停车后如需放水时，停车后应待冷却水的温度下降至40℃左右，再将水全部放出。放水不应在停车后立即进行，以免冷热悬殊，使水套激裂。

(7) 停车后如需放机油，应在发动机熄灭后立即进行，使悬浮在表面的杂质随机油一起排除。

(四) 推煤机的作业及注意事项

1. 铲掘作业

铲掘作业开始前的操作与行驶操纵相间（即使铲刀抬起，距地面约400mm），变速箱挂到适当挡次以后，将铲刀慢慢放下，使其接触地面，再平稳结合主离合器使推煤机前进；同时向外推推煤操纵杆，使铲刀切入工作面，当切入深度达150～200mm或柴油机发出满负荷声音时，可使推煤操纵杆回到“封闭”位置或推向“浮动”位置。控制推煤机按所需方向前进，进行铲掘作业。如果作业面较松，运距又较短，允许铲刀切入深度最大达400mm。在铲掘作业中，发现推煤机突然前倾，或柴油机超载声音沉重，可稍提升铲刀，以恢复其正常工作。推煤机作业运距以50m左右最为经济。为了提高生产率，在一个工作循环中，可不必每次都使推煤机退回到作业面起点，只要推煤机能推满铲而作业又方便，即可中途折回，逐次远退，直到退回到作业起点，再开始第二个循环。

2. 推运作业

推煤机在进行场地平整等作业时，除了铲掘，运送外，还需要将铲刀前的土砂等以低速缓慢铺饰。场地作最后平整时，可将推煤操纵杆推到最外侧，使铲刀处于“浮动”状态，并与地面接触，操纵推煤机后退行驶，这样可取得较好的效果，但应注意躲避大块石头等坚硬物，以免损坏铲刀。

3. 注意事项

(1) 推煤机在铲推作业中，遇到过大阻力不能前进时，应立即停止铲推，切不可强行作业，应调整铲推量，然后继续前进。如果柴油机已经熄火需要重新启动时，则应先作铲推作业相反的运动，排除过载，再继续前进。

(2) 当履带和行走部分其他部件间夹入石块等坚硬物时，应以反、正方向行使，排除硬物，再行作业。推煤机转向夹入岩石等硬物时，可反转向排除。

四、推煤机的维护保养

为了保证推煤机正常运转，延长其寿命，提高生产率和保持良好的经济性，必须对推煤机进行及时、认真的技术保养。技术保养分为例行保养和一、二、三级保养。

1. 推煤机的例行保养的内容

在发动机熄火前，开动机器，检查各部分及仪表电气设备是否正常，检查传动装置及行走部分的发热程度。例行保养为每工作8～10h一次。

发动机熄火以后应保养：

(1) 清除推煤机各部分的附泥、尘土、油污等物，擦洗发动机外部。

(2) 检查各部螺栓有否松动。如有松动立即进行修理。

(3) 按润滑要求，分别润滑各点。如各杠杆、关节摩擦部分注润滑油一次，但履带活节处不许加注润滑油。

(4) 在粉尘较多的条件下作业，检查清理柴油箱盖上的通气孔，清洗油箱盖内的过滤填料，洗完后在机油内浸一下。

(5) 每工作60h后，旋下飞轮罩，旋下起动机离合器和转向离合器室面的放油塞，以及离合器下检视孔盖，放出里面的油污及脏物。

(6) 检查风扇皮带的张紧度，清除空气滤清器集尘杯中的灰尘，检查各操纵杆是否灵活、可靠，行程是否正常。检查履带张紧程度，必要时进行调整。检查蓄电池电解液的液面高度和比重，不足时予以补充或充电。

2. 推煤机一级技术保养

除执行例行保养的全部项目外，推煤机每工作120h，另需增加下述保养内容：

(1) 放出柴油箱内积聚在底部的沉淀物和水。

(2) 检查主离合器，必要时加以调整。

(3) 检查传动系统各部件的油位，必要时加油。

3. 推煤机二级技术保养

二级技术保养为每工作240h一次。底盘部分的二级保养项目可按480h执行一次，二级保养内容包括：

(1) 清理机油散热器和水箱外部。

(2) 检查发电机，必要时应清理整流器和电刷，清理电压调节器的接触点。

(3) 清理柴油箱及箱盖通气孔的填料和加油口滤网。

(4) 检查离合器各销轴、板簧和固定是否可靠；检查离合器的挠性连片的连接状态有否断裂。

(5) 检查并调整主离合器及起动机离合器。

(6) 检查并调整操纵杆和制动踏板的行程。

(7) 通过离合器上罩检视孔，检查接合机构的滑动冒、折闩等的固定是否可靠。

(8) 检查驱动轮圈和驱动轮毂的连接是否有松动现象。

(9) 扳动操向杆费力时，检查增力器油封是否有漏油现象；如增力器主轴花键套的填料漏油时，则应用拧紧油封、压紧螺圈的方法进行调整。

(10) 更换发动机机油；更换滤清器（全流式机油滤清器，旁通式机油滤清器，燃油滤清器）。

(11) 检查冷却液DCA浓度，需要时更换芯子及加DCA。检查真空控制器和液力调速器的机油平面。

4. 三级技术保养

除应执行二级保养全部项目以外，推煤机每工作960～1000h，应增加下列保养内容：

(1) 应用苏打溶液代替冷却水注入发动机的冷却系统，以清除冷却系统的水垢及沉淀杂质。

(2) 用汽油或煤油冲洗离合器、转向离合器、制动带和起动机离合器的摩擦片。

(3) 更换变速箱、伞齿轮室、最终传动装置、增力器、起动机变速箱和摇车机构小伞齿轮室内的机油，并用柴油清洗上述各处。

(4) 更换张紧轮、支重轮、拖带轮的润滑油，并用柴油清洗内腔。

(5) 检查并调整大伞齿轮轴的轴向游隙及大小伞齿轮的啮合间隙。

(6) 检查并紧固各连接部分。

(7) 通过最终传动装置外罩上的检视孔，检查大齿圈的固定螺栓是否松动。

(8) 检查发动机的最高空车转速是否为1800±10r/min，否则应调整。

五、推煤机的检修

(一) 发动机零部件的检修

1. 汽缸体及汽缸套的检修

(1) 汽缸体不得有裂纹，焊修或用环氧树脂修复的汽缸应进行水压试验。试验要求：在0.3～0.4MPa下5min无渗漏现象。

(2) 汽缸体应清洗干净，水道和润滑油道内不允许有污垢。

(3) 汽缸体平面上螺纹滑扣不超过两扣，固定汽缸盖的螺栓不得弯曲和滑扣，拧紧汽缸体的双头螺栓不得松动，应垂直于汽缸体的上平面。拧紧螺母后，螺栓露出部位为2～3扣。

(4) 汽缸套内表面应光洁，无擦伤和刻痕，内径磨损超过极限，应更换；更换时，应先试装一次，以检验台肩处密封带是否密闭，以及汽缸套高于机体平面是否符合要求，压入汽缸套时应装好密封胶圈，并在胶圈外涂薄薄的一层机油。

(5) 检修汽缸套时，必须用专用工具压出或装入机体，汽缸套外表面的积灰或水垢应清除干净。

(6) 各汽缸直径应一致，汽缸套装好后应进行测量，其椭圆度、圆锥度应符合该机说明书的有关规定，装配时应防止汽缸套变形。高于机体平面尺寸应合适，否则应予以修整。

(7) 长期使用后的汽缸套外表面出现蜂窝状孔洞（即穴蚀现象），严重时甚至可以击穿汽缸套，所以使用一段后（一般在 2000h 以上），应抽出汽缸缸套进行检查，必要时将汽缸套旋转 90°继续使用或换为新的汽缸套，以免发生击穿现象。

(8) 汽缸体报废标准：①安装汽缸套的座孔之间发生裂纹不能修复者；②汽缸盖裂纹横向延伸到主轴承座孔或固定汽缸盖的螺纹孔时；③相邻气门座之间的间壁上曾发生裂纹，经焊接后又发生裂纹。

2. 汽缸盖的检修

(1) 汽缸盖应清洗干净，无水垢或积灰。

(2) 汽缸盖不得有裂纹。进行水压试验（压力 0.3～0.4MPa），3～5min 内不漏水、渗水或降压。

(3) 汽缸盖与汽缸体的接触面应平整光洁，在全长上不平度应符合该机说明书规定。

(4) 汽缸盖装上机体后，用读数准确的力矩扳手按顺序对称拧紧螺母。两缸共用的螺母需在另一汽缸盖所有螺母拧紧后方可拧紧。螺母不要一次完全拧紧，而且用力不要过猛。要按顺序拧过一遍后再拧第二遍，第三遍。最后拧到扭力扳手上的读数为 215.6～245N·m 为止。

(5) 拆汽缸盖后重装的柴油机在第一次走热后各螺母应拧紧一次，因柴油机走热后的汽缸盖衬垫经常会产生一些下陷。如不重拧，往往保证不了密封，在最后一次拧紧螺母达到规定力矩后，还要重新调整一下气门间隙。

(6) 汽缸盖报废标准：①汽缸盖裂纹横向通过气门导管座孔或缸螺孔；②相邻气门座之间的间壁上曾发生裂纹，后经处理后又发生裂纹。

3. 曲轴及主轴承的检修

(1) 检查主轴颈和连杆轴颈上出现疤痕时，可用细砂布修整，然后用研磨膏抛光。磨损过大或发生严重烧瓦、拉道、刻痕时，应更换曲轴。

(2) 曲轴轻度弯曲时，可将曲轴放在 V 形架上用压力机调直，也可用其他方法校直。

(3) 连接盘和轴套的外圆面是前后油封的工作面，若有轻微拉伤，可用修理轴颈的办法修复，必要时换成新件，以保证密封的可靠性。

(4) 曲轴修复后，以下几方面应符合标准：①各轴颈的圆锥度和圆柱度；②各轴颈的直径偏差；③各轴颈的同心度偏差；④连杆轴颈和主轴颈的平行度；⑤曲轴回转半径偏差；⑥各轴颈肩部圆角；⑦轴颈表面的粗糙度；⑧油孔口边缘。

(5) 主轴承盖及主轴瓦有顺序号，装配时不要装错序号和方向，瓦盖要轻轻打入，不可过松或过紧。

(6) 新的主轴瓦可以互换，但用过的主轴瓦不能互换。更换或检修轴瓦时应用涂色法检查，曲轴与轴瓦之间和外表面与轴承孔之间的贴合面积、主轴颈与轴瓦的间隙、曲轴轴向窜动量等应符合该机机型说明书的要求。

(7) 轴瓦表面出现拉纹或硬点，可用刮刀修去峰面及嵌入金属颗粒；轴瓦表面镀层如有合金剥落现象，应及时查明原因并更换为新轴瓦。

4. 活塞连杆组的检修

(1) 更换连杆组时，必须采用同一组别的连杆，每组质量差应符合该机型的规定。

(2) 连杆小头衬套磨损和活塞销间隙过大时，应更换。更换时应注意连杆衬套大小头孔的同心度要求。

(3) 连杆弯曲和扭曲变形后，都不允许使用。轻微变形时，可进行调整后再使用，否则必须更换。

(4) 新的连杆瓦可以互换，用过的连杆瓦不能互换。检修后的瓦要按瓦上的顺序号安装，不得装错；安装新瓦时，应与相应的连杆轴颈或标准轴试装一次，检查瓦的贴合情况，配合间隙应符合相应的规定。

(5) 更换活塞时，必须采用同一组活塞，质量差应符合规定。

(6) 检修活塞组时，必须将零件清洗干净，严格检验各部尺寸的精确度。活塞环与汽缸的间隙、活塞与环槽的间隙、活塞销与销孔的间隙等应符合该机型的说明书的要求。各部件间隙超过磨损极限时，应更换为新零件。

(7) 活塞的工作表面应光洁，无擦伤和刻痕，粗糙度不大于$\sqrt[1.6]{}$。

(8) 活塞环带内圆倒角的面或印有“止”字标记的平面应向着顶部。三道环装入汽缸套内时，开口依次错开 120°，以免漏气、窜油。

(9) 若活塞环开口间隙或端面间隙过大（超过磨损极限）时，应更换为新环。新环间隙过小时，可用细锉刀修整。其弹力和漏光检验应符合该机型说明书的要求。

(10) 活塞销应符合该机型的质量标准。装配时，可采用加热装配，加热温度为 70～100℃。装配时，应用橡皮锤敲打，不准使用铁锤。活塞销发生裂纹或渗碳层剥落时，应予以报废。

5. 凸轮轴及传动机构的检修

(1) 凸轮轴及组件的质量要求、凸轮轴轴承与凸轮颈的间隙、凸轮轴颈的椭圆度和圆锥度、凸轮轴全长弯曲度、凸轮轴推力板与止推板的间隙，应参照该机型的规定。

(2) 传动齿轮系装置随发动机总装时，要注意将各相应的字头标记对齐，各齿轮的间隙符合该机型规定的要求。

6. 配气机构的调整与检修

(1) 气门密封性的检验。当怀疑气门漏气时或经检修研磨后的气门，应进行密封性的检验。检验时，将气门机构装好，然后将气缸盖立放，从进气或推气口注入煤油。若在 3～5min 内没有渗漏现象，则为密封合格，否则应重新研磨，再检验，直到合格为止。

(2) 配气相位在检查调整时，气门开闭点的测量必须仔细认真并反复进行几次，所测得开闭点必须符合该机型说明书的规定。如果偏差较大，应查明原因；若因齿轮位置或凸轮位置装错，则应重新安装；若因凸轮磨损过大，则应及时检修。

(3) 气门及气闸座的检修。若气门密封锥面磨损较严重或有较深的磨点，则必须对锥面进行磨光（可用专用的磨光机或在机床上进行修光），然后，再与相应气门座配研，并进行检修。对于气门座，如磨损较轻，可用研磨的方法修复；如果磨损较大，应先用铣铰的方法修整，然后再研磨修整；如损坏严重，则必须更换为新气门座。

(4) 气门杆部与气门导管的间隙，应符合要求。气门弹簧性能应符合规定。弹簧必须经无损探伤，确认无任何缺陷后方可使用。

(5) 挺柱表面如有轻微的拉毛，可以研磨后继续使用：如磨损严重，则应更换。挺柱与挺柱孔的间隙，应符合规定。如发现推杆弯曲，可进行调直。

(6) 摇臂头部磨损不大时，可用细砂布或油石修复；若磨损较大，可以堆焊后按要求修复磨光。圆弧部表面碎硬件、摇件衬套与摇臂轴的间隙及摇臂轴螺栓紧力，应符合规定。

(二) 发动机燃油及调速系统的检修

1. 输油泵

(1) 输油泵输油量不足，输油压力低，主要是进出油止同阀或活塞与输油泵泵体之间的密封性不好而造成的，需要重新研磨或更换为新件，往凸轮油腔内漏油是推杆与推杆套之间的密封性不良所致。修理时应重新研配或更换新件。

（2）泵活塞与手泵体的间隙要选配合适。手泵不工作时，应将手柄拧回去，以免在柴油机工作时振坏。

2. 滤清器

（1）燃油滤清器的作用是清除燃油中混入的杂质。在检查滤清器是否堵塞时，应观察其出油情况，若出油连续畅流，说明滤芯未堵塞；反之，须拆开清洗。

（2）清洗滤清器时，应将燃油先从外壳放出，将外壳与滤芯及盖分开，卸下的各零件用汽油或煤油清洗并吹干。对纸质滤芯，可用毛刷轻轻刷洗。如果滤芯破裂或沾污严重难以清洗时，应更换为新滤芯。

3. 喷油器

（1）喷油器故障的检查。喷油器故障，柴油机会冒烟，燃烧不完全，功率不足，油耗上升。检查时，逐个将喷油器与高压油管松开，停止喷油，检查冒烟情况及转速的变化。如果是喷油口故障，则黑烟消失，转速不变；如果不是喷油器故障，则继续冒黑烟，转速降低。

（2）喷油器的拆卸。当喷油器必须拆卸时，拆卸前将各接头周围用煤油擦拭干净，松开接头，拆开油管，并用干净的布或塑料布将管口包起来，避免脏物进入。

喷油器未拆零件前应在试验台进行试验，发现以下 6 种不良现象时，应将喷油器打开，消除其故障：①针阀在不到规定压力时已开启；②喷油不雾化，或有明显燃油连续流出；③燃油喷射不出即切断，出现多次喷射现象；④各个喷孔喷出的油雾不均匀，射流长短不一；⑤喷油嘴滴油；⑥喷孔堵塞，或喷出的油雾成分支状态或喷不出油。拆卸时，零件必须保持干净，零件表面不允许有压伤和擦伤；针阀体任何部位都不准用虎钳夹固，钳口有铜皮也不允许。

（3）喷油器及喷嘴的清洗。

1）在干净的汽油或煤油中清洗喷油器各零件，用刷子清洗油槽并用压缩空气吹干净，应仔细地清除紧固帽上的积灰。

2）用铜丝布和汽油清洗喷嘴上的所有烟渣；

3）用合适的铜丝或铅丝清理阀体油路，用通针清理喷孔的堵塞，针阀头部用专门的铜丝刷子刷洗；

4）所有零件清洗后再用纯净的汽油清洗并吹净。

（4）喷油器的修理。仔细检查各零件有无缺陷，缺陷严重的予以更换。如喷油嘴导向面及密封锥面磨损、肉眼能看得出的伤痕、针阀导向部分有过热变形而拉毛、针阀体喷孔有椭圆形磨损、喷油嘴喷孔边缘压碎等，都应更换为新件。缺陷轻微的可以修复，如针阀与针阀体配合不够光滑、滑动性不良、密封锥面有轻微损伤、针阀体大端平面有轻微损伤、喷油器本体与针阀体接合端面有轻微损伤等，都可以进行研磨修整。

（5）喷油器的试验和调整。

1）将装配好的喷油器放在喷油器试验调整台上进行试验调整。利用改变调整垫厚度调整开启压力，要求符合该机型说明书的要求。

2）密封性试验应符合该机型说明书严密试验的要求，喷油嘴不得有渗漏滴油现象，只允许有微量的渗迹，否则重新清理或研磨。

3）喷雾试验在 40～80 次/min 速度下检查喷油雾化情况，油雾应均匀，雾束不得有肉眼可见的油滴飞溅现象，雾束方向的锥角在 15°～20°左右，燃油切断及时并发出清脆的特殊声音。

4. 喷油泵

(1) 拆装、修理及调整喷油泵时，首要条件是保持泵的清洁，拆卸时必须注意每一个分泵的零件，应做好记号并放在一起。柱塞配件及出口阀配件不能调换，必须成对安置，零件要清洗吹净。

(2) 对各零件进行质量检查，不符合要求的零件应更换，有轻微缺陷的可以修复使用。回装时应按原样装好。

(3) 喷油泵运行一定时间（1000h）或检修回装完毕后，必须进行调整。因喷油泵精度很高，必须有熟练的工作人员在一定设备条件下对喷油泵调速器进行调整。参照该型说明书的要求和标准调整喷油泵供油时间、各分泵的供油角度、喷油泵供油的均匀度和最大供油量等。

(4) 必要时，将喷油泵连同调速器送专业修理厂，在试验台上校对喷油量和喷油时间等。

（三）发动机润滑系统的检修

1. 机油泵的检修

(1) 装配机油泵时，主泵的径向间隙和端面间隙应符合该机型说明书的要求。间隙超过规定时，应更换齿轮或泵体。

(2) 用手盘转组装好的机油泵时，应灵活、无卡住或阻滞现象。

(3) 装配好机油泵后应进行性能试验，必要时将机油泵送专业修理厂进行调整试验。试验项目和要求见该机型说明书。

2. 机油滤清器的检修

(1) 拆装机油滤清器时，注意将“O”型密封圈及各垫片放正，以免产生漏油现象。滤清器的转子部件是经过动平衡校正的，装配时一定要对正记号，使转子盖上的箭头对准壳体上的箭头。

(2) 对滤清器，每隔一定时间（125h左右）要拆开清理一次，若发现铁屑或合金碎片，要认真找出原因，并排除故障。

(3) 对集油管、滤网及转子体，应在汽油或煤油中清洗。装好后，应检查其转动是否灵活，密封圈装配是否正确，柴油机启动后机油压力是否正常和有无漏油现象。

3. 机油冷却器的检修

(1) 装配机油冷却器时，“O”型密封圈要放正、压严，垫片厚度应适应，以防漏水或油、水窜通。当发现冷却水中有油时，说明有水、油窜通之处，应对冷却器进行检查，找出原因，排除故障。

(2) 柴油机放水时，冷却器也应放水。冷却器工作一段时间（1000h左右）后，应将冷却器芯子用汽油或煤油清洗一次。

（四）发动机冷却系统的检修

(1) 水泵外壳及叶轮不得有裂纹、破损及其他明显缺陷，叶轮端面漂偏应符合该机型说明书要求。

(2) 装配水泵时，应先将各部零件修整好，并清洗干净，依次装好，并在轴承内加入适量的润滑油脂，水封如有损坏，应及时更换。装好后，拨动水泵叶轮，应转动灵活，无跳动及阻滞现象。

(3) 检修水泵后，应进行总体试验，符合该机型要求。

(4) 风扇叶片不得有裂纹、翘曲或变形，叶片端面摆差、风扇的静不平衡度和皮带紧度应符合该机型说明书的要求。

(5) 水箱使用一个时期后，对水箱内的沉淀杂质或水垢应进行清洗或处理，如有泄漏可以补焊，对少数损坏严重又无法焊补的管子可以堵塞，但堵管数目不能太多。

(6) 节温器要很好保养，不要碰伤褶皱或被污物堵塞，如有损坏应及时修复或更换，不要轻易取消。

(五) 发动机电启动系统的检修

检修或更换各种电气设备时，各接线均应按原样接牢，切勿接错，以免损坏电气设备。

1. 蓄电池的使用、充电及极板的“硫化”处理

在冬季要特别注意蓄电池经常处在充足电的状态，以免电解液比重下降而冻结。

2. 启动机的保养和修理

(1) 经常保持启动机清洁，紧固件应连接牢固，导线接触紧密可靠，绝缘无损坏。

(2) 定期检查整流子表面，应光洁，炭刷在架内无卡住现象，炭刷弹簧压力正常。若发现炭刷磨损严重，整流子表面严重烧毛和其他故障，应拆下修理。

(3) 应视启动机使用条件，定期检修、定期加注润滑油。

3. 充电发电机

(1) 根据该机型所采用的充电发电机型号，按该型号说明书的要求对充电发电机进行使用和维护。按该型号接线图接线，要正确牢靠，切不可接错或接反正负极，不然将损坏发电机及电压调节器。

(2) 检查和维护发电机时，绝对不允许用绝缘电阻表来检试绝缘性能，只允许用万用表进行检测。

(六) 底盘部分的检修

(1) 分动箱组装时，两个壳体的对接面要严格密封，两壳体之间的耐油橡胶石棉垫合适，连接螺栓齐全并均匀拧紧，保证箱体内孔与曲轴法兰四周间隙均匀，最小间隙不得小于该机说明书的要求。

(2) 分动箱内各齿轮的精度及表面光洁度都要求很高，齿轮在处理后要经过磨齿加工，其啮合间隙符合该机说明书的要求。齿轮或轴承如有损坏和磨损超限时，应及时更换。

(3) 离合器液压系统如窜入柴油机机体，检查曲轴密封圈唇口是否损坏，如有损坏应及时更换。检查两道聚四氟乙烯密封环、两端面与槽侧平行度及外圆的圆度、密封环与槽侧面的间隙，要符合该机说明书要求，外圆的棱角不能出现倒角和圆角，密封环如有损坏应及时更换。

(七) 整机试运转

1. 试运转前的检查

(1) 主发动机在分段试运中符合要求。

(2) 按技术保养要求加足燃料、润滑油、冷却水、润滑脂和油压增力器中的液压用油。

(3) 检查各部零件是否牢固和齐全，并调整间隙及行程：①制动踏板行程；②转向离合器自由行程；③风扇皮带紧度；④履带紧度，用撬棍撬起履带侧托轮，轮踏面与链轨的距离为30～50mm；⑤绞盘操纵杆收和放的工作行程为400mm；⑥主离合器自由行程。

(4) 外观检查：①水箱罩不歪斜，引擎盖、表盘固定牢固；②喷漆均匀，无裂缝，驾驶室门窗开闭灵活；③绞盘、铲刀及液压缸传动部分良好；④大钢板弹簧端部压于台车钢板弹簧平面上，接触不应有偏斜现象。

2. 整机试运转

(1) 在启动及试运过程中，应做好防止发动机超速的准备，在发生发动机超速时能立即停车。

(2) 试运转检查：

1) 仪表指示正常，机油压力为0.196～0.245MPa，柴油压力为0.068 6～0.098MPa，水温为60～90℃。

2) 在试运转中每挡至少要分合主离合器2～3次，以检查主离合器的工作情况，应无卡死和打滑现象。由有经验的人员调整主离合器，必要时停止主发动机后再进行调整。

3) 变速箱各挡的变换应轻便灵活，运行中无异常的响声及敲击声。主离合器接合时，其自锁机构保证不跳挡。

4) 保证转向离合器在各挡时均能平稳转向。在一、二挡行驶时，在原地做左右360°急转弯试验。要求：被制动一侧履带停转，制动带无打滑和过热现象，制动踏板不跳动。对其余各挡，做两次左右360°转弯试验，应良好。

5) 刹车装置应保证在20°的坡度上能平稳停住。

6) 在平坦干燥的地面上和不使用转向离合器及制动器的情况下，推土机件直线行驶，其自动偏斜应不超过5°，链轨的内侧面不允许与驱动轮或引导轮凸缘侧面摩擦，其最小一面的间隙不小于两面间隙总和的1/3。

7) 铲刀起升、下降应灵活平稳，并能在任何位置上停住，绞盘无打滑现象。

8) 试运转结束后，应进行技术保养，并消除试运转中发现的各种缺陷，做好交车准备。

3. 试运转时间要求

(1) 无负荷行走试运转，总时间100min：①一速行驶20 min；②二速行驶20min；③三速行驶15min；④四速行驶10min；⑤五速行驶10min；⑥各速倒速行驶25min。

(2) 有负荷试运转，总时间120min：①1/4负荷运行30min；②1/2负荷运行30min；③全负荷运行60min。

六、典型故障处理

推煤机的故障判断，可采用“看、听、摸、嗅”的方法综合判断哪一个部位或哪一个系统产生故障。当推煤机发生故障时，必须及时找出故障发生的原因，以防故障扩大。现将一般情况下各主要部件可能出现故障的原因和排除方法叙述如下：

(1) 发动机转速一定，电流计摆动大；发动机全速运转，而照明闪烁。

原因：配线不良；皮带张力调整不良。

处理：松开端子；检查修理断线；调整皮带张力

(2) 即使提高发动机的转速，电流计也不摆动。

原因：电流计不良，配线不良，交流发动机不良。

处理：更换电流计。

(3) 即使接通起动电动机开关，起动电动机也不转。

原因：配线不良，起动开关不良，蓄电池充电量不足，蓄电池开关不良。

处理：检查、修理配线；更换开关；充电；更换开关。

(4) 起动电动机转速低。

原因：配线不良、蓄电池充电量不足。

处理：检查、修理配线；充电。

(5) 发动机启动时，起动电动机咬合脱落“叭嗒叭嗒”地响。

原因：配线不良；蓄电池充电量不足。

处理：检查、修理配线；充电。

(6) 发动机停止转动，油压计的指针也不返回到左侧的红色范围。

原因：油压计不良。

处理：更换油压计。

(7) 油压表摆动大；油压表的指针在左侧的红色范围。

原因：油底壳的油量不足（吸空气)；管接头紧固不良或因油管破损而产生漏油；油压计不良。

处理：补充到规定油量；检查、修理管路；更换油压计。

(8) 油压表的指针指右侧的红色范围。

原因：油的黏度高；油压计不良。

处理：换成规定的油；更换油压计。

(9) 从散热器上部（压力阀）喷出蒸汽。

原因：冷却水不足或漏水；风扇皮带松弛；冷却系统中的水被污染；散热片堵塞或风扇歪倒；水温计不良。

处理：检查、补充冷却水；调整皮带张力；更换冷却水，清洗冷却系统内部；清理散热片或修理风扇；更换水温计。

(10) 水温表的指针指右侧的红色范围。

原因：恒温器不良，恒温器密封不良，散热器密封松动（高地作业时)。

处理：更换恒温器；更换恒温器密封；把盖拧紧或更换密封环。

(11) 水温表的指针指左侧的红色范围。

原因：水温计不良；插头部接触不良；恒温器不良；寒冷时，冷风与发动机接触过多。

处理：更换水温计；检查、修理插头；更换恒温器；换成吸入风扇，装上散热器。

(12) 即使旋转起动电动机，发动机也不启动。

原因：燃料不足；燃料系统中混入空气；燃料喷射泵或喷嘴不良；起动电动机的转速低。

处理：补充燃料；修理混入空气的部分；更换喷射泵或喷嘴；参照电气系统修理电动机。

(13) 排气呈白色或有点蓝色。

原因：油底壳的油面过高；燃料不良；增压器漏油。

处理：调整到规定的油量；换成指定燃料；检查、修理增压器。

(14) 排气呈黑色。

原因：空气滤清器堵塞。

处理：清洗或更换滤清器。

(15) 发动机游车。

原因：燃料管路的吸入侧漏气。

处理：修理混入空气的部分。

(16) 发动机有敲击声（燃料或机械的)。

原因：使用粗燃料而过热；消音器内部破损。

处理：换成规定燃料；更换消音器。

(17) 液力变距器过热。

原因：风扇皮带松；电动机水温高；油冷却器堵塞；由于齿轮泵的磨损，而出现的循环流量不足；内滞过大。

处理：换皮带；参照电动机部分检修；清扫或更换油冷却器；换齿轮泵；检查修理。

(18) 变速杆挂挡后，不起步。

原因：液力变距器和变速箱的油压不上升；油管管接头没拧紧，因破损混入空气或漏油；齿轮泵磨损或卡住；变速箱的油量不足；变速箱里的油滤清器滤芯堵塞。

处理：检查相关部件；修理管接头；更换齿轮泵；补充到规定的油量；清扫滤芯。

(19) 即使拉一方的转向杆，也不转弯光直进。

原因：系统漏气；被拉一方的制动器失效。

处理：检查修理系统；调整制动器。

(20) 转向操纵杆不灵活（重）。

原因：游隙调整不良；操纵阀的移动不良；油量不足。

处理：调整；修理操纵阀；补充到规定的油量。

(21) 即使踏下制动器踏板，车也不停。

原因：制动器不良。

处理：调整制动器。

(22) 履带脱落。

原因：履带过松。

处理：调整张力。

(23) 链轮异常磨损。

原因：履带过松或过紧。

处理：调整张力。

(24) 推煤铲上升慢或完全不上升。

原因：工作油不足；工作油泵供油不良。

处理：补充到规定油量；检查、修理或更换油泵。

(25) 松土器上升，推进力不足或动作迟缓。

原因：油量不足；液压调压阀、齿轮泵、活塞密封、操纵阀不良；管路堵塞。

处理：补充到规定油量；修理或更换相关部件；清扫管路。

(26) 油缸支承力不足或松土器自动下降。

原因：管路泄漏；油缸活塞密封不良。

处理：紧固管路；修复活塞。

第四节　储煤斗和储煤罐

一、储煤斗

采用翻车机作为卸煤设备时，翻车机的受煤斗多为普通方形受煤斗。

翻车机的受煤斗一般配以振动式给煤机上煤。当来煤较湿、黏结性较强时，容易蓬煤。设计时半壁倾角不应小于55°，采用无棱角的圆锥形钢筒煤斗，则不易蓬煤；斗内贴上耐磨耐蚀的高分子聚乙烯衬板可防止蓬煤；斗壁外加振动器、空气炮可解除蓬煤；人工捅煤时应在确保安全情况下从上往下捅。

为了防止煤斗和卸煤沟搭拱蓬煤和防磨，一般加装有护板，护板种类有铸石板、超高分子聚乙烯、橡胶陶瓷板、聚氨酯复合板、高锰钢、陶瓷等。铸石板脆，易碎；聚乙烯板弹性差，易冲击开裂；橡胶骨架板结合不牢固，易脱落。

煤斗内衬板使用聚氨酯弹性衬板能较好克服以上缺点，聚氨酯复合衬板是3～4mm的骨架钢板和聚氨酯弹性体复合而成，其弹性、耐磨性、抗冲击性、耐油性和耐腐蚀性能较好，具有较高的承载能力，使用温度不高于80℃，安装时不能进行氧割等热加工，可用钢锯切割，适用于钢煤斗和卸煤钩内壁使用。

翻车机受煤斗箅孔尺寸宜为 300mm×300mm～400mm×400mm，冻块及大块杂物由人工清理。为了下料畅通，新建的受煤斗箅筛可以做成振动式煤箅，其结构如图 11-59 所示。

二、储煤罐

近年来，许多火力发电厂采用储煤罐。储煤罐又称筒仓，作为储煤设施或缓冲、混煤设施。普通储煤罐布局如图 11-60 所示，早期储煤罐的直径为十多米、储煤量为千余吨，目前已发展到直径二十几米、储煤量达万余吨的大型储煤罐。仓下的给煤设备也有所不同，小型储煤罐多用振动给煤机完成给煤，而现在的大型储煤罐正在推行圆环式给煤机，能有效解决仓内蓬煤的问题。

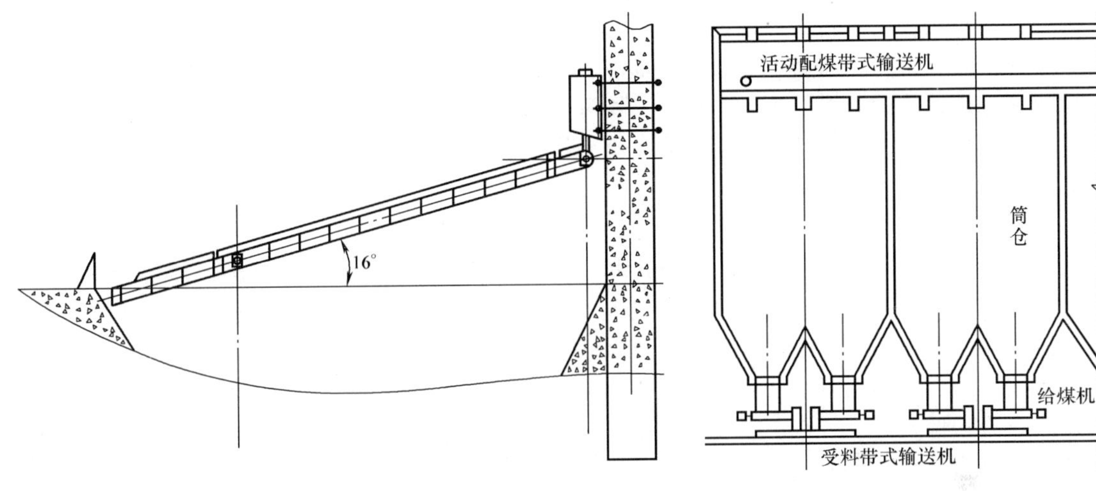

图 11-59　振动式煤箅结构图　　　　图 11-60　储煤罐

储煤罐占地面积小。与储煤场比较，同样的占地，储煤罐可以多储煤。便于实现储卸自动化，运行费用低，能减少煤因风吹日晒导致发热量降低的损失。采用储煤罐储煤，还可以减少煤尘对周围环境的污染，在多雨地区使用，更有其优越性，但储煤罐造价高。

（一）储煤罐的种类及结构

1. 储煤罐的种类

根据储煤罐的形状分类，有圆筒仓和方仓；根据布置分类，有地上仓和半地下仓；根据仓的深度分类，有浅仓和深仓。火电厂多采用圆筒仓作为输煤系统缓冲或混煤设备，或代替煤场作为储煤设施。浅仓主要用于铁路上给车辆装散装物料，深仓是用来长期存放散装物料的具有竖直壁的容器。火电厂用的储煤罐都属于深仓类。

2. 储煤罐的规范（见表 11-9）

表 11-9　　储煤罐规范

储煤罐直径（m）	容量（t）	罐下至罐顶高度（m）		
10	800～1000	15.6	18.2	20.8
12	1600～2000	17.2	20.7	24.7
15	300～3500	21.3	24.2	27.3
22	8000～10 000	28.6	33.9	39.2

3. 储煤罐的结构

储煤罐的构造包括罐顶装料设备、罐筒、罐下斜壁、卸料口、卸料机械部分。

(1) 装料设备。多采用带犁式卸料器的带式输送机、埋刮板输送机等设备。装料设备是将煤装入储煤罐的设备，为了提高储煤罐的有效容量，装料设备应保证尽量把煤均匀地洒到储煤罐里。

(2) 罐筒和罐下斜壁。罐筒和罐下斜壁大多是用钢筋混凝土制成的，用于储存散装物料。为了防止“挂煤”和加速煤的流动，常在罐筒和斜壁内砌衬铸石板，装助流振动器。

(3) 卸料口。它位于储煤罐底部，卸料口的形状有圆形、正方形、长方形。采用一个卸料口的储煤罐极少见，通常采用4个卸料口，目的是为了加快卸料速度。卸料口下方多装有闸门。

(4) 卸料机械。为了将料迅速地从卸料口运走，通常采用卸料机械。目前多采用电磁振动给料机。当几个储煤罐相切布置时，也有将卸料口开成通常的卸料口，像缝隙煤槽下的卸料口那样，此时可采用叶轮给煤机作为卸料设备。圆环给煤机是专为筒仓设计的给煤机，圆形大盘沿筒仓周边向下刮煤，能使仓内储煤整体下降，有效防止了蓬煤现象。

(二) 储煤罐的装卸料过程

1. 储煤罐的装料过程

在装料时，煤在罐内呈一个个圆锥堆形状，落差虽然相同，但大块煤从圆锥顶部沿其斜面滚到筒壁，而粒度较小的煤集中在煤仓的中心位置，这种在装料时产生的大小块煤重新分布的现象，理论上叫做离析现象。这种现象在任一型式的煤仓中都存在，对储煤罐内物料流动起着很大的破坏作用，因为落料点下部的煤粒度较小，而且受后面落下的煤的冲击，致使层层压实，所以粒度小的煤流动性差。

2. 储煤罐的卸料过程

当卸料口闸门打开后，煤受自重作用，从煤罐中落下，在卸料过程中，物料的流动受物料的物理性质影响，也受装料方式影响。采用移动式皮带机装料是目前较为理想的装料机械，可以使储煤罐横向连续装煤，各点的煤粒度比较均匀。采用犁煤器单点装煤的方式效果最差，离析现象最严重，而且储煤罐的有效储煤量最小。

3. 储煤罐中煤的流动形式

煤在储煤罐中的流动主要有以下两种形式：

(1) 整体流动。储煤罐内的煤在卸料过程中全部“活化”，物料呈水平状下降。这种流动形式是一种理想的流动形式，只有在煤的颗粒大小一致，水分适中，卸料口尺寸很大的条件下才会接近这种流动工况。

(2) 中心流动。这种流动形式的特点是只有储煤罐卸料口上方的煤流动。此时储煤罐中虽然储存有大量的煤，但只有卸料口正上方的煤靠自重流出，而靠边壁的煤会挂在壁上，当中间的煤卸出后，边壁挂的煤会产生崩塌，将卸料口堵塞，造成输煤系统断煤。边壁挂的煤长期储存在罐内，极易产生自燃，特别是挥发分大的煤，不利于安全生产。

储煤罐的卸料过程以第一种流动方式最好，目前使用的储煤罐中采用条形卸料口，叶轮给煤机卸煤的方式，煤的流动方式接近整体流动。圆环给煤机的圆形大盘沿筒仓周边向下刮煤，能使仓内储煤最大程度地实现整体流动，有效减小了边壁挂煤现象。

4. 储煤罐使用时的适用范围

储煤罐在电厂中有其一定的适用范围，它由煤的粒度、水分和外部条件决定，还受当地全年气候条件的影响。用储煤罐储煤时，应注意考虑：

（1）煤的颗粒组成。当电厂来煤是经过筛选且颗粒均匀时，储煤罐的使用效果比较好。此时煤在储煤罐中不易产生离析现象，颗粒之间摩擦力相近，流动性能好。如果来煤未经筛选，颗粒组成复杂，煤进入储煤罐时会产生严重的离析现象，流动性较差，引起搭拱，造成物料难卸。此时储煤罐的作用无法发挥。

（2）外部条件。若电厂距煤矿较远、电厂容量很大时，储煤量要相应增大，此时所需的储煤罐的直径和个数也相应增大，一次投资的费用远远大于储煤场的投资。储存天数加大，对储煤罐十分不利，煤在罐中的储存天数一般不要超过 3 天。

（3）煤的水分。水分的大小也限制着储煤罐的使用。一般来说，煤的外在水分在 8%～12%时，煤的流动性好，卸料时储煤罐内物料都能活化，不易产生挂壁或中心卸料；当煤的水分大于12%时，例如洗中煤，水分子包裹了煤粒，其间摩擦力减少，煤容易自流，失去控制而从卸料口涌出，压坏卸料设备；煤的水分低于 8%时，煤颗粒之间摩擦力较大，容易搭拱，储煤罐的作用得不到充分的发挥。

三、储煤罐的检修与维护内容

储煤罐的使用随罐的用途不同而异。若储煤罐是用于储煤，则要考虑煤的储存时间不能过长，防止煤在仓内储存时间过长而被上层煤压实，流动性降低，因此应及时地将罐中的煤卸出再存新煤；若储煤罐用于混煤，则应按不同煤种混合的比例开启相应的给煤机，向系统供煤。要求严格按比例混烧煤的电厂，配制储煤罐是适宜的。

储煤罐多数是用钢筋混凝土浇注而成，储存量高达千余吨到万余吨，在雨天使用中应注意检查储煤罐的地基是否有下沉现象，并随时检查筒壁有无裂纹现象。

为保证每个储煤罐能正常运行，必须认真填写储煤罐的工作日志。储煤罐装卸设备投入运行中，工作人员应认真检查来煤的粒度、水分是否符合标准。发现来煤不符合标准时，要及时向车间汇报，并要求厂方对煤矿发出拒收通知。

储煤罐的维护包括装卸设备启停车规则、运行顺序和时间、运行中对设备的巡检、机械的润滑周期及安全技术措施等。

由于储煤罐内储煤的长期堆放，储煤温度将逐渐升高，极易引起自燃，甚至爆炸，必须采用安全防范措施。TAJ-X 型储煤罐安全监测装置是为了储煤罐安全运行而专门设计的配套产品，本装置对储煤罐内温度、可燃气体、有害气体、烟雾及料位等参数进行监测，以保证储煤罐安全运行。

储煤罐安全监测装置的主要性能：

（1）温度监测功能：采用高精度铂电阻 Pt100 温度传感器，可根据储煤罐的参数情况和用户要求来决定测点数量和位置。温度显示可采用各路单独显示或巡检，温度报警值根据储煤种类设定。

（2）可燃气体监测功能：采用 SG 型可燃气体传感器，监测范围 0～100%LEL，报警值设定为 25%LEL（预报警），40%LEL（报警）。

（3）烟雾监测功能：采用 KG 型烟雾传感器，符合 MT382—1995 标准，可根据储煤筒仓的参数情况和用户要求来决定安装数量和位置，烟雾传感器报警值按国家标准 3 级设定。

（4）有害气体监测功能：对 CO、CO_2、SO_2 等有害气体进行监测，可根据煤种和用户要求来决定配置数量和位置。

（5）料位监测功能：防止溢仓和空仓。料位监测分为连续测量（超声波料位计或雷达式料位计）和定位测量（射频影内高料位开关）。

复习思考题

1. 斗轮式堆取料机斗轮体结构形式有哪些？
2. 斗轮驱动装置有哪些？
3. 门式斗轮堆取料机的组成部分有哪些？
4. 装卸桥的主要组成部分有哪些？
5. 储煤罐的种类有哪些？

第十二章　带式输送设备

第一节　带式输送机概述

带式输送机简称胶带机或输煤皮带。带式输送机是由挠性输送带作为物料承载件的连续输送设备，是连续运输机中效率最高、使用最普遍的一种散料机械，它广泛应用于电力行业、采矿行业、冶金行业、水电站建设工地、港口等。带式输送机有很多种类，火力发电厂常用的胶带机一般是指普通带式输送机，主要包括尼龙带式输送机、帆布带式输送机、聚脂带式输送机、钢丝绳芯带式输送机等。

根据摩擦传动原理，由传动滚筒带动输送带，可将物料输送到所需的地方。带式输送机的输送能力大，适用于输送松散密度为0.5～2.5t/m^3的各种粒状、粉状等散体物料，也可输送成件物品。带式输送机具有功耗小，结构简单，对物料适应性强，生产率高，运行平稳可靠，输送连续均匀，运行费用低，维修方便，实现自动控制及远方操作等优点，因而应用范围很广。

输送机械在输送物料时，要求给煤机械均匀地供给物料，同时要求物料的黏度要小，以手握物料成团，松手后物料能自然散开为好，物料含水率一般应小于8%。胶带输送机可以水平输送也可斜升输送，物料温度以常温为主，输送距离较远。

一、带式输送机的类型

目前，在火力发电厂中应用最广的输送机是普通带式输送机。普通带式输送机可分为TD62型带式输送机、TD75型带式输送机和DTⅡ型带式输送机三类。TD75、DTⅡ型带式输送机的构成如图12-1所示。

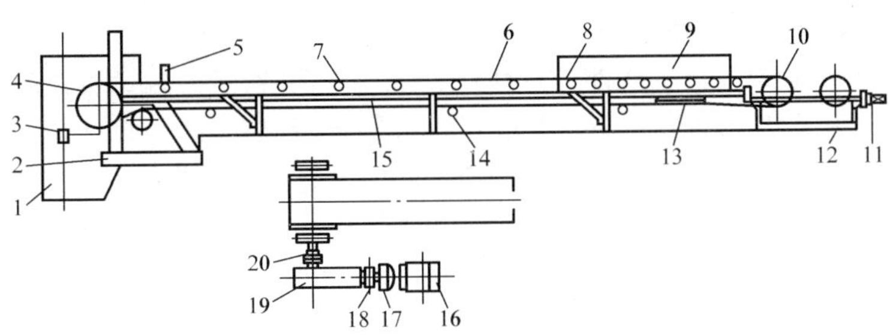

图12-1　TD75、DTⅡ型带式输送机

1—头部漏斗；2—机架；3—头部清扫器；4—传动滚筒；5—安全保护装置；6—输送带；7—承载滚筒；8—缓冲滚筒；9—导料槽；10—改向滚筒；11—螺旋拉紧装置；12—尾架；13—空段清扫器；14—回程托辊；15—中间架；16—电动机；17—液力耦合器；18—制动器；19—减速器；20—联轴器

在一些较老的电厂中，基本上是采用TD62型带式输送机。TD62型是国家在1962年定型的带式输送机。在近年来投产的电厂中，大部分采用TD75型带式输送机。TD62型和TD75型带式输送机从设备组成上看是基本相同的，所不同的是设计参数的选取及个别部件的尺寸有所改变。此外，在运行阻力、结构、制造和功率消耗等方面，TD75型比TD62型带式输送机要先进。

DTⅡ型带式输送机是以德国引进技术为基础，同时参考国内外有关标准，结合我国工业发展需要而发展起来的新标准系列胶带机。DTⅡ型带式输送机主要部件的技术性能具有国际20世纪80年代水平，在带宽、带速及运输量方面比TD75型标准扩大了1～2个等级。

带式输送机用于水平输送，也可用于倾斜输送，但不同类型的带式输送机，倾斜向上运输的倾斜角有一定的限度。通用型带式输送机的倾斜角一般不允许超过18°。带式输送机不宜运送具有棱角的坚硬物料，因运送该种物料时，对输送带的磨损较严重，甚至会造成输送带纵向划破。

带式输送机分普通型和特殊型两大类，共计14种型式。

（一）普通型

（1）通用带式输送机（TD62、TD75型）。

（2）轻型固定带式输送机（QD80型）。

（3）移动带式输送机。

（二）特殊型

（1）钢绳芯带式输送机（DX型）。

（2）大倾角带式输送机（GH69型）。

（3）可弯曲带式输送机。

（4）移置式带式输送机。

（5）吊挂式带式输送机。

（6）压带式带式输送机。

（7）气垫式带式输送机。

（8）磁性带式输送机。

（9）钢绳牵引带式输送机。

（10）钢带输送机。

（11）网带输送机。

二、带式输送机的工作原理

带式输送机的工作原理、组成部件及总体结构如图12-2所示。输送带绕经传动滚筒和尾部改向滚筒形成一个无级的环形带，上下两段输送带分别支承在托辊3和11上，螺杆拉紧装置给输送带以正常运转所需要的张紧力。工作时传动滚筒通过它与输送带之间的摩擦力带动输送带运行，煤及其他物料装在输送带上和输送带一起运动。带式输送机一般是利用上段带运送物料，并且在端部卸料：也可利用专门的卸料装置，在任意位置卸料。

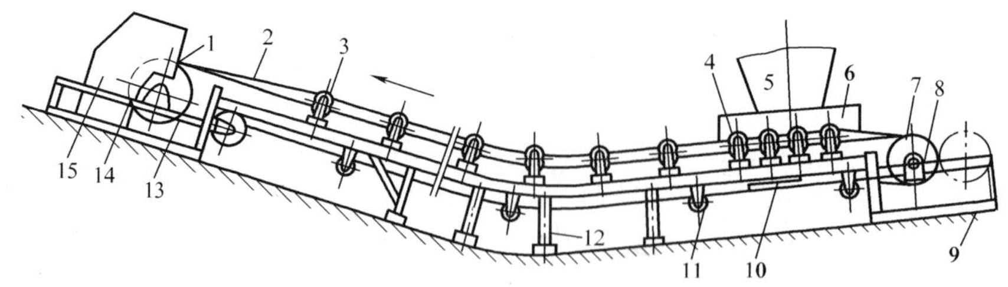

图12-2　带式输送机工作原理及总体结构简图

1—传动滚筒；2—输送带；3—上托辊；4—缓冲托辊；5—漏斗；6—导料栏板；7—改向滚筒；8—螺杆张紧装置；9—尾架；10—空段清扫器；11—下托辊；12—中间架；13—头架；14—弹簧清扫器；15—头罩

三、带式输送机的布置形式

（一）布置种类

带式输送机可以用来水平或倾斜方向输送物料。根据安装地点及空间的不同，其安装布置形式一般可分为以下四种：

（1）水平布置方式。即带式输送机的头尾部滚筒中心线处于同一水平面内，带式输送机的倾角为0°，如图12-3所示。

（2）倾斜布置方式。带式输送机的头尾部滚筒中心线处于同一倾斜平面内，且所有上托辊或下托辊处于同一倾斜平面内，如图12-4所示。

图12-3　水平布置方式　　图12-4　倾斜布置方式

（3）带凸弧曲线段布置方式。倾斜布置的后半段部与水平布置的前半段部的一种组合布置方式，如图12-5所示。

（4）带凹弧曲线段布置方式。水平布置的后半段部与倾斜布置的前半段部的一种组合布置方式，如图12-6所示。

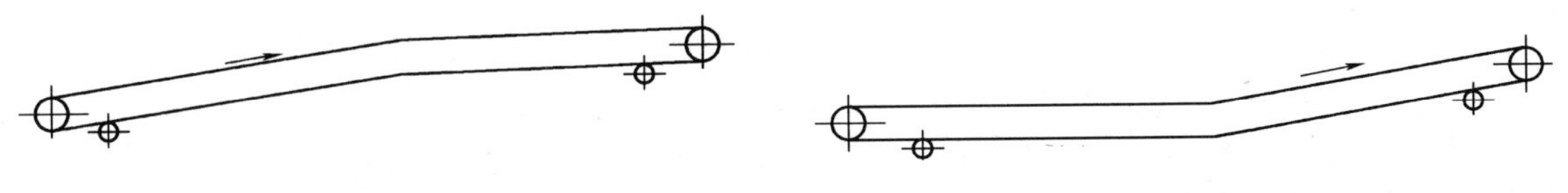

图12-5　带凸弧曲线段布置方式　　图12-6　带凹弧曲线段布置方式

（二）布置原则

为了保证物料在输送带上不向下滑移，输送带的倾角应比物料与胶带间的静摩擦角小10°～15°。当采用向上倾斜布置时，带式输送机的倾角一般不超过18°；对运送破碎后的煤，最大允许倾角可达20°；若必须采用大倾角向上输送物料时，可采用花纹带式输送机，最大倾角可达25°或更大。当用倾斜带式输送机向下输送物料时，一般允许倾角为向上输送时的80%。

四、带式输送机的组成

带式输送机由驱动装置、制动装置、支承部分、张紧装置、改向装置、清扫装置、装料装置、卸料装置和胶带等部分组成。

驱动装置主要由电动机、联轴器、减速器、驱动滚筒或直接由电动滚筒组成。

制动装置主要是指制动器、逆止器，主要是用来防止带式输送机负荷停机时发生逆转，使物料外撒，严重时会使胶带断裂或机械损坏。一般当带式输送机的倾角超过4°～6°时，就必须设置制动装置。制动装置主要有电动液压推杆制动器、液压电磁制动器、滚柱式逆止器和带式逆止器等。

支承装置主要是指承载胶带、物料并完成输送运行的系列设备。带式输送机的支承装置主要由上槽形托辊、下平形托辊及机架组成。

张紧装置主要是用来拉紧胶带或补偿胶带的伸长，使胶带与滚筒间保持足够的摩擦驱动力。常用的拉紧装置有垂直滚筒坠重式拉紧装置、尾部小车坠重式拉紧装置、螺旋式拉紧装置、电动绞车式拉紧装置等。垂直滚筒坠重式拉紧装置、尾部小车坠重式张紧装置主要由张紧滚筒、导轨、导轮组成的张紧小车及配重块组成，配重块的质量误差不应超过10kg。绞车式张紧装置则还包括卷扬机、钢丝绳和滑轮组，螺旋张紧装置主要由丝杆、螺母、座板、轨道组成。

改向装置主要由改向滚筒、特殊支架、压轮组成。

清扫装置由头部清扫器、空段清扫器及二级煤斗组成。

卸料装置主要由落煤斗、落煤管、缓冲器、溜管、导料槽组成。

卸料装置主要由犁煤器、配煤车组成。

在带式输送机中，胶带既是承载构件，又是牵引构件，用来载运物料和传递牵引力。它呈环状贯穿输送机的全长，用量大，价格高，是胶带机中最重要、也是最昂贵的部件。胶带在带式输送机的成本中占25%～50%左右。

第二节　带式输送机的主要零部件

一、胶带

胶带是带式输送机的主要组成部件。通用型带式输送机在电厂常用的输送带按带芯织物分有：棉帆布芯、尼龙布芯、维尼纶布芯、涤纶布芯及钢丝绳芯等。按覆盖胶的性能分有：普通型、耐热型、耐寒型。布芯间黏结填充物一般为天然橡胶或氯丁橡胶等。由于使用的带芯织物不同，所以胶带的纵向拉伸强度各不相同：棉帆布芯为560N/(cm·层)，尼龙布芯为1500～4000N/(cm·层)，维尼纶布芯为1400N/(cm·层)，钢丝绳芯为6500～40000N/(cm·层)。胶带的选用应根据运量、输送带长度、带速、带宽、带强等参数计算确定。

(1) 聚酯帆布芯由尼龙线织成衬里，经线与纬线相互交织。纵向张力由经线承受，而纬线主要承受横向张力，通过这种方式的编织，经纬线都发生了弯曲，使胶带产生了很大弹性。多层织物相互间用橡胶黏合在一起形成织物芯。

(2) 上覆盖胶的作用：用以保护中间的织物芯不受机械损伤及周围介质的影响，且较厚，是输送带的承载面而直接与物料接触并受物料的冲击和磨损。

(3) 下覆盖胶的作用：是输送带与支撑托辊接触的一面，主要承受压力，为了减少输送带沿托辊运行时的压陷滚动阻力，下覆盖胶一般较薄。

(4) 侧覆盖胶的作用：当输送带跑偏，侧面与机架相接触时，保护输送带不受机械损伤。所以常采用耐磨的橡胶组成。

二、托辊及机架

托辊是支承输送带和输送带上的物料重量，减少输送带的运行阻力，并使其垂度不超过一定的限度，以保证输送带沿着预定的方向平稳地运行。用于有载段的为上托辊，用于空载段的为下托辊，缓冲托辊也属于上托辊（用于落料筒受冲击的部位）。

托辊的质量好坏影响胶带的使用寿命及胶带的运行阻力。托辊的维修或更换费用是带式输送机营运费用的重要组成部分。因此要求托辊经久耐用、转动阻力小、托辊表面光滑、径向跳动小、密封装置能可靠的防尘、轴承能得到很好的润滑、自重较轻、尺寸紧凑。

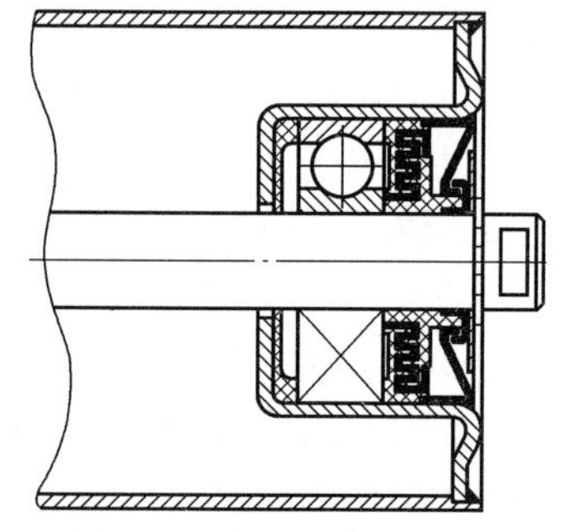
图12-7　托辊的轴承部分

托辊的分类：按其布置可分为承载托辊组和回程托辊组；按用途可以分为槽形托辊、平行托辊、缓冲托辊、调心托辊四种。托辊的轴承部分如图12-7所示。

（一）槽形托辊

槽形托辊见图12-8。主要用作带式输送机的有载分支上托辊，一般由2～5个组成，其数目由带宽和槽角决定，最外侧辊子与水平线的夹角称为托辊槽角。托辊槽角增大后（在0°～60°范围内），使物料堆积断面增大，能提高生产能力，有防止撒料、跑偏和提高输送倾角的作用。槽角 α 的大小，常由输送带的成槽性决定，一般都是三节短托辊组成，DT-Ⅱ型带式输送机槽角选用35°。一般情况下，在落料管处，为了使物料集中，避免物料外撒，也有部分采用45°槽型托辊的。

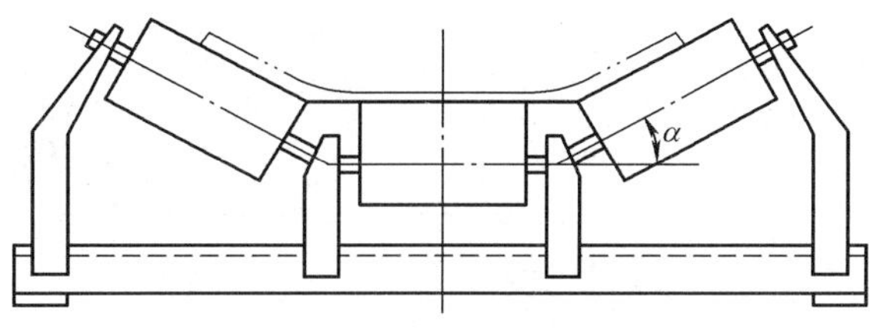

图 12-8 槽形上托辊

辊体一般用无缝钢管制成，近年来也有用有缝钢管代替无缝钢管的。无缝钢管存在的主要问题是尺寸与几何形状偏差较大。我国高精度有缝钢管的制造还存在一些问题，因此仍大量采用无缝钢管制作辊体。当带宽≤800mm时，钢管直径为89mm；带宽≥1000mm时，钢管直径≥108mm。轴承座有铸铁式、钢板冲压式及酚醛塑料加布三种材料制造。它们各有优缺点。托辊轴承一般均采用滚动轴承。托辊的润滑近年多采用锂基润滑脂，实践证明其润滑效果较好，目前新型托辊大多采用二号锂基润滑脂。托辊损坏的原因多数是密封不良，灰尘进入轴承而卡死。图12-9是一种径向迷宫式密封的托辊结构，这种结构密封的托辊运行阻力小，防尘效果较好。

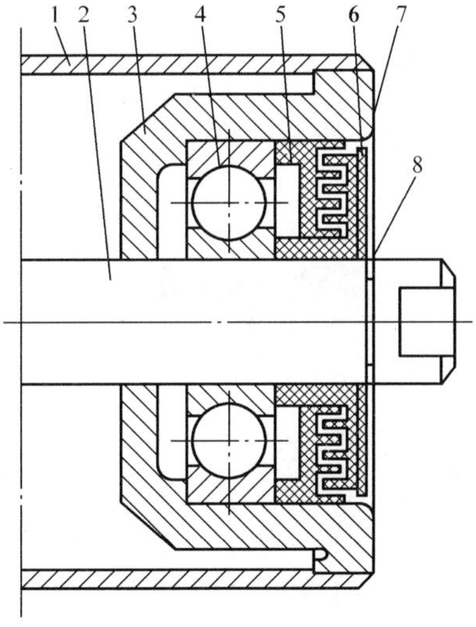

图 12-9 径向迷宫式托辊结构

1—托辊外筒；2—轴；3—轴承座；4—轴承；5—内密封圈；6—外密封圈；7—挡圈；8—弹簧卡圈

（二）平形托辊

平形托辊一般为一个长托辊，主要用作带式输送机的无载分支下托辊，支撑空载段胶带，如图12-10所示。其中平行胶环托辊用作带式输送机的无载分支下托辊，支撑空载段胶带，可减少托辊粘煤，适用于北方冬季气候寒冷地区。为了解决托辊粘煤，转动部分质量较大等问题，沈阳起重运输机械厂设计制造了大跨距胶环V形下托辊，以及V形前倾式空载段托辊组。此两种托辊组由两节组成，每节托辊向上倾斜5°呈V形，同时每节由中间向前倾斜2°如图12-11所示。此种托辊在回程段胶带对防偏有较明显效果。

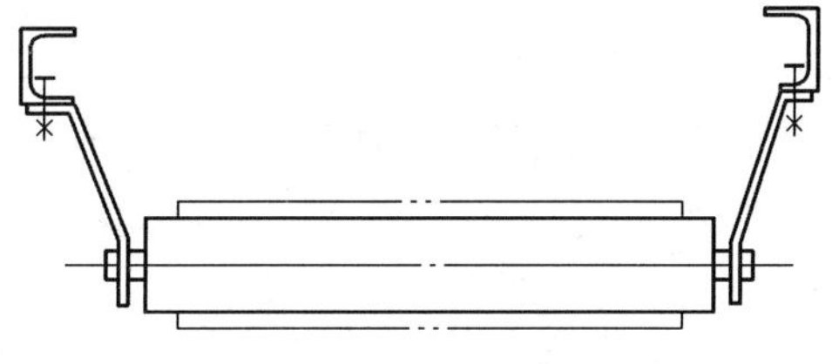

图 12-10 平行托辊

（三）缓冲托辊

缓冲托辊用作带式输送机的有载分支上托辊，在受料处由于物料下落到输送带上，不可避免地冲击胶带和托辊，采用缓冲托辊能保护胶带和避免托辊轴承被冲击损坏。

一般缓冲托辊分为橡胶圈式、弹簧板式、弹簧板胶圈式、弹簧丝杠可调式、槽型接料板缓冲床式和组合式等（槽角有35°和45°）。橡胶圈式缓冲托辊的结构如图12-12所示。弹簧板式缓冲托辊的结构如图12-13所示。其中：

（1）橡胶圈式缓冲托辊即在槽形托辊三节短托辊体外套上橡胶圈，以达到缓冲目的。

（2）弹簧板式缓冲托辊是槽形托辊，只是三节短托辊的支撑架改用弹簧板，当胶带受下落物料冲击时，弹簧板支撑架能发生弹性变形，达到缓冲目的。

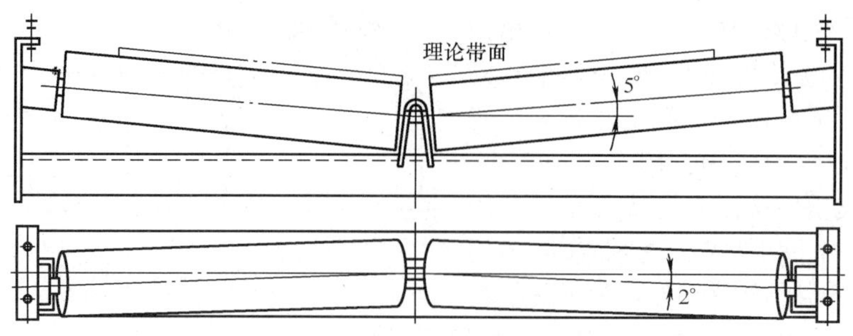

图 12-11　V 形前倾回程托辊

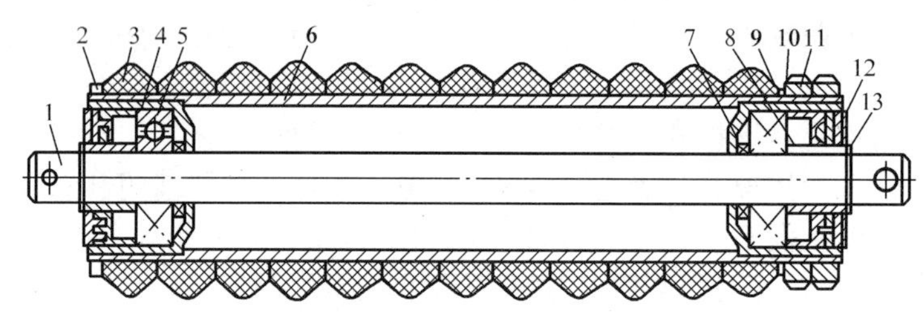

图 12-12　橡胶圈式缓冲托辊的结构

1—轴；2、13—挡圈；3—橡胶圈；4—轴承座；5—轴承；6—管体；
7—密封圈；8、9—内、外密封圈；10、12—垫圈；11—螺母

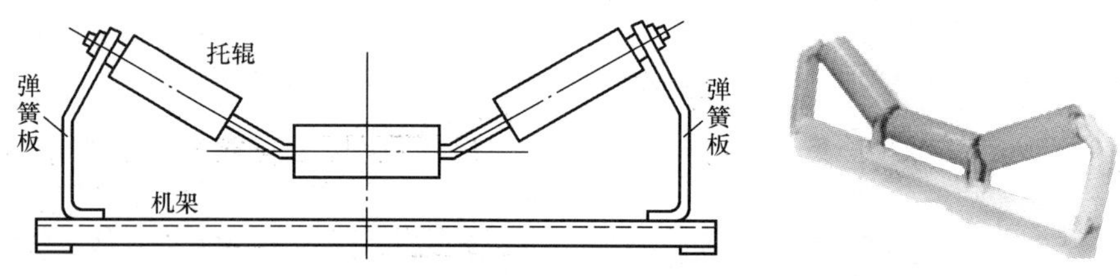

图 12-13　弹簧板式缓冲托辊的结构

（四）调心托辊

带式输送机在运行时都不可避免地存在程度不同的跑偏现象。为了解决跑偏问题，除了在安装、检修运行中调整外，还需装设一定数量的自动调心托辊。

调心托辊的种类可分为单向转动自动调心托辊（图 12-14 和图 12-15）、前倾槽形调心托辊、可逆自动调心托辊、锥形自动调心托辊（图 12-16 和图 12-17）等。

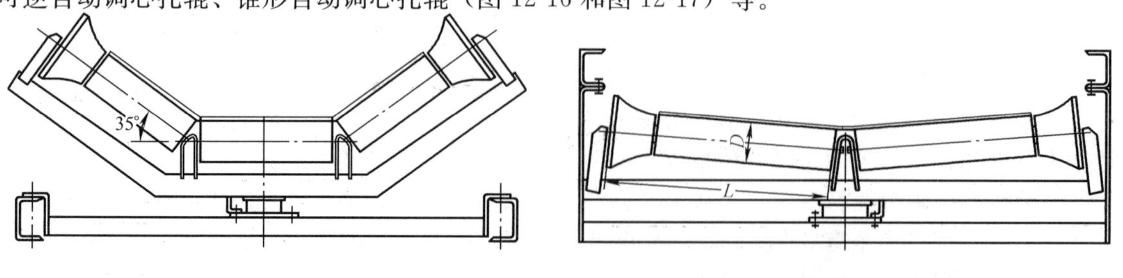

图 12-14　摩擦上调心托辊

图 12-15　摩擦下调心托辊

（1）前倾槽形调心无回转架托辊是将三节槽形托辊的两个侧托辊朝胶带运行方向前倾一定角度，一般为 3°～5°。由于在输送带和偏斜托辊之间产生一相对的滑动速度，在托辊与胶带之间就

有轴向的摩擦力存在；当胶带跑偏时，一侧的摩擦力大于另外一侧，促使输送带回到原来的位置。此托辊的优点是简单可靠，缺点是胶带运行时存在附加滑动摩擦力，增加了胶带的磨损。

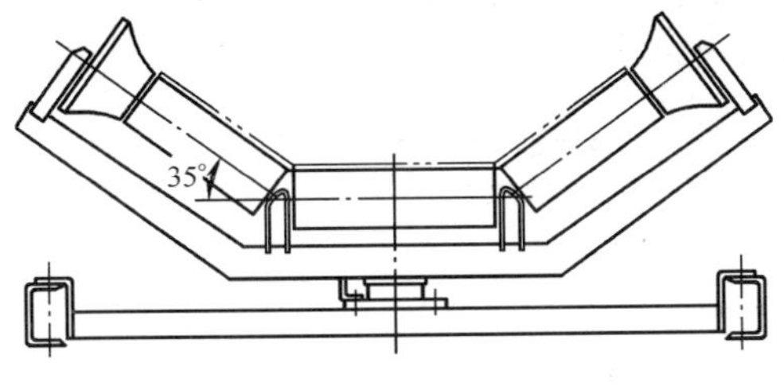

图 12-16　锥形上调心托辊

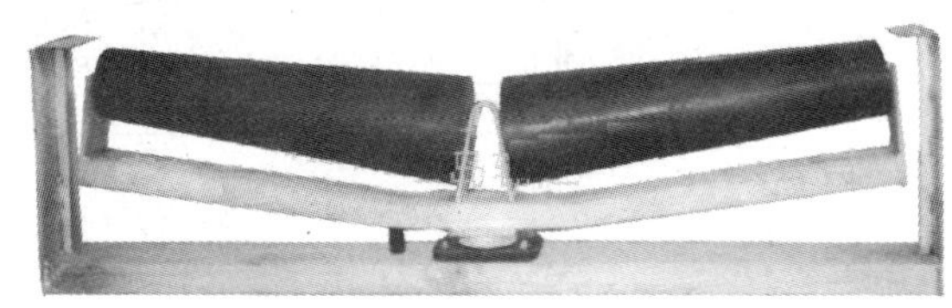

图 12-17　锥形下调心托辊

（2）单向转动自动调心托辊的结构是在槽形托辊转动架的两端各装有两个立辊。

其工作原理为：当输送带跑偏时，输送带边缘与立辊接触，使立辊受到胶带边缘的作用后，它给回转架施加回转力臂，使回转架转过一定角度，从而达到调心的目的，缺点为胶带边容易磨损。

（3）可逆自动调心托辊它是通过左右两个曲线辊与固定在托辊上的固定摩擦片产生一定的摩擦力来使支架回转。当胶带跑偏时，胶带与左曲线盘或右曲线盘接触，并通过曲线盘产生一个摩擦力，使支架带着槽形托辊转过一定角度，从而达到胶带的调心目的。可逆调心托辊取消了立辊，胶带跑偏时其胶带边基本上没有磨损。

（4）锥形自动调心托辊。胶带运动带动托辊转动时，托辊面的圆周速度在直径大端的附近点与带速相同，在这点上胶带与托辊面相对滑动为零，而锥形托辊直径小的部分与胶带有相对滑动。当胶带处于正常位置时，左右锥形托辊与胶带之间的附加滑动摩擦力数值是相等的。此时托辊的中心线与胶带的中心线垂直。假如胶带在前进的方向向左侧跑偏，此时左右锥形托辊的摩擦力平衡被破坏；由于存在左右摩擦力之差，左侧锥形托辊向前转动，并通过连杆使右侧锥形托辊也相应转动，这时托辊中心线的位置与胶带中心线不再垂直，胶带与托辊之间有附加的轴向滑动，因而锥形托辊给胶带有一个带偏角的附加摩擦力，使胶带回复到正常位置。锥形托辊也就转回到原来的位置。如果胶带的跑偏量已经超出所规定的数值时，就由设在输送机旁边的限位开关发出信号而停止运行。这种调心托辊的缺点是结构复杂，制造比较麻烦。优点是使胶带对中的能力强，调心灵敏度高，它的调心作用自始至终在进行。

（5）平行自动调心托辊和 V 形前倾式回程托辊（图 12-18）的工作原理同可逆自动调心托辊和前倾槽形调心托辊相同。

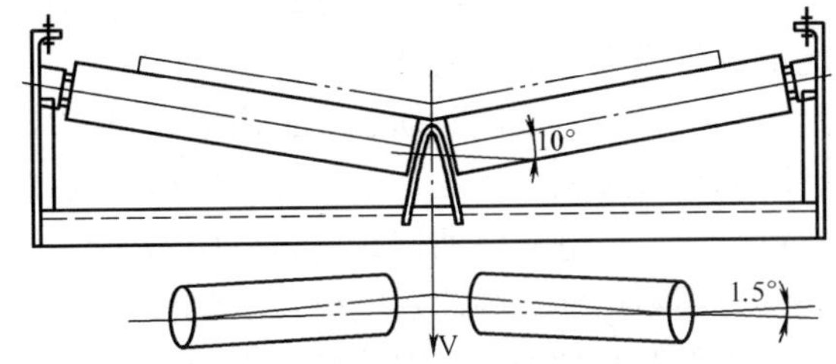

图 12-18　V 形前倾式回程托辊

（五）回程托辊

回程托辊主要用作胶带输送机的无载分支下托辊，支撑空载段胶带，有的可用来除去无载段表面上的黏煤，有的用来减少黏煤。

（1）V 形梳形托辊（图 12-19）：靠胶带的自重使胶带的中心自动向中间移动来防止跑偏，同时减少托辊的黏煤。

（2）螺旋托辊（图 12-20）：主要是清除无载支撑段胶带表面上的积煤。运动时，胶带带动螺旋托辊转动，螺纹的运动方向与胶带的运动方向有一偏角，使得左右方向各有一个摩擦力，这一对摩擦力大小相等，方向相反，在运动时把胶带上的积煤清除掉。

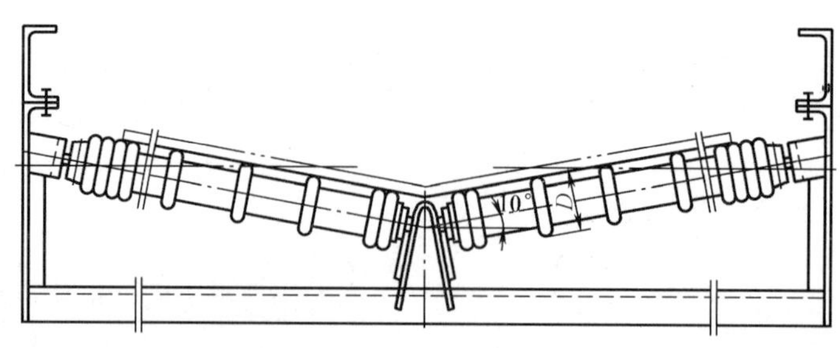

图 12-19　V形梳形托辊

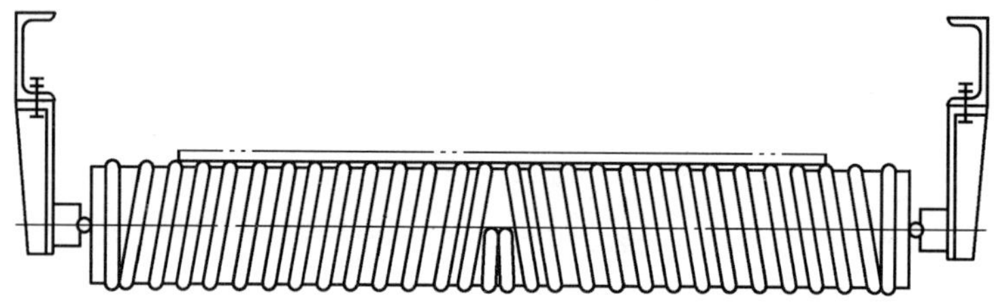

图 12-20　螺旋托辊

（六）过渡托辊

过渡托辊组布置在端部滚筒和第一组承载托辊之间，以降低输送带边缘应力，避免撕裂皮带和撒料情况的发生。过渡托辊组按槽角可分为10°（图 12-21）、20°（图 12-22）、30°（图 12-23）三种。

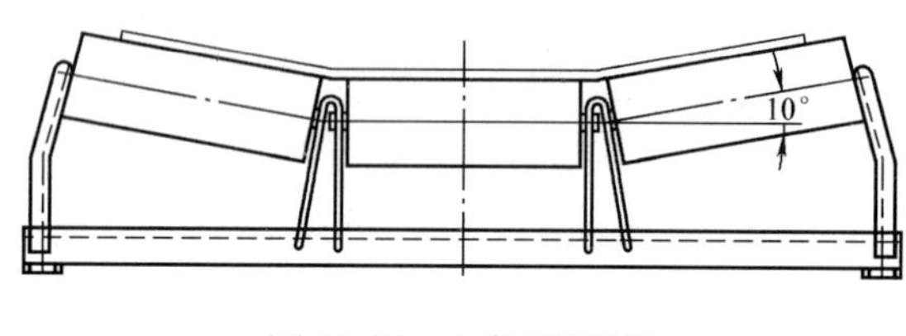

图 12-21　10°过渡托辊

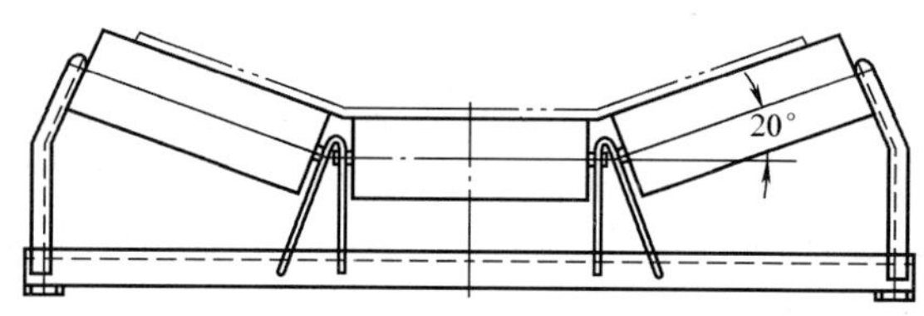

图 12-22　20°过渡托辊

三、带式输送机的驱动装置

电动机和减速机组成的驱动装置：这种组合由电动机、减速机、传动滚筒、液力耦合器、制动器、逆止器等组成。

电动滚筒驱动装置：这种驱动装置的电动机、减速机（行星减速机）都装在滚筒壳内，壳体内的散热有风冷和油冷两种。

电动机和减速滚筒驱动装置：由电动机、联轴器和减速滚筒组成驱动装置，电机外置。

驱动装置按电动机数目分，有单电机驱动（图 12-24）、双电机驱动和多电机驱动之分。电厂输煤系统中，单电机驱动带式输送机应用比较广泛。近年来随着电厂容量的不断增大，要求输煤设备出力不断增加，因此双电机双滚筒传动方式也得到广泛应用。采用双电机双滚筒驱动的主要优点是可降低胶带张力，因而可以使用普通胶带来完成较大的运输量，驱动装置各部结构尺寸也

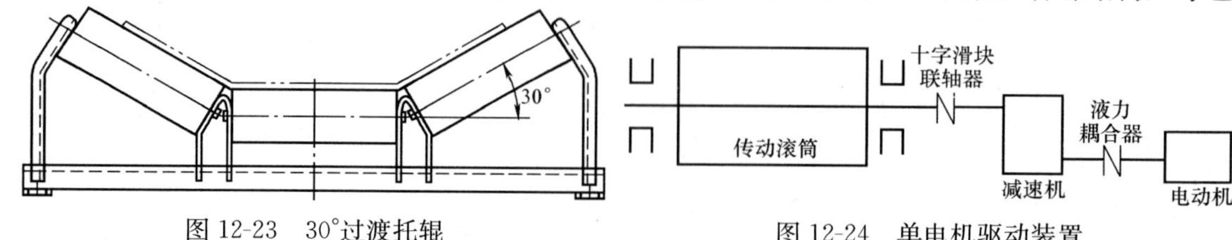

图 12-23　30°过渡托辊

图 12-24　单电机驱动装置

可以相应地减小，有利于安装和维护。随着液力耦合器的不断采用，双电机双滚筒驱动及多电机多滚筒驱动的电动机负荷均匀分配问题也得到了较好的解决。双电机双滚筒驱动布置形式多种多样（如图 12-25 所示），但以头部串联比较理想，这种形式的主要优点是既解决了胶带张力过大的问题，又便于运行人员维护管理。

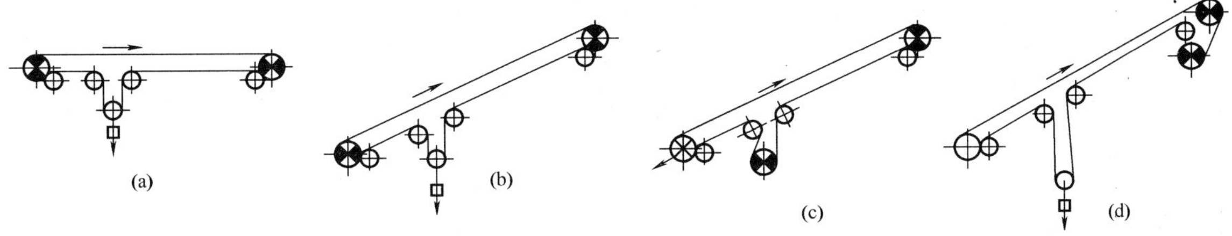

图 12-25　双电机驱动示意图

(a) $\beta=0°$；(b) $\beta=18°$；(c) $\beta=16°30'$；(d) $\beta=16°$

1. 电动机

输煤系统的带式输送机，由于环境条件差，一般采用 Y 系列三相异步电动机。全封闭风扇冷却鼠笼式三相感应电动机是全国统一设计的最新系列，具有高效、节能、启动转矩大、性能好、噪音低、振动小、可靠性高、功率等级和安装尺寸符合 IEC 标准，以及使用维护方便等优点，因而被广泛采用。

2. 联轴器

联轴器用来连接不同机构中的两根轴（主动轴和从动轴），使之共同旋转以传递扭矩。带式输送机的驱动装置常用的联轴器是弹性联轴器，它除传递扭矩外还具有吸收振动、缓和冲击的能力。

高速联轴器有：弹性柱销联轴器、尼龙柱销联轴器、梅花盘式联轴器、液力耦合器、挠性联轴器。

低速轴传动的联轴器有：十字滑块联轴器、齿轮联轴器。

(1) 液力耦合器。

1) 液力耦合器由泵轮、蜗轮、工作介质等组成，具体见下图 12-26。

2) 液力耦合器的作用：以液体为工作介质的一种非刚性联轴器，用来连接驱动装置中的电机轴与减速机轴（主动轴和从动轴），使之共同旋转以传递扭矩。

3) 液力耦合器的工作原理：电动机运行时带动液力耦合器的壳体和泵轮一同转动，泵轮叶片内的液压油在泵轮的带动下随之一同旋转。在离心力的作用下，液压油被甩向泵轮叶片外缘处，并在外缘处冲向蜗轮叶片，使蜗轮受到液压油的冲击力而旋转；冲向蜗轮叶片的液压油沿蜗轮叶片向内缘流动，返回到泵轮内缘，然后又被泵轮再次甩向外缘。液压油就这样从泵轮流向蜗

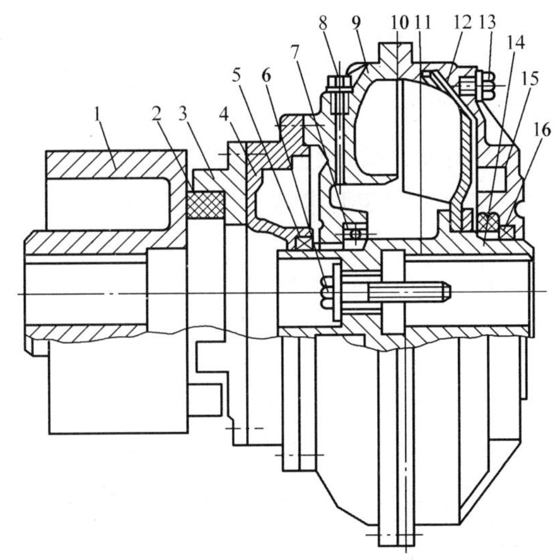

图 12-26　液力耦合器结构图

1—制动轮；2—梅花形弹性块；3—半联轴结；4—后辅腔；5—骨架油封；6—紧固螺栓；7—轴承；8—注油塞；9—泵轮；10—O 型密封圈；11—轴；12—蜗轮；13—易熔塞；14—轴承；15—外壳；16—骨架油封

轮，又从蜗轮返回到泵轮而形成循环的液流。液力耦合器中的循环液压油，在从泵轮叶片内缘流向外缘的过程中，泵轮对其做功，其速度和动能逐渐增大，而在从蜗轮叶片外缘流向内缘的过程中，液压油对蜗轮做功，其速度和动能逐渐减小。液压油循环流动的产生，使泵轮和蜗轮之间存在着转速差，使两轮叶片外缘处产生压力差。液力耦合器工作时，电动机的动能通过泵轮传给液压油，液压油在循环流动的过程中又将动能传给蜗轮输出。液压油在循环流动的过程中，除受泵轮和蜗轮之间的作用力之外，没有受到其他任何附加的外力。根据作用力与反作用力相等的原理，液压油作用在蜗轮上的扭矩应等于泵轮作用在液压油上的扭矩，这就是液力耦合器的工作原理。

4）液力耦合器的性能特点：调速范围宽，可实现从零调节，没有电气连接，可工作于危险场地，对环境要求不高；结构简单，操作方便，故障率低；性能指标对精度要求低，能量转换效率低，液压油老化后定时更换。

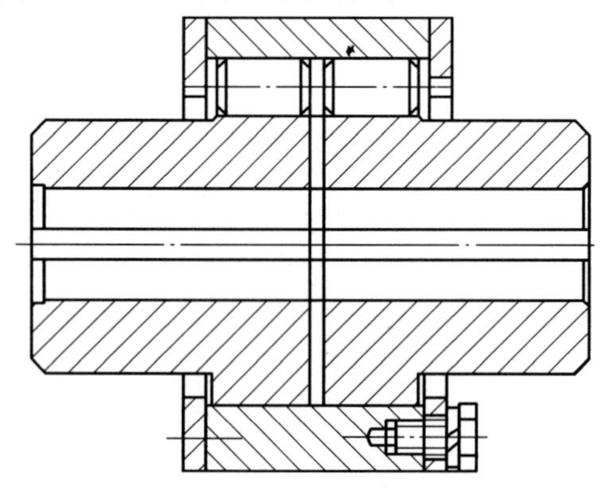

图 12-27　弹性柱销齿式联轴器

（2）弹性柱销齿式联轴器。

1）弹性柱销齿式联轴器的结构：由非金属材料柱销、半联轴器、半联轴器外环、挡环构成，如图 12-27 所示。

2）弹性柱销齿式联轴器的工作原理：利用若干非金属材料制成的柱销，置于两半联轴器与外环内表面之间的对合孔中，通过柱销传递转矩实现两半联轴器连接。

3）弹性柱销齿式联轴器具有以下特点：传递转矩大，在相同转矩时回转直径大多数比齿式联轴器小，体积小，质量轻，可部分代替齿式联轴器。与齿式联轴器相比，结构简单，组成零件较少，制造较方便，不用齿轮加工机床。维修方便，寿命较长，拆下挡板即可更换尼龙柱销。尼龙柱销为自润材料，不需润滑，不仅节省润滑油，而且净化工作环境。缺点为减振动能差，噪声较大。

弹性柱销齿式联轴器具有一定补偿两轴相对偏移的性能，适用于中等和较大功率传动，不适用于对减振有一定要求和噪声需要严加控制的工作部位。

3. 减速机

在机械传动中，为了降低转速并相应地增大转矩，常在原动机与工作部分之间安装具有固定传动比的独立传动部件，它通常是由封闭在箱体内的齿轮传动（或蜗杆传动）组成，这种独立传动部件称为减速机。（在个别机械中，也可用来增加转速）。

减速机是一种相对精密的机械，使用它的目的是降低转速，增加转矩。它的种类繁多，型号各异，不同种类有不同的用途。常用的减速机分类是：①摆线针轮减速机；②硬齿面圆柱齿轮减速器；③行星齿轮减速机；④软齿面减速机；⑤三环减速机；⑥起重机减速机；⑦蜗杆减速机。

带式输送机常用的减速机为圆柱齿轮减速机。此种减速机可以传递一定的载荷，常用的有 JZQ 型、ZQ 型、ZL 型、ZS 型等。为了减少占地面积，沈阳起重运输机械厂生产一种输入轴与输出轴呈垂直方向布置的传动装置，如图 12-28 所示。

减速机采用渗碳淬火磨齿加工的硬齿面齿轮，承载能力比软齿面齿漆提高 4～6 倍，因而在相同的承载能力时，硬齿面齿轮比软齿面 ZQ 齿轮质量降低 50%～60%，平均使用寿命增加一倍。又由于输出输入轴呈垂直布置，比平行驱动占地面积减少 50%以上。

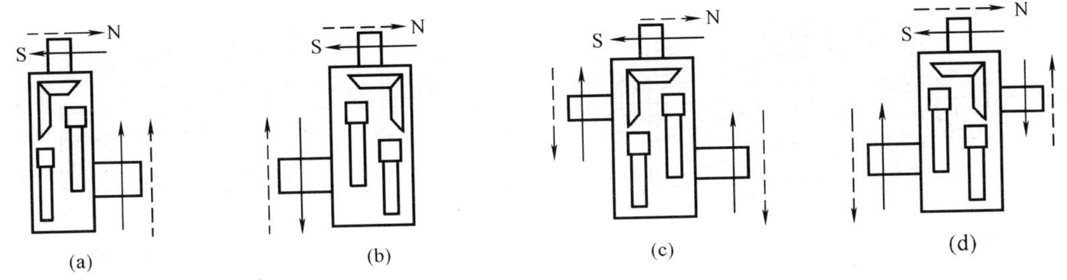

图 12-28　减速机输入轴与输出轴垂直布置方式

4. 传动滚筒

传动滚筒是传递动力的主要部件。带式输送机的传动滚筒结构（图 12-29）一般为钢板焊接结构，均采用滚动轴承。带式输送机是靠绕滚筒张紧的输送带与滚筒之间的摩擦力而运转的。因此，输送带与滚筒面之间必须有足够的粘着力，才能将牵引力传递给输送带，否则输送机运转时，带条在传动滚筒上会发生打滑现象。为防止滚筒与带条之间打滑，必须满足以下条件：

（1）增大输送带在传动滚筒上的包角 χ。带式输送机因受布置限制，为增大包角，可设改向滚筒或压紧滚筒，要求包角在 200°～240°。

（2）增大胶带与滚筒之间的摩擦系数。光面滚筒的摩擦系数 $\mu=0.2\sim0.25$，胶面滚筒的摩擦系数为 $\mu=0.25\sim0.4$，为增大摩擦系数，采用在滚筒表面包胶或铸胶的方式。

（3）胶带芯需有一定的初张力，才能将胶带压紧在滚筒上，这要求通过拉紧装置来满足。

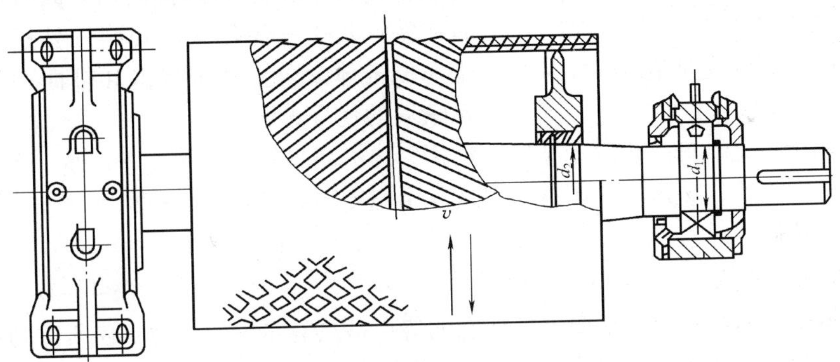

图 12-29　传动滚筒

滚筒分类：

（1）按滚筒外形分类，滚筒分为轮廓有圆筒型和圆鼓型两种。鼓型滚筒能使胶带运转对准中心。

（2）按滚筒筒面分类滚筒分为光面和胶面两种。在功率不大，环境温度小的情况下，可采用光面滚筒。在功率较大，环境潮湿易打滑时采用胶面滚筒。

（3）胶面滚筒分为包胶和铸胶。包胶滚筒的缺点是胶皮易脱离，螺钉头露出会刮伤输送带；优点是可自行更换胶面。铸胶滚筒胶面厚而耐磨，使用寿命长；缺点是价格高，使用单位不能自行浇铸新胶。

（4）人字形沟槽胶面滚筒（图 12-30）是将事先硫化成型的人字形沟槽橡胶板用黏结剂粘贴在滚筒表面上形成的，它具有较高的摩擦系数（$\mu=0.5$），因此可减少胶带的张力，延长胶带的使用寿命。因沟槽可截断水膜，在特别潮湿的场所也能获得良好的驱动性能。缺点是只能单向运行，安装运行时人字形尖端应与胶带运行方向一致，以利于沟槽内脏物排出。对可逆运行的带式输送机，要采用棱形沟槽胶面传动滚筒（图 12-31）。

图 12-30　人字形沟槽胶面滚筒

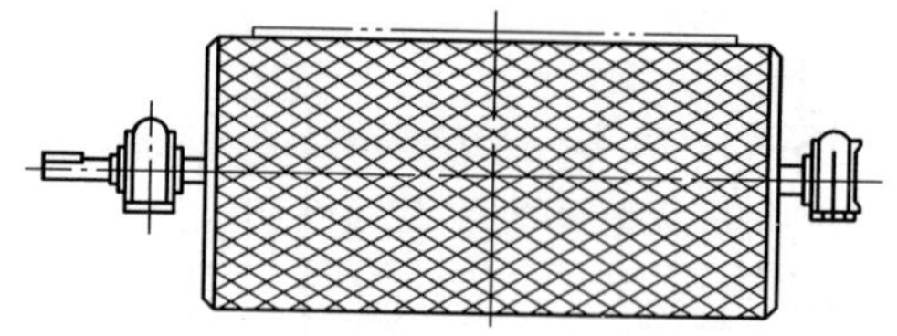

图 12-31　棱形沟槽胶面传动滚筒

5. 电动滚筒驱动装置

电动滚筒是带式输送机的一种新型的驱动装置，所谓电动滚筒就是电动机、减速机（行心减速机）都装在滚筒壳内，此时壳体内的散热有风冷和油冷两种方式，故又称为风冷式电动滚筒和油冷式电动滚筒（图 12-32），其中风冷式为非防爆型，油冷式有防爆型与非防爆型两种。

油冷式电动滚筒壳内带有环行散热片的电机，用左右法兰轴支撑，两个轴固定在支座上，电机转轴旋转带动一对外啮合齿轮和一对内啮合齿轮使滚筒旋转；滚筒内腔充有冷却润滑液。当滚筒传动时，油液可冲洗电机外壳，并润滑齿轮和轴承。滚筒端部有注油孔，换油方便。油冷式电动滚筒的代号为 YD。

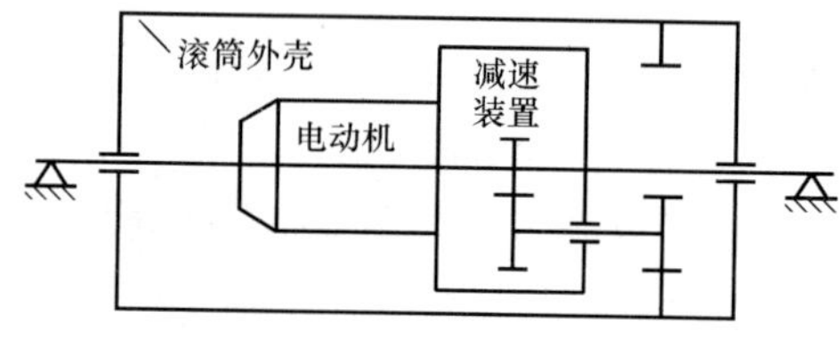

图 12-32　油冷式电动滚筒结构

风冷式电动滚筒是电动机和减速机均置于滚筒体内，电动机轴驱动风扇来冷却电动机与减速机，减速采用多轴定心传动，产品一般采用二级变速，传动件均置于密封的铸铁箱内，内有机油润滑，装置严密，灰尘不易侵入，共同体外层包胶，并在两端车成锥体，防止胶带打滑和轴向窜动，风冷式电动滚筒的代号为 FD。

电动滚筒的优点是：可简化驱动装置，结构紧凑，质量轻，操作安全，便于布置，占地面积小等；它适宜于功率小，场地布置困难，以及环境温度不超过 40°的场合。

四、拉紧装置

1. 拉紧装置的作用

（1）保证输送带紧贴在传动滚筒上，使它的绕出端具有足够的张力，使所需的牵引力得以传递，使滚筒与胶带之间产生所需的摩擦力，防止输送带打滑。

（2）限制输送机胶带各点的张力不低于一定值，以防止带条在各支撑托辊之间过分松弛下垂而引起撒料和增加运动阻力，使输送机能正常工作。

（3）补偿输送机带条由于受拉的塑性伸长和过渡工况下弹性伸长的变化。

（4）为输送带重新接头提供必要的行程。

2. 拉紧装置的布置要求

在带式输送机的工艺布置中，选择合适的拉紧装置，确定合理的布置位置是保证输送胶带的使用寿命，输送机的正常运输、启动和制动是皮带在滚筒上不打滑的必要条件。一般情况下，布置拉紧装置时，必须考虑以下两点：

（1）拉紧装置尽可能布置在皮带张力最小处，对于长度在 300m 以上的水平输送机或坡度在 5%以下的倾斜输送机，拉紧装置应设在紧靠传动滚筒的无载分支上；对于距离较短的输送机和坡度在 5%以上的上行输送机，拉紧装置多半布置在输送机尾部，并以尾部滚筒作为拉紧滚筒。

（2）应使带条在拉紧滚筒的绕入和绕出分支方向与滚筒位移线平行，而且施加的张紧力要通过滚筒中心。

3. 拉紧装置的形式

一般情况下，拉紧装置的形式有螺旋式、车式、垂直式、液压式拉紧和卷扬绞车等。

为了使传动滚筒能给予胶带足够的拉力，保证输送带在传动滚筒上不打滑，并且使输送带在相邻两托辊之间不过于下垂，就必须给输送带施加一个初张力，这个初张力是由输送机的拉紧装置将输送带拉紧而获得的。在设计范围内，初张力越大，皮带与驱动滚筒的摩擦力越大。

（1）螺旋拉紧装置见图12-33。螺旋式拉紧装置的拉紧滚筒在输送机运行过程中位置是固定的，所以又是固定式拉紧装置的一种。采用螺旋式拉紧装置时，输送带靠两根螺杆拉紧，转动螺杆时，轴承座和装在轴承座上的拉紧滚筒产生一定的位移。在运行过程中为了防止由于输送机的伸长而降低其拉紧程度，采取定期调整螺杆的措施，来保持其必要的拉紧程度。在调整拉杆时，应使两端的拉紧程度一致。

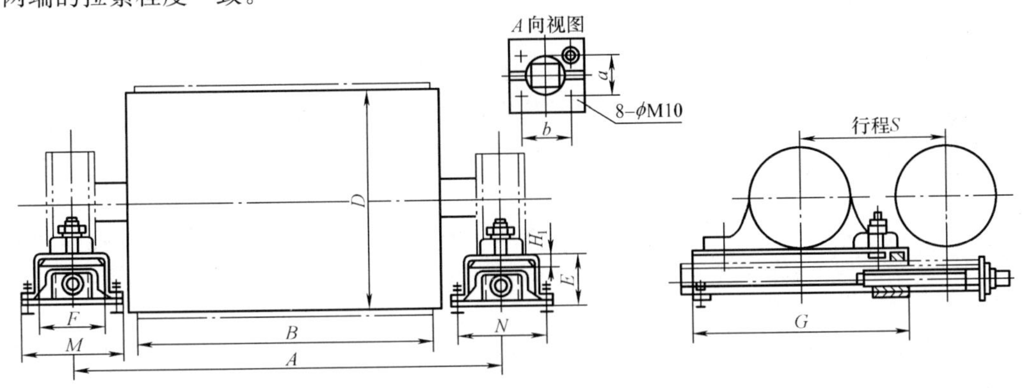

图12-33　螺旋拉紧装置

螺旋拉紧装置的拉紧行程较短，受拉杆上螺纹长度限制，一般适用于长度小于80m的短距离、功率较小的带式输送机上。

螺旋拉紧装置的优点是结构紧凑，对污染不敏感，工作可靠。缺点是输送机在运行过程中由于带条的弹性变化和塑性伸长引起张力降低，可能导致带条在传动滚筒上打滑。

（2）车式拉紧装置。车式拉紧装置（图12-34）是把带式输送机尾部的拉紧滚筒安装在小车上，小车设置在沿水平或下倾导轨上移动，小车通过钢丝绳和导向滑轮系统以重锤曳拉，输送机沿纵向移动。

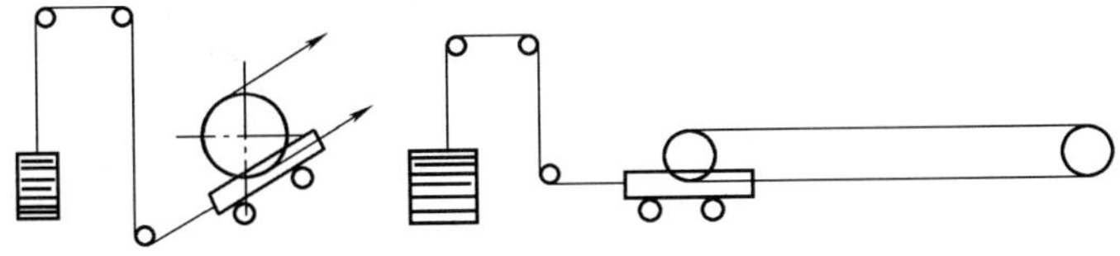

图12-34　车式拉紧装置

车式拉紧装置的优点是利用重锤的重力产生张力，能随时起作用自动进行调整，保证带条在各种运行状态下有恒定的张紧力，可以自动补偿由于温度改变、磨损而引起的牵引结构伸长的变化。

车式拉紧装置的缺点是重锤距离驱动装置较远，对传动滚筒绕出端的张紧作用较慢。

车式拉紧装置适用于输送机较长的，拉紧行程不受限制，功率较大的情况。车式拉紧装置结构简单可靠，同时也能自动保持预紧力。

（3）垂直拉紧装置（图12-35）。垂直式拉紧装置由两个改向滚筒、一个拉紧滚筒组成，可以

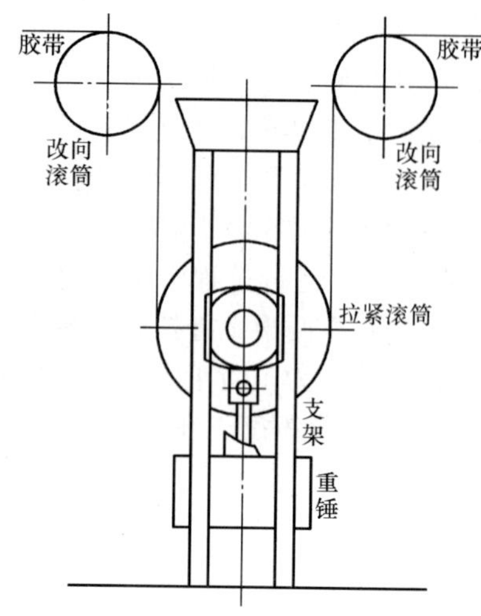

图 12-35　垂直重锤拉紧装置

安装在输送机回空段胶带的任何位置；拉紧滚筒和滑动框架在重锤的重力作用下，一起沿垂直轨道移动，产生张力，能随时起自动调整作用，保证胶带在各种运行状态下有恒定的张紧力，可以自动补偿由于温度改变、磨损而引起的牵引构件伸长的变化。

垂直拉紧装置的优点是布置上的优点，最好放在靠近最小张力处，以减少拉紧重锤的质量。当布置在传动滚筒不远的回空胶带上时，所需的重锤质量最小，在倾斜式输送机采用垂直拉紧装置时，将其设置在输送机走廊的空间位置，可以减少地下建筑物的深度和面积。

垂直拉紧装置的缺点是结构复杂。因增设了两个导向的改向滚筒和一个拉紧装置，增加了胶带的弯曲次数和磨损，而且物料容易掉入输送机胶带与拉紧滚筒之间而损伤胶带，特别是输送潮湿或黏度较大的物料时，此缺点更突出。

(4) 液压拉紧装置。胶带自控液压拉紧装置是根据胶带在启动和正常运转两种状态下拉紧力的不同需要，确定合理的胶带张力模型而设计的。

胶带自控液压拉紧装置特点是：

1) 启动时的拉紧力和正常运行时的拉紧力可根据胶带输送机张力的需要任意调节（调节范围根据所选型号见表）。完全可以达到启动时拉紧力比正常运行时大 1.4～1.5 倍的要求，一旦调定后，按预定程序自动工作，保证胶带在理想状态下工作。

2) 响应快，胶带输送机启动时，胶带松边突然松弛伸长，该机能立刻缩回油缸，及时补偿胶带的伸长，对紧边冲击小，从而使启动时平稳可靠，避免断带事故的发生。

3) 具有断带时自动停止带式输送机和打滑时自动增高拉紧力等保护功能。

4) 结构紧凑，安装空间小。

5) 可与集控装置连接，实现对该机的远距离集中控制，还可实现微机控制。

全液压式设计不仅结构紧凑、质量轻，而且操作简单，是胶带拉紧的理想设备。缺点是较其他拉紧装置的价格昂贵。

五、改向滚筒装置

为了改变输送带运动时的方向，设置改向装置，改向装置有改向滚筒（图 12-36）和改向托辊组两种。

图 12-36　改向滚筒的外形

1. 改向滚筒的作用

改变胶带的缠绕方向，使得胶带能够形成无极封闭的环形。改向滚筒用在带式输送机无载回程空段上，可作为输送机的尾部滚筒，同时也可组成拉紧装置的拉紧滚筒，均为 180°的改向。垂直拉紧装置上部的两个改向滚筒为 90°改向。胶带的增大传动滚筒包角的增面滚筒和胶带由倾斜输送变为水平输送的改向滚筒约为 45°的改向。

2. 改向托辊组

用在带式输送机有载分支胶带的槽形托辊，是按在输送带从倾斜过渡到水平区段或从水平过渡到倾斜区段的布置方法所要求的。在由水平过渡到圆弧形时，带条边缘在凸弧段有附加张紧力，为了使其值不超过带条的许用极限而拉裂胶带，此段的托辊间距为直线段距离的1/2～1/2.5。

六、制动及逆止装置

带式输送机倾角超过4°时，防止输送机在静止状态下倒转、正常停机时随惯性继续向前转（多出现在平皮带）或在紧急状态下停机时输送机倒转的装置。输煤系统常用制动器有带式逆止器（刹车皮）、滚柱逆止器、接触式楔块逆止器、非接触式楔块逆止器、电磁闸瓦式制动器、液压闸瓦式制动器。

1. 带式逆止器

带式逆止器是一种简单的制动装置，用一段胶带使其弯曲，一端固定在带式输送机的机架上，另一端自由地置于传动滚筒附近的输送带回空分支上，这段胶带就叫做制动带。

（1）带式逆止器的工作原理。倾斜布置的带式输送机停车时，在负载重力的作用下，带式输送机方向倒转，将制动带的自由端带入滚筒与输送带之间，由于反向摩擦力而使这段制动带被拉紧，紧紧地楔住滚筒和胶带，带式输送机即被制动。

（2）带式逆止器的优缺点。优点是结构简单、造价低、在倾斜角小于等于18°的上行输送机制动可靠。缺点是输送带必须倒转一段，才能产生反向摩擦力把制动带楔住拉紧，这样会造成输送机尾部或给料处堵塞溢料或拥塞外撒，头部滚筒直径越大，倒转距离越长，但制动力矩较小，另外在紧急停机时不能实现迅速停机。功率较大的带式输送机不易采用，在电厂设计中头部滚筒直径大于800mm时应采用其他制动装置。

（3）带式逆止器的结构：由制动带及固定在输送机架上的用于连接制动带的转轴两部分组成。

2. 滚柱逆止器

滚柱逆止器的结构如图12-37所示，由星轮、滚柱、外套、弹簧组成。

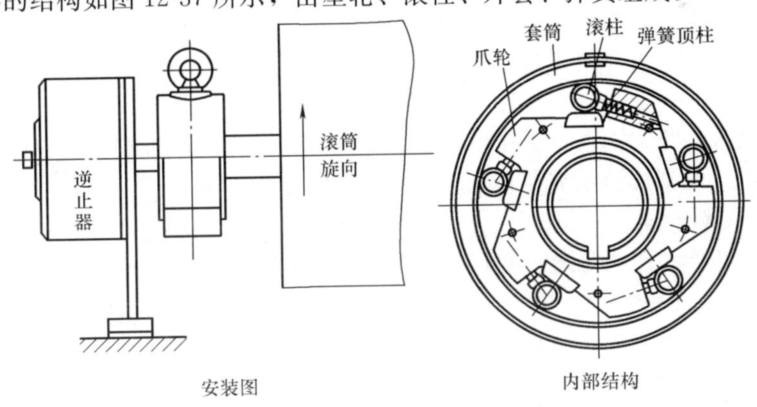

图12-37 GN型滚柱逆止器

滚柱逆止器的工作原理：在输送带正常工作时，即星轮做顺时针旋转，滚柱处在星齿空隙切口的最宽处，而随星轮转动，不妨碍输送机的正常运转；当输送机停车时，在负载重力的作用下，输送带和滚筒带动星轮倒转，即星轮做逆时针回转时，滚柱将被滚向星轮的星齿切口的狭窄处，并碰上固定圈，楔紧在星轮和固定圈之间，输送机就被制动。

滚柱逆止器的优点是结构紧凑，倒转距离小，物料外撒少，制动平稳可靠，制动力矩较大，最大制动力矩可达48 500N·m，在向上输送的输送机中均可采用。

3. 接触式楔块逆止器

接触式楔块逆止器是一种低速防逆转装置。图12-38所示为NJ型接触式逆止器。

接触式逆止器内有若干异形楔块按一定规律排列在内外圈之间。当内圈向非逆止方向旋转时，异形楔块与内圈和外圈轻轻接触；当内圈向逆止方向旋转时，异形块在弹簧力的作用下，将内圈和外圈楔紧，从而承担逆止力矩。

与普通滚柱逆止器、棘轮逆止器相比，在传递相同逆止力矩的情况下，接触式逆止器具有质量轻、传力可靠、解脱容易、安装方便等优点。其允许最大扭矩通常能达到数十万牛顿·米以上，适用于大型带式输送机和提升运输设备。

4. 非接触式楔块逆止器

非接触式楔块逆止器是安装于减速机高速轴轴伸或中间轴轴伸上的逆止装置，如图 12-39 所示。

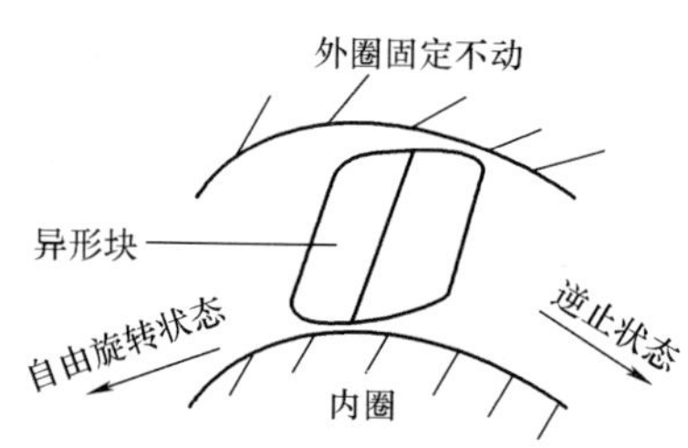

图 12-38　NJ 型接触式逆止器

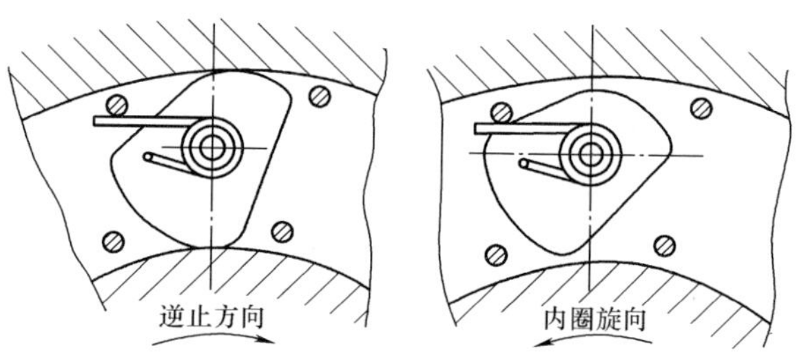

图 12-39　非接触式楔块逆止器

采用非接触式楔块逆止结构，当输送设备正常运行时，带动楔块一起运转，当转速超过非接触转速时，楔块在离心力转矩作用下，与内外圈脱离接触，实现无摩擦运行，因而降低了设备运转噪声，提高了使用寿命。当输送设备载物停机时，内圈反向运转时，楔块在弹簧预加扭矩作用下，恢复与内外圈接触，可靠地进入逆止工作状态，使输送机在物料重力作用下，不会有后退下滑故障的发生。

这种逆止器具有逆止力矩大、工作可靠、质量轻、安装方便和维护简单的优点，广泛用于输送机、斗式提升机、埋刮板输送机和其他有逆止要求的输送设备。

5. 电磁闸瓦式制动器

电磁闸瓦式制动器的作用是通过闸瓦与连接在转动轴上的制动轮产生摩擦力，将转动的机械制动。其工作过程为：接通电源后电流经过电控盒对电磁线圈以强电流励磁，使衔铁迅速可靠吸合，并在较短时间内转换为弱电流对电磁线圈供电；同时衔铁推动螺杆带动两制动臂把闸瓦块打开（松闸），断电后在弹簧力的作用下通过螺杆使两制动臂带动闸瓦回位抱闸。

电磁闸瓦式制动器是由制动架和节能电磁铁两部分组成。

6. 液压闸瓦式制动器

液压闸瓦式制动器通过闸瓦与连接在转动轴上的制动轮产生摩擦力，将转动的机械制动。其工作过程为：当通电时，电动机带动叶轮转动，将油从活塞上部吸到活塞下部，产生油压推动活塞推杆迅速升起，并通过杠杆作用把制动瓦打开（松闸）；当断电时，电力液压推动器的推杆在制动弹簧的作用下，迅速下降，并通过杠杆的作用使两制动臂带动闸瓦回位抱闸。

液压闸瓦式制动器由制动架和相匹配的电力液压推动器两大部分组成，如图 12-40 所示。

七、装卸料装置

带式输送机每段之间和要利用头部滚筒卸料至下一段尾部的装置，这些装置主要是由罩壳、落煤管和导料槽组成。

1. 装卸料装置的布置

带式输送机装卸料装置的合理与否在很大程度上决定了胶带的使用寿命和输送机运转的可靠性，为了减轻胶带的磨损和减少输送机运转时的故障，落煤管装置的结构应保证煤落到输送机带上的速度大小、方向与输送带一致，并可在落煤管内装设导料板，以有利于煤对准输送带中心均匀地导入，从而防止胶带跑偏。在装料点处不允许有物料堆积和洒落现象，尽量减少装料处物料的落差，特别要防止大块煤从很高处直接落到输送带上，以避免由于煤块的冲击而引起胶带的损坏。为了减少装料点的冲击，防止带条表面被划破甚至击穿，在装料点处应采用缓冲托辊或缓冲悬挂托辊，装卸料点的位置应使物料落在两组托辊之间，而不是落在某组托辊上，装料点的托辊间距应在0.4～0.6m范围内。

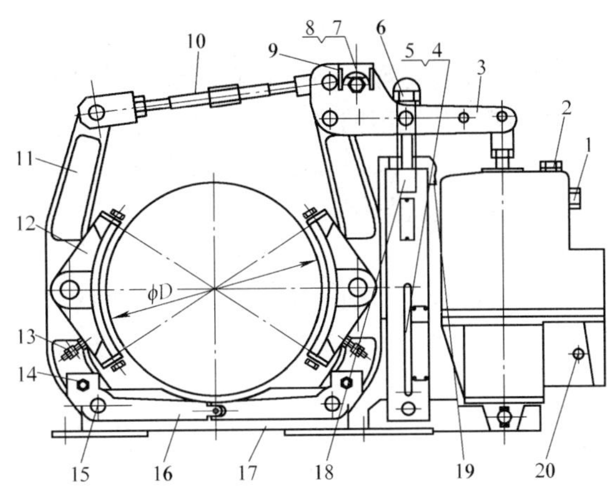

图 12-40　液压闸瓦式制动器结构图

1—溢流螺塞；2—注油螺塞；3—杠杆；4—弹簧下座；5—制动弹簧；6—弹簧拉杆；7—调整螺钉；8—调整板；9—拨杆；10—拉杆；11—制动臂；12—制动瓦；13—制动瓦随位调整装置；14—螺栓；15—销轴；16—退距均等装置；17—底座；18—撞板；19—手动装置；20—推动器接线孔

2. 落煤管

落煤管的外形尺寸、角度应有利于正常煤、湿煤、较粘煤、洗中煤等各种煤的通过，一般落煤管的倾斜角度不小于55°～60°。若为湿煤，倾斜角度还需加大。另外落煤管应具有足够大的通流面积，以保证物料在管中畅通，为了避免由于混在物料中的长条形杂物，如角钢、木块等卡在落煤管下部与导料槽之间，以致胶带被纵向划破，最好将与导料槽连接的落煤管下部向前扩大，以减少卡住的可能性，同时为了防止磨损落煤管内的工作面，落煤管可用厚钢板制成或衬上铸铁板、橡胶等耐磨材料。

3. 三通落煤管（图 12-41）

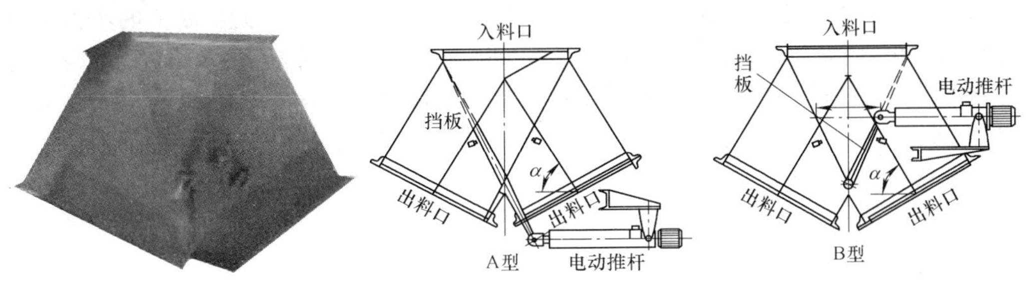

图 12-41　三通落煤管

为了使输送机运来的煤能任意下落到两台带式输送机或其他设备上，便使用三通落煤管。其给煤方向由挡板换向机构来控制。换向机构要轻便可靠，其结构是由焊接在轴上的两块钢板做成的挡板，以及支持轴的滚珠轴承组成，这就减少了切换挡板的阻力。挡板的切换可以采用手动、气动或电动执行机构驱动，现大多采用液压推杆。

4. 导料槽

导料槽装在受料输送带上，固定在输送机架上，这是为使落煤管中落下的煤不致撒落，且能迅速地在输送带中心上堆积成稳定的形状。

导料槽要有足够的高度和断面，导料侧板的长度一般为其宽度的（1.25～2）倍，导料侧板的高度一般为其宽度的（0.3～0.5）倍。在结构上为了便于组装和拆卸，导料槽通常做成1m左右一段，分前段、后段和通过段3段。

八、清扫装置

1. 清扫器的分类

清扫器可分类为刮板清扫器、水力清扫器、带条翻转清扫器。

刮板清扫器又可分为弹簧清扫器、空段清扫器（图12-42）、重锤清扫器。

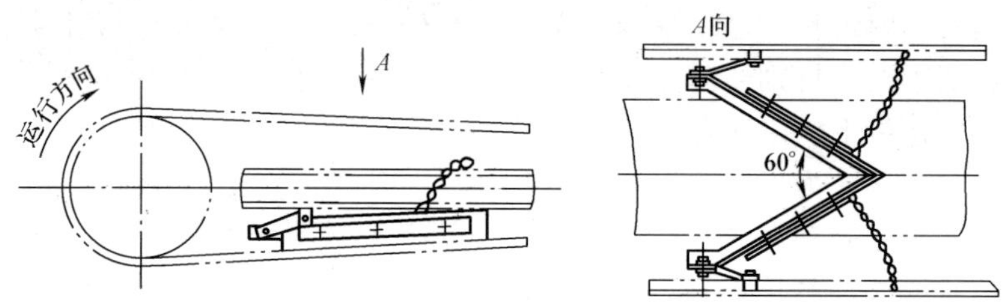

图12-42　空段清扫器

弹簧清扫器是利用弹簧压紧刮板，把胶带上的煤刮下来的一种装置。刮板的工作件是用胶带或工业橡胶板做的一个板条，通常和胶带一样宽，用扁钢或钢板夹紧，利用弹簧压紧，在机头卸载滚筒的下部，使刮板紧贴在滚筒外的胶带工作面上，用以清扫卸料后仍黏附在输送带工作面上的物料。运行时注意胶带条的磨损和刮板对胶带的贴紧程度。

空段清扫器装于输送带尾部滚筒和垂直式拉紧装置的前改向滚筒之前的下分支胶带上。用以清扫输送带非工作面上的物料。刮板的工作件是用胶带或工业橡胶板做的一个三角架，顶头通常用一个弹性架与机架连接，尾部用活动铰链结构与机架连接，使刮板紧贴胶带非工作面，在胶带运动时连续将杂物清除。在有较硬的物件通过时，弹性片弹起或活动铰链撑起，使较硬的物件通过，不易划坏胶带。

2. 清扫器的作用

清扫器是把黏附在胶带上的煤刮下来的一种装置。黏附在胶带工作面上的小颗粒煤，通过胶带传给下托辊和改向滚筒，由于物料的积聚，而使胶带的外形发生改变，加剧胶带的磨损。另外，有载分支输送带上的煤撒落到回空胶带上传给拉紧滚筒表面，甚至在传动滚筒上也会发生黏结。这些现象影响胶带偏斜和影响张力的均匀分布，导致胶带跑偏和损坏，同时由于胶带沿托辊的滑动变差，运行阻力增大，使驱动装置耗电量也相应增加。胶带上所黏结的煤沿输送带回程的全长，特别是在改向滚筒附近不断地撒落，严重地污染了环境和增加了室内含尘浓度。

九、缓冲锁气器

缓冲锁气器分为单板锁气器、双板锁气器。

单板锁气器用于单一直供落煤管或配煤间下料煤斗，靠煤流的自重和冲击自动打开，使煤流通过。例如：煤仓煤斗中安装的即为单板锁气器。

双板锁气器用于交叉落煤管，有效调整落煤点居中，靠煤流的自重和冲击自动打开，使煤流通过。在没有煤流通过时靠外面的重锤重力作用自动合上。（齿轮式自对中双板锁气器防偏效果较好）。

缓冲锁气器由重锤杆、对中齿轮传动机构、缓冲受料板三部分组成。

缓冲锁气器的作用为：缓冲煤流对下段皮带的冲击力，防止由于大木块、铁块、煤块、石料等杂物造成皮带撕裂或托辊损坏；可将煤流居中，防止胶带跑偏；煤流聚在接料板上减速缓冲，将落煤管上下气流分开，密封的内壁让物料畅通无阻，同时阻断诱导风回量；无料时靠重锤带动缓冲板自动关闭落料管，防止其他落料管上料时引起的粉尘外溢污染；保护缓冲托辊，有助于延长其使用寿命。

十、皮带机伸缩头

皮带机伸缩头主要用于翻车机或卸煤装置、地下转运站，以及煤场转运站和煤仓间转运站，作为甲、乙胶带机的交叉换位之用。一般分为两工位和三工位伸缩头。

皮带机伸缩头由固定机架、伸缩头车架、走行轮、车架、走行驱动装置、皮带机头轮、导向滚筒、头部护罩、落料斗、导料挡板和清扫器等组成。

当输煤系统需要切换系统时，由走行驱动装置驱动车架沿轨道运动，伸缩头车架伸长或缩短，靠折叠托辊的伸出或缩回来实现落料点的改变，从而达到切换系统的目地。

皮带机伸缩头采用高支架式布置，两卸料点交叉换位，布置在同一个空间；伸缩头由驱动装置通过齿轮传动进行系统换位，托辊采用穿梭式或折叠式。伸缩头进行系统交叉换位的优点是：使转运部位的容积大大减小，可节省建筑费用，降低煤流落差，减少粉尘对环境的污染和物料对皮带机的冲击，从而改善了运行条件，延长了胶带使用寿命。

十一、刮水器

刮水器主要用在煤场露天皮带机上，将停运的皮带机上积存的雨水或雪在皮带机启动时及时刮掉。

刮水器由机架、刮水犁板、托辊、连杆、滑槽和传动推杆执行机构组成。

当胶带机胶带上有雨或雪需要进行清理时，刮水器犁头固定不动，借助滑槽中的托辊上升将胶带托起，与刮水犁板紧贴在一起，上升时电动推杆推动杠杆，顶起托辊沿滑槽上升，这样就使运行时带过来的雨、雪及时被刮掉。

十二、电动推杆

一般电动推杆分为机械式和液压式两种。

机械式电动推杆由电机、齿轮变速机构、螺纹传动机构组成。工作时，电机带动齿轮传动机构的高速端。而低速端与丝杆连接，通过齿轮传动机构的变速，使低速端产生较大扭矩，带动丝杆螺母转动，把电机的旋转运动转化为直线运动。

液压式电动推杆由电机、油泵、液压缸、油箱、液压控制阀、管路等组成。液压式电动推杆的电动机、油泵、液压控制阀和液压缸装在同一轴线上，且液压缸在油箱里，工作时电机转动，油泵工作产生压力油，推动活塞杆运动，活塞杆的进退由电机的正反转来实现。

十三、胶带机压轮

带有凹弧段的胶带机在瞬时启动时，靠近滚筒的胶带速度由零忽然增大，并先保持运动状态，而后面的滚筒由于惯性，仍然要保持静止状态，这样就造成凹弧段的胶带瞬时张起。为了防止胶带张起过高跳离托辊或顶在导料槽的槽体上，采用了安装压辊的办法。凹弧段的起点距离导料槽不小于 5m 时，必须在导料槽与凹弧起点间安装压轮（图 12-43）。

十四、胶带滚筒直径的选择

胶带的使用条件随着滚筒直径的增大而得到改善，即防止胶带产生疲劳损坏，当其他条件相同时，滚筒直径增大，将使它的质量以及整个驱动装置的质量都增大，因此滚筒直径不应当大于为确保胶带正常使用条件所需的数值。通用的织物物芯胶带在输送机中，传动滚筒直径由带条允许弯曲强度决定，一般要求滚筒直径 D 应为衬垫层数 Z 的 100～125 倍，胶带的允许张力是由接

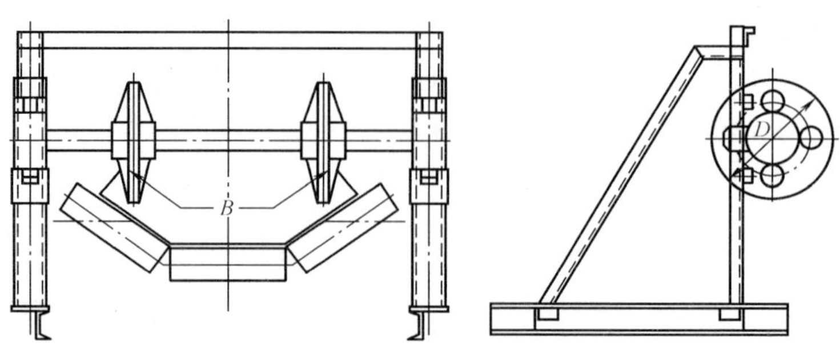

图 12-43　皮带凹段压轮

头强度决定的。机械接头较硫化接头强度减少 20%以上。机械接头选用 D/Z 值较小，胶带的弯曲应力虽有些增加，并不影响胶带强度。对硫化接头和机械接头取不同的 D/Z 值，可做到对同样工作张力取同样直径的传动滚筒，以充分利用滚筒的承受能力。大量的实践经验证明，传动滚筒的摩擦系数与胶带和滚筒的单位压力有关，当压力超过一定值以后，摩擦系数的降低十分明显。

第三节　带式输送机的保护装置

为保证胶带正常运行，输煤系统设置了如打滑、速检、防撕裂、二级跑偏、料流检测等保护。

一、打滑检测装置

1. 打滑检测装置的作用

用于检测带式输送机在启动或运行过程中出现的输送带与传动滚筒之间的打滑，防止因打滑造成的事故。当胶带有载时测速轮应处在水平状态。

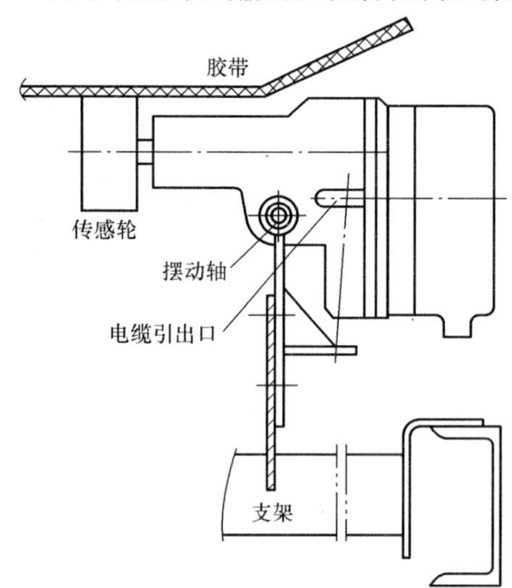

图 12-44　打滑检测装置

2. 打滑检测装置的结构

如图 12-44 所示，打滑检测装置由传感头和控制箱两部分组成，其中传感头由红外光电开关、遮光板、触轮、主控及其他传动机构组成。

3. 工作原理

该装置的传感头安装在带式输送机的输送带上分支和下分支之间，其触轮与输送带上分支非工作面压紧接触，通过输送带与触轮的摩擦力带动触轮旋转，同时使触轮带动其腔内的遮光板同步旋转，遮光板上开有一定数量的槽，遮光板每转过一个槽，就发出一个脉冲信号，此脉冲信号通过电缆发送到控制箱，经过数据处理后，与原设定的编码数据进行比较，如带式输送机运行速度正常，那么两数据相吻合，发出运转正常信号。当脉冲信号大于或小于设定的编码时，则分别发出带式输送机超速或打滑的报警信号。

二、纵向撕裂保护装置

1. 纵向撕裂保护装置的作用

用于带式输送机在运行过程中，由于异物（金属或其他坚硬物体）混杂在运输物料中而使输送带被刺穿，造成输送带纵向撕裂事故时的报警和紧急停车。

2. 纵向撕裂保护装置的结构

如图 12-45 所示，纵向撕裂保护装置由传感器、控制箱两部分组成。传感器有 B 型和 A 型两种，A 型是条形，安装在落煤管的物料出口处；B 型是槽形，安装在槽形辊处。

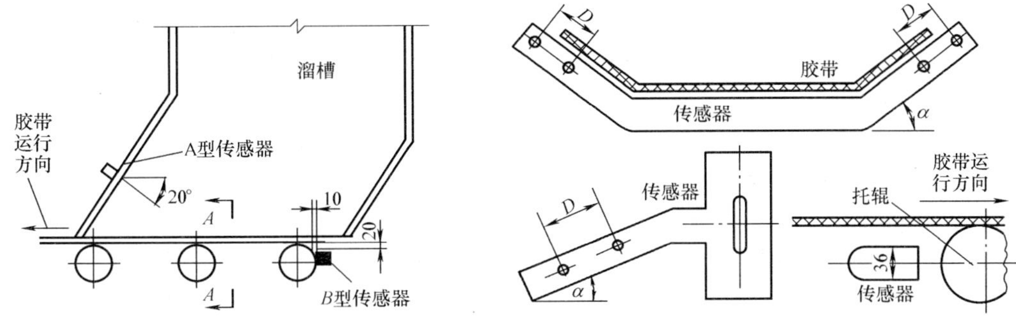

图 12-45　纵向撕裂保护装置

3. 纵向撕裂保护装置的工作原理

该装置安装在带式输送机的尾部，一般在较长的或关键的带式输送机上，可根据具体情况和需要设置。1 台带式输送机的纵向撕裂保护装置由 1 个 A 型传感器和 4～6 个 B 型传感器并联后接到控制箱上。传感器由密封在橡胶壳内的、彼此隔开的两条弹性导电触片组成。当传感器受压时，两片触片导通，并将此信号发送到控制箱，控制箱立即处理此信号，消除干扰信号，如小于 1s 的瞬时碰撞信号，将可能造成输送带纵向撕裂的故障信号发送到运输系统的控制中心，使输送机立即事故停机，以实现自动保护的效果。事故处理完毕后，事故箱可人工复位。

三、落煤管堵塞保护装置

1. 落煤管堵塞保护装置的作用

用于检测带式输送机系统中的转运落煤管内的堵料情况，当落煤管内形成堵塞时，该装置立即发出报警、停机信号至输煤系统的控制中心，立即事故停机。

2. 落煤管堵塞保护装置的结构

如图 12-46 所示，该装置采用门式结构，由活动门、行程开关或舌簧（接近式）开关组成。一般安装在落煤管侧壁，底部向上 2/3 的高度位置上，可安装两组。一组安装在落煤管底部向上 1/3 处，作为轻度堵塞检测；另一组安装在落煤管底部向上 2/3 处，作为重度堵塞检测。安装时在落煤管侧壁上开一个 260mm×260mm 的方孔，然后在方孔上方约 100～200mm 处内壁焊接一

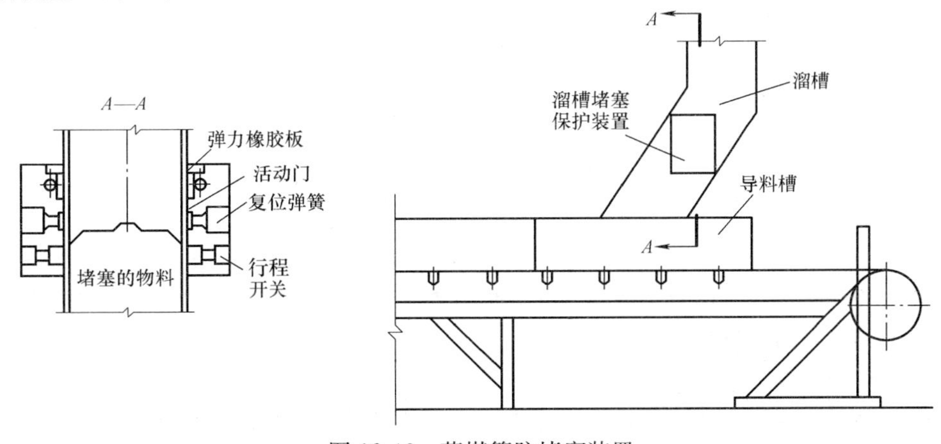

图 12-46　落煤管防堵塞装置

块 300mm 的挡板，以防大块物料落下，直接击打活动门而发生误动作。在落煤管外侧用随机所配备的弹力橡胶板，将开孔完全覆盖封闭。再用随机配套的弯角件，按照安装要求焊接在落煤管侧壁上，用螺栓紧固箱体即可。

3. 落煤管堵塞保护装置的工作原理

当物料在落煤管内形成堵塞时，堆积的物料对落煤管的侧壁产生压力，从而使该装置的活动门向外推移，当活动门偏转角度等于或大于受控角度时，其控制开关动作，从而发出报警或停机信号。当落煤管故障排除后，活动门自动复位，恢复原状。一般将此信号接至振打器控制线路上，可实现轻度堵塞时不停机的情况下自动消除堵塞状态。

四、行程开关

行程开关一般有电子感应式（图 12-47）和机械式（图 12-48）两种。

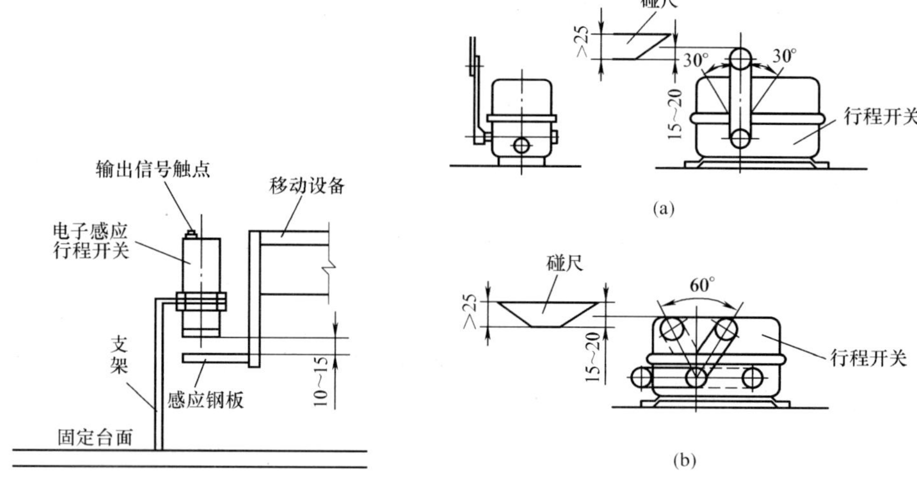

图 12-47　电子感应式行程开关

图 12-48　机械式行程开关

（a）直形尺杆式；（b）滚子叉形式

行程开关安装在带式输送机配套的移动设备上（例如叶轮给煤机），起到终点保护或行程定位的作用。

行程开关由摇臂，常开、常闭触点，金属外壳等构成。

1. 机械式行程开关的工作原理

当移动设备工作时运行到极限位置，此时安装在移动设备上的碰尺碰撞行程开关的摇臂，当摇臂旋转过一定角度时触点断开，发出报警信号驱动继电器或保护器。(行程开关又称限位开关，可以安装在相对静止的物体如固定架、门框等静物上，或者运动的物体上，如行车、门等，简称动物。当动物接近静物时，开关的连杆驱动开关的触点引起常闭的触点分断或者常开的触点闭合。由开关触点的开、合控制机构的动作。)

2. 电子感应式行程开关

电子感应式行程开关是一种新型、无接触的金属感应型电子开关器件，它具有体积小，无噪声，防震，防潮，动作响应快，使用寿命长等特点。

电子感应式行程开关可以直接驱动各类继电器、接触器、信号灯，可以直接与各类计算机接口相连，取代机械式行程开关，广泛地用于现代工业控制系统和自动化控制系统。

电子感应式行程开关为交流、直流二线开关，是无电源和无级性的二线开关，只需将其串接在电源和负载回路中即可工作。输出形式分二线常开或二线常闭。操作电压可用10～30V直流或交流220V。

五、料流检测装置

料流检测装置由摆动杆、触板、检测器、限位管、门架组成（图12-49）。

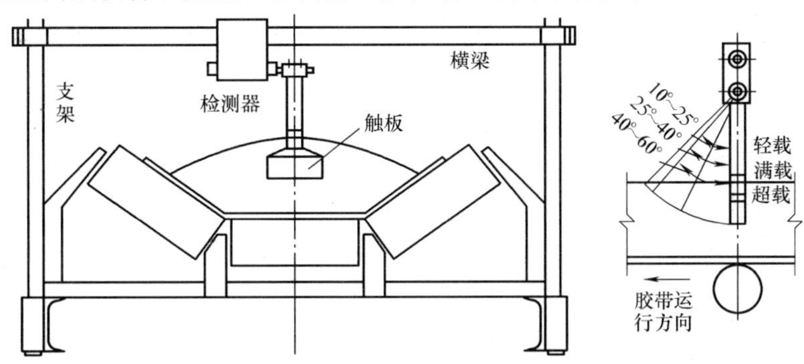

图12-49　料流检测装置

（1）料流检测装置的作用：带式输送机输送物料时，检测料流的瞬时状态。一般该装置安装在靠近带式输送机的头部，可以发出开关信号，使运输系统的控制中心知道运输物料到达哪一条带式输送机。在事故停机时，出事故的带式输送机前方所有连锁设备都同时停机。其后方的带式输送机继续运行，待物料运输完毕后依次停机。带式输送机上的物料是否已运输完毕，则依靠料流检测装置检测，测得无物料时，该装置发出信号，使控制中心发出该带式输送机的停机命令。

（2）料流检测装置的工作原理：该检测装置为门形结构，摆动杆端有触板。当带式输送机上的物料随着输送带向前运行时，便推动检测装置上的触板向前摆动。当触板摆动至10°～25°时，输出轻载信号；触板摆动至25°～40°时，输出满载信号；40°～60°时，输出超载信号。这些信号还可以通过控制系统与洒水装置的电磁阀连锁，实现有料时自动洒水。

六、双向拉绳开关

双向拉绳开关由拉绳、杠杆、凸轮机构、常开触点、常闭触点、金属外壳等组成（图12-50）。

双向拉绳开关动作行程可达40mm；动作力须大于180N；控制距离为2×40m；0位为正常运行，Ⅰ位为事故停机；复位方式有自动和手动两种。

1. 双向拉绳开关的作用

带式输送机出现紧急事故时，工作人员可以在任何位置紧急拉动双向拉绳开关的拉绳，使带式输送机立即停机。

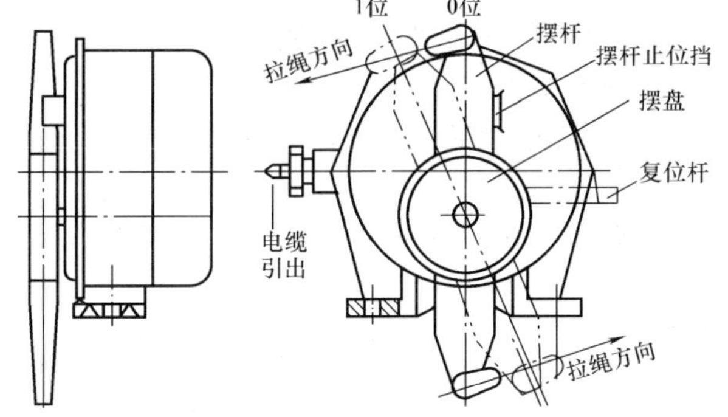

图12-50　双向拉绳开关

2. 双向拉绳开关的工作原理

拉绳开关采用移动式凸轮机构，密闭在金属壳内，当拉动拉绳开关的任何一侧或同时拉动两侧拉绳时，凸轮移动，使开关动作转换，发出停机信号和报警信号。

双向拉绳开关有两种型式：即自动复位型和人工手动复位型（从安全考虑采用人工手动复位较好）。即当故障排除后，工作人员确认可恢复正常运行时，向上拉出复位杆，这时运输系统可恢复正常工作。

七、声光报警

声光报警装置由声音报警和闪光报警两部分组成。

（1）声光报警装置的工作原理：声光报警由报警信号源通过电子混合电路送入功率放大器，经过放大后的信号推动喇叭发出声音报警。闪光报警采用红色玻璃灯罩，360°全方位闪光。

（2）声光报警装置的作用：用于带式输送机连锁系统的开机信号。作业前发出声光信号，通知沿线人员离开设备，然后再启动设备。

八、高煤位射频导纳控制器

（1）用途：在输煤系统中用于测量溜槽堵煤和原煤仓高料位。

（2）原理：电路单元为中心杆和绝缘层输送等电位、同相位、同频率（高频）、互相隔离的电平，地层与待测容器连接，在电路单元中，中心杆和待测容器构成一个回路，当有物料接触到中心杆，则回路测通，电路单元检测到该回路导纳变化（导纳即阻抗倒数。射频导纳技术就是用高频电流测量导纳的技术），引发触点闭合，输出点位到位报警信号。

（3）结构：FT8010 射频导纳传感器是点位控制仪表，即是非连续测量仪表，只检测单点并报警。其结构由三部分组成：电路单元、外壳、传感元件。其中传感元件为五层同心结构。五层从头至尾分别是：中心杆、绝缘层、屏蔽层、绝缘层、地层。

九、跑偏检测装置

（1）跑偏检测装置（或跑偏开关，图 12-51）用于检测带式输送机在运行过程中的跑偏，并发出信号或启动保护，其本身不能起到纠偏的作用。

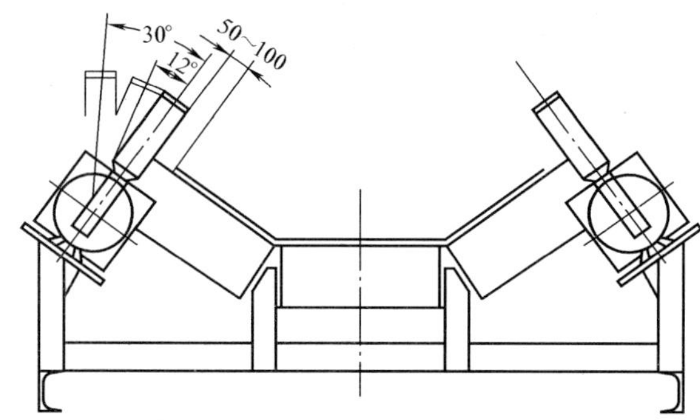

图 12-51　两级跑偏开关

（2）主要技术指标为：①触点容量：380V±10%，3A；②触头数量：常开、常闭各 2 个；③立辊动作角度：一级 12°，此时一级开关动作，输出一开、一闭两组开关信号，发出报警信号；二级 30°，此时二级开关动作，输出一开、一闭两组开关信号，带式输送机应自动停机，当故障排除后，开关立辊能自动复位，恢复原状。

十、低煤位雷达导波料位计

顾名思义，雷达指通过空间传播发射和接收电磁波的测量仪表，雷达导波是通过波导体传导来发射和接收电磁波的测量仪表。

用雷达仪表测量料位具有以下优点：

（1）发射与接收天线均不与介质接触；

（2）高频电磁波信号易于长距离传送，可测大量程；

（3）测量不受料位上部空间气候条件变化的影响。

第四节　带式输送机的主要参数

一、滚筒与输送带之间的摩擦传动

带式输送机借助输送带绕头尾滚筒连续运动，以输送物料。传动滚筒传给输送带足够的拉力，用以克服它在运动中所受到的各种阻力。输送带以足够的压力紧贴于滚筒轮缘表面，两者之间的摩擦作用使滚筒能将圆周力传给输送带，这个力就是输送带运动的拉力。运行阻力和拉力形成使输送带伸张的内力，即张力。输送带的张力是沿输送机线路变化的，它的数值是设计和选择相关部件的主要依据。张力计算也就是形成输送带张力的滚筒传来的圆周力和运动阻力的计算。

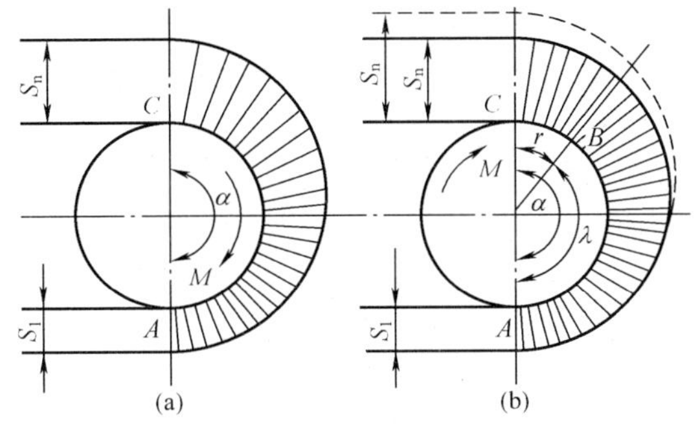

图 12-52　输送带与滚筒的摩擦传动受力示意图

图 12-52 是常见的单滚筒传动。输送带在运动中与滚筒开始接触的点（趋入点）C 到离开滚筒的点（奔离点）A 之间的一段弧线 AC，就是滚筒传递圆周力给输送带的区域。输送带在传动滚筒上的张力变化如图 12-52 所示。在理想的情况下，假定输送带没有质量，在弯曲时没有弯曲阻力，也没有弹性伸长，按力矩平衡原理 $\sum M=0$。经过推导，最后应得出下列公式（欧拉公式）

$$S_n = e^{\alpha\mu} S_1 \tag{12-1}$$

式中　α——输送带对传动滚筒的包角；

S_n——趋入点张力；

S_1——奔离点张力；

μ——滚筒与输送带间的摩擦系数；

e——自然对数的底，e=2.71828。

但实际情况与图 12-52（a）所示有些差别。如图 12-52（b）所示，由于输送带具有弹性，实际传递圆周力的只有 AB 弧段，该段的输送带与等速回转的滚筒有相对弹性滑动，带内张力逐渐变大。BC 弧段称为静止弧，对应的中心角 r 称为静止角；AB 段称为滑动弧，对应的中心角称为滑动角，一般又称为有效包角，称 AC 所对应的中心角为几何包角。

滚筒传给输送带的拉力，即圆周力为

$$P = S_n - S_1 = S_1 (e^{\alpha\mu} - 1) \tag{12-2}$$

圆周力应该比克服输送带运行阻力所需的拉力大 15%～20%，实际应用中常以提高摩擦系数和加大传动滚筒与输送带的包角来实现。所以，滚筒和输送带的传动能力决定于张力 S_1、摩擦系数 μ 和包角 α。当输送带的运行阻力超过传动能力时，输送带将在滚筒上打滑。

二、提高带式输送机传动能力的手段

为了提高滚筒和输送带的传动能力。可通过提高输送带对滚筒的压紧力，增加输送带对滚筒的包角 α，提高滚筒与输送带之间的摩擦系数 μ 等手段实现。采用压紧滚筒以给传动滚筒增加压力的办法，由于构造复杂而很少采用。采用改向滚筒来增大输送带对滚筒的包角，这是常用的简便办法，但它所增加的数值有限；因此往往根据需要采用双滚筒传动，主要有集中驱动双滚筒传动（图 12-54）和分别驱动双滚筒传动（图 12-55），可通过图 12-53 看出，包角增大得较多。

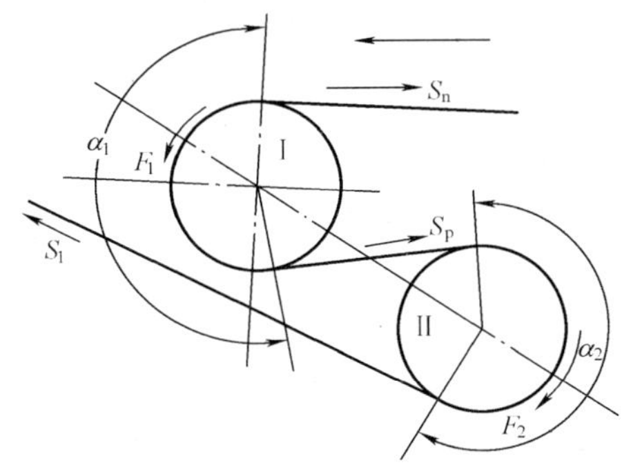

图 12-53　双滚筒传动装置受力示意图

双滚筒分别给予输送带的拉力为（一般均采用 $\mu_1=\mu_2=\mu, \alpha_1=\alpha_2=\alpha$）

因此，给予输送带的全部拉力为

$$F = F_1 + F_2 = S_1 (e^{2\alpha\mu} - 1) \tag{12-3}$$

双滚筒传动时的趋入点的张力 S_n 和奔离点的张力 S_1 有如下关系

$$S_n = e^{2\alpha\mu} S_1 \tag{12-4}$$

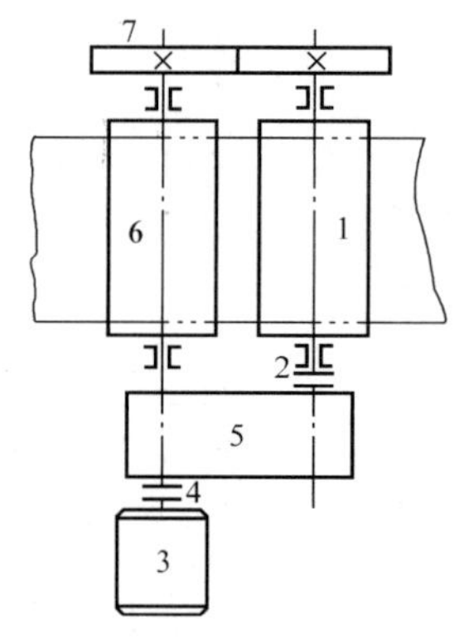

图 12-54　集中驱动双滚筒传动

1—第一传动滚筒；2—低速联轴器；3—电动机；4—高速联轴器；5—减速器；6—第二传动滚筒；7—开式齿轮

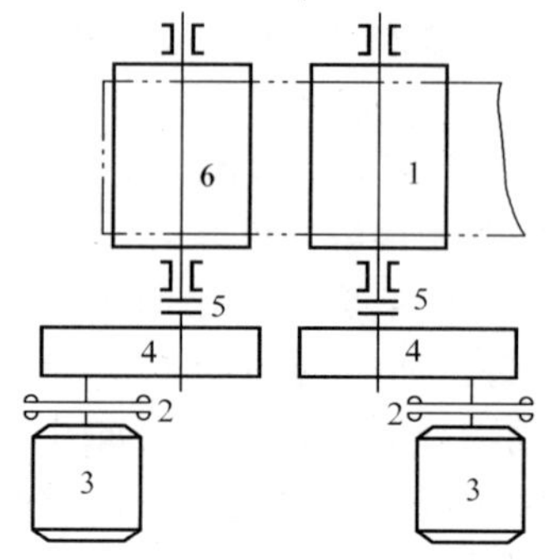

图 12-55　分别驱动双滚筒传动

1—第二传动滚筒；2—液力耦合器；3—电动机；4—减速器；5—联轴器；6—第一传动滚筒

对于双滚筒分别传动，其每个滚筒所传递的牵引力也满足欧拉公式的关系。双滚筒分别传动的问题，主要要考虑两个滚筒的负荷分配问题。两个传动滚筒负荷分配得合理，就能保证带式输送机的正常运转。

当采用双滚筒分别传动带式输送机时，只要保持两滚筒所传递的牵引力比值不变，而且在极限的情况下，能充分利用滚筒与胶带间的摩擦力就能正常运转。如果牵引力的比值是变化的，就会使两滚筒的电动机输出功率的比值发生变化，这样就有可能造成某台电动机过负荷，而另一台电动机则相对出力很小。在极限情况下，就不能充分利用摩擦力，同时会妨碍设备潜力的发挥。在现场的实际应用中，往往由于滚筒直径加工误差，或煤粉黏结滚筒表面而形成的滚筒直径的差异，以及现场安装误差，以致滚筒表面磨损不均，使两个滚筒的线速度发生变化，所传递牵引力的比值也发生变化，在运行中导致一台电动机因另一台电动机负载低而过载，甚至造成胶带沿滚筒打滑。因此，在生产中为了保证两传动滚筒负荷分配趋于均衡、稳定，在采用滚筒分别传动时，宜采用液力联轴器。

三、带式输送机的主要参数计算

（一）原始数据及工作条件

带式输送机的计算，应具有下列原始数据：

（1）物料名称和输送量。

（2）物料的性质：①粒度大小、最大粒度和粒度组成情况；②堆积密度 γ；③动堆积角 ρ；④温度、湿度、黏度和磨损性等。

（3）工作环境：露天、室内、干燥、潮湿和灰尘多少等。

（4）卸料方式和卸料装置形式。

（5）给料点数目和位置。

（6）输送机布置形式及尺寸。

（二）输送带宽度和输送量的计算

1. 输送带宽度 B 的计算

$$B=\sqrt{\frac{Q}{K\gamma vC\xi}} \tag{12-5}$$

式中 Q——输送量，t/h；

v——输送带速度，m/s，参考表12-6选取；

γ——物料的堆积密度，t/m^3，见表12-1；

K——断面系数，与物料的动堆积角ρ及带宽B有关，K值见表12-2；

C——倾角系数，见表12-3；

ξ——速度系数，见表12-4。

按式（12-5）求得的，为满足一定输送量所需的带宽B值，若所运输的物料中含有大块物料较多时，必须用物料粒度来校核带宽。不同带宽推荐输送物料的最大块度见表12-5。如果带宽不能满足块度的要求，则可把带宽提高一级。但不能单从块度考虑而把带宽提高二级或二级以上，否则将造成浪费。

表12-1　　常用煤的堆积密度γ和堆积角ρ

煤　种	$\gamma(t/m^3)$	ρ	煤　种	$\gamma(t/m^3)$	ρ
无烟煤	0.7～1.0	27°～30°	泥煤	0.29～0.50	40°
无烟煤粉	0.84～0.89		洗中煤	1.25	30°～35°
烟煤	0.8	30°	泥煤	0.55～0.65	40°
褐煤	0.60～0.80	35°			

注　表中ρ的数值为动堆积角，一般为静堆积角的70%左右。

表12-2　　承载断面系数K

ρ	15°		20°		25°		30°		35°	
B（mm）	槽形	平形	槽形	平形	槽形	平形	槽形	平形	槽形	平形
500，650	300	105	320	130	355	170	390	210	420	250
800，1000	335	115	360	145	400	190	435	230	470	270
1200，1400	355	125	380	150	420	200	455	240	500	285

表12-3　　倾角系数C

倾角β	≤6°	8°	10°	12°	14°	16°	18°	20°	22°	24°	25°
C	1.0	0.96	0.94	0.92	0.90	0.88	0.85	0.81	0.76	0.74	0.72

表12-4　　速度系数ξ

v（m/s）	≤1.6	≤2.5	≤3.15	≤4.0
ξ	1.0	0.98～0.95	0.94～0.95	0.84～0.80

表12-5　　物料块度级别

B（mm）		500	650	800	1000	1200	1400
块　度	筛分过	100	130	180	250	300	350
	未筛分	150	200	300	400	500	600

2. 速度的选择

输送带的带速是一个重要参数。对于同样的输送量，带速的高低决定于输送带的宽窄。输送带越宽则运行越平稳。带速与给料均匀与否、堆积密度的大小、磨损性的大小有关。对于堆积密度较大、磨损性较小的物料，允许采用较高的带速，在输送机较短或有较大的倾斜角时，带速应取较低值。

TD75 系列带式输送机采用槽角为 30°半深槽型托辊，物料输送平稳。同时采用弹簧清扫器清扫输送带工作面，效果良好。它允许采用较高的带速，而不致造成物料从输送带上大量撒落或灰尘飞扬。因此，在 TD75 系列中推荐选用的带速为 1.25～4.0m/s，对于不同负载及不同带宽、带速的选取可参考表 12-6。另外还应注意：①采用卸料车时，为防止跑车，带速不宜超过 3.15m/s；②采用犁式卸料器时，为减小磨损，带速不宜超过 2.0m/s；③较长的输送机，应选较高的带宽，输送机倾角越大，输送距离越短，则带速应越低。

表 12-6　　TD75 型带式输送机带速的选取参考表

物料特性	带宽 B（mm）		
	500，650	800，1000	1200，1400
	v（m/s）		
无磨损性或磨损性小的物料，如原煤、盐	0.8～2.5	1.0～3.15	1.0～4.0
有磨损性的中、小块物料，如矿石、炉渣	0.8～2.0	1.0～2.5	1.0～3.15
有磨损性的大块物料，如大块矿石	0.8～1.6	1.0～2.0	1.0～2.5

3. 输送量的计算

在带宽、带速确定的条件下，输送量可按下式计算

$$Q = KB^2 v\gamma C\xi \tag{12-6}$$

式中　Q——输送量，t/h；

v——输送带速度，m/s；

γ——物料的堆积密度，t/m³，见表 12-1；

K——断面系数，见表 12-2；

C——倾角系数，见表 12-3；

ξ——速度系数，见表 12-4。

（三）功率、张力简易计算法

1. 传动滚筒轴功率计算

$$P_0 = K_1 L_h v + K_2 L_h Q \pm 0.00273QHK_3K_4 + \sum P' \tag{12-7}$$

式中　P_0——传动滚筒轴功率，kW；

K_1L_hv——输送带及托辊转动部分运转功率，kW；

K_2L_hQ——物料水平运输功率，kW；

$0.00273QH$——物料垂直提升功率，kW；当物料向上输送时取“+”值，向下输送时取“－”值；

L_h——输送机水平投影长度，m；

H——输送机垂直提升高度，m；当输送机采用卸料车时，应加卸料车提升高度 H'，H'值见表 12-8；

K_1——空载运行功率系数，可根据托辊阻力系数 ω'（见表 12-9），按表 12-10 选取；

K_2——物料水平运行功率系数，可根据 ω'按表 12-11 选取；

K_3——附加功率系数，可根据输送机水平长度 L_h和倾角 β，按表 12-12 选取；

K_4——卸料车功率系数，当无卸料车时，$K_4=1$；当有卸料车时，对于光面滚筒 $K_4=1.16$，对于胶面滚筒 $K_4=1.11$；

P'——犁式卸料器及导料槽长度超过 3m 时的附加功率，kW，见表 12-13。

表 12-7　各种带宽的输送量

断面形式	v(m/s)	B(mm)					
		500	650	800	1000	1200	1400
		Q(t/h)					
槽　形	0.8	78	131	—	—	—	—
	1.0	97	164	278	433	655	891
	1.25	122	206	348	544	819	1115
	1.60	156	264	445	696	1048	1427
	2.00	191	323	546	853	1284	1748
	2.50	322	391	661	1033	1556	2118
	3.15	—	—	824	1233	1858	2528
	4.00	—	—	—	—	2202	2996
平　形	0.8	41	67	118	—	—	—
	1.0	52	88	147	230	345	469
	1.25	66	110	184	288	432	588
	1.60	84	142	236	368	553	753
	2.00	103	174	289	451	677	922
	2.50	125	211	350	546	821	1117

表 12-8　卸料车提升高度 H'

B (mm)		500	650	800	1000	1200	1400
H' (m)	卸料车	1.70	1.80	7.96	2.12	2.37	2.62
	重型卸料车	—	—	—	2.42	2.52	3.02

表 12-9　托辊阻力系数 ω'、ω''

工作条件	槽形托辊阻力系数 ω'	平行托辊阻力系数 ω''
清洁，干燥	0.020	0.018
少量尘埃，正常湿度	0.030	0.025
大量尘埃，湿度大	0.040	0.035

表 12-10　空载运行功率系数 K_1

托辊阻力系数 ω'	B (mm)					
	500	650	800	1000	1200	1400
	K_1					
0.018	0.006 1	0.007 4	0.010 0	0.013 8	0.019 1	0.023 0
0.020	0.006 7	0.008 2	0.011 0	0.015 3	0.021 2	0.025 5
0.025	0.008 4	0.010 3	0.013 7	0.019 1	0.026 5	0.031 9
0.030	0.010 0	0.012 4	0.016 5	0.022 9	0.031 8	0.038 3
0.035	0.011 7	0.014 4	0.019 2	0.026 8	0.037 1	0.044 6
0.040	0.013 4	0.016 5	0.022 0	0.030 6	0.042 4	0.051 0

表 12-11　物料水平运输功率系数 K_2

ω'	0.018	0.020	0.025	0.030	0.035	0.040
K_2	4.91×10^{-5}	5.45×10^{-5}	6.82×10^{-5}	8.17×10^{-5}	9.55×10^{-5}	10.89×10^{-5}

表 12-12　　　　附加功率系数 K_3

β	L_h（m） 15	30	45	60	100	150	200	300	>300
0°	2.80	2.10	1.80	1.60	1.55	1.50	1.40	1.30	1.20
6°	1.70	1.40	1.30	1.25	1.25	1.20	1.20	1.15	1.15
12°	1.45	1.25	1.25	1.20	1.20	1.15	1.15	1.14	1.14
20°	1.30	1.20	1.15	1.15	1.15	1.13	1.13	1.10	1.10

注　K_3是在考虑有一个空段清扫器、一个弹簧清扫器及一个 3m 长的导料槽，并考虑物料加速阻力等因素的情况下求出的。

表 12-13　　　　犁式卸料器、导料槽的附加功率 P'

带宽 B		500	650	800	1000	1200	1400
P'（kW）	犁式卸料器	0.3n	0.4n	0.5n	1.0n	1.4n	—
	导料槽	0.08L	0.08L	0.09L	0.10L	0.115L	0.18L

2. 电动机功率的计算

电动机功率可由下式计算确定

$$P = K\frac{P_0}{\eta} \tag{12-8}$$

式中　P_0——传动滚筒轴功率，kW；

P——电动机功率，kW；

K——功率备用系数，对于功率大于 5.5kW 的 JO_2 型电动机取 $K=1.4$，其他电动机均取 $K=1.0$；

η——总传动效率，对光面滚筒取 $\eta=0.88$，对胶面传动滚筒取 $\eta=0.90$。

3. 输送带最大张力的计算

（1）根据输送机布置情况，按不打滑条件及保证承载段垂度条件，输送带最大张力 S_{max}的算式列于表 12-14 中，以 S_{max}中最大值选取输送带。系数 K_5、K_6、K_7、K_8分别列于表 12-15～表 12-17 中。

表 12-14　　　　输送带最大张力计算公式

输送机布置方式	（布置简图）	（布置简图）
按不打滑条件	$S_{max}=K_5\frac{P_0}{v}$	$S_{max}=K_5\frac{P_0}{v}$
按垂度条件	$S_{max}=\gamma K_6+K_8P_0$	$S_{max}=\gamma K_6+K_7H+K_8P_0$

表 12-15 系 数 K_5 值

传动滚筒情况		光面滚筒		胶面滚筒	
		环境潮湿	环境干燥	环境潮湿	环境干燥
围包角	$\alpha=200°$	203	176	144	135
	$\alpha=180°$	219	191	153	142

表 12-16 系 数 K_6、K_7 值

B（mm）	500	650	800	1000	1200	1400
K_6	260	430	570	880	1200	1600
K_7	6.50	9.30	12.0	18.0	25.0	30.0

表 12-17 系 数 K_8 值

v（m/s）	0.8	1.0	1.25	1.6	2.0	2.5	3.15	4.0
K_8	128	102	82	64	51	41	33	26

（2）各种带宽和各种帆布层数的橡胶带，允许最大工作张力 S_{max} 见表 12-18。

表 12-18 橡胶带允许最大工作张力表

帆布层数 Z	B（mm）					
	500	650	800	1000	1200	1400
	橡胶带允许最大工作张力 S_{max}（kN）					
3	10.29 (8.232)	13.38 (10.704)	16.464 (13.171)	20.58		
4	13.72 (10.976)	17.84 (14.21)	21.952 (17.542)	27.44	32.93	
5		19.796 (16.17)	24.402 (19.894)	30.38 (24.99)	36.544 (29.89)	42.630
6			29.304 (23.912)	36.554 (29.89)	43.904 (35.868)	51.156 (41.846)
7				42.728 (32.928)	51.156 (41.944)	59.780 (40.082)
8				48.706 (39.886)	58.506 (47.824)	68.305 (55.860)
9					59.29 (49.392)	69.096 (57.526)
10					65.856 (54.88)	76.832 (63.944)
11						84.378 (70.168)
12						92.120 (76.636)

（四）拉紧装置重锤重力的计算（见图 12-56）

为了使传动滚筒能给予输送带以足够的拉力，保证输送带在传动滚筒上不打滑，并且使输送带在相邻两托辊之间不至过于下垂，就必须给输送带施加一个初张力（即传动滚筒奔离点的张力 S），这个初张力 S 是由输送机的拉紧装置将输送带拉紧而获得的。通用型带式输送机的拉紧装置有螺旋拉紧装置、车式拉紧装置及垂直拉紧装置三种。拉紧装置可根据拉紧力、拉紧行程与布置的特点选用。

螺旋拉紧装置由于拉紧行程有限，又不能自动保持预拉力，一般只适用机长较短、功率较小的输送机。垂直式和车式拉紧装置的拉紧行程不受限制，在大中型电厂的输煤系统中较多采用。在电厂设计中，常因布置的要求，在倾斜输送机上多数采用垂直式拉紧装置，将其设置在输送机走廊的空间位置上。车式拉紧装置适用于输送机较长、功率较大的情况。

车式拉紧装置重锤重力的计算按下式进行

$$G = 2.1\left[\frac{S_{\max}}{e^{\mu\alpha}} + (q_0 + q'')\omega'' L_{\mathrm{h}} - q_0 H\right] \tag{12-9}$$

垂直拉紧装置重锤重力的计算按下式进行

$$G = 2.1\left[\frac{S_{\max}}{e^{\mu\alpha}} + (q_0 + q'')\omega'' L_{\mathrm{h}} - q_0 H'\right] \tag{12-10}$$

式中　G——重锤重力，N；

$e^{\mu\alpha}$——包角系数，见表 8-1；

q_0——输送带每米重力，见表 12-19；

q''——海米长度上的下托辊转动部分重力，N/m；

ω''——平形托辊阻力系数，见表 12-9；

L_{h}、H、H'——布置尺寸，m；见图 12-56。

其中，q''按下式计算

$$q''\frac{G''}{l'_0} \tag{12-11}$$

式中　G''——每组下托辊转动部分重力，N，见表 12-20；

l'_0——下托辊间距，m。

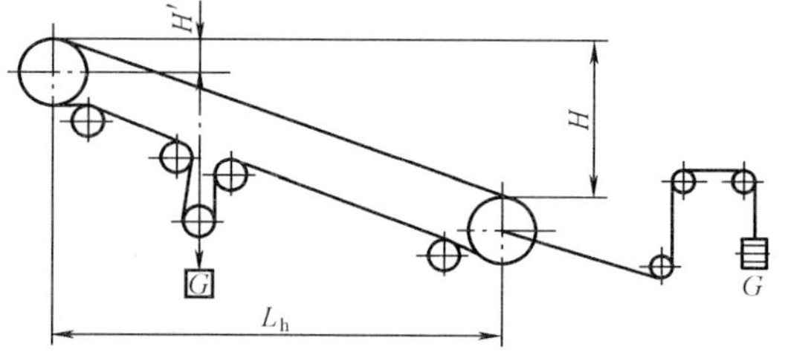

图 12-56　拉紧装置重锤重力计算示意图

表 12-19　　**输送带每米重力**

帆布层数 Z	上胶+下胶 (mm)	带宽（mm）					
		500	650	800	1000	1200	1400
		q_0（N/m）					
3	3.0+1.5	50.2	63.0				
	4.5+1.5	58.8	73.6				
	6.0+1.5	67.4	84.1				
4	3.0+1.5	58.2	75.7	93.1			
	4.5+1.5	66.8	87.0	107.0			
	6.0+1.5	75.5	98.2	121.0			
5	3.0+1.5		86.2	106	132.5	159	
	4.5+1.5		97.3	119.8	149.8	179.5	
	6.0+1.5		108.7	133.8	167.1	200.5	

续表

帆布层数 Z	上胶+下胶（mm）	带宽（mm）					
		500	650	800	1000	1200	1400
		q_0（N/m）					
6	3.0+1.5 4.5+1.5 6.0+1.5			118 132.8 146.5	148.6 165.9 183.2	178.2 199.0 220	208.1 232.0 256.5
7	3.0+1.5 4.5+1.5 6.0+1.5				164.7 182.0 199.3	198 218.5 239.5	231.0 255.0 279.0
8	3.0+1.5 4.5+1.5 6.0+1.5				180.8 198.1 215.4	216.5 238.0 258.2	253.0 277.5 301.0
9	3.0+1.5 4.5+1.5 6.0+1.5					236.0 257.0 278.0	275.5 300 423.0
10	3.0+1.5 4.5+1.5 6.0+1.5					255.5 276.5 297.0	278 322.5 347
11	3.0+1.5 4.5+1.5 6.0+1.5						321.0 345 368
12	3.0+1.5 4.5+1.5 6.0+1.5						343.0 367 392

表 12-20　　上、下托辊在胶带机上转动部分的重力

托辊形式		带宽（mm）					
		500	650	800	1000	1200	1400
		G'、G''（N）					
槽形托辊 G'	铸铁座	110	120	140	220	250	270
	冲压座	80	90	110	170	200	220
	全塑座	35	37	42	60	68	70
平形托辊 G''	铸铁座	80	100	120	170	200	230
	冲压座	70	90	110	150	180	210

（五）各种参数的计算

1. 输送带层数计算

$$Z=\frac{S_{max}m}{B\sigma} \tag{12-12}$$

式中　S_{max}——输送带最大工作张力，N；

m——安全系数，见表 12-21；

σ——输送带径向扯断强度，普通型橡胶带和塑料带，$\sigma=560\text{N/(cm}\cdot\text{层)}$。

表 12-21　**胶带安全系数表**

帆布层数 Z		3～4	5～8	9～12
安全系数 m	硫化接头	8	9	10
	机械接头	10	11	12

2. 凸弧段曲率半径 R_1 的计算

$$R_1 \geqslant 18B \tag{12-13}$$

3. 凹弧段曲率半径 R_2 的计算

$$R_2 = \frac{S}{q_0} \tag{12-14}$$

式中　S——凹弧段输送带最大张力，N。

4. 传动滚筒轴上制动力矩的计算

$$M_r = \frac{66D}{v}(0.00546QH - N_0) \tag{12-15}$$

式中　M_r——传动滚筒上的制动力矩，N·m；

Q——给煤量，t/m^3；

D——传动滚筒直径，m；

H——输送机提升高度，m；

N_0——传动滚筒轴功率，kW。

5. 电动机轴上制动力矩 M'_r 的计算

$$M'_r = \frac{M_r}{i}\eta \tag{12-16}$$

式中　i——减速比；

η——制动效率，计算时可取 $\eta=0.95$。

（六）负荷启动功率验算

当输送机很长且水平布置或带速较高又确定选用 JO_2 或 JS 型电动机时，需要进行负荷启动验算。验算方法和步骤如下。

（1）算出输送机在正常运转时电动机轴功率——静功率，以 P_A表示。用简易计算法计算

$$P_A = \frac{P_0}{\eta} \tag{12-17}$$

式中　P_A——静功率，N；

η——总传动效率，对光面传动滚筒取 $\eta=0.88$，对胶面传动滚筒取 $\eta=0.90$。

（2）算出输送机在负荷启动时，使物料、输送带、托辊、滚筒和传动装置等产生加速度所消耗的附加功率——动功率，以 P_B表示。

$$P_B = \frac{0.0002Lv^2}{\eta}(q + 2q_0 + q_1) + K_0GD^2 \tag{12-18}$$

式中　P_B——动功率，kW；

K_0——与电动机极数有关的系数，当电动机为 4 极时，$K_0=1.24$；当电动机为 6 极时，$K_0=0.54$；当电动机为 8 极时，$K_0=0.3$；

GD^2——电动机转子转动惯量，$N\cdot m^2$，查电动机技术数据表；

q_1——上、下托辊及滚筒转动部分折算到每米长度上的重力，N/m。

其中，q_1 按下式计算

$$q_1 = q' + q'' + \frac{\sum G_0}{L}$$

式中　G_0——滚筒转动部分重力，N，见表 12-22；

L——输送机长度，m。

q'、q''按下式计算

$$q' \frac{G'}{l_0} \quad q'' \frac{G''}{l'_0}$$

式中　G'——每组上托辊转动部分重力，N，见表 12-20；

G''——每组下托辊转动部分重力，N，见表 12-20；

l_0、l'_0——上、下托辊间距，m。

（3）负荷启动功率验算。

$$P \geqslant \frac{P_A + P_B}{K_0^2 \cdot \lambda} \tag{12-19}$$

式中　P——所选电动机的额定功率，kW；

K_0——电压降系数，一般取 $K_0 = 0.9$；

λ——电动机启动转矩与额定转矩之比，查电动机技术性能数据。

（4）当验算结果不能满足式（12-18）时，应改选额定功率大一级的电动机，并再次验算，直至满足为止。

表 12-22　　滚筒传动部分重力表

输送机规格	滚筒转动部分重力 G_0（N）			
	传动滚筒（铸胶）	≈180°改向滚筒	≈90°改向滚筒	<45°改向滚筒
5050	1225	715.2	607.6	607.6
6550	1822.5	911.4	911.4	705.6
6563	2146.2	1136.8	911.4	705.6
8050	2440.2	1421	1421	940.8
8063	3292.8	1675.8	1421	940.8
8080	4057.2	1997.6	1421	940.8
10063	3724	2479.4	2479.4	1489.6
10080	5752.6	2940	2479.4	1489.6
100100	7644	3704.4	2479.4	1489.6
12063	5497.8	3273.2	3273.2	1920.8
12080	6556.2	3802.4	3273.2	1920.8
120100	8712.2	4635.4	3723.2	1920.8
120125	13 445.6	5625.2	3802.4	1920.8
14080	7967.4	4204.2	3616.2	2156
140100	11 613	5105.8	3616.2	2156
140125	14 729.4	6938.4	4204.2	2156
140140	18 384.8	8908.2	4204.2	2156

第五节　带式输送机的运行维护及常见故障处理

一、带式输送机的运行

1. 带式输送机的启停

带式输送机有正常的启动、停机、事故停机、带负荷启动等情况。

正常情况下，带式输送机应为停机空负荷状态，一旦锅炉需煤时，立即空负荷启动。当原煤仓满煤需停机时，一定要把胶带上的煤全部运完才停机。待下次启动时，仍为空负荷正常启动。

当燃料运输系统某个部分发生故障时，必须紧急事故停机，以免事故扩大。事故停机时带式输送机上往往是充满了煤团，可能造成不能启动、电动机过负荷，甚至电动机被烧毁等严重情况。若要带负荷启动就需要选用较大的电动机，但这显然是不经济的。所以一般情况下不允许带负荷启动。

2. 带式输送机的带负荷启动

电厂根据带负荷启动的工况，在设计时一般按正常运行条件选择，而以带负荷启动工况进行校核的，经过分析比较，最后选定电动机。但是，为避免胶带和电动机经常过负荷而影响其使用寿命，带式输送机应避免经常带负荷启动，正常情况下必须把全部煤卸尽后再停机。只有在事故情况下，才允许带式输送机带负荷停机。运行经验表明，若带式输送机带负荷停机，很可能不能再启动。带式输送机启动不起来时，只好进行一项笨重的作业——人工从输送带上卸下一部分煤。

对带式输送机的运行情况进行分析，总结其不能带负荷重新启动的主要原因如下：

(1) 燃料运输系统的大多数带式输送机都是用 A 和 A_0 系列的鼠笼式电动机驱动的，这些电动机在带负荷时，启动力矩不够，与带式输送机的初始力矩不相适应。

(2) 电动机轴上的启动力矩，由于电网电压的降低而大大减小（因为电动机轴上的回转力矩与电网电压的平方成正比）。为驱动带式输送机而安装的鼠笼式电动机是在全压下直接合闸启动的，启动电流为额定电流的 5～7 倍，启动时使电网电压明显地下降。动力电缆很长时，如果并未相应地加大其截面，则电压降低得尤其多。由一台容量不够大的变压器向燃料运输系统的大多数电动机供电时，电网电压也会降低。

(3) 带式输送机驱动装置的实际特性与设计规定的性能不符，以及偶然使用了转数很高的小型电动机。这些也常常导致电动机轴上和传动滚筒轴上的额定转矩和启动转矩的降低。

(4) 一些电厂的带式输送机偶然不能带负荷启动，是因为带式输送机过负荷，落煤管内形成煤柱而引起输送带被楔住（由于落煤管断面不够或外形复杂）。许多带式输送机之所以阻力大、输送带被夹紧，都是由于受煤槽的密封垫过宽过厚造成的，尤其是当受煤槽很长时。

传动滚筒打滑时，经常导致带式输送机过负荷、落煤管堵塞（传动滚筒为包胶，滚筒上或输送带上进水，或者输送带张力不够大，均会使滚筒打滑）。

还必须指出，大多数电厂对带式输送机的负荷检测都是相当近似的，它们常常按照燃料运输系统控制盘上电流表的指示，按照给煤机闸板的位置来检查。通常在燃料运输系统控制盘上都没有远距离的煤量指示器。有的电厂冬季输送带受冻，当传动滚筒打滑时，就会引起输送机过负荷，因而带式输送机难以带负荷启动。

为使带式输送机能够带负荷启动，提高运行的可靠性，可以采取如下措施：

(1) 计算驱动装置的功率时，按照正常运行条件选定的电动机（特别是鼠笼式电动机）应该按启动工况进行校核，也就是以获得必要的初始转矩为条件进行校核。为了使电动机能把带式输送机启动到额定的速度，使电动机的初始转矩在整个启动时间内都大于带式输送机的初始阻力是必要的。每台带式输送机所装的电动机和减速器应当符合设计规定的性能。在已建成投产的火力发电厂，改用高启动转矩的电动机可以确保带式输送机带负荷正常启动。

（2）检查启动时刻电动机端子上的电压大小，如果电网电压过低，则可以通过减小电网阻抗，即依靠加大动力电缆的截面、缩短电缆的长度来保证带负荷正常启动。如果燃料运输系统的若干电动机由一台变压器供电时，则变压器的容量要足够大，使得几台带式输送机同时合闸，电网电压不至于有明显的下降。

（3）必须经常地、比较精确地检查带式输送机的负荷，不允许其超负荷。除了燃料运输系统中装设皮带秤以外，还要加装能显示所运输的煤量的远距离记录仪。必须消除传动滚筒打滑、落煤管堵塞、输送带被夹住的原因。可以为传动滚筒适当衬胶；使输送带保持必要的张紧程度；冬季输送带受冻时能对它进行加热；落煤管的断面和倾斜角尽量大些，外形尽量简单。如果带式输送机的受煤槽很长，则又宽又厚的密封垫对输送带造成的阻力也是很大的，有必要尽量加以缩短。

目前，一般计算胶带输送机时，都要根据带式输送机的运输量和几何尺寸初步确定传动滚筒轴上所需要的功率，然后按照稳定运行工况和启动工况进行带式输送机的精确计算。据此，为每台带式输送机的驱动装置选择相当的电动机，同时必须按启动工况加以校核。所选的电动机的启动转矩（考虑启动时电压降低后的转矩）不得小于带式输送机的静启动转矩。对于装在输煤机械上的500V以下的电动机，启动时的电压降不得超过额定电压的20%。

3. 带式输送机的连锁

输煤系统中的各台设备都按照一定的运行要求顺序启动，互相制约，以保证安全运行。带式输送机就是其中之一，而且是参照这样连锁运行的主要设备。

一般设备启动时，按来煤流程顺序的相反方向逐一启动，而停机时则按来煤流程顺序相同的方向逐一停止。输煤系统中的筛碎设备一般可不加入连锁，启动时，总是先启动筛碎设备，然后按顺序启动其他设备，而停机时，筛碎设备最后停止。

当系统中参与连锁运行的设备中某一台设备发生故障而停机时，则该设备以前的各设备按照连锁顺序自动停运，以后的设备仍可继续运转。从而避免或减轻了系统中积煤和事故扩大的可能性。

二、胶带的运行维护

胶带是带式输送机的主要组成部件。为了延长胶带寿命，保证输送机安全可靠地运行，必须加强胶带的维护工作，杜绝胶带损伤的不利因素。

需及时做好胶带的清扫工作。在运行中由于煤的水分和黏性，胶带工作面经常黏煤和向非工作面掉煤。如果不及时清除，积煤黏在滚筒上被胶带压实而“起包”，会导致胶带、帆布与橡胶剥离而损坏，缩短胶带的使用寿命。为此，在输送机的头部、转动滚筒底部及尾部滚筒前方下支输送带上装有清扫器，可有效地清扫胶带工作面和非工作面上的积煤。

胶带跑偏会使胶带特别是胶带侧边磨损严重，磨损面又受到其他物质的侵蚀而扩大损害面，须加装调心托辊，自动校正皮带的偏斜。胶带纵向撕裂是由于物料中的坚硬异物被卡在导煤槽处或尾部滚筒及胶带之间，胶带以一定的速度运行时将胶带划裂。为此，采用除铁器、木块分离器来除掉异物，加大落煤管截面来防止坚硬物件的卡塞等措施。

由于胶带经常受到物料的冲击，也会使胶带损坏和寿命缩短，因此，在受冲击处加装缓冲托辊或缓冲床以减少物料的冲击力。由于胶带装有犁式卸料器，会对胶带有不同程度的磨损，因此，为了减少由于磨蚀而损害胶带，对装有犁煤器等设备的胶带，选用较厚的覆盖胶层。

一般采用上述保护措施后，可延长胶带寿命，减少维修工作量，节省燃料和保证设备的安全。

1. 胶带跑偏的原因及调整

胶带跑偏的原因虽然是多种多样的，但在设计上采用各种调心托辊，在维护上细心调整，在安装上严格执行有关规程，就可以避免或减少胶带跑偏的情况发生。

2. 胶带打滑的防止

胶带在运行中，由于种种原因而引起胶带打滑，常见的有以下几种。

(1) 初张力太小，胶带离开滚筒处的张力不够，造成胶带打滑，这种情况一般发生在启动时，解决办法是调整拉紧装置，加大初张力。

(2) 传动滚筒与胶带之间的摩擦力不够，造成打滑。其原因多半是胶带上有水或环境潮湿，可以在滚筒上加些松香末。但要注意最好不用手投加，而应该用鼓风设备（如皮老虎、压缩空气喷入器等）吹入，避免发生人身事故。

(3) 尾部滚筒轴承损坏不转动或上下托辊轴承损坏不转动，造成损坏的原因是机尾浮尘太多，没有及时检修和更换已经损坏或转动不灵活的部件，使阻力增大造成打滑。

(4) 胶带上的负荷过大，超过电动机能力，也会打滑。此时打滑则对电动机起到了保护作用，否则时间长了电动机会被烧毁。但对于运行来说则容易引起事故。

为克服打滑，首先要找出打滑现象，方可采取应对措施。

3. 胶带的破损及其防止

胶带在运行中经常发生局部破损，其原因大致有以下几点：大块物料在转运点对胶带冲击；块状物料掉入回程胶带，卷入滚筒等。

为了防止在转运点由于大块冲击造成胶带的局部破损，除在转运点处装设缓冲托辊外，当输送松散性较好的煤时，在落煤筒中可以装一个箅子，由它来承受物料的冲击，并且被筛下的小煤粒在胶带上形成一个保护层。

另外，为了防止大块物料掉入回程胶带，损伤胶带，除装设空端清洁器外，一般要在落料点处装设疏密程度不同的箅子。

三、带式输送机的安全操作和维护保养

输送机能否长期正常运转，与正确、安全的操作，定期的维护保养有直接关系。

不正确的操作会造成设备和人员事故。如由于受料时，大块物料猛落或被卡住，造成输送带撕裂，覆盖层剥落；因此必须尽量降低落料高度，减少物料冲击。如果不及时纠正跑偏，会影响正常运转并造成输送带两侧损坏。引起人身事故的原因通常是在运转过程中进行清理或更换零部件。因此坚持检修维护工作和安全操作是避免事故发生的重要措施之一。

1. 皮带机运行前的检查

(1) 皮带周围不得有妨碍皮带正常运行和影响人员通行的任何障碍物，皮带上不应有人和其他工具，皮带机上不应有煤块、石块等杂物。

(2) 电动机、减速机、滚筒、联轴器、护罩托辊应完好，各装置的底部地脚螺丝不得松动，电动机接线应完好。

(3) 皮带工作面和非工作面应无划破及损坏现象，皮带接头无翘起、脱开现象。

(4) 清扫器、制动带、导煤槽应完好，它们的胶皮磨损应在允许范围内。

(5) 各下煤管应畅通，无积煤和杂物，各检查门应完整，下煤管应无穿孔洞。

(6) 皮带拉紧装置无卡死现象，皮带的松紧应合适。

(7) 工作场所应有足够的照明，消防设施齐全完好。

(8) 带式电磁除铁器所吸杂物应清除干净，不得留在皮带上。

(9) 框架上托辊不应黏煤，并灵活传动。

(10) 犁煤器的起、落是否灵活和可靠。

(11) 煤位信号装置、煤留信号装置等设备不应有损坏现象。

(12) 事故按钮、电铃、就地控制盘、各操作手柄不得有损坏现象。

2. 运行中的检查及注意事项

(1) 对煤中的木块、石块、金属、大煤块等杂物要及时取出，但要做好安全措施。

(2) 皮带跑偏或下煤不正时，应及时进行调整，严重跑偏时，停机调整，必要时应进行检修调整。

(3) 检查有无漏煤撒煤现象，如发现有漏撒现象，应及时设法消除。

(4) 一般情况下，不允许带负荷停机和启动，不允许皮带超负荷运行。

(5) 注意防止带式除铁器所吸的铁块划破皮带，皮带机未停止运行时，不得切断磁铁分离器。如失去电流，皮带机应立即停止运行。

(6) 注意电动机及减速器的声音、振动、温升情况。

(7) 煤湿时，应防止皮带打滑、滚筒黏煤、落煤管堵塞等故障。

(8) 不允许任何人在皮带运行时跨越皮带。

3. 停机后的检查

(1) 打扫现场卫生，清除撒漏煤，疏通各下煤管的积煤，清除除铁装置上的铁块等。

(2) 处理运行时尚未解决的问题。

(3) 做好润滑保护工作。

(4) 应全面检查一次设备，达到运行检查的要求。

4. 注意事项

(1) 严禁大块、坚硬和带尖棱的物料从较高的地方直接砸到输送带上，应尽量降低落煤高度。对漏斗和导料槽要采取措施，使碎料和粉料先铺在胶带上，当大块物料落下来时不直接砸在胶带上。

(2) 在输送机人行道的一侧应设置栏杆，所有旋转部分都要用护罩罩上。

(3) 车式和重锤拉紧装置的重锤的下方应设立护棚，防止工作人员走入重锤下方，以防止发生危险。

(4) 应经常用X光透视检查胶带和接头处的钢绳芯断裂情况，并及时进行修复，如钢丝绳的断裂根数已超过总数的10%时，则需将胶带切断重新接头或更换胶带。

(5) 露天使用的长距离胶带输送沿途应有蔽盖以防风、防雨，驱动装置应装在室内。

(6) 为保证输送机满载的安全运行，应使输送带两侧有大于皮带宽度7%的富余量。

(7) 输送机应在带上物料全部卸净时停车，并以空负荷启动为宜，在多台联合使用组成的输送系统中，宜按此条件编制先后启闭顺序的电气控制系统。

(8) 每台输送机应有使用维修记录，做好交接班工作。

5. 日常维修维护的主要内容

(1) 经常注意观察减速器（或电滚动筒）油面指示器所示油面的高度，以及时填充润滑油。

(2) 及时更换转动不灵活的、或不转动的和有轴向串动的托辊。

(3) 制动器的闸瓦磨损后应及时调整和更换，清扫器、卸料器、导料槽的橡胶板磨损后应及时调整，必要时要更换。

四、带式输送机的常见故障及处理方法

输煤胶带机是输煤系统中的主要设备，也是运用最普遍的设备，输煤系统设备的故障和缺陷也主要集中在胶带机上，因此及时发现输煤胶带机的故障并准确地分析、判断其原因，对保证胶带机的正常运行具有重要意义。

（一）胶带机运行中常见的故障

（1）胶带跑偏。胶带在运行过程中向一侧偏移，即胶带的中心线与胶带机机架中心线不在同一条直线上。胶带跑偏的故障可能发生在胶带机的任何一点上，可能是头部、中部或尾部。

（2）胶带打滑。指胶带在运转过程中与滚筒产生相对滑动位移，即一般是胶带的转速慢于滚筒转动线速度。胶带打滑是一种对胶带危害较大的故障。

（3）胶带撕裂。是指胶带纵向上因异物卡阻或尖锐物刺穿而撕破、裂开的一种严重故障。

（4）驱动装置故障。胶带机的驱动装置故障主要表现为；电机异响、电机缺相、减速器异响、减速器发热、减速器振动超标等。

（二）胶带机的常见故障分析及处理

1. 输送带跑偏

按输送胶带机使用规范要求，输送带允许跑偏量为输送带宽度的5%。当跑偏量超过5%带宽之后，即要采取调偏措施。输送带跑偏会使输送带与机架、托辊支架相摩擦，造成边胶磨损。若滚筒两端周围有凸起的螺丝头、清扫器挡块等物或机架间隙过小，均有可能引起输送带纵向撕裂、覆盖胶局部剥离、划伤等事故。由于跑偏会导致输送机停车而影响生产，跑偏还可能引起物料外撒，使输送机系统的运营经济效益显著下降，因而要注意预防和及时纠正输送带跑偏。

（1）故障分析。引起输送带跑偏的原因很多，它与输送机及输送带的制造质量、安装质量、操作水平、使用工况等有关，归纳起来，主要有下列因素：

1）机架、滚筒安装质量不高。设备制造、安装质量是引起输送带跑偏的重要因素。机架安装时，对其直线度、水平度以及托辊架安装精度都有严格规定。施工中应按机架中心线直线偏差、机架同一横截面内机架水平度、承载托辊支架孔距及对角线公差、滚筒水平度及轴线垂直度等要求进行检查验收。

2）机架基础出现不均匀沉降。人们可能因为输送机单位长度负荷轻而忽视基础处理的重要性，实践表明架设在软基上的输送机，应对机架基础进行预压。

3）输送带质量不好。输送带机械性能的一致性、直线度及厚薄公差都是输送带质量的重要指标。胶带的伸长率不均匀、输送带不直都将引起胶带的跑偏。输送带存放、保管不善，也会使输送带出现缺陷，引起跑偏。

4）输送带的接头不正。输送带接头需在现场硫化，输送距离越远，硫化接头越多，如一条1.5km的输送带的接头数可达12个之多。其中有1～2个接头不垂直，输送带回转一圈跑偏量就可达9cm，足见输送带接头是引起跑偏的重要原因之一。

5）输送胶带成槽性差，不能与槽型托辊充分接触。

6）输送胶带出现局部损伤。

7）给料位置不正即落料点不正。输送机转载溜槽处给料不正是引起输送带跑偏的重要原因，为防止物料偏置于输送带上，在转载槽溜处设可调节导料板，以调节物料落点。

8）输送带清扫器性能不佳，以致滚筒、托辊表面黏附物料。

9）移动式卸料小车歪斜。

10）风、雨对物料输送过程的影响及使用维修不当，或调速不当。

（2）跑偏处理。跑偏的原因有多种，需根据不同的原因区别处理。

1）调整承载托辊组。输送带在整个输送机的中部跑偏时，可调整托辊组的位置来调整跑偏。在制作安装时，托辊机架两侧的安装孔都加工成长孔，以便进行调整。具体方法是输送带偏向哪一侧，托辊组的哪一侧朝输送带前进方向前移，或另外一侧后移。

2）安装调心托辊组。调心托辊组有中间转轴式、四连杆式、立辊式等。其原理都是采用阻挡，托辊在水平方向转动阻挡或产生横向推力，使输送带自动向心，达到调整输送带跑偏的目的。一般在胶带输送机总长度较短时或胶带输送机双向运行时，采用此方法比较合理，原因是较短输送胶带更容易跑偏并且不容易调整。而长输送带运输机最好不采用此方法，因为调心托辊组的使用会因为磨损而对输送带的使用寿命产生一定的影响。

3）调整驱动滚筒与改向滚筒的位置。驱动滚筒与改向滚筒的调整是输送带跑偏调整的重要环节。输送带运输机的所有滚筒安装后的轴线必须垂直于输送胶带机长度方向的中心线，若偏斜过大，必然发生跑偏。其调整方法与调整托辊组类似。头部滚筒输送带如向滚筒右侧跑偏，则右侧的轴承座应向前移动；输送带向滚筒的左侧跑偏，则左侧的轴承座应当向前移动，相对应的也可将左侧轴承座后移或右侧轴承座后移。尾部滚筒的调整方法与头部滚筒刚好相反。经过反复调整直到输送带调到较理想的位置。在调整驱动或改向滚筒前最好准确安装其位置。

4）张紧处的调整。输送带张紧处的调整是输送带运输机跑偏调整的一个非常重要的环节。垂直滚筒式重锤张紧装置上部的两个改向滚筒除应垂直于输送带长度方向的中心线以外，还应垂直于铅垂线，即保证其轴中心线水平。使用螺旋张紧或液压油缸张紧时，张紧滚筒的两个轴承座应当同时平移，以保证滚筒轴线与输送带纵向方向垂直。具体的调整方法与滚筒处的调整类似。

5）调整物料转载处的落料点位置。转载处的落料点位置对输送带的跑偏有非常大的影响，当两条输送带机在水平面的投影成垂直时影响更大。应当考虑转载处上下两条输送带机的相对高度。相对高度越低，物料的水平速度分量越大，对下层输送带的侧向冲击也越大，同时物料也很难居中。使在输送带横断面上的物料偏移，最终导致输送带跑偏。如果物料偏到右侧，则输送带向左侧跑偏，反之亦然。在设计时应尽可能地加大两条输送带机的相对高度。在受空间限制的移动散料运输机械的上下漏斗、导料槽等件的形式与尺寸方面应作相应的考虑，一般导料槽的宽度应为输送带宽度的2/3左右比较合适。为减少或避免因落料点不正而导致输送带跑偏故障的发生，可安装导料挡板调整、改变物料的下落方向及落点，也可安装锁气器，使物料通过锁气器后在输送带上居中。

6）双向运行输送带跑偏的调整。双向运行的输送机胶带跑偏的调整比单向输送机胶带跑偏的调整相对要困难许多，在具体调整时应先调整某一个方向，然后调整另外一个方向。调整时要仔细观察输送带运动方向与跑偏趋势的关系，逐个进行调整。重点应放在驱动滚筒和改向滚筒的调整上，其次是托辊的调整与物料的落料点的调整。同时应注意输送带在硫化接头时，应使输送带断面长度方向上的受力均匀。

7）清除托辊及滚筒上黏煤。湿煤黏附在滚筒、托辊表面后很容易引起胶带跑偏，应在头部滚筒处安装清扫器及在回程段安装清扫器，清除未落尽和洒落在回程段胶带上的煤，有效防止胶带因托辊、滚筒表面黏煤而造成跑偏故障。

2. 输送带打滑

输送机胶带打滑会造成严重堵煤，甚至磨断胶带等事故。

（1）原因分析。①输送机胶带在运行过程中，由于非工作面与滚筒间进水或进油后，使滚筒与胶带间的驱动摩擦力减小；②胶带日久后伸长而拉紧装置行程不足；③拉紧装置失效或重锤配重过轻。

（2）预防措施。①防止输送机胶带非工作面与滚筒间进水或油；②胶带使用日久后伸长而拉紧装置行程不足时，应及时剪接胶带，进行缩口；③修复拉紧装置或重新调整配重块。

3. 输送带撕裂

胶带特别是钢丝绳芯带单价高，一旦运行中输送带被撕裂，造成的经济损失很大，还会影响到向锅炉的正常供煤。胶带撕裂一般是由于尖锐异物卡阻造成的。

（1）造成输送带撕裂故障的原因分析。

1）导料槽钢板、清扫器碰刮输送胶带。

2）托辊脱落或输送带跑偏严重，碰到支架。

3）所输送煤中大铁件、大块杂物砸刮输送带。

4）拉紧滚筒或尾部滚筒扎入尖硬物。

5）输送带接口处碰刮。

6）犁煤器犁刀磨损（破损）或犁刀落下，以致卸料时夹卡住了异物。

7）落煤管、导料槽内卡住铁件，碰刮输送带。

（2）造成输送带撕裂故障的预防措施。

1）加强运行监视，发现输送带撕裂时，应立即停机，查找原因，防止撕裂程度加大。

2）清除输送机中的碰刮部位。

3）及时发现并及时装复脱落的托辊。

4）要及时纠正跑偏胶带，防止跑偏后被托辊支架碰刮、撕裂。

5）要及时清除输送带上的大块杂物。

6）对于接口质量不良处，应重新胶接或者割除欠头。

7）发现犁煤器犁刀磨损（破损），要及时维修或更换犁煤器犁刀。

8）及时清除卡在落煤管、导料槽内的铁件和异物。

4. 驱动装置故障

输送带的驱动装置有电动机和减速器组成的驱动装置以及电动滚筒装置两种形式。电动机和减速器组成的驱动装置，是由电机、液力耦合器、减速器、传动滚筒、制动器、低速端联轴器、逆止器、机座等组成。驱动装置的故障主要集中在电动机和减速器上。

（1）故障分析。

1）电机振动异常及嗡嗡异响。①地脚螺丝松动；②联轴节螺丝、橡皮圈磨损；③轴的找正不符合质量标准；④轴承缺油或碎裂；⑤轴承间隙过大；⑥轴承安装不符合要求；⑦机体部分不平衡。

2）电动机过热。①负荷过大；②电动机的电压低；③电动机的静、动之间相碰；④电动机的轴承故障；⑤电动机的润滑油老化失效。

3）电动机缺相（两相）运行。①电源线路开关或熔丝断了一相；②电动机的静子线圈断了一相。

4）减速器强烈振动，并有异常声响。①减速器的地脚螺丝松动；②减速器侧的联轴节螺丝松动或橡皮圈严重磨损；③减速器输出、输入轴的找正不符合质量标准；④减速器的轴弯曲或齿轮折断、严重磨损；⑤减速器机内有杂物；⑥减速器的轴承损坏。

5）减速器漏油。①减速器的箱体结合面加工粗糙，达不到加工精度要求；②减速器的壳体经过一定时间运行后，发生变形，因而结合面不严密；③减速器的箱体内油量过多；④减速器轴承盖漏油是轴承盖与轴承座孔之间的间隙过大或垫片破损造成的；⑤减速器端盖的轴颈处漏油的主要原因是因为轴承盖内的回油槽堵塞或毡圈、油封等磨损，使轴颈与端盖间有一定的间隙，油会顺着这个间隙流出；⑥减速器的观察孔结合面不平，观察孔变形或螺栓松动，或原来在结合面上加的纸垫经过几次拆装后，纸垫损坏，密封不严而漏油。

（2）故障处理。

1）电动机振动超标的处理方法。①电动机振动强烈时，应立即停止运行，查明原因；②如果电动机的地脚螺丝松动，应进行紧固；③由于电动机轴承故障导致振动的，应更换电动机轴承；④因联轴器找正不合格的，应重新进行找正处理。

2）电动机过热的处理方法。①电动机负荷过大时应减少负荷；②电动机的电压低时应进行相关稳压处理；③如果电动机的静、动之间相碰，则应检修电动机；④若电动机的轴承故障，则检修轴承即可；⑤润滑油变质老化的情况下应更换润滑油。

3）电动机两相运行的处理方法。①发现电动机缺相运行时，应立即停止运行并进行检查；②若为电动机绕组线圈断相，则应更换电动机或修复线圈。

4）减速器有强烈振动、异常声响的处理方法。①紧固地脚螺丝；②紧固联轴器螺丝或更换弹性柱销联轴器的弹性圈；③重新对联轴器进行找正；④检查、矫正齿轮轴，更换磨损严重的齿轮；⑤更换失效的轴承。

5）造成减速器漏油的处理。①刮研减速器壳体结合面，使其结合良好；②在减速器壳体轴承座孔的最低部位开回油孔，以便将润滑油回流到箱体中；③采用密封胶和密封圈，结合面漏油一般采用密封胶来解决，动密封处漏油采用橡胶密封圈密封效果较好；④排出过多的润滑油；⑤更换漏油结合面处破损的垫片。

第六节　带式输送机的检修与维护

为保证带式输送机的安全稳定运行，每隔一定的时间还必须安排一次针对带式输送机的大修或小修。在一般情况下，3 年安排 1 次大修，工期 5～10 天；1 年安排 1 次小修，工期 3～5 天；大修年度不进行小修，即每年都只安排 1 次检修。

一、检修项目

1. 大修项目

大修项目相关的设备和内容见表 12-23。

表 12-23　　大修项目相关的设备和检修内容

检修设备	检　修　内　容
减速器	（1）齿轮及轴的检修 （2）轴承的清洗及更换 （3）键及键槽的检修 （4）结合面的检查检修 （5）密封元件的检查及更换 （6）联轴器的检修及校正
滚筒	（1）滚筒体的检修 （2）滚筒轴的检修 （3）轴承的清洗、加油及更换

续表

检修设备	检修内容
胶带	（1）胶带的检查与调整 （2）胶带的胶补及更换
托辊及机架	（1）托辊的检修或更换 （2）机架的检修、校正或更换
拉紧装置	（1）拉紧装置小车及钢丝绳的检修或更换 （2）滑轮和配重装置及其拉杆的检修 （3）螺旋拉紧装置中丝杠与螺母的检修 （4）螺旋拉紧装置中框架的检修或更换
其他大修项目	（1）落煤管、煤挡板的修补及更换 （2）煤挡板电动推杆的检修或更换 （3）导煤槽胶带的修补或更换 （4）清扫器、犁煤机的检修 （5）中间架、栏杆的修补及更换 （6）各转动部件护罩的检修

2. 小修项目

（1）凡不能在大修间隔内保证安全可靠运行的检修项目视为小修项目。

（2）减速器的检查、清洗、换油及消除渗漏油等。

（3）滚筒轴承的清洗、加油。

（4）胶带的检查、调整及胶补。

（5）修理、更换不转及响声异常的托辊。

（6）落煤管、密封装置及煤箅子的焊补。

（7）拉紧装置的检查，滑轮、滚轮的清洗。

（8）煤挡板的修理。

二、滚筒的检修工艺要求

带式输送机的检修工作是保证设备安全、稳定运行的重要手段，各个主要零部件的检修都有明确严格的要求。

滚筒在工作过程中，承受扭矩和弯矩（主动滚筒），受力情况比较复杂，要仔细检查。

滚筒各个部件的具体检修内容和要求见表 12-24。

表 12-24　　滚筒各个部件的具体检修内容和要求

检修部件	具体的检修要求
滚筒体	（1）滚筒体要求基本对称，外圆与轴孔的不同心度应不超过 0.5mm，两轴孔的不同心度不超过 0.02mm （2）滚筒体的外表面应光洁，不得有裂纹现象，并检查滚筒体在轴上的紧固情况和顶丝的紧固情况，松动的要重新紧固 （3）滚筒表面的径向跳动不得大于 1mm，否则须对滚筒表面进行加工，但滚筒壁最小厚度不应小于 6mm （4）对于包胶或铸胶的滚筒，应检查胶面的磨损情况，对拉伤、磨损严重的胶面应更换 （5）滚筒体与滚筒轴为键连接，无松动、串轴现象

续表

检修部件	具 体 的 检 修 要 求
滚筒轴	(1) 轴的最大弯曲度不超过全长的1/1000，轴的椭圆度不超过轴径的1/1000，轴的锥度不超过1.5/1000 (2) 轴颈表面过热或拉伤，深度超过0.15mm时应进行加工处理 (3) 轴的表面不得有锈蚀、砸伤、沟痕等缺陷 (4) 轴的配合面磨损后一般采用电镀、喷涂、堆焊等方法加大轴径，堆焊的轴要进行局部热处理，磨削处理；如磨痕较深，应先车光轴表面，禁止采用洋冲打点和滚花的方法
滚动轴承	(1) 滚动轴承与轴、轴承座的配合均不得过紧或过松。滚筒的轴承一般采用向心球面滚子轴承和向心球面球轴承 (2) 安装轴承座前要检查轴承座的尺寸是否符合要求 (3) 滚动轴承在未装前应测量其原始径向间隙或轴向间隙 (4) 不允许把轴承当作量规去测量轴和外壳的加工精度 (5) 轴承组合体上所有润滑管路和冷却系统在安装前一定要清扫干净，以防污物侵入轴承内，防止因管路堵塞而影响正常供油 (6) 安装轴承时，可以在配合表面涂一层薄润滑油。施加力大小应均匀，不可用力猛击；必要时，只能用铜棒均匀地敲击 (7) 轴承内加注润滑油不能过多，以免影响散热 (8) 轴承在装前必须经过彻底清洗，不允许用棉纱或掉毛的毛刷清洗，最好用白布或专用清洗布擦拭，在安装中绝对保持清洁 (9) 安装轴承应使轴承无型号的一面靠着轴肩（有安装方向要求的例外） (10) 轴上拆卸轴承时应在内套上施加力，从轴承箱内取出轴承时应在外套上施加力。尽量使用专用工具，不应采取撬打的方法，以防损坏机件 (11) 凡是与轴配合较紧的轴承，都应采取热装 (12) 起游动作用的轴承，其外套与轴承座的配合过盈量应不大于0.02mm (13) 滚动轴承工作表面上不允许有缩孔、凹痕、压伤沟痕、擦伤剥落等现象 (14) 内外套和保持架应无裂纹，滚道及滚珠（柱）应无麻点、锈蚀等缺陷 (15) 轴承的拆卸次数应尽可能减少

三、胶带的连接与维护

胶带是带式输送机的重要组成部分，胶带的连接在实际检修工作中经常遇到。下面就胶带的连接方法以及胶带在运行过程中可能出现的问题和处理方法作较详细的介绍。

（一）皮带运输机胶带胶接及更换的主要工序

(1) 将胶带接口或更换部分转至较宜适合接口工作的位置。

(2) 办理工作票，确认设备停电后，方可进行工作。

(3) 用起吊工具将配重拉起或将张紧装置松开，提升高度或松开量视皮带接头需要量而定，一般当皮带截断的长度确定后，使皮带胶接完后，其张紧装置行程量不小于3/4额定行程拉紧量。

(4) 在皮带接头或更换皮带的两侧装好皮带卡子，一端与皮带架固定，另一端用手动葫芦等工具拉紧到皮带接口所需的位置并同皮带架固定，使接头处或更换部分的皮带呈松弛状态。

（二）胶带的连接方法

普通胶带一般制成100m长。当输送机所用胶带的圆周长度超过100m时，就要接头。另外，胶带磨损后，特别是局部损伤后其损坏的一段需要更换时，也需要连接。带式输送机胶带的承载能力及运行可靠性与接头质量有很大关系，接头质量好，其承载能力大。因此胶带接头的处理是非常重要的。胶带的接头方法有机械连接法和硫化法两种。

1. 机械连接法

机械连接法一般采用钩卡连接。钩卡连接的连接件——胶带扣为多爪状，用锤子将钩爪楔入带端，穿入销柱后即成。不同厚度的胶带，应选用与胶带相配的不同型号胶带扣。

胶带扣钩子尖端断面有长方形和椭圆形两种。前者棱角尖锐，接头时易损伤带芯；后者易穿过带芯，胶带布层不受损坏，水分进入量少，带芯防腐效果好，使用寿命长，一般较多采用。这种接头方法对强度削弱很大，卡接后的强度只有胶带本身强度的35%～40%，一般很少采用，多作为应急措施，因为此种连接速度快。有一种新型的胶带钉扣机的胶带扣是机械连接中较理想的一种。这种胶带扣犹如钉书钉，对胶带芯层破坏小，现场试验证明这种胶带扣的连接强度可达原胶带强度的90%。

2. 硫化法

硫化法有热胶接法和冷胶接法（冷粘法）两种。

（1）热胶接法：将胶带接头一部分的布层和胶层，按一定形式和角度剖切成对称级差；涂以胶浆使其粘连，然后在一定压力、温度条件下加热一段时间，经过硫化反应后，生橡胶变成硫化橡胶，从而获得接头部位较高的黏着强度。这种方法所得接头强度可达原胶带的85%～90%。

胶带接头的阶梯形式大致分为斜角形和直角形。目前大都采用直角形接法，接头长度为250～800mm。接头长度根据带宽确定，每阶梯长度约为50～100mm。接头太长，会引起加热时的不均匀性。采用斜角接头，接头尖处易剥离损坏，且不易裁切，一般很少采用。

进行胶接时，要注意接头的接法，应避免清扫器或犁煤器对接头的破坏。国产普通输送胶带采用热胶接时，胶浆为天然胶，覆盖胶为天然胶和丁苯并用。

胶带胶接工艺过程的要求如下：

划线作业：在裁剥之前应先准确地划出待接胶带两端的宽度中心线，以便对齐接正。

裁剥作业：按照划线作业的线条切去胶带多余的部分，逐层裁剥覆盖胶和帆布层，裁剥布层阶梯时，不得使邻近布层的经纬线受损，被裁剥的胶带两头一定要顺茬胶接，以免运行时被刮板、犁煤器等撕开覆盖的胶接茬。

涂胶作业：在涂胶前先用手提电钻式钢丝刷头清扫接头裁剥处残余的胶屑及毛糙帆布表面，并用汽油揩净布层表面油污。打磨时要适度，以免损伤布层。胶带接头的两侧边和覆盖胶接头斜面也要打磨成粗糙状，以便结合得更为牢固。打磨后应进行烘干，冷却后方可开始涂胶浆。涂胶有两种方法：一种是先涂一遍稀胶浆，待胶干后（不粘手时）铺一层1mm厚的胶片；另一种是涂三遍胶浆，需待前一遍胶彻底干燥后方能进行下一遍涂胶。

贴合作业：在所涂的胶浆溶剂挥发干净后，调整胶带两边松紧程度，取得一致后再对齐接正，并加贴封口填充胶。贴合部位用胶锤砸实。如有鼓泡，应用锥子刺穿，将气体排除，然后再用皮锤砸实。

进行硫化作业时，将贴合后的接头固定于加热板之间，接头对正后，拧紧螺丝，然后升温硫化，硫化压力应不小于0.5MPa。胶接接头在滚筒上经反复挠曲后，接茬处往往会出现裂纹而需要修补。为防止出现这一缺陷，可以在接头处贴缓冲胶条。缓冲胶条的宽度和长度视胶带接口情况而定。封口填充胶边缘斜面宜为45°，与胶带原覆盖胶接茬斜面吻合。封口填充胶的宽度和长度根据胶带宽度及接口情况确定，厚度随胶带原覆盖胶而定。封口填充胶料应与胶带覆盖胶性能相同或相近。

为胶接接头所配制的胶浆是将胶片剪成小块，泡于溶剂中（100 号航空汽油），并用一根棒搅拌，使之均匀溶解制成。

硫化是胶接过程中决定胶接质量的最后一道重要工序，在硫化过程中，橡胶发生化学结构变化，从而提高了其物理机械性能。硫化技术条件主要是指硫化的温度、压力和时间，要准确掌握。硫化技术条件控制不严或不当，会造成欠硫、过硫、脱硫、起泡、重皮、明疤等质量缺陷。

在一定温度下经一定时间的硫化后，胶料的综合物理机械性能达到最高，使用寿命最长，此时的硫化程度叫正硫化。正硫化所需要的时间叫正硫化时间。

（2）冷胶接法（冷粘法）：近年来，胶带的冷胶接法是在室温下进行，与热胶接法相比，可给现场施工带来极大的方便。冷胶接法常用的胶粘剂主要有氯丁胶和天然胶等。

冷胶接的工艺过程如下：

1）胶带接头的处理。将接口按直角裁切，然后将帆布按单层（最好不要采用双层，因为按双层撕开对胶带的强度削弱较大）撕开，切成台阶形。也可以根据胶带宽度将接口切成斜角。切裁时，应保证两接头贴合严密，使其端头处相互间缝隙不大于 1mm。切割帆布时，下刀要轻重适宜，不要损伤其他帆布层。

对于裁切好的接头，用手提电钻式钢丝刷把残余的橡胶打磨干净。如果帆布面上有剩余残胶，使新鲜的胶液不能直接黏附在帆布上，则会大大减小黏着力。实验表明，未经清除剩余残胶的接头抗剥能力约为清除干净剩余残胶的接头抗剥能力的 80%。打磨时，必须注意不要损伤帆布。将两接头合拢，检查其贴合处是否严密和符合规定要求，若产生错缝，应重新修整。接头修整的好坏，对胶接质量和外观有很大影响。对修整好的接头，应用汽油将其表面上的残胶、油垢、脏物等清洗干净。

2）刷胶。对清洗好的两接头，待其汽油充分挥发，帆布干透以后就可以刷胶，一般刷三遍。刷胶要均匀，不宜太厚。太厚时，由于溶剂得不到充分挥发，在薄层中存在汽泡而呈海绵状，致使黏着力显著下降。每刷一遍胶，都须待上次刷的胶液充分挥发、干透，以不粘手为宜。

3）接头的合拢。待刷的第三遍胶液干透后，就可将两接头合拢。从接头的一端起，由中间向两侧黏合，以利于空气的排出。黏合时，必须使接头的阶梯黏合位置正确，因为一旦合拢，就很难撕开，即使撕开，也会影响胶接质量。合拢后，在上、下面接缝处涂以半凝固的胶浆，其宽度为 3～5mm，高度为 0.5～1mm。

4）接头的辊压和加压。合拢后的接头，可用手锤自中间向四周锤实，然后用专用辊子滚压胶面接缝处，以防翘边。辊压接缝处涂胶后，用两块厚度约为 15mm 的钢板将涂胶的接头压牢。必要时可加槽钢，使压力趋于均匀。

5）施工环境。施工环境直接影响到接头硫化程度的好坏。施工地点的温度一般在 20～40℃，相对湿度不应超过 80%。如果在冬季或阴雨天施工，可采用碘钨灯、红外线灯或电热吹风机，使刷在帆布上的胶液加速干燥，并应保证硫化地点的温度不低于 20℃。施工地点不应有飞尘，因为飞尘落在未合拢的接头上，会大大降低胶液的黏着力。

四、托辊检修的工艺要求及质量标准

1. 托辊的检修周期

（1）托辊一般在 2～3 年应全部更换一次，在大小修中除了计划性更换以外，对有损坏、转动不灵活或在运行中有杂音的托辊应个别更换。

（2）托辊辊壁厚度的磨损超过原厚度的 2/3 时应更换。

（3）在检修托辊中，发现轴承内套与轴或外套与托辊有相对转动，应及时检查原因，更换轴、轴承或托辊。

2. 托辊的拆卸及组装

（1）取下卡簧、大小密封盖、毛毡垫，用紫铜棒敲打出托辊轴并取下轴承。

（2）将轴再次套入托辊内，用同样的方法取出另一边轴承，进行清洗和检查。

（3）若轴的两端有被敲打变形现象，应及时修整，以保持与托辊架有 0.2～0.3mm 的间隙。

（4）组装前要用汽油或煤油清洗托辊轴、托辊配合面、卡簧、大小密封盖。

（5）将轴承两面涂上清洁无杂质的润滑脂，用专用工具将轴与轴承装配好，套进托辊体中，使轴承和辊筒体装配好，然后装上毛毡垫、卡簧。采取同样的方法对托辊另一侧进行组装。组装完毕后用手盘转托辊轴，检验其运转的灵活性。

3. 托辊支架

（1）托辊支架上必须有托辊，不得空缺。在槽形托辊架上缺少托辊时不允许运转设备。

（2）托辊支架应无明显下沉、扭曲或其他变形，对有裂纹、脱焊、磨损严重的支架应更换。

（3）托辊支架应保证托辊水平，其不水平度每米不超过±2mm。

（4）对输送机纵向中心线的不垂直度允许误差为每 300mm 不超过 1mm。

（5）横向中心线对输送机纵向中心线不重合度允许误差为 5mm。

（6）各托辊应处在同一平面上，其高低允许误差为±3mm。

（7）对于弯曲、扭曲变形的支架可以校正，在检修中不得用榔头硬敲、硬打，以免损坏。

五、落煤管的检修

（1）当落煤管壁厚磨损到原厚度的 60%，且不能保证在检修间隔内可靠运行时应予以更换。

（2）落煤管在运行中要求完整、不漏煤。对变形、腐蚀、破损严重的应采取挖补、贴补、更换冲击面或分段更换等方法进行检修。落煤管大面积磨穿，采用焊补方法已不经济时，应更换新落煤管，但务必在检修时保持原尺寸、原形状、原位置。要求焊接牢固、严密，检修完毕后无堵煤和漏煤现象。

（3）更换新落煤管时，主要冲刷面应选择 14～20mm 齿轮。为了使其能安全、可靠地运行，延长使用寿命，提高传动效率，最大限度地发挥其能力，必须对这些零部件进行润滑。

六、联轴器的检修

主动轴的动力通过联轴器传递给从动轴，连接后两轴应完全位于同一条直线上，否则运行中将会产生振动。把两个半联轴器调整成同心并保持平行的方向，称为“找正”。在联轴器找正前，要预先调整两个半联轴器间的间隙，以防止主、从动轴的窜动力相互影响，引起振动。这个间隙一般要大于从动轴与主动轴的轴向窜动量之和。联轴器的找正是在联轴器与轴装配垂直的条件下进行的。按所用工具的不同，找正方法可分为三种。

（1）利用直角尺、塞尺、楔形间隙规及平面规来找正。采用此法找正测量联轴器的不同心值和不平行值时，先用直角尺靠在一半联轴器的边缘上，检测另一半联轴器与直角尺间的间隙，用塞尺测得径向间隙；再用平面规、楔形间隙规测量轴向间隙。在联轴器圆周上相隔 180°各检测一次，即得轴向间隙。轴向、径向间隙测定后，根据间隙的数值在主动机机座下加垫片进行调整，直到符合标准为止。

（2）采用中心卡尺及塞尺找正法。

（3）利用千分表找正法。与上述方法相同，只是将测量螺钉换上两个千分表，从千分表上直接读出轴向、径向间隙。这种方法测得的数值较为准确。

七、轴承的检修

轴承是支承心轴或转轴的主要部件，是机械传动不可缺少的组成部分。带式输送机的减速器、电动机、滚筒、托辊都离不开轴承。对于轴承一般要求转动灵活，各部件完好，无裂纹、剥落、明显珠痕、麻点、变色、明显锈蚀及拉伤。如果在运行中出现上述缺陷，必须及时检修或更换。

滚动轴承故障现象及原因分析如下：

1. 脱皮剥落

脱皮剥落是滚动轴承内外环的滚道和滚珠、滚柱的表面金属呈片状或粒状碎屑而脱落。在开始时，剥离极为轻微，只是局部表层受到损伤；随着时间的延长，剥离范围逐渐扩大，由一点变成一片，其产生原因是疲劳破坏所致。滚动轴承工作时承受交变接触应力的作用，这种交变应力在较高转速下，就容易使零件表面产生裂纹，此时润滑油逐渐会进入产生的裂纹中，即产生疲劳剥伤现象。如果继续使用下去，剥落的金属微粒与润滑油混合，落到滚动体下面，便加剧和扩大了这种破坏，最后使整个轴承损坏。

过早的疲劳破坏是由于安装、检修和润滑维护不当所致，例如安装不良，使滚动轴承内外圈中心线歪斜，轴和轴承座的支承不垂直，轴有弯曲变形以及轴承的径向间隙过大，都会引起滚道表面个别部分接触压力急剧增加，滚道及滚动体迅速地疲劳损坏；此外，安装或检修时，外界硬质微粒落入配合表面或混杂在润滑油中，使滚道产生磨损和金属剥落。另外，振动和跳动也会引起轴承的疲劳损坏。

2. 磨损

当轴承发生锈蚀时，轴承零件的锈蚀物混入油内，对滚道与滚动体表面起磨削作用而引起磨损。当在轴承配合面上发生锈蚀时，使得配合出现松动，又进一步引起配合表面产生擦痕和磨损。

由锈蚀引起的磨损特征是轴承零件工作表面发毛、无光泽，并有深的伤痕。润滑油中混杂有砂子、灰尘、脏物、金属碎屑等污垢物时，也会在滚动体上产生磨削作用而引起磨损。这种磨损看不到脱皮和剥落，而仅在受力范围的工作表面上出现或多或少的强烈擦伤。轴承污垢损伤的特征是轴承套圈和滚动体间的径向间隙急剧增加，造成滚道发毛、无光泽，出现不均匀的擦伤痕迹。

3. 润滑不良

轴承在负荷作用下，工作表面会发生弹性变形而形成滑动摩擦，此时，如使用的润滑油性能不符合要求和质量不良或供油不足，就会大大增加摩擦损伤，甚至因过热而损坏轴承。

检查密封元件是否老化、损坏，如果已失效，应及时更新。新的毡圈式密封装置，在安装前要在溶化的润滑脂内浸润 30～40min，然后再安装。

轴承应始终保持良好的润滑状态。重新涂油之前应当用汽油洗净，涂油量控制在轴承空隙的2/3。

4. 装配不当

轴承如果装配不良及运行不当（如滚动体斜歪、轴向负荷过大等），均能引起严重磨损。滚柱轴承由于受轴向负荷，滚子在滚道上产生不完全滚动，结果造成滚子表面出现粗糙痕迹，还有滚子端面和套圈导边磨损等。

第七节 其他类型输送机

一、气垫带式输送机

气垫带式输送机是 20 世纪 80 年代初发展起来的先进设备。1986 年我国制造的第一台大型气垫带式输送机进行了工业性试验，取得了较好的效果。我国火力发电企业最早使用的气垫带式输送机是两套带宽 1mm，带长 37.5m、73.5m，带速 2.3m/s 的水平输送的气垫带式输送机。

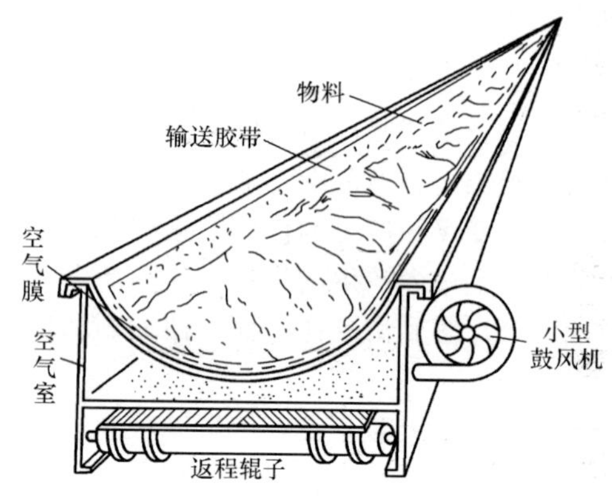

图 12-57　气垫带式输送机结构

气垫带式输送机是利用密封室代替上托辊，工作时由鼓风机供风送于气室，空气经盘槽上的气孔溢出，在胶带与盘槽之间形成一层有一定厚度的气膜（即气垫），胶带浮在气垫上，靠驱动电动机拖动运行。由于空气具有一定的黏性，当空气流经输送带与盘槽之间的间隙时，便形成了以空气为润滑剂的一层稳定气膜，使胶带与盘槽之间不发生直接接触，利用流体摩擦以输送物料。该机比托辊式带式输送机消耗的功率小 20%～25%，具有运行平稳、噪声小，输送带不易跑偏，不易拆裂，寿命长，维修费用低等优点。它广泛应用于煤炭、建材、化工、冶金、港口、粮食、医药等部门。

气垫带式输送机的结构见图 12-57。

1. 气垫带式输送机的特点

气垫带式输送机具有以下显著的特性：

（1）耗能少。气垫带式输送机以气垫代替托辊支承，变滚动摩擦为流体摩擦，大大减少了牵引力和运行阻力，在输送量和工艺条件相同的情况下，功率消耗比托辊输送机少 10%～25%。输送量越大，输送距离越长，节能效果越显著。

（2）质量轻。由于气箱采用箱形断面，气垫带式输送机的纵向支架可承受较大弯矩和扭矩；又因托辊数量极少（仅在输送机两端各设几套过渡托辊），胶带层数和厚度较少，所以质量较轻。其单位自重的强度系数与刚度系数比较大，设备的超载能力大大提高。

（3）寿命长。气垫带式输送机便于实现全线防护式密封，同时由于胶带张力小，磨损少，不跑偏，不撕带，加之气垫对胶带有冷却作用，故而胶带寿命可延长 1～2 倍，设备使用寿命也比托辊输送机长得多。

（4）维修费用低。气垫带式输送机用气垫代替了托辊支承，转动部件少，事故点少，可靠性强，从而大大减少了维修工作量和维修费用。实践证明，气垫带式输送机比托辊输送机节约维修费用 60%～75%。

（5）输送平稳，工作可靠。托辊输送机在运行中，输送带是波浪式向前运行，物料颠簸，撒料严重，胶带易跑偏，磨损大。气垫带式输送机完全克服了上述缺点，运行十分平稳，不颠簸，不撒料，不跑偏，不扬尘，不会把散料的粒度自动分级，特别适宜输送按工艺比例配制好的混合散料。

（6）启动功率低，可以直接满载启动。托辊输送机的启动功率大，一般约为运行功率的 1.5～2.5 倍，并且难以实现全线满载启动。气垫带式输送机只要形成稳定的气垫层之后，驱动电机的启动功率与运行功率相差甚微，并且在全线满载时，无须采取任何辅助措施便可轻易直接启动。

（7）输送能力高。气垫带式输送机最佳运行速度为 3～4m/s，最低运行速度为 0.8m/s，最高可达 12m/s，因此，可大大提高输送能力。加之其装料断面大，平稳性好，在同一输送量和工艺条件下，气垫机可减少 1～2 级型号，即托辊输送机需采用 B1200 时，气垫输送机只需采用 B1000 或 B800；托辊机采用 6 层强力带，气垫机只需用 3～4 层普通胶带或轻型带，从而大大节约了投资。

(8) 宜于密封，污染少。气垫带式输送机沿机长设有密闭气箱，可以进行全线密封，易于安装防护罩及安全设施，宜于安装吸尘装置，因此污染少，噪声小。

2. 气垫带式输送机部件特点

气垫带式输送机总体结构如图 12-58 所示，除用气室代替托辊及增加鼓风机、消音器外，其余部件均与 TD75 型通用固定式带式输送机相同。

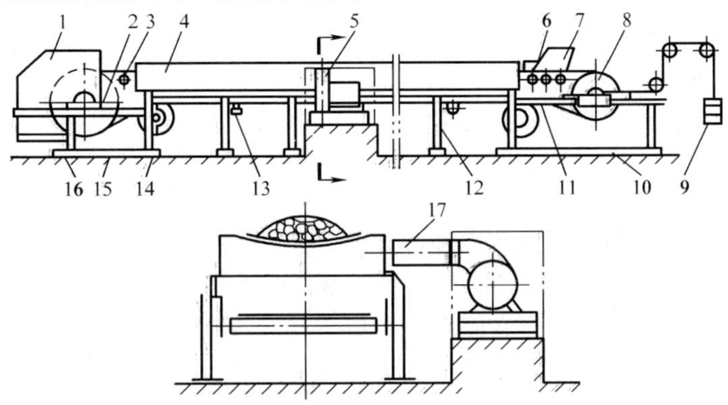

图 12-58　气垫带式输送机总体结构图

1—头罩；2—驱动滚筒；3—槽形过渡托辊；4—气室；5—通风机；
6—缓冲托辊；7—漏斗；8—尾部改向滚筒；9—拉紧装置；
10—尾架；11—输送带；12—中间支架；13—下平行托辊；
14—改向托辊；15—头架；16—弹簧清扫器；17—消音器

(1) 输送带。输送带在气垫带式输送机中起牵引和承载作用，输送带通常采用普通型橡胶输送带、尼龙芯、钢丝绳芯胶带以及塑料带几种。输送带必须采用硫化、塑化或冷粘接头，不能用机械接头。

(2) 驱动装置。驱动装置是气垫带式输送机中的动力部分，由安装在驱动架上的电动机、高速轴联轴器、减速机、低速轴联轴器组成。

(3) 托辊。气垫带式输送机只在装料端和卸料端设置少量槽形托辊。回程采用平形托辊。

(4) 其他部件。气垫带式输送机的传动滚筒、改向滚筒、拉紧装置、清扫器、制动及逆止装置以及机架、头部漏斗、头部护罩、导料槽等均与 TD75 型固定式通用型带式输送机相同。

(5) 气室。气室是用来形成气膜、支承物料的关键性部件，它的制造精度是影响总机功率和胶带寿命的主要因素。合理地布置气孔位置和气孔的大小，以产生均匀稳定的气膜，可使总机消耗功率大大下降，磨损减轻，使用寿命延长。

(6) 鼓风机。气垫带式输送机形成气垫使用的鼓风机一般为高压离心式鼓风机。在正常情况下，形成稳定气膜所需的风量与风压，可以根据所设计输送机的实际气室长度和运送物料的自然堆积密度确定。鼓风机一般安装在输送机中部。对于较长的输送机，如选用单个鼓风机难以满足要求时，在保证风压的情况下，可选用多台鼓风机，并在整个输送机长度上作适当布置，以风压沿程损失较少为佳。在特殊情况下，鼓风机可沿整机长度内作空间布置，并用弯管与气室连接。

(7) 隔音箱、消音器。为了降低鼓风机的噪声，可设置隔音箱或消音器。隔音箱和消音器的规格型号需与鼓风机相匹配。

3. 气垫带式输送机的应用范围

(1) 气垫带式输送机适用于输送堆积密度为0.5～2.5t/m^3的各种块状、粒状等散状物料，也可用来输送成件物品。

(2) 气垫带式输送机的带宽有六种：500、650、800、1000、1200和1400mm。(对于带宽为300、400mm的气垫机可参考使用)。

(3) 气垫带式输送机所选用的输送带有橡胶带和塑料带两种。适用工作环境温度一般在－45～＋40℃之间。输送具有酸性、碱性、油类物质和有机溶剂等成分的物料时，须采用耐酸、耐油、耐碱的橡胶带和塑料带。

(4) 可用于水平或倾斜输送，倾斜向上输送时，不同物料所允许的最大倾角也有所不同。也可用于倾斜向下输送。

4. 气垫带式输送机的布置形式

气垫带式输送机的基本布置形式有五种，分别是：①水平输送机；②倾斜输送机；③带凸弧曲线段输送机；④带凹弧曲线段输送机；⑤带凹弧及凸弧曲线段输送机。

给料点最好设在水平段，也可设在倾斜段，但不允许设在曲线段。当设计大倾角输送机时，推荐将给料区段尽量设计成水平或将区段的倾角适当减小。

5. 新型气垫带式输送机的创新技术

针对国内外目前正在使用中的第一代气垫带式输送机存在的问题，我国研制成功了TQS新型气垫带式输送机。TQS新型气垫带式输送机具有输送性能优，技术指标先进，使用寿命长，安全可靠性强，节能效果显著，可轻易直接进行重载启动，延长皮带使用寿命1～2倍，皮带不跑偏、不撒料、噪声低，节约维修费用70％～75％，综合经济效益提高30％等优点，其主要创新技术特点如下：

(1) 以先进的水波纹气流取代了扇形气流，大大提高了气垫均匀稳定性。

(2) 以二次槽角取代了一次槽角，气箱结构科学合理，克服了胶带擦边现象，耗气量节约15％。

(3) 以五点或节流孔布置法取代了平行布置法，优化了风量和风压的匹配关系，提高了气垫层的承载能力，拓宽了气垫带式输送机的应用范围。

(4) 以组合式气箱代替了整体式气箱，减少了焊接变形，提高了气箱的密封性能，一旦盘槽损坏，可不更换整节气箱，只需更换盘槽，降低了维修费用。

(5) 增设分风分流装置，能合理分风导流，降低了气流沿程阻力损失。

(6) 采用与气垫带式输送机特性相匹配的新型风机，解决了风量和风压的匹配关系，提高了气垫的均匀稳定性，空气利用率提高了15％。

二、钢绳牵引带式输送机

钢绳牵引带式输送机与通用带式输送机的不同之处，在于这种输送机的牵引件与承载件是分开的，它用钢绳作牵引件，胶带作承载件，胶带以特制的耳环槽搭在两条钢丝绳上（见图12-59)。钢绳和胶带各自独立成闭合回路，有各自独立的张紧装置，在头尾端有分绳装置使牵引钢绳和胶带嵌合或分离。驱动轮驱动钢绳，从而带动胶带运动，将物料从一端输送到另一端。这种输送机与通用带式输送机相比，有如下优缺点。

优点：①单台设备输送距离长，输送能力大。国内第一台钢绳牵引带式输送机单机长2.6km，国外有单机长19km及更长的。②功率消耗小，钢材用量少。③运行平稳，没有跑偏现象。④由于单机长度大，中途转载次数少，操作简单，易实现自动控制。

缺点；①设备费用和基建投资高。②胶带制造成本高，工艺复杂。③钢丝绳和托轮使用寿命

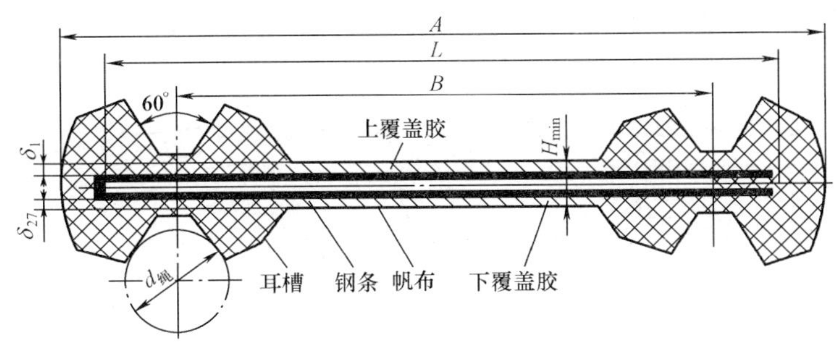

图 12-59　等距耳槽胶带

较短，维修工作量较大。

钢绳牵引带式输送机的传动原理以及供料、卸料、张紧装置等的结构与前述带式输送机基本相同，下面着重介绍其特殊部件。

1. 胶带

胶带由钢条、V形耳环、上下覆盖胶、帆布、填充胶等组成，它不承受牵引力。胶带承载物料的横断面积主要取决于胶带宽度和钢条的挠度。钢条设计的原则是：当满载时，钢条的寿命应与胶带的使用寿命相协调。

V形耳槽与牵引钢绳是一对摩擦副，胶带要求耐油、耐磨并具有一定的刚度。胶带耳槽有上下等距（见图 12-59）和不等距（见图 12-60）两种，前者可以两面使用；后者钢条受力条件改善，减少了脱槽机会，即使发生脱槽，胶带也会落在牵引钢绳上，避免发生事故。

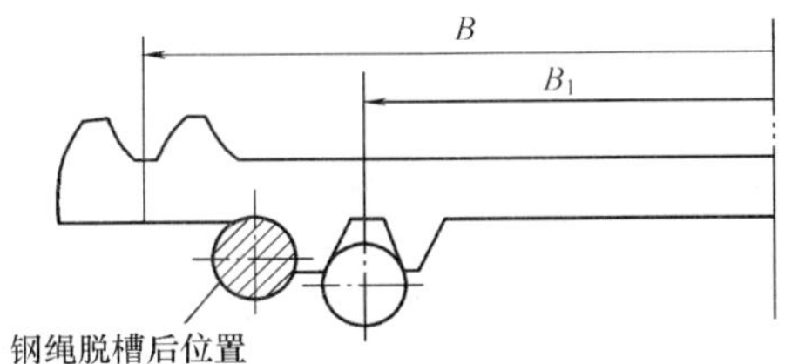

图 12-60　不等距耳槽的胶带

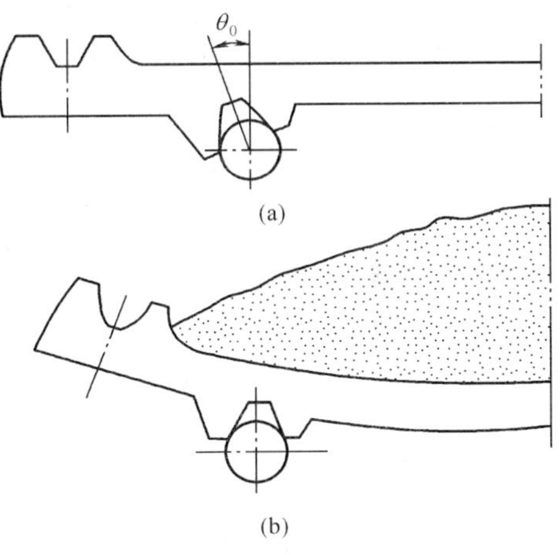

图 12-61　不垂直耳槽形式

(a) 空载状态；(b) 满载状态作用

下耳槽中心线有垂直和不垂直（见图 12-61）两种形式，后者对楔紧钢绳及减少脱槽有一定的作用。胶带的连接采用钢条、卡子和硫化等方法，其中又以钢条连接较多，连接的钢条还应起到保险销的作用，当发生事故时，首先拉断钢条，保护胶带。胶带的使用寿命，运煤时应在 10 年以上。

2. 牵引钢绳

钢绳一般采用 6×19 或 6×7 同向捻结构（一根左捻，一根右捻）。抗拉强度为 1372～1666MPa，特号或Ⅰ号的钢绳，接头长度为钢绳直径 d 的 800～1000 倍，安全系数为 4～5。钢绳表面涂的一般润滑油会使摩擦系数值明显下降，因此在使用前需要除油。除油不但花费时间，而且会使绳芯油熔化流出，影响钢绳寿命，因此最好用镀锌钢绳，或用既能防腐又不明显降低摩擦系数的戈培油。钢绳的使用寿命一般为 2 年以上。

3. 托轮组

图 2-62 所示为托轮组，采用浅槽托轮，上托轮有单轮、双轮、多组双轮。其中，双轮使

用较多，多组双轮适用于变坡处。托轮从质地分有整体铸钢轮和组合托轮，后者对钢绳磨损较轻。

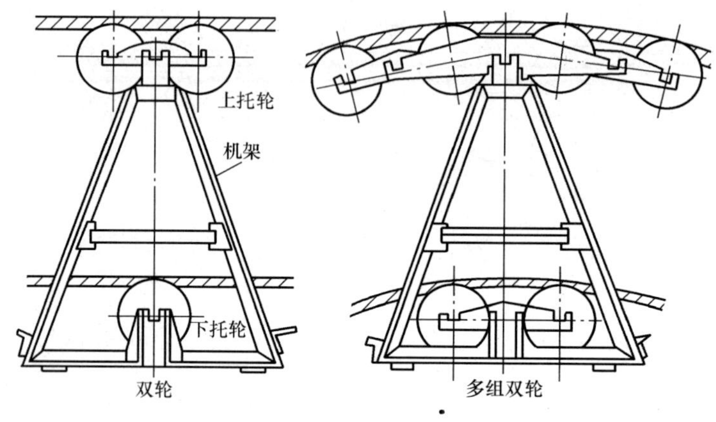

图 12-62　托轮组

三、高倾角带式输送机

（一）GH69 型花纹胶带输送机

该型胶带输送机除胶带、清扫器及进料斗外，其余如传动滚筒、改向滚筒、拉紧装置、制动器及驱动装置等部件均与 TD75 型通用固定式带式输送机相同。该输送机适用于倾斜输送，其倾角一般较通用带式输送机的允许最大倾斜角高 10°左右。几种典型物料向上输送的允许最大倾角见表 12-25。

表 12-25　　几种典型物料向上输送的允许最大倾角

物　　料			最大倾角 β	最大带速 (m/s)
名　　称	粒度(mm)	水分(%)		
细煤粒	0～8	6～7	35°	2.0
混合煤	0～160	6～7	28°	2.0
碎石	15～35	2～3	30°	1.6
湿粗砂	1～3	5～6	33°	2.0
混合煤	0～300	6～7	24°	1.6
混合煤	0～200	6～7	26°	1.6
焦炭	20～160	—	28°	1.6
内蒙古湖盐	5～50	—	28°	2.0

1. 适用范围

（1）适用于输送密度为 0.4～2.5t/m³的散状物料或成件物品。

（2）按所采用的花纹胶带的性能，其工作环境限于－10～＋50℃之间。

（3）既可用于向上输送，也可用于向下输送。向下输送时，其允许最大倾角为向上输送允许最大倾角的80%，此时，其驱动装置须特殊考虑。

(4) 不能用双滚筒驱动及中间卸料。

2. 胶带

花纹橡胶运输带除在其工作面上有许多条状（或点状）的橡胶凸块形成不同的花纹外，其他均与通用的普通型或强力型橡胶运输带相同。

条状花纹的形状如图12-63所示。

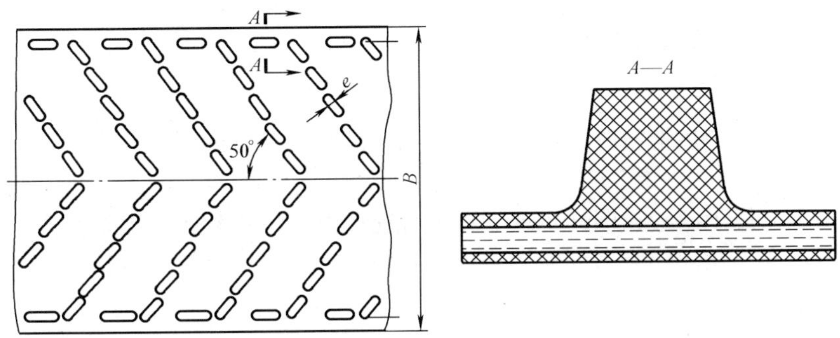

图12-63 条状花纹

点状花纹胶带的形状如图12-64所示。

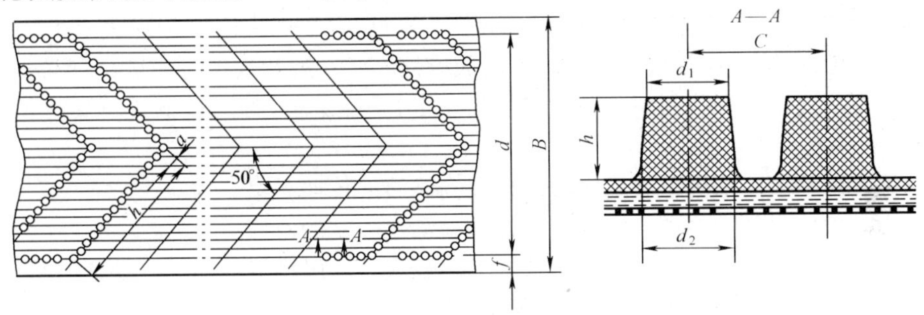

图12-64 点状花纹胶带

3. 转刷式清扫器

由于花纹橡胶带工作面凹凸不平，一般刮板式清扫器不能使用，需采用毛刷清扫，转刷式清扫器就是为清扫凸凹不平的带面而设置的一种清扫装置。该清扫装置装于传动滚筒卸料点下部，用电动机带动链轮链条减速传动，与传动滚筒同向旋转，因装于传动滚筒下部，因此与胶带运动方向相反，清扫效果较好。

4. 进料斗

进料斗也称导料槽。由于花纹橡胶带工作面凹凸不平，为了避免将花纹磨损，所以进料斗下部与花纹橡胶带接触部位采用毛刷密封，这样既可达到减少磨损，又能达到密封防漏的作用。

(二) 深槽带式输送机

深槽带式输送机（又称U形带式输送机）与花纹胶带输送机一样，能用于高倾角输送，具有输送量大，占地面积小等特点。

1. 特点

(1) 除能输送通用带式输送机可以输送的物料外，还能输送细粉状物料和流动性较强的物料。

（2）托辊槽角大，可达60°以上。目前国内已使用的深槽带式输送机的托辊槽角为45°。

（3）输送能力大。在不同槽角的情况下输送机的输送能力不同。当槽角为45°时的输送能力比槽角为30°（TD75所用槽角）时的约增加10%左右。

（4）允许胶带的倾斜角大，一般可达22°～25°，比通用带式输送机的约大5°～7°。例如运送中等块度的煤，常用的最大倾角为18°，而深槽带式输送机可达22°；如运送煤粉时，则可达25°。这样，就能使输送系统的布置紧凑，减少占地面积。

（5）运送平稳。例如带宽为500mm的输送机，其料边距带边仅20～30mm时，仍能正常输送，无撒料现象。

（6）水平输送直接转运物料时，可不用导料槽。减少了胶带的磨损及因设置导料槽而损失的附加功率。

（7）设备简单，便于制造；同样也便于设备优化改造，以达到提高输送能力的目的。

（8）经济效益好。比同样能力的通用带式输送机节约胶带达20%以上。

（9）能在与输送机头尾中心线成6°以下的水平弯曲时运转，而普通带式输送机只能直线输送。

2. 部件的选用

（1）输送带。为满足大槽角的要求，输送带需有较好的成槽性能，一般多采用尼龙带、维尼纶等编织的带芯。夹钢绳芯输送带也可用于深槽带式输送机。带芯的径向扯断强力为1656.2N/(cm·层)。输送带层数太多时，带的成槽性不好；层数太少时，输送带易损坏。因此，带芯层数的选择应与带宽和物料粒度相适应。对于上、下 覆盖胶厚度，输送原煤时一般上胶4～9mm，下胶3mm。

（2）滚筒。传动滚筒采用色胶或铸胶，以提高滚筒的传递功率。为减小带芯的弯曲应力，提高输送带寿命，滚筒直径与输送带带芯层数之间应满足一定的对应关系。

（3）拉紧装置。维尼纶或尼龙输送带的伸长率较大，一般维尼纶输送带拉紧行程可按输送机全长的2%计算：尼龙输送带拉紧行程可按输送机全长的3%计算。拉紧装置均采用重锤拉紧形式，对于较长的输送机，可采用重锤和卷扬联合拉紧的形式。

（4）托辊。已使用的深槽带式输送机的托辊槽角为45°。带宽800mm的为三节式，带宽1000～1200mm的为五节式。上托辊间距与输送物料的容重、带宽、槽角有关，下托辊间距为上托辊间距的2倍，调心上托辊一般为上托辊间距的6倍，调心下托辊一般为20m设一组或不设。

输送机传动滚筒至第一组U形上托辊的标准尺寸为1200mm。

四、DX型钢绳芯胶带输送机

1. 特点及适用范围

（1）DX型钢绳芯胶带输送机。属于高强度带式输送机，适用于散状物料的大量和长距离的输送。

（2）本系列有七种带宽、五种带速和十种带强度。

（3）可输送密度ρ=0.8～2.5t/m^{3}的物料。

（4）工作环境温度一般为－20～＋40℃，在寒冷地区，驱动部分应有取暖条件。

（5）输送距离长，单机长度可达数公里，辅送能力大，输送量Q=4000～9600m^3/h。

（6）输送带伸长率小，为普通带的1/5左右。使用寿命较普通带长2～3倍。

（7）可用于露天场合，但尽可能采用胶带机走廊或加防护罩。

（8）可作水平运输、倾斜向上运输和倾斜向下运输。

2. 机型的布置原则

(1) 采用多传动滚筒的功率配比是根据等驱动功率单元法任意分配。即在张力合理的分布而各传动滚筒又不致产生打滑的条件下，将总圆周力或总功率分成相等的几份，任意地分配给几个传动滚筒，由它们分别承担。

(2) 双传动滚筒不采用S形布置，以便延长胶带和包胶滚筒的使用寿命，且避免物料粘到传动滚筒上而影响功率的平衡。

(3) 拉紧装置一般布置在胶带张力最小处。若水平输送机采用多电机分别驱动时，拉紧装置应设在先启动的传动滚筒一侧。

(4) 胶带在传动滚筒上的围包角α值的确定主要是根据布置的可能性，并符合等驱动功率单元法的圆周力分配要求。

(5) 胶带机尽可能布置成直线型，避免有过大的凸弧、深凹弧的布置形式，以利正常运行。

五、波状挡边带式输送机

1. 应用范围

(1) 波状挡边带式输送机的一般用于散状物料连续输送设备，但采用的是具有波状输送带和横隔板的输送带，特别适用于大倾角输送。

(2) 波状挡边带式输送机可用于工作环境温度为－15℃～40℃的范围内输送堆积密度为0.5～2.5t/m^{3}的各种散状物料。

(3) 输送倾角在0°～90°范围内。

2. 主要特点

(1) 可大倾角输送散状物料，能大量节省设备占地面积，彻底解决了普通、花纹带式输送机不能达到的输送角度。

(2) 与普通带式输送机、斗式提升机、刮板输送机比较，波状挡边带式输送机工艺布置方便、灵活，其综合性能优越，输送量大，垂直提升高度高。

(3) 在垂直输送物料时，物料粒度最大可达400mm。

(4) 从水平到倾斜（或垂直）能平稳过渡。

(5) 能耗低，结构简单，维护方便；胶带强度高，使用寿命长。

3. 大倾角波状挡边带式输送机布置形式及一般要求

大倾角波状挡边带式输送机的布置形式如图12-65所示。在曲线段内不允许设给料装置，给料点最好设在水平段内，也可设在倾斜段。

4. 整机布置形式（见图12-66）

5. 部件的名称及用途

(1) 波状挡边输送带。在运输机中起曳引和承载作用，挡边、横隔板和基带形成了输送物料的“匣”形容器，从而实现大倾角输送。

(2) 驱动装置。是输送机中的动力部分，由电动滚筒（带逆止器）、Y系列电动机、行星轮减速器和逆止器组成。

(3) 传动滚筒。是动力传递的主要部件，输送带借其与传动滚筒之间的摩擦力而运行。本系列传动滚筒有胶面和光面之分，胶面滚筒是为了增加滚筒和输送带之间的附着力。

(4) 改向滚筒。用于改变输送带的运行方向。

(5) 改向压轮。用于改变输送带的运行方向，改向压轮作用于输送带上表面（带挡边一面）。

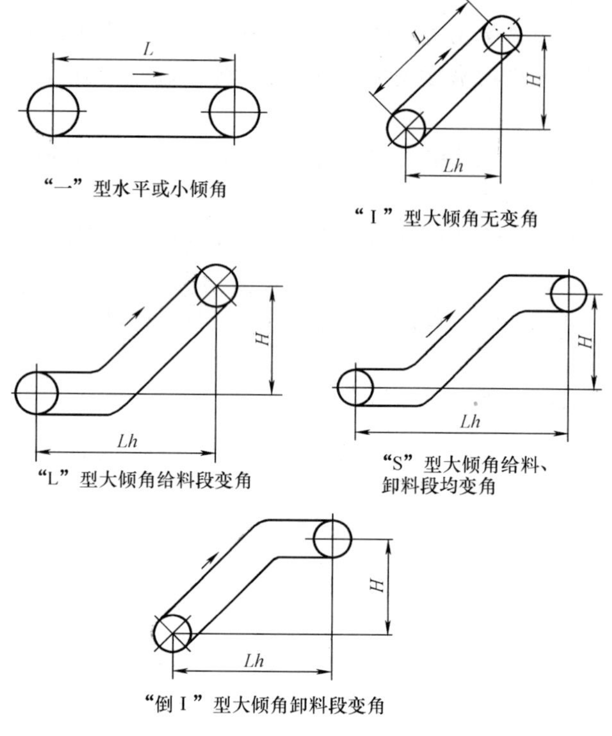

图 12-65 大倾角波状挡边带式输送机的布置形式

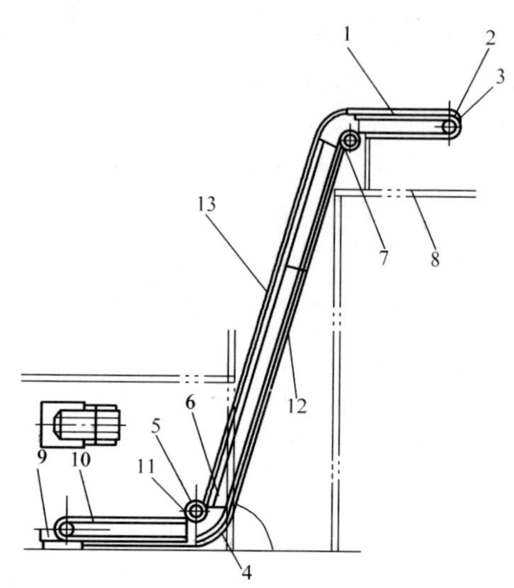

图 12-66 带式输送机的整机布置形式

1—波状挡边输送带；2—驱动装置；3—传动滚筒；4—改向滚筒；5—改向压轮；6—上托辊组；7—凸弧段机架；8—头架；9—尾架；10—拉紧装置；11—凹弧段机架；12—下托辊组；13—机架

(6) 托辊。托辊用于支承输送带和带上的物料，使其稳定运行。有上平型托辊、下平型托辊两种形式。

(7) 立辊。立辊用于限制输送带跑偏，分别安装在上、下过渡段机架上和中间机架上，每个过渡段机架上各有 4 个，上、下分支各 2 个。

(8) 拉紧装置。拉紧装置使输送带具有足够的张力，保证输送带和传动滚筒间不打滑。拉紧装置还可以限制输送带在各支承间的垂度，使输送机正常运转。

波状挡边带式输送机还有机架、头部漏斗、头部护罩、密封、导料槽、中间架支腿等部件。

6. 波状挡边输送带

波状挡边输送带是在基带的两侧，加上波状挡边形成的。基带是平型带，所不同的是带体比普通带具有更大的横向刚度。两侧挡边为波状，当输送带绕过滚筒或过渡段时，挡边上部可以自由伸展或压缩。两侧挡边之间的带体中部，可以根据需要加上按一定间距布置的横隔板，挡边与横隔板形成了输送物料的"匣"形容器，从而实现了大倾角输送。

可根据输送不同物料的特性、输送量等，选择普通型、强力型、耐热、耐高温、耐酸、耐碱、耐寒、钢丝绳型波状挡边带。

基带选用帆布型带芯橡胶输送带。

第八节 输 煤 栈 桥

要将煤从较低的储煤处（零米）和卸煤处（大多是在零米以下）输送至位于较高处的锅炉煤仓中，需要多段倾斜向上的栈桥来撑托输煤皮带，以实现输煤过程。输煤栈桥如图 12-67 所示。

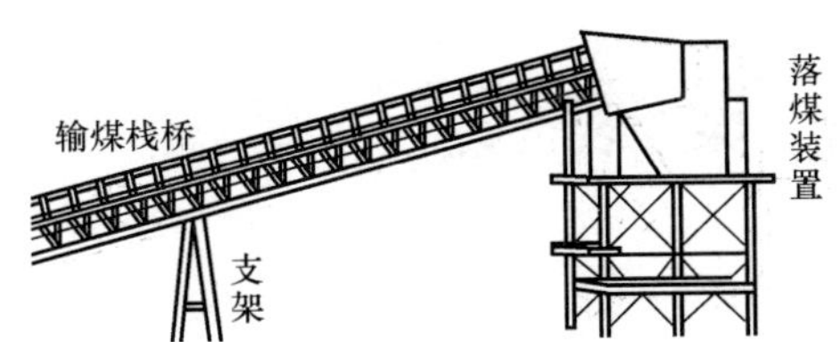

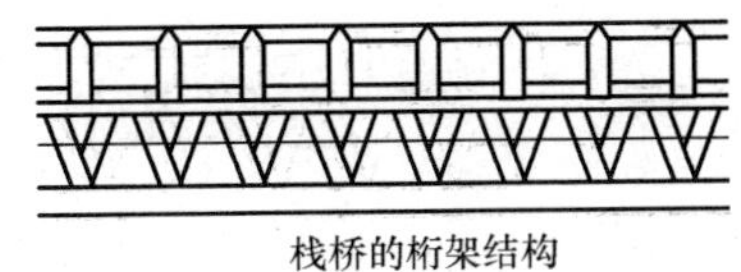

图 12-67　输煤栈桥

一、输煤栈桥的作用

输煤栈桥的作用为：支撑带式输送机，方便管理和检修人员检查，检修通行和临时放置小型检修器材，同时作为相关电缆、照明灯线、水管和压缩空气管线的通道等。

二、输煤栈桥的形式

输煤栈桥有封闭式、半封闭式、敞开式，其结构可以是钢结构、混凝土结构、砖混结构。

（1）封闭式栈桥一般在以下工况时选用：①采暖地区使用的采暖栈桥；②对防雨、防潮有严格要求的栈桥；③跨骑公路或与重要城市道路立交的栈桥，不封闭就不能确保栈桥下行车和行人的绝对安全。

（2）防雨、防潮和防风要求不高的栈桥，一般采用半封闭式栈桥或敞开式栈桥加输送机罩。

三、栈桥尺寸

输送机与栈桥的尺寸，主要是根据保证操作和检修人员的人身安全和作业方便的要求确定。

（1）栈桥内的通道宽度，应保证操作和维修人员通行和操作时，不被运转中的输送机碰伤和擦伤，不被卷入输送带和托辊、滚筒间。栈桥一般走道净宽应大于 800mm。

（2）封闭式和半封闭式栈桥的净空高度，应保证操作和维修人员通行和操作时，不碰顶或不被顶部设置的支架、灯具和其他器物碰伤。一般栈桥净空高度应大于 2500mm，当栈桥中的输送机条数多于三条时，为使行人无压迫感和符合建筑美学要求，应适当加高栈桥。

（3）输送机栈桥兼作电缆通廊时，应加高或加宽通廊，确保电缆排架斜撑的根部以下的净空高度符合第（2）条的要求，或确保侧壁上的电缆排架外沿与输送机内的走道净宽不小于 800mm。

（4）输送机通廊中设置水管和压缩空气管道时，应沿通道侧壁布置，并符合前述关于通廊净高和净宽的要求。

（5）敞开式通廊需设置电缆、水管或压缩空气管道时，应将其设置在通廊走道栏杆以外。

四、栈桥的一般要求

（1）栈桥倾角大于 6°时，走道面应设防滑条；倾角大于 12°时，走道面应设踏步。小于 6°的栈桥走道面，当为混凝土结构时，允许采用光面；当为钢结构时，应采用花纹钢板或钢板网。

（2）敞开式栈桥的外侧和组装式栈桥走道的内外侧应设踏脚板，其高度大于 100mm，外侧栏杆高度为 1050mm。

（3）采用水冲洗栈桥时，应采取措施保证栈桥各处不漏水。

（4）长度超过 100m 的输送机，其下部通行的净高小于 1900mm 时，应设置跨梯，超长输送机每 70m 设一座跨梯。封闭式和半封闭式栈桥设置跨梯的净高度不小于 1900mm，跨梯下部的净空高度应保证输送机最大输送量时不挡料。

（5）在栈桥伸缩缝处，带式输送机中间架应相应设置伸缩缝。

（6）栈桥与交通线、动力管线和其他建筑物立交处的净空高度应满足有关规定的要求。

第九节 落 煤 装 置

一、落煤斗

1. 皮带机头部煤斗

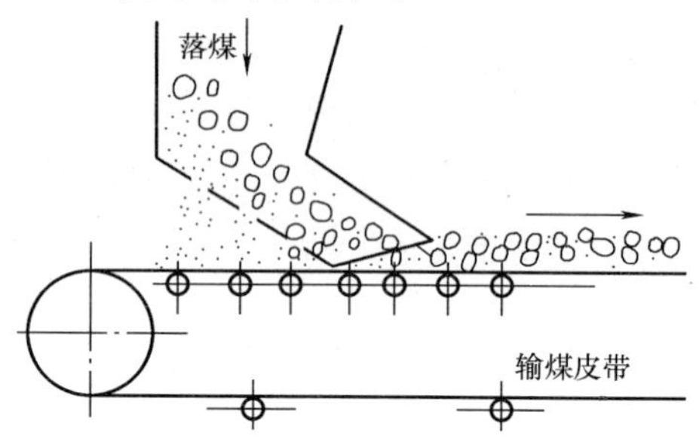

图 12-68 皮带机头部煤斗导流耐磨装置

根据生产维护与环境的需要，皮带机头部煤斗应满足一定的防磨与密封要求，皮带机头部煤斗及导流耐磨装置的结构如图 12-68 所示，附属部件包括喷头、挡帘、检查门和头部篦形导流挡板等。其中篦形导流挡板是栅篦结构，与煤流呈接近垂直的角度，篦格内经常积存一定的余煤，运行中使源源不断的后续煤流形成煤打煤的状况，有效避免了煤流对煤工壁的磨损，减少了检修维护量。如果头部安装除铁器，护罩就不能再装了，落差高、粉尘大时，可在落煤管倾斜段加一吊皮挡尘帘加以密封。

2. 皮带机尾部落煤管

皮带机尾部落煤管的结构如图 12-69 所示。应保证落煤与胶带运行方向的一致并均匀地导入胶带，从而防止胶带跑偏和由于煤块冲击而引起的胶带损坏。落煤管的外形尺寸和角度，应有利于各种煤的顺利通过。一般落煤管倾斜角（落煤管中心线与水平线的夹角）应不小于 55°。落煤管应具有足够大的通流面积，以保证煤的畅通，同时，应使煤流沿皮带运动方向形成一定的初速度，以便于出料，减少了皮带胶面的磨损和纵向撕裂的可能。为了延长落煤管的使用寿命，落煤管工作面用厚钢板制成，或另衬锰钢板、铸铁板、橡胶或陶瓷等耐磨材料。

倾斜角小于 55°的落煤管，都应安装堵煤振动器，落煤管的堵煤信号可由上下皮带上的煤流信号组成；当发生堵煤时，振动器振打 10s，若消堵不成功可继续振打直到疏通为止。在落煤管上安装堵煤信号时，应有防振防磨装置。

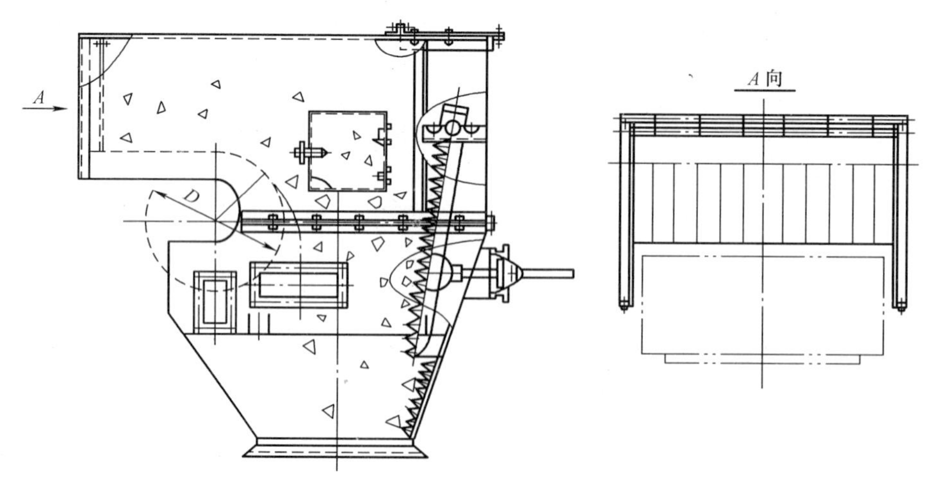

图 12-69 尾部落煤管

二、煤料分流装置

根据现场实际情况，皮带输煤系统转运站的切换方案有多种，现主要介绍几种常用结构。

1. 普通三通挡板

普通三通挡板结构如图 12-70 所示。三通料管内由一块挡板来切换煤流的方向，这种三通结构简单，但容易被卡，使用维护时应注意以下几点：

(1) 三通挡板运行中推杆和转轴必须垂直，不得有歪斜现象，否则应及时处理。

(2) 对挡板转轴部位每月加油一次，保证其转动灵活。

2. 船式防卡三通

船式防卡三通的结构如图 12-71 所示，是以船式溜槽结构代替了普通挡板的单一翻板结构，在原翻板两端面增加两块扇形立板形成溜槽结构，物料从两扇形中间槽体内通过。船式溜槽是通过固定在其两侧板上的短轴支撑并自由翻转切换煤流方向的。三通侧板与壳体两侧设计有 20mm 的间隙，避免了原三通挡板两侧与壳体间被煤块卡死的现象。这种三通无死点，转动灵活，到位可靠。切换方式可根据需要通过短轴一侧所装的曲柄使用电动推杆或手动两种方式进行。这种三通不适于带负荷切换，否则可能会造成堵煤。

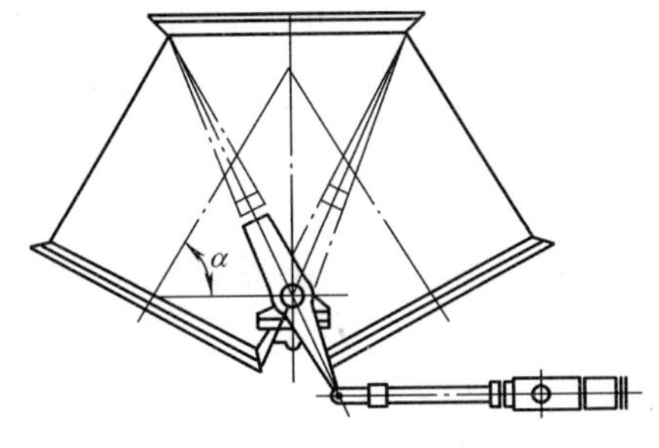

图 12-70　普通三通挡板结构图

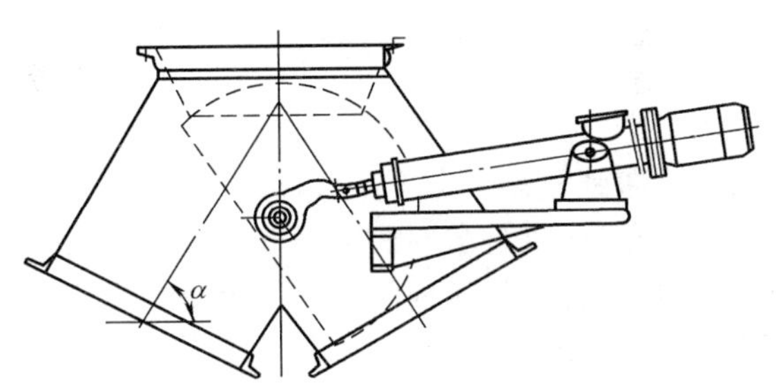

图 12-71　船式防卡三通

3. 摆动内套管输料三通

摆动内套管输料三通的结构如图 12-72 所示，利用三通内一个左右摆动的双曲线形或料斗形内套管来改变物料流向，其内部结构均为耐磨材料，且摆动内套与物料的接触面可做成双曲面形状，因此使内套壁对物料的摩擦面积和阻力减小，使得物料在输料三通内的堵塞几率降低，保证物料顺畅通过。摆动内套摆动角度小，动力源可采用电动或液压推杆，可轻松实现带负荷切换运行方式，不发生卡堵现象。通过安装在输料三通上的两个限位开关来控制内套的转动位置。

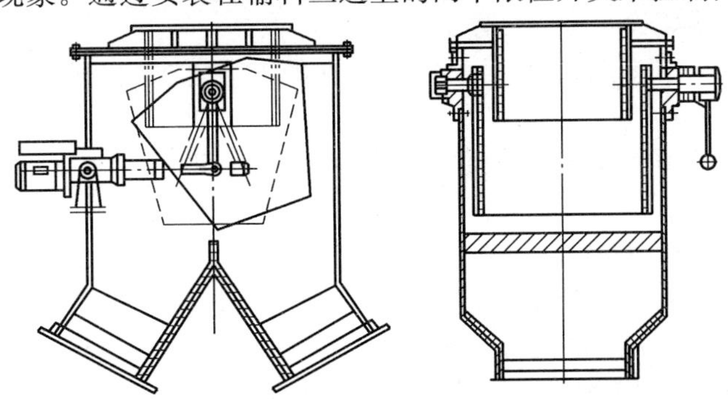

图 12-72　摆动内套管输料三通

4. 皮带机伸缩头

皮带机伸缩头主要用于运煤方向垂直交叉的转运站，作为给下一级甲、乙胶带机交叉换位上煤之用。通过皮带机头的伸缩，来完成对下一级甲路或乙路皮带机的对位。

皮带机伸缩头主要由固定机架、伸缩头车架、走行轮、车架、走行驱动装置、胶带机头轮、头部护罩、落煤门、导流挡板和清扫器所组成，车架上装有头部滚筒、改向滚筒、头部护罩、落煤门、托辊，由驱动装置带动，沿轨道移动，运行时交叉换位，以达到系统交叉的目的。

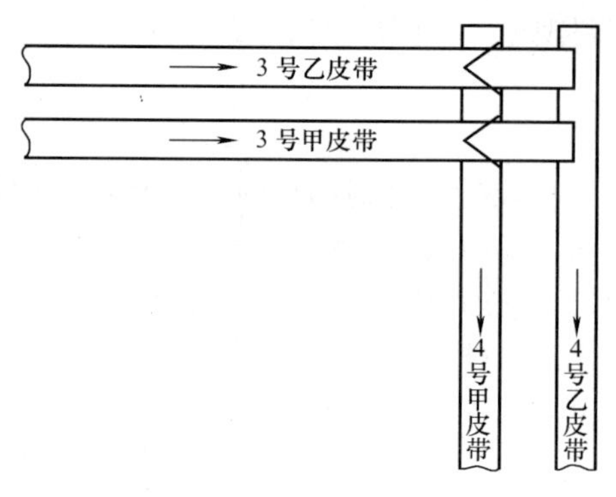

图 12-73　犁煤器跨越式转运站

5. 犁煤器跨越式转运站

犁煤器跨越式转运站的布局也主要用于运煤方向垂直交叉的转运站，其布局结构如图 12-73 所示，上一级甲、乙（3 号甲、乙皮带机）的运行方向和下一级甲、乙（4 号甲、乙皮带机）的运行方向垂直，上级两条皮带的机头都跨越下级的一条皮带（内侧皮带）后，布置的另一条皮带（外侧皮带）的正上方，在内侧皮带正上方的上级皮带上安装一套犁煤器及落煤斗部件，给外侧皮带供煤时犁煤器抬起，给内侧皮带供煤时犁煤器落下，完成给下一级甲、乙皮带机交叉上煤的任务。上级皮带头部应有一定长度的水平输送段为最好。

三、缓冲锁气器

缓冲锁气器（又称散料稳流锁气装置）多安装在转运站落煤管出口处（输煤槽上部或中部），使高速下落的煤流在锁气板面上进行缓冲后减速下落到下一级皮带机上，缓冲了煤流对下段皮带的冲击力，防止由于大碳块、木块、铁块、石块等杂物造成皮带撕裂和托辊损坏；可将煤流居中，防止胶带跑偏；并利用煤流堆高聚在授料板上产生自封闭的效果，使活动缓冲锁气板将落煤管上下气流分开，达到让物料畅通无堵，而诱导鼓风基本被阻的目的。

自动对中缓冲锁气器具有缓冲、锁气和自动对中心导流三种功能。无料时靠重锤杆自关落煤管，防止其他落煤管上料时引起的粉尘外溢污染。采用缓冲锁气器后，含尘空气流量大大减少，因此只需配置单级小容量高效除尘器，就能达到良好效果。

1. 缓冲锁气器的作用

(1) 保护胶带，减少磨损，避免撕裂。

(2) 保护缓冲托辊，延长寿命。

(3) 减少输煤槽、落煤管冲击点的磨损。

(4) 重新分布物料，使料管落煤居中均匀，可用于输送黏料，防止料管黏堵及胶带跑偏撒煤。

(5) 能减少输煤槽内诱导鼓风，使除尘风量减少到原来的 1/3 以下，配置小容量除尘器即可。

(6) 由于缓冲器来回活动，输送黏煤、湿煤时，不易堵。

2. 缓冲锁气器的结构及工作原理

缓冲锁气器有单板和双板两种结构。单板锁气器的锁气是一块整板，用于直通落煤管和配煤间下煤斗等处；对称双板锁气器用于交叉落煤管，能有效调整落煤点居中。

根据落煤管走向的不同，双板缓冲锁气器型式较多，常用的双板缓冲锁气器结构如图 12-74 所示。缓冲授料板最下层是坚实的钢板；第二层为橡胶材料，具有吸收高冲击的特性；第三层为耐磨陶瓷材料，具有摩擦阻力小，坚固耐用的特性。授料板的自振力破坏了引起物料堆积的内外摩擦力，使物料在高强度耐磨衬滑板上稳定均匀流动，能有效避免物料发生堵塞。双板缓冲锁气器和自对中齿轮缓冲锁气器更能使煤流居中，减少了下级皮带的跑偏现象。

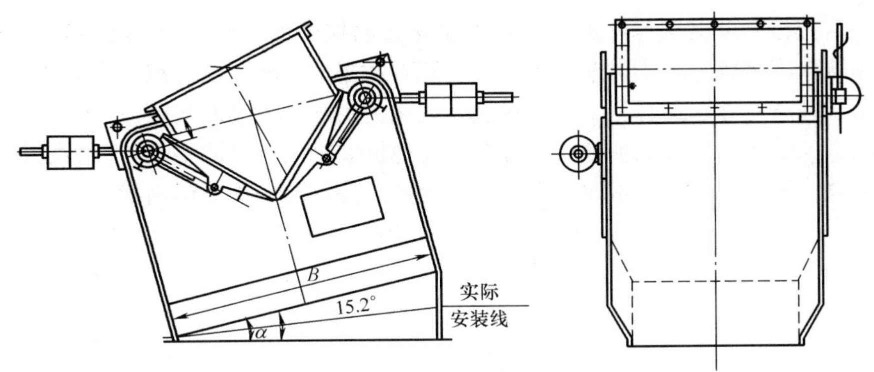

图 12-74 双板缓冲锁气器

落差超过 6m 的落煤管一般应安装缓冲锁气板，这样对煤流有明显的减速效果和隔风效果。通过缓冲后下段胶带上的料流均匀，减少了落煤点缓冲弹簧托辊的损坏量，大大减少了诱导风量上翻，减小了除尘器的出力。缓冲锁气器使尾部输煤槽密封良好，可用于输送黏料、湿料、大块料，可承受 80kg 重物从 12m 高自由下落的长期冲击。

采用合适有效的缓冲锁气器并与除尘喷水设备综合投运，能很好地解决转运站落煤处撒煤、堵煤、漏粉、跑偏、撕裂皮带等问题，并对落煤点的缓冲托辊也有很好的保护缓解作用。只要维护润滑及时到位，就能有效发挥其良好的综合性能，能有效地控制高速落煤对设备的冲击磨损和对环境的恶劣影响。

自对中齿轮缓冲锁气器结构如图 12-75 所示，是利用杠杆原理，在重锤的作用下，通过二对齿轮传动使两页不锈钢缓冲门同步开或关，克服了单门或固定式缓冲锁气器经常卡死和原煤流动不畅的缺陷，使在落煤管中下落的高速物料，经缓冲锁气挡板而减速，然后利用物料堆积重量将封闭的缓冲挡板打开，使物料顺利的通过，促使物料流引起的诱导鼓风量基本被阻，从而起到锁气的目的。在有效减小下落原煤冲力的同时，保证落煤点始终处于输送胶带的中心，可消除输送胶带因落煤冲力过大和落煤点不居中而导致的输送皮带跑偏现象，因此又被称为自动导流缓冲锁气器。

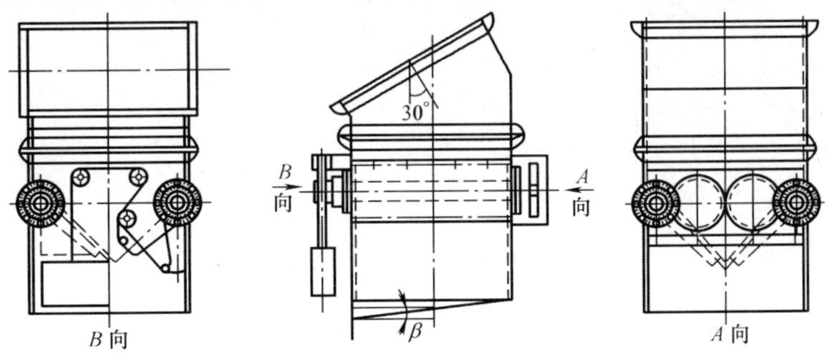

图 12-75 自对中齿轮缓冲锁气器（Ⅰ型）

四、输煤槽

输煤槽（又称导料槽）安装在皮带机尾部落料点，其作用是使落煤管中落下的煤不致撒落，并能使煤迅速地在胶带中心上堆积成稳定的形状，因此输煤槽要有足够的高度和断面，并能便于组装和拆卸。输煤槽安装时应与皮带机中心吻合，且平行，两侧匀称，密封胶板与皮带接触不漏。

输煤槽有前段、中段、后段三种。前段配有防尘帘，后段配有后挡板和尾部清煤口，中段既无防尘帘也无后挡板，可根据需要进行组合。输煤槽的横断面有矩形口输煤槽和弓形输煤槽两种，其中弓形输煤槽是较为新式合理的结构，比原有的矩形口输煤槽容积大，降低了风压，而且弓形顶部不易积存煤粉和水，有利于现场冲洗，也避免了顶盖生锈的问题。

导料橡胶板的固定采用万能锁紧器，可以方便地拆装橡胶板，调整橡胶板的压紧程度以及橡胶板磨损后的移位等。为保证使用的可靠性，锁紧器部分材料采用不锈钢制造。

输煤槽前段采用三道防尘挡帘（橡胶板），有效地防止了粉尘外溢，保护了环境。

复 习 思 考 题

1. 带式输送机的类型有哪些？
2. 带式输送机的布置形式有哪些？
3. 带式输送机的组成部分有哪些？
4. 托辊的类型有哪些？
5. 带式输送机常用减速机的类型有哪些？
6. 带式输送机拉紧装置的作用是什么？

第十三章 筛碎设备

火力发电厂的输煤系统都有筛分和破碎设备，简称筛碎设备。输送到原煤斗的燃煤有一定的粒度要求。对于室燃式锅炉，煤破碎至一定的粒度后，需送入磨煤机磨制成煤粉方可燃用；而循环流化床锅炉，煤破碎至一定的粒度后，可直接供锅炉燃用。

在燃煤火力发电厂的输煤系统中，通常都将碎煤设备和筛分设备安装在同一个房间内，统称为碎煤机室。大、中型发电厂碎煤机室的结构一般分为二、三、四层，其设备布置在不同标高层，上、下两层分别布置入料设备和出料设备，中间布置筛碎设备。

所谓原煤的筛分，就是让原煤在振动状态下经过带有孔的筛面，使原煤按照粒度大小进行分级的作业。常用的筛煤设备是煤筛，煤筛的主要类型有固定筛、振动筛、滚轴筛、链条筛、滚筒筛、共振筛和概率筛等。

原煤破碎的过程是用机械力克服物料内部的结合力，变大块为小块的分解过程。煤破碎的原理大致有四种。

（1）击碎。由一个运动物体对另一个运动物体进行激烈、持续的打击和冲击作用而破碎，力量来自转动元件和物料的质量。

（2）压碎。煤受到超过挤压强度极限的挤压力作用而破碎，即煤在两个表面物之间被碾碎。

（3）折碎。块状的煤相当于在几个支点上作用着一些集中力，外力超过物料的弯曲强度极限后使其折断而破碎，或用工作面的尖角将物料劈碎。

（4）剪碎。块状的煤受到的剪应力超过其剪切强度极限后被破碎。

任何一种破碎机都是以上述一种或两种为主要的破碎方法，甚至兼有三种、四种破碎方法。

物料的破碎程度用破碎比 i 表示，破碎比是破碎前和破碎后尺寸的比值，即 $i=D/d$，式中 D 和 d 分别为破碎前、后物料的平均尺寸。

燃料的破碎质量对于制粉过程和制粉设备运行的可靠性有很大的影响。破碎后的燃料粒度过大，会降低磨煤的生产率，增加制粉电耗，加剧磨煤机研磨件的磨损。通常破碎后送往煤粉炉原煤斗的煤粒度在 30mm 以下。

目前，在火电厂输煤系统中的破碎设备有锤击式、反击式、辊式和环锤式等碎煤机，特别是环锤式碎煤机，已广泛用于大、中型电厂，是一种较为先进的破碎设备。

第一节 筛分概述

固定筛首先于 16 世纪起在英国使用，几百年来随着工业的发展，筛分技术亦随着发生了巨大变化，先后出现了滚筒筛、摇动筛、共振筛、滚轴筛、振动筛、弧形筛、概率筛等十几种，并且新的筛分机型和方法还在不断地出现和发展。

我国筛分设备的发展经历了仿制和自行设计两个阶段，至今和世界先进国家相比尚有一定差距。在国内电厂中，20 世纪 50 年代多采用固定筛，60、70 年代采用了滚轴筛、共振筛、振动筛，1980 年开始研制并在电厂中试验应用了概率筛和不同规格的滚筒筛，以及大型的滚轴筛，使用效果较好。燃料的筛分质量直接影响锅炉的制粉和运行，所以筛型的选择一定要适合电厂输煤系统的特点，要求通过能力大，筛分效率高，筛分粒度在30mm以下，设备牢固耐用，检修方便等。

一、筛分量和筛分效率

筛分量和筛分效率是筛分设备的两项主要性能指标。

筛分量就是筛分机械的生产率，指单位时间内通过筛机的物料数量，单位用t/h表示。

筛分效率 η_s 是指通过筛网的小颗粒的含量 C_0，对于入机前原料中所含同一小颗粒度的含量 a_0 之比，即

$$\eta_s = K\frac{C_0}{a_0}\times 100\% \tag{13-1}$$

式中 K——修正系数（当使用条件变化时，同机型有不同的筛分效率）；

C_0——通过筛网的小颗粒煤的含量；

a_0——进入煤筛与同一级粒度煤的含量。

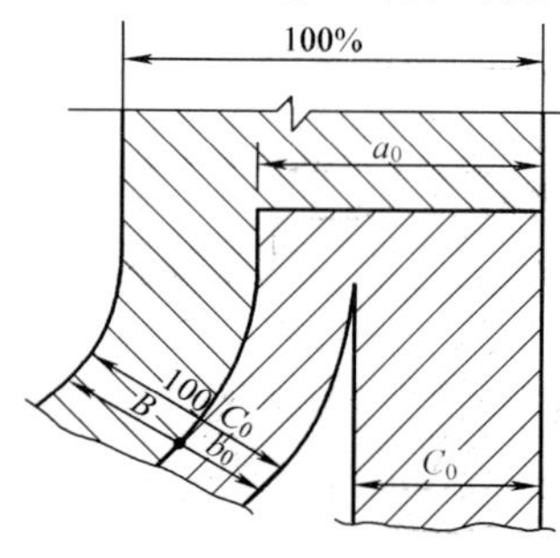

图13-1　物料过筛示意图

筛分后，一部分小颗粒 b_0 仍会留在筛网上与大颗粒 B 一起离开进入破碎机，筛网上的物料 $B+b_0$ 称为筛上物，通过筛网的物料 C_0 为筛下物，如图13-1所示。影响筛分效率的主要因素有五个方面。

1. 筛网长度

从理论上讲，在一定条件下筛网越长，即筛网长度对筛宽度之比越大，筛分效率越高。但实际由于结构等因素的限制，很难将该比值做得很大。

2. 筛网倾角

筛网有水平与倾斜两种安装形式。筛网倾斜布置可增大筛分量，即物料在筛网上通过量增多，随同倾斜角的加大，相应筛分效率降低。一组筛网在其他条件相同的情况下，筛网水平布置所获得的筛分效率最高。

3. 负荷量

当负荷量小于额定负荷时，随着单位负荷增大，筛分效率不变。超过额定负荷时，筛分效率随单位负荷的增大而降低。

4. 物料特性

物料中含水率高时，筛分效率降低；含水率百分比超过极限百分比后，筛分效率又有所提高。物中小颗粒（小于筛孔尺寸）的含量增多，筛分效率随之增高；大颗粒（大于筛孔尺寸）的含量增多，筛分效率亦随之提高；中等颗粒（接近筛孔尺寸）即“难筛颗粒”含量的百分比增多时，筛分效率降低。

5. 生产条件

筛网上物料层厚度适中，给料均匀并沿筛宽度方向表面摊开，是能获得高筛分效率和高筛分量的重要条件。在筛分时，物料沿筛网的运动速度以及往筛网上料的方向（即下落物流和筛网之角度）、筛网的结构型式对筛分效率有重大的影响。

二、物料在筛网面上的移动速度 v

当速度 v 太小时，物料分层慢，不易分离透筛，不能充分发挥筛子的效能，生产率低；当速度 v 过大时，筛分效率降低；当速度 v 超过一定数值时，筛分效率急剧下降，甚至绝大部分细小颗粒的物料从筛面急速通过而得不到筛分。

保证筛分正常的物料在筛面上移动的极限速度的经验公式为 $v\leqslant 73.5\sqrt{d}$，式中 d 为物料最大块的直径（m）。通常取移动速度 $v=0.1\sim0.4$m/s。

三、筛网的形式和尺寸

筛分设备都具有筛网，通常采用钢丝编织筛网、钢板冲孔筛网、箅条状筛网，以及用橡胶板冲孔而成的橡胶板筛网。

1. 编织筛网

编织筛网是由钢丝编织而成，下加横向小梁以提高刚度。钢丝编织筛网适用于筛分各级小块物料，其有效筛分面积略高于其他筛网，但存在易于磨损、钢丝可能窜动、筛面凹凸不平等缺点。普通钢丝编织筛网的结构类型如图 13-2 所示，由于钢丝编织筛网表面凹凸不平，不利于物料通过筛面，特别是编织筛网的钢丝过粗时，阻碍物料运动的作用更为显著。

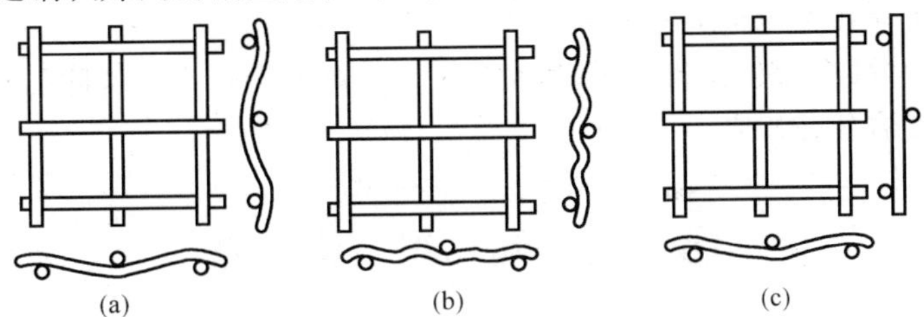

图 13-2　普通钢丝编织筛网的结构

(a) 中间弯曲式；(b) 联合式；(c) 简单式

2. 冲孔筛网

冲孔筛网是由整块钢板冲制而成，筛孔有圆孔、方孔或长条孔，有错列式排列、平行式排列两种，如图 12-3 所示。筛孔为错列交叉排列时，其中心线都在等边三角形的顶点上。a 为圆形筛孔的中心距（m）。周围靠近边缘的筛孔中心，与边缘距离不应小于筛孔直径。冲孔筛网的有效面积为其全面积的 35%～40%，所以与钢丝筛网相比，一般不采用小孔径。冲孔筛网钢板厚度大，筛网的使用寿命长，但冲孔加工困难，难筛颗粒（即粒度与筛孔尺寸相近的颗粒）通过筛网时易卡住而堵塞筛孔，使筛分效率降低。所以，冲孔时筛孔在钢板深度上应有 6°～7°的斜锥角，以便物料易于落下，安装时必须注意筛孔的扩孔边应朝下。厚度越小，物料通过筛网的阻力越小，但厚度太小，筛网磨损快、寿命短，冲孔筛网厚度一般取 $e<0.625D$（mm），D 为筛孔尺寸。

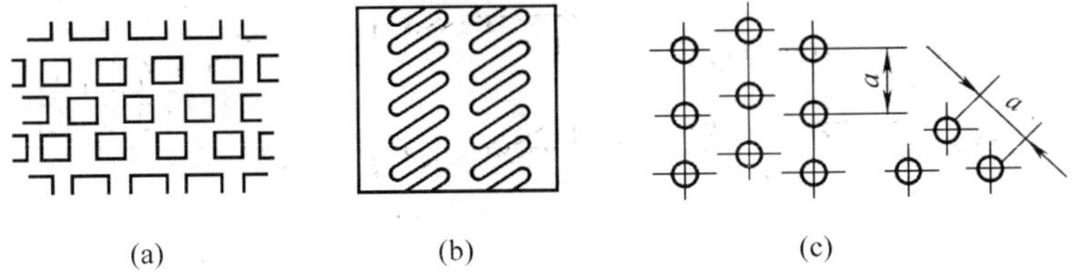

图 13-3　冲孔筛网

(a) 方孔形；(b) 长条形；(c) 圆孔形

3. 条状筛网

条状筛网是由许多单独的箅条、钢条、钢轨或一定形状的异形梁竖向立排组成纵向箅条，或用圆钢做纵向链条，下加横向小梁连接。如图 13-4 所示，箅条最好的形式是能使其间的筛孔缝隙向下扩大，成梯形断面，使筛孔上小下大，对消除物料堵塞有利。若用普通扁钢矩形断面做箅条，应使箅条成放射状布置，沿物料前进方向筛孔缝

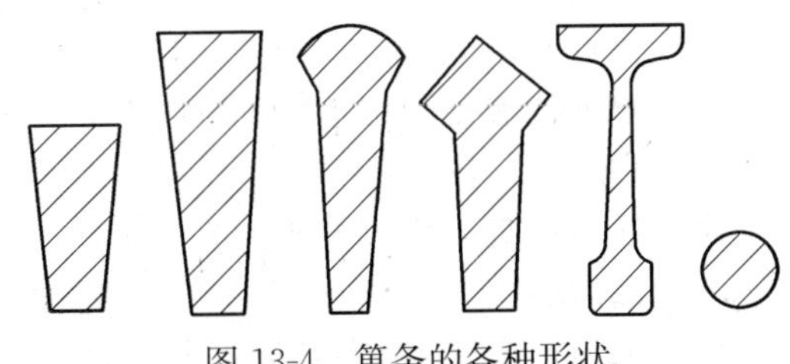

图 13-4　箅条的各种形状

隙逐渐加大，以减少堵塞；或用圆钢做箅条，对减少或消除堵塞也是有利的。为使物料容易在箅条上流动，减少其摩擦阻力，可使用顶端弧形的箅条。

条状筛网刚度大，使用寿命长。其筛孔为沥条形缝隙，与方形、圆形筛孔相比，因只有两边有摩擦阻力，对难筛颗粒的通过阻力要小；但长方形筛孔易使扁长条形物料通过，降低了筛分质量。

筛分设备的生产率主要取决于筛网的宽度，筛分效率主要取决于筛网长度。筛网的宽度应与给料设备的宽度相适应，实际应用中过宽则并不能提高生产率。筛网长度在实际应用中通常取为筛网宽度的 2～2.4 倍。

筛孔面积与筛网面积之比称为有效面积率，一般约为 50%～80%。有效面积率越大，筛分效率越高，有效面积率以编织筛网和条状筛网较大，冲孔筛网较小，若冲孔筛网的筛孔按梅花状交错排列，则可提高有效面积率。

第二节　筛　煤　设　备

一、固定筛

固定筛是一种非机动的简易箅条煤筛，主要就是一个倾斜固定布置的筛箅，所以它不能称为筛机。固定筛具有结构简单，没有电动机械，维护检修工作量小，火力发电厂常有采用。

1. 筛分过程

筛分是物料靠自重落在倾斜布置的筛箅上后自然流动滑下，小于筛箅缝隙尺寸的物料漏入筛下的料斗，大于筛箅缝隙尺寸的物料落入破碎机。

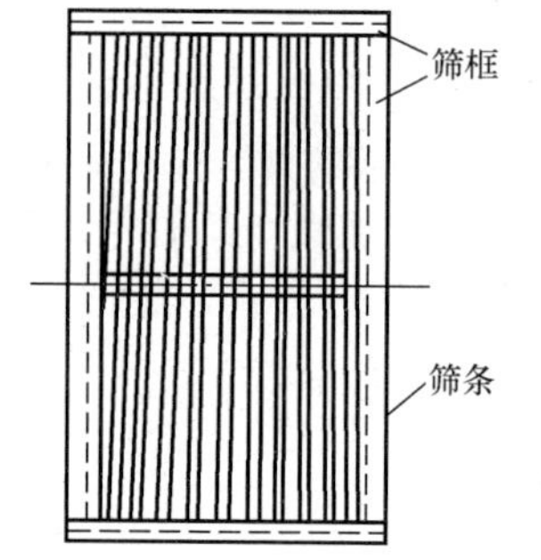

图 13-5　筛条排列图

2. 主要结构

根据电厂运煤系统的出力和碎煤机布置，固定筛由筛框、箅条和护罩组成。筛框由钢板或角钢构成，箅条由圆钢或特制箅条焊制，框的上方有护罩封闭，筛箅的下面有落煤斗或落煤管，将筛下物料集中运出。固定筛箅条排列如图 13-5 所示。

固定筛倾斜布置在固定支架上，筛框周围有法兰与护罩连接，要求如下：

（1）为防止粉尘溢出，法兰间用橡胶等柔性材料进行密封。

（2）两筛条间的缝隙通常是下宽上窄或做成上下缝隙相等和格状筛孔。

（3）筛面通常按 $L=2B$ 考虑（L 为筛箅长度，B 为筛箅宽度）。当大块煤多时，至少应满足筛箅宽度 $B=3d$（d 为煤块的最大尺寸）；若大块煤不多时，筛箅宽度按最大煤块直径的 2 倍加 100mm。在一般情况下，固定筛的长度 z 为 3.5～6m。

（4）固定筛的倾斜角度一般在 45°～55°范围内选取。当落差小、煤的水分大和松散性较差时，应采用较大的角度；反之，选用较小的角度。给煤与受料设备的方位也是影响选取角度值的因素，在布置固定筛时应予以考虑。

（5）筛箅的筛孔尺寸应为筛下物粒度尺寸的 1.2～1.3 倍。

3. 筛分量和筛分效率

（1）筛分量 Q（t/h）按 $Q=qFa$ 计算。式中 F 为筛网面积，m^2；a 为筛缝宽度，mm；q 为每 1mm 筛缝宽度。

（2）筛分效率。常用的固定筛筛分效率只有 30%～50%。缝隙宽度在 20～30mm 时，筛分效率为15%～35%。若缝隙宽度减至12～15mm，同时煤中含有大量黏土和水分时，筛箅将全部堵塞，此时筛子只能起到溜槽的作用。

在火电厂中使用固定筛的要求是：煤的表面水分小于8%，筛缝尺寸为25～40mm。从实际情况来看，采用过小的筛孔是没有必要的。来煤大块较多的电厂，为进一步避免大块对碎煤机等设备的冲击磨损，可利用固定筛处的下料筒空间，在原固定筛的上侧再加装一层开孔为300mm×5mm的固定斜箅，如同多层概率筛一样，来煤先经过这层大孔箅将大块滤料排到筒外废弃堆。此法简单实用，因开孔较大，倾角与原筛差不多，所以对原系统下料没有影响。

4. 运行维护

由于固定筛的筛下物经筛网缓冲减速后流速慢，而且粒度小，所以容易在筛下斗出口转向处发生黏煤、堵煤现象，导线、铁丝杂物也容易挂堵在筛网上。使用中要做到以下几点：

（1）应定期清理筛网上下的杂物和黏煤等，在固定筛前应布置除铁器与除木装置。

（2）控制煤的水分在6%以下，以防止煤的黏堵。

（3）有条件时，可在筛子上安装振动器，及时消除煤的黏堵。

固定筛由于结构简单，其主要磨损部位是筛网。因此，在平常的检修维护中，应重点检查筛网、箅条的磨损及其他损坏情况，必要时更换部分箅条或大修时更换整个筛网。另外，护罩有磨损或漏煤粉时，也应检修处理。

二、滚筒筛

滚筒筛具有结构简单，安装方便，维修工作量小，对含水分不大的煤筛分效率较高等特点，现在一些中小型火电厂使用这种筛子的已逐渐增多。

1. 主要结构

滚筒筛的主要结构是一个倾斜布置的圆筒，有圆锥形或圆柱形，装在中间轴上，轴两端有轴承座支持，筒壁由按筛孔尺寸间隔排列的圆形箅条所组成，如图13-6所示。

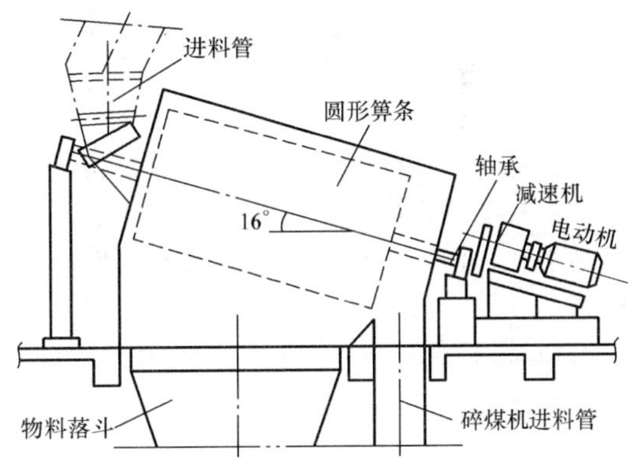

图13-6 滚筒筛结构示意图

滚筒上的箅条有两种布置方法：①平行于回转中心轴纵向排列的方式。此种排列方式，物料流动通畅，筛分量较大，但加装防止和清理堵塞的机构较困难。②采用沿圆筒周围排列的方式。此种排列方式，装设防止和清理堵塞机构较方便，但对物料的流通不利，筛分量较纵向箅略低。

2. 运行与维护

当煤中含水分高于9%时，就会发生箅条堵塞现象，为了确保安全生产，运行值班人员接班前应进行检查，交班前清除积煤，每次清理时间约10～20min。当滚筒内积煤过多时，电动机的电流若超过额定值，不及时发现将会烧坏电动机。所以，运行人员应监视装在控制盘上的电流指示表。

滚筒筛主要的维修工作量是更换和焊补进料口处被大块煤和大块石头砸坏的箅条。滚筒筛的大修一般为1～2年一次，检修内容除减速机、轴承座外，主要是修补或更换滚筒上的筛条。为防止筛下料斗的料位过高，应于筛下料斗上装置堵煤信号。

三、共振筛

共振筛是我国在20世纪60年代开始使用的一种筛煤设备，由于其结构上和运行当中出现的问题较多，检修维护的工作量较大，所以它已被较先进的新式筛煤设备所代替。这里只对其做一般性的介绍。共振筛是一种在共振状态下工作的筛分机械，具有单位筛网面积出力大，且筛网可做得很大，能达到较高的筛分量，筛分效率高，电耗小，设备质量轻，对基础的动载荷小等优点。其缺点是橡胶弹簧的质量有较严格的要求，安装调整要求较高。

1. 共振筛种类

国产共振筛有单层筛箱和双层筛箱两种。单层与双层共振筛相比，单层筛箱调整较容易，对基础的动负荷较大；双层筛箱调整较复杂，对基础的动负荷较小。若最终筛下粒度的含量超过给料量的50%、难筛颗粒多或物料黏性大和含水量高时，应避免选用双层筛。

2. 双层共振筛筛分原理及主要结构

图 13-7 为双层共振筛工作原理图。电动机通过三角皮带使装于下筛箱上偏心轴旋转，偏心轴转动连杆做往复运动，连杆通过其端部的橡胶弹簧将周期性的激振力传给上筛箱，同时下筛箱受到反方向的激振力作用，使上下筛箱沿着彼此相反的方向振动。上下筛箱用橡胶缓冲器和板弹簧组连接，板簧限制上、下箱只能在板簧垂直的方向振动。上下筛箱与橡胶缓冲器组成双质量振动系统，周激振力的频率选择在双质量振动系统的自振频率的附近，使筛体处在共振状态下工作。其工作过程是系统内的动能和位能相互转化的过程，当缓冲器（共振弹簧）增大，同时筛箱的运动速度减小，即动能减小，筛箱速度减至零时，缓冲器的位能达最大值，接着缓冲器释放位能，使筛箱反向运动，动能增大，如此循环振动。要使筛体保持连续稳定的振动，只需在每一次振动中补充供给一个不大的、克服阻尼所需要的能量，因此共振筛的功率消耗小。

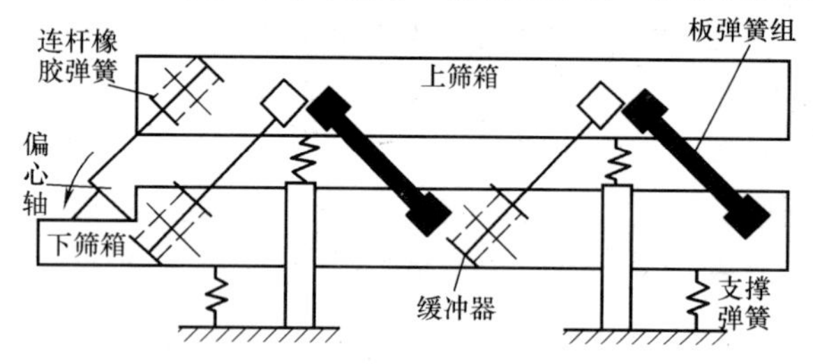

图 13-7　双层共振筛工作原理图

物料进入共振筛网上后，在筛箱振动作用下，沿振动方向向上运动；当筛箱反向运动时，物料在自重及惯性力作用下，向前下方落下，当接触到筛网时，再次被抛掷向上，如此循环。物料在筛网上产生强烈的抖动，小于筛孔的物料被筛下，大于筛孔的物料沿筛网前进至筛前端落入破碎机。

筛箱振动方向与平面的夹角称为振动方向角，一般取45°，物料即沿45°角方向抛起。上、下筛箱的振动是沿连杆作用力的方向，即与板簧相垂直的方向。国产共振筛的连杆和板簧都是与水平成45°角安装的。

3. 单层共振筛筛分原理及主要结构

图 13-8 为单层共振筛的工作原理图。电动机通过三角皮带使振动器（即偏心转轴）转动，振动器由板簧组支承，由于板簧的限制，振动器只能在与板簧垂直的方向将激振力传给筛箱，同时振动器受到反方向的作用力，使振动器和筛箱沿彼此相反的方向作直线振动。振动器与筛箱之间力的传递通过橡胶缓冲器实现，振动器、筛箱与缓冲器组成振动系统。与双层共振筛一样，激振力的频率选择在振动系统的自振频率的附近，筛体在共振状态下工作，其工作过程也是系统内的动能和位能相互转化的过程，因此功率的消耗

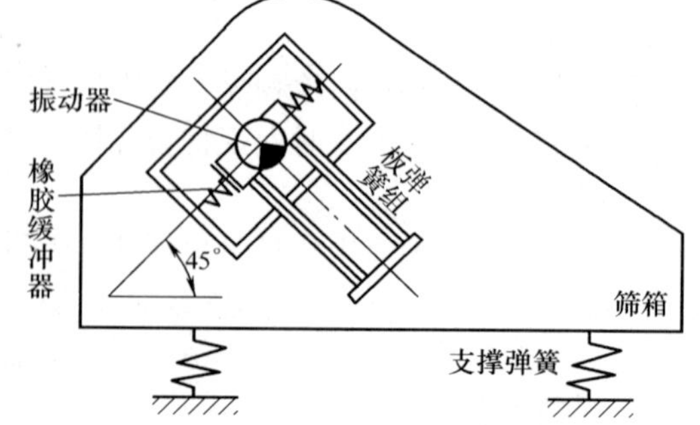

图 13-8　单层共振筛的工作原理图

也是较小。

四、振动筛

振动筛的型式有偏心振动筛、惯性振动筛、自定中心振动筛和直线振动筛等多种。

1. 偏心振动筛

偏心振动筛的工作原理见图13-9，电动机通过三角皮带带动偏心轴旋转。由于轴颈的偏转运动，筛框产生振动，迫使筛网上的煤跳动，完成筛分。偏心轴上装有飞轮，飞轮上有配重量，用以平衡偏心载荷，由于此种筛型对基础的动载荷大，现已很少采用。

图13-9 偏心振动筛的工作原理图

2. 惯性振动筛

惯性振动筛的工作原理如图13-10所示，筛板被弹簧支承在底座上，装有不平衡器的筛轴通过轴承和轴承座架设在筛板上，这样筛轴旋转时，不平衡器产生各方向的离心力迫使装在弹簧上的筛板振荡，使煤在筛板上摇晃，完成筛分。该筛型对基础的动载荷也较大，现在也很少使用。

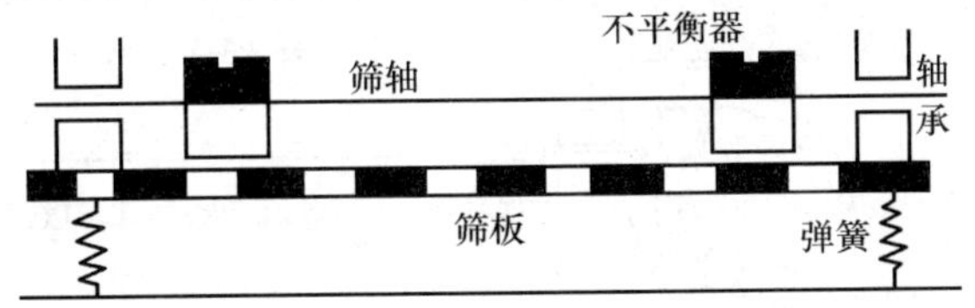

图13-10 惯性振动筛的工作原理图

3. 自定中心振动筛

自定中心振动筛工作原理如图13-11所示，它由驱动机构、挠性吊架和活动筛箱三部分组成。挠性吊架为弹性拉杆，将筛子悬吊在楼板梁上或专门构架上，或用弹簧支座支承在楼板上。筛网装在活动筛箱内，工作时筛箱按垂直平面内的闭合轨迹作纵向振动，物料在筛网各点的纵向振动作用下向前运动，同时被筛分。驱动机构是电动机通过三角皮带传动偏心轴，轴上装有偏心套筒，改变轴与套筒偏心的相对位置，可得到不同的合成偏心度，当轴与套筒的偏心在同一方向时，其偏心为两偏心之和；反之，则为两偏心之差。筛箱受到旋转偏心的作用而振动。偏心轴上套有两个可调节的偏心轮，用以平衡偏心作用力，减少电动机的振动。但由于对建筑物的动载荷较大，且筛网较易堵塞，近年来已逐步被淘汰。

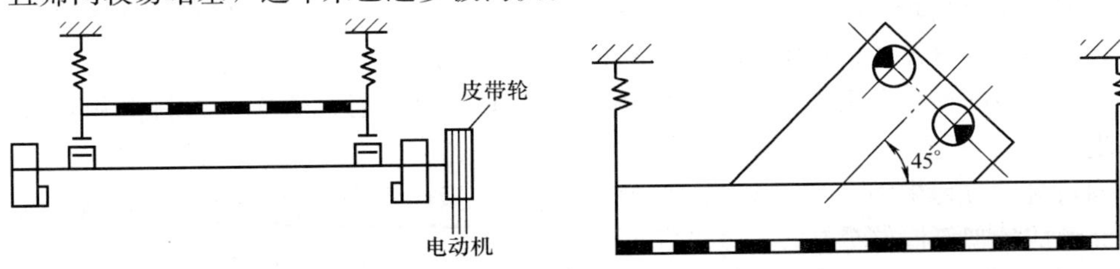

图13-11 自定中心振动筛工作原理

图13-12 直线振动筛的工作原理图

4. 直线振动筛

直线振动筛的工作原理如图13-12所示，它有一个双旋转偏心轴相对转动，而且只在一个方向产生激振力，使筛网沿 45°方向作直线振动来达到筛分。

五、滚轴筛

滚轴筛一般为倾斜布置，其倾角为 12°～15°。由电动机通过减速器带动筛轴，各轴之间为链条传动，筛盘按一定间距排列在筛轴上。筛轴与筛盘有整体式的，也有套装式的。滚轴筛可防止堵筛现象，适用于含水分较大的原煤的筛分。筛盘有三角形的，也有偏心圆盘形的。新型（以BGS 型为例）变倾角等厚滚轴筛是在普通滚轴筛的基础上发展起来的，其性能更优越，用途更广泛，对物料的适应性更强。

1. 型号说明

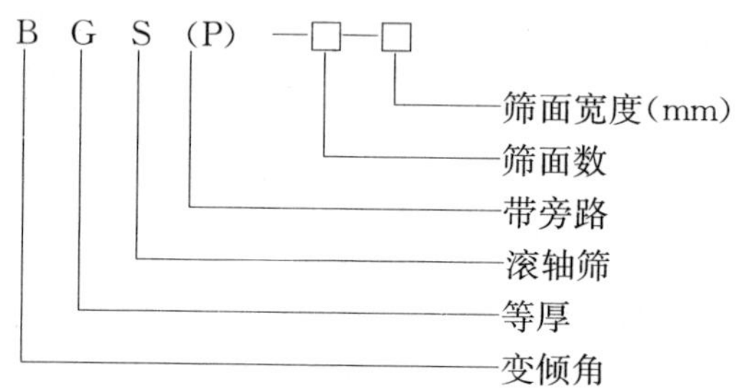

2. 规格及性能参数

表 13-1 为 BGS（P）型变倾角等厚滚轴筛规格及性能参数。

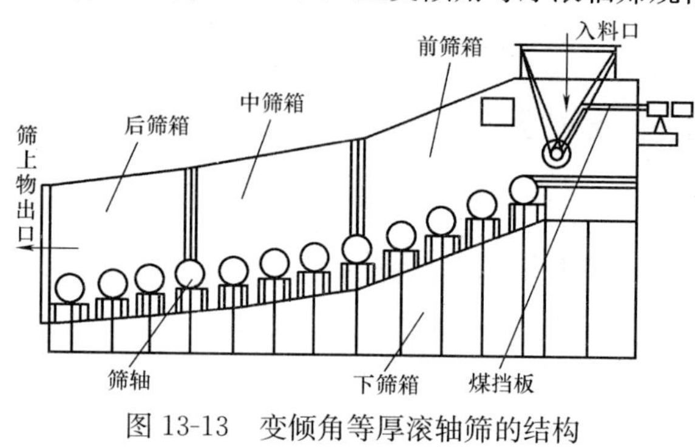

图 13-13 变倾角等厚滚轴筛的结构

表 13-1 BGS（P）型变倾角等厚滚轴筛规格及性能参数

型 号	BGSP	型 号	BGSP
出力（t/h）	300～2000	筛面倾角	变倾角型
筛轴数	6.15	入料粒度（mm）	≤300
筛面宽度（mm）	1000～2000	出料粒度（mm）	≤30

3. 工作原理及结构特点

变倾角等厚滚轴筛（图 13-13）是根据等厚筛分原理采用一种新型的筛面结构设计，即由若干根筛轴组成分段式筛面，沿物料流动方向各段筛面的倾角由大到小，形成变倾角分段筛面。进入筛机的物料首先在大倾角筛面段完成快速分离，再流向次倾角、小倾角筛面并在这里进行充分分离。小于筛孔的物料被筛下，大块物料被排到出料口。BGS 型变倾角等厚滚轴筛的各筛面中，靠近落煤口的筛面倾角较大，依次减小，在 25°～5°之间，带旁路系统的机型，使滚轴筛的检修更为方便，旁路内的分流板通过电动推杆来执行动作。该机的主要特点是：

（1）入料口段筛面倾角大，使该段物料快速流入下一段筛面，消除了入料口物料堆积而堵塞、卡塞现象。

（2）物料流动过程中随着筛面倾角的变化，物料速度渐慢，同时物料在各段筛面上逐步筛分分流，因此形成近似等厚筛分。

（3）由于增大筛面倾角后物料流动速度加快，从而提高了单位面积筛面的筛分处理量，提高了筛分能力。

（4）物料自然流动速度的加快，减小了物料黏挂的可能性；而且黏堵可能性最大的前段筛面（入料口段）的筛轴间距大，透筛效果好，因此不易堵塞、不易黏结筛孔。

(5) 采用大六角形筛片，相邻两轴的筛片交叉形成筛孔。这种筛片具有自动清理筛轴上黏煤的作用，大大降低了物料堵塞筛面的可能性，提高了筛分效率。

(6) 可根据煤的含水量加装清轴器，用于清除物料水分过大时在筛轴上的黏煤。

(7) 采用全封闭壳体，粉尘少。

(8) 传动系统简单、安全可靠，便于检修和维护。其中单轴辊道电机驱动，传动简单，噪声小，便于更换筛轴，便于电气控制。可以带负载顺序启动，单轴堵转可以显示和报警。过载能力强。

(9) 筛片采用耐磨损材料，使用寿命长。

4. 运行与维护

筛机安装在输煤系统上，可与系统连锁运行。启动时，先启动筛机，后启动带式输送机，停运时，先停带式输运机后停筛机。每次停止前必须待筛面上没有物料后再停机，不允许带负荷启动筛机。

新装或大修后接通电源应点动启动，正常后方可连续运转，连续运转需 2h 以上，检查转动部分是否灵活，轴承温升是否正常。

筛机投入运行后，要定期观察运行情况，定期更换润滑油，要经常注意使润滑部件保持良好的润滑。减速器内注 20 或 50 号机油，油位可通过减速器端部的油窗观察到，在油窗中间为宜，但必须保证减速器内部伞齿轮的外径浸入油池内 10～15mm 为宜，筛轴另一端的独立轴承座内的轴承采用润滑脂润滑。

更换筛盘时首先拆除上筛箱，并将独立侧的滚轴座的固定螺栓卸下，然后再将过载联轴器的 4 个剪断螺钉卸下，取下筛轴之后再更换筛盘。在安装筛轴时，要注意筛轴上联轴器内的轴承与减速器上的轴套对中后再连接，否则会使滚柱变位、损坏。

当滚轴筛因铁、木等杂物卡住时，筛机减速器之间装有过载保护装置——安全离合器，当超过允许扭矩时，过载联轴器上的剪断螺钉即被截断，筛盘即停止转动。此时在联轴器的侧面装有筛轴停转指示器，通知运行人员或自动停机。滚轴筛采用圆柱齿轮减速器，电机与减速器直接连接，电机的保护采用过热继电保护。

5. 检修项目

(1) 检查各紧固螺栓有无松动或断裂，并进行紧固或更换。

(2) 检查筛架有无变形、扭曲、脱焊的缺陷，并进行相应的修理。

(3) 对驱动装置的圆柱齿轮减速器进行开盖、解体检修。

(4) 对轴承齿轮箱进行开盖、解体大修，各齿轮、轴承检修安装完毕后，需对齿轮的啮合间隙进行测量和调整。

(5) 检查各轴承有无异声及超温现象，并应根据实际情况及时进行更正；检查各结合面及通轴处有无渗漏，并进行处理。

(6) 解体检查多级纵向轴和锥齿轮的磨损、啮合情况，并进行必要的调整、修理和更换。

(7) 检查筛轴有无弯曲变形情况，变形严重者应进行更换。

(8) 检查、更换筛轴上的全部筛盘。

6. 检修工艺标准

(1) 各筛轴间保持平行。

(2) 筛轴上的各筛盘应交错排列，且应保持固定，无窜动。

(3) 长锥齿轮减速器内的锥齿轮的磨损量应不超过 25%。

(4) 锥齿轮更换时应成对更换。

(5) 锥齿轮应浸入润滑油中 10～15mm。

（6）长锥齿轮减速器内的多级纵向轴应无变形、弯曲。

（7）各结合面间应无渗漏油。

六、概率筛

振动概率筛同BGS新型滚轴筛一样是近年来发展起来的一种新式筛煤设备。在结构上它采用了多层（一般为3～6层）、大倾角（一般为30°～60°）和筛孔尺寸较大的（筛孔尺寸与分离粒度之比一般为2～10倍）筛面。概率筛的优点是占用空间小、结构简单、电耗小、质量轻、设计制造简单易行、安装维修方便、效率高等。概率筛分直线振动型和惯性共振型两个系列、九种规格，适用于大中型火力发电厂输煤系统筛分原煤。

（一）振动概率筛的筛分原理

随着筛网的机械振动，物料与筛网之间呈跳动和滑动两种相对运动形式。在每次跳动和滑动过程中，将有部分细小颗粒物料以很快的速度，穿过筛孔成为筛下物，大颗粒成为筛上物分离出来。而每次穿过筛孔的百分数，则称为某一级别煤的穿筛概率，例如：相对粒度 $x=d/D$（d 为煤颗粒尺寸，D 为筛孔尺寸）的物料，质量为1，如果在每次相对运动时穿过筛孔的质量为20%，则该级别的穿筛概率就为20%。假设还有一部分细颗粒的煤，垂直落到筛面上时，颗粒不与筛丝相碰就能通过筛孔。所以总穿筛概率应为可能通过的筛孔面积与筛面总面积之比

$$C_{x0}=\frac{(D-d+\psi\delta)^2}{(D+d)^2}=\frac{\left(1-\dfrac{d}{D}+\psi\dfrac{\delta}{D}\right)^2}{\left(1+\dfrac{\delta}{D}\right)^2} \tag{13-2}$$

式中 C_{x0}——穿筛概率；

ψ——碰筛丝穿筛系数；

δ——筛丝直径；

d——煤颗粒尺寸；

D——筛孔尺寸。

由上述公式可以看出，相对粒度越小，穿筛概率越高。颗粒尺寸小，说明细小颗粒容易穿过筛孔；而与筛孔尺寸接近或比筛孔大的煤，不易穿过筛孔，这就是采用概率原理进行筛分的基本原理。

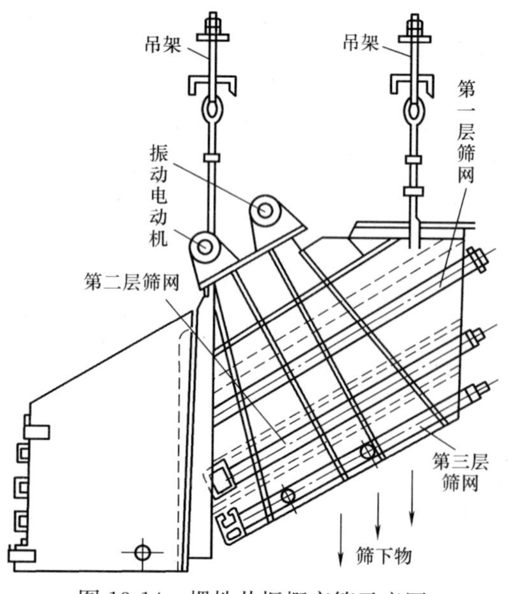

图 13-14 惯性共振概率筛示意图

（二）振动概率筛的结构特点

概率筛运用大筛孔、大倾角和分层筛网，一般根据煤的颗粒组成来确定筛网的层数（常见的为3～6层）和筛孔尺寸，自上而下，筛孔尺寸逐层减小，筛面倾角逐层加大。其驱动方式是强迫定向振动，采用双质体振动系统，在近共振状态下工作。其动力主要是利用2台振动同步电机做振源，振幅大，不堵筛，对物料适应性强，主振动弹簧选用剪切橡胶弹簧，设备噪声低，寿命长；机壳密封性好，环境污染小，工作频率为隔振系统固有频率的3倍，有良好的隔振效果；筛机运行轨迹是接近于直线的椭圆，工作平稳。对于电厂输煤系统，概率筛是目前比较理想的大型筛分机械，如图13-14所示。

（三）振动概率筛的检修维护及调整

1. 减振系统的检修要求及调整

（1）在整体检修和减振系统的4组弹簧吊装后，必须使筛机的入料口保持水平，4组减振弹簧应受力均匀。4组减振弹簧的受力是否均匀一致，可通过测量各弹簧的压缩高度来确定，应使其高度基本一致。

（2）在调整筛机的整体水平时，前面2组减振弹簧必须调整至一致的高度，保持水平；同样，后面2组减振器的弹簧的高度也必须调整至一致的高度，保持水平。但前面与后面的弹簧高度允许有误差存在，即筛机整体允许有前后水平误差，不允许有左右水平误差。

（3）必须使整组地更换弹簧。

（4）减振系统安装或调整结束后，必须使筛机体不与其他固定部件接触，即保持在自由状态，以免影响振动效果或产生噪声。

2. 振幅的调整及筛机对振幅的要求

（1）振幅的调整方法：打开振动电机两端的外罩，将装在轴上偏心块螺钉松开，改变电机两端2个偏心块的重合角度。调整时必须对2台电机上的4组偏心块同时调整且使其重合角度保持一致。在调整得到所需要的振幅时，首先要拧紧各组偏心块固定螺钉，而后把轴端的止退垫圈和锁紧螺母锁紧。振幅的大小可通过观察振幅牌上的刻度线来了解，两条线交点的横坐标所指示的数字即为调整好的振幅值。

（2）筛机的工作性质对振幅的要求：ZGS系列筛机的最大工作振幅为6mm，其中ZGS-1000型自同步概率筛的最大振幅为5mm。可以根据筛机的工作情况和煤的特性选择合适的振幅。筛机空载时振幅调整在4～5mm，待带负荷运转时，再调整到它的额定振幅值。可以根据煤的情况适当加大或减少振幅。如煤质黏湿或处理量大时，可采用大振幅，但一般不能超过6mm；如煤质较疏松或处理量小时，可采用小一些的振幅。这样可提高筛机的使用寿命，并使噪声减小。

3. 对筛面及筛条的要求

（1）为了防止煤筛堵塞，筛面的结构应采用条形筛面。

（2）筛面的长度应小于两横梁之间的距离约为1～2mm，以便于施加一定的预应力。

（3）在安装筛面时，筛面的两端与筛机的横梁之间要加5～6mm的橡胶板垫，以起到缓冲作用，并且能够与筛箱紧固得更牢靠。

（4）固定筛面的紧固螺栓要加垫弹簧垫片，且用双螺母锁紧，防止筛面松动。

（5）筛条一般用A3或20号圆钢，利于筛分且不易卡煤。

（6）采用条形筛面，可以增加筛面的有效面积，并且增加了筛面的单位处理能力。

（7）采用橡胶筛面的好处是可以提高筛条的使用寿命和减少堵筛，但橡胶筛面的开孔率不如条形筛面好，且造价较高。

4. 其他的检修及维护要求

（1）要经常检查筛机上的所有连接螺栓，有松动时要及时紧固。特别是对振动电机的地脚螺栓，尤其要经常检查并及时紧固。

（2）对振动电机的轴承要定期按要求加合适的油脂。

（3）要经常检查和清理筛面，防止堵塞，保证筛机的正常工作。

第三节　锤击式碎煤机

一、锤击式碎煤机的工作原理

锤击式碎煤机是冲击式破碎机的一种形式，主要是利用锤头冲击碎煤。锤击式碎煤机可分为单转子和双转子，单转子又分为可逆式与不可逆式两种。所谓不可逆式就是冲击筛板置于转子旋转方向的位置上，进入机内的物料随着转子旋转方向冲击到板上时而被击碎。锤头的排列有单排、双排和多排之分。在火力发电厂输煤系统中采用的多为单转子锤击式碎煤机。锤击式碎煤机要求物料所含水分不大于15%。

锤击式碎煤机的工作过程有研磨、剪切、挤压等。高速旋转的锤头由于离心力的作用呈放射状，当煤切向进入机内时，一部分煤块在高速旋转的锤头打击下被击碎，另一部分则是锤头所产生的冲击力传给煤块后，煤块在冲击力的作用下被打到机体上的冲击板再击碎，而后在锤头与筛板之间被研磨成所需要的粒度，由筛板上的栅孔落下。整个过程是在锤头轨迹与筛板之间的间隙中完成的。

二、锤击式碎煤机的结构与特点

1. 结构组成及作用

锤击式碎煤机主要由转子、筛板和机体组成，其结构如图13-15所示。

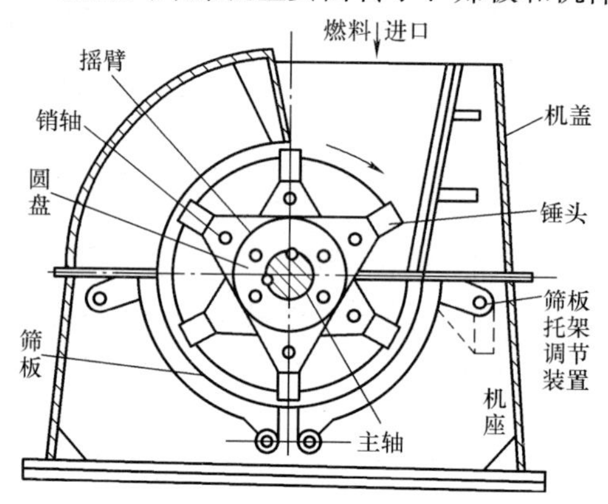

图13-15　锤击式碎煤机

（1）转子部分。转子是由主轴、摇臂、圆盘、锤头、隔套、销轴等组成。主轴是由高强度的合金钢或碳钢制成的，轴上安装有（用平键配合）数排交叉对称的摇臂，中间用隔套隔开，两侧用圆盘固定，在摇臂和圆盘上开有销孔，销轴在其中穿过，并挂有数排可活动的锤头。有的锤头之间用垫圈相隔，锤头质量一般为3～15kg，有的更大一些。锤头的质量大，动能就大，破碎的能力也大。锤头有各种各样的形状，如图13-16所示，其中第1、4种应用较广。第1种为矩形头，结构简单，锤头一面磨损后可以调换反转180°再使用；第4种破碎能力较强，破碎物中细粒较多。

锤头磨损较快，随着磨损程度的增加，锤头端部与筛板之间的间隙增大，破碎粒度将随之变粗。因此，锤头一般用比较耐磨的锰钢铸造。每个锤头大约有效使用时间为半年左右。转子主轴两端用双列向心球面滚动轴承支承，通过联轴器或三角皮带与电动机相连。

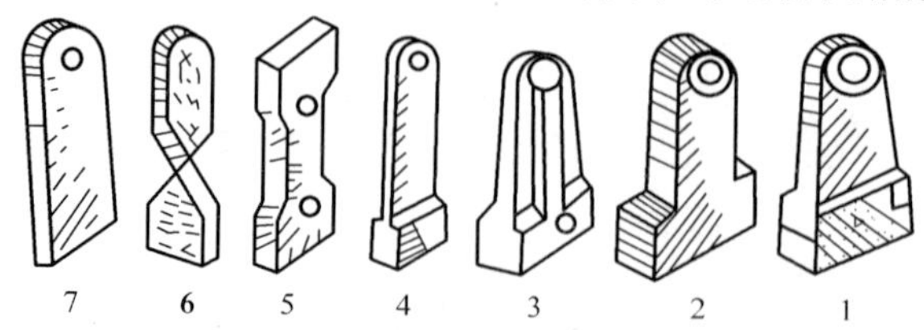

图13-16　锤击式碎煤机使用的各种锤头

（2）筛板。筛板通常采用强度较高的钢板开孔或铸造而成，固定在托架上，通过调节装置可使其上下摆动。筛板厚度为10～25mm，有的甚至更厚一些，其作用是与锤头的运动轨迹形成一定的间隙，使煤在这些空隙承受挤压、剪切和研磨作用，当粒度达到要求时，从筛板栅孔中落下。所以锤头与筛板之间的间隙决定破碎物的粒度，这个间隙可以利用筛板调节装置进行调节。

(3) 机体部分。机体部分是由机盖壳和机座组成，两者用螺栓连接，机体的前后开有检查门，左右两侧开有检查孔，用来检查和检修机壳内部转子上的锤头或清除存积的杂物，但在机器运转时严禁打开检查门孔。机体上部有物料进口，下部有落料口与落煤管相连接。为了消除碎煤机内部的磨损，在其内部一般装有各种几何形状的护板，如波浪形、圆弧形等，用锰钢铸造或采用耐磨铸铁，有的就采用普通钢板。

2. 锤击式碎煤机的特点

锤击式碎煤机具有结构紧凑、简单，采用锤头，设计出力较大，而且耗电量小，破碎能力比较大等优点；但锤头与筛板容易磨损，维修工作量大，当破碎高水分和黏度较大的煤时，筛板容易堵塞，所以这种破碎机适用于破碎硬度和水分较小的煤种。为了消除上述筛板的堵塞现象，有的碎煤机将筛板去掉一部分或全部，如图 13-17 所示。然而去掉筛板后，破碎的粒度变粗，质量变差。

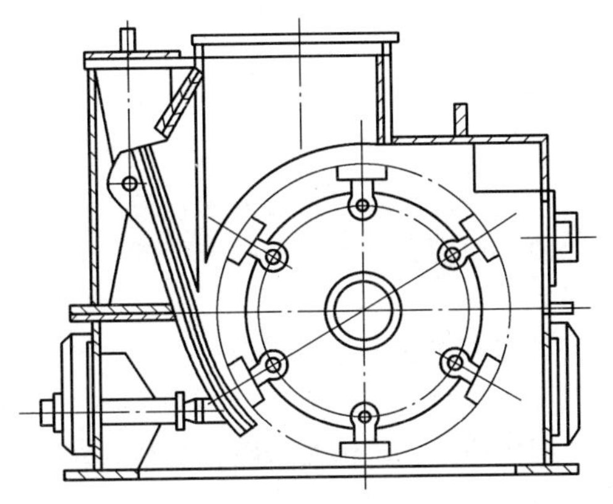

图 13-17　去掉筛板后的锤击式破碎机

三、运行与维护

在碎煤机启动前，要对电气部分进行检查，电动机地脚螺丝应牢固；检查轴承座及机体内部的护板螺丝应无松动现象，及时清理机内的杂物；检查锤头完好无缺，筛板与锤头之间的间隙应符合要求，如果间隙较大或较小，及时利用调节器调整，锤头、筛板和护板磨损严重时应及时更换。检查完后，关好检查门孔，启动后倾听内部有无异常声音。在运行中应特别注意以下几个问题：

(1) 运行中经常监视电动机电流变化，不许超过额定电流，电动机温度不许超过要求值。

(2) 通过碎煤机的煤量不许超过额定出力，不许带负荷启动，一定要在达到额定转速后方可施加载荷工作。

(3) 运行中要注意轴承的温度不超过 80℃，每隔 3 个月注油一次，每年最少清洗 1～2 次，并全部换注新油，一般为二硫化钼锂基脂。

(4) 经常注意运行中的不正常声响，碎煤过程中，不准带入较大金属块、木块等杂物，当发现机内部有撞击声和摩擦声时应停机检查。

(5) 经常检查、测定机组振动情况，最大振动值不得超过 1.0mm，正常运行时小于 0.7mm。

(6) 给料要均匀，应布满整个转子上，并在使用中经常检查破碎后的产品粒度是否符合要求。如果不符合，应及时查明原因。

(7) 注意煤种变化，如果原煤比重小、块煤多、黏度大，给煤量应适当减少。

(8) 不能随意增加转子的转速，停机后注意惰走时间，另外转子转动的过程中不准进行任何维护工作。

四、检修工艺要求

当锤头严重磨损、断裂、销轴磨损超过 2mm 才应进行更换。取出需更换的锤头，换上去的新锤头与旧锤头原有质量必须相等，质量大时用气割去掉，质量小时用堆焊补上；销轴两端用螺栓和垫圈固定，再用电焊点死在圆盘上，以防止销轴自身旋转发生窜轴。

合乎要求的锤头、垫圈、销轴结合面应打磨干净，分为 6 组：其中 3 组为一个类型，另外 3

组为一个类型，称出每一组总质量（包括销轴），以锤头数量相等的3组之间作比较，每组之间的质量相差不大于0.5kg。组装时，两个摇臂之间锤头和垫片应有间隙，锤头活动应灵活，锤头与销轴应留有1～2mm的间隙，护板与锤头工作直径应有不小于10mm的间隙，筛板与锤头工作直径间隙一般为25mm左右。护板不应有任何损坏现象，磨损超过2/3时应进行更换。碎煤机转子部分检修完毕后必须找平衡。

五、一般故障及处理

（1）轴承温度超过80℃。

故障原因：①轴承滚珠保持架或锁套损坏；②润滑脂污秽；③滚动轴承游隙过小；④润滑脂不足。

处理方法：①更换轴承或锁套；②清洗轴承，换新油脂；③更换大游隙轴承；④补充润滑油。

（2）破碎产物不符合要求，粒度过大。

故障原因：①筛板栅孔有折断处；②锤头工作直径与筛板之间的间隙过大；③锤头与筛板磨损过大。

处理方法：①更换筛板；②调整间隙；③更换锤头或筛板。

（3）碎煤机振动值超过1mm。

故障原因：①锤头折断或脱落，转子失去平衡；②轴承在轴承座内间隙过大；③联轴器与主轴、电动机轴安装不紧密，不同心度过大；④给料不均，造成锤头磨损不均匀，使转子失去平衡。

处理方法：①更换锤头或找平衡；②重新调整；③重新调整，找中心；④调整给料装置，重新调换锤头180°，再找平衡。

（4）机内有异常响声。

故障原因：①不易破碎的杂物进入机内；②筛板等零部件松动，锤头打击其上；③筛板与锤头之间的间隙过小。

处理方法：①及时停机清理杂物；②应迅速停机检查，并紧固螺丝；③停机检查并调整间隙。

（5）破碎量明显降低。

故障原因：①给料不均匀；②筛格栅孔堵塞；③入料口堵塞；④锤头磨损过大，动能不足，效率低。

处理方法：①调整给料；②停机清理筛板栅孔，检查煤的含水、含粉量情况；③停机清理入料口；④更换锤头。

（6）启动后机械部分转动吃力或不转，电流表指最大值而不返回。

故障原因：①机内有杂物；②煤堵塞机内或载荷过大。

处理方法：①停机清理；②应立即停机，下落筛格板清理，应该是空负荷启动。

（7）停机后惰走时间较短。

故障原因：①转子不平衡；②轴承损坏。

处理方法：①转子进行找平；②更换轴承。

（8）电流表指示电流摆动。

故障原因：可能是给料不均匀。

处理方法：调整给料。

第四节　反击式碎煤机

反击式碎煤机也是火力发电厂输煤系统中应用较多的一种，主要是利用冲击作用破碎物料，常用的有单转子式和双转子式。反击板数有单反击板和双反击板、三反击板。在电厂中目前采用较多的是单转子双反击板碎煤机。反击式碎煤机具有质量轻、效率高、破碎性能好、使用维护方便、运行可靠等优点，目前在电厂中应用比较广泛。

一、反击式碎煤机的工作原理、结构及特点

1. 工作原理

当煤从进料口进入板锤打击区时，受到高速回转的板锤打击作用，煤被破碎。之后将出现两种情况：第一种是小块煤受到板锤的冲击后沿板锤的切线方向抛出，在这个过程中可以近似地认为冲击力通过煤块的重心；第二种是大块煤由于重力的作用，使煤块沿着切线方向成一定角度的偏斜方向抛出，即形成平抛运动，煤块被高速抛向反击板而再次受到冲击破碎。反击板的反作用使煤块反弹回到板锤打击区，使之再次重复上述过程。在上述过程中，煤颗粒之间也有相互撞击的作用。这种多次性的煤块受板锤、反击板的打击、反击以及相互间的撞击作用，使煤块不断沿自身强度较低的界面产生裂缝、松散而破碎。在后反击板的下部，转子与反击板有一段磨碎区，煤块在此进一步破碎。当破碎的颗粒小于板锤与反击板的间隙，即达到所要求的粒度时，从机内下部落下，成为破碎产物。

由上可知，反击式碎煤机是充分利用冲击作用进行破碎的。经验表明，对于脆性物料，同一物体受同一能量冲击下，高速冲击则较容易使物体破碎，低速冲击则相反。反击式破碎机正是根据这一原理设计的。

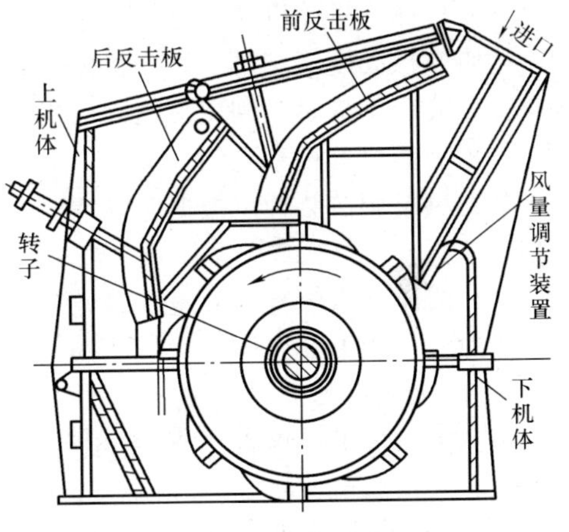

图 13-18　反击式碎煤机结构图

2. 结构及特点

反击式碎煤机结构如图 13-18 所示，主要由板锤、转子、反击板及机体等组成。

（1）板锤。也称锤头，形状很多，常用的如图 13-19 所示。图 13-19（a）适用于粒度和硬度小的物料；图 13-19（b）、（c）、（d）适用于粒度大、硬度高的物料；图 13-19（e）宜用于黏性大、含水量高的物料。

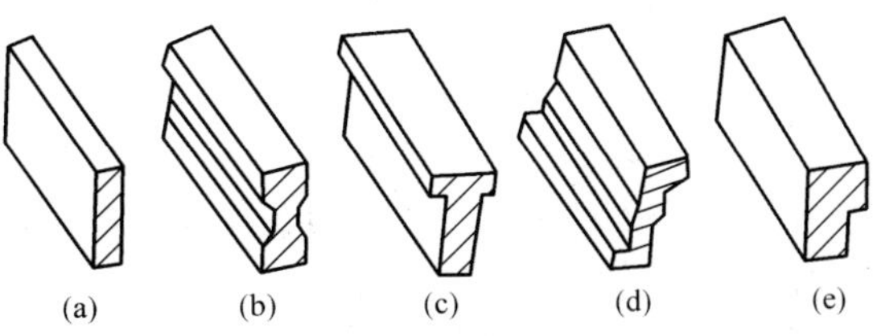

图 13-19　板锤形状

（a）长条形；（b）Y 形；（c）T 形；（d）s 形；（e）斧形

板锤在高速回转下把煤破碎的同时，本身也到物料的撞击和研磨，所以板锤也是最容易磨损的零件，磨损大小与板锤结构、材料、煤的硬度以及转子性能参数和该机的处理破碎量等因素有

关。目前我国采用高锰钢或生铁铸造板锤；国外采用马氏体高铬铸铁制成的板锤，使用周期长。转子转速较高时，板锤数量可相应少些。板锤与转子体成刚性连接，连接方法有螺钉、压板和楔块三种方式。其中楔块固定法在工作时，由于离心力的作用，板锤楔块和转子越转越紧，具有工作可靠、拆换方便等优点。而螺钉固定法由于螺钉露出打击锤面，螺钉易被打坏，也易被剪断，易造成板锤从转子上飞出的事故。压板固定法板锤容易松动而脱落。

（2）转子。有整体式、组合式和焊接式三种。一般都采用整体铸钢结构，该结构质量较大，能满足工作要求，且坚固耐用，便于安装板锤。组合式采用数块铸钢或钢板制成，制造方便，平衡转子容易。小型反击式碎煤机也有采用钢板焊接而成的，这种形式制造容易，但强度较差。转子本体通过键与主轴连接，主轴采用滚动轴承支承在底座上。

（3）反击板。其作用是承受板锤击出的煤，并将其碰撞破碎，同时又将碰撞破碎后的煤反弹回破碎区，再次进行冲击破碎。反击板采用高锰钢制成，其形状有折线型和渐开线型等。折线型结构简单，但冲击效果差；而渐开线型制造困难，一般多采用多段弧形组成的近似渐开线型的反击板。反击板的一端通过悬挂轴铰接于机架上部，另一端由活动拉杆支撑于机架上，目的是为了调节板锤与反击板之间的间隙。另一方面，当碎煤机进入铁块时，反击板受到较大的压力，使拉杆向后上角移动排出铁块，然后反击板在自身重力的作用下恢复原位，保护机件。为了耐磨，反击板上镶有耐磨衬板。

（4）机体。机体以转子体的轴中心线为界分为上下两部分，下机体承受整台机器的重量并借助于地脚螺栓固定于基础上，上机体分为左右两部分，左上部装有液压开启机构。当更换或检修调整前、后反击板时，利用液压开启机构把它打开倾斜40°就可进行工作。右上体与进料口衔接。机体的前后面设有检察孔门。

（5）风量调节装置。根据实际情况，转动风量调节装置的手柄就可在一定的范围内改变鼓风量。

（6）液压开启装置。液压开启装置包括油箱、油缸、油泵等，其作用是当更换或检修前、后反击板时，启闭上部壳体。

3. 反击式碎煤机的特点

（1）破碎比大，最高可达150以上，适用于中碎和细碎。

（2）结构简单，便于制造，成本低，维护量小，产品粒度均匀。

（3）由于应用冲击原理，破碎效率高，能量消耗少，而且处理物料量大。

（4）设备质量轻，工作时无明显的不平衡振动，不需笨重的基础。

以上是反击式碎煤机的优点，而反击式碎煤机存在的一个问题是运行中扬尘严重，必须加装除尘装置。加装风量调节装置解决扬尘问题有一定的效果。

4. 反击式碎煤机的运行与维护

（1）启动前的检查。

启动前首先要检查电动机地角螺栓、机体螺栓、轴承座、各处护板摞栓应无松动、脱落，联轴节销子紧固良好，转子机腔内无严重积煤现象，板锤无严重磨损及脱落现象。当板锤、反击板衬板损坏或脱落时应及时更换。反击板上弹簧及拉杆螺栓无松动断裂现象，调整螺栓要拧紧，下煤筒无堵煤现象。检查完毕后关好检查门。检修后的碎煤机送电启动前最好能盘车2～3圈，观察机内有无异常响声，确认完好后，方可结票送电启动碎煤机。运行中应经常检查反击板吊挂螺栓，不应有松动及脱落现象。严禁在机器转动中调整。运行中不准进行任何维护检修工作，发现异常要及时停机处理。

（2）出料粒度调整。

出料粒度的调整是通过调整前、后反击板与转子旋转直径的间隙来实现的。一般前反击板的最底部与转子旋转直径之间的间隙应调整至 50mm 左右，后反击板的最底部与转子旋转直径之间的间隙应调整至 30～35mm 左右，这些间隙的调整是通过调整反击板支座拉杆的螺母来实现的。反击板上的护板磨损一般不能超过原来的 2/3。

（3）风量调节。

如果需增大回风量，则松开左边的调整螺母，旋紧右边的调整螺母即可；若需减小回风量，则松开右边的调整螺母，旋紧左边的调整螺母即可。

5. 反击式碎煤机的常见故障及原因

（1）破碎粒度过大：原因有板锤与反击板间隙过大，板锤或反击板磨损严重或损坏。

（2）机组振动过大：给煤不均，使板锤损坏程度不均，造成转子不平衡；板锤脱落；轴承在轴承座内间隙过大；联轴器中心不正。

（3）机内有异常响声：板锤与反击板间隙过小；内部有杂物。

（4）产量明显降低：转子破碎腔内积煤堵塞；板锤磨损严重，动能不足，效率降低。

第五节　环锤式碎煤机

环锤式碎煤机是从国外引进的一种新型破碎设备，目前在我国已能系列生产。该设备是近年来各大中型火力发电厂普遍采用且最受欢迎的一种碎煤设备。其主要优点是结构简单、体积小、质量轻、维护量小、能够自行排除杂物及铁件、噪声小、入料口成微负压、出料口可成微正压、鼓风量小、能形成机内循环风、粉尘小等。开启后的环锤式碎煤机如图 13-20 所示。

图 13-20　开启后的环锤式碎煤机

产品分轻型，重型，超重型三个系列，型号说明如下：

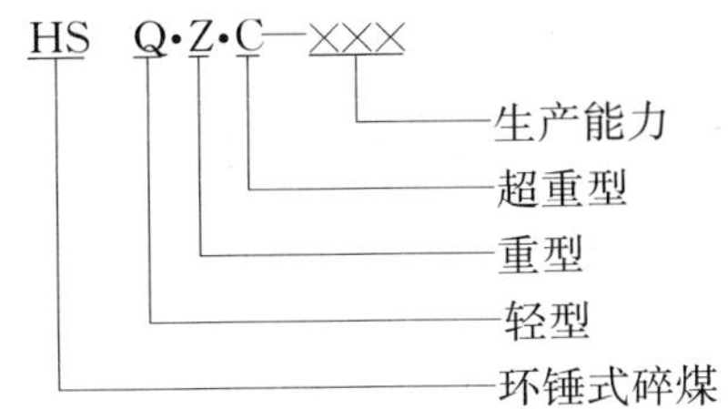

一、环锤式碎煤机的工作原理

如图 13-21 所示，环锤式碎煤机的转子上带有环锤，转子旋转时首先对煤进行冲击作用而使之破碎；被冲击后的煤同时从环锤处获得动能，使煤在环锤与破碎板、筛板之间，煤与煤之间产生冲击力、剪切力、挤压力、碾磨力，这些力大于或超过煤在破裂处碎裂前所固有的抗冲击载荷以及抗压、抗拉强度极限，从而使煤块得以破碎。由于采用了圆形和齿形两种形式的环锤，其破碎方法中有击碎、劈碎、切碎、碾磨和挤压作用，因此能充分利用动能，以达到高速破碎。总之，可根据环锤式碎煤机的结构特点，把碎煤过程分为两段：第一段是通过筛板架上部的碎煤板与环锤施加冲击力，破碎大块煤；第二段是小块煤在转子回转和环锤不断自转下，继续在筛板弧面上破碎，并进一步完成滚碾、剪切和研磨作用，使煤达到所要求的破碎粒度，破碎后合格的煤块经筛板的栅孔漏下排出。当遇有混在煤中的铁块或其他不能破碎的杂物时，可经拨料板将杂物拨进杂物收集器（除铁室）内，而后定期清除。

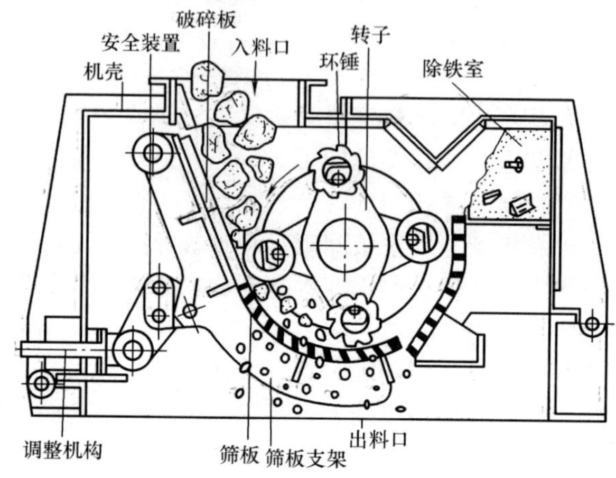

图 13-21　环锤式碎煤机的工作原理示意图

二、环锤式碎煤机的结构及特点

（一）结构组成及作用

环锤式碎煤机主要由机体、机盖、转子、筛板和筛板调节器等组成，如图 13-22 所示。

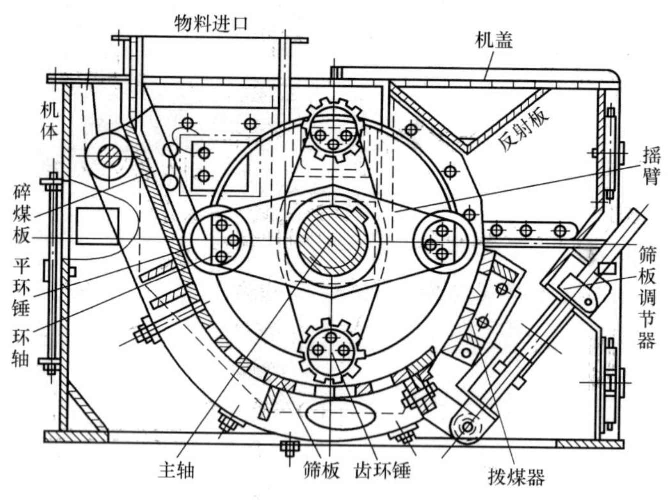

图 13-22　环锤式碎煤机结构图

1. 机体

机体采用中等强度的钢板焊接而成，机体与机盖通过螺栓、螺母连接。当需要更换环锤等机内部部件时，应先卸下结合面上的紧固螺栓，打开端盖，从侧门将环轴的轴堵卸下，抽出环轴，便可更换。

机体的前上部装有进料口，在机体的后部与筛板架相对应处设置了拨料板，与机盖下相对应处构成除铁室，便于日常清除铁块和杂物；机体后壁上有两扇密封的防尘门；机盖和机体内壁上均装有防护性的耐磨衬板。

机体两侧有支承转子轴承的座板、地基板；在进料口的下方，筛板架上部和破碎板处的空间组成碎煤室；拨料器采用优质耐磨的合金钢制成，起拨料和导向作用，用螺丝紧固在壁板上，筛板调节器固定在机体后方。

2. 机盖

机盖装在机体的后上部分，也是用中等强度钢板焊接而成。其上部装有反射板，用于除去铁块和杂物；在拨料器上方，装有接铁盘构成除铁室，在后壁上装有除铁门，与机体的结合面均有密封垫。为了检修方便，有的机组装有液压传动开启前、后机盖装置。

3. 转子

转子是由主轴、平键、圆盘、隔套、摇臂、环锤、环轴以及轴承座等零件组成。主轴是由高强度的合金钢锻件加工而成。一组摇臂采用十字交叉排列，两端用隔套与圆盘隔开，通过平键与主轴相配合；环锤和隔套经良好的静平衡后，通过轴套串在摇臂和圆盘上，并且用弹性柱销限位挡住。为了防止轴上部件松动，轨两端用锁紧螺母、止退垫圈固定住；轴上的零件均采用优质耐磨合金钢制成，而环锤要求更高一些。转子的两端在机体外用带锥孔的双列向心球面滚动轴承支承，主轴通过法兰盘和挠性联轴器与电动机相连接。

4. 筛板

筛板是由碎煤板、大孔筛板、小孔筛板、筛板架以及连接件组成。碎煤板是由锰钢制成，用于破碎大块煤；弧度大的小孔筛板用于滚压、剪切、碾磨小煤块，使煤块合格的颗粒度从筛孔落下。筛板架是采用钢板和槽钢、角铁焊接而成的，承受碎煤力的作用；其上部用挂轴挂在机体的轴座上，并由卡板限位固定，筛板架的下端耳孔与筛板调节器的丝杆铰接在一起；碎煤板和大、小孔筛板用螺栓紧固在筛板架上。

5. 筛板调节器

筛板调节器一般有两个，左右分别安装在机体后壁板的弧形支座上，由U形座、丝杆、六角螺母、密封罩、调节支架等组成，另外还有一种蜗杆传动机构。当弧形筛板与环锤轨迹之间的间隙需要调整时，利用棘轮式扳手手动操作调节，使丝杆位移，使筛板架绕其轴上下摆动，从而获得所需要的调整间隙。

（二）环锤式碎煤机的特点

（1）转子采用又厚又重的辐板式摇臂，起着内部飞轮的作用，具有较高的功能，能达到很高的破碎量，而且功率消耗少，效率高。

（2）筛板能保证排料粒度在25～30mm以下，而且均匀，非常有利于锅炉的制粉系统。

（3）由于是强迫碾压通过筛板栅孔出料，对煤种的变化适应性较强，任何煤种均能破碎。

（4）锤环可以自由摆动，遇到煤中铁块或其他不能破碎的杂物时，锤环可以沿转子径向自动退缩，让硬质杂物通过，经拨料器的作用，被反射到除铁室内，随时清除。

（5）由于采用了锤环设计，机体内空间小、鼓风风量少，还利用机内不同区间的压力差进行回流，所以负荷运行时基本无往外鼓风、无粉尘泄漏，有利于控制工作环境的含尘量。

（6）带载运转噪声仅有15～85dB。

（7）机组振动值一般小于0.025mm。

（8）运行可靠性较高，调整容易方便，部件磨损均匀，机组材料使用合理，使用寿命较长，检修方便，维护量小。

（9）如图13-23所示，机组有左装和右装两种方式，结构简单、合理、紧凑，占地面积小，刚度大，质量比其他碎煤机轻得多。

（10）壳体机盖有的采用液压开闭装置，维护和检修量小。

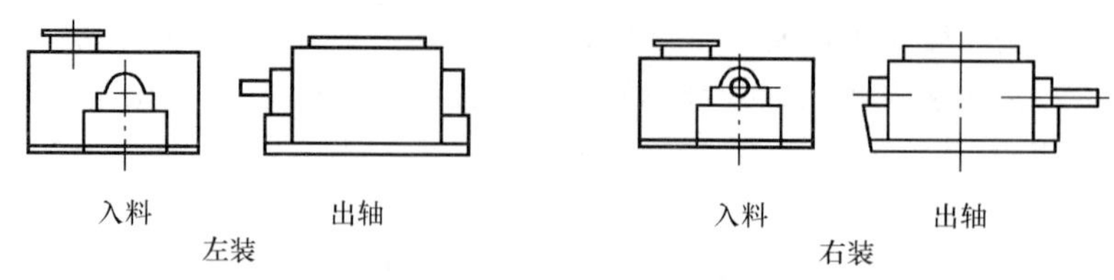

图 13-23　环锤式碎煤机的安装方式

总的来说，环锤式碎煤机与其他碎煤机相比有较多的优点，因此在燃用较多煤种、煤中含不能破碎的杂物较多的情况下，选用该种碎煤机是非常合适的。

三、环锤式碎煤机的运行维护

（一）启动前的检查工作

在启动前要检查电动机，首先检查各地脚螺栓应牢固，机体底座、轴承座、护板处的螺丝以及联轴器的螺丝不能有松动和脱落。

打开机门，清理机体内杂物和黏煤，保证碎煤机内腔和除铁室内不得有积煤及铁块等杂物，防止杂物和积煤搅入转子内，以免将转子卡住；检查转子销轴完整齐全，检查环锤、护板、大小筛板的磨损程度，在环锤磨损过大、效率变低的情况下，应更换环锤（允许差为 0.17kg）；大小筛板和碎煤板磨损到 20m 时必须更换。另外排料口四壁不得黏煤过多，以免影响正常出力；环锤的旋转轨迹与筛板之间的间隙应符合要求，一般为 20～25mm；传动部分要保持良好的密封和润滑，轴承内油量应适量。

（二）运行时应注意的事项

检查完毕后应将所有检查门关好方可（空载）启动；机器运转时，严禁打开检查门及除铁室门。开车前最好能盘车 2～3 转，观察内部是否有蹩劲现象。启动时，注意转子的旋转方向应正确，非特殊情况下严禁带负荷启动，一定要在达到额定转速后才能进煤运行。运行中每班应至少清理一次除铁室，严禁任何人员在运行中调整螺栓，根据出料粒度联系检修人员调整筛板与环锤的间隙。运行中机内应无金属相撞声响，电动机、轴承等各部温度及振动应合乎要求。

（三）碎煤机的调试与控制

1. 空载运行

（1）前后机盖合好，关闭所有检查门，并用斜铰紧固。

（2）检查机体各连接螺栓、衬板连接螺栓以及地脚螺栓是否松动。

（3）机内不应有异物存在，并确认转动部分与固定部分不相碰撞。

（4）各润滑部位按规定加注润滑油。

（5）碎煤机与电动机未连接前，应检查电动机转向与碎煤机规定转向一致。

（6）不得随意提高转子转速，用手转动转子，不得有卡阻现象。

（7）完成以上检查工作之后，方可进行空载试车。

（8）让机器连续运行 4h，待轴承温度稳定之后，方可结束空载运行试验（轴承最高温度为 90℃）。

（9）空载运行时应密切注意轴承温度的变化，电流是否稳定，有无异常振动及不正常声音，轴承的振动值不应大于 0.03mm。

2. 负载运行

（1）空载运行没有异常时可进行负载运行，开始要少量给料，逐渐增加到额定值，并在转子全长上均匀给料。

（2）给料过程中注意观察电流值的大小、轴承温度变化及机体轴承的振动情况，若出现异常，应立即停止给料并停机进行检查处理。

（3）除紧急情况外，一般情况下不允许在给料过程中停机。

（4）正常停机时应先停给料机，确认机内没有残存的处理物后（破碎声音消失 1～2min 后）方可停机。

（5）转子没有完全停止之前，禁止打开检查门和进行维修检查工作。

（6）负载运行时，轴承座垂直水平方向的振幅约为 0.10～0.13mm。若某个方向的振幅超过 0.15mm 时，应立即停机，检查和分析振动原因并消除故障。

3. 碎煤机的控制

（1）控制回路采用直流 220V 电源。有三种合闸方式供选择：开关柜、就地、PLC。

（2）在跳闸回路中，除了就地、程控、开关柜外，还并入了超温触点、熔断器连跳、综合保护三对触点，任何一对触点闭合都将实现电机停运。

4. 常见的事故与处理

（1）轴承温度升高。

故障原因：①轴承间隙过小。②润滑油变质或不足、过多。③滚动轴承损坏。④轴承装配紧力过大。

处理方法：①调整间隙。②更换合格油。③更换滚动轴承。④调整装配紧力。

（2）碎煤机振动。

故障原因：①环锤、轴或转子失去平衡。②铁块及其他坚硬杂物进入碎煤机，未能及时排除。③轴承游隙大或装配过松。④主轴与电动机轴不同心。⑤给料不均匀。

处理方法：①更换环锤并找平衡。②停机清理杂物。③更换轴承或重新调整紧力。④重新调整、找正。⑤调整分流挡板。

（3）排料粒度大于规定值。

故障原因：①环锤与筛板间隙过大。②筛板栅孔有折断处。③环锤与筛板磨损过大。

处理方法：①调整筛板调节机构，保证环锤与筛板间隙合适。②更换筛板。③更换环锤与筛板。

（4）碎煤机内产生连续的撞击声。

故障原因：①不易破碎的杂物进入机内。②筛板衬板松动与环锤撞击。③除铁室内积满杂物。④环轴窜动或磨损过大。

处理方法：①停机清理杂物。②停机重新紧固螺栓。③停机清理铁块杂物。④更换环轴或紧固两端止挡。

（5）碎煤机堵煤。

故障原因：①煤量过大。②煤中水分过高。③机体内有杂物，转子被卡。④出口间隙过小。⑤皮带与皮带间连锁失灵

处理方法：①调整出力。②改变上煤品种或加干煤。③停机，打开检查门清理杂物。④调整出口间隙。⑤处理连锁。

（6）碎煤机运行中电流增大。

故障原因：①机体内有杂物。②煤质黏度大。③出口堵塞。④转子不平衡。⑤轴承损坏。

处理方法：①清理杂物。②减少出力。③疏通出口。④停机重新找平衡。⑤停机更换轴承。

四、环锤式碎煤机的检修维护及消除缺陷

（一）检修项目

环锤式碎煤机的检修项目见表 13-2。

表 13-2　　环锤式碎煤机的检修项目

项目	检　修　内　容
大修	（1）更换环锤及环轴 （2）更换破碎板、筛板 （3）更换部分衬板 （4）检查、修理筛板调节装置 （5）更换除铁室箅子 （6）检查、清洗主轴轴承并加油，必要时更换轴承 （7）更换联轴器销子（检修液力耦合器） （8）检修液压系统，清理液压系统油箱、油泵、阀门，进行解体检修，更换磨损部件，换液压油，检修后调整压力，消除渗、漏油 （9）部分或全部更换上、下落煤筒 （10）更换各密封胶条 （11）检查转子、圆盘、隔套及摇臂，磨损严重或损坏的应当更换
小修	（1）检查、更换环锤及环轴 （2）检查、更换部分反击板 （3）检查、更换部分衬板 （4）对主轴轴承清洗加油 （5）检查、更换除铁室箅子（破碎板）和筛板 （6）检查、调整筛板调节装置 （7）检查、更换部分密封胶条 （8）对上、下落煤筒部分挖补 （9）检查液压系统，消除渗漏 （10）消除机壳、落煤筒漏煤或其他缺陷 （11）检查、紧固各部位的螺栓
特殊项目	（1）更换转子摇臂 （2）更换转子主轴 （3）更换机壳 （4）更换筛板支架及调节装置

大修周期：2 年，工期：4～7 天；小修周期：1 年，工期：2 天。

（二）检修工艺要求

1. 环锤的更换

当环锤磨损严重，破碎效率变低，内外径之间的厚度小于 12mm 时，或因为环锤磨损不均造成振动并且超过规定值时，应及时更换新环锤。更换的方法是：将新环锤分别称重，并标上质量值，按对称平衡要求选择质量相等的环锤配组并摆放好，使相对应的两排质量之差额小于 0.17kg，同时应避免产生动不平衡，还应使每个环锤与对应 180°处的环锤质量误差在转子上轴向距离最小，最大偏差值也不允许超过 0.17kg，最后将误差稍大的环锤配置在电动机侧。具体更换顺序如下：

（1）拆除结合面的紧固螺栓，打开机盖，拆除转子轴上的密封体。

（2）转动转子，使转子上一排双环锤处于开口处并卡住，使转子不能转动。

（3）卸下环轴内侧末端上的弹性销，磨损严重的应更换。

(4) 用倒链挂在环轴上的螺孔里，另一端用铜棒、大锤敲打，使其振动，沿轴孔方向抽出。若确定取不出并且环轴已弯曲时，要用气割处理。

(5) 当环轴从圆盘的轴向孔中外抽时，便可将环锤一个个地取下。检查环轴，若变形弯曲，应进行直轴处理，弯曲损坏严重的应更换。

(6) 将摇臂轴孔内及环轴打磨干净，并涂一层石墨粉。

(7) 将配重好的环锤按顺序装入环轴上，并在环轴末端重装弹性锁，按此方法直至装完4根环轴。

(8) 在机体、机盖的结合面处铺设石棉绳，合上机盖穿上螺栓，并对称均匀地进行紧固。

2. 栅板、破碎板的更换

大小栅板、碎煤板厚度为50mm，当磨损到20mm时就应更换，更换步骤如下：

(1) 先解列电机，拆下结合面处所有紧固螺栓、螺母，将机盖翻转90°，并用枕木顶好。

(2) 拆下检修门上的紧固螺栓，吊出检修门。

(3) 在栅板架与机体之间用一钢丝绳紧紧托住其组合件，以便将栅板架与调节装置分离开。

(4) 分别拆下弹性销、垫圈，取下两个铰接轴，将栅板架从机体内吊出，清除积煤，再把铰接轴插入支架孔内，用起重绳索缠好。

(5) 将挂环轴上面的卡板卸下来，而后吊起组合件，向本体前面移动，从本体前检修门吊出。

(6) 将组合件整体吊出后，拆下大小栅板的紧固螺栓，吊出旧栅板、碎煤板，将新栅板、破碎板安装就位。若拆下的螺栓磨损严重，不能再继续使用，则紧固螺栓应装锁紧螺帽。

(7) 将组合件复位、固定。

3. 轴承的更换

轴承内套为锥形，装配时应检查内套与轴的接触状况，接触应不小于70%，锁紧螺帽锁紧度要适中。若轴承损坏或游隙超过0.127mm时，应及时进行更换。

(1) 拆出必要的油封，打开轴承盖，将转子组合件吊起并垫好，使其有足够的空隙，以利于将轴承座卸掉。

(2) 拆下原来的轴承时，先将螺母松开，取下止退垫圈。

(3) 将新轴承清洗后，直立放在清洁的场地，用塞尺测量滚动体与外套间的径向间隙，转动内套和滚子，检查四个滚子之间隙的最小值并记录下来，其游隙值≤0.038～0.127mm。

(4) 用洁净不起毛的布擦净轴承内孔和主轴轴颈，并涂上一层石墨粉，且要保证螺纹处光滑。

(5) 将轴承装在立轴轴颈上，使轴承内套与轴颈面紧紧贴在一起，消除轴向间隙后，再用销紧螺母轻轻带上，使轴承完全定位，此时暂不要装上止退垫圈，以防损坏。

(6) 卸下销紧螺母，装好止退垫圈，而后再装上销紧螺母，并且注意止退垫圈与其螺母的开口相对位置，若出现位置不合适应调整适当，而后撬起止退垫圈锁爪，压入螺母槽内锁好。

(7) 将轴承外表面与轴承座内孔涂上一层石墨粉使其附着。

(8) 轴承座与轴承盖须上下保持一体，位置对正后定位。

(9) 轴承中应涂入二硫化钼锂基脂，其量为空腔的1/3～1/2为宜。

(10) 须使轴承座与轴承盖结合处保持清洁且其中一件可涂上润滑脂。

(三) 质量标准

(1) 各紧固螺栓及螺母完整、严密、牢固。

(2) 各接合面、密封垫应结合严密，垫片完好，无漏粉、漏煤现象。

(3) 联轴器锁片、护罩要紧固牢靠。

(4) 碎煤机运转平稳，机体内无金属撞击声。

(5) 转子主轴水平允许误差不大于 0.3%。

(6) 空载及带负荷运转后，其振动值应在规定范围内，即垂直、水平振幅≤0.07mm（双振幅），轴向窜动≤0.03mm。且运行 4h 后轴承温度不超过 80℃。

(7) 调整筛板与环锤的间距，保证排料粒度≤25mm。

(8) 大修后刷漆防腐。

(9) 环锤与栅板之间隙开车前调至 40mm 左右，同时确保机内不得有残留杂物。

(10) 电机找正时底脚结合须平整干净，且垫片不得超过 3 片，找正后同轴允许误差值≤0.33mm，角度误差≤0.01′3″。

(11) 机体内防磨板磨损量不得超过原厚度的 2/3，否则应更换。

第六节 木屑分离器

一、木屑分离器的用途

火电厂燃煤中的木块、碎布、草袋等杂物进入制粉系统时，往往引起制粉系统堵塞、着火或造成设备损坏。煤流中的长条形木块可能造成下煤筒堵塞、划破输送带等后果。为了从煤中除去这些杂物，保证输煤系统的安全、稳定运行，在输煤系统中应设置木屑分离装置。

二、木屑分离器的种类和布置

输煤系统中常用的木屑分离装置有除大木器和除细木器两种。除大木器设在筛碎设备前的皮带头部或其他合适部位，除大木器不但将大于 300mm 的木块分离出来，同时也将大于 300mm 的煤块分离出来。除细木器安装在碎煤机后，是用来捕集小木块的设备。

三、CDM 型除大木器

1. 概述

电厂燃煤中的除大木器安装在碎煤机前，从带式输送机头部落下的煤抛入除大木器后，小于筛孔的煤在重力和筛轴旋转力的作用下自然漏下。大于筛孔的木块、石块、铁块、杂草等被抛入储存物料的料斗中被清除。

2. 除大木器结构及工作过程

除大木器结构如图 13-24 所示，除大木器的工作机构是 3 根装有齿形盘的主轴，各轴按同一方向旋转，使物料在 3 根主轴上受到搅动，煤在自重及齿形盘旋转力的作用下，沿齿形盘之间的间隙落下。较大的木块被留在齿形盘上面被甩出。

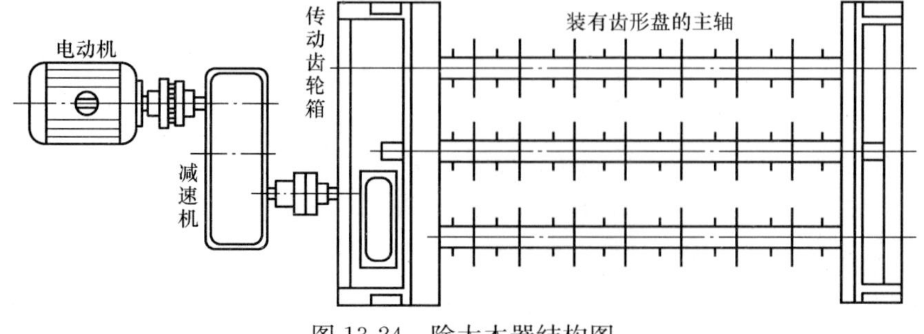

图 13-24 除大木器结构图

除大木器的传动机构由电动机、减速机、传动齿轮箱组成。由电动机经减速机带动传动齿轮箱中的齿轮转动，三根主轴分别与传动齿轮箱中的三个齿轮装配，使其按同一方向旋转。

3. 除大木器筛分粒度

除大木器应装在筛碎设备之前，其筛分粒度不大于300mm，将尺寸大于300mm的大块废料排到室外料斗内被清除，300mm以下的进入筛碎设备。一般除大木器应用在来煤粒度较小（小于300mm）时，其除木效果较为理想。当来煤粒度较大（大于300mm）时，不但将大于300mm的木块分离出来，同时也将大于300mm的煤块分离出来。

四、吊辊式木屑分离器

吊辊式木屑分离器是用来分离长条形木块的设备。它由安装在皮带给煤机或皮带运输机头部滚筒前的平托辊组成。托辊是悬空吊挂的，如图13-25所示。平托辊靠近煤流，使长条形木块在脱离传动滚筒时落在这些托辊上，并沿辊子滑进单独的积木箱内。当煤中混有大煤块时，由于辊子是吊装的，所以当大煤块落在辊子上时，靠自重和惯性力将辊子推开，漏入落煤管内，因此不会同木块一起被分离出来。吊辊式木屑分离器只能分离煤中长条形木块，分离效率较低。

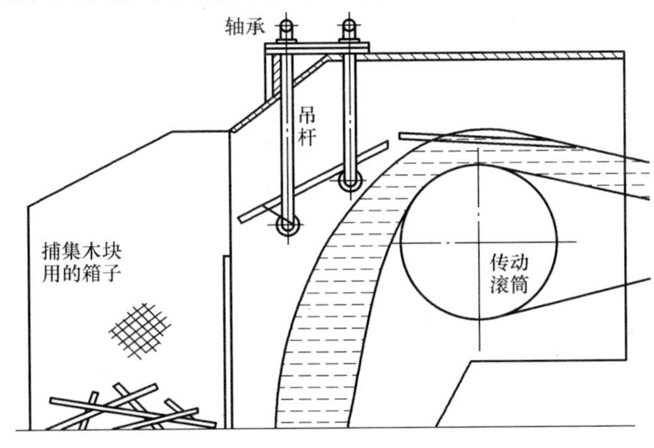

图13-25　吊辊式木屑分离器

五、犁形除大块装置

滚轴筛等筛分装置一般装在碎煤机入口处，将筛下物由旁路管直接进入下一级皮带机，将筛上物送入碎煤机加工破碎；进入这一级时是不会滤除特大块的，如果特大块进入这一级，将对沿线的皮带机和碎煤机造成很大的损坏。在滚轴筛的前一级皮带机的头部一般装有除大块装置。此装置将大于300mm的特大块滤除到系统之外另行排除，传统的除大块装置大多是滤除细长的木条，对大石块的滤除能力也比较有限，而且也容易造成堵塞和自损，同时对煤源至除木器之间的设备还是起不到保护作用。为了尽量把特大块处理在靠近煤源的地方，可在斗轮机上料皮带上或接近煤源的其他合适的皮带机上安装一台犁形除大块装置。此装置可用普通的“人”字形犁煤器平行于皮带机固定在离皮带200～280mm左右的高度，要略高于正常的煤流厚度，其结构如图13-26所示。刮除器正下方安装五六组平行托辊使此处皮带平展，运行时正常煤流和小于这一粒度的物料会正常通过，当煤中有大于200mm的大块过来时，便会被此犁挡住并立即排到两侧的料斗内，实践证明这种装置很少会因卡块而撕坏皮带，必要时犁的后部可略高于犁头前部30mm左右，以便于更好地排料。

犁形除大块装置一般安装在斗轮机的悬臂皮带上或其他容易排料和检查的地方，可将煤场取上来的大石块直接排到煤场边沿表面，然后人工清除。犁形除大块装置结构简单，排料快，同滚轴型除木器的配合作业，能有效清除各种形状的大块杂物，适应于在带速为3.15m/s以下的皮带机上安装使用。

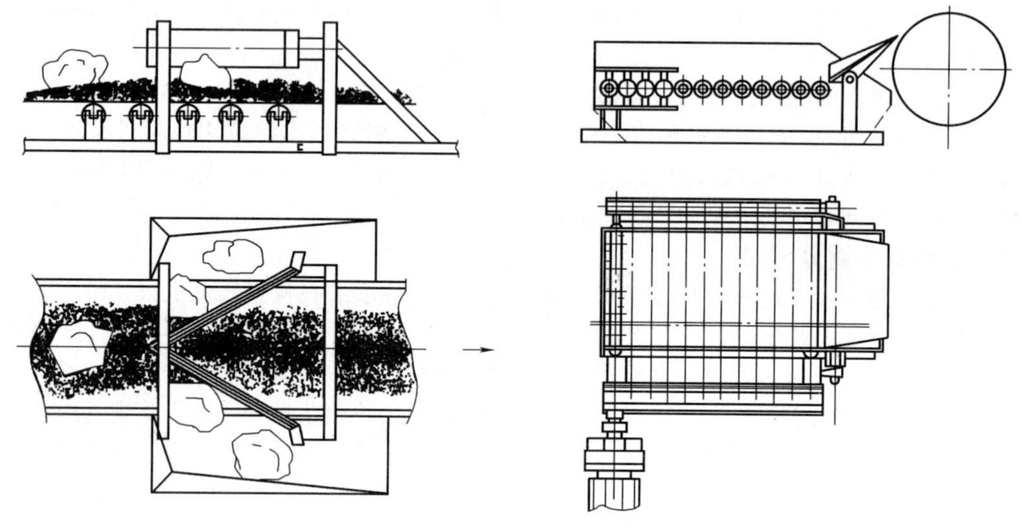

图 13-26　犁形除大块装置

图 13-27　除细木器

六、CXM 型除细木器

除细木器的结构如图 13-27 所示，安装在碎煤机上，是用来捕集小木块的设备。因为经破碎后的煤中仍混有一定数量的小木块，这些小木块如进入锅炉的制粉系统，很容易造成制粉系统故障，影响安全运行。除细木器的结构和工作原理均与除大木器相同，只是筛分粒度较小。

近几年来由于采用环锤式碎煤机，木材分离器已很少采用。大木材可在储煤场用人工拣出，对于小木块，环锤式碎煤机可将其拨至碎煤机本身的除铁室，清理除铁室时一起取出。这样设备减少，系统简单，对安全运行有很大好处。

复习思考题

1. 煤破碎的原理有哪几种？
2. 筛分设备的主要性能指标有哪些？
3. 影响筛分效率的主要因素有哪些？
4. 筛网的形式有哪些？
5. 筛煤设备有哪几种？
6. 锤击式碎煤机有什么特点？
7. 反击式碎煤机的工作原理是怎样的？
8. 环锤式碎煤机的优点是什么？

第十四章　给配煤设备

火力发电厂输煤系统的给配煤设备有叶轮给煤机、振动给煤机、单向给煤机、双向给煤机、皮带给煤机、配煤车、移动皮带、犁煤器等。现在，单、双向给煤机已逐渐被电磁振动给煤机替代；移动皮带给煤机、配煤车逐渐被犁煤器替代。

叶轮给煤机按架构型式可分为门式给煤机和桥式给煤机，按配煤型式分为单侧和双侧给煤机。一般采用单侧给煤机。叶轮给煤机可用于长缝隙式煤槽配煤（如卸煤沟的配煤），其给料粒度在 300mm 以下。有时叶轮给煤机也用于为储煤罐出料口配煤。

振动给煤机用于储煤仓或储煤罐的配煤，具有结构简单、质量轻、无转动部件、安全可靠等优点。煤在给煤槽上为跳跃前进，无滑动，驱动功率小，易于实现远方控制。

往复式给煤机用于煤斗底部的给煤和配煤，按给煤方向分为单向和双向给煤机。

皮带给煤机用于翻车机煤斗的配煤，它具有带速低、头尾滚筒中心距小、给煤量大等优点。

配煤车也称为电动双滚筒卸料车，一般用在煤仓或煤场上部的固定带式输送机上，将带式输送机上的煤卸到指定地点，完成配煤和卸煤任务。

移动皮带即为可逆胶带移动式输送机，主要用于煤仓配煤。移动皮带最适用于原煤仓布置集中、分布均匀的直吹式制粉系统的配煤，具有设备简单、布置方便、配煤灵活、煤仓充满程度好等优点。

犁煤器全称为犁式卸料器，有手动犁式卸料器和槽角可变式电动犁式卸料器两种，分别有单侧卸料和双侧卸料之分。它具有结构简单、操作方便、工作可靠、卸料干净等优点。

另外还有由机头、机尾、中间槽箱、刮板、刮板链等组成的刮煤机，它属于连续运输的输送设备，也有作为给配煤设备。

第一节　叶轮式给煤机

一、叶轮式给煤机的用途

叶轮式给煤机是火力发电厂缝隙式卸煤沟专用设备。叶轮式给煤机沿煤沟旁与煤沟平行的轨道往复运动，将原煤均匀、连续、定量地拨到胶带输送机上，转送给输送系统；或分送至锅炉房、蓄煤场及工艺流程需要的场所。叶轮式给煤机的外形及工作示意如图 14-1 所示。

图 14-1　叶轮式给煤机的外形及工作示意

二、叶轮式给煤机的种类及布置

叶轮式给煤机按叶轮传动方式有上传动（拨煤传动机构在拨煤叶轮的上方）和下传动（拨煤传动机构在拨煤叶轮的下方）两种。这两种产品又均有门式、桥式两种结构形式。另外，下传动叶轮式给煤机还有双侧给煤的结构形式，能连续均匀地把煤拨落到运输皮带上。叶轮式给煤机的常用布局形式如图 14-2 所示，根据缝隙式煤斗结构的不同有单线中间、单线单缝、单线双缝三种。双侧叶轮式给煤机结构如图 14-3 所示，单侧叶轮式给煤机（图 14-4）结构与双侧叶轮式给煤机大致相同，主要是出料部分和封尘装置有所不同。从检查维护和使用方便的角度上看，普通的单侧叶轮式给煤机用得还是比较普遍的。现在电厂中较常用的有 QYG 系列和 SYG 系列叶轮式给煤机。

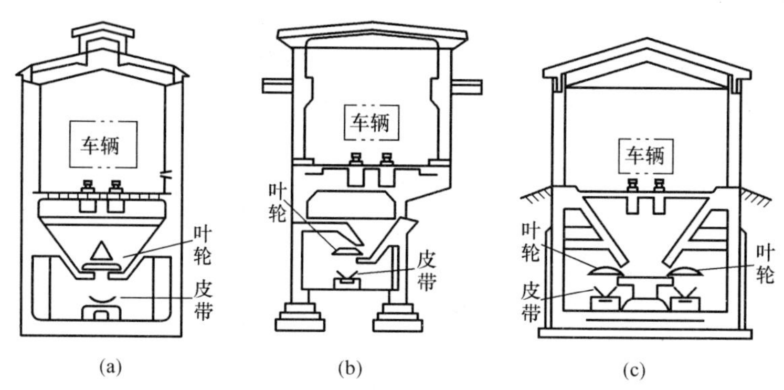

图 14-2　缝隙煤槽的断面类型

（a）单线中间缝隙煤槽；（b）单线单缝隙煤槽；（c）单线双缝隙煤槽

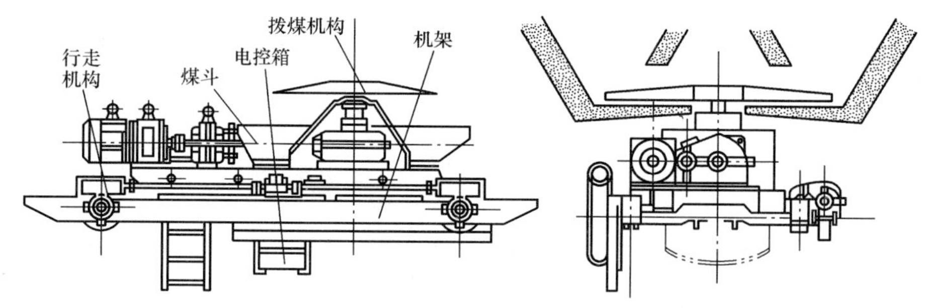

图 14-3　双侧叶轮式给煤机

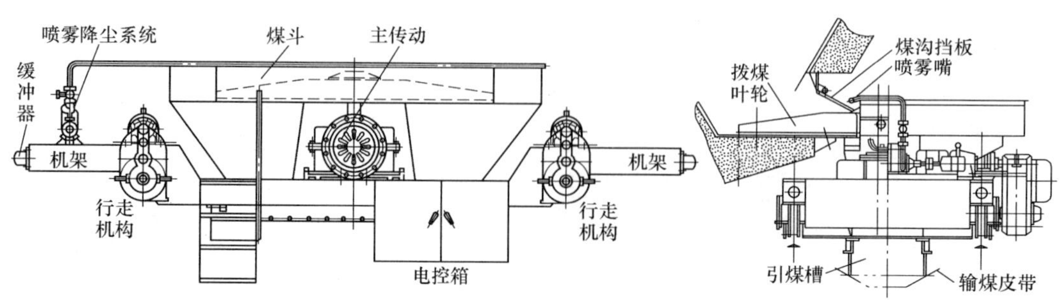

图 14-4　单侧叶轮式给煤机

三、叶轮式给煤机的结构

叶轮式给煤机由小车行走机构、主传动部分组成。小车行机构由行走轮、联轴器、行星摆线针轮减速器、蜗轮减速器等组成。

（一）主传动机构

叶轮式给煤机主传动部分结构图如图 14-5 所示。主传动机械部分的结构部件与通用的驱动部件基本相同，主要由主电动机、安全联轴器（或电磁调速离合器）、减速机、十字滑块联轴器、伞齿轮减速机、叶轮等组成，核心部件是一个绕垂直轴旋转的叶轮伸入长缝隙煤槽的缝隙中，叶片工作面的一面是圆弧状的，也有特殊曲面（如对数螺线面、渐开线面等），故又称叶轮拨煤机。用其放射状布置的叶片（也称犁臂），将煤沟底槽平台上面的煤拨落到叶轮下面安装在机器构架上的落煤斗中，煤经落煤斗被送到皮带上。

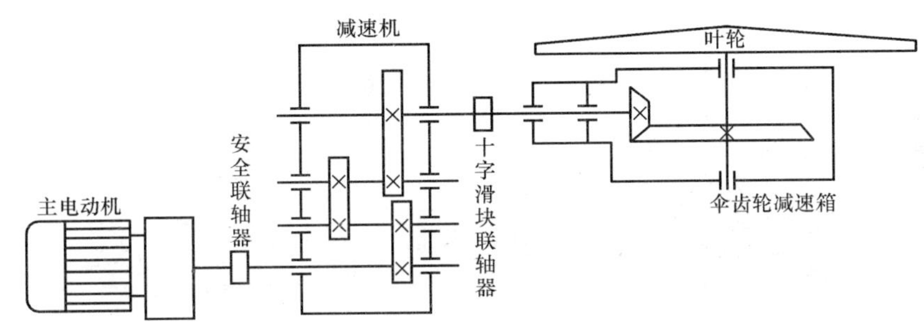

图 14-5　叶轮给煤机主传动部分结构图

叶轮式给煤机多采用拖车或电缆卷筒受电，另外装有过载保护装置。近几年的叶轮式给煤机多用普通鼠笼式三相异步电动机配变频器调速，早期的叶轮调速系统由滑差电动机完成调速，滑差电动机由拖复电动机（交流三相异步电动机）、无滑环滑差离合器和测速发电机组成，测速发电机与滑差离合器输出轴共轴。可在出力范围内进行无级调速，可随时连续调整给煤量，能在原地或前后行走中拨煤，无空行程，可就地操作或远方自动控制。

（二）小车行走机构

叶轮式给煤装置装在一个可以沿煤沟纵向布置的轨道上行走的小车上，除门式叶轮给煤机以外，其他各种叶轮给煤机行走部分的结构基本上是相同的，其结构如图 14-6 所示，行走传动部分由联轴器、减速机、车轮组和弹性柱销联轴器等组成。行走只有固定的速度，并由行车电动机通过传动系统使机器在轨道上往复行走。小车行走机构和叶轮拨煤机构各自相对独立。

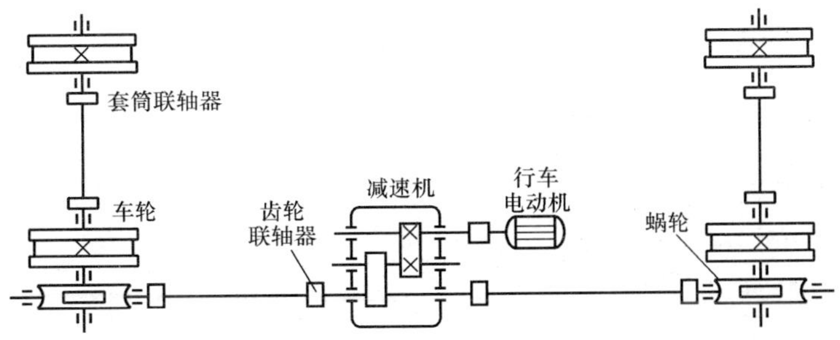

图 14-6　叶轮式给煤机行走部分结构图

图 14-7 和图 14-8 所示为 QYG 系列和 SYG 系列叶轮式给煤机的总装示意图。QYG、SYG 系列叶轮式给煤机主要技术参数见表 14-1。

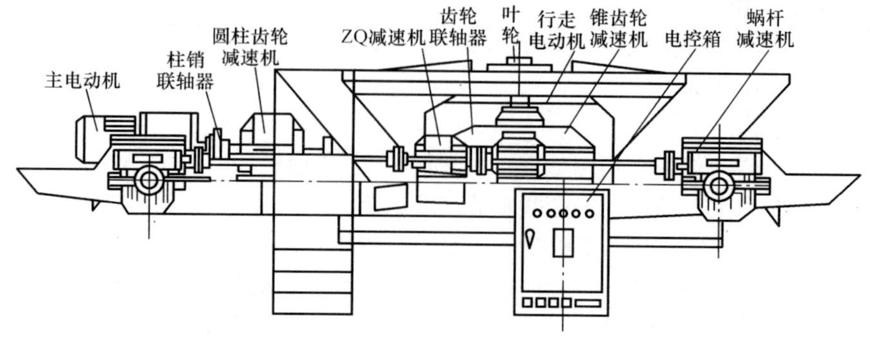

图 14-7　QYG 系列叶轮式给煤机总装示意图

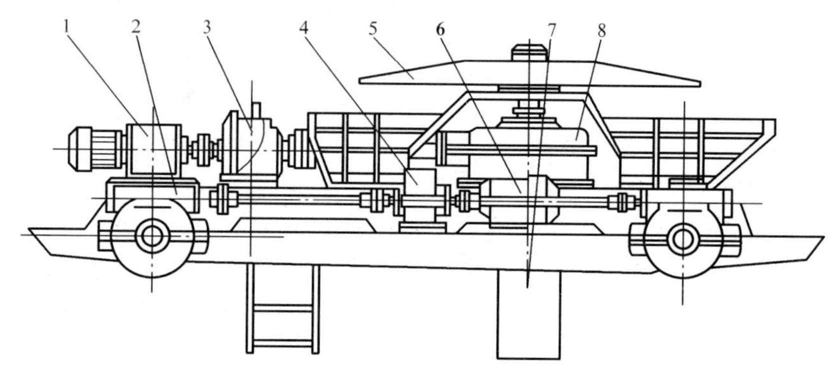

图 14-8　SYG 系列叶轮给煤机总装图

1—主电动机；2—蜗杆减速器；3—行星摆线针轮减速器；4—ZQ 减速器；5—叶轮；6—行走电动机；7—电控箱；8—锥齿轮减速器

表 14-1　　QYG、SYG 系列叶轮式给煤机主要技术参数

参　数		单　位	型　号		
			QYG600	QYG1000	SYG600
出力		t/h	200～600	300～1000	200～600
物料特性	物料粒度	mm	≤300		
	物料容重	t/m^3	0.9		
拨煤机构	叶轮直径	mm	ϕ2680	ϕ3000	ϕ2320
	电机功率	kW	18.5	22	17
	叶轮转速	r/min	2.76～8.33	3～10	2.78～8.33
	电机调速范围	r/min	400～1200	400～1200	250～1250
走行机构	电机功率	kW	3	1.5×2	3
	走行速度	m/min	3.74	3.7	4.18
	车轮直径	mm	ϕ450	ϕ450	ϕ350
	轨道型号	kg/m	18	24	18
	最大轮压	kN	25	32	20

续表

参数			单位	型号		
				QYG600	QYG1000	SYG600
受电状态	受电方式			滑线	电缆滑车	滑线
	托缆（滑线）型号			TCG-65		TCG-65
	支撑型式			硬		
适应皮带宽度				650～1600		
最大分离件	质量	kg		2500	4000	1500
	尺寸	mm		6500×2350×400	7000×3648×700	5300×1966×395

四、叶轮式给煤机的工作原理

叶轮式给煤机通过电气控制箱控制主电动机，并由主电动机和行车电动机分别带动叶轮和车轮转动。可通过电磁调速电动机（或变频调速电动机）控制叶轮，实现无级调速，从而达到调节煤量的目的。

叶轮式给煤机的工作电动机通过动力电缆进行供电，控制电缆和电气控制系统对机器实行集控式和程控，也可以手动。叶轮式给煤机的工作过程如下：

（1）叶轮式给煤机的叶轮伸入长缝隙煤槽的缝隙中，叶轮转动把煤从轮台上拨送到下面的皮带机上。主电动机带动叶轮顺时针转动，并在转速范围内进行无级调速以调整煤量大小。

（2）由行车电动机通过传动系统使机器在预定的轨道上往复行走，只有固定的速度。

（3）当给煤机行至煤沟端头时，靠给煤上的行程终端限位开关动作，使给煤机自动反向行走。

（4）当两机相遇时，靠给煤机端部行程限位开关使两机自动反向行走；当行程限位开关失灵时，给煤机的缓冲器可使两机避免相撞。

（5）当给煤机过载时，安全离合器动作，使给煤机自动停止。安全离合器失灵时，靠电气自身安全保护装置也可使给煤机自动停止。

（6）设置除尘系统排除叶轮拨煤过程中产生的粉尘。

五、叶轮式给煤机的运行及维护

1. 启动前的检查

叶轮式给煤机在正常启动和检修后启动之前应进行下列检查：

（1）主传动系统、行车传动系统所有连接部件（联轴器、地脚螺丝、护罩等）是否齐全，连接是否牢固。

（2）叶轮的进料口有无杂物堵塞，护板是否变形，落煤斗是否畅通。

（3）各减速箱的油位是否正常，油质是否合格，结合面是否严密，有无漏油等。

（4）轨道上是否有障碍物，轨道是否牢固平直。轨道两端的行程开关挡铁是否牢固。

（5）电气部件的绝缘是否合格，电源滑线是否接触良好，接地线是否良好。

（6）与叶轮式给煤机配套使用的皮带机、煤沟是否具备运行条件。

2. 运行中的维护

叶轮式给煤机运行中的检查维护是为了及时发现和消除隐患，确保叶轮式给煤机可靠运行的重要措施。运行人员应通过耳听、眼看、鼻闻、手摸等，将发现的异常现象加以综合分析，把设备的外观、温度、振动、声音等与正常运行状况做认真的比较，以便正确判断并及时消除缺陷。要注意以下六点：

（1）各轴承温度正常，齿轮箱油温不大于滚动轴承温度且不超过80℃；振动合格，转动平稳，无异常声音；润滑油质良好，油位正常，减速箱及伞齿轮箱油位应在油窗中心线处。减速箱油位应在油针两刻线之间。无漏油现象。

（2）无窜轴现象，轴封严密。联轴器连接牢固且安全罩齐全，动静部分无摩擦和撞击声。

（3）地脚螺栓的螺母无松动和脱落现象。

（4）叶轮给煤均匀，调速平稳，行车良好。

（5）电压电流稳定，并在额定值内，滑线无打火现象。滑差电动机不宜长时间低速运转，一般在450r/min以上运行，否则励磁线圈将过热。

（6）按要求及时认真地进行加油、清扫、清理、定期试验等工作。电气部件应每周清扫擦洗一次，叶轮上的杂物应每班清除一次。

3. 常见故障的处理

（1）轴承发热：轴承发热的原因可能是润滑不良（油量不足或油质变坏）；滚动轴承的内套与轴或外套与轴承座之间的紧力不够，发生滚套现象引起摩擦发热；轴承间隙过小或不均匀，滚动轴承部件表面裂纹、破损、剥落等；轴承受冲击载荷，严重影响润滑的稳定性。处理方法是检查油质状况，查看油质的颜色、黏度、有无杂物等。若系油质恶化，则进行换油。若是轴承缺陷，则退出运行，更换新轴承。

（2）叶轮被卡住：原因可能是大块矸石、铁件、木料等引起。处理方法是停止主电动机运行，切断电源后将障碍物清除。

（3）控制器交流熔丝熔断：原因可能是激励线圈烧坏而引起激励电流增大，熔丝质量差。处理方法是更换烧坏的线圈，换新熔丝。

（4）运行中调速失控；原因是激励线圈的接头焊接不良，运行温度升高，使焊锡开焊而开路，造成无励磁电流；晶闸管被击穿；电位器损坏等。处理方法是检查处理触头，更换晶闸管；更换电位器。

（5）晶闸管元件烧坏：原因是长时间低速运行，通风不良。处理方法是更换晶闸管，改善通风，禁止长时间低速运行。

（6）按下启动按钮主电动机不转：原因是未合电源；控制回路接线松动或熔断器损坏。处理方法是拉开主开关，检查有无问题后再合上；更换熔断器。

（7）合上滑差控制器开关，指示灯不亮：原因是220V电源未接通；控制器内部熔丝烧断；灯泡损坏；印刷线路插座接触不良等。处理方法是检查电源接线；换熔丝；换灯泡；检查插头插座接触情况。

（8）按下行车按钮，叶轮不行走：原因是行车熔丝损坏；回路接线松动或断线；行程开关动作未恢复等。处理方法是换行车熔丝；检查回路接线；检查并恢复行程开关按钮。

发生以下情况之一时，应紧急停机进行处理：①发生危及人身的事故应立即停机，后发事故信号；②发生叶轮犯卡，应立即停机，排除后再启动；③机组发生剧烈振动或机械损坏，应立即停机，处理后再启动；④滑线接触器接触不良严重冒火或一相脱落发生两相运行，应立即停机，处理后再启动；⑤在运行中发生电动机冒烟、冒火，控制器失灵情况时，应停机处理，正常后再启动；⑥行走电动机开关故障，只能单向行驶，应停机消除故障后，再开机。

六、叶轮式给煤机的检修

1. 概述

叶轮式给煤机检修的具体要求见表14-2。

表 14-2　　叶轮式给煤机检修的具体要求

序号	类别	内　　容
1	检修周期及项目	（1）对叶轮式给煤机，每 3 年进行一次大修 （2）对各减速机，每半年换一次润滑油 （3）大修项目：①减速机（伞齿、行星摆线针轮、蜗轮蜗杆）解体检修；②叶轮及叶轮护板检查及更换；③保护罩及溜煤槽检查及更换；④行走轮及轨道检查
2	检修工艺及要求	（1）检修之前做好原始记录 （2）准备好照明工具，准备好符合安全要求的钢丝绳环等起重工具 （3）办好一切安全措施（应办理工作票） （4）清理叶轮给煤机的积煤和杂物 （5）根据起吊工具的负荷和整体的质量，做好起吊方案。必要时，分体吊出 （6）叶轮给煤机应先吊去起吊孔盖板，放在一侧；吊完后，将盖板盖好 （7）检查行走轨道的不平度和轨面水平度，检查行走轮与轨道是否有卡轨现象，连接板与螺栓有无松动现象。发现异常时，应及时修理 （8）检修时，拨煤机构和行走机构的传动部件、齿轮减速机、伞齿轮箱等的零件要进行拆大盖检修。蜗轮蜗杆减速机和行星摆线针轮减速机解体检修、清洗，检查齿轮、蜗轮蜗杆、叶轮、轴及轴承的磨损情况，要求按通用机械检修要求进行。若发现磨损严重而不能再修复时，应及时更换 （9）检查机座、机架以及其他部件的焊缝有无裂纹，必要时进行补焊 （10）行走轮联轴和通轴有弯曲现象时，应进行直轴处理，否则应换新轴
3	检修质量标准	（1）检修后，现场整洁，给煤机各表面干净，结合面严密不漏油 （2）各联轴器端面没有锤击后留下的斑迹，径向、端面的摆动量和对轮柱销应符合有关规定要求 （3）护罩、溜煤槽钢板的磨损量大于 3/4 时，应进行局部或全部更换。给煤机在试运拨煤时，没有严重的漏煤现象 （4）安全装置可靠。当给煤机行至煤沟一端或两台给煤机相遇时，限位开关能使给煤机自动返回或停止 （5）设备整洁，铭牌清楚，步梯安全牢固

2．频发性故障及原因分析

（1）滑差电机轴承损坏。滑差电机由拖动电机（交流三相异步电动机）、无滑环滑差离合器和测速发电机组成，测速发电机与滑差离合器输出轴共轴。由于缝隙煤槽处（俗称地沟）工作环境差，粉尘污染较大，加之滑差电机外壳为鼠笼状，未密封，煤尘直接从鼠笼的缝隙进入滑差离合器内，经常造成轴承卡死甚至损坏。

（2）调速不可靠。滑差电动机离合器的励磁电源采用可控硅整流电源供电，以实现宽幅无级调速。为了提高滑差电机的抗干扰性能，在可控硅控制回路中采用速度负反馈及电压微分负反馈电路的反馈系统，同样因为粉尘污染较大，煤尘从接线盒进入测速发电机，造成测速反馈电路的反馈信号失真；从而直接影响了调速的准确性和可靠性，给运行人员控制给煤量带来很大的困难，同时也对配煤质量造成影响。此外，还经常发生测速发电机因被煤粉卡死而烧坏事故。

（3）动力电源易缺相和断相。叶轮式给煤机供电方式是滑触线，其动力电源是利用集电器从滑触线上取得。因滑触线导线裸露，受粉尘、潮湿等环境因素影响大，加之行车轨道变形等因素，导致集电器刷与滑触线接触不良，而且集电器易脱落，造成给煤机动力电源缺相、断相，多次发生拖动电机烧坏的事故。

3．频发性故障的防范措施

（1）加强对缝隙煤槽的粉尘治理。在缝隙煤槽处采用可靠的 SMZ 综合除尘技术（即水喷雾

＋密封＋LZZ型扁布袋除尘器）。为全面消除拨煤及落煤时产生的粉尘，在加强对叶轮给煤机导料槽等处的密封的同时，将除尘器和水泵安装在叶轮给煤机上，在缝隙煤槽下部的梁上安装水槽，除尘器和水泵随着叶轮给煤机的移动而移动，从而实现了在缝隙煤槽全段范围内的除尘和水喷雾，使粉尘浓度大大降低，改善了工作环境。

（2）将滑差调速改为变频调速。由于滑差电机在运行中存在启动电流大、不能长时间低速运转、滑差离合器和测速发电机部分易损并影响调速的可靠性等缺点，而且滑差电机结构复杂、体积大，检修起来比较困难，故改用调速范围广、运行稳定、维修操作方便的变频调速替代滑差调速。

（3）供电方式从滑触线改为拖缆。为提高供电可靠性，将滑触线供电改为拖缆供电，动力电源直接从拖缆送到电机，减少了中间环节（集电器），从根本上消除了因集电器与滑触线接触不良以及集电器脱落带来的电源缺相、断相而造成的拖动电机烧坏事故。

第二节　皮带式给煤机

皮带式给煤机是火力发电厂的一种给煤机械，主要用于翻车机受煤斗的配煤。皮带式给煤机将翻车机翻卸下的煤连续、均匀、定量地输送到带式输送机上。它具有带速低，运行平稳，无噪声，给煤连续均匀，头尾滚筒中心距小，给煤距离长，出力范围大，可以移动，维修方便等优点。皮带式给煤机采用带式输送机的部件组装而成。目前采用翻车机卸煤的电厂大都采用皮带式给煤机。

一、皮带式给煤机的工作原理及结构

（一）皮带式给煤机的工作原理

皮带式给煤机的给煤依靠胶带与煤斗间煤的摩擦作用，将煤给到受煤设备上，故皮带式给煤机的带速不宜过高，否则胶带与煤之间容易产生相对滑动，可能导致不能给煤。所以皮带式给煤机主要用于出力为300t/h以下的受煤斗的给煤。

计量式皮带给煤机上安装有皮带秤，和普通皮带机上的工作原理完全相同，主要用于火力发电厂锅炉制粉系统中与磨煤机相配套的给煤设备，转速低，出力在5～35t/h可调，能连续、均匀地给煤，在运行中皮带秤能对煤进行准确的称量，并根据设定值自动调节给煤量。称重和输送装置为一个组合件，可以采用全密封，检修和更换胶带时从壳体内抽出。

（二）皮带式给煤机的结构

如图14-9所示，皮带式给煤机由输送带、驱动装置（电动机、减速机、联轴器、液力耦合器、制动器、逆止器）、电动滚筒、改向滚筒、托辊、清扫器、导料槽、机架、拉紧装置、漏斗、安全保护装置等组成。

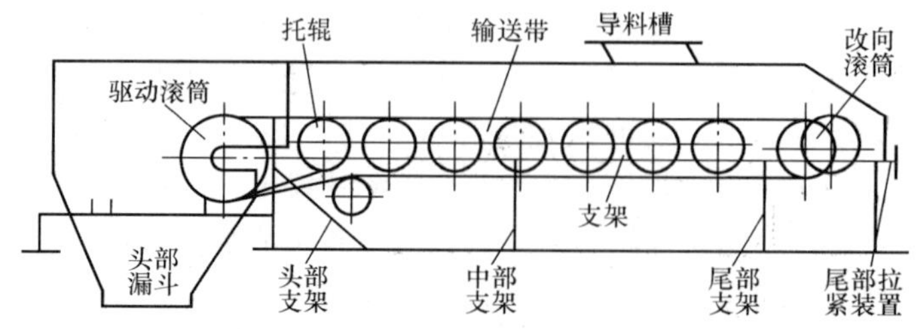

图14-9　皮带式给煤机布置图

（1）驱动装置由安装在驱动架上的Y系列鼠笼电动机、液力耦合器（或梅花型弹性联轴器）、减速机、ZL型弹性柱销齿式联轴器、制动器（逆止器）等组成。

(2) 电动滚筒是将电动机、减速机装入滚筒内部的传动滚筒。其结构紧凑，外形尺寸小，特别适用于短距离及较小功率的单机驱动给煤机。

(3) 传动滚筒是传递动力的部件，根据承载能力的不同可分轻型、中型和重型三种。轻型的轴承孔径为 80～100mm，轴与轮毂为单键连接的单幅板焊接筒体结构，单向出轴。中型的轴承孔径为 120～180mm，轴与轮毂为胀套连接。重型的轴承孔径为 200～220mm，轴与轮毂为胀套连接，筒体为铸焊结构，有单向出轴承和双向出轴承两种。

(4) 改向滚筒用于改变输送带的运动方向及增加输送带与传动滚筒的围包角。改向滚筒也可按其承载能力的不同分为轻型、中型和重型三种，直径分为 50～100mm、120～180mm 和 200～280mm 三挡。结构形式与传动滚筒一致，改向滚筒覆面有裸露光钢面和胶面平滑底面两种。

(5) 托辊用于支承输送带及输送带上所承载的物料，以保证输送带稳定运行的装置。其种类有槽形托辊、上平行托辊、缓冲托辊和回程托辊等形式。

(6) 拉紧装置使输送带具有足够的张力，保证输送带和传动滚筒间产生摩擦力使输送带不打滑，限制输送带在各托辊间的垂度，使输送带正常运行。拉紧装置一般采用螺旋式拉紧装置。

(7) 清扫器用于清扫输送带上黏附的物料，有头部清扫器、空段清扫器和硬质合金刮板清扫器三种。

(8) 导料槽可使从漏斗落下的物料在达到带面之前集中到输送带中部，其截面结构分为矩形和喇叭形两种。

(9) 机架是用于支承滚筒及承受输送带张力的装置。通常采用结构紧凑、刚性好、强度高的三角形机架。

(10) 头部漏斗是用于导料和控制料流方向的装置，也可起防尘作用。

(11) 安全保护装置是在给煤机工作出现故障时能进行监测和报警的装置，可保证给煤机安全生产、正常运行，预防机械部分的损坏，保护操作人员的安全。

双联皮带式给煤机的布置如图 14-10 所示，使用中移动式皮带给煤机还需设行走车轮、轨道及检修迁出装置等。在皮带的上部料斗出口装有闸门，可控制给煤量的大小。工作带的断面有平形和槽形两种，一般采用平形断面。为了提高出力，在皮带式给煤机的全部机长范围内加装固定的侧挡板，做成导煤槽的形式。

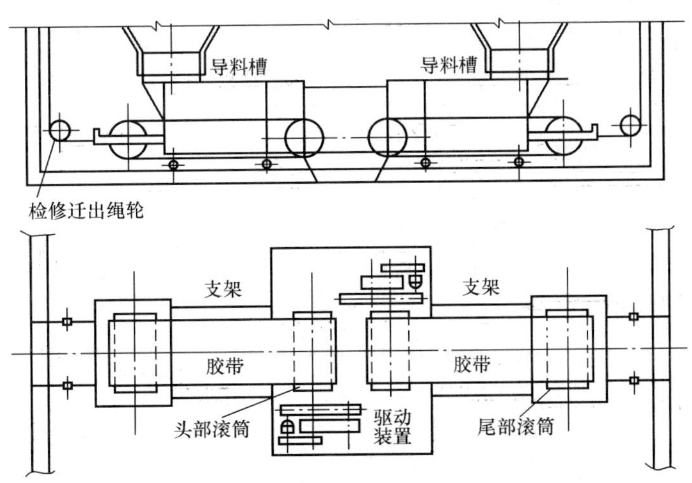

图 14-10　双联皮带式给煤机的布置

二、皮带式给煤机的运行与维护

1. 皮带式给煤机启动前的检查

(1) 检查确认皮带式给煤机旁无检修及工作人员，皮带上无杂物。

(2) 检查确认皮带输送机各接口良好，无起层、划破、撕裂现象。

(3) 检查确认各托辊齐全，螺旋拉紧装置无偏斜。

(4) 检查确认头尾部滚筒、二层皮带上无积煤，尾部滚筒护栏牢固齐全。

(5) 检查确认照明亮度符合监视设备的要求。

(6) 检查确认电机接线接地良好，对轮罩齐全牢固。地脚螺栓无松动现象。

(7) 检查确认减速机油位正常，油质合格。

(8) 根据运行方式，检查确认落煤管挡板对位正确、严密。

2. 皮带式给煤机运行中的注意事项

(1) 启动时应确认对应皮带机已经正常运行，皮带式给煤机才启动，停机时则相反。

(2) 各电机、减速机、轴承等不应有过热、异常振动和响声，各部件连接螺栓不应有松动、脱落现象。

(3) 运行中要注意监视电流表指示情况，应无异常摆动，否则应停机进行检查。

(4) 运行中要经常注意给煤量及设备运行情况，发现煤中混有杂物、落煤管卡有异物或设备异常时应立即停机，进行处理。

(5) 运行中胶带不得出现严重跑偏、打滑现象，胶带不得出现开胶、破损、撕裂现象。

(6) 注意观察落煤斗不应有黏煤、卡堵、溢煤现象；不应有开焊、漏煤、撒煤现象。

(7) 如果是由远方操作给煤机运行，就地值班员要加强巡视，发现故障应及时停机，并汇报集控员及班长。

(8) 运行中不得进行清理卫生及维护保养工作。

3. 皮带式给煤机常见故障

(1) 故障现象：滚筒及托辊轴承部位有异常声响或发热。

处理办法：更换轴承。

(2) 故障现象：胶带跑偏。

处理办法：调整螺旋拉紧装置。

(3) 故障现象：托辊卡滞或不转。

处理办法：更换托辊或维修。

(4) 故障现象：传动滚筒打滑。

处理办法：检查受料部位是否异常；调整胶带松紧度。

三、皮带式给煤机的检修

1. 皮带式给煤机的检修项目

(1) 减速机解体大修。

(2) 各滚筒的清理和检查加油，必要时进行更换。

(3) 更换或胶接皮带。

(4) 检修皮带支架和托辊支架，必要时更换托辊支架。

(5) 检修或更换落煤管和导煤槽。

(6) 检修或更换拉紧装置。

(7) 更换清扫器。

(8) 检查轨道及基础，测量并调整两轨道的水平度和中心距，检查紧固螺栓。

(9) 检查行走轮，应无磨损等。

2. 皮带式给煤机的检修工艺及质量要求

(1) 检查轴承的完好程度，清洗后测量轴承间隙，轴承间隙的值应符合标准要求。

(2) 轴承内径与轴的配合为 m6，轴承外径与座孔的配合为 H7。

(3) 用调整垫片法调整轴承压盖端面，与轴承端面间保持 0.5～1mm 的间隙。

(4) 用敲击法检查滚筒在轴上的固定情况，检查顶丝紧固情况，若松动应重新紧固。

(5) 轴、孔的键槽及键的尺寸公差符合有关的要求。

(6) 滚筒要对称，外圆与轴的同轴度不超过 0.5mm，两轴孔的同轴度不超过 0.02mm。

(7) 滚筒外圆跳动量不得大于 1mm，否则要查找原因或进行滚筒表面加工，滚筒壁厚不得小于 6mm。滚筒壁的磨损超过其壁厚的 2/3 以上时应更换。

(8) 滚筒轴线与皮带中心线的垂直度应小于 2mm。

(9) 皮带断裂和严重脱胶时应更换新运输胶带，能胶接的可用胶接法修复。更换胶带可采用打卡子或冷粘胶接。

(10) 托辊及支架应完整，转动灵活。托辊支架与皮带机纵向中心线的垂直度应符合规定要求。各托辊平面高差应符合规定要求。

(11) 立腿的垂直度应符合要求。相对标高允差 2mm，跨距允差为±1.5mm。

(12) 车轮轮缘应无磨损，轨道不平直度应小于 1/1000。

第三节　往复式给煤机

往复式给煤机的外形如图 14-11 所示，用于煤斗底部的给煤和配煤。往复式给煤机按给煤方向分为单向往复式给煤机和双向往复式给煤机两种结构形式，其结构如图 14-12 所示。现在往复式给煤机大都被带式给煤机等设备所取代，故在此只作简单介绍。

图 14-11　往复式给煤机的外形

一、单向往复式给煤机

单向往复式给煤机的电动机通过减速器带动一偏心盘转动，偏心盘拖动给煤槽在滚子上作往复运动。给煤槽往前运动时，由于摩擦力作用，槽内的煤层也相应向前，同时煤斗中的煤下落，补充向前的煤空出的位置，给煤槽往后运动时，因新补充的煤挡住向前运动的煤，使之不能后退，煤槽往后运动时，此部分煤落到受煤设备上。

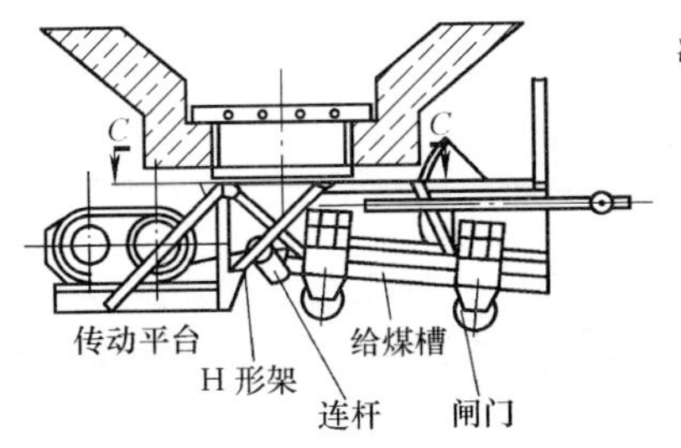

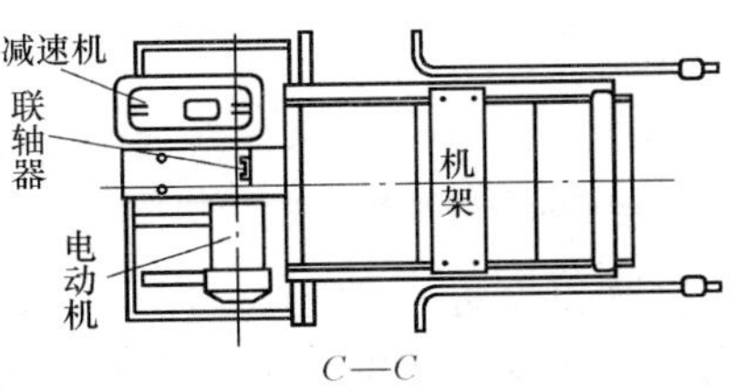

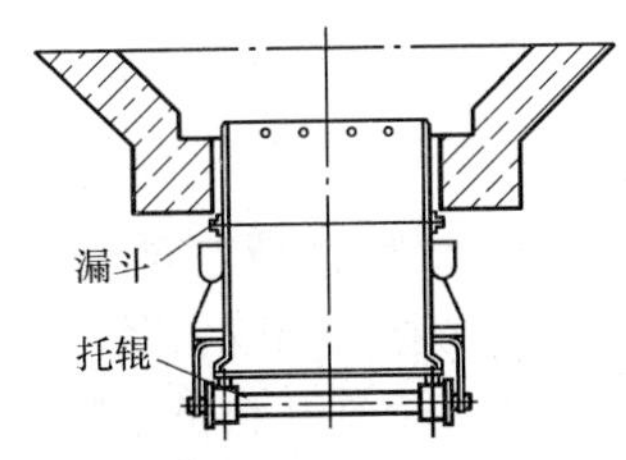

图 14-12　往复式给煤机的结构

单向往复式给煤机有K型、2号单向往复式给煤机、3号单向往复式给煤机。出力分别由几十吨到数百吨。

单向往复式给煤机的出力有两种调节方式：改变偏心盘的偏心值（50～200mm或60～240mm）或调节闸门的开度，从而改变给煤层的厚度，此两种方式都能达到一定的调节作用。

给煤机的往复次数为10～70次/min，一般取50～70次/min，不宜过大。若往复次数过大，煤与给煤槽因惯性力产生相对滑动，不能进行正常给煤。

单向往复式给煤机的给煤槽可水平安装或与水平面不大于5°角向下倾斜安装，适用于鳞状煤斗或单个煤斗做给煤用。

二、双向往复式给煤机

闸门完全放下，利用闸门将煤阻挡，则煤从右侧给出。双向往复式给煤机适用于安装单个煤斗下，向两台带式输送机之中任何一台给煤。其给煤量的调节也是调节偏心盘的偏心距和闸门开度来控制的。

双向往复式给煤机的优缺点和单向往复式给煤机相同。其出力和电动机功率等计算，可用单向往复式给煤机的计算方法。由于出力小以及金属损耗量大，近年来，在设计上很少采用，大都为带式给煤机等设备所取代。

第四节　振动给煤机

火力发电厂常用的振动给煤机有电磁式振动给煤机和电机振动给煤机。

一、电磁振动给煤机

（一）电磁式振动给煤机的结构及原理

1. 电磁振动给煤机的结构

电磁振动给煤机由料槽、电磁激振器（振动器）和减振器三大部分组成，其结构如图14-13所示，料槽由耐磨钢板焊接而成，电磁激振器由连接叉、板弹簧组、铁芯、线圈和激振器壳体组成；减振器由吊杆和减振螺旋弹簧组成。减振器又分前减振器和后减振器两部分。

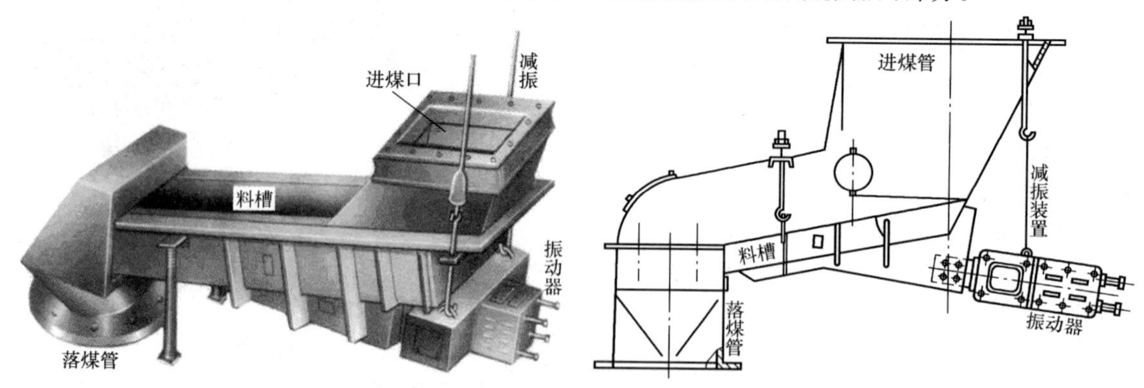

图14-13　电磁振动给煤机的结构

2. 电磁振动给煤机的工作原理

电磁振动给煤机是一个由电磁力驱动的双质点定向强迫振动的机械共振系统，是由给煤槽、连接叉、衔铁和料槽中物料的10%～20%等的质量构成质点M_1；激振器壳体、铁芯、线圈等质量构成质点M_2。M_1和M_2两个质点用板弹簧连接在一起，形成一个双质点的定向振动系统。根据机械振动的共振原理，将电磁振动给煤机的固有频率调得与磁激振力的频率相近，使其比值达到 0.85～0.90，机器在低临界共振的状态下工作，因而电磁振动给煤机具有消耗功率小，工作稳定的特点。

电磁振动给煤机工作稳定，无转动部件，无润滑部位，物料在料槽上能连续均匀地跳跃前进。电磁振动给煤机具有无滑动，料槽磨损很小，维护工作量小，驱动功率小，可以连续调节给煤量，易于实现给煤的远方自动控制，安装方便等优点。其缺点是初调整及检修后调整较复杂，若调整不好，运行中噪声增大，出力减小。

电磁振动给煤机可采用调整料槽倾斜角的方法，来调节给煤量的大小，但料槽倾角不得大于允许值，倾角太大，煤会发生自流。由于给煤量随振幅的大小而变，而振幅的大小随通过电磁线圈中电流的大小而变，故可通过控制晶闸管整流器导通的方式来控制电磁线圈中电流的大小，从而达到连续均匀地调节给煤量。也可采用调整仓斗出料口的大小和改变料槽中料层的厚度来调节给煤量。

由于电磁激振器的电磁线圈由单相交流电源经整流后供电，在正半周内有半波电压加在电磁线圈上，电磁线圈有电流通过，在衔铁和铁芯之间便产生脉冲电磁力而相互吸引，料槽向后运动，此时板弹簧变形储存一定的势能。在负半周时整流器不导通，电磁线圈无电流通过，电磁力逐渐消失，借助板弹簧储存的势能，衔铁与铁芯向相反的方向移开，料槽向前移动。所以，电磁振动给煤机的槽体以交流电源的频率 3000 次/min（50Hz）往复振动。

（二）电磁振动给煤机的使用与维护

（1）控制箱不应放置在剧烈振动的场合，可挂在给煤机旁的建筑物上，也可坐放在给煤机附近。多台电磁振动给煤机的集中操作控制箱也可做成组合屏式结构，以便于安装和控制，箱内部应保持清洁。

（2）使用前应首先检查控制装置的内部接线是否松动脱落，如有松动或脱落，应按原理图接好，晶闸管管壳与散热器应接触良好，保证元件工作时散热正常。给煤机启动前的检查内容有：①检查电动机引线有无变色、断裂，地脚有无松动、脱落、损坏；②检查料槽吊架各处连接牢固完整；③检查料槽及落煤筒不应被杂物卡住，料槽内有黏煤时须在启动前清理干净；④检查皮带上连锁开关位置应在连锁位置；⑤检查弹簧板及压紧螺栓无松动断裂。

（3）斗内有煤时方可启动给煤机，启动前应将电位器调整到最小位置，接通电源后转动电位器，逐渐地使振幅达到额定值。应经常监视给煤机给煤量，煤斗走空时，立即停止给煤机运行，禁止空振。

（4）运行中随时注意观察电流，如发现电流变化较大，则须检查原因，可从以下几方面检查：①板弹簧压紧螺栓松动；②板弹簧断裂；③电磁铁芯和衔铁之间气隙增大。

给煤机运转的稳定性和可靠性，取决于板弹簧顶紧螺栓和铁芯的固定螺栓的紧固程度。要定期检查电磁铁与衔铁之间的气隙，同时要注意气隙中有无杂物。规定一周内隔一天检查并拧紧一次，直至给煤机运转稳定时为止。

（5）在运行过程中应经常检查振幅及电磁振动器的电流及温度情况，发现异常现象应立即停机处理。

（6）电磁铁和铁芯不允许碰撞。如听到碰撞声，须立即减小电流，调小振幅，停机后检查并调整气隙。

（7）煤质变化会影响出力的变化，可以调节给煤槽倾角。下倾角最大不宜超过 15°，否则易出现自流。

（8）电源电压波动不宜过大，可以在±5%范围内变化。

（9）料槽内黏煤及料槽被杂物卡塞都对给煤机出力有较大影响，运行人员应随时检查。

（三）电磁振动给煤机常见的故障

（1）接通电源后机器不振动。原因有：①熔丝断了；②绕组导线短路；③引出线接头断了。

（2）振动微弱，调整电位器，振幅反应小，不起作用或电流偏高。原因有：①晶闸管被击穿；②气隙、板弹簧间隙堵塞；③绕组的极性接错了。

（3）机器噪声大，调整电位器，振幅反应不规则，有猛烈的撞击。原因有：①弹簧板有断裂；②料槽与连接叉的连接螺钉松动或损坏；③铁芯和衔铁发生冲击。

（4）机器受料仓料柱压力大，振幅减小。原因有：料仓排料口设计不当，使料槽承受料柱压力过大。

（5）机器间歇地工作或电流上下波动。原因有：绕组损坏，检查绕组层或匝间有无断路现象和引出线接头是否虚连，可据此修理或更换绕组。

（6）产量正常，但电流过高。原因有：气隙太大，调整气隙到标准值 2mm。

（7）电流达到额定而给煤量小。原因有：料槽内黏煤过多。

（四）电磁振动给煤机的调试

（1）紧固激振器压紧螺栓及整机所有螺栓。

（2）气隙调整：打开气隙盖板，用预先做好的 1.8mm 厚光滑钢板或塞尺塞入气隙。如果塞不进去，说明气隙太小，松动激振器后部调整螺栓，将调整螺栓向后拧到塞尺能塞进去为止；如果塞尺塞进去很松，说明气隙太大，用上述办法将调整螺栓向前拧到合适的位置，然后拧紧调整螺母和锁紧螺母。

（3）板弹簧的调整：用扳手将振动器两端的压紧螺栓松一松，如果振幅增大、电流减小，说明固有频率较高，则应减少板弹簧的片数；如果拧松压紧螺栓后振幅减小、电流增大，说明弹性系统的刚度小了，需要增加板弹簧的片数。增加板弹簧时，注意钢质垫的位置（中心及两边）要放正确。

（4）板弹簧调整合适后，还需要再调整气隙。

（5）给料机调整后，应在额定电压和电流下持续试运行 4～8h。在试运期内，除振幅和电流值随电源电压波动变化外，其他值应稳定。

（6）检修试运后，要拧紧板弹簧压紧螺栓。在设备运行第一星期后，要检查气隙、板弹簧压紧螺栓、连接叉及推力板连接螺栓，发现松动时要及时紧固。

（五）电磁振动给煤机的检修质量标准

（1）板弹簧压紧螺栓用专用扳手和 1～1.5m 的加力杆，由两人用力紧固。

（2）两铁芯平行对齐。

（3）各部螺栓无松动。

（4）检修后，振动声音正常，无撞击声。

（5）出力达到额定要求，不允许自流。

（6）振幅、电流达到规定要求。

（7）铁芯气隙要求各处一致，并合乎规定要求。

（8）料槽体与煤斗四周应有 30～50mm 的间隙。

二、电机振动给煤机

（一）电动机振动给煤机的结构

电动机振动给煤机又称自同步惯性振动给煤机，由槽体（有内衬）、振动电动机、减震装置、底盘（座式安装）等组成，其结构如图 14-14 所示，槽体由料槽、支承板和电动机底座组成，给煤槽有封闭型、敞开型等多种型式；振动电动机采用两台特制的双出轴电动机两端的偏心块旋转时产生的激振力作为振源，调整偏心块的夹角，可以调节激振力的大小，即可调整给煤机的给煤量；减振装置由金属螺旋弹簧（或橡胶弹簧）、吊钩及吊挂钢丝绳等组成；底盘由型钢和钢板焊接而成。

（二）电动机振动给煤机的工作原理

电动机振动给煤机工作时，安装在振动给煤机槽体后下方的两台振动电动机产生激振力，使给煤槽体作强制高频直线振动，煤从给煤机的进煤端给入后，在激振力的作用下，呈跳跃状向前运动，到出煤端排出，完成给煤作业。如图 14-15 所示，根据平面单质体振动机同步理论，当两台惯性振动器以角速度 ω_t 作反向同步运转时，其惯性力在两振动器旋转中心 $O_1\ O_2$ 连线方向的分力大小相等，方向相反，互相抵消使给煤机左右不振；而与 $O_1\ O_2$ 连线垂直方向的分力相互叠加使给煤机前后振动，在该惯性力作用下，给料机沿合力方向作谐振运动。

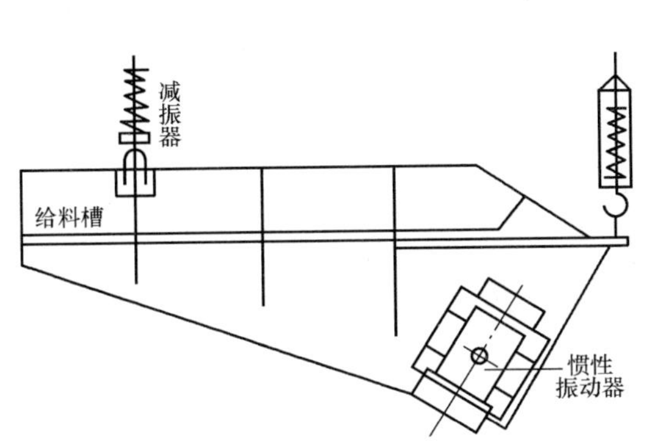

图 14-14　电动机振动给煤机简图

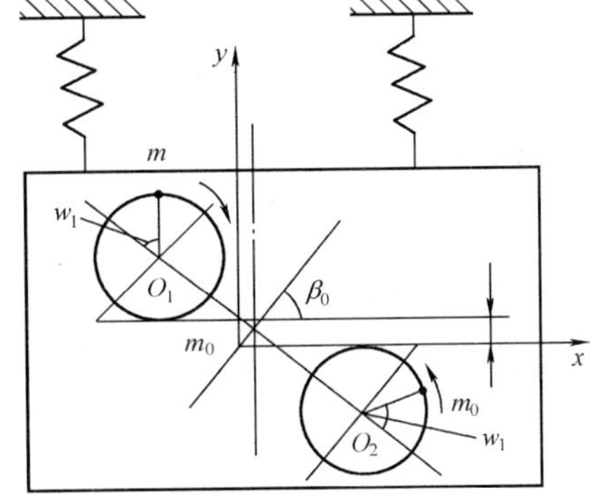

图 14-15　电动机振动给煤机工作原理图

所以使用时一定要注意两台振动电动机要反向自同步运转，如果转向相同，将会使整体振动机理破坏，无法给煤。

（三）电动机振动给煤机的调节

电机振动给煤机的生产率可以采用如下方法进行调节：

（1）利用调频调幅控制器或变频器，实现不停机无级调节生产率。

（2）通过停车调节惯性振动器的偏心块来实现生产率的无级调节。

（3）调节料仓门的开度，改变给煤量，从而达到调节给煤机生产率的目的。

（4）调整给煤机倾斜角度可改变出力，最大不超过 15°，以防自流。

（四）电动机振动给煤机的优点

振动电动机与电磁激振源相比具有以下优点：

（1）体积小，质量轻，结构简单，安装维修方便，运行费用低。

（2）噪声低，效率高，外形美观，振频稳定，不需要复杂的传动装置。

（3）启动迅速，停车平稳，适用各种电气制动方式。

（4）激振力可无级调节，任意方向安装，既可单台使用，又可多机自同步组合。

（5）使用寿命长，耐振性强，全封闭结构，适用于各种粉尘较多的场合。

（五）电动机振动给煤机的运行与维护

1. 电动机振动给煤机启动前检查

检查给煤机内有无检修工作及人员；检查各连接螺栓有无松动现象；检查给料槽、支座、支架等结构件有无开焊、变形或严重磨损现象；检查隔振簧有无开裂、变形现象；检查照明亮度是否符合监视设备要求；检查电动机接线、接地线是否良好。

2. 电动机振动给煤机运行中的注意事项

启动时应确认胶带机已经运行正常，振动给煤机方可启动，停机时则相反；各电动机、减速机、轴承等不应有过热、异常振动和响声，各部件连接螺栓不应有松动、脱落现象；运行中注意监视电流表指示情况，应无异常摆动，否则停机进行检查；运行中经常注意给煤量及设备情况，发现煤中混有杂物、落煤管卡有异物及设备异常时应立即停机，进行处理；运行中要经常检查给煤机的振幅，其前后振幅均匀，不得左右摆动；变频器调整上下极限为35～50Hz，不得随意更改；注意观察落煤斗不应有黏煤、卡堵、溢煤现象；落煤斗不应有开焊、漏煤、撒煤现象；如果由远方操作给煤机运行，就地值班员要加强巡视，发现故障应及时停机，并汇报集控员及班长；运行中不得进行清理卫生及维护保养工作。

3. 电机振动给煤机的维护

(1) 运转过程中，如电动机自动停转并出现报警，应从变频显示屏中观察报警信号，找出原因，排除故障后重新启动。

(2) 运行过程中应经常检查给煤机的振幅、振动电动机的电流和电动机转速及表面温度，要求前后振幅均匀，不左右摆动，振动电动机电流稳定。

(3) 定期检查振动电动机与给煤机之间的螺栓，不得出现松动；定期清理电控箱及变频器；保持变频器排热风扇及电控箱排热风扇正常运转，保持控制箱内部清洁。

(4) 振动电动机需定期加油和维护，一般为每2个月加注二硫化钼2号润滑脂1次，高温季节1月1次，每半年保养1次电动机，清洗检查内部轴承，需要时更换。

(5) 根据振动电动机的运转特性，变频器的上下限频率已分别限定在50Hz和35Hz，限定频率不得随意改变。若下限（启动）频率太低，电动机无法正常启动，将烧坏电动机；上限频率过高，电动机转速过大，激振力将超过电动机设计承受能力，会出现飞车，进而烧坏电动机。

（六）电机振动给煤机的检修

(1) 检修后或新装的给煤机组装完工后，应先检查给煤机周围是否有妨碍运转的障碍物，各部分的螺栓是否紧固，特别是振动电机的固定螺栓应重点给予检查。

(2) 检查两台振动电机的转向，应使其转向相反。

(3) 检查两台振动电机每组偏心块的相位，要求相位一致。

(4) 空载试运转时，检查给煤机运转是否平稳，并注意振动电机轴承的温升情况，连续运转4h以后，轴承最高温度不超过75℃。

(5) 连续空载试运转4h后，对于各部分的连接螺栓应重新紧固1次，再运转4h后，再紧固1次。这样反复进行2～3次。

第五节 环式给煤机

一、概述

环式给煤机是现代火电厂圆筒储煤仓下部专用的大型给煤机，是配合筒仓储、混、配煤的高效设备。筒仓储煤方式既节省场地，又混配煤容易，污染减少。环式给煤机由犁煤车、给煤车、驱动定位装置、卸煤犁和电控系统组成。工作时，车体沿圆弧轨道行走，犁煤车将筒仓下部圆周缝隙中的煤均匀地拨落在煤车上，再由卸煤犁将煤按需要的数量和比例均匀地拨到皮带输送机上。环式给煤机实用技术参数如下：

适用筒仓直径：13、15、18、22、36m。

犁煤车轨道直径：ϕ15 000mm。

生产率：0～1500t/h（可调）。

犁煤车回转速度：0～0.37r/min。

物料容积：0.85t/m^3。

调速方式：变频调速。

传动方式：销齿或齿轮齿条传动。

环式给煤机采用环式缝隙出煤，增加了物料出口截面，改善了筒仓蓬煤堵煤现象；采用变频控制系统，实现无级调速，能连续均匀地调整给煤量。环式给煤机有单环和双环两种型式，单环式适用于储煤量在20000t以下的筒仓，双环式适用于储煤量为30000t的超大型筒仓。

二、环式给煤机结构

（一）单环式给煤机

1. 组成

单环式给煤机结构如图14-16所示，由犁煤车、给煤车、卸煤犁、定位轮、料斗、密封罩、驱动装置、电控系统和轨道组成。

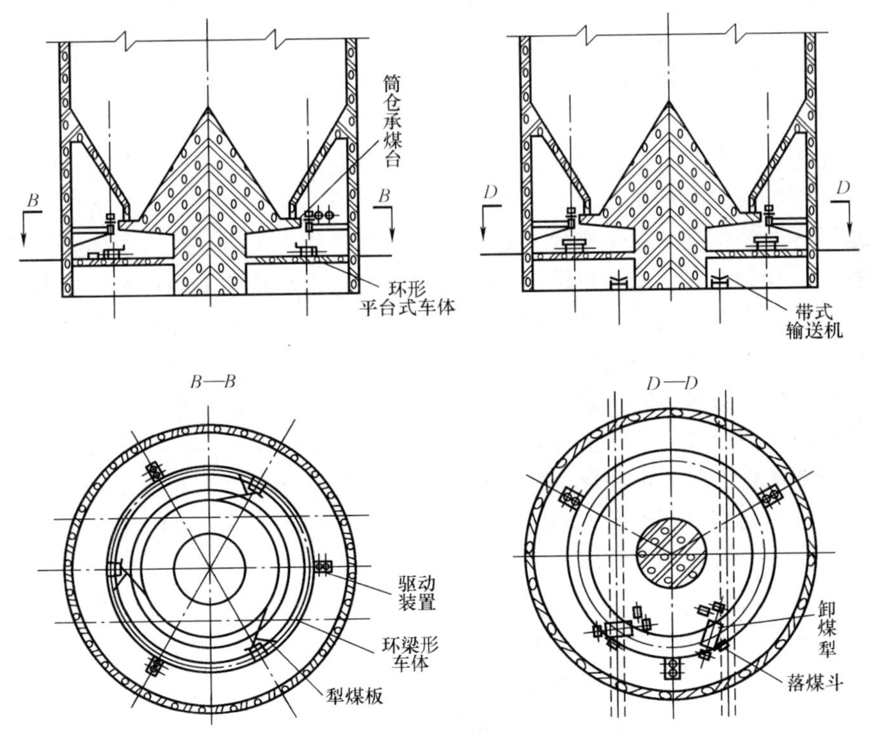

图14-16　单环式给煤机

2. 基本结构和原理

犁煤车、卸煤车分别由2台电机拖动，两车运行方向相反，犁煤车逆时针方向运行，卸煤车顺时针方向运行。当犁煤车开动后，犁煤爪把圆筒仓中的煤犁下，落到运行的卸煤车上，继而卸煤器的犁煤板把卸煤车上的煤犁到车旁料斗中，直到下层皮带运输机上，两个卸煤器安装在两个部位上，分别与下层皮带运输机相对应，两台皮带运输机可切换。同一时间内只能一条皮带运输机及相对应卸煤器投入工作。根据需要，通过变频器可以调节犁煤车、卸煤车速度，使出力在

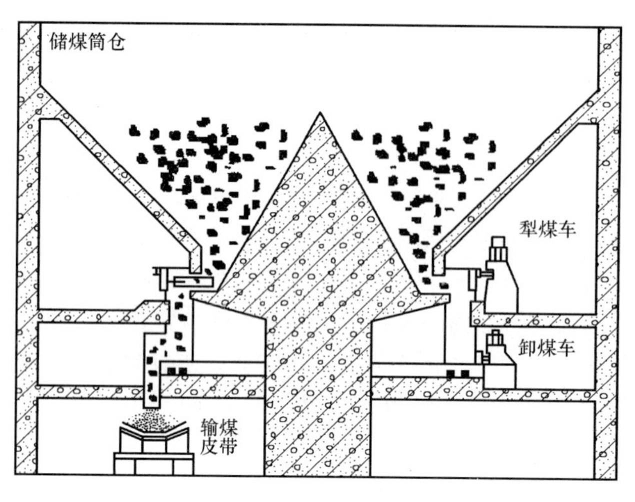

图 14-17　环式给煤机的工作原理示意图

100～800t/h 变化。以实现给煤、配煤功能。

环式给煤机工作原理如图 14-17 所示。

犁煤车。车体为环形箱式梁结构，装有三个犁煤板，车体下装有车轮和靠轮，由三套驱动装置经齿轮和齿条同步驱动。

给煤车。有环形平台式车体。

卸煤犁。安装在给煤车平台的上方，犁体固定在长轴上，轴的两端由支座支撑，通过电动推杆提升或者放下犁体（另一种方式是卸煤犁安装在卸煤车上方横梁上，单侧卸料犁支架绕固定轴转动，由电动推杆牵引），每台单环给煤机配备二套卸煤犁。

驱动装置。各套驱动装置采用交流变频调速装置控制犁煤车和给煤车在轨道上作周向运动，可实现给煤能力的无级调节。犁煤车和卸煤车运行速度不同，方向相反，当犁煤车运转时，位于筒仓底部的犁煤爪把煤从筒仓环式缝隙中犁下，落到运行的卸煤车上，卸煤器再把煤犁到落煤斗中，直到下层皮带机上。2 台（或 4 台）卸料器分别与下层皮带运输机相对应，并可切换。

单环式给煤机在犁煤车环梁形车体上安装有 3 个犁煤板，犁煤板伸入筒仓承煤台上面的环形缝隙中，环梁和犁煤板间的夹角可以按需要进行调节。犁煤车的车轮沿环形轨道作圆周运动，靠轮限制车体水平方向的摆动，犁煤车的三套驱动装置之间的夹角为 120°（双环式的外环，六套驱动装置夹角 60°），均匀布置。减速机输出轴上固定直齿轮，与车体上的环形直齿条啮合，电动机经减速机、直齿轮和齿条驱动犁煤车沿轨道转动。伸入环形缝隙中的犁煤板将煤犁到给煤车的环形平台式车体上，平台车体下面安装的车轮沿两条同心环形轨道作圆周运动，靠轮防止车体水平移动。同犁煤车一样，给煤车的 3 套（双环式的外环是 6 套）驱动装置也均匀布置，同步驱动车体转动。卸煤犁斜跨在给煤车平台上方，两个支座分别处于车体平台的内外侧。当电动推杆使卸煤犁下降到给煤车平台上时，可将煤全部刮到车旁的落煤斗内，由斗下的带式输送机运走。两套卸煤犁的安装位置，分别与两条带式输送机相对应，配套运行。处于备用状态的带式输送机，相应的卸煤犁提起，与给煤车平台脱离，不刮煤。

（二）双环式给煤机

双环式给煤机由尺寸较小的内环和尺寸较大的外环构成，内环的组成和上述单环式给煤机相同，外环犁煤车和给煤车各配六套驱动装置，即一台双环给煤机，内外环驱动装置共 18 套。外环给煤车驱动装置布置在车体内侧，其他驱动装置均在车体外侧。

三、环式给煤机配套筒仓储煤的优点

（1）安装环式给煤机的筒仓下部卸料口为环形缝隙，卸料口面积大，卸料口面积越大，卸料条件越好。

（2）环式给煤机沿环缝四周卸煤，使筒仓内形成平稳、均匀、连续的整体流动，流料通畅，没有死角，不能形成拱脚，不会出现堵塞。

（3）环式给煤机从筒仓内卸煤时，可实现先进先出，按水平层次逐层排出，既有利于防止存煤自燃，又能使卸出的煤流颗粒组成保持原样，有利于带式输送机安全运行。

(4) 采用交流变频调速装置无级调节给煤能力，给煤车跟踪犁煤车，以一定的比例改变回转速度，使输出煤流连续均匀，保证带式输送机正常运行。

(5) 几个筒仓联用，利用环式给煤机配煤、混煤燃烧，配比可达到相当高的准确度。

四、环式给煤机的主要特点

环式给煤机采用销齿传动。与一般齿轮齿条传动相比，具有结构简单，加工容易，拆修方便，维修量小，使用寿命长等优点。销齿传动适宜低速、重载、粉尘多、润滑条件差等恶劣工作环境。

采用防尘电机，不需要任何防护即可直接安装使用，即便对于户外的潮气、雨水、雪、风沙、日辐射及严寒等均有良好保护作用。特别适宜输煤车间多粉尘场合。

采用水平轮定位传动，限制回转体在很小范围内转动，避免了车轮运行中啃齿现象，改善了电机、减速机工作条件。由于水平轮的作用，防止了犁煤车、卸煤车窜动，减少了漏煤和清扫工作量。

给煤机的犁煤板由电动推杆牵引，工作时由犁煤板自重压在卸煤车承煤盘上，电动推杆不受力，犁煤效果好。

五、环式给煤机的运行

环式给煤机作为筒仓的输出设备，一般都加入输煤程控系统中。启动时，先启动带式输送机及有关设备，后启动给煤车，再启动犁煤车。正常运行时，给煤车跟踪犁煤车的转速，自动保持两者转速比为设定值。双环式给煤机启动和单环式相同，启动外环时应投入调频装置，使给煤车（或犁煤车）降低速度启动，然后逐渐升至额定速度。停车时和启动顺序相反，先停犁煤车，待给煤车台面上的煤全部卸净后，再停给煤车，最后停带式输送机。

两套卸煤犁的切换、卸煤犁的升降应和带式输送机相对应，配套运行，当A路输送机运行时，A路卸煤犁降下，B路犁升起。当B路输送机运行时，B路犁降下，A路犁升起。切换时应在给煤车停止时进行。

环式给煤机通常处于运煤系统流程的始点。当后面的任何设备意外停车时，都会引起环式给煤机连锁停机，但是，不会影响设备的重新启动。

犁煤车和给煤车的交流变频调速控制装置可调整电动机电源的工作频率，实现给煤能力的无级调节。调节范围较广，工作频率为10～60Hz，可以经常进行调节。筒仓承煤台上的环形缝隙，设计安装有调节圈，改变调节圈的高度使环形缝隙的高度随之改变，借以调节给煤能力。这种方式适合场所相对固定的给煤调节。

六、环式给煤机的调试

(1) 设备安装好后，先单机试运，即先开犁煤车，检查运行是否平稳，齿轮和销齿啮合是否正常，回转体分段接头处销齿节距是否在技术要求范围内。空转3h以上，减速机正常轴承温升不得超过40℃。

(2) 犁煤车运行正常后停机，开始试验卸煤车，试运行程序与犁煤车相同。

(3) 试验卸煤器、犁煤板上下运动自如，接触均匀，能达到正常工作时位置。

(4) 整机联动，按设备运行顺序启动，联动后没有其他问题，进行启动、停车共5次以上，认为正常；然后进行集中控制，进行启动与停止动作在5次以上，运行正常时可将整个环式卸煤机空负荷试运行12h以上，然后进行负荷试运。

(5) 负荷试车：按正常运行程序进行现场手动，加负荷试车，发现有漏煤处应进行处理。负荷试车把存在问题处理后，负荷试运累积12h以后，可投入正常运行。

(6) 在设备试运行中，必须做好记录（电流、频率），作为技术存档。

七、机器安全与维护保养

1. 机械部分

(1) 犁煤车、卸煤车运行时不准清扫设备及轨道。

(2) 驱动装置齿轮与销轴啮合处必须有安全罩，不准工具等接触。

(3) 检修时，检修工必须与主控室、就地控制室联系，在操作按钮处和现场操作开关处挂"停电检修"牌，检修完后，检修人员取回检修牌，清扫完现场后再进行试运。为更安全起见，卸煤车检修时也可把电机接线拆掉，试运时再接线。

2. 设备维护与保养

(1) 每班结束后要将设备上的灰尘清扫干净，把漏在地上的煤清扫干净。

(2) 每班工作前，应检查轨道上是否有集煤及障碍物，如有应清除。

(3) 定期检查所有螺栓是否松动，检查销齿是否有损坏。

(4) 定期检查和更换密封板。

(5) 定期检查水平轮与销齿夹板间隙，当其间隙>8mm 时应进行间隙调整。

(6) 定期清除犁煤爪上杂物。

(7) 定期检查卸煤器犁煤板，耐磨钢板，磨损严重时要及时更换。

(8) 每 3 年对销齿夹板做防锈喷漆保护。

3. 设备润滑

环式给煤机的润滑见表 14-3。

表 14-3　　环式给煤机润滑表

润滑部位	润滑周期	润滑油种	备　注
减速机			按 SEW 减速机说明书进行润滑
电动机	6 个月	钙基润滑脂 GB 491—1987	按电机厂家提供的技术要求进行
车轮组 定位轮	6 个月	合成钙基润滑脂 ZBE36005-88	填充量：轴承壳体空间 2/3
卸煤器轴承	12 个月	合成钙基润滑脂 ZBE36005-88	填充量：轴承壳体空间 2/3
销齿与齿轮	2 个月	石墨钙基润滑脂 ZG-SZBE36002-88	涂刷于销齿、齿轮表面

第六节　犁　煤　器

一、犁煤器的用途和种类

输煤系统的配煤设备是将皮带机等输送设备上的原煤送往锅炉的原煤斗。常见的配煤设备有犁煤器、移动式皮带机、配煤小车等。

输煤系统采用电动式犁煤器较为普遍，移动式皮带机及配煤小车主要用于原煤仓布置比较集中的配煤。对于中间储仓式制粉系统，原煤仓和煤粉仓交错布置，使用配煤小车及移动式皮带配煤不太方便。犁式卸料器用于电厂配煤，又称为犁煤机，也有称为刮板式配煤装置，一般有固定式和可变槽角式两种，每一种型式中又可分为单侧和双侧，单侧犁煤机又有左侧、右侧之分。

槽角可变电动犁煤机，是在国内老式犁煤机的基础上研制的一种新式犁煤机，它适用于各种型式的带式输送机。

固定式为老式犁煤器，已逐渐被淘汰，由托板和托板支架等组成，胶带通过犁煤器时，托板将胶带由槽形变成水平段，通过刮板将煤从胶带上刮下，卸入料斗，犁煤器托板为一平钢板，对胶带磨损较为严重，改为平型托辊托平胶带，但是胶带通过时为平面段，容易撒煤。

目前电厂主要使用的是可变槽角式，且又可分单侧犁煤器和双侧犁煤器（见图 14-18）。它可直接安装在胶带输送机的中间架上，实现将胶带机上的物料在固定地点均匀、连续地卸入漏斗并流到需料的场所。可变槽角式犁煤器为现今通用形式，根据托辊构架的不同，分为摆架式和滑床框架式等结构，摆架式结构比较合理，无滑道摩擦，工作阻力小，耐用可靠，维护量小。滑床式工作阻力较大。犁煤器的驱动推杆有电动、汽动、液力推杆三种方式，其中电动推杆被广泛使用。

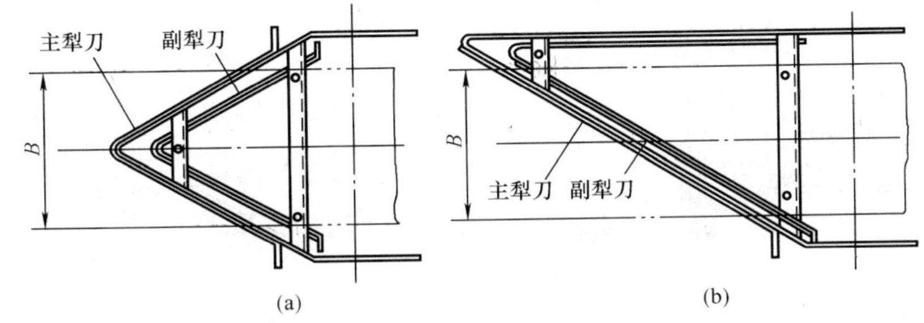

图 14-18　可变槽角形电动犁煤机

(a) 双侧组合犁刀；(b) 单侧组合犁刀

双侧犁煤器卸料快，阻力小，犁头两个“人”字板倾斜贴于皮带表面，煤流作用时具有自动锁紧功效（如果犁头两板为垂直立板，上煤时容易发生抖动，带负荷落犁时容易过载），电动推杆具有双向保险系统，主犁后设有二道胶皮犁，使胶带磨损量小，延长了胶带输送机的使用寿命，所以这种犁煤器用得比较广泛，其结构紧凑、起落平稳、安装操作方便、卸料干净彻底，性能可靠，还能方便用于远距离操作，实现卸料自动化。

使用犁煤器要求胶带上胶层要厚，胶带采用硫化接头最好，冷粘接口更要顺茬交接，不可用机械接头。

二、犁煤器的结构及工作原理

1. 滑床框架式电动犁煤器

滑床框架式电动组合犁卸料器结构如图 14-19 所示，主要由电动推杆、驱动杆支架、主犁刀、副犁刀、门架、滑床框架、平形长托辊和槽形短托辊等机构组成。

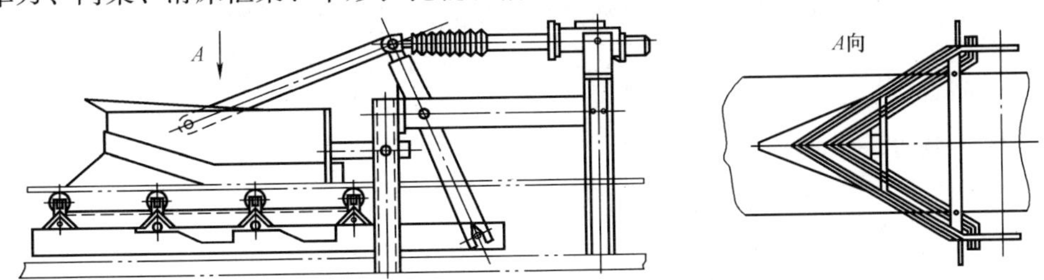

图 14-19　滑床框架式电动组合犁卸料器

在工作状态时，推杆伸出滑床框架后移，使边辊抬起，槽型活架托辊变成平行，犁头下落，使胶带平直，犁刀与胶带平面贴合紧密，来煤卸入斗内，不易漏煤。

在非工作状态时，推杆收回滑床框架前移拉回，使边辊落下，滑架托辊变成槽形，达到一致角度，物料通过，不易向外撒料。

这种犁煤器的缺点是活床轮及轮辊易生锈，加大了抬落阻力，使推杆易过负荷。此犁煤器属组合型，以一台电动推杆作动力源，也有的为了检修维护方便，将电动推杆安装在皮带机侧面，但由于增加了一级连杆传动，也进一步增加了机构运行的阻力。

2. 连杆托架式电动犁煤器

托架式犁煤器结构如图 14-20 所示，由电动推杆收缩，使驱动臂摆动，压杆使犁落下，同时平托辊架被拉起，使槽形胶带变成平面，物料被犁切落，实现落煤动作。不需要落煤时，电动推杆伸出，推动臂摆动，压杆将犁拉起，同时平托辊落下，胶带又恢复了原来的槽形，胶带可以正常继续运送物料。犁煤器摆架的前后部位各装一组自带轴芯的槽型边托，能随摆架的抬落自动变平或变槽。

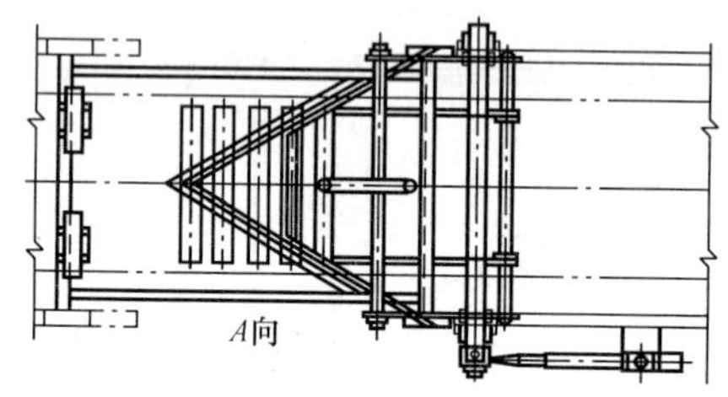

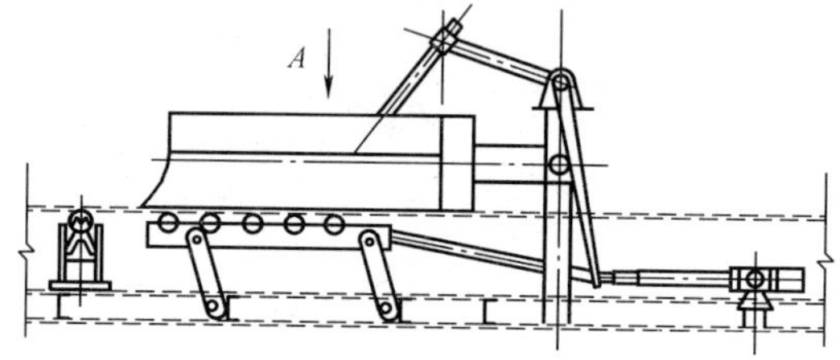

图 14-20　连杆托架式电动犁煤器

槽角可变式电动犁煤器的主要特点有：

（1）由于非工作状态时前部短托辊仍恢复原来的槽形角度，中间平托辊与胶带分离，所以不易磨损胶带，延长了胶带使用寿命。

（2）工作状态时，前部槽形托辊变成平形，犁头与胶带贴合紧密，无漏煤现象。

（3）犁头改进为双犁头，第一层犁头未刮净剩下的少量煤末到第二层犁头后可被刮下，减少了胶带的贴煤现象。犁刀磨损后可下落调节，直到不能使用。

（4）犁头设有锁紧机构，工作时，受到煤的冲击力不会抬起和抖动，使犁刀始终紧贴胶面，卸料时不易漏料。既可就地操作，也可集中控制。

（5）槽角可变式电动犁煤器是以电动推杆为动力源，通过推杆的往复运行，带动犁板及边辊子上下移动，使犁煤器在卸煤时托辊成平行，不卸煤时成槽角。通过行程控制机构控制电动推杆的工作行程，从而调节犁板的提升高度及犁板对胶带面的压力。

三、犁煤器的检修与维护

犁煤器的结构比较简单，主要部件是电动推杆、犁刀和滑动框架。除电动推杆、托辊外，其余部件均为焊接件。主要缺陷集中在：电动推杆故障，犁刀磨损，托辊失效及机架脱焊。其主件电动推杆以电机为动力源，通过齿轮传动、减速后，带动一对丝杆与螺母传动，把旋转运动转变为推杆沿导轨的直线运动，利用电动机的正反转来实现往复进退动作。故犁煤器使用中重点须维护好电动推杆，其防护罩必须装好，以免煤尘进入推杆活动部分。电动推杆检修时必须更换导套内轴承的油脂，一般润滑脂应加到空腔的 40%～70%为宜。

犁煤器具体的检修内容和标准见表 14-4。

表 14-4　　犁煤器的检修内容和检修质量标准

项　目	内　　容
检修项目	（1）电动推杆的检查、清洗、加油 （2）犁头磨损情况的检查，磨损严重应更换 （3）驱动杆的检查，变形严重应更换 （4）滑动架的检查，变形严重应予以修整 （5）定位轴、导套磨损情况的检查 （6）长、短托辊的检查及更换

续表

项　目	内　　容
工艺要求	（1）电动推杆的解体，清洗、加油，当齿轮螺杆磨损严重时应予以更换 （2）犁头磨损到与胶带接触面有2～3mm间隙时，应予以更换 （3）驱动杆变形应修整，变形严重时应更换 （4）拉杆弯曲变形应予以校正 （5）滑动架变形严重时，应予以修整。滑动板要求平直，两滑动板要求平行，不平直度不得超过2～3mm，不平行度不允许超出3mm （6）定位轴与导套应伸缩灵活，无晃动。当晃动超出0.5mm时，应更换导套 （7）发现托辊不转时，应打开两端密封装置，清理、加油；发现轴承损坏时，应予以更换，当托辊壁厚小于原厚度的2/3时，应予以更换
检修质量标准	（1）犁煤机的电动推杆驱动要灵活、可靠，同时手动用的手轮必须配备齐全 （2）犁煤机与胶带表面应接触良好，不漏煤 （3）犁煤机犁板必须平直，不平度不得大于2mm

第七节　其他给配煤设备

一、埋刮板给煤机

埋刮板给煤机是利用刮板链条的运动连续输送原煤的设备，它把原煤均匀、连续地送入磨煤机，同时可以通过调整煤层厚度和电机转速来调节给煤量，它是火电厂锅炉制粉系统的主要设备之一，还可用于煤炭、冶金、建材、化工、轻工等行业作为定量给料使用。

1. 符号说明（以MG型为例）

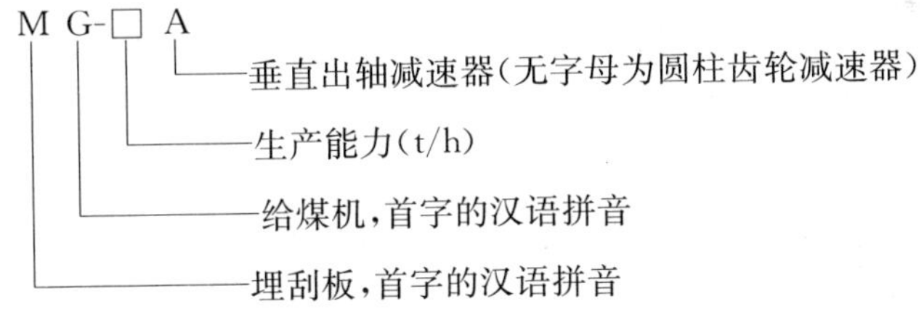

2. 基本参数

MG型埋刮板给煤机基本参数见表14-5。

表14-5　MG型埋刮板给煤机基本参数

型　号	参数名称		
	生产能力（t/h）	进煤口尺寸（mm）	出煤口尺寸（mm）
MG-40	40	500×700	ϕ530
MG-60	60		
MG-80	80	620×720	ϕ720
MG-100	100		
MG-40A	40	500×700	ϕ530
MG-60A	60		
MG-80A	80	620×720	ϕ720
MG-100A	100		

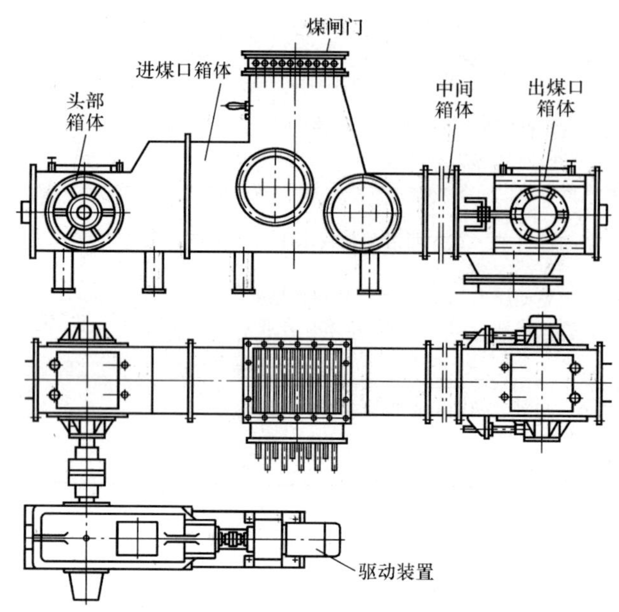

图 14-21　MG－××A 型埋刮板给煤机

3. 基本结构

MG－XXA 型埋刮板给煤机结构如图 14-21 所示。

4. 结构特点

（1）采用单条高强度圆环链（ϕ22×86）拖动刮板，负荷能力大，链条寿命长，运行可靠性高。

（2）托轮承托回链及刮板，不仅省力耐磨，且通过回链在若干托轮间挠度的自动变化而有助于链条的自动张紧。

（3）采用蜗轮蜗杆减速自锁张紧机构，只轻摇一侧可同步张紧两侧，避免了螺栓螺母张紧两侧不同步的弊端。

（4）采用背负式驱动机构，驱动机构背负在机头上部，与机壳自成一体，使整机结构紧凑，节省空间。

（5）采用凹齿形分瓣式拖动链轮，与环链啮合性能好，导向性强，且便于维修更换。

（6）机壳底部铺设高强度耐磨铸石板，使机壳耐磨且运行阻力小。

（7）进煤分流，使回程链条及刮板与进煤隔离，进煤以大尺寸通道长驱直入，既杜绝了通常被“大三块”卡死给煤机事故的发生，又防止了机尾积煤。

（8）设置完善的断煤、断链、过载报警装置，可集中或远程控制设备的运行。

（9）采用变频无级调速，通过检测煤层厚度、输送速度，实现与计算机集中控制的给煤计量。

二、移动式皮带配煤机

移动式皮带配煤机又称移动皮带、可逆式配仓带式输送机。移动式皮带配煤机结构如图 14-22所示，当向原煤仓配煤时，移动皮带由行走车轮在轨道上行走，从第一个原煤仓至最后一个原煤仓依次移动，均匀地配煤。相反方向行走时，可逆行配煤。在煤仓之间有煤粉仓时，或当需要跨仓配煤的情况下，要采取措施。一般将皮带先逆行，将煤返回落入后面的煤仓，当过了煤粉仓（或需跨越的煤仓）后，再正向运行，恢复正常配煤；或者提前断煤，待皮带上的煤走完后再空皮带运转跨仓，跨过仓后再继续配煤，否则会造成倒换皮带运行方向时，皮带承受双重负荷，使皮带机过载。

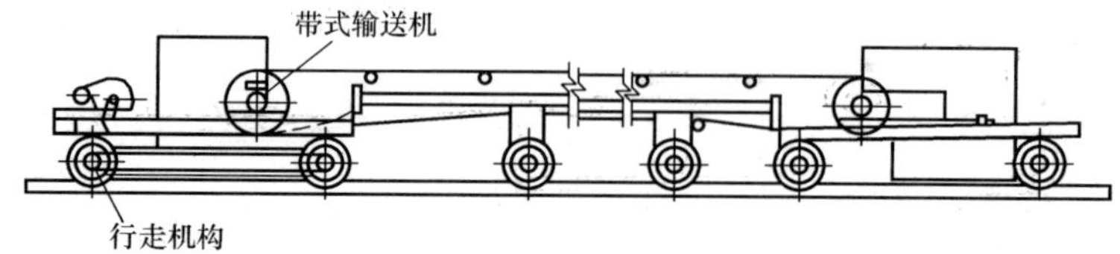

图 14-22　移动式皮带配煤机

1. 移动式皮带配煤机的优点

（1）移动式皮带配煤机结构简单，布置方便，配煤灵活，煤仓充满程度好。

（2）移动式皮带配煤机采用电动滚筒传动，结构简单可靠，占用面积小，外观整齐，操作安全，质量轻，消耗金属材料少，电动滚筒密封性能好，适用于粉尘浓度高的场合。

（3）易于实现集中控制和自动配煤。

（4）无论配煤线的长与短，只用一条移动皮带即可满足配煤的需要。

2. 移动式皮带配煤机的缺点

（1）采用移动式皮带配煤机时需配备滑线，长距离的配煤线布置滑线较困难。

（2）在中间储仓式制粉系统中采用时，因两原煤仓中布置有煤粉仓，当移动式皮带配煤机行走至煤粉仓时，必须停止来煤或切换至另一路运行，以致控制复杂，运行操作频繁。

（3）当移动皮带单滚筒传动时，遇尾部传动向头部运行时，易造成皮带打滑。

（4）电动滚筒内电动机端盖的油封应随时保持完好，以免油冷滚筒的油液进入电动机，造成绝缘破坏而烧坏电动机的故障。

三、配煤车

配煤车又称为电动双滚筒卸料车，是将输送带上的煤准确地卸到系统沿线的一种机械。

1. 配煤车的结构

配煤车的结构如图 14-23 所示，由金属架构、槽型托辊、调偏托辊、上下部改向滚筒、行走机构、车轮、车轮轴、链条及其驱动装置的电动机、减速机、用于向煤斗配煤的落煤筒、用于检查的梯子及皮带清扫器等组成。

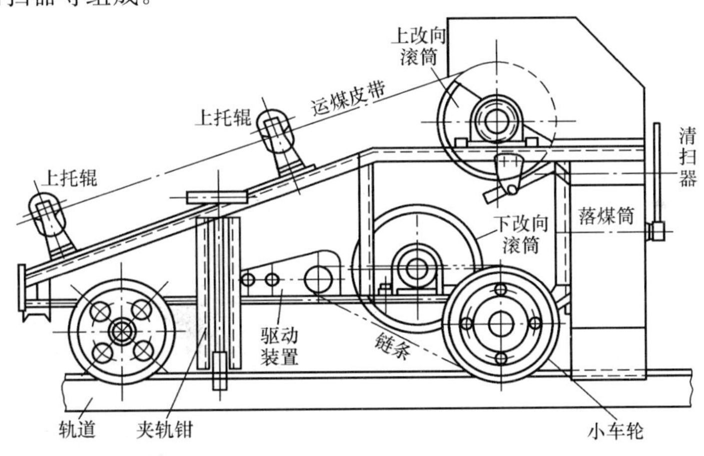

图 14-23　配煤小车

2. 配煤车的工作原理

运动着的皮带绕过两个改向滚筒，形成一个 S 形，这样上部改向滚筒将皮带伸出，使煤沿其速度方向，做斜上抛运动，撞击在滚筒护罩端部撞击板上。

配煤车控制方式有两种：一种是现场手动；另一种是自动配煤，自动配煤大都是通过改进后实现的，难度较大。

3. 配煤车的特点

（1）因为皮带从配煤车两改向滚筒面绕过，所以不易磨损皮带，而且比较容易实现集中控制和自动配煤。

（2）皮带在配煤车上发生跑偏，摩擦力增大，同样会造成配煤车跑车问题。

（3）很长的配煤线只用一台配煤车就能满足系统的需要，并且可以在满负荷下往返行走。然而驱动机构的电源拖动较为困难，需要较长的挠性电缆；其带速也不宜过高，一般不超过 2.5m/s，以免引起输送带倾斜进入卸煤口时，煤抖动撒落，这样就限制了皮带的出力。

（4）当遇中间储仓式制粉系统布置时，原煤仓和煤粉仓交错布置。当配煤车配满一原煤仓时，需要开向第二个原煤仓，中间有煤粉仓，配煤车不能直接开过去，只有启动另一条皮带配煤；原先配煤皮带待煤卸完之后，再开往下一配煤斗，以待下次备用。

（5）配煤车在运行中若抱闸松弛，会发生跑车现象。在中间储仓式制粉系统中采用配煤车时，因两原煤仓中间布置有煤粉仓，当配煤车行走至煤粉仓时，必须停止来煤或切换至另一路输送机上，运行控制系统复杂且操作频繁。

复 习 思 考 题

1. 火力发电厂输煤系统的给配煤设备有哪些？
2. 筛分设备的主要性能指标有哪些？
3. 试述叶轮式给煤机的工作原理。

第十五章　除　铁　设　备

第一节　概　　述

一、除铁器的用途

在火力发电厂（热电厂）的输煤系统中，从储煤场运往锅炉煤斗的煤里常常含有大量各种尺寸和各种形状的金属物件。如果它们和煤一起进入燃料运输系统的碎煤机或者制粉系统的磨煤机，就会引起这些设备的损坏或者严重事故。为此，一般将除铁器布置在输煤系统中皮带上部，用来除去混在煤中的铁磁性杂质。金属物沿输煤系统通过时，同样可能会损坏带式输送机、给煤机以及其他运转设备。所以在破碎机、磨煤机等设备前也应设置除铁器。除铁器又称为磁选机，是一种对铁磁性金属物能产生强大磁场吸力的设备，它能将混杂在物料中的导磁金属杂质清除，以保证输送系统安全正常工作，同时提高原料品质。

二、除铁器的型号意义及分类

1. 除铁器的型号意义

以 RCD×——×为例：

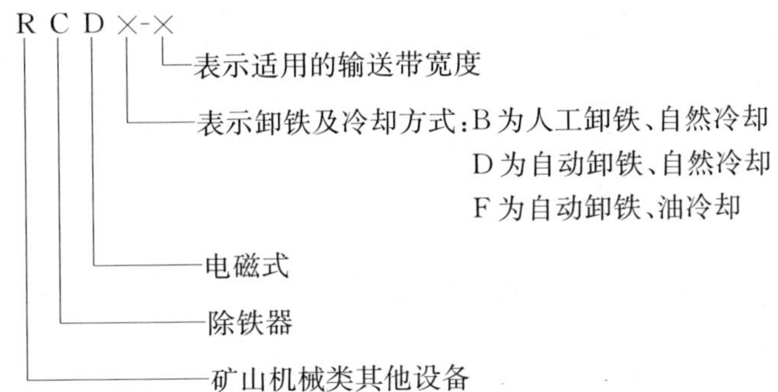

2. 除铁器的分类

一般按照磁铁性质的不同，可将除铁器分为永磁式除铁器和电磁式除铁器两种。电磁除铁器按照冷却方式的不同可分为风冷式除铁器、油冷式除铁器（或水冷式）、干式除铁器三种。电磁除铁器按照弃铁方式的不同又分为带式除铁器和盘式除铁器两种。按安装形式不同，除铁器可分为悬吊式和滚筒式除铁器等类型。

三、除铁器的设置原则

输煤系统中的除铁器一般在碎煤机前后各装一级，碎煤机以前的主要起保护碎煤机的作用，同时也保护磨煤机。在使用中速磨和风扇磨的情况下，输煤系统应装设 3～4 级除铁器，以保护磨煤机的安全运转。输煤系统对除铁器的使用要求有：

（1）一般不应少于两级除铁。多级除铁时，应尽可能选用带式除铁器安装在皮带机头部，与盘式除铁器安装在皮带机中部搭配使用。

（2）宽度 1.4m 以下的皮带机宜选用带式永磁除铁器，宽度 1.6m 以上的皮带机推荐尽可能选用电磁除铁器。

(3) 要求防爆的场合，推荐永磁除铁器。

(4) 电力容量不足时，宜选用永磁除铁器。

(5) 在除铁器正下方尽可能选用无磁托辊或无磁滚筒。

四、电磁除铁的原理

无论何种形式的电磁除铁器，其工作原理都相同，只是弃铁方式、布置方式有所不同。电磁除铁器是利用铁磁性金属物在磁场中会受到吸力作用的原理除去物料中的铁质杂物的。根据磁场力学，电磁除铁器的除铁效果与引力有着直接的关系。单位体积铁磁性物质在磁场中受到的引力为

$$F \propto H \frac{\partial H}{\partial L} \tag{15-1}$$

式中 F——单位体积铁磁性物质在磁场中受到的引力，N/m^3；

H——磁场强度，A/m；

$\frac{\partial H}{\partial L}$——磁场梯度，$A/m^2$。

由此我们可以看出，铁磁性物质只有在非均匀磁场中才能受到引力作用，其大小不仅与磁场强度有关，也与磁场梯度有关。当物料进入由电磁除铁器产生的磁场后，物料中的铁磁性物质就受到吸引力作用，当吸引力大于该物体受到的其他与吸引力相反的作用力（重力、摩擦力、压力等）时，物体就会向电磁除铁器运动，从物料中分离出来，达到除铁的效果。

磁化除铁的机理是：铁磁性物质进入磁场后被磁化，在物质两端便产生磁极，同时受到磁场力的作用。在匀强磁场中，由于各处的磁场强度相同，物质各点所受的两极方向上的磁力都是大小相等、方向相反，所以该物体所受的合外力为零，在此匀强磁场中某一位置处于平衡状态。

铁磁性物体进入非匀强磁场时，原磁场在不同位置所具有的场强值是不相等的，所以物体各点被磁化的强度也不同。在原磁场强度较强的一端，物体被磁化的强度大，所受的磁场力也大，反之亦然，物体两端在此非匀强磁场中所受的磁场力不相等。这时物体便向磁力大的一端移动。除铁器就是利用这一原理制成的。

目前电厂中常用的除铁器是电磁除铁器。它利用线圈通电产生磁场的原理，吸除混杂在煤流中的一些铁件。电磁除铁器分为普通电磁除铁器和超强电磁除铁器两大类。普通电磁除铁器是适合与各种输送机配套使用，可以从散状非磁性物料中除去单件质量为0.1～35kg的杂铁，适用带速≤4.5m/s。在料层厚、带速高、夹杂较大或很细铁件且对铁件清除率要求很高的特殊场合，普通除铁器无法满足要求。为了解决此类问题，还有超强电磁除铁器。超强电磁除铁器对于超大铁件或细小铁件均有很好的清除效果，特别适用于除铁要求高、带速≤4.5m/s的生产场所，如电厂中速磨、风扇磨前的除铁。

五、金属探测仪

金属探测仪是用来检测煤中的磁性金属，使电磁除铁器加大瞬时电流吸出磁金属，或发出信号由机械装置截取含有磁性金属的煤流。

第二节 电磁除铁器

一、带式电磁除铁器

1. 基本结构及性能

带式电磁除铁器与火力发电厂燃料运输系统的带式输送机配合使用，保证碎煤机、磨煤机等

设备安全运行。为了保证磁铁良好的吸铁性能，需要对电磁铁冷却以控制温升。根据冷却方式的不同，带式电磁除铁器可以分为自冷、风冷和油冷三种型式。自冷电磁除铁器对电磁铁采用自然通风冷却，适用于工作环境稳定、气温不高的场合；而风冷电磁除铁器和油冷电磁除铁器是由冷却介质对电磁铁进行冷却，控制温度以保证磁场磁力强度。RCD系列自冷带式电磁除铁器结构如图15-1所示。带式电磁除铁器是由励磁系统、传动系统、卸铁机构、冷却系统和控制系统组成。

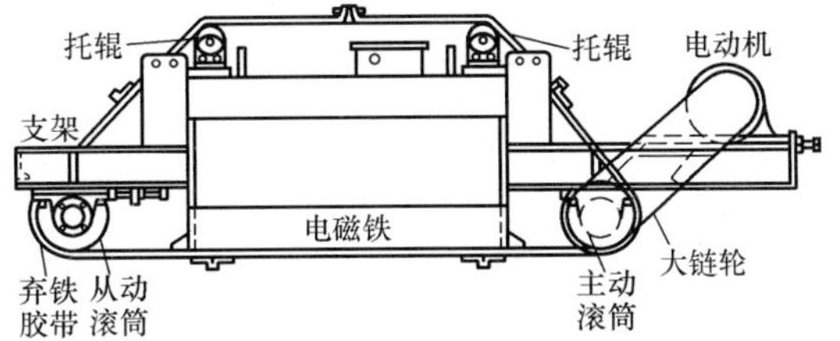

图15-1　RCD系列自冷带式电磁除铁器结构图

励磁系统包括励磁线圈、导磁铁芯、磁板以及接线盒，其主要功能是形成具有一定磁场强度和磁场强度梯度的磁场。

传动系统包括电动机、减速机构、主/从传动滚筒、托辊和弃铁用输送带等，其主要功能是将从煤中分离出来的铁磁性异物通过输送带送到弃铁箱。

冷却系统包括散热表面、冷却风机或油泵；自然冷却方式依靠空气的自然对流和散热面的热辐射带走励磁系统产生的热量，适用于工作环境稳定、气温不高的场合；强制冷却依靠受迫流动的流体带走励磁系统产生的热量，风冷适用于灰尘较小的场合，油冷适用于灰尘较大的场合。

卸铁机构由框架、摆线针轮减速机、滚筒及螺杆、链条链轮和装有刮板的自卸胶带组成。

带式电磁除铁器悬挂在输煤皮带的上方，励磁系统在其下方形成可穿透煤层的磁场，当夹杂有铁的煤经过磁场区域时，在磁力的作用下，混杂在物料中的铁磁性物质被吸附到除铁器的皮带上，并随着皮带一同运动。当运行到无磁区时，铁件在重力的作用下随惯性抛出。除铁器的工作由控制系统管理，控制系统分别设有就地手动操作和远程控制装置，为实现输煤系统自动化提供了良好的条件。

2. 电磁除铁器的冷却方式

（1）封闭结构冷却。这种结构虽然封闭性好，但对温升的控制仅依靠外壳表面散热，散热面积小，不能将热量有效扩散，因而多处于高温升状态，因此降低了励磁功率，以至于磁性不稳，性能不高。

（2）线圈暴露的开放式风冷结构。线圈直接暴露在空气中，由于受水分、尘埃和有害气体影响，长期运行后线圈绝缘性能下降，加之部分死角尘埃堆积，极易造成线圈的烧毁。

（3）全封闭散热结构。使线圈彻底与外界隔绝，利用新型导热介质，将内部热量迅速导入波翅散热片，散热片大大增加了散热面积，可迅速将热量散去。

（4）膨胀散热器油冷式结构。是真正全封闭油冷式结构，取消了普通油冷式结构的油枕、呼吸器、卸压阀，实现了永久性全封闭。线圈、导热介质油与空气完全隔离，可以在户内、户外及粉尘严重和湿度较大的恶劣环境下工作。膨胀散热器提供了足够的散热面积，导热介质油使内外温差很小。

3. 带式电磁除铁器的布置方式

带式电磁除铁器普遍采用悬吊方式，分为倾斜、水平两种布置方式。

（1）倾斜布置。设置在输料皮带机头上方除铁时，带式电磁除铁器需纵向倾斜安装。除铁器的主传动滚筒在低位。倾斜角$\alpha=15^\circ\sim30^\circ$。图15-2是带式电磁除铁器倾斜吊挂图。设置在输料皮带上、下山段内除铁时，则带式电磁除铁器纵向必须与输料皮带方向成垂直吊挂，允许横向倾斜安装，倾斜角α与大皮带的上、下山倾角一致，但最大安装角$\alpha_{max}<18^\circ$。

（2）水平布置。输料大皮带除了上、下段之外，多为水平运行，在大皮带任意水平段上方均可按水平方式吊装除铁器。图 15-3 是带式电磁除铁器水平吊挂图。

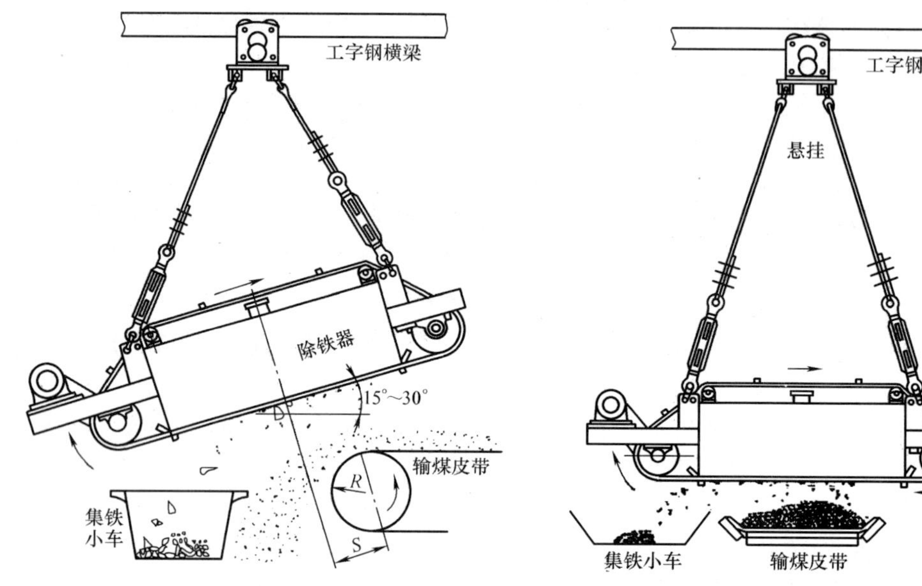

图 15-2　带式电磁除铁器倾斜吊挂图　　　图 15-3　带式电磁除铁器水平吊挂图

在这两种布置方式中，无论采用哪一种布置方式，都要注意根据煤层厚度调整好电磁铁与皮带间的距离，以得到较好的除铁效果。在要求严格的情况下，输煤系统中要装设两级除铁器（碎煤机前后各一级），以保护磨煤机的安全运转。为了防止漏掉个别铁件，在第二级除铁器后，加装金属探测器，探测出铁件时，使带式输送机停车，人工拣出铁件。

4. 带式电磁除铁器的特点

带式电磁除铁器结构紧凑，易维修，皮带可自动纠偏，噪声小，操作简单，吸铁距离大，除铁效率高，可实现集控及连续吸、弃铁。为了保证除铁器的安全运行，其本身的控制系统中有一套连锁保护装置，当电磁铁运行中温度过高（超过 160℃时），装在铁芯中的热敏元件动作，自动切断控制回路电源，停止设备运行。当冷却风机或油泵出现故障时，为了保证铁芯不超温，将自动切断强磁回路控制电源。

带式除铁器可以单独使用，与金属探测器配套使用时除铁效果更佳。带式除铁器与金属探测器配套使用时，其工作过程是这样的：带式除铁器启动后，冷却风机电动机、卸铁皮带电动机同时启动运行，此时，电磁铁线圈接通 200V 的直流电源，保持电磁铁在常磁状态，当输送的煤中混有较小的铁器时，就将其吸出；当煤中混有较大的铁件时，金属探测器会检测出并发出一个指令去控制电源开关，电磁铁切换至 340V 或 500V 直流电源，产生强磁，将大铁件吸出。电磁铁在强磁状态下保持 6s 钟后自动退出，恢复 200V 的常磁状态。如果金属探测器连续发出有较大铁件的指令，电磁铁将始终保持在强磁状态，直到将最后一块较大铁件吸出后才退出强磁。无论是在常磁还是强磁状态下吸出来的铁磁性物质，都经卸铁皮带自动排至专用的收集装置中，并定期清除。

5. 带式电磁除铁器的运行和维护

（1）带式电磁除铁器启动后应注意弃铁皮带的运行情况，发现跑偏等异常情况时，应及时处理，处理方式同带式输送机。

（2）电磁铁温度过高时，要停机处理并查明原因。

(3) 与金属探测仪配套使用时，要定期检查金属探测仪的动作情况，以防误动作。

(4) 依据煤流轨迹和铁块被吸引、被抛卸的轨迹，确定电磁铁相对于带式输送机传动滚筒的最佳位置。

(5) 运行时注意弃铁胶带的速度，如果胶带速度太低，所吸出来的长铁件容易卡涩在电磁铁和带式输送机的输送带之间，从而损坏胶带。为避免出现这种现象，应提高弃铁胶带的速度，最好提高到 2.0～2.3 m/s。

6. 带式电磁除铁器的检修

(1) 冷却风机的检修。

1) 检查风机叶轮与风筒之间的间隙为 2mm，叶轮安装角度误差不大于±10°。

2) 固定螺栓不得有松动现象。

3) 叶轮振动超过额定值时，应及时检修、调整。

4) 风机座与风筒之间垫板应自然结合，不平整时应加垫片调平，但不应强制连接。

5) 风机叶轮键连接不可松动，叶轮与风筒之间不能有相碰现象。

6) 风机轴承应润滑良好。

(2) 单机蜗轮减速器的检修。

1) 检查蜗杆、蜗轮的磨损情况，对磨损严重或因损坏而无法修复的应更换。

2) 检查轴承的磨损情况。

3) 消除机壳和轴承盖处的渗漏油。

4) 检查减速器的油量是否符合要求。

5) 检查机壳是否完好，有无裂纹等异常现象。

(3) 弃铁胶带的检修。

1) 弃铁胶带接头搭接长度为 690mm。三阶梯式硫化胶接（热交接），硫化温度为 140℃。硫化压力为 1MPa，硫化时间为 20min。如采用冷粘方式时，要保证接口质量，接口处平顺整齐。

2) 带齿为橡胶齿时，如胶带采用冷粘法胶接，胶接后带齿与胶带轴线不垂直度不大于 5mm；带齿为不锈钢时，与胶带采用铜螺钉紧固。

二、盘式电磁除铁器

1. 结构特性

盘式电磁除铁器的基本结构如图 15-4 所示，它一般采用马蹄形铁芯绕组，电源为直流 220V 或 110V。在其轭板下边与其焊成一体的铁芯的外侧，按最佳散热条件绕成励磁线圈，其四周借助外箱壳及散热口进行散热，下托板覆盖在线圈下部。盘式电磁除铁器具有独特设计的磁路，磁力线更多地集中在除铁器的下方。这种磁路不但具有很高的磁场梯度，而且在额定悬挂高度上也有很高的磁场强度。即使在同等磁场强度条件下比较，其磁系的磁场梯度也更具优势。

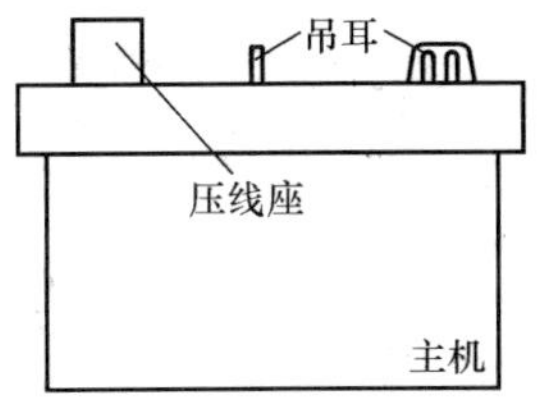

图 15-4　盘式电磁除铁器结构示意图

2. 使用特点

盘式电磁除铁器的吸铁机理和安装方式与带式电磁除铁器完全相同，只是弃铁方式不同。盘式电磁除铁器没有弃铁皮带，直接悬挂在皮带输送机的上方手动单轨行车上，当吸上铁块或交接班皮带机停止运行时，用悬吊小车上的手拉葫芦或电动葫芦将除铁器移至金属料斗的上方后断开励磁电源，使积铁自动脱落后再恢复到原位。将铁件卸到料斗里集中清除。

盘式电磁除铁器的电磁铁有两个磁极，可采用两种工作方式运行。当煤中混有铁件不多时，应配合金属探测仪；当煤中混铁较多时，可任取一磁场极工作，不需要配备金属探测仪。这种除铁器可安装在带式输送机的直线部分或头部滚筒的上方。当采用金属探测仪时，应装设在除铁器前，输煤皮带 9～10s 行程的距离处。盘式电磁除铁器一般安装在碎煤机前的输送皮带上方，适用于带速不超过 2.0m/s 的输送机上，可在较恶劣的环境下工作。

盘式电磁除铁器还可以采用汽缸推动，定时作垂直于物料运动方向的往复移动，使铁件卸入挡板旁侧的落铁管中。

如图 15-5 所示，盘式电磁除铁器可以有链条和小车两种悬挂方式，可以手动运行和电动运行。盘式电磁除铁器的缺点是不得不用人工来清理所吸出来的铁块，并且吸铁时有可能造成输送带纵向划破。这种情况通常是在长的铁件一端被盘式电磁除铁器吸住，同时另一端抵住运动着的输送带时发生的。

盘式电磁除铁器的布置和工作方式如图 15-6 所示。带中间平台的盘式电磁除铁器如图 15-7 所示。

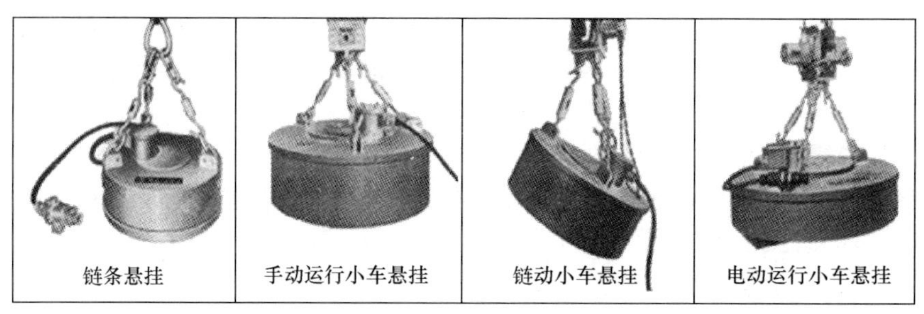

图 15-5　盘式电磁除铁器的悬挂方式

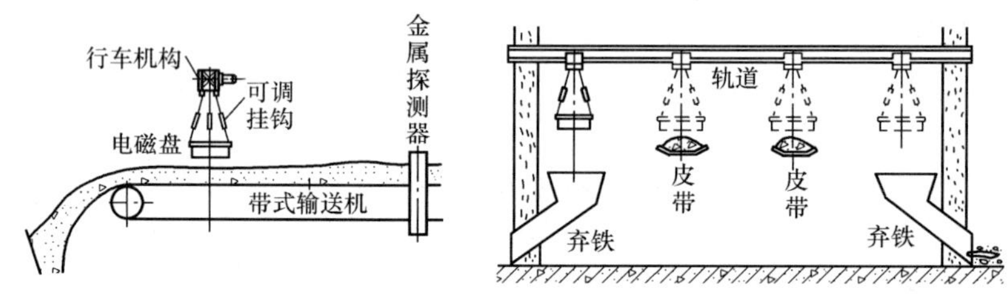

图 15-6　盘式电磁除铁器布置及工作方式

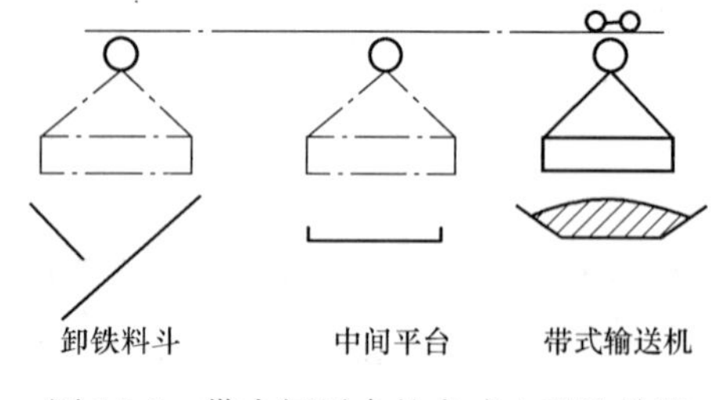

图 15-7　带中间平台的盘式电磁除铁器

3. 盘式电磁除铁器启动前的检查

（1）检查悬吊机架及紧固螺栓完整无松动。

（2）除铁器应位于皮带中心位置，磁掌与皮带垂直距离应小于 300mm。

（3）引线及电缆应无破损或接触不良现象。

（4）检查机架本体卫生，如有灰尘杂物，要及时清理。

（5）及时停机除铁，并拧紧电磁箱体底部的紧钉螺栓，以防线圈串动。

三、滚筒式电磁除铁器

滚筒式除铁器也分为电磁滚筒除铁器和永磁滚筒除铁器，结构如图 15-8 所示，滚筒式除铁器是旋转式除铁装置，兼作传动滚筒使用，能连续不断地自动分离出输送带上非磁性物料中夹杂的杂铁。

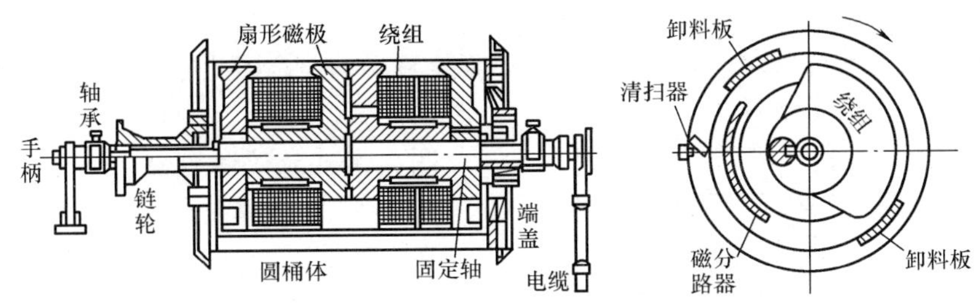

图 15-8 滚筒式除铁器结构图

磁滚筒与悬挂式除铁器联合使用，即使料层较厚也能达到很理想的除铁效果。特点是磁力强、透磁深度大，磁场稳定，可作为皮带运输机的传动轮或改向导轮使用。滚筒除铁器的工作图如图 15-9 所示。

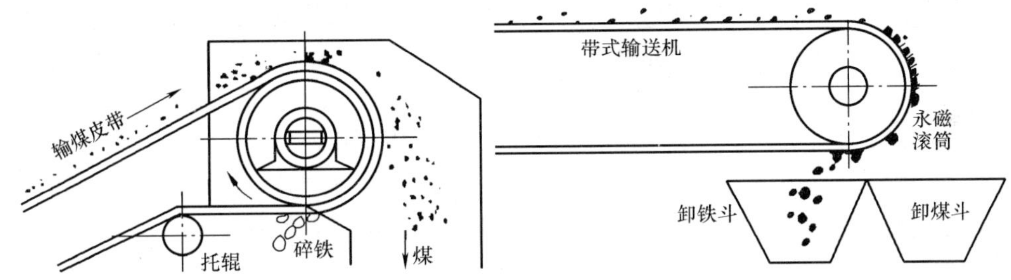

图 15-9 滚筒式除铁器工作图

永磁滚筒除铁器将磁铁、轴和外周的滚筒做成一个整体。最适合作为运输机的头部皮带轮使用。由于能产生强大的磁场，因此分离能力大。其次这种类型结构简单牢固，且外形及安装尺寸与 TD-75 型带式输送机头轮相同，使用维护简便。

滚筒式除铁器容易将铁件吸入输送带内侧，碾入滚筒和输送带之间而损坏输送带。头部不宜装刮煤清扫器，以免将吸附于皮带机上的铁件刮下，仍落入落煤管中。滚筒式除铁器的滚筒转速一般不超过 35r/min。滚筒式及悬吊式电磁除铁器均采用直流电源，电源容量应比额定容量大 35%。由于除铁器激磁线圈有很大的自感，为避免断开电路时产生的过电压引起电弧和绝缘层损坏，必须设泄流回路。

悬吊式及滚筒式电磁除铁器应在符合下列条件的情况下使用：

(1) 海拔高度不超过 1000m。

(2) 环境温度 0～40℃，相对湿度不超过 85%。

(3) 无爆炸危险的介质，且介质中无足以腐蚀金属和破坏绝缘的气体。

(4) 电源电压变化不大于±3%。

由于悬吊式电磁除铁器不易吸出胶带上煤层低部的铁件，滚筒式电磁除铁器可以比较容易地分离出煤层下面的铁件。因此，一般将悬吊式和滚筒式两种配合使用，则吸铁效果更佳。

干式永磁式磁辊是将圆弧形的永久磁铁固定在轴上，而使非磁性的转筒沿着磁铁圆周旋转的磁辊。从动作原理图（图 15-10）上可以看出，被处理的原料从上面供给后，磁性杂质通过磁辊的表面时就被磁铁吸引，随着转筒的旋转，被吸附的杂质就带到了转筒的下部，到了没有磁性的

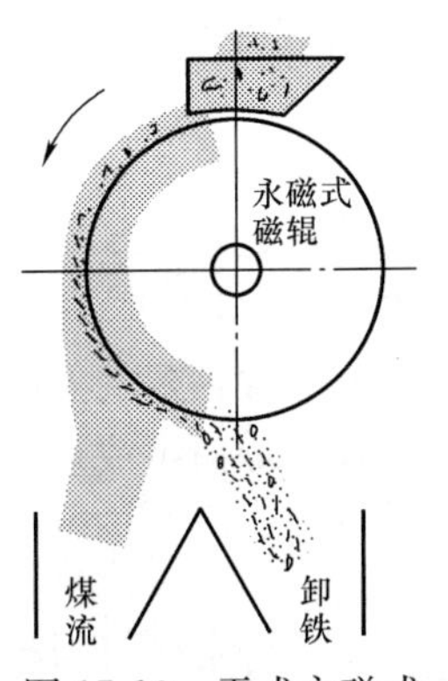

图 15-10 干式永磁式磁辊动作原理

位置时，杂质就掉下来了。

干式永磁式磁辊的特点为：①只需提供使磁辊旋转的动力，因此非常经济；②通过磁化角度的调整，微小的铁粉也能分离。

四、带式永磁除铁器

1. 永磁除铁器的结构

永磁除铁器的结构和安装方式如图 15-11 所示，永磁除铁器由高性能永磁磁芯、弃铁皮带、减速电动机、框架、滚筒等组成。

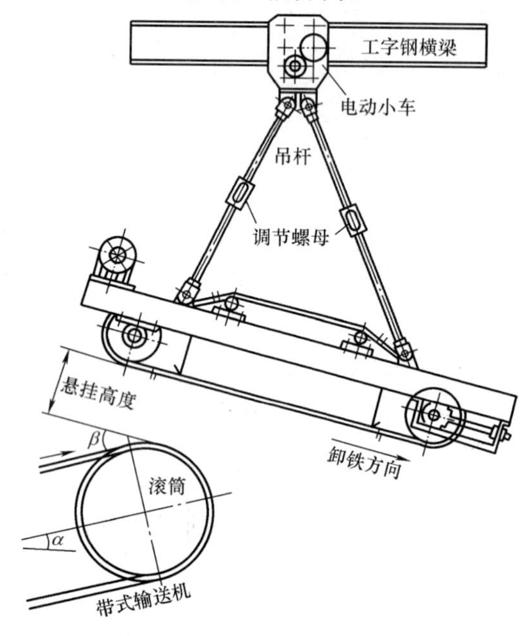

图 15-11 永磁除铁器

2. 工作过程

当皮带上的煤经过除铁器下方时，混杂在物料中的铁磁性杂物，在除铁器磁芯强大的磁场力作用下，被永磁磁芯吸起；由于弃铁皮带的不停运转，固定在皮带上的挡条不断地将吸附的铁件刮出，扔进集铁箱，从而达到自动除铁的目的。在有效工作范围内，0.1～35kg 的杂铁大部分都能被吸出。

3. 除铁器的安装

除铁器安装在皮带头部，煤流的运动有助于吸出杂铁，当带速小于 2m/s 时，除铁器位置要尽量靠近滚筒，滚筒及煤斗宜采用非导磁材料。除铁器也可安装在输送带中部上方，自卸皮带的运行方向与大皮带运行方向垂直，在除铁器下方宜安装非导磁性托辊。

4. 永磁材料的磁场理论

永磁材料的磁场均来源于运动的电子，所有物质的电子绕原子核的圆周运动都能形成磁场，一般非磁性材料由于内部电子运动的方向杂乱无序，产生的磁矩互相抵消，所以宏观上不显现磁性。永磁材料经烧结磁化后电子运动有序排列，磁性不能互相抵消，而是互相叠加就能对外显出强大的磁场来。所以说永磁材料的磁场是由原子内部电子的有序运动形成的。由于原子内部电子的运动是无摩擦的，这种磁性的保持并不消耗能量，所以永磁材料的磁场在磁性理论上来说永远不会消失。

铁磁物体放置在均匀磁场中，不论磁场强度多大，磁场对铁磁物体的总作用力为零；只有在非均匀磁场中，磁场对铁磁物的总作用力才能显示一定的数值，吸力与磁场和磁场梯度的乘积成正比。

当永磁铁吸铁时，永磁铁对外做功，自身能量降低；而要把铁件从磁铁表面清除出去，外界需对磁铁做功，这个过程就返还了永磁芯吸引铁件所消耗的能量。所以，整个过程永磁芯能量并没有减少。

永磁除铁器的永磁体采用号称“磁王”的稀土钕铁硼永磁材料作为磁源，磁性能稳定可靠；在工作区域内组成近似矩形的半球状高强度、高梯度的空间磁场，对铁磁性杂物具有很强吸力，完善的双磁极结构可以保障工作距离内最大的吸力系数，磁场持久，稳定。无需电励磁，省电节能；自动卸铁，运行方便；不会因除铁器停电等突发故障造成漏铁。磁极吸附面积大，物料快速运行中也有足够时间吸起铁磁性杂物。可以在各种狭小、潮湿及高粉尘条件下工作。能与各型皮带输送机，振动输送机或溜槽配套使用，以清除各种厚层物料中的铁磁性杂物。如果永磁除铁器在弃铁皮带因故不能运行时吸上20kg以上的重铁块，因吸力很大，不能直接送电后启动皮带弃铁，否则会撕毁皮带或造成其他故障，人工也较难处理，此时可设法用铁丝或麻绳捆住铁块用力拉下，处理时要防止铁件被拉下后再掉入头部落煤斗中。

第三节　金属探测器

一、金属探测仪的用途

金属探测仪是用来检测煤中的磁性金属，使电磁除铁器加大瞬时电流吸出磁金属，或发出信号由机械装置截取含有磁性金属的煤流。

二、金属探测仪的类型

目前金属探测仪有CTF-I型、GJT-B型和DJT-793型，均适用于500、650、800mm的带宽。装用金属探测仪时，输送机胶带连接应采用胶接接头，禁用卡子接头。

三、金属探测仪的安装位置

如图15-12所示，金属探测仪应安装在带式输送机两组托辊的中间，尽量离大型设备远些，且不宜放在人员频繁走动的过道中。运行中应禁止携带大型钢铁件从近处经过，以防止发送器误动作，并尽量布置在干燥、灰尘少、维修安装方便处。在金属探测仪的电感发送器前最好设置离心托辊，以免胶带有较大的跑偏。

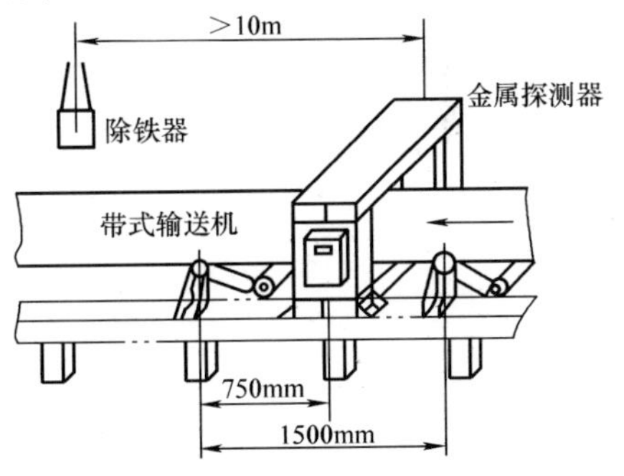

图15-12　GJT-B型金属探测仪布置图

四、GJT-B系列金属探测仪

GJT-B系列金属探测仪在电路设计中采用了最新金属检测技术——数字移相及相关检测技术，性能稳定，检测灵敏度高、抗干扰能力强。GJT-B系列金属探测仪利用金属进入传感器后电磁时所产生的变化信号，通过电子技术对其进行处理并驱动执行机构（电磁铁、电机开关）动作，从而排除有害金属。

GJT-B系列金属探测仪的特点为：①灵敏度高度定量化，高灵敏设计可检测超大金属及声光报警；②可检测铁、铝、不锈钢、合金等金属；③具备定时功能，继电器吸合后延时释放，时间为1～10s；④继电器触点一对常开，一对常闭，可控制输出。

五、金属探测器的应用

金属探测器一般与带式电磁除铁器配套使用，可节约电能，减小除铁器长期高负荷运行的高温老化损失。一般运行情况下电磁除铁器在弱磁状态下小电流工作，当煤中有5kg以上大块磁性金属时，皮带机上的金属探测器检测到后，使电磁除铁器加大瞬时电流吸出磁性金属，或发出信号由机械装置截取含有磁性金属的煤流；或当皮带机上有大块磁性金属物且电磁除铁器不能将其吸出时，使皮带机停车由人工拣出，防止磁性物质进入碎煤机、磨煤机，以免损坏设备。金属探测器的环形或矩形导电线圈装于皮带机上，输送带从线圈的中心通过，当煤中混入的磁性金属通过线圈时，引起线圈中等效电阻的变化，发出信号，投入强磁或操纵执行机构，清除探测出的磁性金属物。

六、带式除铁器与金属探测器配套使用时的工作过程

当带式除铁器与金属探测器配套使用时，其工作过程是这样的：带式除铁器启动后，冷却风机电动机、卸铁皮带电动机同时启动运行，此时，电磁铁线圈接通200V直流电源，保持电磁铁在常磁状态，当输送的煤中混有较小的铁件时就将其吸出，当输送的煤中混有较大的铁件时就经

金属探测器检测出并发出一个指令去控制电源开关，电磁铁切换至340V或5mV直流电源，产生强磁，将大铁件吸出。电磁铁在强磁状态下保持6s后自动退出，恢复至2mV电源的常磁。如果金属探测器连续发出有较大铁件的指令，电磁铁将始终保持在强磁状态，直到将最后一块较大铁件吸出后才退出强磁。无论是在常磁或强磁状态下吸出来的铁物，都经卸铁皮带自动排至接铁装置中，定期清除。

复 习 思 考 题

1. 除铁器的作用是什么？
2. 除铁器的设置原则有哪些？
3. 带式电磁除铁器的主要组成部分有哪些？
4. 金属探测器的用途是什么？

第十六章　除　尘　设　备

第一节　输煤系统除尘概述

火力发电厂燃煤在卸车（船）、筛分、破碎、转运等过程中，由于落差和机械的转动，经常会有粉尘散发出来。露天堆放的燃煤在干燥有风的天气也会产生粉尘。若任飞扬的粉尘自由扩散到大气中，将会严重地污染大气和工作环境；粉尘还能引起人的呼吸系统、消化系统、神经系统、皮肤、眼睛等的疾病，严重损害人身健康；粉尘散落到设备的转动都分，会造成早期磨损，散落到电气元件上，可以使电气绝缘破坏或造成短路，使自动装置工作失常，从而大大缩短设备的使用寿命；沿输煤系统会有大量的粉尘落地，若不及时清扫，久而久之，粉尘集多会引起粉尘着火及爆炸，造成重大事故。

为确保生产人员的身体健康，以及确保电厂的安全、经济生产，在火力发电厂输煤系统中必须安装除尘设备及采取降尘措施。

一、粉尘的概念及分类

（一）粉尘的概念

通俗地讲，“粉尘”或“尘”是一种能较长时间悬浮于空气中的固体颗粒物的总称。实际上，悬浮于空气中的固体颗粒有多种名称。粉尘这个名词主要是指那些由固体物料经机械性撞击、研磨、碾轧等而形成的固体颗粒，经气流扬散而悬浮于空气中，其粒径大都在 0.25～20μm。

（二）粉尘的分类

生产过程产生的粉尘可以从不同的角度分类：

1. 按形成粉尘的物质分类

（1）无机性粉尘，包括矿物性粉尘、金属性粉尘及人工无机性粉尘。

（2）有机性粉尘，包括动物性粉尘、植物性粉尘和人工有机性粉尘。

2. 按产生粉尘的生产工序分类

根据工序性质不同可以概括地将粉尘分为：

（1）一次性粉尘，指的是粉尘源直接排出的那一部分粉尘。

（2）二次性粉尘，指的是经过一次收集未能全部排除而散发出的粉尘。

3. 按粉尘的粒径分类

按粉尘的可见条件可以分为 3 类：

（1）粒径大于 10μm 以上的粉尘是可见粉尘，用肉眼可见。

（2）粒径为 0.25～10μm，可用一般光学显微镜观测的粉尘，是显微粉尘。

（3）粒径小于 0.25μm，只有在超显微镜或电子显微镜下可以观测到的粉尘，是超显微粉尘。

4. 按粉尘的物性分类

（1）吸湿性粉尘和不吸湿粉尘。

（2）不粘尘、微粘尘、中粘尘和强粘尘。

（3）可燃尘和不燃尘。

（4）高比电阻尘、一般比电阻尘和导电性尘。

(5) 可溶性粉尘和不溶性粉尘。

5. 按粉尘对人体危害的机制分类

(1) 矽尘：含游离二氧化矽的粉尘或较多结合二氧化硅粉尘，如石英粉尘、滑石粉、云母尘等，吸入这种粉尘将使肺组织纤维化。

(2) 石棉尘是具有纤维状结构的粉尘，人吸入体内将导致石棉肺并诱导致肿瘤病。

(3) 有毒粉尘包括铅尘及含镉、锰、铬的粉尘，人吸入体内将产生各种中毒病状。

(4) 煤、水泥粉尘是一般无毒粉尘，人长期吸入体内也将导致各种尘肺病。

(5) 放射性粉尘，对人体将产生放射性损伤。

二、粉尘的危害

1. 粉尘对人体的危害

粉尘对人体的危害很大，特别是粒度在 0.5～5μm 的粉尘，易穿透肺叶，黏附在肺叶上使人致病。粉尘能引起人的呼吸道、消化系统、皮肤、眼睛以及神经系统的疾病。

2. 粉尘对设备的危害

粉尘散落到机器转动部位，会加速转动副的磨损速度，引起机械的早期损坏；粉尘落在电气设备及自动装置元件上，会使电气设备接触不良，自动装置动作发生偏差或动作控制失灵；粉尘降落到工作现场的角落里，不易清扫，日久粉尘积多，会引起着火或爆炸。尤其是燃烧挥发分大于25%以上的煤种，当空气中煤粉尘的浓度达到 35g/m^3 以上时，若遇有很小的火种（约40mJ），即会发生煤粉尘的突然着火爆炸，当空气中煤粉尘浓度达到 300～400g/m^3 时，爆炸力最大（可达 0.306MPa）。在一些死角处，由于散热不良，煤粉着火伤人的事也常有发生。

三、输煤系统防尘抑尘的技术措施

1. "一次扬尘"和"二次扬尘"

粉尘在尘源处产生后又扩散到周围空气中，造成粉尘在生产环境中到处弥漫。粉尘的扩散过程又称为扬尘。扬尘可分为"一次扬尘"和"二次扬尘"。

"一次扬尘"是指物料在加工或下落时，直接产生的气流作用而引起粉尘扩散的现象。如原煤从高处落下时，其既受诱导气流的作用，又受到剪切气流的作用，如图 16-1 所示。

室内空气流动、热气流的上升、设备运转或振动和人的走动等造成的二次气流，将由"一次扬尘"而产生的悬浮粉尘进一步扩散到二次气流能吹到的地方，造成较大范围污染，这种现象称

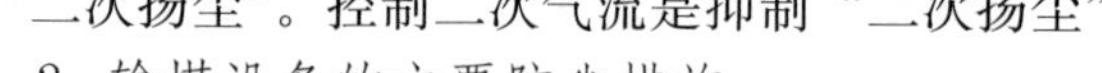
为"二次扬尘"。控制二次气流是抑制"二次扬尘"的关键。

图 16-1　综合作用产生的尘化

2. 输煤设备的主要防尘措施

输煤系统的设备多数是转动及振动设备，扬尘点很多，且十分分散，给煤尘治理工作增加了难度，但若措施得当，其效果是比较明显的。在已有的输煤设备上可以采取的主要防尘措施如下：

(1) 采用格栅式导流挡板。煤的冲击部位（如带式输送机头部的落煤点及尾部煤管内的折转处冲击点）安装导流挡板，可以减小诱导气流，降低噪声。由于格栅内经常充满着煤，煤在冲击该部位时产生了煤磨煤的现象，缓冲了煤流速度，解决了这个部位的磨损问题。格栅可以用 50mm 的扁钢制成 100mm×100mm 的方格，但在布置时应调整倾斜角度，避免发生堵塞现象。

(2) 安装可靠灵活的锁气器来保证落煤管系统的密封性

能，即使是落差不高的落煤管入口处也加挡尘帘（可垂直吊在管内倾斜段）。为了防止泄漏和堵塞造成尾部滚筒卷煤扬尘，落煤管的角度应尽量垂直和加大落煤管的直径，落煤管出口顺皮带方向做成扁方口结构，在保证通流面积的前提下，使煤集中，以防止跑偏撒煤。由于犁煤器的锁气器挡板大部分不能使用，煤下落到原煤斗时产生大量的含尘气流外溢是煤仓间的主要尘点，可在犁煤器落煤斗的下方安装导流挡板加以解决。

(3) 采用新型的多功能导煤槽。输煤系统在运行中，在落煤管内所产生的正压气流，会从导煤槽出口排出。当导煤槽密封不严或皮带出现跑偏时，都会造成大量的煤尘飞扬和外逸。多功能导煤槽具有料流集中，密封性能好和防尘、降压的功能，而且减小了维护工作，可大部分消除因料流不正造成的皮带跑偏撒煤现象。

(4) 在皮带机头部转向托辊下部向皮带工作面中部喷水，可有效地防止回程皮带表面粉尘的飞扬。安全自调型皮带清扫器不会伤及皮带、摩擦系数低、清煤净。采用密闭式带式输送机能有效地防止撒煤和煤尘飞扬问题，该机实现全封闭在煤尘飞扬较大的部位（如煤仓层）可以加以改进后选用。

(5) 为了防止带式输送机尾部滚筒卷煤扬尘，应首先保证空段清扫器有效。煤源喷水加湿，使水分达到4%～8%，扬尘会明显减少。

(6) 在翻车机本体及地面上均设置喷水抑尘装置，以减少翻车过程中的煤尘飞扬。而在煤场、斗轮堆取料机上一般设置喷水抑尘装置。在翻车机室、碎煤机室、各转运站、煤仓层等建筑物的落料点均设除尘器。燃料运输系统主要建筑物的地面均采用水力清扫，以保持工作环境的整洁卫生。

四、除尘机理和常用的除尘方式

（一）除尘机理

将粉尘从气体中分离出来，使气体得到净化、粉尘得到回收的设备统称为除尘设备。常用除尘设备的除尘机理主要有以下几种：

(1) 离心力的作用：含尘气流作圆周运动时，由于离心力的作用，尘粒与气流会产生相对运动，使尘粒从气流中分离出来。对于粒径为10pm以上的尘粒，可以通过这个方法进行除尘。

(2) 重力的作用：气流中的尘粒在重力的作用下自然沉降，从气流中分离出来。尘粒的沉降速度一般较小，所以这个机理只适用于粒径大的尘粒。

(3) 筛滤作用：当含尘气流流经纤维滤布时，由于尘粒的尺寸比滤料纤维间的空隙或滤料上粉尘间的孔隙大，尘粒被阻留下来，称为筛滤。对于常用的织物滤料，因为纤维间的空隙比尘粒大得多，筛滤作用是很小的。只有当织物上沉积的粉尘使空隙缩小后，筛滤作用才显示出来。

(4) 惯性碰撞作用：含尘气流在运动过程中遇到物体（如挡板、水滴等）阻挡，气流和细小的尘粒由于惯性小容易改变方向并绕流过去，但粗大的尘粒由于具有较大的惯性而脱离流线，仍然保持原来的运动方向，这样尘粒就会发生碰撞，称为惯性碰撞。惯性除尘器和湿式除尘器的主要除尘机理就是惯性碰撞。

(5) 扩散作用：细微尘粒，如粒径小于1pm的尘粒在气体分子的撞击下，像气体分子一样作布朗运动，增加了尘粒和集尘物表面的接触，有助于尘粒从气流中分离，这种现象称为扩散。尘粒粒径越小，布朗运动越剧烈，当尘粒粒径小于0.3pm时，扩散起着主导作用。

(6) 拦截作用：当含尘气流在运动中遇到滤料纤维（或水滴）等障碍物时，细小的尘粒仍保留在流线上，对于尘粒半径大于尘粒中心至纤维边缘（或水滴表面）的距离的尘粒，被障碍物捕获，这种现象称为拦截。

(7) 静电力作用：悬浮在气流中的尘粒可能带有一定的电荷，可以通过静电力使它们从气流中分离出来。自然状态下，尘粒的带电量很小，因此要得到较好的除尘效果，必须设置专门的高压电场，使所有的尘粒都充分带电。

工程上使用的除尘器通常不是单纯地依靠一种除尘机理来除尘，而是多种除尘机理的综合运用来除尘。

（二）除尘方式

目前，大中型火力发电厂较多采用的除尘方式有以下几种：

1. 湿法除尘

利用水与含尘空气接触，使用液网、液膜或液滴捕集粉尘。常用的湿法除尘设备有：水激除尘器、水膜除尘器和喷水除尘。

（1）水激除尘器：含尘气流高速冲击液面，激起大量的液沫和水滴，形成强烈的水花，由于含尘气流改变方向，会使粉尘颗粒留在水里。

（2）水膜除尘器：含尘气流高速切向进入筒体，形成旋转，粉尘在离心力的作用下甩向筒壁，被筒壁的水膜润湿和黏附，流入集尘斗。

（3）喷水除尘：将水在尘源点喷成雾状小水滴，使粉尘润湿下落，达到除尘目的。

2. 干法除尘

（1）袋式除尘器：含尘气流经过布袋，粉尘被阻留在布袋的表面上，气体穿过布袋而被净化。

（2）高压静电除尘器：含尘气流经过高压电场，使煤尘荷电沉积于沉降极的表面上，然后通过敲打落下，达到除尘的目的。

另外，早期还有泡膜除尘器和旋风子除尘器，但由于运行费用昂贵，或其结构较复杂及维护工作量大，目前已很少采用。目前大中型火力发电厂输煤系统采用最多的是喷水降尘和水冲激除尘器。煤仓间多采用大型布袋除尘器。

五、除尘器的分类

除尘器按其机理不同，可分为机械式除尘器和电除尘器两大类。按其清灰方式不同，可分为干式除尘器和湿式除尘器两种。习惯上将除尘器分为四大类。

（1）机械式除尘器：包括重力沉降室、惯性除尘器和旋风除尘器等。机械式除尘器的优点是结构简单、造价低、维护方便，缺点是除尘效率不高，往往用于除尘要求不高的场合，或作多级除尘系列中的前级预除尘。

（2）过滤式除尘器：包括袋式除尘器和颗粒层除尘器等，是运用过滤机理除尘。其中袋式除尘器的效率最高可达99.9%。

（3）湿式除尘器：包括低能湿式除尘器和高能文丘里管除尘器，用水作为介质。一般来说，湿式除尘器的优点是效率高。当采用文丘里管除尘器时，对微细粉尘的去除效率可高达99.9%，但其能耗较高。湿式除尘器的主要缺点是会产生污水，需要进行处理，以消除二次污染。

（4）电除尘：即用电场力作为捕尘的机理。有干式电除尘器（干法清灰）或湿式电除尘器（湿法清灰）。这类除尘器的优点是除尘效率高（特别是湿式电除尘器），消耗动力少；缺点是占地面积大、投资费用高。

第二节　袋式除尘器

袋式除尘器是一种高效干式除尘器，它是靠滤袋的纤维滤料阻留粉尘，更主要的是通过滤袋表面上形成的粉尘层来净化气体的。袋式除尘器的除尘效率大多能达到99%以上。袋式除尘器的滤袋的形状多为圆柱形，其直径在120～300mm之间，长度可达10m。根据结构需要，滤袋也有做成扁状的，其厚度及间距可以只有25～50mm。袋式除尘器每小时处理风量为几百立方米到百万立方米。根据不同的滤袋形式、组合方式以及清灰方式等，袋式除尘器的种类有很多。选用袋式除尘器时应注意以下几点：①袋式除尘器主要用于处理1μm以下的细小煤尘；②气体的含尘浓度应在5g/m³以下，超过此浓度时最好采用两级除尘；③袋式除尘器不适于含有油雾、凝结水和黏性大的含尘气体。

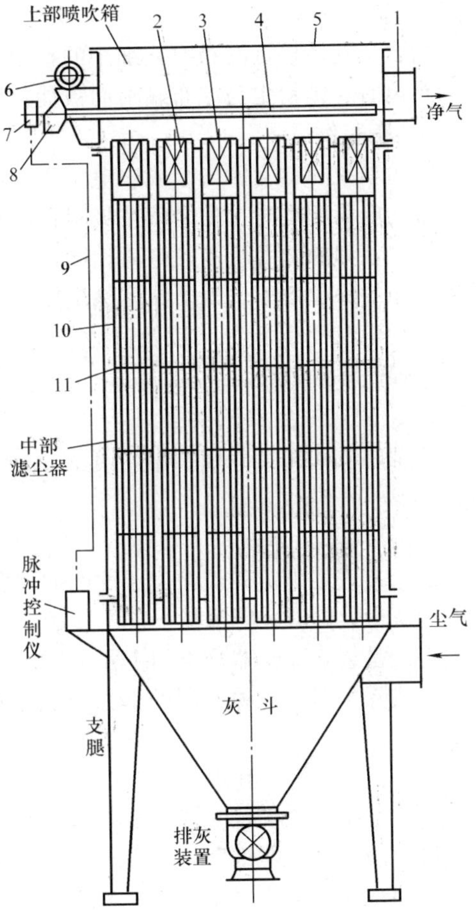

一、袋式除尘器的过滤机理

脉冲袋式除尘器结构如图16-2所示，利用周期性地向滤袋内喷吹压缩空气来清除滤袋积灰。

含尘气体由进口管进入除尘器，之后分散到各个滤袋，粉尘颗粒被阻隔在滤袋外侧，气体穿过滤袋被净化后，经扩散管进入上部箱体，然后从出口管排出。积附在滤袋外侧的粉尘，一部分靠自重落入灰斗，其余的黏附在滤袋上，使滤袋的阻力逐渐增加。为了保证设备阻力不超过一定值，每隔一定时间向滤袋内部喷吹一次压缩空气，将黏附在滤袋外面的粉尘吹下。喷吹清灰的原理是：从喷嘴瞬间喷出的压缩空气通过喇叭管时，从周围吸引几倍于喷出空气量的二次气体与之混合，而后冲入滤袋，使滤袋急剧膨胀，引起一次振幅不大的冲击振动，同时瞬间内产生由里向外的逆向气流，将积附在滤袋外面的粉尘抖落下来。

图16-2 脉冲袋式除尘器结构示意图

1—净气出口；2—花板；3—喇叭管；4—喷吹器；5—顶盖；6—气包；7—排气阀；8—脉冲阀；9—信号导管；10—滤袋；11—滤袋框架

当尘粒在流动空气的带动下通过滤料时，粉尘通过产生的筛分、惯性、黏附、扩散和静电等作用而被捕集。

1. 筛分作用

袋式除尘器是依靠编织的或毡织的滤布材料来达到分离含尘气体中的粉尘的目的。它的工作原理是粉尘通过滤布时产生的筛分、惯性、黏附扩散和静电等作用而被捕集。当含尘气体通过滤布时，滤布纤维的空隙或吸附在滤布表面粉尘间的空隙将大于其空间直径的粉尘分离下来。

2. 惯性作用

当含尘气体通过滤布纤维时，气流绕过纤维，而粒径大于1μm的粉尘由于惯性作用仍保持直线运动撞击纤维而被捕集。粉尘颗粒直径越大，惯性作用越大。过滤气流速度越高，惯性作用也越大，但气流速度太高，通过滤布的气流量也增大，气流会从滤布薄弱处穿破，造成除尘效率降低。气速越高，穿破现象越严重。

3. 扩散作用

当粉尘颗粒在0.2μm以下时，由于粉尘极为细小而产生如气体分子热运动的布朗运动，增加了粉尘与滤布表面的接触机会，使粉尘被捕集。这种扩散作用与惯性作用相反，随着过滤气速的降低而增大，粉尘粒径的减小而增强。

4. 黏附原理

当含尘气体接近滤布时，细小的粉尘随气流一起运动，若粉尘的半径大于粉尘中心到滤布边缘的距离时，则粉尘与滤布黏附而被捕集。滤布的空隙越小，则这种黏附作用也就越显著。

5. 静电作用

粉尘颗粒间相互撞击会放出电子产生静电，如果滤布为绝缘体，会使滤布充电。当粉尘和滤布所带的电荷相反时，粉尘就被吸附在滤布上，从而提高除尘效率，但清除这些黏附的粉尘比较难。反之，如果两者所带的电荷相同，则产生斥力，使除尘效率下降。所以，静电作用能改善或妨碍滤布的除尘效率。为了保证除尘效率，必须根据粉尘的电荷性质来选择滤布。一般静电作用只有在粉尘粒径小于 1μm 以及过滤气速很低时才显现出来。在外加电场的情况下，可加强静电作用，提高除尘效率。

二、袋式除尘器的类型

典型的袋式除尘器通常由尘气室、净气室、尘气入口、滤袋、清灰装置、卸灰装置六部分组成。

1. 袋式除尘器的清灰方式

清灰方式是决定袋式除尘器性能的重要因素。清灰的基本要求是从滤袋上迅速而均匀地剥落沉积的灰尘，同时又能保持一定厚度的一次粉尘层，并且不损伤滤袋和消耗较少的动力。清灰方式的特征是袋式除尘器分类的主要依据。

袋式除尘器有 5 种不同的清灰方式：机械振动、逆气流清灰、脉冲喷吹、气环反吹及复合清灰。

（1）机械振动。利用机械振动装置振打或摇晃悬吊袋的框架，使滤袋产生振动而清落积灰。它包括人工振动、机械振打和高频振荡等形式。

机械清灰时须停止过滤，因此常常将整个除尘器分隔成若干袋室，顺次地逐室清灰，只将正在清灰的袋室停止，以保持除尘器的连续运转。机械清灰方式的机械构造简单，运转可靠，但清灰作用较弱，只能允许较低的过滤风速，且易损伤滤袋。

（2）逆气流清灰。逆气流清灰是利用与过滤气相反的气流，将圆筒形滤袋压缩成星形断面，并使之产生振动而使粉尘层脱落。反向气流能使附着于滤袋表面的粉尘脱落，更主要的是使滤袋变形而便于粉尘层的崩落。

（3）机械——逆气流联合清灰。在逆气流清灰的同时，辅以机械清灰方式，以加强清灰效果。

（4）脉冲清灰。将压缩空气在极短的时间内（不超过 0.2s）高速喷入滤袋，同时诱导数倍于喷射气量的空气，形成空气流，使滤袋由袋口至底部产生急剧的膨胀和冲击振动，形成很强的清落积尘的作用。

脉冲喷射气流有逆喷和顺喷两种方式。逆喷式为两股方向相反的气流，净化后的气流由袋口排出；顺喷式为两股气流方向一致，净化后的气流由滤袋底部排出。

（5）气环反吹清灰。在滤袋的外侧，设置一个空心带狭缝的圆环，圆环贴近滤袋的表面作上下往复运动，并与高压风机管道相接，由圆环上正对滤袋表面的狭缝喷出的高速气流，冲击在滤袋上，清除附积于滤袋内侧的粉尘层。此时，滤袋的其余部分仍处于全负荷运行。这种清灰方式可使除尘器保持连续运行。

2. 袋式除尘器滤袋的形状

（1）圆袋。袋式除尘器采用的圆筒形滤袋通常直径为 120～300mm，袋长为 2～12m。袋径过小，则气流和粉尘的流动受影响；袋径过大，则易受滤料幅面和加工制作的限制。增加滤袋长度，可节约占地面积，但对脉冲、机械回转反吹等布袋除尘器，会影响其清灰效果，同时，滤袋过长会增加滤袋顶部的张力，易使该处破损。大多数袋式除尘器采用圆筒形滤袋。

（2）扁袋。扁袋呈平板形，一般宽约 0.5～1.5m，长度约 1～2m，厚度以及滤袋间的间距为 25～50mm。扁袋内部都有骨架（或弹簧）支撑。

3. 袋式除尘器的过滤方向

（1）外滤式：含尘气流由滤袋的外侧穿过滤料流至滤袋的内侧，粉尘附着在滤袋的外侧表面。

（2）内滤式：含尘气流首先由袋口进入滤袋内侧，然后穿过滤料流至滤袋的外侧，粉尘附着在滤袋内侧表面。

外滤式通常适用于圆袋和扁袋，袋内侧需设置支撑骨架，多采用脉冲喷吹、高压气流反吹等清灰方式。内滤式多用圆袋，一般采用机械振动、逆气流、气环反吹等清灰方式。

4. 除尘器内的压力

（1）负压（吸入）式。

负压（吸入）式除尘器设在风机负压段，使除尘器内形成负压。吸入式与压入式流程如图 16-3 所示。

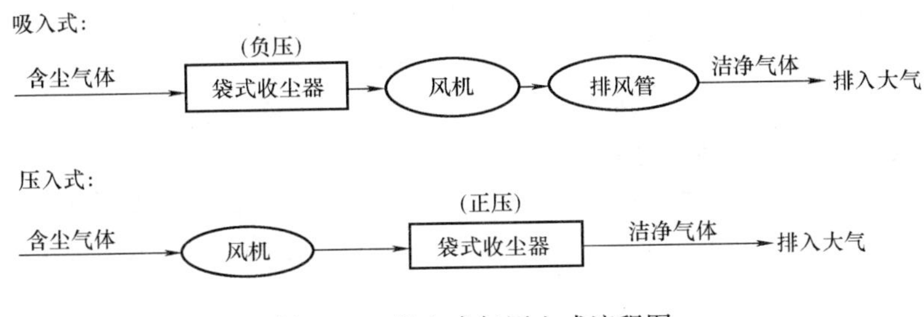

图 16-3　吸入式与压入式流程图

负压（吸入）式除尘器必须采取密封结构。风机吸入的是净化后的气体，因而风机叶轮的磨损以及因附着粉尘而产生的振动等类事故较少。用于处理温度高、有毒性的气体时，除尘器本身也应采取保温措施。这种除尘器造价较高。

（2）正压（压入）式。

正压（压入）式除尘器设在风机的正压段，使除尘器处在正压下工作，如图 16-3 所示。

正压（压入）式除尘器净化后的气体可以直接排入大气中，除尘器本身不需采取密封结构，构造简单，节省管道。压入式除尘器造价较吸入式低 20%～30%。但因含尘气体通过风机，当粉尘磨蚀性和附着性都较强或含尘浓度高于 3g/m^3 时，不易采用，否则风机易损坏，在处理湿度高或有毒气体时较为不利。同时，不易保持除尘器周围环境的清洁。

5. 袋式除尘器的进风方式

（1）下进风。含尘气流从滤袋室底部或灰斗上部进入除尘器。这种除尘器结构较简单，造价低，但在滤袋室内气流是自下而上的，与清落的粉尘沉降方向相反，容易使粉尘重返滤袋表面，影响清灰效果，并使设备阻力增加。

（2）上进风。含尘气流从滤袋室上部进入除尘器，粉尘沉降方向与气流流动方向一致，有利于粉尘沉降。粉尘能较均匀地分布于滤袋表面，过滤性能较好，设备阻力比下进风低，但滤袋室需设置上下两块花板，结构较复杂，且不易调节滤袋的张力。同时，灰斗中有停滞的空气，有水汽凝结的可能。

三、运行维护及注意事项

除尘设备的启停，一般都与主设备连锁启停。若未实行输煤系统集中控制，也可采用就地启停的控制方式。

（一）袋式除尘器的使用注意事项

启动前应检查所有机件，所有润滑点注入润滑剂。启动顺序是逆生产流程的，即先启卸灰装置、反吹管、反吹风机，最后再开主风机。停止顺序是顺生产流程的，即先停主风机后，再停反吹风机、反吹管旋转装置，卸灰装置继续运行，10～30min后再停卸灰装置。

运行中应注意：①经常注意观察“U”形压力计示值，当内外压差过小时，说明有的滤袋已破，应打开检查门，推转顶盖查看破袋位置，更换破袋；②注意监视温度计变化，温度不得超过技术性能中规定的数值；③注意观察风机、反吹风口旋转机构、卸灰装置等部件是否运行平稳，监视振动、噪声和温升，发现异常及时处理；④各运动部位要经常注油润滑。

（二）袋式除尘器的常见故障与维护

袋式除尘装置在运行过程中，其除尘性能常常会由于多种因素的影响而被破坏，如磨损、腐蚀等，会引起设备穿孔漏气；排尘系统因管理不善会发生堵塞漏气等。维护管理措施包括经常观察除尘系统和清扫、冲洗运煤系统等。除尘系统在运行中的常见故障有4种。

1. 排尘风机的常见故障

轴承振动剧烈是机壳或进风口与叶轮摩擦、基础的刚度不够、叶轮铆钉松动、叶轮轴盘与轴松动、机壳与支架连接螺栓松动或转子不平衡等所造成的。

轴承温升过高产生的原因是润滑脂质量不良或变质；轴承箱盖和座连接螺栓的紧力过大或过小，轴与轴承安装歪斜，易造成滚动轴承损坏。

电动机温升过高产生的原因是输入电压过低或单相断电，联轴器连接不正等。

皮带滑下的原因是两皮带轮位置不在同一条中心线上；皮带跳动是因为皮带过长。

2. 旋风除尘器损坏

注意观察旋风除尘器排气的颜色和压力损失。由于除尘器内表面一般不设耐磨衬里层，含尘空气流速高，除尘器磨损较为厉害，最严重的部位是含尘空气高速冲击的外筒内壁，即以进口处气流作旋转运动的始点与含尘浓度较大、流速较高的锥体部分。磨损、黏附和腐蚀都会使旋风产生穿孔或增加内表面粗糙度，使除尘效率下降，排尘颜色变黑，压力损失发生变化。当排尘颜色变得浓黑，压力损失增加时，一般是由于旋风子外筒下部堆积煤尘引起内部气流混乱；当排尘颜色变得浓黑，压力损失减少时，是由于旋风子内筒被磨损出现了孔洞，含尘气流被短路或导流叶片被磨损，使得气流运动减弱，造成除尘效率下降以及排气管、卸尘阀气密性不好。

3. 清灰装置损坏

当采用间歇清尘袋式除尘器时，如果经过抖落，排尘空气仍达不到规定的压差，其原因是清尘装置失灵或滤布的孔隙被堵塞；如果出现压力损失减小而排气恶化，则必然是滤布或连接滤布的支撑损坏，使含尘空气不经过滤而短路；如果除尘器中有异常响声，则是清尘装置的连接部分或花板等有故障。

4. 卸尘装置故障

当排气颜色变黑时，首先检查卸尘装置的气密性和堵塞情况，对于不同类型的卸尘装置，检查方法不同。对于杠杆式锁气器，若排气变黑，含尘空气阻力增加，排尘口无尘排出，但打开排尘阀时则有大量煤尘泄出，这是由于配重太重，造成尘柱太高而引起气流混乱。如果打开排尘阀无尘泄下，这是煤尘柱在锁气器前搭桥造成排尘堵塞。若排气变黑，而含尘空气阻力减小，排尘口无尘排出，打开排尘阀仍无煤尘排出，而有吸风现象，这是由于结合面气密性不良，而引起空气漏入造成除尘效率下降。

四、袋式除尘器检修

1. 检修项目

(1) 检查、清理风机及其输风管道；

(2) 检查、更换叶轮；

(3) 检查、更换轴承；

(4) 检查、补焊加强箱体；

(5) 检查、更换滤袋；

(6) 检查、更换滤杯，检查、更换压缩空气反吹管；

(7) 检查、维修排灰（煤尘）用的蜗轮和蜗杆；

(8) 检查、维修脉冲阀和控制阀；

(9) 检查、更换喷吹管；

(10) 检查、调整U形压力管。

2. 检修工艺

袋式除尘器的检修工艺见表16-1。

表16-1　　袋式除尘器的检修工艺

项　目	检　修　工　艺　要　求
主风机	(1) 清除风机及气体输送管内部煤尘、污垢和其他杂质，使其洁净、顺畅 (2) 叶轮磨损严重时应更换。由于磨损不均匀等因素造成叶轮不平衡时，应重新找动平衡 (3) 检查轴承的磨损情况，更换磨损严重的轴承并加润滑脂，使其润滑状况良好 (4) 紧固各密封螺丝，保持密封点不泄漏 (5) 风机安装完毕后，用手盘动转子，检查有无摩擦现象 (6) 按要求校正进风口与叶轮之间的间隙，并使轴保持水平位置 (7) 重新调整、找正风机主轴与电机主轴的同心度及联轴器两端面的不平行度 (8) 试运转时，风机轴承温度应不高于80℃
除尘器主体	(1) 检查并拧紧密封部位的螺丝，保持检查门、上盖活动门等处的填料及密封垫严密，损坏部分应及时进行更换 (2) 滤袋破损要及时更换。排风口冒粉即表明滤袋有破损，应停机打开上盖，查出破损的滤袋进行更换。更换时还要检查框架，如有破损或腐蚀应及时修好。框架应打磨光滑后方可安装，否则易损伤滤袋。滤袋绒面朝外装好后，上口翻边在花板上面的铝短管上，用ϕ1.2mm左右的铁丝扎紧 (3) 当煤尘湿度大时，若滤袋使用时间过长，滤袋上积尘不易吹落，使袋的透气性变差，阻力增大。此时应及时清洗滤袋，保证其透气性良好 (4) 对能修补且不影响过滤面积的破损滤袋，应尽量修补后再用，即把更换下来的滤袋用压缩空气或水将煤尘清除掉，将破损处缝合，并再用新滤布缝补牢固。缝补用的材料应与原滤袋的材料的材质、强度相近
压缩空气管网	脉冲布袋式除尘器清灰用的压缩空气要干净，气包中的压力为0.4～0.5MPa，管网要定期检查，发现漏气时应及时处理，过滤器及气包中的油水要定期排放，滤杯要经常清洗
排灰系统	检查电机及其轴承的温度，电机机体温度不得超过85℃，轴承温度不得超过80℃，磨损严重的蜗轮、蜗杆、螺旋叶轮应及时更换。下壳体磨损后要及时补焊
脉冲阀与控制阀	脉冲阀与控制阀是喷吹系统的关键部件，直接影响喷吹效果。可通过检查U形压力管的波动范围、箱体鼓出的情况或声响来判断喷吹系统是否正常。脉冲阀正常运行的声响是短促的闷声，若喷吹时出现清脆的爆破声，说明接头漏气。波形膜片和弹簧是脉冲阀的易损件，一旦发生故障，应及时更换，防止杂物进入阀内。控制阀要定期检查，防止密封件老化、变形、密封不严，防止弹簧失去弹力或折断而导致失灵。电磁阀则要防止铁芯沾上油污或线圈烧坏、弹簧折断、不动作等缺陷
喷吹管	检查喷吹管受高压空气及粉尘冲刷、磨损情况，若出现破损或严重磨损，则需及时更换或修补
通流阻力检测	除尘器滤袋的通流阻力（透气能力）的大小反映了滤袋的工作状况，通流阻力的大小主要靠U形压力计来检测，并依此来对除尘器进行调整维修

第三节 旋风除尘器

旋风除尘器是一种采用离心力及重力原理进行除尘的设备。它的特点是结构简单，造价较低，没有运动部件，压力损失一般为500～1500Pa，适用于除去粒径大于5μm的粉尘，除尘效率在70%以上。

旋风除尘器主要有扩散式、长锥体式、多管式、单旋风和双旋风等类型，常用的有CLP型旁路式旋风除尘器、XLP型旋风除尘器和双级蜗旋除尘器三种。

一、旋风除尘器的结构

1. CLP型旁路式旋风除尘器

CLP型旁路式旋风除尘器的结构如图16-4所示。CLP型旋风除尘器主要由入口、上部洞口、隔离室、中部内壁、中部洞口、集尘斗、回风口、排风口及箱体部分组成。

根据安装位置的不同，CLP型旋风除尘器分吸出式A型及压入式B型两种，其中A型是在除尘器本体增加了出口螺旋壳。A、B型根据蜗壳旋转方向不同又分左回旋型和右回旋型，进口风速为12～27m/s。

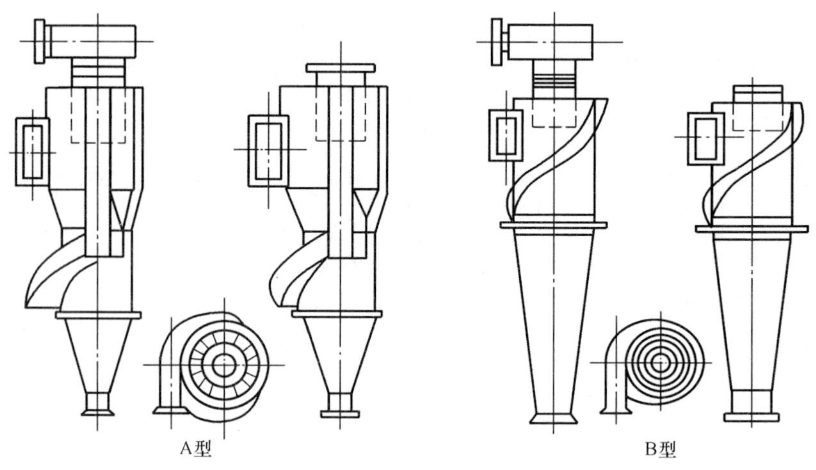

图16-4 CLP型旁路式旋风除尘器

2. XLP型旋风除尘器

XLP型旋风除尘器也是一种带煤尘隔离室的旋风除尘器，它是CLP型旁路式旋风除尘器的改进型。

XLP/A型旋风除尘器的结构与CLP/A型旋风除尘器的结构类似，筒体部分仍为双锥体，煤尘隔离室的上段仍为直线，而下段改为螺旋线型，使煤尘隔离室沿下筒切向引入，避免扰动、破坏筒体内的气流。XLP/B型旋风除尘器的结构与CLP/B型旋风除尘器的结构相比，差异较大。XLP/B型旋风除尘器的筒体设计成单圆筒单锥体，煤尘隔离室为螺旋线型。XLP型旋风除尘器工作原理与CLP型旋风除尘器相似。

3. 双级蜗旋除尘器

双级蜗旋除尘器是由惯性分离器与C型旋风除尘器组合而成的。它实质上是一台复合式除尘装置，其结构和工作原理如图16-5所示。

含尘空气以较高的流速（一般为18～20m/s）切向进入蜗壳，在蜗壳内形成强烈的旋转运动，煤尘在离心力的作用下迅速向蜗壳外缘分离。经过这一次离心分离，可除去气体中的较大颗粒的煤尘，接着这部分含尘气体中的大部分（约占80%～90%）又通过蜗壳中部的固定叶片，沿叶片间隙改变流向（固定叶片起到一台惯性除尘器的作用），使含尘空气中一部分尘粒在惯性力的作用下，撞击叶片表面并反向弹出，再次向蜗壳外缘分离。一次净化的含尘空气由中心排气口排出。含尘空气中绝大部分尘粒在蜗壳分离器中被分离（浓缩），并随同少量含尘空气（10%～20%）沿蜗壳外缘分离器，进入第二级C型旋风除尘器进行二次净化，尘粒被分离沉降到储尘斗。被二次净化的含尘空气经C型旋风除尘器的排气管引出，并与一次净化含尘空气汇合，经中心排气管和排风机排至大气。

二、旋风除尘器的工作原理

当含尘空气从入口进入后，沿蜗壳旋转180°，气流获得旋转运动的同时，上下分开成两支，于是形成双蜗旋运动，构成上下两个含尘气环，并经上部洞口切向进入煤尘隔离室。同样，下旋涡气流在中部形成较粗、较重的尘粒组成的尘环，浓度大的含尘空气集中在筒壁附近，部分含尘空气经由中部的洞口也进入煤尘隔离室。其余尘粒沿外壁由向下气流带向尘斗。煤尘隔离室内的含尘空气和尘粒，经除尘器外壁的回风口引入锥形筒体，尘粒被带回集尘斗。含尘空气在回风口附近流向排风口时，又遇新进入的含尘空气的冲击，再次进行分离，使除尘器能达到较高的除尘效率。旋风式除尘器的工作原理可大概地利用其流线图（图16-6）来说明。

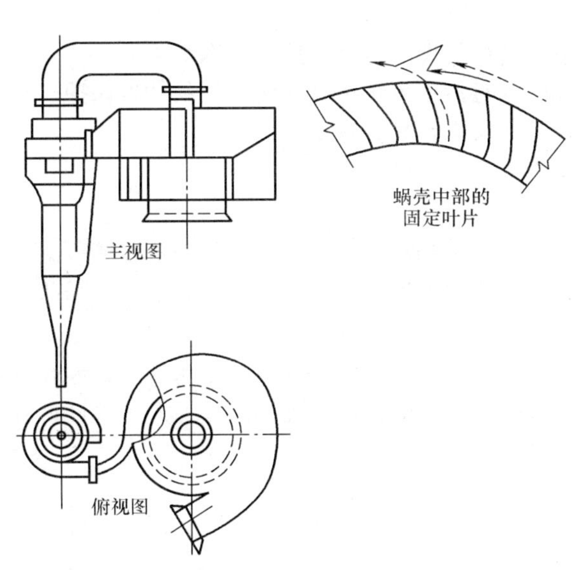

图16-5　双级蜗旋除尘器结构和工作原理

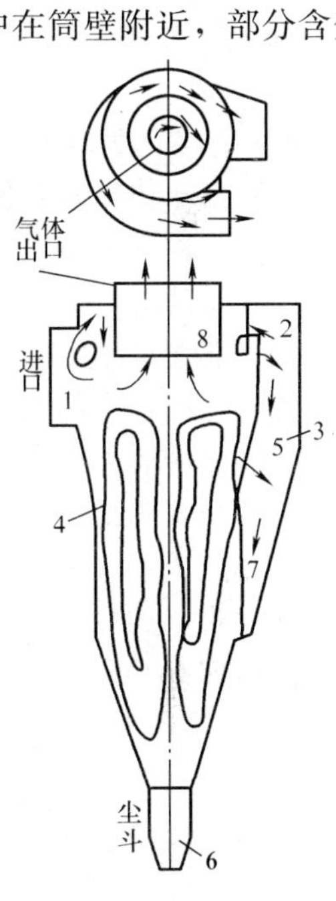

图16-6　气体流线图

1—入口；2—上部洞口；3—隔离室；4—中部内壁；5—中部洞口；6—尘斗；7—回风口；8—排风口

三、旋风除尘器的运行与维护

（1）气体在除尘器入口的速度限制在8～18m/s左右。

（2）卸灰部分必须严密无缝隙，若稍有漏风，会导致除尘效率大幅度降低。已有不少因卸灰部分管理不善而导致除尘效率不高的案例。

（3）旋风除尘器的主要检修工作为维修风机和风管。

第四节　湿式除尘器

湿式除尘器是使含尘气体与液体（通常为水）相接触，利用液滴和尘粒的惯性碰撞及其他作用而把尘粒从气流中分离出来。

一、湿式除尘器的优缺点

1. 优点

(1) 在同等能耗下，湿式除尘器除尘效率比干式除尘器要高，高效湿式除尘器（文丘里除尘器）对于小到 0.1μm 的粉尘仍有很高的除尘效率。

(2) 湿式除尘器特别适用于处理高温、高湿的烟气以及黏结性大的粉尘。在这些情况下，采用干式除尘器往往受到各种条件的限制。

(3) 在除尘的同时可对很多有害气体加以湿法净化，根据有害气体的性质可以选用某些化学溶剂代替水。

(4) 湿式除尘器结构简单，一次投资低，操作及维修方便，占地面积少。

2. 缺点

(1) 除尘过程中产生的污水和泥浆要进行处理，否则会造成二次污染。

(2) 当净化含有腐蚀性物质的气体时，对污水系统要选用防腐材料加以保护。

(3) 不适用于疏水性烟尘，对于黏结性粉尘，易使管道堵塞。

(4) 要消耗一定的水，在寒冷地区应采取防冻措施。

二、湿式除尘器的除尘机理

含有悬浮粉尘的气体与水接触，当气体冲击到润湿的器壁时，尘粒被器壁所黏附，或者当气体与喷洒的液滴相遇时，液体在尘粒质点上凝集，增大了质点的重量，而使之降落。在湿式除尘器中气体与液体的接触方法有两种，一种是气体与水膜或已被雾化了的水滴接触，像文氏管除尘器、水膜除尘器、喷淋式除尘器等即属于这一种；另一种是气体冲击水层时鼓泡，以形成细小的水滴或水膜，如冲击式除尘器、自激式除尘器等。湿式除尘器的除尘原理与惯性、旋风和袋式除尘器的原理有共同之处，但又有其特殊性。

1. 惯性碰撞作用

尘粒和水滴之间的惯性碰撞是最基本的除尘作用，对尺寸在 0.3μm 以上的尘粒而言，尘粒与水滴的碰撞效率取决于尘粒的惯性。气流在运动过程中如果遇到障碍物（如水滴），则会改变气流方向，绕过物体进行流动。其中细小的尘粒随气流一起绕流，运动轨迹由直线变为曲线。粒径较大和密度较大的尘粒具有较大的惯性，便脱离气流的流线保持直线运动，从而与水滴相撞。

2. 黏附作用

与袋式除尘原理的黏附作用类似，即当粉尘尘粒的半径大于粉尘中心到水滴边缘的距离时，则粉尘被水滴黏附而被捕集。

3. 漂移作用

漂移包括扩散漂移和热漂移。如果饱和蒸汽与冷的液体表面接触，其中的饱和蒸汽会在冷的液滴表面凝结，这时会产生一个力，促使微小尘粒向液滴移动，并沉在液滴上。如果有液滴蒸发，则微小尘粒会受到液滴的排斥。尘粒向液滴移动称为正扩散漂移，尘粒移开液滴称为负扩散漂移。扩散漂移对微小尘粒的捕集是一个很重要的因素。

4. 凝聚作用

凝聚有两种情况，一种是以微小尘粒为凝结核，由于水蒸气的凝结使微小尘粒凝集增大；另一种是由于扩散漂移和热漂移的综合作用，使尘粒向液滴移动凝集增大，增大后的尘粒可用惯性的作用加以捕集。

三、旋风水膜式除尘器

旋风除尘器可以采用喷雾或其他方式，在内壁上形成一薄层水膜，构成旋风水膜除尘器，可以有效地防止粉尘在器壁上的反弹、冲刷而引起的二次扬尘，从而大大提高了旋风除尘器的效率。

旋风水膜式除尘器的一般类型有：立式旋风水膜除尘器和卧式旋风水膜除尘器。

1. 立式旋风水膜除尘器

图 16-7 为 CLS/A 型水膜除尘器的结构图。

这种除尘器的喷嘴设在筒体上部，将水雾切向喷向器壁，使筒体内壁始终覆盖一层很薄的水膜并向下流动。含尘空气由筒体下部切向引入，旋转上升，由于离心力作用而分离下来的粉尘甩向器壁，为水膜所黏附，然后随污水经排污口排出。净化了的空气经过设在筒体上部的挡水圈，消除了水雾后排出。这种除尘器的入口最大容许含尘浓度为 l.5g/m³。当超过此值时，可在此除尘器前面增加一级除尘器。

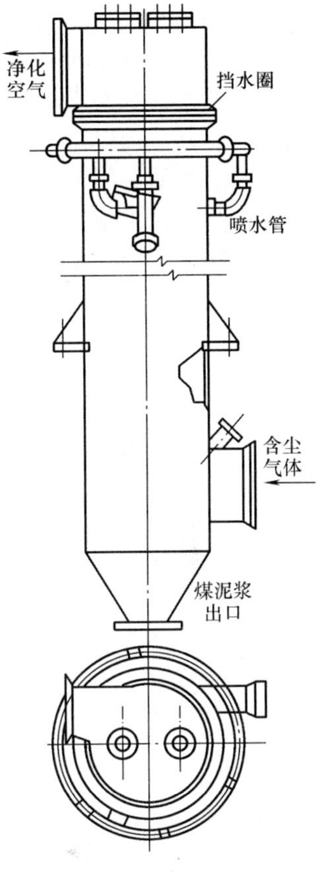

图 16-7　CLS/A 型除尘器

旋风水膜式除尘器运行操作有如下要求：

（1）打开除尘器水源总阀门和除尘器供水总阀门，关闭供水电磁阀旁路阀门。

（2）（自动或手动）启动风机后，电磁阀自动喷水，除尘器进入运行状态。

（3）（自动或手动）风机停运后，电磁阀自动停止喷水，无电磁阀的除尘器人工关水。

（4）运行过程中每小时要检查一次风机电动机的温度及振动。

（5）若除尘器长时间停运，应将除尘器水源总阀门关闭。

（6）每个运行班次清理一次滤网上的塑料纸杂物。

（7）每个运行班次检查清理一次本体内腔顶部的喷头，使其保持畅通。

（8）停水时禁止投运除尘器。

应经常注意观察旋风水膜除尘器供水系统的稳定性，注意除尘器进口含尘气流的速度，应保证水膜合理的厚度，水量太小除尘效率低，水量过大则排气湿度太大，压力损失增加。

2. 卧式旋风水膜除尘器

卧式旋风水膜除尘器由内筒、外筒、螺旋形导叶、集尘水箱、脱水装置等组成。

卧式旋风水膜除尘器具有旋风、水膜及水浴除尘的机理，其外筒内壁的水膜不是由喷嘴或溢注槽所形成，而是依靠气体冲击水面激溅的水花形成的。适合于非黏结性及非纤维性粉尘，其结构适用于常温和非腐蚀气体。一般可净化粒径为 10μm 以上的尘粒，且能净化更细的微尘。

卧式旋风水膜除尘器的工作原理是含尘气流沿器壁以切线方向导入，沿螺旋形通道流动，当气流以较高的速度冲击集尘水箱的水面时，部分尘粒被水吸收，同时激起水花，气流夹带着水滴继续向前旋转，在离心力的作用下，把水滴和尘粒甩向外筒内壁，并在其上形成一层厚度为 3～5mm 的水膜，甩至器壁的尘粒则被水膜所捕集。含尘气体连续流经几个螺旋形通道，得到多次净化，使绝大部分尘粒被分离。净化后的气体经脱水装置脱除水滴后，排出器外。

卧式水膜除尘器的除尘净化效果直接取决于除尘器内部水位的高低、水膜的形成及气流旋转圈数等因素。影响卧式水膜除尘器性能的关键是除尘器内的水位，水位的高低又关系到水膜的形成。当水位过高时，气流通过水面到内管的底面之间的通道缩小，形成的水膜过分强烈，除尘器阻力过大，风量降低；反之，若水位过低，气流通过水面到内管的底面之间的通道扩大，水膜不能形成或形成不全，除尘器得不到应有的除尘效果。

运行中，卧式水膜除尘器内的水位可采取以下措施控制：

（1）除尘器水槽内设置溢流管及其水封装置，当水位过高时，由溢流管将水溢出，溢流管的下端接入水封中。

（2）除尘器采用不等螺距。

（3）除尘器采用集尘水箱隔开方式。

（4）除尘器的安装角度保持各圈内的水位，使各圈水膜比较均匀。

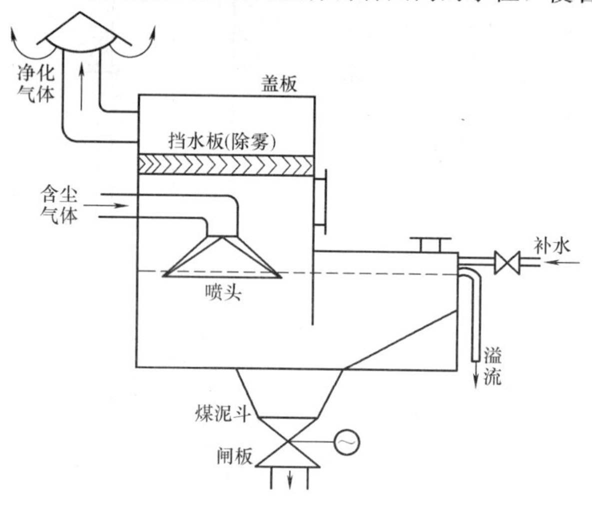

图 16-8　水浴式除尘器

四、水浴式除尘器

水浴式除尘器的结构简图如图 16-8 所示，是一种结构简单、价格低廉的湿式除尘器，可用砖石砌成或钢板制成。尘气从进气口高速过水后，净化效率可达 93%。这种除尘器由于自动化水平较低，现在已逐渐被水激式除尘器所取代。

1. 水浴式除尘器的工作原理

当具有一定进口速度的含尘气体经过进气管后，在喷头处以高速喷出，对水层产生冲击作用后，改变了气体的运动方向，而尘粒由于惯性则继续按原来方向运动，其中大部分尘粒与水黏附后便留在水中，称为冲击水浴阶段。在冲击水浴作用后，有一部分尘粒仍随气体运动并与大量的冲击水滴和泡沫混合在一起，池内形成一抛物线形的水滴和泡沫区域，含尘气体在此区域内进一步净化，称为淋水浴阶段。此时含尘气体中的尘粒便被水所捕集，净化后的气体经挡水板从排气管排走。

2. 喷头

为了使含尘气体能够较均匀地受到水的洗涤，可在进气管末端安装喷头（散流器）。喷头由喇叭口和伞形帽组成，是实现除尘效果的最重要的部件。除尘效率及压力损失与喷头距水面的相对位置有关，也与其出口气速有关。当喷头气速一定时，除尘效率、压力损失随埋入深度的增加而增加；当埋入深度一定时，除尘效率、压力损失随喷头气速增加而增加。但对不同性质粉尘的影响是不同的，密度小、分散度大的粉尘，由于在净化过程中粉尘产生的惯性力提高不大，且冲击速度提高会使气体很快穿过水层，使气液两相未充分接触，故提高冲击速度对提高除尘效率意义不大；而对密度大、分散度小的粉尘，由于粉尘惯性力增加易与水黏结，因此，提高气速成为提高除尘效率的有效途径。设计时，喷头进口气流速度可取大于 11m/s，出口气流速度一般取 8～12m/s，内池横断面气体上升速度不大于 2m/s，以免带出水滴。

五、冲击式除尘器

冲击式除尘器常与风机、清灰装置和水位自动控制装置组成一个整体。它具有结构简单、占地面积小、便于施工、维护管理简单、用水量少等优点，适用于净化各种非纤维性粉尘。但除尘器叶片制作要求高且安装要保证水平等，压力损失也较大，一般在 100～160mmH_2O。常用的是多管冲击式除尘器

（一）多管冲击式除尘器

多管冲击式除尘器是一种新型湿式除尘器，该除尘器适用于净化非纤维性、无腐蚀性、温度

不高于300℃的含尘气体，近来在燃煤电厂的燃料运输系统中广泛应用。

1. 多管冲击式除尘器的工作原理与技术性能

多管冲击式除尘器的结构和原理见图16-9。含尘气体由入口进入后，粒径较大的粉尘因惯性未随气流转弯，被挡灰板阻挡下落后被除掉，粒径较小的煤尘随着气流一起进入联箱，经过送风管，以较高的速度从喷头喷出，气流冲击液面而形成大量的水滴和泡沫，使煤尘与水滴或泡沫充分接触而被捕集，含尘气体得到净化。净化后的空气经上下两级挡水板除去所含的水滴后经风机排入大气。被捕集的煤尘沉降在除尘器水箱的底部。

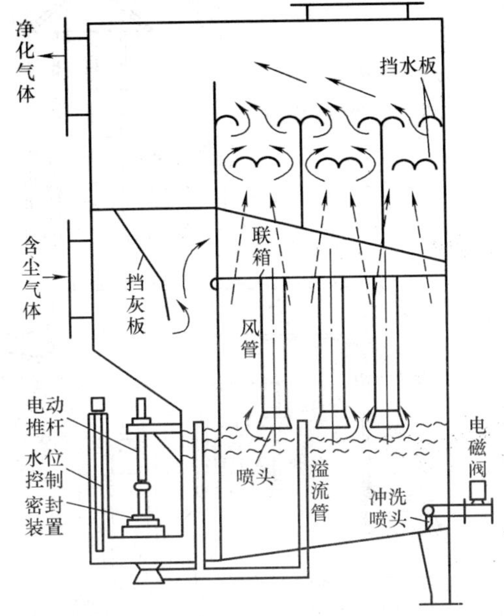

图16-9 多管冲击式除尘器工作原理图

含尘气体的整个除尘过程都是在负压状态下进行的，而液面的高度则由溢流管和水位控制仪控制。

净化气体用水在使用一定时间后，由于水中含有大量的粉尘而必须更换，更换水时，由电动推杆将排水口处的活塞提起，含有大量粉尘的污水经排水口排出。当污水基本排完后，水位控制仪控制打开设在进水总管上的电磁阀，水通过进水管经设在除尘器箱体下部的冲洗喷嘴喷出，将箱体底部冲洗干净，然后由电动推杆将活塞放下，排水口关闭，箱体内的水位上升，待水位上升到除尘器所需高度时，水位控制仪控制电磁阀关闭，中断进水，箱体内多余的水由溢流管排出，此时除尘器可进入工作状态。

2. 多管冲击式除尘器启动前的检查

(1) 电动机、风机的轴承底座地脚螺栓应无松动、脱落、断裂现象。

(2) 电动机和控制箱的引线、接地线应完好无损，连接牢固。

(3) 传动带无脱落、断裂、严重损坏现象。

(4) 除尘装置的各水门开关灵活，无泄漏。

(5) 负压吸尘管道无开焊现象，吸尘管道换向闸板应对向所运行设备（闸板与换向杆同向）。

(6) 排污自启动装置应完好无损，运行正常，排污阀应在全开位置。

(7) 动力箱开关按钮、电流表完好无损，转换开关位置应正确。

(8) 现场照明良好，地面无积水、无积煤、无杂物，达到卫生标准。

3. 多管冲击式除尘器运行中的注意事项

(1) 除尘系统工作时，应使通过机组的风量保持在额定风量左右，且尽量减少风量的波动。

(2) 经常注意各检查门的严密性。

(3) 根据机组的运行经验，定期冲洗机组内部及自动控制装置中液位仪上电极杆上的积灰。

(4) 在通入含尘气体时，不允许在水位不足的情况下运转，更不允许无水运转。

(5) 经常保持自动控制装置的清洁，防止灰尘进入操作箱，发现自动控制系统失灵时，应及时检修。

(6) 当出现过高、过低水位时，应及时查明原因，排除故障。

(二) 虹吸水激式除尘器

虹吸水激式除尘器的结构原理如图16-10所示，这种除尘器用浮球阀控制水位，虹吸管自动排水，简化了大量的控制元件和电动执行机构，解决了电控水位除尘器的种种弊端，进一步接近

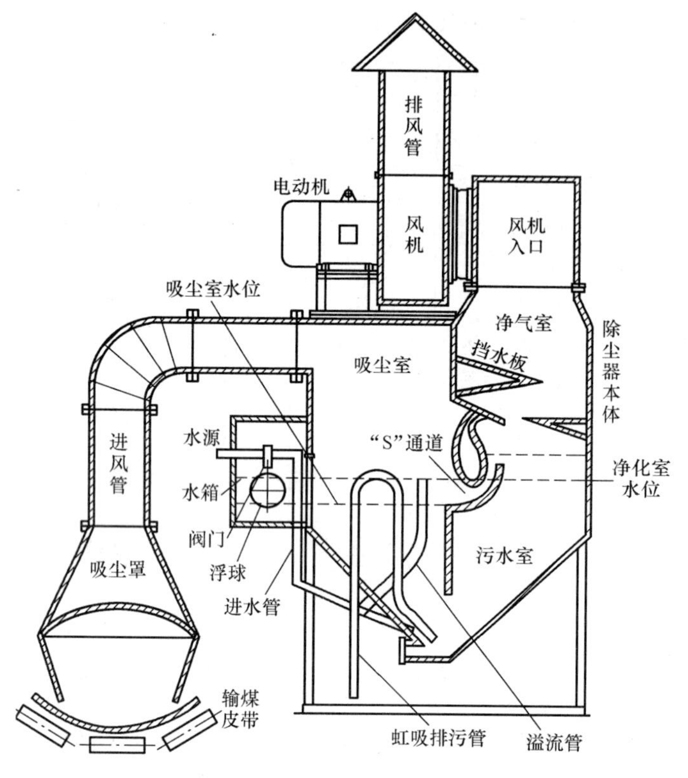

图 16-10 虹吸水激式除尘器

了无人操作和免维护运行。

1. 虹吸水激式除尘器的运行操作

(1) 打开除尘机组的水源阀门，通过过滤器、磁化管和浮球阀往机内自动充水。水源总阀门与供水阀门常开，正常情况下不得关闭。

(2) 当水位达到要求的高度时(图 16-10 中的中间虚线位置)，浮球阀自动先关闭水源，停止供水。

(3) (自动或手动) 启动风机，除尘器开始运行，净气出口及负压腔内在风力的作用下形成负压，"S"磁通道右侧的负压腔水位升高到图 16-10 中右侧移的上虚线位置，同时"S"形通道左侧的进风腔水位下降到下虚线位置，左右两侧水位相差约 20cm 多，这时与进风腔相连的浮球阀液位控制阀开始补水，直到达到原来水位线的高度 (中间虚线位置)，则停止补水，并由寻溢流管来控制水位不再升高。除尘器进入稳定运行阶段，负压腔比进风腔的水位始终高出约 10～15cm 的高度。

(4) 当除尘器停机时 (自动或手动)，负压腔的水位自然回落，以求与进风腔的水位达到一致，最终两侧水位相平衡，回落的 10～15cm 的水使新水位比原水位高出 5～8cm，这个水位正好将虹吸排污管的最高点下弯段淹没，虹吸排污管自动开始快速虹吸排污。

(5) 随着水位的下降，浮球阀同时开始从箱底补水，同时能对箱斗中沉淀的煤泥起到反冲洗的作用，由于排污管较粗，所以排水速度大于供水速度，水位将继续下降，直到箱底虹吸管的进水口露出水面后进入空气为止，虹吸被破坏后便自然停止排水。

(6) 排水停止后，供水继续进行，直到达到原有水位 (溢流管的管口高度，即图 16-10 中间虚线)，供水自停，等待为下次启动做好准备。

2. 水激式除尘器的运行与维护

水激式除尘器的运行维护项目及内容详见表 16-2。

表 16-2　　水激式除尘器的运行维护项目及内容

项　目	内　　容
启动前的检查	(1) 水箱内污水应在交班前检查清理，并自动补入清水，以免泄水管受堵 (2) 进风管过滤器滤网上的纸绳塑料等被吸上来的杂物在交班前清理，以免堵塞。运行前应检查通风管道上的过滤网，如有杂物，及时清理，保证气流畅通。如发现叶片由于磨损或腐蚀等原因而损坏时，应及时修理或更换 (3) 进水管断水时，打到停机位置，不得自动投运，以免干抽堵塞

续表

项　目	内　　容
运行要求	（1）除尘系统工作时，应使通过机组的风量保持在给定的范围内，且尽量减少风量的波动。应经常观察孔和各检查门的严密性 （2）根据机组的运行经验，定期冲洗机组内部，消除积尘及杂物 （3）除尘工作时，不允许在水位不足的条件下运转，更不允许无水运转，以免自动投运后干抽堵塞 （4）应经常保持水位自动控制装置的清洁，发现自动控制系统失灵时应及时检修。当发现溢流箱底部淤积堵塞时，可打开溢流箱下部的管帽，并由截止阀接入压力水配合清洗 （5）当风机停止运行后，吸尘管路上的蝶阀也随之关闭（电动或手动）；如果吸风管上没有安装蝶阀，除尘机组停运一个星期以上再运行时，将煤尘用水清理干净后再投入运行 （6）除尘器长时间停运时，在风机停运前，关闭除尘器供水阀门 （7）当浮球水箱内有积物，打开反冲洗门进行冲洗，干净后关闭冲洗阀门 （8）每班风机停运后及时检查排水情况，如有沉淀不能自排，应人工加水搅拌或打开排污阀盖处理，水箱内的污水应就地自动换新 （9）运行时每小时检查一次风机电动机的温度及振动，温度不得超过65℃，振动不得超过0.08mm。各地脚螺栓无松动，各指示灯显示正确。水箱、各吸风管和排灰管不得有堵塞漏水现象

3. 水击式除尘器检修项目及质量标准

水击式除尘器检修项目及质量标准详见表16-3。

表16-3　　水击式除尘器检修项目及质量标准

部　位	检修项目	检修质量标准
通风部分	（1）检查进气管有无腐蚀穿孔，穿孔处应进行补焊或更换 （2）检查S形通道有无变形和腐蚀 （3）检查、修补净气分雾室与净气出口的内壁腐蚀情况 （4）检查、更换风机叶片和轴承；并对轴承加润滑脂	（1）进气管一般是用3mm的钢板卷制，腐蚀到1mm时就需更换 （2）S形通道必须完整无变形、无破损，其一般用不锈钢制作的上、下叶片构成 （3）风机运行时的轴承温度不超过15℃ （4）风机叶片与壳体不应有摩擦，新更换的叶片应做平衡试验 （5）风机运行时的振幅不应超过0.06mm
进水部分	（1）检查并修理进水总阀、浮球阀、电磁阀 （2）检查、更换磁化管及进水管 （3）检查、清洗过滤器	（1）进水总阀、浮球阀、电磁阀的密封性应良好，不应有渗漏 （2）拆卸磁化管、过滤器并进行清洗，更换密封
反冲洗部分	（1）检查、修理电磁进水阀及手动门 （2）检查、更换进水管	（1）手动门和电磁进水阀密封良好，无渗漏 （2）进水管无破损、无渗漏
箱体部分	（1）检查、修补外部壳体和机架 （2）检查更换内部的上、下叶片和挡水板	（1）外部壳体和机架完好无破损，无穿漏 （2）上、下叶片构成的S形通道完整顺畅
排污部分	（1）检查、更换溢流管和排污管 （2）检查并修理排污门	（1）溢流管、排污管和排污门检修后应无破损，消除渗漏 （2）排污部分在风机停止运转后能正常进行虹吸排污

第五节　高压静电除尘器

一、高压静电除尘器工作原理及性能

高压静电除尘器因其低阻、高效、处理风量大而在燃煤电厂得到广泛应用，新建的大、中型

电厂都是采用高压静电除尘器处理烟尘的。

高压静电除尘器简称电除尘器，它是利用高压电场产生的静电力使尘粒从气流中分离出来。高压静电除尘器是一种高效的除尘器，对粒径为 1～2pm 的粉尘，除尘效率可达 98%～99%。但高压静电除尘器对所处理粉尘的比电阻有一定要求，常用高压静电除尘器所处理粉尘的比电阻最适宜的范围为 $1\times10^{4}\sim2\times10^{10}\Omega\cdot cm$。

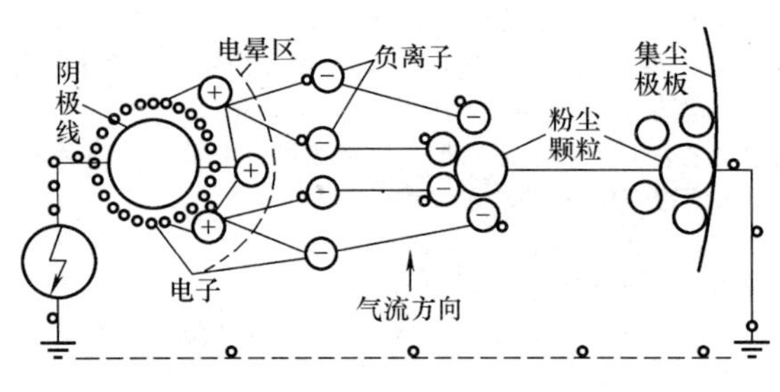

图 16-11　高压静电除尘器工作原理

常规高压静电除尘器的工作原理如图16-11所示。含有粉尘颗粒的气体在接有高压直流电源的阴极（又称电晕极）和接地的阳极板之间所形成的高压电场间通过时，由于阴极发生电晕放电使气体电离。此时带负电的气体离子在电场力的作用下向阳极运动，在运动中与粉尘颗粒相撞使尘粒荷负电。带电后的尘粒在电场力的作用下向阳极运动，到达阳极后，放出所带的电子，沉积于阳极板上。净化后的气体排出除尘器。

二、电除尘器分类

1. 按电场数分类

(1) 单区电除尘器。尘粒的荷电和捕集分离在同一电场进行，即电晕极和集尘极布置在同一电场。

(2) 双区电除尘器。尘粒的荷电和捕集分离在两个不同的区域进行，即安装有电晕放电的第一区主要是完成对尘粒的荷电过程，而装有集尘极的第二区主要是捕集已荷电的尘粒，这种电除尘器可有效地防止反电晕现象。

2. 按安放方式分类

按安放方式不同，分为立式电除尘器和卧式电除尘器。

(1) 立式电除尘器。立式电除尘器的本体一般做成管状，垂直布置，含尘气流通常自下而上流过除尘器，可正压运行也可负压运行。多用于烟气量小，粉尘易于捕集的场合。

(2) 卧式电除尘器。本体为水平布置，含尘气体在除尘器中水平流动，沿气流方向每隔数米可划分为若干单独电场（一般分成 2～5 个电场)，依次为第一电场、第二电场、等等，这样可延长粉尘粒在电场中通过的时间，从而提高除尘效率。

3. 按集尘电极形式分类

根据电除尘器集尘电极形式的不同，分为管式和板式电除尘器。

(1) 管式电除尘器。管式电除尘器多为立式布置，管轴心为放电电极，管壁为集尘电极。

(2) 板式电除尘器。板式电除尘器多为卧式布置，集尘板为板式，放电极呈线形设置在一排排平行极板之间。

4. 按清灰方式不同分类

根据对集尘极上沉降粉尘的清灰方式不同，可分为湿式电除尘器和干式电除尘器。

(1) 湿式电除尘器。湿式电除尘器通过喷雾或淋水等方式将沉积在极板上的粉尘清除下来。这种清灰方式运行稳定，能避免二次飞扬，除尘效率高，但是净化后的烟气含湿量较高，会对管道和设备造成腐蚀。

(2) 干式电除尘器。干式电除尘器通过振打装置敲击极板框架，使沉积在极板表面的灰尘落入灰斗。这种清灰方式比湿式除尘器简单，回收的干灰可以利用。但振打清灰时易引起二次飞扬，使除灰效率下降。

三、电除尘器的基本结构

电除尘器主要由两大部分组成：一部分是机械部分，烟气通过这一装置完成净化过程；另一部分是提供高压直流电的装置，称为电气部分装置，将380V、50Hz的交流电转换成为72kV的直流电供电除尘器使用。

如图16-12所示，电除尘器的机械部分主要由进出口烟道、壳体、阴极系统（包括振打清灰装置）、阳极系统（包括振打清灰装置）、灰斗等部件组成。振打清灰装置如图16-13所示。

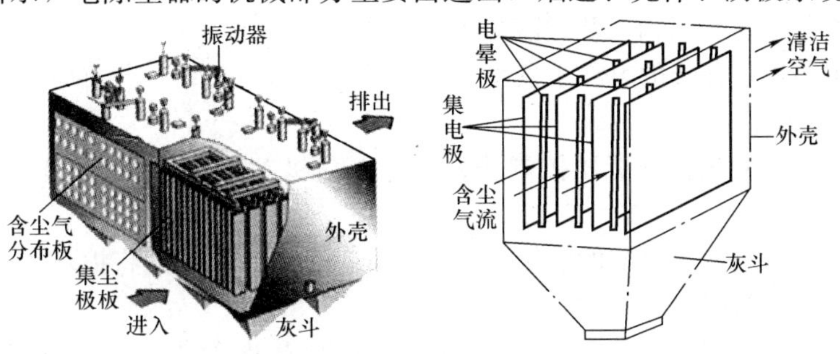

图16-12　电除尘器的结构

四、卧式电除尘器

在发电厂输煤系统中应用的主要是卧式电除尘器。卧式静电除尘器可直接装在输煤槽内，其结构组成如图16-14所示。卧式电除尘器主要由高压发生器、电晕线、绝缘板、外壳等几部分组成。

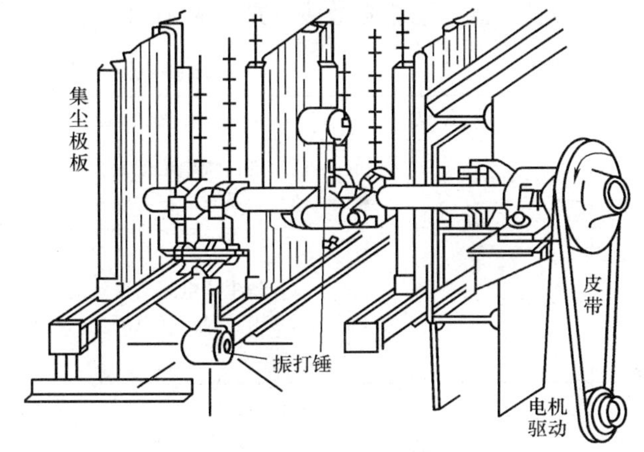

图16-13　电除尘器的振打清灰装置

静电除尘器的主要优点是：除尘效率高，特别是对5μm以下的尘粒量更有效。还具有压力损失小、能耗低、安装容易、占地面积小、维护量小等特点。目前电除尘器投入使用率低的原因是在产品质量结构设计上问题较大，其控制部分为落后的分立原件，芒刺线要一年一换。竖管内壁易腐蚀和结垢，从而产生反电晕，降低了除尘效率。近几年已生产的新一代电除尘装置，分立元件改为微电脑控制，电场部分改为不锈钢结构，绝缘子备有干燥用的热风机，基本上克服了原有的弊端。

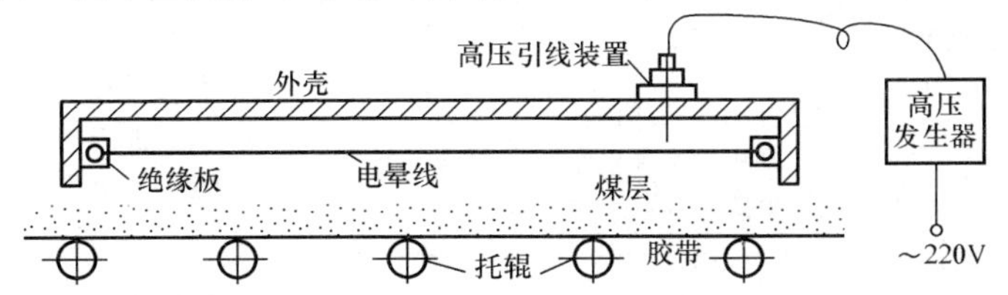

图16-14　电除尘器结构示意图

五、高压静电除尘器设备的维护保养

1. 机体部分的维护保养

（1）定期检查接地电阻是否在2Ω以下，并使之符合规定要求。

(2) 每周检查高压电线接头是否完好，电瓷进线棒和绝缘吊挂是否有积灰，每周做清洁工作一次，若有爬电或击穿情况，应及时更换绝缘件。

(3) 每周检查清灰及振打装置，是否有断裂或疲劳裂纹，连接用的螺栓是否有松动，传动部分是否运转自如，若有应及时修复。

(4) 每周检查电晕线悬挂装置是否牢固，是否在各筒体中心位置，若有移动应及时调整并紧固。

(5) 每班检查灰斗及卸灰阀，及时清灰，防止堵灰。

(6) 每月检查与风机连接的电除尘器出口法兰螺栓是否有松动，若有应调整并紧固。

2. 电气部分的维护保养

(1) 控制箱、高压发生器、低压控制箱、振打电动机等应保持清洁，防止积灰，每周清洁一次。

(2) 不得自行开启高压发生器的油箱盖、开油孔及油盖帽，否则将损坏高压发生器。

(3) 损坏的机件应及时更换。

(4) 设备调试和运行时，人员不得接近或触及高压静电除尘器的高压部分，否则有生命危险。

3. 高压静电除尘器常见故障处理

高压静电除尘器常见故障处理见表 16-4。

表 16-4　　高压静电除尘器常见故障处理

序号	故障现象	故障原因	处理方法
1	电晕封闭	(1) 进口含尘浓度太大 (2) 未及时清灰	(1) 控制入口含尘浓度 (2) 振打电晕线
2	反电晕	(1) 粉尘比电阻高于规定值 (2) 未及时清除电场上的积灰	(1) 预先对烟气进行比电阻调整，可采用烟气增湿方法使烟气比电阻降到 $10^{10}\Omega \cdot cm$ 以下 (2) 及时振打清灰
3	二次工作电流过大，二次整流电压升不高，接近 0V	(1) 电晕线间短路 (2) 电场内绝缘体结露 (3) 高压部分绝缘不良，高压电缆或电缆对地击穿短路 (4) 电晕线折断，留下断头，侧向偏出，靠近筒体	(1) 清除造成短路的杂物或断脱的电晕线 (2) 提高烟尘温度到露点以上 (3) 检查电缆绝缘情况，或更换电缆 (4) 检查断线处，去掉残余断线
4	二次工作电流正常或偏大，整流电压升到较低数值就产生电火花	(1) 筒体与电晕线之间距离局部变小 (2) 杂物落在或挂在电晕线上 (3) 高压供电装置结露、漏电 (4) 电缆击穿或漏电	(1) 检查极间距离 (2) 清除杂物 (3) 检查原因，提高烟气温度 (4) 检查并更换电缆
5	二次电压正常而二次电流很小，毫安数比正常值大大降低	(1) 电晕线或筒体壁积灰过多 (2) 振打装置未开或失灵 (3) 烟气含尘浓度过大造成电晕封闭 (4) 接地电阻过高	(1) 清除积灰 (2) 检查振打装置，采取改进措施 (3) 降低烟气中含尘浓度，降低风速或提高工作电压 (4) 使接地电阻在 2Ω 以下

续表

序号	故障现象	故障原因	处理方法
6	二次电流不稳定，毫安表指针周期性摆动、不规则摇摆或剧烈摆动	（1）电晕线折断，残余断线摆晃 （2）几段电晕线长度不均匀，产生摆晃 （3）粉尘的物理特性急剧变化 （4）高压绝缘子对地产生沿面放电或高压电缆对地击穿	（1）清除残余断线或更换新线 （2）调整电晕线长度 （3）针对工艺方面解决问题 （4）检查并处理产生放电的故障点
7	设备启动即报警	（1）压敏电阻击穿 （2）SCR1 或 SCR2 短路或击穿 （3）绝缘件结露	（1）更换压敏电阻 （2）自行更换备件 （3）检查、修理、清洁绝缘件

六、电除尘器检修

1. 检修项目

（1）电场本体清扫。

（2）阳极板检修。

（3）阳极振打装置检修。

（4）阴极振打悬挂装置、框架及极线检修。

（5）灰斗及卸灰装置检修。

（6）壳体及外围设备、进出口喇叭槽形板检修。

（7）冲灰水系统检修。

2. 检修工艺

电除尘器的具体检修内容见表 16-5。

表 16-5　　电除尘器的具体检修工艺内容

序号	项　目	内　容
1	安全措施	只有在电除尘器电源完全关断的情况下，才能进入电除尘器。进入电场前还应用接地挂钩挂接阴极柜。内部工作人员不少于两人，且至少有一人在外监护
2	清灰前检查	（1）观察阳极板、阴极线的积灰情况，分析积灰原因，做好技术记录 （2）观察气流分布板、槽形板的积灰情况，分析积灰原因，做好技术记录 （3）极板弯曲偏移、阴极框架变形，极线脱落或松动等情况及极间距的检查
3	清灰	（1）电场内部清灰（极板、槽形板、灰斗、进出口及导流板、分布板、壳内壁） （2）自上而下清灰，由入口到出口进行。要注意工具等不要掉入灰斗中 （3）灰斗堵灰应查找原因，清除积灰时，应开启排灰阀，然后用水冲洗
4	阳极板完好性检查	（1）用目测或拉线法检查阳极板变形情况 （2）检查极板锈蚀及电蚀情况，找出原因并予以清除。对穿孔的极板及损伤深度与面积过大造成极板变形、极距无法保证的极板应予以更换
5	阳极板排完好性检查	（1）检查阳极板排连接板焊接是否脱掉，并予以处理。补焊时宜采用直流焊机，以减少对板排平面度的影响 （2）检查极板定位板、导向槽钢是否脱焊与变形，必要时进行补焊与校正 （3）检查极板排下沉及沿烟气方向位移情况，若有下沉应检查顶梁吊耳、悬挂销板、固定板焊接情况，必要时处理 （4）整个极板排组合情况良好，各极板经目测无明显凸凹现象

续表

序号	项　目	内　容
6	阳极板同极距检测	每个电场以中间部分较为平直的阳极板面的基准测量极距，间距测量可选在每排极板的出入口位置，沿极板高度分上、中、下三点进行，极板高度明显有变形部位，可适当增加测点。每次大修应同一位置测量，并将测量及调整后的数据记入设备档案
7	极板的整体调整	（1）同极距的调整。当弯曲变形较大，可通过木锤或橡皮锤敲击弯曲最大处，然后均匀减少力度向两端延伸敲击予以校正。敲击点应在极板两侧边，严禁敲击极板的工作面。当变形过大，校正困难，无法保证同极距允许范围内时应予以更换 （2）当极板有严重错位或下沉情况，同极距超过规定而现场无法消除及需要更换极板时，在大修前要做好揭顶准备，编制较为详细的检修方案。 （3）新换的每块阳极板应按制造厂规定进行测试，极板排组合后平面及对角线误差符合制造厂要求，吊装时应符合原来的排列方式
8	振打装置检修	（1）结合阳极板积灰检查情况，找出振打力明显不足的电场与阳极板排，作重点检查处理 （2）检查振打锤各机构是否灵活，振打锤振打动作完成后是否能复位。若振打锤不能复位，应检查电磁铁线圈内角是否磨损，若磨损应及时更换 （3）检查振打线圈是否存在漏皮及其引线接头是否存在裸露破皮现象
9	阴极悬挂装置检查检修	（1）检查各个承压绝缘子是否水平放置 （2）检查阴极吊梁各个点之间是否在同一水平面，存在误差时调整绝缘子支承法兰上螺母，使各吊点保持水平 （3）用清洁干燥的软布擦拭承压绝缘子内外表面，检查绝缘表面是否有机械损伤、绝缘破坏及放电痕迹，更换破裂的承压绝缘子。绝缘部件更换前应先进行耐压试验。更换承压绝缘部件时，必须有相应的固定措施，用临时挂钩将吊点稳妥转移到临时支撑点的部件。更换后调整各吊点保持水平，应注意将绝缘子底部周围石棉绳塞严，以防漏风 （4）检查框架吊杆顶部螺母有无松动、移动，绝缘子两头定位元件是否脱落 （5）见阳极振打装置部分的 2～3 点
10	阴极框架的检修	（1）检修阴极框架使整体平面度公差符合要求，并进行校正 （2）检查框架局部变形、脱焊、开裂等情况，并进行调整与加强处理

3．质量标准

（1）清理部件表面积灰并干燥，防止设备腐蚀。

（2）板排组合良好，无连接板脱开或脱掉情况，左右活动间隙能保证略微活动。

（3）支承绝缘子无机械损伤及绝缘破坏情况。新换高压绝缘部件的交流耐压试验标准：1.5 倍电场额定电压充压试验后，1min 应不击穿，并如实做好记录。

（4）阴极线无松动、断线、脱落情况。电场异极距得到保证，阴极线放电性能良好。

（5）灰斗内壁无泄漏点，灰斗四角光滑，没有容易滞留灰的死角。

（6）灰斗不变形，支撑结构牢固，壳体内壁无泄漏、腐蚀，壁平直。

（7）人孔门不泄漏，安全标志完备，进、出口喇叭无变形、泄漏、过度磨损。

（8）若磨损总面积超过 30%时，应予以整体更换。

（9）阀门及管路应无泄漏，管壁腐蚀量达到壁厚 1/2 时要更换。对容易腐蚀的管路（如使用海水）应使用耐腐的材料，以确保冲灰水系统的可靠运行。

（10）灰沟畅通，无杂物沉积吸附。沟底完整，盖板齐全。

第六节　喷　水　除　尘

喷水除尘是借助一定的装置，产生一个软封——水雾封，将尘源封闭。水雾与煤尘高速、反复碰撞，将其捕集，并一起黏附于原煤表面，由于原煤表面加了一层水，表面张力增大，进入下一道工序前不会产生超量粉尘，增加燃煤含水量对下一道工序尘源的治理有利。

喷水除尘与加湿物料抑尘不同，不会造成燃煤含水量过高而影响设备正常运行。每个尘源的加水量一般很小，以能消除该处的粉尘为度。因此，只要设计合理，并按操作规程正确使用，不仅能控制粉尘，还能避免燃煤含水量显著增加而影响安全运行。

一、喷水除尘的机理

来煤的含水量对粉尘的大小有决定性的作用，水分大于8%时粉尘不大，须停止喷水，否则容易堵煤；水分在4%～8%时，一般除尘效果很明显；水分低于4%时粉尘较大，不好控制，需要从煤源点开始进行喷水和加湿控制。

喷水除尘的机理是：高速运动的水滴截留尘粒以及尘粒与水滴之间的惯性碰撞；尘粒因扩散运动撞击水滴并黏附在水滴上；含尘气体因湿度增加，尘粒相互凝聚，使体积增大而沉降；表层物料含水量增加，表面张力增大，尘粒不再飘散。

二、喷水除尘系统的构成

喷水除尘系统由供水装置、加压输水系统、除尘喷头、防尘罩、控制电气等五部分组成。

1. 供水装置

供水装置可以是水池、水箱或水槽，也可以借助其他压力水管网，例如生产、生活或消防水系统。

煤场、带式输送机转运点等喷水除尘用水量大，常采用水池或水箱供水，可利用输煤栈桥水冲洗的废水，经沉淀后利用。给煤机、翻车机、斗轮堆取料机等行走作业设备，应采用BGC系列玻璃钢水槽供水。

2. 加压输水系统

加压输水系统主要由水泵、阀门、管道和管件组成。当借用其他压力管网时，一般不需要水泵。如压力偏低，仍需用水泵二次加压。反之，如压力偏高，则需用阀门或节流装置减压。因系统的水压过高、过低或水量不足均直接会影响到除尘效果，所以对不同部位的除尘系统，都应进行水力计算，合理选配水泵和管道。

主管路中的制高点和局部突起部位，均安装有空气阀，用于排除管内的空气。在水泵出口、支线隔离阀下游等处安装有压力表，以调压及便于运行管理。在每个喷头上游安装有手动阀门，用于调压和局部关断。

3. 除尘喷头

除尘喷头是喷水除尘的关键设备，分设备用PCL系列喷头和场地用旋转喷头两大类。PCL系列喷头产生水雾封，封堵输煤设备产生的尘源。旋转喷头模拟自然降雨向场地内洒水。

带式输送机转运点、给煤机、翻车机等作业设备，采用PCL系列喷头。煤场、灰场、干煤棚等大面积开放性尘源，采用旋转喷头。斗轮堆取料机、门式抓斗机等室外作业设备，采取上述两类喷头配合使用。干煤棚也采用PCL系列大喷嘴喷头。

4. 防尘罩

防尘罩的作用是把粉尘限制在一定空间，增加粉尘与水雾的碰撞几率和速度，提高除尘效率，并防止水外溅。它是非密闭型罩壳，也可以只是一块挡板。

带式输送机转运点尾部采用 BCZ 系列玻璃钢防尘罩，头部利用皮带滚筒头罩。其他输运煤设备可根据需要制作。煤场、干煤棚等不需要防尘罩。

5. 控制电气

控制电气是指由液位器、光控器、控制箱（柜）和电磁阀等组成的自动控制系统。

三、PKG 型光电式自动喷水控制器

该控制器主要用于带式输送机转运点喷水除尘的自动控制。它是由发射光头、接收光头和控制盒三部分组成。两个光头分别安装在输送带头部两侧或落煤筒下部两侧外面。当输送带上有煤流通过时，发射光头发出的红外光被煤流遮挡，不能进入接收光头，控制器瞬时动作，使安装于管路的电磁阀通电，喷水开始。当输送带上无煤流通过或煤量很少时，发射光头发出的红外光进入接收光头，电磁阀失电，喷水停止。该控制器采用红外光脉冲调制技术，与输送带之间无机械接触，可靠性高，寿命长，且不受环境光源（太阳光、灯光等）的影响，最大监视距离 5m，适用于带宽 B=400～2000mm 的带式输送机。

(1) ZDFC 型电磁阀。它是喷水除尘自动控制的执行器，它将先导阀、手动阀和节流阀组合于一体，先导阀接受电信号后带动主阀动作。主阀动作时间可调，磨损后也可通过调整进行补偿。该电磁阀的主要优点是开关时不产生水锤，动作可靠，阀体上有手动装置，不需增设旁通管路。该阀可平装、立装或斜装。

(2) PCL20 型系列除尘喷头。它是与 PKG 型光电式自动喷水控制器配套使用的专用喷头，可装在翻车机、螺旋卸车机、叶轮给煤机、斗轮堆取料机、碎煤机等输煤设备上作喷水除尘使用。它的进口直径为 20mm，接口为 G3/4 时内螺纹。喷嘴出水口直径分为 3、4、5、6mm 四种，喷射锥角分为 60°、90°、120°三种，流量 0.10～0.50m^3/h，额定水压 0.25MPa。采用铜、不锈钢、尼龙等制造。其主要优点是：工作压力低，雾化适中，过流断面大（内流道最小过流断面 3mm×3mm），不易堵塞。

四、喷水除尘系统的应用

喷水除尘系统为水槽供水方式。选用 PCL20 系列除尘喷头。

（一）卸煤系统的喷淋装置

1. 螺旋卸车机喷淋装置

图 16-15 所示为螺旋卸车机喷淋装置示意图，其使用要点如下：

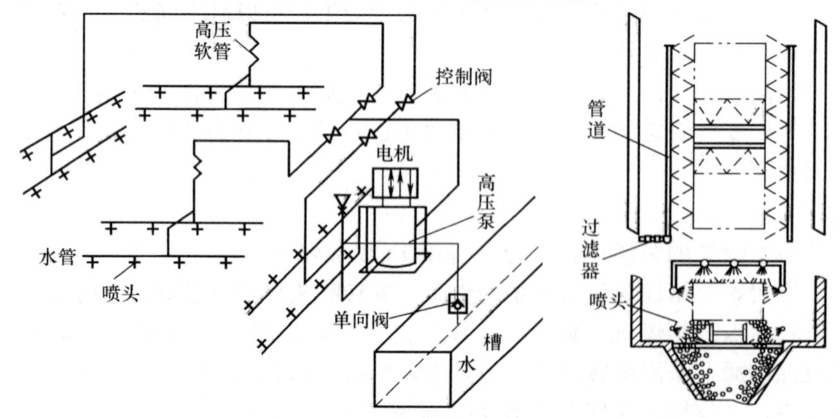

图 16-15　螺旋卸车机喷淋装置示意图

(1) 卸车和喷淋同时进行，两侧墙壁可分别设置 2 个不同角度的喷嘴，在卸车的同时，可将卸车棚墙壁清洗干净。

(2) 喷淋关键是将螺旋头旋转范围全部覆盖住，螺旋头两侧和起升机构两侧机构喷嘴配置合理，保证将煤的卸车流动方向全部覆盖，起到除尘效果。螺旋头适当增加喷嘴数量，并提高雾化效果，但应避免煤表面水分饱和，影响煤的流动性。

(3) 螺旋头起升部位部分水管可用高压胶管连接，喷头可采用铁板打孔固定，避免因螺旋头卸煤导致损坏喷嘴。

(4) 选用适宜的增压泵，避免发生水泵与水槽的虹吸现象。喷淋装置使用后注意将余水放净，避免冬季冻裂水管路。

(5) 电控机构可采用螺旋头和起升机构、喷嘴的分组控制，开启时其顺序可逐组开启，以延长水泵、管路和相关元件的使用寿命，减小启动时水管路的压力。

2. 汽车卸煤喷淋装置

图 16-16 所示为汽车卸煤喷淋装置。

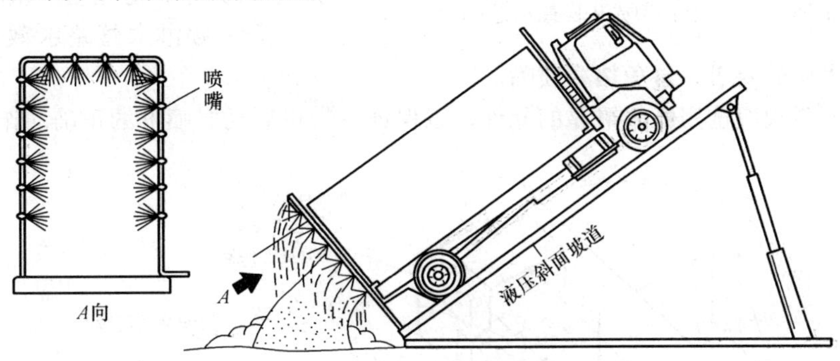

图 16-16　汽车卸煤喷淋装置

3. 抓斗卸煤喷淋装置

图 16-17 所示为抓斗卸煤喷淋装置。

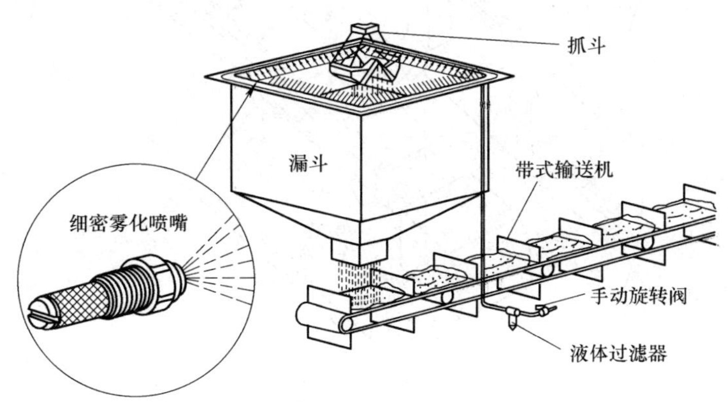

图 16-17　抓斗卸煤喷淋装置

(二) 叶轮给煤机喷淋装置

图 16-18 所示为叶轮给煤机喷淋装置示意图，其使用要点如下：

(1) 喷嘴设置 2 个不同的方向，采取交叉布置，一部分喷嘴对准叶轮给煤机的落料方向；另一部分对准叶轮给煤机内煤的流动方向，以达到更好的除尘效果。

(2) 喷淋电控箱与叶轮电控箱分开布置，便于值班工人视煤的干燥程度随时启动喷淋电控箱，避免电能和水量的浪费。

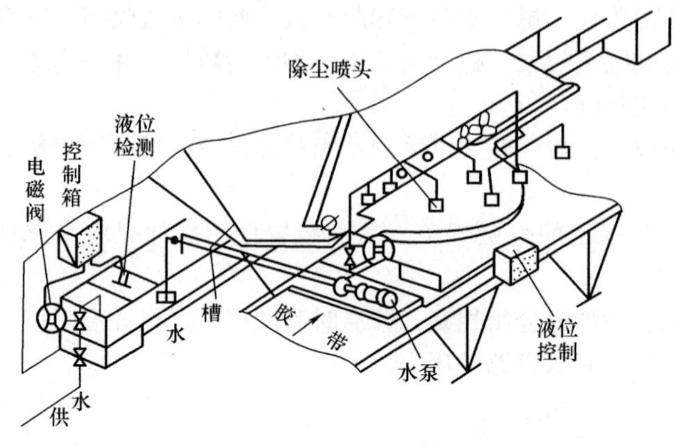

图 16-18　叶轮给煤机喷淋装置示意图

(3) 水槽在煤斗两侧分别布置，并安装牢固，其长度根据叶轮给煤机行走长度确定。

（三）带式输送机喷淋装置

图 16-19 所示为带式输送机喷淋装置示意图，其要点和关键如下：

(1) 重点在带式输送机的转运点处安装喷淋装置，如图 16-20 所示。

(2) 皮带喷淋喷头安装的高度位置应适宜，以喷头喷水锥角覆盖皮带宽度的 90%为宜，避免用水量的浪费。

(3) 喷淋水管路水截门前应安装过滤器，以适应水质的要求，避免堵塞喷嘴。

(4) 喷水电磁阀应选用性能可靠的元件，以保证皮带机启动时喷淋的正确动作，避免误动。

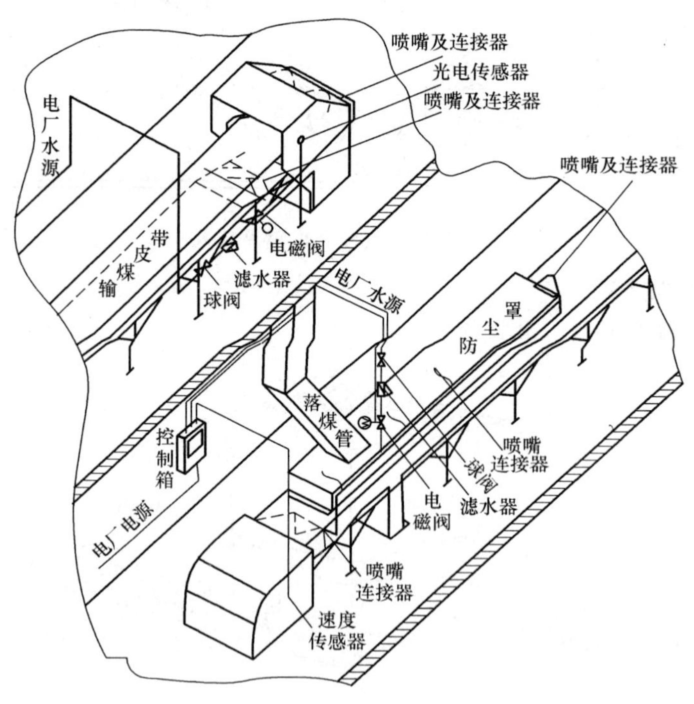

图 16-19　带式输送机喷淋装置示意图

(5) 在皮带机头部适当布置喷嘴，于落煤管上部在煤流下落位置（即落煤管头部）适当布置喷嘴，以达到更好的除尘目的。

(6) 带式输送机的空程皮带也有必要喷雾除尘，且设置清除污泥的毛毡，如图 16-21 所示。

(7) 可设置自动洒水喷淋装置。如图 16-22 所示，转轮为传动胶轮，在皮带运动摩擦下转动并把信号传递给供水系统，接通水路，喷头开始喷水，当传动轮停止转动时则中断信号，水路关闭喷嘴停止喷水。此装置结构简单，便于维护保养，运行可靠，可实现喷淋自动化。

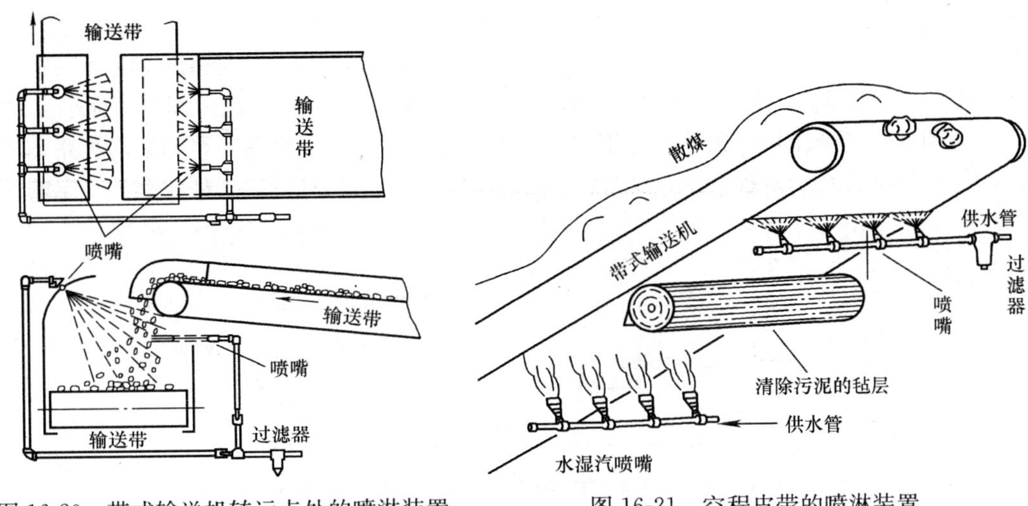

图 16-20　带式输送机转运点处的喷淋装置

图 16-21　空程皮带的喷淋装置

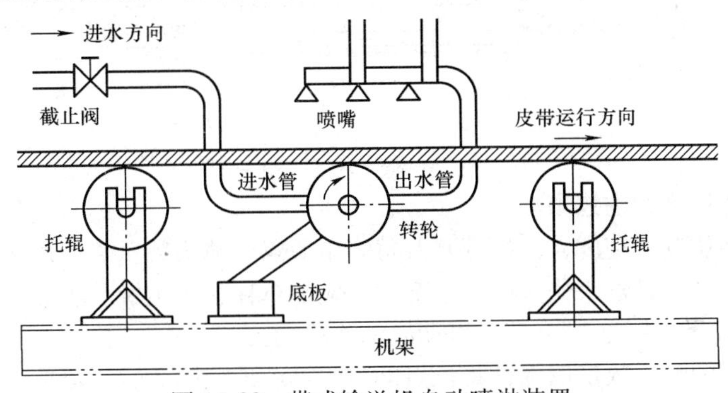

图 16-22　带式输送机自动喷淋装置

(四) 煤场喷淋装置

如图 16-23 所示。煤场喷淋主要考虑春、夏、秋三季使用，应环煤场设置或按一定间隔布

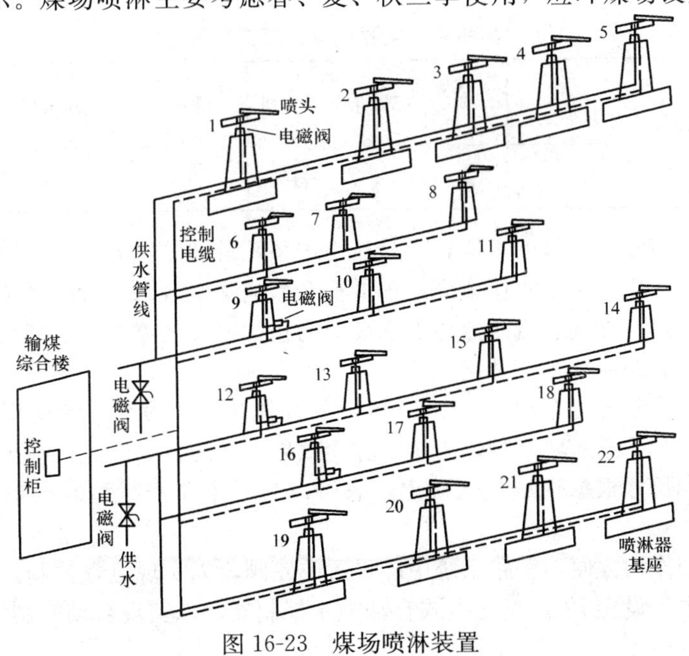

图 16-23　煤场喷淋装置

置，选用 SR3003 型垂直摇臂喷头的喷射仰角为 43°，喷射角度可任意调整。工作压力为 0.25～0.7MPa，射程为 20～49m，可有 5～22 个喷头，射程和压力可根据煤的堆积高度及每个喷头控制半径（图 16-24）调整。喷水管路采用预埋方式，喷水喷头部位设置电磁阀和放水管，喷水管喷头部位建围池，冬季用稻草预埋，并把喷水管路的余水放干净，避免冬季冻裂水管路。在夏季投入露天煤场喷淋可在一定程度上避免煤的热量和挥发分损失，对节能降耗能起到一定的作用。

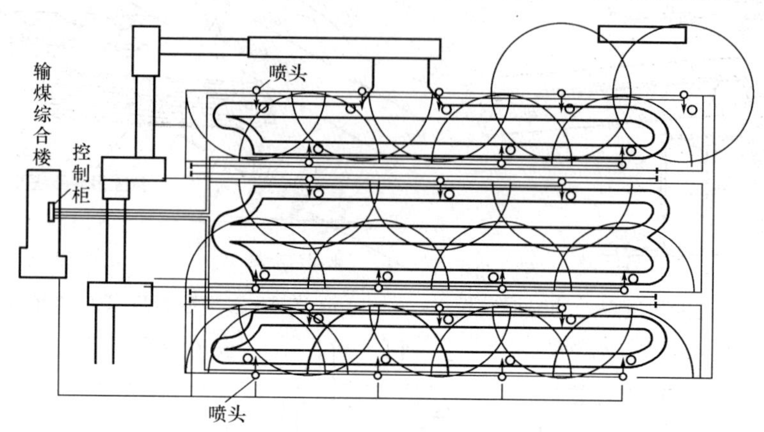

图 16-24　喷淋装置及喷头控制范围示意图

五、喷水除尘使用维护注意事项

（1）喷头的安装位置（高度、方向等）及每个尘源点的喷头数量直接影响除尘效果，施工前应进行周密设计。其原则是喷头构成的“水雾封”应能罩住整个尘源，不能有遗漏和死角。在必要的情况下，应考虑设置多道“屏障”，以彻底消除粉尘。

（2）每个尘源点的喷头数量以保证将该点的粉尘被就地消除为宜，不能太少也不能太多。喷头数量太少除尘效果不佳，不能达到根治目的。喷头数量太多会造成燃煤含水量过高，影响正常生产。各种输煤尘源点推荐喷头数量见表 16-6。

表 16-6　　各种输煤尘源点推荐喷头数量

喷淋设备	单条皮带机		一套翻车机	螺旋卸车机	叶轮给煤机	概率筛	碎煤机	斗轮机	
	头部	尾槽						悬臂式	门式
喷头（个）	1～3	5～12	50～70	40～50	10～18	3～5	10～20	15～20	40～60

（3）额定水压是指喷头进口的水压，不是压力水系统首端的压力，设计时应考虑管路上的水压损失。实际提供的水压比额定水压偏高或偏低都会影响除尘效果。管路系统安装结束后，应在不安装喷头的情况下进行冲洗，直到流出的水变清为止，再安装喷头。系统长期停用，则重新使用前也应拆掉喷头对管路系统进行冲洗。

（4）喷头所用水中不应含有粒径大于 1.5mm 的固体颗粒。喷头连续使用 3 个月后，应进行检查，遇有堵塞者，拆下清除堵塞物。为增强除尘效果，并防止水外溅，喷头应与防尘罩配套使用。防尘罩的形状和尺寸根据现场情况确定，它可以是一个非密封型的壳罩，也可以只是一块挡板。

（5）为了使用操作的方便，管路系统中应设置电磁阀，以实现电气控制。在带式输煤机的转运点喷水除尘系统中应设置 PKG 型光电式自动喷水控制器，以实现自动控制。

第七节 除尘系统其他设备

一、输煤栈桥的水力清扫

输煤过程中会有煤尘散落在输煤走廊及转运站等处，因此需要及时清扫。水力清扫只是对少量落煤和地面粉尘进行清扫，对大量撒煤的情况，应先用人力清扫，后再用水力清扫，以防止排水沟堵塞。因污水中含有大量的煤泥和煤渣块，所以进行水力清扫时应注意以下要求：

（1）被冲洗的地面必须有不小于 1∶100 的坡度，以便及时排污水。

（2）各个排水地漏管的入口必须有完好合格箅子，以防大量煤泥落入。

（3）各处排水管都应倾斜布置，尽量少用水平走向，以防沉积煤泥而堵管。

二、排污泵

储煤场喷水和输煤栈桥的水力清扫后产生的污水必须经过专门的排水设施及时排出，否则将会造成地面积水；而且为了避免储煤场积水，在修建储煤场时在其周围设置蓄水池。

污水由排污泵打至储煤场附近的沉淀池中，经沉淀后，污水用泵打入水工专业污水处理站，沉淀的煤泥由单轨抓斗抓出后送入储煤场。沉淀池共有两格，以便于交替使用。

在污水排放系统中主要的设备就是排污泵。输煤系统常用的离心泥浆泵有卧式和立式两种，其中立式泥浆泵是高杆泵，其电动机在水面以上，泵体在水中，这种排污泵工作可靠，适应性强，扬程高，故障少。潜水泵只能应急使用，不宜长期固定使用。每台排污泵出口均设有再循环管，可利用此管将集水井中的沉淀物冲起，并由排污泵排出，防止集水井淤积。

（一）卧式泥浆泵

1. 结构原理

离心卧式泥浆泵的结构原理如图 16-25 所示，工作时泵壳中充满水，当叶轮转动时，液体在叶轮的作用下，作高速旋转运动。因受离心力的作用，使内腔外缘处的液体压力上升，利用此压力将水压向出水管。与此同时，叶轮中心位置液体的压力降低，形成真空，在大气压的作用下使坑水迅速自然流入填补，这样离心水泵就源源不断地将水吸入并压出。底阀严密与否是排污泵能否正常投入运行的关键。

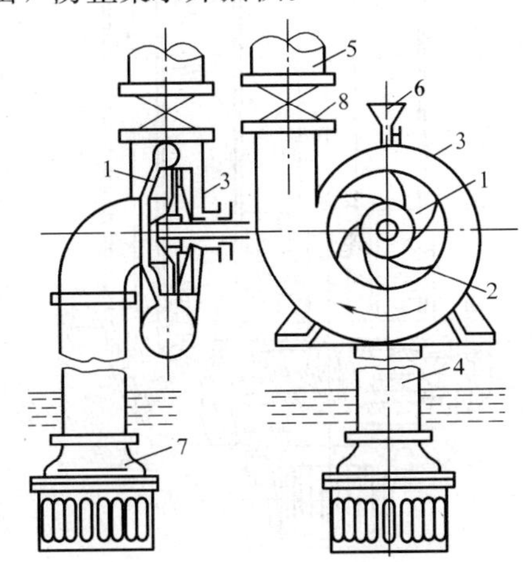

图 16-25 离心卧式泥浆泵
1—叶轮；2—叶片；3—泵壳；
4—吸水管；5—出水管；
6—引水漏斗；7—底阀；
8—出口阀门

泥浆泵一般适用于泥沙重量比小于 50%的混浊液体。使用泥浆泵应注意：因其所输送的介质含有泥沙，对机件的磨损较大，所以在泵壳内装有防磨护板，叶轮选用优质耐磨材料制成，并且将易损件加厚。现场使用泥浆泵时，为了减小泵的磨损，避免较大的煤块和杂物以及过多的煤粒进入泵中，在集水坑污水进口处应装有可靠有效的箅子，以便使颗粒沉入池底，池内较浑浊的水用泥浆泵排出。

2. 运行维护

（1）常见故障及原因。

1）启动后不排水的原因有：水泵转向不对、吸水管道漏气、泵内有空气、进水口堵塞、排水门未开或故障卡死、排水管道堵死、叶轮脱落或损坏等。

2）异常振动的原因有：轴弯曲或叶轮严重磨损、转动部分零件松动或损坏、轴承故障、地脚螺栓松动等。

(2) 检查内容与要求。

1) 污水泵泵体应不倾斜，基础螺栓及结合螺栓应紧固无松动。运行中轴承温度不应大于75℃。

2) 如污水泵开启后不吸水，应检查泵管入口处有无杂物堵塞。

3) 各种水泵启动后应无摩擦声或其他不正常声音，抽水应正常。

4) 电动机引线及电缆线无破损，无接触不良现象。

5) 水管接头部位有水泄漏时应随时紧固处理。

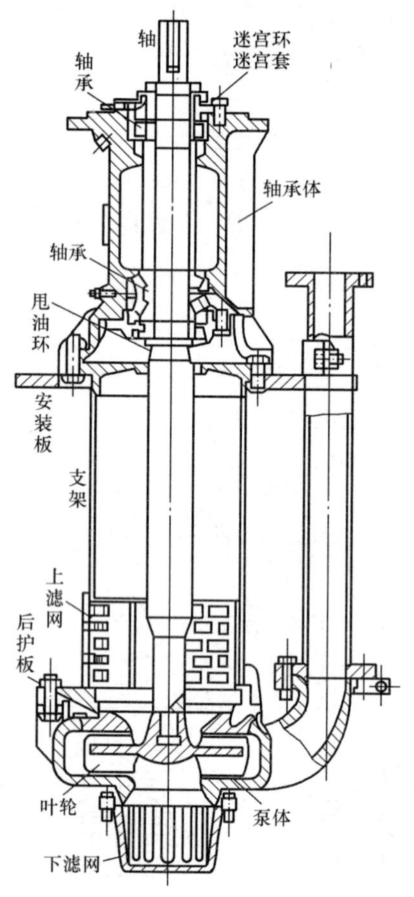

图 16-26　液下泵结构

(二) 液下泵

1. 液下泵结构原理

液下泵（又称立式泥浆泵或高杆泵）的结构如图16-26所示，立式泥浆泵是由电动机、底座、轴承箱、泵体、叶轮、护罩、出水管等部件组成，其泵体、叶轮和护板均用耐磨材料制造。液下泵结构简单，安装方便，泵体用螺栓固定在支架上，支架上端安放轴承体，轴承体靠泵端采用双列圆锥滚子轴承，驱动端采用单列圆柱滚子轴承，能承受泵的最大轴向负荷。轴承体上安装有电动机座或电动机支架，可以采用直联传动或三角皮带传动，而且可以方便地更换皮带轮，以改变泵的转速，满足工况变化或泵磨损后性能的变化。支架上带有对开的安装板，安装板可以方便地架在钢架基础或混凝土基础上，泵应浸入渣浆池内工作，泵体吸入口带有滤网，可防止大颗粒进入泵内。

泵轴在电动机驱动下带动叶轮旋转，当泵体内充满水的情况下，叶轮的旋转产生离心力，叶轮槽道中的水在离心力的作用下，甩向外围，经出水管排出。当叶轮中心压力降到低于吸水管内的压力时，水就在这个压力差的作用下，由进水管处流入叶轮，泵就可以不断地吸水和排水。

2. 液下泵的启、停操作

(1) 观察泵的安装基础是否已经稳固，所有各部件螺栓是否拧紧。

(2) 检查泵轴向间隙是否已经调整好（扳动联轴器无摩擦声即可）。

(3) 油杯注入钙基黄油。

(4) 检查电机旋转方向是否正确。

(5) 启动电机，打开压力表旋塞，当泵以全转数工作时，调节闸阀开度到需要范围。

(6) 泵停止工作时，应先停止电动机，然后闭上压力表旋塞。

(7) 泵长期停运时，应将泵拆开，擦拭干净，涂上防锈油妥善保存。

3. 液下泵的运行

(1) 注意泵轴承温度，不应超过外界温度35℃，同时最高不应大于75℃。

(2) 油杯内应注满钙基黄油，保证轴承能正常润滑。

(3) 泵在工作第一个月内，或运转100h后，应更换电机支承油杯内的黄油，以后每工作

2000h后更换一次。

（4）定期检查弹性联轴器，注意电机轴承温升。

（5）动转过程中，如发现噪声或不寻常的声音时，应立即停车检查。

（6）泵每工作2000h应进行周期检查，叶轮、泵体（或泵盖）之间间隙的磨损不能过大，间隙的最大值不得超过1.5mm，如超过可更换叶轮或前盖。

4. 液下泵的常见故障及处理方法

液下泵的常见故障及处理方法见表16-7。

表16-7　液下泵的常见故障及处理方法

故　障	原　因	解决方法
水泵不出水，压力表指针剧烈跳动	进水口被淤塞，管路与仪表漏气	排出淤塞，拧紧或堵塞漏气处
水泵不出水	泵进水口高于液面，旋转方向不对	增高液面或下降泵的安装高度，检查电机转向
压力表指示泵出水处有压力，但泵仍不出水	出水管阻太大，叶轮淤塞，转数不足	检查管路、清洗叶轮、增加泵的转数
流量过低	水泵淤塞，转数不足，叶轮磨损过大	清洗泵及管路，增加转数，更换叶轮
泵消耗功率过大	泵供水量过小（或全关闭），叶轮磨损	出口管开启闸阀，更换叶轮
轴承过热	轴承缺油，轴承内部有污物或损坏	增添润滑脂，清洗轴承或更换轴承

5. 液下泵的检修工艺及质量标准

（1）按顺序将电动机、机座、轴承箱拆开。

（2）拆下泵体。

（3）松开调整螺母，卸下叶轮（如果叶轮和护板配合过紧，不可用手锤硬打叶轮，可用火焰加热后，再把叶轮卸掉），检查叶轮的磨损情况，叶轮磨损严重时应更换。新更换的叶轮两端面对叶轮轴线的跳动量不得大于1.5mm。

（4）取下护板和轴套，检查下轴套、护板的磨损情况，磨损严重者应立即更换。

（5）抽出传动轴，清洗轴承，检查其损伤及轴变形情况。轴的径向跳动，中间不超过0.05mm，两端不超过0.02mm，否则要对泵轴进行校直，严重变形扭曲或有其他严重缺陷的泵应更换。

（6）叶轮与护板以及叶轮与泵壳的间隙要均匀，无摩擦现象，轴用手盘动时应能灵活转动，如较沉或发涩，则要进一步调整。调整至不擦碰，转动自如，间隙均匀为止。然后将调整螺母拧紧，用轴套压紧叶轮。

（7）各密封件应完整无损，按标准材料更换密封件，不得以劣质材料代替。

（8）出水管处引至室外的胶管不得有弯折现象，

（9）轴承润滑要良好，加油量符合标准。

（10）防砂盘要压紧油封，顶丝要拧紧。

（11）各连接螺栓、螺母要拧紧，不可松动。

（12）试车前，应首先试验电动机转向是否正确，转向不正确会造成叶轮脱落松扣，打坏叶轮。

（三）输煤系统的污水处理

在输煤污水处理当中，一般经过三级沉淀池进行常规处理后的污水即可循环利用，水泵装在第三级沉淀池内，而且要有两套系统交替使用。通常清挖沉淀池的办法是在池上挂一个单轨抓斗定期挖泥，但因抓斗长期工作在水下，其绳轮和其他转动部分极易生锈，人工清挖的工作量也较大。为了简化劳动量，可将沉淀的一侧做成行车坡道，泥满后可用铲车开进去定期处理，这种结构设施简单，工作量小，比较实用。

污水煤泥量比较大的生产现场，首先要治理输煤系统主设备的撒漏煤问题，其次可在综合泵房加装一台离心煤水分离机或其他机械过滤设备，可将滤出的煤泥用小皮带直接排向煤场晾干。

输煤系统中现场水冲洗后的污水和煤泥集中在沉淀池中进行回收再利用，可实现自动排污控制，其高低水位的一次传感器应实用可靠，当泵池中的液位达到检测高度时，传感器探头电极中有微弱电流通过，控制电路驱动继电器吸合，排污泵启动，排污开始。液位低于检测高度时，电动机断电，排污结束。还可以在控制部分设置定时继电器，运行超过设定的排污时间泵可自停，以防堵泵空转。

污水综合泵房的运行要求如下：

（1）当综合泵房水池达到高水位时，（自动或手动）启动污泥泵。

（2）水泵运行时，每 20min 检查一次其振动和温度，发现异常做好记录。

（3）定期清挖沉淀池内的淤泥。

三、负压吸尘清扫系统

负压吸尘清扫系统主要用于粉尘较多和电气设备较多的车间清扫工作，并回收散料，采用风机吸尘、分离及集尘系统，其效率高、无二次扬尘、操作方便。根据需要其机型有手推式、车辆式和高负压固定式三种。其中手推式的工作宽度为 600mm，清扫能力为 250m^2/h、电动机功率为 4.5kW。车辆式的工作宽度为 1200mm，清扫能力为 500m^2/h，电动机功率为 9.5kW。

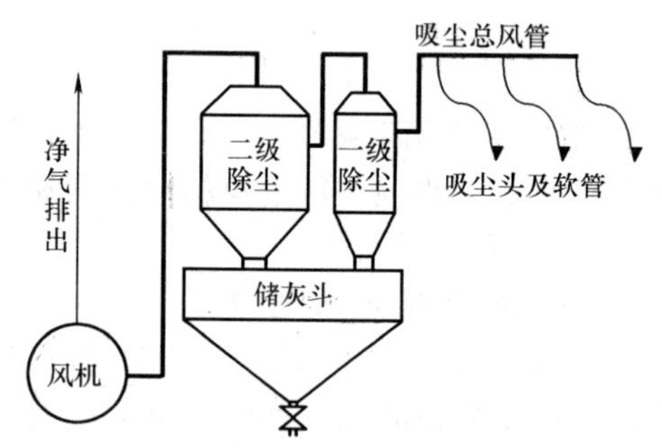

图 16-27　高负压固定式车间卫生清扫系统

高负压固定式车间卫生清扫设备适用于粉尘污染较严重的车间清扫及大型公共场所的卫生清扫，其系统结构如图 16-27 所示。在车间的墙角或墙壁上布置负压吸尘固定管道，尾部连接专用的高负压布袋式除尘器和高负压吸尘风机，当风机启动后会在管道中形成高负压，用吸尘软管与固定吸尘管路连接，用人力操纵吸头，实现对车间各部位吸尘清扫的目的，吸入除尘器内的杂物及粉尘分离下来后，储存在杂物箱内，待吸尘结束后，用车运走，尾气排入大气。

高负压固定式车间卫生清扫系统的主要性能指标有：吸入风量 1000m^2/h；风机全压 30kPa；吸入杂物及粉尘的能力为 1～3t/h（与主设备选型有关）；排污方式为停机排放；最远吸尘距离 200m；软管吸尘半径为 25m。

复 习 思 考 题

1. 输煤过程中的粉尘如何分类？
2. 粉尘的危害有哪些？

3. 输煤设备的主要防尘措施有哪些？

4. 除尘器的形式有哪些？

5. 湿式除尘器有什么优点和缺点？

6. 湿式除尘器的除尘机理是什么？

7. 高压静电除尘器的工作原理是什么？

第十七章　输煤系统程控

电厂输煤系统以前大都采用继电器完成远方集中控制，致使操作盘面布置复杂，操作方式落后，运行可靠性低，故障率高，设备和电能损耗严重，工人劳动强度大，工作环境差，已不适应目前电厂安全生产的需要。目前，输煤系统采取程控方式。

第一节　输煤系统的程序控制

输煤系统程控设计的总体原则是采用成熟技术，确保系统的运行可靠、稳定，控制系统合理、先进，要求具有良好的系统扩展功能，系统能满足信息化要求，现场数据和统计报表能够与厂级 MIS 网通信实现信息的共享。

输煤程控实现系统集中控制方式。运行人员在控制室内能对整个工艺系统进行集中监视、管理，实现全系统设备的启动、停止、运行监控、自动顺序控制。采用 CRT 操作站作为操作员人机接口站，通过 CRT 画面和鼠标对整个工艺过程进行监视和控制，不再设常规模拟屏和操作盘。

所有运行参数、报警信息以及设备运行状态记录可定时或随时打印，可以根据实际需要产生统计报表和运行定期报表。

一、集中控制涉及的范围

1. 控制室

控制室设置控制屏，嵌入输煤工业电视监控系统。设置操作控制台、打印机、工业电视控制操作台和调度通信机。控制室内分割出电子设备间，布置系统控制主机柜、电源柜、输入输出隔离柜、调度主机柜。控制室采用防静电地板，并安装空调。

2. 外围信号配套

包括现场堵煤信号、速度检测信号、煤仓煤位检测信号模拟量输出（全量程检测信号）等。对所有动力设备增加控制电源检测中间继电器，检测设备控制电源信号，送至主机监视。设计程控系统和门式堆取料机、电子皮带秤、自动取煤样装置、除尘器接口，敷设联络信号电缆。使二次控制回路适应程控的要求。

配置犁煤器、电动三通挡板电气控制二次回路，实现与程控系统接口。

3. 配套工业电视系统

根据全系统监视的要求设置镜头，以满足监控的需要。

二、系统配置

如图 17-1 所示为水力发电厂输煤程控系统结构框图。

1. 工程师站和操作站

系统配置两台操作员站，OPU1 兼做工程师站，OPU2 兼做历史数据站，OPU（人机接口）作为系统最顶层的管理系统，是运行人员操作控制系统的窗口。它负责管理下一层的 DCS 系统，发出指令，处理分析系统发来的信息，实时模拟显示现场的运行工况，提供现场设备的运行状态。当系统发生故障时，实时发出声光报警，显示故障位置，通知现场维护人员，控制系统启停，管理系统资料，打印报表等。在 OPU 上可通过 CRT 一对一控制现场设备的启停，用鼠标可

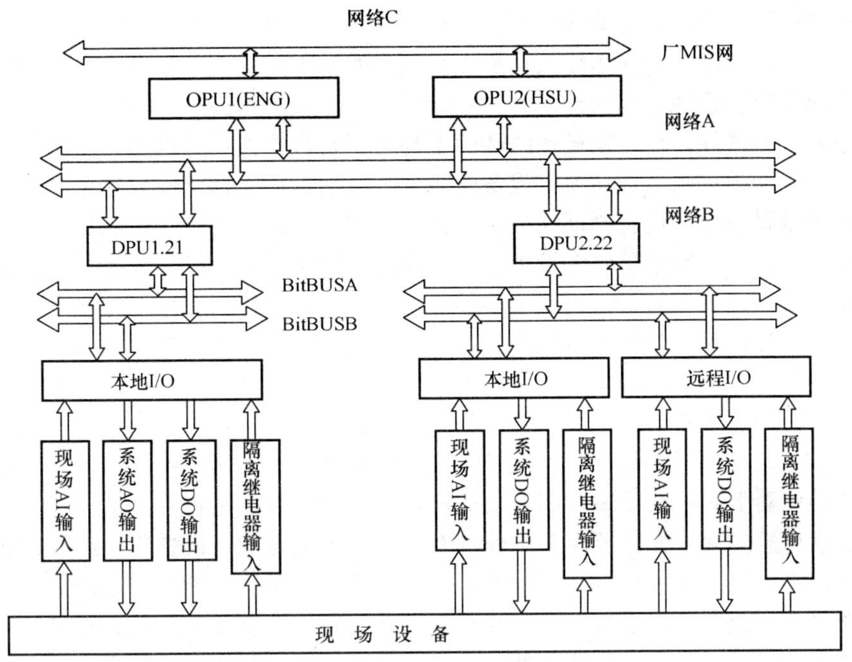

图 17-1 火力发电厂输煤程控系统结构框图

在屏幕上设置、修改皮带运行方式等。

2. 过程控制站

过程控制站配置两对 DPU（现场控制单元），各对 DPU 控制范围按照功能进行了划分，具体分为两部分：上煤部分和配煤部分，相应控制范围是：1 号 DPU 控制从翻车机煤斗叶轮给煤机到煤场、圆筒仓的所有设备。2 号 DPU 控制从叶轮给煤机到煤仓间犁煤器的所有设备。两部分功能相互独立，互不影响。为了优化系统，在原刮板给煤机层增加一个远程 I/O 站，通过光缆与 DPU 通信，收集皮带以及煤仓间犁煤器等附属设备的输入信号，并输出信号控制皮带以及煤仓间犁煤器等附属设备。

3. 系统隔离扩展

对整个系统所有的开关量输入信号（包括备用输入）全部使用中间继电器隔离，将控制系统和外设隔离，有效地克服了长距离电缆信号传输的干扰。系统两路总电源通过隔离变压器与输煤主电源实现隔离，防止了主系统对控制设备的电气干扰。

4. 系统软件配置

整个输煤程控系统软件配置以 MS Windows NT 为平台，安装专门开发的实时控制软件一套。软件的功能有：数据一览、报警一览、报警历史、图形显示、图形生成、自检、趋势、单点、报表、DPU 组态，以及其他相关程序。

提供多种功能供用户进行选择：图形生成，监控画面，趋势分析，报警管理，历史数据，记录报表，性能计算。

三、系统实现的功能

1. OPU 操作站功能

（1）模拟图监视。以工艺流程模拟图为基本监视手段，动态显示系统内每一个模拟量和数字量，共设置系统模拟图系统总貌、上煤部分、配煤部分、煤仓间四幅模拟图。模拟图中以设备图示的颜色变化表示状态的变化，设备的电流显示模拟电流表形式，在设备停止时隐含于画面，设备运行时自动弹出并动态指示电流实时值。系统模拟图画面可以四画面同时显示。模拟图窗口可任意放大和缩小，最大限度地为运行人员提供系统实时信息，方便了多系统同时监控。通过模拟图可以基本实现系统的监视运行需要。

（2）控制方式的选择。在每幅模拟图画面中都有系统操作按钮分别用于：预启、程启、程停操作，程控方式、连锁手动方式切换。设备试验方式显示灯用于提示设备在手动试验方式。设备手动试验方式的设置由专门设置画面完成，可以通过查阅此画面检查设备状态。

（3）过程参数设定。通过检修仓设置画面可以设置检修仓，已设置为检修仓的犁煤器被禁止操作。通过保护投切设置画面可以对设备的保护进行投切，可以投切的保护为电机电流越限保护、皮带跑偏、皮带打滑、落煤管堵煤。设备保护的投切状态用颜色变化显示。系统设有专用流程选择画面，用于对系统所启动运行设备组合的选择，系统自动判断流程选择的正确与否，发出流程选择正确，允许系统启动。

（4）设备级驱动。本系统设计弹出式操作器在模拟图上点击所操作的设备，即弹出对应的操作器。可以从操作器上对单个设备控制方式切换，自动方式对应全程控自动方式，手动对应解锁手动方式和手动试验方式。操作器上显示信息有自动、手动方式，设备运行或停止状态，以及操作应答信息，允许启动和跳闸信息。极大地为运行人员提供了操作指导和帮助提示。

（5）开关量显示报警。本系统在显示画面上设计有专用常显开关量报警窗口，对系统各种报警信息的变化滚动报警，对系统重要的开关量设置语音报警，并弹出报警窗口，设有报警确认按钮，对报警进行确认。通过报警一览和报警历史可以对系统的报警信息进行查阅，或者报警确认后通过设备状态一览画面对报警信息进行查询。

（6）趋势画面显示。在操作站画面上还可以通过成组的趋势显示对模拟量或开关量的历史和实时趋势进行查阅，每组趋势最多可以同时显示 8 个量，通过趋势显示可以有效查阅相关信号的动作顺序过程，便于分析事故状态下信号动作过程，提高了事故分析的准确性和速度。

（7）设备检修管理。在上位机操作站上设有专用画面对设备进行检修设置。对于检修状态的设备，禁止程控系统对设备输出操作指令，提高了设备的安全可靠性，同时在此画面上显示设备控制电源状态，提供给运行人员查询。

（8）打印报表。系统设计自动报表功能，系统可以根据电子皮带秤数据和运行设备时状态数据，自动计算分炉计量上煤量，并对每个运行班的上煤量等数据进行报表打印输出。减轻了运行人员抄表的工作量，提高了运行记录的真实性。

（9）历史数据的存储和检索。系统设置其中一台操作员站兼作历史数据站，存入全部输入、输出点和重要的内部开关点，由于使用大容量存储硬盘，存储时间可长达几个月，以随时记录重要的状态改变和参数改变。HSR 的检索可按指令进行打印或在显示器上显示出来。历史数据打印独立于历史趋势之外，历史数据可单独打印。

2. DPU 控制功能

（1）主设备控制功能。

运行控制方式：过程控制单元根据上位机操作员设定的三种运行控制方式，即连锁手动、程控和设备试验三种方式控制皮带运行。控制方式由上位机运行控制方式决定，但是在上位机失灵情况下控制方式保持不变。

连锁手动方式：连锁手动方式下满足下列条件：流程选择正确，流程相关联挡板到位并且顺煤流方向下游设备运行正常，本身无设备跳闸信号，可以直接手动启动设备；在逆煤流方向上游设备停止以后方可以停止设备。

程控控制方式：在程控控制方式下流程选择正确，流程相关联挡板到位并且顺煤流方向下游设备运行正常后自动启动设备；在逆煤流方向上游设备停止以后经过适当延时，自动停止下游设备。

手动试验方式：在手动试验方式下不需要选择流程和挡板，可以直接启动、停止设备，此方式下只有设备本身保护起作用。

设备的保护：皮带设备本身保护有打滑、跑偏、撕裂、堵煤、拉绳开关，拉绳动作必须连锁跳闸设备。对于其他保护信号跳闸或报警，根据设备实际状况由运行人员投切。对于6kV电机电气跳闸保护必须送DPU。保护动作后延时时间可以根据实际整定。电机电流越限保护可以根据需要进行投切。系统运行过程中可以使用紧急停机按钮对设备进行事故处理。

(2) 犁煤器控制功能。

犁煤器控制设计手动控制和程控两种方式。手动方式下从操作员站画面上弹出操作器直接抬落犁煤器。

程控方式功能如下：

1）自动尾犁设置。预启过程中，程序根据所选流程自动将逆煤流方向的第一个非高煤位对应的犁煤器落下，并设置尾犁标志；或者通过上位机设置尾犁。在程序配煤过程中，尾犁始终不能抬起。

2）低煤位优先配煤。在程序配煤过程中，如果出现低煤位，程序将自动按照顺煤流方向依次对低煤位原煤仓进行逐个优先配煤，直至所有低煤位消失。

3）顺序配煤。在无低煤位的情况下，程序将自动按照顺煤流方向，依次对原煤仓非高煤位对应的犁煤器进行顺序配煤，在出现高煤位时，先将下一个非高煤位对应的犁煤器落下，然后抬起高煤位对应的犁煤器，如此顺序配煤直至尾犁。如果顺序配煤过程中，工作犁以前又出现高煤位消失，程序不是立即返回配煤，而是顺序配煤到尾犁以后再返回重新配煤，如此循环直到所有的高煤位出现，顺序配煤完毕。

4）余煤配煤。在顺序配煤完毕以后，立即连锁停止给煤机，同时程序自动按照顺煤流方向，对可配煤犁煤器进行依次定时余煤配煤，将皮带上的余煤配煤完毕。

5）故障处理。在低煤位优先配煤过程中，如果原煤仓第一个犁煤器落犁卡死，将自动转为第二个犁煤器工作。在顺序配煤过程中，如果原煤仓某个犁煤器落犁卡死，将自动转为下一个犁煤器工作。如果配煤过程中出现抬犁卡死，将连锁停止给煤机。如果某个原煤仓两个犁煤器全部卡死，将发出报警，不能继续程控配煤。

圆筒仓犁煤器配煤：圆筒仓犁煤器配煤设计为手动配煤方式，按照顺煤流方向对每个犁煤器进行配煤，当犁煤器对应的高煤位出现后闭锁其犁煤器配煤。

(3) 辅助设备控制。对于除铁器、除尘器等附属设备，可在集控室手动或随主设备联动。堵煤振打器可在集控室手动或由堵煤信号联动，原煤取样装置只做状态监视，电子皮带秤称量信号进主机累计计算。

3. MIS联网功能

系统实时数据通过操作员站传送到厂MIS网上，并通过电厂MIS实时数据系统向MIS网用户播放，从连接到MIS网的微机上可以直接查看输煤系统的设备状态、上煤数据，为电厂管理提供了信息数据。

四、系统的特点

1. 开放式图形组态工具

系统具有功能强大的综合控制软件包，分布式实时数据库容量大，系统过程控制软件具有丰富的算法，具有功能块算法100多种。提供了功能级的标准步序算法模块和DEVICE设备级标准算法模块。简化了组态结构。

各子系统组态方式均采用相同的图形组态方式，单一的图形组态工具就可以完成系统所有的功能，组态方式为简单的连线，直观简洁，维护人员易于掌握，使用提供的算法模块可实现不同的应用系统的功能。DPU组态软件的下装和上装方便快捷，可以在线调试修改组态而不影响系统的正常工作。

由于使用开放式图形组态，过程控制的功能和细节对维护人员是透明的，从这方面讲方便了维护，对系统功能的完善有极大的好处。

2. 智能化的汉化界面

整个输煤系统使用的操作系统为全汉化的应用系统界面，有助于运行人员熟练掌握和安全操作。操作员站界面不仅仅用于工艺流程的监控，还为运行人员根据机组启停的不同阶段在线提供操作指导，能在线显示设备的启停条件、连锁条件和设备跳闸、故障和操作失败等信息，综合提示主要辅机跳闸、设备失电、控制回路切手动等信息，方便运行人员及时发现异常工况。并提供设备维修软挂牌功能，确保设备安全维修。

系统具有模拟图、实时/历史趋势、数值显示窗口等多种显示方式，模拟图可以实现四画面显示，显示窗口可调，增大了运行人员监视的信息量。

具有丰富的报警管理能力：多重报警限，报警滤波，报警分区，报警优先级，报警输出选择，报警显示，报警打印，报警归档，报警一次确认，超阈值自动重报警，超时限自动重报警，报警变限，报警切除，报警抑制，报警相关图，自定义显示。

齐全的制表功能：提供标准EXCEL界面，无需手工制表，标准格式输出文件，多种报表形式，周期报表，触发报表，事故报表。

3. 可靠性高

输煤程控系统广泛采用了冗余设计技术，对控制主机、故障检测和判别、数据高速公路、电源模件、机柜内直流供电全部采用1∶1的冗余。在单一设备故障时不影响系统的工作，并且卡件可以带电拔插，提高了系统整体的可用性。对I/O卡件采取了隔离设计，采用继电器、光电隔离、运算放大器隔离，输入滤波，滤去突变的各种干扰量。并且系统具有完善的自诊断、自恢复功能，提供从系统网络、I/O卡件到通道级丰富的自诊断功能。对整个输煤系统总体设计上最大限度地提高了系统的可靠性，首先系统电源采取了全隔离，使用隔离变压器将整个系统与输煤400V动力设备实现电气隔离，有效地隔离了动力电源的干扰，设计了系统的接地系统，将机柜主机系统可靠地接地。

按照功能相对独立的原则，设计了上煤系统和配煤系统两套DPU，方便了系统检修，两套独立工作的DPU分散了系统的危险。

4. 系统功能的优化

针对输煤系统的特点，结合以往输煤系统的优缺点，在系统设计阶段完善了系统控制逻辑，并绘制了控制逻辑框图，直观的控制逻辑框图对输煤控制逻辑进行了规范化、标准化，有效地克服了以往输煤程控用户软件设计的随意性给软件维护带来的困难。

第二节　输煤程控的现场总线技术

现场总线技术有其突出的特点：统一性、开放性以及互操作性。总线技术的核心是neuron（神经元）芯片及其内部固件协议，它既能管理通信，又具有输入/输出及控制能力。此外还有强有力的开发工具，控制模板和网络服务工具等，可以很方便地组成智能节点，并将这些节点应用于网络中形成网络系统。因此，总线技术常被用于工业生产中的检测与控制。

火电厂输煤系统一般都采用顺序控制和报警方式，为相对独立的控制单元系统，系统配备了各种性能可靠的测量变送器。通过运用现场总线技术将各种测量变送器的输出信号接入对应的智能节点组成多个检测单元，然后挂接在总线上，再通过总线与已有的DCS系统集成，可实现对输煤系统更加有效便捷的监控。

一、基于总线技术的火电厂输煤系统的基本结构

在输煤系统中，常用的测量变送器一般有以下几种：

(1) 开关量皮带速度变送器；

(2) 皮带跑偏开关；

(3) 煤流开关；

(4) 皮带张力开关；

(5) 煤量信号；

(6) 金属探测器；

(7) 皮带划破探测；

(8) 落煤管堵煤开关；

(9) 煤仓煤位开关。

每一种测量变送器和其相对应节点共同组成智能监测单元，对需要监测的工况参数进行实时的监控。监测单元通过收发器接入总线网络进行通信，可根据监测到的参数进行控制和发出报警信号，系统的结构如图17-2所示。

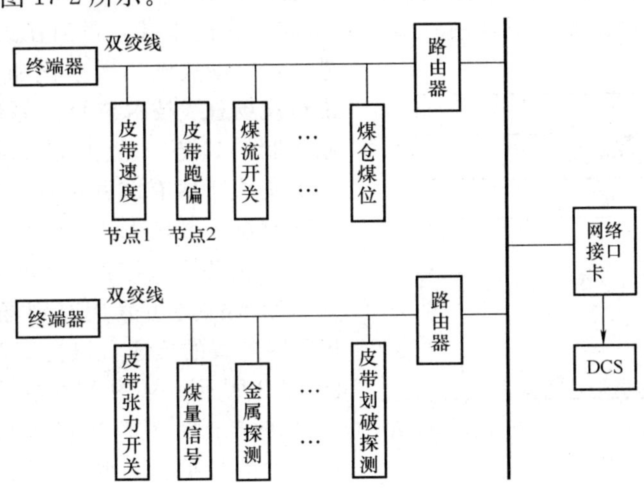

图17-2 基于总线技术的输煤控制系统的基本结构

二、总线智能节点的设计

智能节点是总线网络中分布在现场级的基本单元，其设计开发分为两种：一种是基于neuron芯片的设计，即节点中不再包含其他处理器，所有工作均由neuron芯片完成。另一种是基于主机的节点设计，即neuron芯片只完成通信的工作，用户应用程序由其他处理器完成。前者适合于设计相对简单的场合，后者适合于设计相对复杂的场合。一般情况下，多采用基于芯片的设计。由于智能节点不外乎输入/输出模拟量和输入/输出开关量四种形式，节点的设计也大同小异，对此本文只给出了节点设计的一般方法。

基于芯片的智能节点的硬件结构包括控制电路、通信电路和其他附加电路。

1. 控制电路

(1) 神经元芯片：主要用于提供对节点的控制，实施通信，支持对现场信息的输入输出等应用服务。

(2) 片外存储器：采用 Flash 存储器，用来存放神经元芯片的固件、应用程序的存储区和神经元芯片的外部 RAM。

(3) I/O 接口：是 neuron 芯片上可编程的 11 个 I/O 引脚，可直接与外部接口电路连接，其功能和应用由编程方式决定。

2. 通信电路

通信电路的核心收发器是智能节点与网络之间的接口。

3. 附加电路

附加电路主要包括晶振电路、复位电路和 Service 电路等。

(1) 晶振电路：为 3150 神经元芯片提供工作时钟。

(2) 复位电路：用于在智能节点上电时产生复位操作。另外，节点还将一个低压中断设备与 Reset 引脚相连，构成对神经元芯片的低压保护设计，提高节点的可靠性和稳定性。

(3) Service 电路：专为下载应用程序设计。Service 指示灯对诊断神经元芯片固件状态有指示作用。

节点的软件设计采用 C 编程语言设计，可直接支持 neuron 芯片的固化，并定义了 34 种 I/O 对象类型。

三、基于总线技术的火电厂输煤系统与 DCS 的网络集成

现场总线技术与 DCS 系统实现网络集成并协同工作的情况，目前在火电厂中尚为数不多。进一步推动火电厂数字化和信息化的发展，逐步推行现场总线技术与 DCS 系统的集成是火电厂工业控制的趋势。就目前来讲，现场总线技术与 DCS 集成方式有多种，且组态灵活。根据现场的实际情况，我们知道不少大型火电厂都已装有 DCS 系统并稳定运行，而现场总线很少或首次引入系统，因此可采用将现场总线层与 DCS 系统 I/O 层连接的集成，该方案简便易行，其原理如图 17-3 所示。从图中可以看出现场总线层通过一个接口卡挂在 DCS 的 I/O 层上，将现场总线系统中的数据信息映射成与 DCS 的 I/O 总线上的数据信息，使得在 DCS 控制器所看到的从现场总线开来的信息如同来自一个传统的 DCS 设备卡一样。这样便实现了在 I/O 总线上的现场总线技术集成。火电厂输煤系统的总线控制无论是在规模上，还是在利用已有生产资源的基础上，都是可行的，同时也体现了把火电厂某些相对独立控制系统通过现场总线技术纳入 DCS 系统的合理性。由此可见，现阶段现场总线与系统的并存不仅会给生产用户带来大量收益，而且使用户拥有更多的选择，以实现对系统更合理的监测与控制。

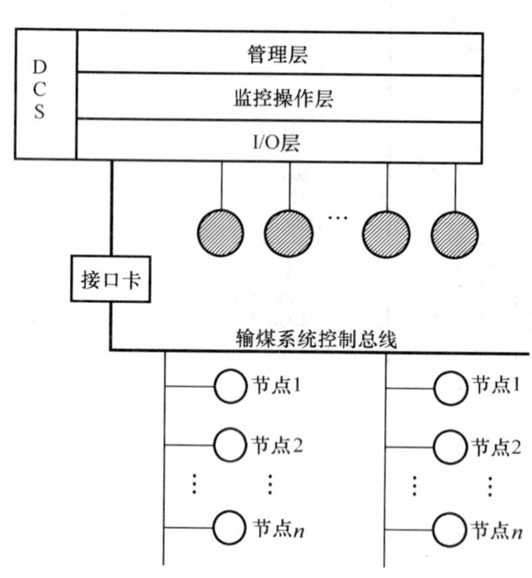

图 17-3 基于总线的火电厂输煤程序控制系统与 DCS 的集成示意图

第三节　PLC在输煤程控系统中的应用

一、概述

PLC将传统的继电器控制技术和计算机控制技术融为一体，具有灵活通用、可靠性高、抗干扰能力强、编程简单、使用方便、功能强大、易于实现机电一体化等显著优点，已经广泛应用于工业生产的各种自动控制过程中。

电厂输煤控制系统具有控制设备多、工艺流程复杂、设备分散等特点，沿线环境条件恶劣，粉尘、潮湿、振动、噪声、电磁干扰等都比较严重，传统的强电集中控制方式已不能适应大型火电厂输煤系统自动化的要求。PLC程控方式由于其自身优点，目前在国内大型火电厂输煤系统中已逐渐取代常规的强电集中控制方式，成为大型火电厂输煤程控系统的核心。

火力发电输煤程序自动化控制系统，包括程控和监控两大部分，用于操作员在集中控制室内实现对整个输煤系统的控制和监视。该程控系统主要由PLC程控系统和工业电视监控系统两部分组成。工业电视监控系统主要是用于程控运行人员在集控室监视现场设备工况，且工业电视监控系统可实现与PLC程控系统之间的报警连锁，即当某个监视区域发生故障报警时，监视系统可自动切换到该监视点，从而实现在最短的时间内观察到现场故障情况，及时掌握重要信息，为系统的操作、维护提供了极大方便。

二、系统组成

PLC控制系统是该程控系统的核心，其采用工控机为上位机、PLC系统为下位机的两级控制模式，上、下位机均分别采用双机热备形式，以确保在万一有一台PLC主机或一台监控用工控机发生故障或死机的情况下，整个系统仍可照常运转。上位机可设2台，分别用于程控部分的操作和监视。系统软件基于WindowsNT4.0（汉化），并配以人机接口软件。PLC采用软件编程。CPU采用双机热备，除本地站外设10个远程站，其中5个在控制室，3个在煤仓层，2个在油泵房。本地站与远程站之间通过屏蔽双绞线通信，采用双缆备用方式，上位机与下位机之间通过屏蔽同轴电缆构成CONTROLNET网进行通信。系统结构见图17-4。

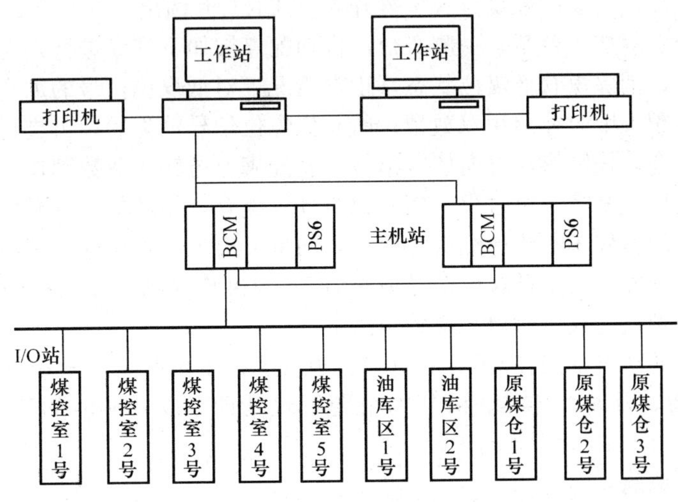

图17-4　输煤的PLC控制系统

PLC远程站配置有数字量输入、输出模块和模拟量输入（AB公司8点模拟输入模板）、输出模块。数字量输入模块接受220VAC的输入信号，数字量输出模块输出电压为24VDC，用于驱动输出继电器，输出信号再通过继电器节点输出。另外系统内一次元件主要由皮带保护元件和煤仓料位检测元件两部分组成，其中皮带保护元件包括皮带跑偏开关、事故拉绳开关、速度开关、纵向撕裂保护装置、断带保护装置和堵煤信号发生器；煤仓料位检测元件包括高料位开关和超声波料位计。

皮带跑偏开关沿皮带两侧布置；事故拉绳开关采用双向防水自动复位型，沿皮带两侧布置；速度开关采用两级型，布置在每条皮带头部；皮带纵向撕裂保护装置布置在每条皮带下部；断带保护装置布置在较长且倾斜度较大的皮带上；堵煤信号发生器采用阻旋式料位开关，布置在落煤管上；高料位开关采用阻旋式，分别布置在原煤仓落煤口旁。超声波料位计由换能器、显示单元、输出单元和手持编程器四部分组成，显示单元、输出单元和手持编程器安装在煤仓层I/O柜内，换能器安装在每个原煤仓的顶部中间。

三、系统功能

（一）程控系统功能

程控系统提供了对运煤和配煤系统及其所有设备进行操作、监视、管理所需要的一些软、硬件条件和功能。

1. 运煤控制系统

运煤控制系统的运行方式分为：自动程序、远方手动和就地手动。自动程序按PLC设置的程序，通过工控机操作实现。远方手动通过PLC和工控机对全部运煤和配煤设备实现一一对应的操作。就地手动不经过PLC，仅能在就地MCC（动力操作盘）柜上操作。本程控系统完成其中前两种运行方式。自动程序方式是主要的运行方式。操作员能选择一个完整和合适的路径，以便将煤从运煤火车运送至煤场或直接运送至煤仓，或者从煤场运至煤仓。只有当选择合适的和完整的路径，且所有信号表明允许启动，并显示预启成功后，才允许操作员使用“系统自动启动”。

2. 配煤控制系统

配煤控制系统的运行方式分为：自动配煤、远方手动配煤和就地手动配煤。自动配煤按PLC设置的程序，通过工控机操作实现。远方手动配煤通过PLC与工控机对各犁煤器实现一一对应的操作。就地手动配煤不经过PLC，仅能在就地操作箱上操作。本程控系统完成其中前两种运行方式。自动配煤是主要的配煤方式。操作员在CRT上调出“配煤”画面，通过鼠标选择尾仓和旁路仓。每个仓对应4台犁，一侧2台，自动配煤按如下顺序进行：先顺序给低煤位仓配煤，配一定数量的煤，消除煤仓低煤位状态，正常情况下对低煤位信号的加仓采用单数犁，只有当单数犁为检修或落犁失败时才启用双数犁；所有低煤位信号消失后，再进行顺序配煤，首先启动每个仓的单数犁配仓，按顺煤流方向依次给每个仓配满，再转入双数犁按顺煤流方向依次给每个仓配煤，尾仓配满后重复第一个过程，用单数犁继续配仓，循环往复，操作员可视机组运行需要和仓满情况，结束流程停车；顺序配煤过程中，如果又出现低煤位仓，则停止原煤仓顺序加仓程序，优先为低煤位仓配煤，待低煤位信号消失后5min再转入顺序加仓程序；尾仓的双数犁一直保持落下，只有此犁设为检修时启动单数犁落下。

系统内所有设备的状态都能在CRT上明确、醒目地指示出来，使操作员一目了然。且系统为操作员提供了方便、及时、详尽、清楚的报警管理功能，以及实时的和历史的数据记录及查询。

（二）设备连锁功能

所有的运煤设备按工艺要求进行连锁，连锁按下列方式进行：启动时按逆煤流方向，从最后一条皮带（及相关设备）开始依次启动，直到第一条皮带（及相关设备）启动后，才开始供煤，每条皮带启动前须响铃30s。停运时按顺煤流方向，先停供煤设备，然后从第一台至最后一台设备依次停止，每台设备之间按预定的延时时间发停机命令，即要求前面设备的余煤清除后再停止其运行，其中碎煤机、除铁器均需另延时停机。故障时，故障点及其上游设备瞬时停机，故障点下游设备保持原工作状态不变。待故障解除后，可从故障点向上游重新启动设备，也可以在故障未解除时，从故障点向下游开始延时停设备。连锁能阻止任何设备超出顺序的启动。当系统采用自动程序方式运行时，必须按上述连锁关系启停设备。当系统采用远方手动方式运行时，可以解除某个设备的连锁，以便对该设备进行试验操作。当有设备被解除连锁时，CRT 上有报警显示，此时操作员应十分小心。在 CRT 上及操作台都设有“紧急停止”按钮，当出现危害设备或人身安全的故障时，系统应立即停止，操作“紧急停止”按钮能立即停止除碎煤机以外的其他设备。

系统启动时的连锁关系的依据主要是电动三通的位置，即三通通哪一路，哪一路即应连锁，所以系统启动前，电动三通的位置必须正确。参加连锁的设备包括各皮带输送机、翻车机、堆取料机、筛煤机和碎煤机，其连锁关系是上一级设备没有运行时，下一级无法启动；上一级设备停止时，下一级也马上停止。考虑到设备的检修等特殊情况，允许皮带输送机、筛煤机或碎煤机解除连锁。当设备解除连锁时，会以报警的形式提醒操作员，卸煤机和堆取料机在此无法解除连锁。系统停止时的连锁关系依据主要是操作员所选择的运行方式，所以在系统启动前，应选择正确的运行方式。无论是手动或自动，操作员都应正确选择运行方式。在手动操作时，电动三通的操作也必须与所选的运行方式一致。

第四节　工业电视监控系统

随着工业生产人性化管理要求日益增强，以及工业自动化程度的不断提高，类似于输煤的工业控制现场越来越多采用无人值守方式。工业电视监控系统作为一种重要的现代化监测、控制、管理手段，被广泛采用。

工业电视系统通常由以下几部分组成：工业监控前端（包括摄像机、镜头、云台、云台解码器、视频控制切换装置、视频编解码器及附加设备），视频服务器，网络服务器。

工业电视监控部分是为运煤集中控制室内的操作员提供各个摄像机获得的图像，以便直观地监视输煤系统各设备的运行状况。通过矩阵切换箱，操作员可实现自由切换、成组切换和自动巡视，即任何一个摄像机的图像可以在任何一个监视器上显示，任意若干个摄像机的图像可以在任一个监视器上循环显示，循环周期可调节。通过编程还可设置在监视器上显示的内容，包括日期、时间、摄像机符号和号码等。CRT 上显示的实时图像可以静像方式显示，并可储存在磁盘或从磁盘取出观察，操作员可以在 CRT 上方便地操作云台的转动和镜头的调焦。

矩阵切换箱为模块式结构，由电源模块、中央模块、控制码模块、输入模块和输出模块组成。在生产现场布置了多台彩色摄像机，分别配置了定焦自动光圈镜头和变焦自动光圈镜头。所有摄像机都有防护罩保护，整个监控系统的云台转动控制、变焦镜头调焦控制均由控制室的计算机加 PLC 完成。

一、工业电视监控系统的功能

在无人值守控制现场安装工业电视监控系统，可进一步提高控制现场的安全运行水平。

1. 设备的监视

主要包括各段皮带、各个现场保护装置、除铁设备、碎煤设备、皮带拉紧装置等。通过在监视对象处安装摄像机、感应探头等装置，实现对设备及其运行情况的监视，以确定设备运行是否正常等。

2. 防火防盗

在控制现场相关地点装设一批烟感或温感探头，并在四周安装对射式红外线探头。当探头感测到烟雾、高温或有人闯入时，就会向后台发出告警信息，同时连动切换摄像机画面，并记录下当时现场的情况。

3. 灯光及智能化设备的控制

为使工业电视监控系统在晚上仍能发挥作用，控制现场的灯光应具有定时开关或远方控制的功能；而一些智能化的设备，如探头、门禁等也可做到远方控制。

二、工业电视监控系统的控制功能

后台系统一方面对各控制现场送来的图像信息和告警信息进行显示和处理，另一方面还要提供接口，以满足不同部门对数据查询、图像回放的需要，例如与办公网络的数据共享等。

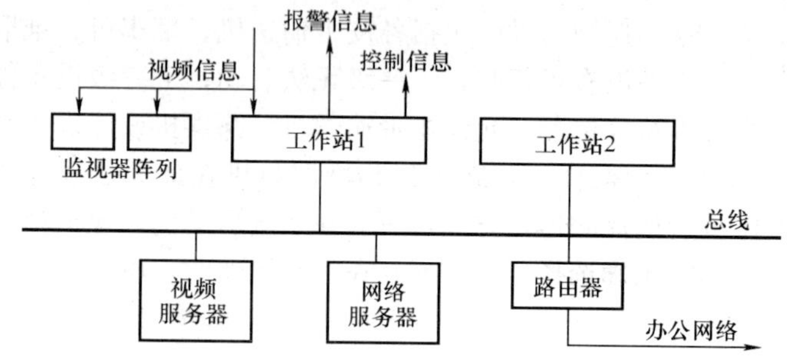

图 17-5　控制系统计算机网络结构

1. 后台系统网络结构

控制系统计算机网络结构见图 17-5。

2. 控制软件功能

根据无人值守控制现场的运行需要，一般而言，工业电视监控系统的后台软件应具备以下功能：

(1) 画面监视和画面切换功能。根据用户的需要，对不同控制现场的不同监视点进行实时监视和切换。

(2) 控制操作。即对各控制现场监视点摄像设备的光圈、焦距以及云台进行控制。此外，一些辅助控制操作也是必需的，包括控制现场灯光的开停，告警装置的投入与解除等。

(3) 多媒体防区布置图。采用多媒体地图分层显示控制现场内各监视现场摄像设备的布点情况，以及盗警、火警等感应装置的设防区域。为运行人员提供直观而具体的监视现场的情况。

(4) 事件告警功能。当控制现场有异常情况发生时（如出现盗警、火警，或小动物入侵防区等情况），后台系统能迅速告警。

(5) 画面记录、回放功能。当控制现场发生异常告警时，监控系统可自动记录下事发时告警点的现场情况。目前而言，对实时画面的记录可选择采用以下方式：即录像或计算机磁盘录像。

(6) 事件查询功能。可分类检索各控制现场及各监视点的告警记录，结合画面记录、回放功能，可对异常告警时的现场情景进行回放。

(7) 网络接口。系统可通过路由设备实现与办公网络的数据共享，为办公网用户提供图像监视，事件检索，录像回放等功能。

复 习 思 考 题

1. 输煤程控系统的功能有哪些？
2. 输煤程控系统的特点有哪些？

参 考 文 献

[1] 山西省电力工业局. 燃料设备运行（初级工、中级工、高级工）. 北京：中国电力出版社，1997.

[2] 山西省电力工业局. 燃料设备检修（初级工、中级工、高级工）. 北京：中国电力出版社，1997.

[3] 火力发电职业技能培训教材编委会. 燃料设备运行. 北京：中国电力出版社，2004.

[4] 火力发电职业技能培训教材编委会. 燃料设备检修. 北京：中国电力出版社. 2004.

[5] 邓金福. 燃料设备运行与检修技术问答. 北京：中国电力出版社，2004.

[6] 张磊，马明礼. 600MW级火力发电机组丛书. 燃料运行与检修，北京：中国电力出版社，2006.

[7] 熊立红. 国产600MW超临界火力发电机组技术丛书. 燃料运输设备及系统. 北京：中国电力出版社，2006.